普通高等教育计算机类系列教材

汇编语言与计算机系统组成

第2版

李心广　张　晶　潘智刚　罗海涛　编著

机　械　工　业　出　版　社

本书将“汇编语言程序设计”“计算机组成原理”及“计算机系统结构”有机地结合为一体。本书在保证必要的经典内容的同时，力求反映现代理论和先进技术，在理论与应用关系上以应用为主。

本书共分4篇：第1篇为计算机系统组成基础，内容包括计算机系统概论、计算机中的信息表示。第2篇为计算机系统分层结构，内容包括微体系结构层——CPU的构成，以及指令系统层、汇编语言层。第3篇为存储系统与I/O系统，内容包括存储系统、I/O系统、I/O设备。第4篇为计算机系统部件设计。

本书可作为高等学校计算机类、自动控制及电子技术应用类等专业的本科生、专科生教材，也可作为理工科电气信息类专业的本科生、专科生教材，还可作为从事相关专业的工程技术人员的参考书。为了方便教学，本书配有免费课件，欢迎选用本书作为教材的教师登录 www. cmpdeu. com 下载或发邮件到 lxggu@ 163. com 索取。

图书在版编目（CIP）数据

汇编语言与计算机系统组成/李心广等编著. —2版. —北京：机械工业出版社，2021. 1（2024. 7重印）
普通高等教育计算机类系列教材
ISBN 978-7-111-67432-0

Ⅰ. ①汇… Ⅱ. ①李… Ⅲ. ①汇编语言－程序设计－高等学校－教材②计算机体系结构－高等学校－教材 Ⅳ. ①TP3

中国版本图书馆CIP数据核字（2021）第020552号

机械工业出版社（北京市百万庄大街22号 邮政编码100037）
策划编辑：刘丽敏 责任编辑：刘丽敏 张翠翠
责任校对：樊钟英 封面设计：张 静
责任印制：张 博
北京建宏印刷有限公司印刷
2024年7月第2版第4次印刷
184mm×260mm · 24. 25印张 · 658千字
标准书号：ISBN 978-7-111-67432-0
定价：69. 80元

电话服务	网络服务
客服电话：010-88361066	机 工 官 网：www. cmpbook. com
010-88379833	机 工 官 博：weibo. com/cmp1952
010-68326294	金 书 网：www. golden-book. com
封底无防伪标均为盗版	机工教育服务网：www. cmpedu. com

前　言

在2018年1月30日国家公布的《普通高等学校本科专业类教学质量国家标准》中，将计算机科学与技术、软件工程、网络空间信息安全等计算机类学科统称为计算学科，它是从电子科学与工程和数学发展来的。计算机类专业的主干学科是计算学科，相关学科有信息与通信工程、电子科学与技术。标准中明确计算机类专业的教学内容应包含电路与电子技术、计算机组成原理与计算机系统结构。

随着科学技术的不断发展，各学科在教学过程中都会将最新技术发展成果增加到教学体系之中。近年来计算机技术的飞速发展，必然导致与之相关学科的教学内容做较大幅度的调整。另外，考虑到以加强学生自主学习、提高学生创新能力为目的的素质教育的要求，必然要减少课堂教学时数。本书就是为适应这一形势发展而编写的。“汇编语言程序设计”“计算机组成原理”及“计算机系统结构”是计算机专业的主干课程。通过分析，这3门课程的关联度较高，为课程改革提供了先决条件。这3门课程有相互依赖的关系，因此独立开课时难免有内容重复现象。如果整合，则可节省大量的课时。我们将3门课程整合后形成一门课程——“汇编语言与计算机系统组成”。课程名称应体现3门课程的特征。在“汇编语言与计算机系统组成”课程名称中，“汇编语言程序设计”“计算机组成原理”的名称特征已明确体现，而“计算机系统结构”，国内某些院校叫“计算机体系结构”，在整合的课程中以“系统”二字体现。主要有两个含义：其一，在课程中体现计算机系统结构的概念，内容包含系统的总体及外特性，指令流水及存储层次；其二，课程内容较少涉及计算机网络。

由于该课程涵盖了计算机专业的3门主干课程的教学内容，因此整合绝不是简单地将3门课程合并起来，经过反复研讨，我们认为课程应该既要保证学科的基本知识（保证足够的知识储备，为学生更深入学习该学科提供基础），又要保证知识前后衔接，同时又要将最新的技术融入教学内容中。

本书的主要特点表现如下：

（1）本书是汇编语言程序设计、计算机组成原理及计算机系统结构3门课程的有机结合。学习汇编语言应理解计算机原理，而学习计算机组成原理应懂得汇编语言。3门课程分开教学，势必会造成一些教学内容的重复，不便于学生学习。将这3门课程有机整合后，可节省教学课时。

（2）将原“计算机系统结构”课程中的两项主要教学内容“流水技术”“存储层次结构”分散于本书第3章微体系结构层——CPU的构成、第6章存储系统中，避免了计算机组成原理及计算机系统结构课程内容的重复。这也方便了相关内容的教学。

（3）将汇编语言程序设计归于计算机系统分层结构中，体现原3门课程的紧密联系。在课程中增加计算机组成部件在大规模集成电路中实现的设计方法，使学生真正体会现代计算机部件的设计思想。计算机指令集的发展有CISC复杂指令集及RISC精简指令集两个方向，RISC指令集的实现采用组合逻辑电路，而现代组合逻辑电路的实现一般采用超大规模集成电路实现，因此在书中加入在FPGA实现计算机部件的内容。

本书内容结构采用4篇9章的方式：第1篇计算机系统组成基础，含第1、2章；第2篇计算机系统分层结构，含第3～5章；第3篇存储系统与I/O系统，含第6～8章；第4篇计算机系统部件设计，含第9章。

本书的参考教学时数为64～90学时，可根据各自学校的具体情况增删部分教学内容，安排教学时数。

本书第2版编写分工如下：李心广编写第1、2章，张晶编写第3、7、8章，潘智刚编写第4、5章，罗海涛编写第6、9章。由李心广负责全书的统稿、定稿。

计算机技术日新月异，教学改革任重道远，编著者的能力与这两方面所提出的要求相比还有很大差距。本书不妥之处在所难免，恳请读者批评指正，以便再版时修正。

编著者

目　　录

第3篇 存储系统与I/O系统

第 1 篇　计算机系统组成基础

本篇介绍计算机系统概论，计算机中的信息表示。

第 1 章　计算机系统概论

本章介绍计算机系统组成的基本概念，简单介绍计算机中的信息表示，计算机系统的硬件、软件组成，计算机的层次结构，计算机的工作过程，计算机的特点与性能指标，计算机的发展与应用。

1.1　计算机的基本概念

计算机是一种不需要人工直接干预的能够自动、高速、准确地对各种信息进行处理和存储的电子设备。计算机从总体上来说可以分为两大类：电子模拟计算机和电子数字计算机。电子模拟计算机中处理的信息是连续变化的物理量，运算的过程也是连续的；而电子数字计算机中处理的信息在时间上是离散的数字量，运算的过程是不连续的。通常所说的计算机都是指电子数字计算机。

1.1.1　存储程序的工作方式

计算机系统由硬件系统和软件系统两大部分组成。美籍匈牙利科学家冯・诺依曼（John von Neumann）奠定了现代计算机的基本结构，其特点是：

1）使用单一的处理部件来完成计算、存储以及通信的工作。

2）存储单元是定长的线性组织。

3）存储空间的单元是直接寻址的。

4）使用低级机器语言，指令通过操作码来完成简单的操作。

5）对计算进行集中的顺序控制。

6）计算机硬件系统由运算器、存储器、控制器、输入设备、输出设备五大部件组成，并规定了它们的基本功能。

7）以二进制形式表示数据和指令。

8）在执行程序和处理数据时必须将程序和数据从外存储器装入主存储器中，然后才能使计算机在工作时能够自动从存储器中取出指令并加以执行。

这就是存储程序概念的基本原理。

1.1.2　信息的数字化表示

计算机除了处理数字信息外，还必须处理用于组织、控制或表示数据的字母、符号、汉字以及控制符号等。

1. 以二进制表示数据

计算机处理的信息都是仅用“0”与“1”两个简单数字表示的信息，或者是用这种数字进行了编码的信息。这种数制称为二进制。

二进制的优点是：二进制只有“0”和“1”两个数字，很容易表示。电压的高和低、晶体管的截止与饱和、磁性材料的磁化方向等都可以表示为“0”和“1”两种状态。

二进制数的每一位只有“0”和“1”两种状态，只需要两种设备就能表示，所以二进制数节省设备。由于状态简单，所以它抗干扰能力强，可靠性高。

2. 字符编码

计算机中的大多数I/O信息都是非数字的字符，须按特定的规则用二进制编码在计算机中表示。国际上普遍采用了一些标准代码，如ASCII（美国标准信息交换码）、EBCDIC（扩展的BCD）等。

ASCII由7位二进制数编码字符集组成，共有128个编码，包括大小写字母（各26个）、十进制数码（10个）、运算符和标识符（33个，如“空格”“＊”等）、控制符（33个，如“LF”“CR”等）。例如，字符“Yes OK”可由ASCII表示为“59 65 73 20 4F 48 H”（十六进制）或“89 101 115 32 79 75”（十进制）。又例如，使打印机的打印头或显示器的显示光标返回到第一列的控制符“CR”（0DH），而控制符“LF”（0AH）为换行到下一行。上述控制符表示设备的控制功能，还有部分控制符用于数据通信的连接。但不同的计算机系统对这些控制字符可定义为不同的功能。

一般计算机用一个字节（8位）表示一个字符，最高位一般取0，但也可以在该位设置特殊位，或编码附加的非ASCII字符（如德、法、俄文字母，制表符号，图形等），或作为奇偶校验位，这取决于系统和程序。

EBCDIC编码用8位二进制数表示一个字符，可以表示256个符号，包括控制符、运算符、标识符、大小写字母、数字等。IBM公司在它的各类大型机上广泛采用EBCDIC编码。例如，0～9的EBCDIC编码为“F0～F9H”，A为0C1H，a为81H，“LF”为25H。

3. 十进制数编码

十进制数可转换成二进制数进行处理，但不适用于大量I/O、存储及其处理的场合。这就提出了用二进制数表示一位十进制数字的编码方法，即BCD码（Binary Coded Decimal）表示法，它既具有二进制的形式，又具有十进制的特点。常用的是从4位二进制数的16种不同状态中选出10个表示十进制数0～9，可有多种选择的方法。

（1）8421码（BCD）

8421码是一种有权码，从高位开始，位权分别是8、4、2、1。8421码是最常见的一种BCD，人们常常直接把8421码称为BCD。现代的计算机都设计有BCD修正指令。特点为：

1）与ASCII码之间转换简单。

0～9的8421码是0～9 ASCII码的低4位，两者相差30H。

例：“234”转换为对应的ASCII码与BCD码为：

（ASCII）00110010 00110011 00110100 与（BCD）0010 0011 0100

2）加减运算要修正运算结果。

当运算结果产生进位/借位或出现大于9的数字（A～FH）时，要对结果进行加/减6处理。例：9+7=16。

$$
\begin{array}{r}
1001 \\
+0111 \\
\hline
10000 \\
+110 \\
\hline
10110
\end{array}
\quad \text{有进位，加6修正}
$$

（2）其他有权BCD

其他有权BCD有2421码、5211码、8421码和4311码等。其特点是各种编码的二进制数位的位权是固定的。例如，5211码的位权分别为5、2、1、1，即数8的5211码为1101。

1.1.3 计算机体系结构、组成与实现

计算机体系结构（Computer Architecture）这个词目前已被广泛使用。Architecture 本来用在建筑方面，译为“建筑学、建筑术、建筑样式、构造、结构”等。这个词被引入计算机领域后，最初的译法也各有不同，后来趋向译为“体系结构”，但关于它的定义仍未统一。

经典的“计算机体系结构”定义是 1964 年 C. M. Amdahl 在介绍 IBM 360 系统时提出的：计算机体系结构是程序员所看到的计算机的属性，即概念性结构与功能特性。

按照计算机系统的多级层次结构，不同级的程序员所看到的计算机具有不同的属性。例如，传统机器语言程序员所看到的计算机主要属性是该机指令集的功能特性。而高级语言虚拟机程序员所看到的计算机主要属性是该机所配置的高级语言所具有的功能特性。显然，不同的计算机系统，从传统机器级程序员或汇编语言程序员来看，是具有不同属性的。但是，从高级语言（如 Visual Basic）程序员来看，它们就几乎没有什么差别，是具有相同属性的。或者说，这些传统机器级属性所存在的差别是高级语言程序员所“看不见”的，也是不需要他们知道的。在计算机技术中，对这种本来存在的事物或属性，但从某种角度看又好像不存在的概念称为透明性（Transparency）。通常，在一个计算机系统中，低层机器的属性对高层机器的程序员往往是透明的，如传统机器级的概念性结构和功能特性，对高级语言程序员来说是透明的。由此看出，在层次结构的各个级上都有它的体系结构。Amdahl 提出的体系结构是指传统机器级的体系结构，即一般所说的机器语言程序员所看到的传统机器级所具有的属性。这些属性是机器语言程序设计者（或者编译程序生成系统）为使其所设计（或生成）的程序能在机器上正确运行所需遵循的计算机属性，包含其概念性结构和功能特性两个方面。目前，对于通用寄存器型机器来说，这些属性主要是指：

1）数据表示（硬件能直接辨认和处理的数据类型）。

2）寻址规则（包括最小寻址单元、寻址方式及其表示）。

3）寄存器定义（包括各种寄存器的定义、数量和使用方式）。

4）指令集（包括机器指令的操作类型和格式、指令间的排序和控制机构等）。

5）中断系统（中断的类型和中断响应硬件的功能等）。

6）机器工作状态的定义和切换（如管态和目态等）。

7）存储系统（主存容量、程序员可用的最大存储容量等）。

8）信息保护（包括信息保护方式和硬件对信息保护的支持）。

9）I/O（Input/Output）结构（包括 I/O 连接方式、处理机/存储器与 I/O 设备间数据传送的方式和格式，以及 I/O 操作的状态等）。

这些属性是计算机系统中由硬件或固件完成的功能，程序员在了解这些属性后才能编写出在传统机器上正确运行的程序。因此，经典的计算机体系结构概念的实质是计算机系统中软件、硬件界面的确定，其界面之上是软件的功能，界面之下是硬件和固件的功能。

这里比较全面地介绍了经典的计算机体系结构的概念。随着计算机技术的发展，计算机体系结构所包含的内容是不断变化和发展的。目前经常使用的是广义的计算机体系结构的概念，它既包括了经典的计算机体系结构的概念范畴，又包括了对计算机组成和计算机实现技术的研究。

因此，计算机体系结构是程序设计者所看到的计算机系统的属性，是计算机的外特性、概念性结构和功能特性。其研究计算机系统的硬件、软件的功能划分及接口关系。

计算机组成是指计算机各功能部件的内部构造和相互之间的联系（部件配置、相互连接和作用），强调各功能部件的性能参数相匹配，实现机器指令级的各种功能和特性，是计算机系统

结构的逻辑实现。

计算机组成的物理实现即把一台完成逻辑设计的计算机真正地制作出来，解决各部件的物理结构、器件选择、电源供电、通风与冷却、装配与制造工艺等各个方面的问题。

设计一种新型计算机系统需要哪些技术呢？具体包括指令集设计、功能组织、逻辑设计、实现技术等。实现技术包括集成电路设计、制造和封装、系统制造、供电、冷却等技术。另外，人们往往要求在限定的造价范围内使新型计算机具有最高的性能。如何采用先进的计算机体系结构和生产技术制造出具有高性能价格比的计算机系统，是所有通用计算机设计的共同目标。

1.2　计算机系统的硬件、软件组成

一个完整的计算机系统应包括硬件系统和软件系统。计算机的硬件是计算机的物质基础。软件是发挥计算机功能、使计算机能正常工作的程序。

1.2.1　计算机硬件系统

硬件通常是指构成计算机的设备实体。一台计算机的硬件系统应由5个基本部分组成：中央处理器、控制器、运算器、存储器、输入设备和输出设备。这5个部分通过系统总线完成指令所传达的操作。当计算机在接收指令后，由控制器指挥，将数据从输入设备传送到存储器存放，再由控制器将需要参加运算的数据传送到运算器，由运算器进行处理，处理后的结果由输出设备输出。

1. 中央处理器

中央处理器（Central Processing Unit，CPU）由控制器、运算器和寄存器组成，通常集成在一块芯片上，是计算机系统的核心设备。计算机以CPU为中心，输入设备和输出设备与存储器之间的数据传输和处理都通过CPU来控制执行。微型计算机的中央处理器又称为微处理器。

2. 控制器

控制器是对输入的指令进行分析，并统一控制计算机的各个部件完成一定任务的部件。它一般由指令寄存器、状态寄存器、指令译码器、时序电路和控制电路组成。计算机的工作方式是执行程序，程序就是为完成某一任务所编制的特定指令序列，各种指令操作按一定的时间关系有序进行。控制器产生各种最基本的不可再分的微操作的命令信号，即微命令，以指挥整个计算机有条不紊地工作。当计算机执行程序时，控制器首先从指令指针寄存器中取得指令的地址，并将下一条指令的地址存入指令寄存器中，然后从存储器中取出指令，由指令译码器对指令进行译码后产生控制信号，用于驱动相应的硬件完成指定操作。简言之，控制器就是协调及指挥计算机各部件工作的元件。它的基本任务就是根据各种指令的需要并综合有关的逻辑条件与时间条件产生相应的微命令。

3. 运算器

运算器又称为算术逻辑单元（Arithmetic Logic Unit，ALU）。运算器的主要任务是执行各种算术运算和逻辑运算。算术运算是指各种数值运算，比如加、减、乘、除等。逻辑运算是指进行逻辑判断的非数值运算，比如与、或、非、比较、移位等。计算机所完成的全部运算都是在运算器中进行的，根据指令规定的寻址方式，运算器从存储器或寄存器中取得操作数，进行计算后，送回到指令所指定的寄存器中。运算器的核心部件是加法器和若干个寄存器，加法器用于运算，寄存器用于存储参加运算的各种数据以及运算后的结果。

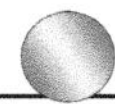

4. 存储器

存储器分为内存储器（也称为内存或主存）和外存储器（也称为外存或辅存）。外存储器一般也可作为输入/输出设备。计算机把要执行的程序和数据存入内存中，内存一般由半导体存储器构成。半导体存储器可分为三大类：随机存储器、只读存储器、特殊存储器。

1）随机存储器。随机存储器（Random Access Memory，RAM）的特点是可以读写，存取任一单元所需的时间相同，通电时存储器内的内容可以保持，断电后存储的内容立即消失。RAM可分为动态随机存储器（Dynamic RAM，DRAM）和静态随机存储器（Static RAM，SRAM）两大类。所谓动态随机存储器，是用MOS电路和电容来做存储元件的。由于电容会放电，所以需要定时充电以维持存储内容的正确，例如每隔2ms刷新一次，因此称为动态存储器。所谓静态随机存储器，是用双极型电路或MOS电路的触发器来做存储元件的，它没有电容放电造成的刷新问题，只要有电源正常供电，触发器就能稳定地存储数据。DRAM的特点是集成密度高，主要用于大容量存储器。SRAM的特点是存取速度快，主要用于高速缓冲存储器。

2）只读存储器。只读存储器（Read Only Memory，ROM）只能读出原有的内容，不能由用户再写入新内容。原来存储的内容是由厂家一次性写入的，并永久保存下来。ROM可分为可编程只读存储器（Programmable ROM，PROM）、可擦除可编程只读存储器（Erasable Programmable ROM，EPROM）、电擦除可编程（Electrically Erasable Programmable ROM，EEPROM）。例如，EPROM存储的内容可以通过紫外光照射来擦除，这使它的内容可以反复更改。

3）特殊存储器。特殊存储器包括电荷耦合存储器、磁泡存储器、电子束存储器等，它们多用于特殊领域内的信息存储。

此外，描述内/外存储容量的常用单位如下。

1）位/比特（bit，b）：这是内存中最小的单位，二进制数序列中的一个0或一个1就是一个比特。在计算机中，一个比特一般对应着一个晶体管。

2）字节（Byte，B）：它是计算机中最常用、最基本的存储单位。一个字节等于8个比特，即1Byte = 8bit。

3）千字节（Kilo Byte，KB）：一般，计算机的内存容量都很大，都以千字节为单位。1KB = 1024B。

4）兆字节（Mega Byte，MB）：20世纪90年代流行的微机的硬盘和内存等一般都以兆字节为单位。1MB = 1024KB。

5）吉字节（Giga Byte，GB）：20世纪后，市场曾流行过的微机的硬盘有120GB、250GB、512GB等规格。1GB = 1024MB。

6）太字节（Tera Byte，TB）：目前市场流行的微机的硬盘已经达到1TB、2TB、4TB等。1TB = 1024GB。

5. 输入设备和输出设备

输入设备用来接收用户输入的原始数据和程序，并将它们转换为计算机能识别的二进制数存入内存中。常用的输入设备有键盘、鼠标、扫描仪、光笔等。

输出设备用于将存储在内存中的计算机处理的结果转换为人们能接受的形式后输出。常用的输出设备有显示器、打印机、绘图仪等。

6. 总线

总线是一组在系统部件之间传送数据的公用信号线。它具有汇集与分配数据信号、选择发送信号的部件与接收信号的部件、总线控制权的建立与转移等功能。一般按信号类型可将总线分为3组，即地址总线（Address Bus，AB）、数据总线（Data Bus，DB）和控制总线（Control Bus，CB）。

1.2.2　计算机软件系统

软件是指计算机系统中使用的各种程序及其文档。程序是对计算任务的处理对象和规则的描述，文档是为了便于了解程序所编写的阐述性资料。

1. 软件的作用

计算机的工作是由存储在其内部的程序指挥的，这是冯·诺依曼计算机系统的重要特色，因此程序或者软件质量的好坏将极大地影响计算机性能的发挥。特别是并行处理技术以及 RISC 计算机的出现，使软件显得更加重要。软件的具体作用如下：

1）它在计算机系统中起着指挥和管理的作用。计算机系统中有各种各样的软件、硬件资源，必须由相应的软件（特别是操作系统）来统一管理和指挥。

2）它是计算机用户和硬件的接口界面。用户要使用计算机，必须编制程序使用软件，用户主要通过软件与计算机进行交流。

3）它是计算机体系结构设计的主要依据。为了方便用户，使计算机系统具有较高的总体效率，在设计计算机时必须考虑软件和硬件的结合，以及用户对软件的要求。

2. 软件的发展过程

软件的发展受计算机硬件发展和应用的推动与制约，其发展过程大致分 3 个阶段。

从第一台计算机上的第一个程序出现到实用的高级语言出现为第一阶段（1946—1956 年）。该阶段计算机的应用以科学计算为主，计算量较大，但输入/输出量不大。机器以 CPU 为中心，存储器较小，编制程序的工具为机器语言，突出问题是程序设计与编制工作复杂、烦琐、易出错。因此该阶段重点考虑程序本身，使它占用内存小，节省运行时间，从而提高效率。这时尚未出现“软件”一词。

从实用的高级程序设计语言出现到软件工程出现以前为第二阶段（1956—1968 年）。该阶段的计算机除了科学计算外，还需要进行大量数据处理，计算量不大，但输入/输出量较大。机器结构以存储器为中心，出现了大容量存储器，输入/输出设备增加。为了充分利用这些资源，出现了操作系统；为了提高程序人员的工作效率，出现了高级语言；为了适应大量的数据处理，出现了数据库及其管理系统。这时人们也认识到文档的重要性，出现了“软件”一词。随着软件复杂性的不断提高，甚至出现了人们难以控制的局面，即所谓软件危机。为了克服危机，人们采取了多种方法，特别值得一提的是“软件工程”方法的出现。

软件工程出现以后至今为第三阶段（1968 年至今）。对于一些复杂的大型软件，采用个体或者合作的方式进行开发不仅效率低、可靠性差，而且很难完成，必须采用工程方法。为此，从 20 世纪 60 年代末开始，软件工程得到了迅速的发展，还出现了“计算机辅助软件”“软件自动化”实验系统等。目前，人们除了改进软件传统技术外，还着重研究以智能化、自动化、集成化、并行化以及自然化为标志的软件新技术。

3. 软件的分类

按功能分，软件大致可以分为 3 类：系统软件、支撑软件和应用软件。

（1）系统软件

系统软件包括操作系统和各类语言的编译程序，它位于计算机系统中最接近硬件的层，其他软件只有通过系统软件才能发挥作用，系统软件与具体应用无关。

1）操作系统：管理整个计算机系统的软硬件资源，包括对它们进行调度、管理、监视、服务等，以改善人机界面，并提供对应用软件的支持。按功能分，操作系统可以分成多种类型，包括单用户操作系统和批处理操作系统，分时操作系和实时操作系统，网络操作系统、分布式操作系统和并行操作系统等。

2）编译程序：把由程序人员使用各类高级语言编写的程序翻译成能与之等价的、可执行的机器语言代码。

（2）支撑软件

它是支撑其他软件的开发与维护的软件。数据库管理系统、各类子程序库以及网络软件等均为支撑软件。20世纪70年代中后期发展起来的软件开发环境是支撑软件的代表，它主要包括环境数据库、各类接口软件和工具组。

（3）应用软件

应用软件指各类为满足用户的需要而开发的各种应用程序。例如，为进行数据处理、科学计算、事务管理、工程设计以及过程控制所编写的各类应用程序。

软件是人类开发的各种程序和编写的文档。它是智力产品，随着硬件技术的不断发展和应用要求的日益提高，软件产品越来越复杂、庞大。如何来保证软件的准确性、友善性、高效率以及智能化，是软件工作者始终努力的目标。

1.3 层次结构模型

1.3.1 从语言功能角度划分层次结构

现代计算机系统是由软件和硬/固件组成的十分复杂的系统。为了对系统进行描述、分析、设计和使用，人们从不同的角度提出了观察计算机的观点和方法。本小节从计算机语言的角度，把计算机系统按功能划分成多级层次结构。

随着计算机系统的发展，人们已设计出一系列语言，从面向机器的语言（如机器语言、汇编语言），到各种高级程序设计语言（如Java、C/C++），再到各种面向问题的语言或者称为应用语言（如面向数据库查询的SQL、面向数字系统设计的VHDL、面向人工智能的Prolog语言）。计算机语言就是这样由低级向高级发展的，高级语言相对于低级语言功能更强，更便于应用，但又都是以低级语言为基础的。

计算机语言可分成一系列的层次（Level）或级，最低层语言的功能最简单，最高层语言的功能最强。对于用某一层语言编写程序的程序员来说，一般不管程序在机器中是如何执行的，只要程序正确，总能得到预期的结果。这样，对这层语言的程序员来说，他们似乎有了一种新的机器，这层语言就是这种机器的机器语言，该机器能执行用该层语言编写的全部程序。因此计算机系统就可以按语言的功能划分成多级层次结构。不同层以不同的语言为特征。这样，可以把现代计算机系统分成图1.1所示的层次结构。

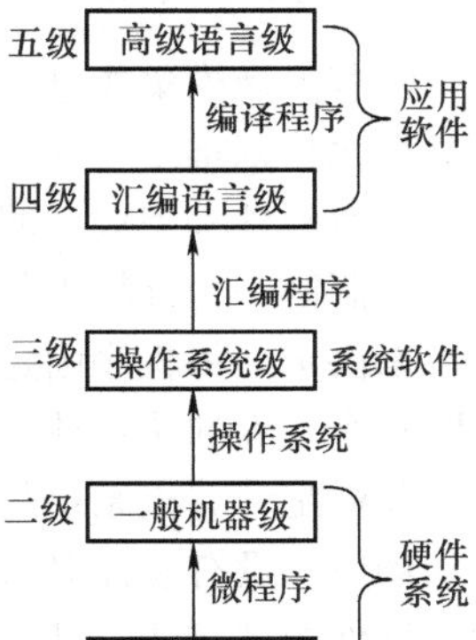

五级 高级语言级
编译程序
四级 汇编语言级
（五级、四级：应用软件）
汇编程序
三级 操作系统级 系统软件
操作系统
二级 一般机器级
微程序
一级 微程序机器级
（二级、一级：硬件系统）
微程序直接由硬件执行

图1.1 计算机层次结构

图中第四级以上完全由软件实现。人们称由软件实现的机器为虚拟机器（Virtual Machine），以区别于由硬件或固件实现的实际机器。

第一级是微程序机器级，这一级的机器语言是微指令集，程序员用微指令编写的微程序一般是直接由硬件解释实现的。

第二级是一般机器级。这一级的机器语言是该机的指令集，程序员用机器指令集编写的程序可以由微程序进行解释。这个解释程序运行在第一级上。微程序解释指令集又称为仿真（Emulation）。实际上，在第一级可以有一个或数个能够在它上面运行的解释程序，每一个解释程序都定义了一种指令集。因此，可以通过仿真在一台机器上实现多种指令集。

计算机系统中也可以没有微程序机器级。在这些计算机系统中使用硬件直接实现传统机器的指令集，而不必由任何解释程序进行干预。目前使用的 RISC 技术就是采用这样的设计思想，处理器的指令集全部用硬件直接实现，以提高指令的执行速度。

第三级是操作系统级。从操作系统的基本功能来看，一方面它要直接管理传统机器中的软硬件资源，另一方面它又是传统机器的引申。它提供了传统机器所没有的某些基本操作和数据结构，如文件结构与文件管理的基本操作、存储体系和多道程序以及多重处理所用的某些操作、设备管理等。

第四级是汇编语言级。这一级的机器语言是汇编语言，用汇编语言编写的程序首先翻译成第三级和第二级语言，然后由相应的机器执行。完成汇编语言翻译的程序称为汇编程序。

通常的第一、二和三级是用解释（Interpretation）方法实现的，而第四级或更高级则经常是用翻译（Translation）方法实现的。

翻译和解释是语言实现的两种基本技术。它们都是以执行一串 N 级指令来实现 $N+1$ 级指令，但两者仍存在着差别：翻译技术是先把 $N+1$ 级程序全部变换成 N 级程序，再去执行新产生的 N 级程序，在执行过程中 $N+1$ 级程序不再被访问；而解释技术是每当一条 $N+1$ 级指令被译码后，就直接去执行一串等效的 N 级指令，然后去取下一条 $N+1$ 级指令，依此重复进行。在这个过程中不产生翻译出来的程序，因此解释过程是边变换边执行的过程。在实现新的虚拟机器时，这两种技术都被广泛使用。一般来说，解释执行比翻译花的时间多，但存储空间占用较少。

第五级是高级语言级。这一级的机器语言就是各种高级语言，目前高级语言已达数百种。用这些语言所编写的程序一般是由称为编译程序的翻译程序翻译到第四级或第三级上，如 C/C++、Fortran 等，个别高级语言也用解释的方法实现，如绝大多数 BASIC 语言系统。

在某一层次的观察者看来，他们只需要通过该层次的语言来了解和使用计算机即可，至于下层是如何工作和实现的就不必关心了，这就是所谓的虚拟计算机的概念。虚拟计算机即是由软件实现的机器。

1.3.2 软硬件在逻辑上的等价

随着大规模集成电路技术的发展和软件硬化的趋势，要明确划分计算机系统的软硬件界限已经显得比较困难了，因为任何操作都可以由软件来实现，也可以由硬件来实现；任何指令的执行都可以由硬件来完成，同样也可以由软件来完成。

当研制一台计算机的时候，确定哪些情况使用硬件，哪些情况使用软件，由当前的硬件发展水平来决定。将程序固定在 ROM 中而组成的部件称为固件。固件是一种具有软件特性的硬件，它既具有硬件的快速性特点，又有软件的灵活性特点。这是软件和硬件相互转化的典型实例。

硬件是计算机系统的物质基础，正是在硬件高度发展的基础上，才有软件赖以生存的空间和活动场所，没有硬件对软件的支持，软件的功能就无从谈起。同样，软件是计算机系统的灵魂，没有软件的“裸机”不能提供给用户使用。因此，硬件和软件是相辅相成的、不可分割的整体。当前，计算机的硬件和软件正朝着互相渗透、互相融合的方向发展，在计算机系统中没有一条明确的硬件与软件的分界线。原来的一些由硬件实现的功能可以改由软件模拟来实现，这种做法称为硬件软化，它可以增强系统的功能和适应性。同样，原来由软件实现的功能也可以改由硬件来实现，称为软件硬化，它可以显著降低软件在时间上的开销。由此可见，硬件和软件之间的界面是浮动的，对于程序设计人员来说，硬件和软件在逻辑上是等价的。一项功能究竟采用何种方式实现，应从系统的效率、速度、价格和资源状况等诸多方面综合考虑。既然硬件和软件不存在一

条固定的一成不变的界线，那么今天的软件可能就是明天的硬件，今天的硬件也可能就是明天的软件。除去硬件和软件以外，还有一个概念需要引起读者的注意，这就是固件（Firmware）。固件一词是 1967 年由美国人 A. Opler 首先提出来的。固件能永久存储在器件（如 ROM）中的程序，是具有软件功能的硬件。固件的性能指标介于硬件与软件之间，吸收了软硬件各自的优点，其执行速度快于软件，灵活性优于硬件，是软硬件结合的产物，计算机功能的固件化将成为计算机发展的一个趋势。

1.4　计算机的工作过程

用计算机解决一个实际问题，通常包含两大过程：一个是上机前的各种准备，另一个是上机运行。

1.4.1　处理问题的步骤

在许多科学技术的实际问题中，往往会遇到复杂的数学方程组，而计算机通常只能进行加、减、乘、除四则运算，这就要求在上机解题前，先由人工完成一些必要的准备工作。这些工作大致可归纳为建立数学模型、确定计算方法、编制解题程序 3 个步骤。

1. 建立数学模型

有许多科技问题很难直接用物理模型来模拟研究对象的变化规律，如地球大气环流、原子反应堆的核裂变过程、航天飞行速度对飞行器的影响等。不过，通过大量的实验和分析，总能找到一系列反映研究对象变化规律的数学方程组。通常，把这类方程组称为被研究对象变化规律的数学模型。一旦建立了数学模型，研究对象的变化规律就变成了解一系列方程组的数学问题，这便可通过计算机来求解。因此，建立数学模型是用计算机解题的第一步。

2. 确定计算方法

由于数学模型中的数学方程式往往是很复杂的，因此要将它变成适合计算机运算的加、减、乘、除四则运算，还必须确定对应的计算方法。

例如，欲求 $\sin x$ 的值，只有采用近似计算方法，用四则运算的式子来求得（因计算机内部没有直接完成三角函数运算的部件）。如：

$$\sin x = x - \frac{x^3}{3!} + \frac{x^5}{5!} - \frac{x^7}{7!} + \frac{x^9}{9!} - \cdots$$

又如，计算机不能直接求解开方 x，但可用迭代公式：

$$y_{n+1} = \sqrt{x} = \frac{1}{2}\left(y_n + \frac{x}{y_n}\right)(n = 0,1,2,\cdots)$$

通过多次迭代，便可求得相应精度的$\sqrt{x}$值。

3. 编制解题程序

程序是适合于机器运算的全部步骤，编制解题程序就是将运算步骤用一一对应的机器指令描述。

例如，计算 $ax^2 + bx + c$ 可分解为以下步骤：

1）将 x 取至运算器中。

2）乘以 x，得 x^2，存于运算器中。

3）再乘以 a，得 ax^2，存于运算器中。

4）将 ax^2 送至存储器中。

5）取 b 至运算器中。

6）乘以 x，得 bx，存于运算器中。

7）将 ax^2 从存储器中取出与 bx 相加，得 ax^2+bx，存于运算器中。

8）再取 c 与 ax^2+bx 相加，得 ax^2+bx+c，存于运算器中。

可见，若不包括停机、输出打印，共需8步。若将上式改写成 $(ax+b)x+c$，则其步骤可简化为5步：

1）取 x 至运算器中。

2）乘以 a，得 ax，存于运算器中。

3）加 b，得 $ax+b$，存于运算器中。

4）乘以 x，得 $(ax+b)x$，存于运算器中。

5）加 c，得 $(ax+b)x+c$，存于运算器中。

将上述运算步骤写成某计算机一一对应的机器指令，就完成了运算程序的编写。

若设某机器的指令字长为16位，其中操作码占6位，地址码占10位，如图1.2所示。

操作码	地址码
6位	10位

图1.2　某机器指令格式

操作码表示机器所执行的各种操作，如取数、存数、加、减、乘、除、停机、打印等。地址码表示参加运算的数在存储器内的位置。机器指令的操作码和地址码都采用0、1代码的组合来表示。表1.1列出了部分机器指令的操作码及其操作性质的对应关系。

表1.1　部分机器指令的操作码及其操作性质的对应关系

操　作　码	操作性质
000001	取数：将指令地址码指示的存储单元中的操作数取到运算器的累加器ACC中
000010	存数：将ACC中的数存至指令的地址码指示的存储单元中
000011	加：将ACC中的数与指令地址码指示的存储单元中的数相加，结果存于ACC中
000100	乘：将ACC中的数与指令地址码指示的存储单元中的数相乘，结果存于ACC中
000101	打印：将指令地址码指示的存储单元中的操作数打印输出
000110	停机

将上面所介绍示例中所用到的数 a、b、c、x 事先存入存储器的相应单元内。

按 ax^2+bx+c 的运算分解，可用机器指令编写出一份运算的程序清单，见表1.2。

表1.2　运算 ax^2+bx+c 的程序清单

指令和数据存于主存单元的地址	指令		注释
	操　作　码	地　址　码	
0	000001	0000001000	取数 x 至ACC
1	000100	0000001001	乘以 a 得 ax，存于ACC中
2	000011	0000001010	加 b 得 $ax+b$，存于ACC中
3	000100	0000001000	乘以 x 得 $(ax+b)x$，存于ACC中
4	000011	0000001011	加 c 得 ax^2+bx+c，存于ACC中
5	000010	0000001100	存数，将 ax^2+bx+c 存于主存单元
6	000101	0000001100	打印
7	000110		停机
8	x		原始数据 x

（续）

指令和数据存于主存单元的地址	指令		注释
	操　作　码	地　址　码	
9	*a*		原始数据 *a*
10	*b*		原始数据 *b*
11	*c*		原始数据 *c*
12			存放结果

以上程序编写完后，便可进入下一步上机。

1.4.2　计算机的解题过程

为了比较形象地了解计算机的解题过程，首先分析一个较为细化的计算机组成框图，如图1.3所示。

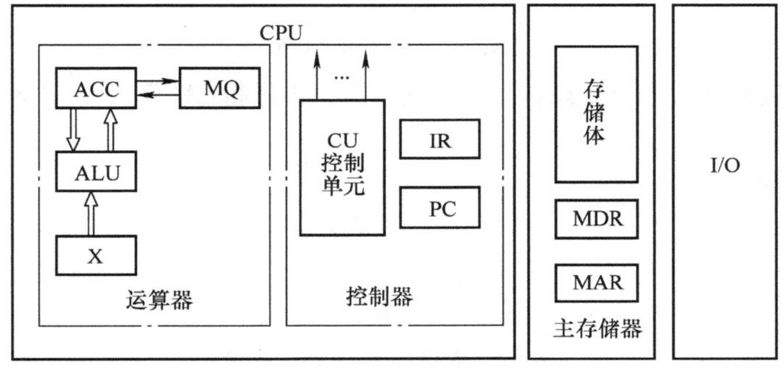

图1.3　计算机组成框图

运算器包括3个寄存器（现代计算机内部往往设有通用寄存器组）和一个算术逻辑电路ALU。3个寄存器分别为累加器（Accumulator，ACC）、乘商寄存器（Multiplier - Quotient Register，MQ）、操作数寄存器（X）。这3个寄存器在完成不同的运算时，所存放的操作数类别也各不相同。表1.3列出了各寄存器所存放的各类操作数的情况。

表1.3　各寄存器所存放的各类操作数

运算操作数寄存器	加法	减法	乘法	除法
ACC	被加数及和	被减数及差	乘积高位	被除数及余数
MQ			乘数及乘积低位	商
X	加数	减数	被乘数	除数

不同机器的运算器结构是不同的。图1.3所示的运算器可将运算结果从ACC送至存储器中的MDR，而存储器的操作数也可从它的MDR送至运算器中的ACC、MQ或X。有的机器用MDR取代X寄存器。

下面简要分析这种结构的运算器其加、减、乘、除四则运算的操作过程。

设：M——存储器的任一地址号；

[M]——M地址号单元中的内容；

X——X寄存器；

[X]——X 寄存器中的内容；

ACC——累加器；

[ACC]——累加器中的内容；

MQ——乘商寄存器；

[MQ]——乘商寄存器中的内容。

假设 ACC 中已存有前一时刻的运算结果，并作为下述运算中的一个操作数，则四则运算的操作过程如下。

1. 加法操作过程

$$[M] \rightarrow X$$

$$[ACC] + [X] \rightarrow ACC$$

即将 [ACC] 看作被加数，先从内存中取一个存放在 M 地址号内的加数 [M]，送至运算器的 X 寄存器中，然后将被加数 [ACC] 与加数 [X] 相加，其结果和保留在累加器 ACC 中。

2. 减法操作过程

$$[M] \rightarrow X$$

$$[ACC] - [X] \rightarrow ACC$$

即将 [ACC] 看作被减数，先取出减数 [M] 送入 X，再进行[ACC] - [X]运算，其结果差保留在 ACC 中。

3. 乘法操作过程

$$[M] \rightarrow MQ$$

$$[ACC] \rightarrow X$$

$$0 \rightarrow ACC$$

$$[X] \times [MQ] \rightarrow ACC//^{\ominus}MQ$$

即把 [ACC] 看作被乘数，先把 M 号单元中的乘数 [M] 送入乘商寄存器 MQ，再把被乘数送入 X 寄存器，并将寄存器 ACC 清 "0"，然后 [X] 和 [MQ] 相乘，其结果积的高位保留在 ACC 中，积的低位保留在 MQ 中。

4. 除法操作过程

$$[M] \rightarrow X$$

$$[ACC] \div [X] \rightarrow MQ \quad \text{余数 R 在 ACC 中}$$

即将 [ACC] 看作被除数，先将 M 号单元内的除数 [M] 送至 X 寄存器，然后 [ACC] 除以 [X]，其结果商暂留于 MQ，[ACC] 为余数 R。若需要将商保留在 ACC 中，只需做一步[MQ]→ACC 即可。

为了能实现按地址访问的方式，主存中还必须配置两个寄存器 MAR 和 MDR。MAR（Memory Address Register）是存储器地址寄存器，用来存放欲访问的存储单元的地址，其位数对应存储单元的个数（如 MAR 为 10 位，则有 $2^{10}=1024$ 个存储单元，记为 1K）。MDR（Memory Data Register）是存储器数据寄存器，用来存放从存储体某单元取出的代码或者准备往某存储单元存入的代码，其位数与存储字长相等。当然，要想完整地完成一个取或存操作，CPU 还需要给主存加以各种控制信号，如读命令、写命令和地址译码驱动信号等。随着硬件技术的发展，主存都被制成了大规模集成电路芯片，而将 MAR 和 MDR 制作在 CPU 芯片中。

早期计算机的存储字长一般和机器的指令字长与数据字长相等，故访问一次主存便可取一条

⊖ //表示两个寄存器串接。

指令或一个数据。随着计算机应用范围的不断扩大，以及解题精度的不断提高，往往要求指令字长是可变的，数据字长也要求可变。为了适应指令和数据字长的可变性，其长度不由存储字长来确定，而用字节的个数来表示。1B（Byte）被定义为由 8 位（bit）二进制代码组成。例如，4B 数据就是 32 位二进制代码；2B 构成的指令字长是 16 位二进制代码。当然，此时存储字长、指令字长、数据字长三者可各不相同，但它们必须是字节的整数倍。

控制器是计算机组成的神经中枢，由它指挥全机各部件自动、协调地工作。具体而言，它首先要命令存储器读出一条指令，这称为取指过程（也称取指阶段）。接着，它要对这条指令进行分析，指出该指令要完成什么样的操作，并按寻址特征指明操作数的地址，这称为分析过程（也称分析阶段）。最后根据操作数所在的地址，取出操作数并完成某种操作，这称为执行过程（也称执行阶段）。以上就是通常所说的完成一条指令操作的取指、分析和执行 3 个阶段。

控制器由程序计数器（Program Counter，PC）、指令寄存器（Instruction Register，IR）以及控制单元（Control Unit，CU）几部分组成。PC 用来存放当前欲执行指令的地址，它与主存的 MAR 之间有一条直接通路，且具有自动加 1 的功能，即可自动形成下一条指令的地址。IR 用来存放当前的指令，IR 的内容来自主存的 MDR。IR 中的操作码（OP（IR））送至 CU（记作 OP（IR）→CU），用来分析指令；其地址码（Ad（IR））作为操作数的地址送至存储器的 MAR（记作 Ad（IR）→MAR）。CU 用来分析当前指令所需完成的操作，并发出各种微操作命令序列，用于控制所有被控对象。

I/O 子系统包括各种外部设备及相应的接口。每一种设备都是由 I/O 接口与主机联系的，它接收 CU 发出的各种控制命令以完成相应的操作，如键盘（输入设备）由键盘接口电路与主机联系，打印机（输出设备）由打印机接口电路与主机联系。

下面结合图 1.3，进一步介绍计算机解题的全过程。

首先按表 1.2 所列的有序指令和数据，通过键盘输入主存的第 0 ~ 12 号单元中，并置 PC 的初值为 0（即令程序的首地址为 0）。启动机器后，计算机便自动按存储器中所存放的指令顺序，有序地逐条完成取指令、分析指令和执行指令操作，直至执行到程序的最后一条指令为止。

例如，启动机器后，控制器立即将程序计数器的内容送至主存的 MAR（记作 PC→MAR）并命令存储器做读操作，此刻主存“0”号单元的内容“0000010000001000”（表 1.2 中程序的第一条指令）便被送入 MDR 内。然后由 MDR 送至控制器的 IR（记作 MDR→IR），便完成了一条指令的取指过程。经 CU 分析，操作码“000001”为取数指令，于是 CU 又将 IR 中的地址码“0000001000”送至 MAR，并命令存储器做读操作，将该地址单元中的操作数 x 送至 MDR，再由 MDR 送至运算器的 ACC（记作 MDR→ACC），便完成了此指令的执行过程。此刻即完成了第一条取数指令的全过程，即将操作数 x 送至运算器 ACC 中。与此同时，PC 完成自动加 1 的操作，形成了下一条指令的地址“1”号。同上所述，由 PC 送至 MAR，命令存储器做读操作，将“0001000000001001”送入 MDR，又由 MDR→IR。接着 CU 分析操作码“000100”为乘法指令，故 CU 又向存储器发出读命令，取出对应地址为“0000001001”单元中的操作数 a，经 MDR 送至运算器 MQ，CU 再向运算器发送乘法操作命令，完成 ax 的运算，并把运算结果 ax 存放在 ACC 中。同时 PC 完成一次（PC）+1→PC，形成下一条指令的地址“2”号。以此类推，逐条取指、分析、执行，直至打印出结果。最后执行完停机指令后，机器便自动停机。

1.5　微型计算机的主要技术指标

微型计算机的主要技术指标如下。

1）CPU类型：它是指微机系统所采用的CPU芯片型号，它决定了微机系统的档次。

2）字长：它是指CPU一次最多可同时传送和处理的二进制位数，字长直接影响计算机的功能、用途和应用范围。

3）时钟频率和机器周期：时钟频率又称主频，它是指CPU内部晶振的频率，常用单位为兆赫兹（MHz）、吉赫兹（GHz），它反映了CPU的基本工作节拍。一个机器周期由若干个时钟周期组成，在机器语言中，使用执行一条指令所需要的机器周期数来说明指令执行的速度。一般使用CPU类型和时钟频率来说明计算机的档次，如酷睿i7 9700K，主频为3.6~4.9GHz等。

4）运算速度：它是指计算机每秒能执行的指令数，单位有MIPS（Million Instructions Per Second，每秒百万条指令）、MFLOPS（Million Floating Point Operation Per Second，每秒百万条浮点指令）。

5）存取速度：它是指存储器完成一次读取或写存储器操作所需的时间，称为存储器的存取时间或访问时间。而每连续两次读或写所需要的最短时间，称为存储周期。对于半导体存储器来说，存取周期大约为几十到几百微秒之间。它的快慢会影响计算机的速度。

6）内/外存储器容量：即内、外存储器能够存储信息的字节数。外存储器是可将程序和数据永久保存的存储介质，可以说其容量是无限的。例如，硬盘、光盘已是微机系统中不可缺少的外部设备。迄今为止，所有的计算机系统都基于冯·诺依曼存储程序的原理。内/外存容量越大，所能运行的软件功能就越丰富。CPU的高速度和外存储器的低速度是微机系统工作过程中的主要瓶颈，不过由于硬盘的存取速度不断提高，目前这种现象已有所改善。

1.6　计算机的发展与应用

目前使用的计算机诞生于1946年。近80年以来，计算机技术一直处于发展和变革之中。

在计算机诞生的头25年中，计算机性能增长相对缓慢。在这个过程中，电路技术和体系结构同时发挥着作用，其间充满了尝试和创新。目前广泛使用的存储程序计算机的完整概念就是这个时期产生的，通常称为冯·诺依曼计算机结构。20世纪70年代以后，由于集成电路的出现，计算机性能出现了极大的飞跃，产生了一系列著名的计算机系统，包括IBM 360/370系列、DEC PDP系列、CDC 6600/7600系列等。20世纪70年代，计算机性能以每年25%~30%的速度增长，这种增长主要归功于以集成电路为代表的电路技术的发展。20世纪70年代末期，出现了微处理器，这是一次计算机设计和制造技术的革命。从20世纪70年代末到80年代中期，采用微处理器的计算机性能以每年35%的速度增长。与当时广泛使用的大、中、小型计算机相比，微处理器的性能增长，更多地依赖于集成电路技术的发展。进入20世纪80年代以后，计算机体系结构产生了一次重大变革，出现了现在称为精简指令集计算机（Reduced Instruction Set Computer，RISC）的处理器设计技术。此后，计算机体系结构不断变革，在计算机体系结构技术发展的促进下，集成电路技术为计算机设计提供的技术空间得到了充分的发挥，计算机系统的性能以每年50%以上的速度增长。20世纪90年代中期以来，尤其是Intel公司的Pentium Pro的出现，基于RISC设计技术的微处理器大批量上市，极大地推动了计算机产业的发展，计算机的系统性能出现全面提升。目前，计算机性能的增长速度达到每年50%以上，其中包括器件技术在内的计算机制造技术提供约8%，其余约42%的部分主要依靠计算机体系结构发展的支持。

微处理器出现以后，计算机系统设计、计算机市场和计算机应用都出现了较大的变化。首先，计算机用户是最直接的受益者。20世纪90年代中期，采用Digital的Alpha微处理器构成的计算机系统，其性能已经大大超过20世纪80年代末期的向量巨型计算机，如Cray Y-MP（1988

年全世界最快的商用计算机之一）等，而价格仅仅只有巨型计算机的几十分之一。其次，对于市场而言，大批量的微处理器生产促成了计算机产品的批量化、标准化和市场化，这种变化促进了计算机设计、生产和应用的良性发展。微处理器的使用，使绝大多数计算机系统制造商无须再进行中央处理器的设计和制造，计算机系统设计的复杂性和风险也大大下降。目前，甚至巨型计算机也采用微处理器来实现。大量兼容的微处理器、标准化的接口、高度兼容的计算机系统的出现，避免了系统程序和应用程序的重复开发；操作系统和计算机语言的标准化，降低了采用新型体系结构的费用和风险；高级语言，如C/C++语言，成为计算机系统的必备语言，汇编语言的使用减少，使应用开发的难度和风险都大大减小了。

现代计算机应用主要体现在以下几个方面。

1. 科学计算（或称为数值计算）

早期的计算机主要用于科学计算。科学计算仍然是计算机应用的一个重要领域，如高能物理、工程设计、地震预测、气象预报、航天技术等。由于计算机具有高运算速度和精度以及逻辑判断能力，因此出现了计算力学、计算物理、计算化学、生物控制论等新的学科。

2. 过程检控

利用计算机对工业生产过程中的某些信号自动进行检测，并把检测到的数据存入计算机，再根据需要对这些数据进行处理，这样的系统称为计算机检测系统。特别是仪器仪表引进计算机技术后所构成的智能化仪器仪表，将工业自动化推向了一个更高的水平。

3. 信息管理（或称数据处理，包括大数据分析）

信息管理是目前计算机应用最广泛的一个领域，利用计算机来加工、管理与操作任何形式的数据资料，如企业管理、物资管理、报表统计、账目计算、信息情报检索与分析等。

国内许多机构纷纷建设自己的管理信息系统（MIS）与数据处理中心；生产企业也开始采用制造资源规划软件（MRP），商业流通领域则逐步使用电子信息交换系统（EDI），即无纸贸易。

4. 辅助系统

辅助系统可进行计算机辅助设计、制造、测试（CAD/CAM/CAT）。

1）经济管理：包括国民经济管理，公司企业经济信息管理，计划与规划，分析统计，预测，决策；物资、财务、劳资、人事等管理。

2）情报检索：图书资料、历史档案、科技资源、环境等信息检索。

3）自动控制：工业生产过程综合自动化控制、工艺过程最优控制、武器控制、通信控制、交通信号控制。

5. 人工智能

开发一些具有人类智能的应用系统，用计算机来模拟人的思维判断、推理等智能活动，使计算机具有自学习适应和逻辑推理的功能，如图像识别、自然语言处理、计算机推理、智能学习系统、专家系统、机器人等，帮助人们学习和完成某些推理工作。

6. 自然语言处理

自然语言处理实际上是人工智能领域的一个方向，其中包含语言翻译。1947年，美国数学家、工程师沃伦·韦弗与英国物理学家、工程师安德鲁·布思提出了以计算机进行翻译（简称“机译”）的设想，机译从此步入历史舞台，并走过了一条曲折而漫长的发展道路。机译分为文字机译和语音机译。机译的目标是消除不同文字和语言间的隔阂，堪称高科技造福人类之举。但机译的质量长期以来一直是个问题，尤其是译文质量，离理想目标仍有较大的距离。

1.6.1 计算机的诞生

世界上的第一台计算机是1946年在美国诞生的ENIAC，其设计师是美国宾夕法尼亚大学的莫齐利（Manchly）和他的学生艾克特（Eckert）。莫齐利于1932年荣获著名的霍普金斯大学物理学博士学位并留校任教，1941年转入宾夕法尼亚大学。他常常为物理学研究中屡屡出现的大量枯燥、烦琐的数学计算而头痛，渴望计算机的帮助。一天，他偶然发现依阿华州立大学的阿塔纳索夫教授正在试制计算机，莫齐利深受鼓舞，立即启程拜访。阿塔纳索夫教授热情地接待了这位志同道合的客人，毫无保留地介绍了他的研制情况，并无私地把有关计算机设计的珍贵笔记本郑重地交给了莫齐利。莫齐利认真研究了阿塔纳索夫的方案，凭着他特有的聪明才智，加上雄厚的数学和物理基础，以及电子学方面的丰富实践经验，于1942年写出了一篇题为《高速电子管装置的使用》的报告。该报告很快引起了一个年轻人——23岁的研究生艾克特的兴趣，于是，师生密切协作，开始了计算机历史上流芳百世的故事。当时正值第二次世界大战期间，军方急切需要一种高速电子装置来解决弹道的复杂计算问题，莫齐利与艾克特的方案得到了军方的支持。经过两年多的努力，期间又得到了冯·诺依曼的支持，从而加快了第一台计算机的研制速度。1946年2月，美国陆军军械部与摩尔学院共同举行新闻发布会，宣布了第一台计算机ENIAC（Electronic Numerical Integrator and Computer）研制成功的消息。ENIAC有5种功能：①能进行每秒5000次加法运算；②能进行每秒50次乘法运算；③能进行二次方和三次方计算；④能进行sin和cos函数数值运算；⑤能进行其他更复杂的计算。当时用它来进行弹道参数计算，60s射程的弹道计算时间由原来的20min一下子缩短到仅需30s，ENIAC的名声不胫而走。当时，它是个庞然大物，耗资40万美元，含有18000个真空管，重30t，耗电150kW，占地面积（30×50）ft^2（$1ft^2=0.0929030m^2$）。该机正式运行到1955年10月2日，这10年间共运行了80223h，它的算术运算量比有史以来人类大脑所有运算量的总和还要大得多。

1.6.2　第一代计算机

计算机70多年的发展历史表明，计算机硬件的发展受电子开关器件的影响极大，为此，人们习惯以元器件的更新来作为计算机技术进步划代的主要标志。从20世纪40年代起，计算机已经历了第一、二、三、四代发展历程，目前人们正在致力于新一代计算机的研究。

第一代计算机为电子管计算机，其逻辑元件采用电子管，存储器件为声延迟线或磁鼓，典型逻辑结构为定点运算。计算机“软件”一词尚未出现，编制程序所用工具为低级语言。电子管计算机体积大、速度慢（每秒千次或万次）、存储器容量小。典型机器除上述的ENIAC外，还有EDVAC、EDSAC等。第一台计算机ENIAC没有采用二进制操作和存储程序控制，不具备现代计算机的主要特征。1945年3月，冯·诺依曼领导的小组发表了使用二进制程序存储方式的计算机方案EDVAC，宣告了现代计算机结构思想的诞生，但该机直到1951年才宣告完成。而英国剑桥大学的M. V. Wilkes在EDVAC方案的启发下，于1949年研制成功的EDSAC成为世界上第一台存储程序式的现代计算机。此外，还有1951年研制成功的UMVAC-1和1956年的IBM-704等。

1.6.3　第二代计算机

第二代计算机为晶体管计算机。1947年，美国贝尔实验室发明的半导体晶体管为计算机的发展创造了新的物质基础。该实验室于1954年研制成功了晶体管计算机TRADIC，而麻省理工学院于1957年完成的TX-2对晶体管计算机的发展起了重要作用。IBM公司于1955年宣布了全晶体管计算机7070和7090，开始了第二代计算机蓬勃发展的新时期。特别是1959年IBM推出的商用机IBM 1401，更以其小巧价廉和面向数据处理而获得广大用户的欢迎，从而也促进了计算机工业的迅速发展。

这一代计算机除了逻辑元件采用晶体管以外，其内存储器由磁心构成，磁鼓与磁带成为外存

储器。计算机的典型逻辑结构实现了浮点运算，并提出了变址、中断、I/O处理等新概念。这时的计算机软件也得到了发展，出现了多种高级语言及其编译程序。与第一代电子管计算机相比，第二代晶体管计算机体积小、速度快、功耗低、可靠性高。

1.6.4 第三代计算机

第三代计算机为集成电路计算机，其逻辑元件与存储器均由集成电路实现，这是微电子与计算机技术相结合的一大突破，从而可以以较低廉的价格来构成运算速度快、容量大、可靠性高、体积小、功耗少的各类计算机。这一代计算机的典型代表是IBM公司于1964年4月宣布的IBM 360系统，这是计算机发展史上具有重要意义的事件。该系统采用了计算机科学技术中的一系列新技术，包括微程序控制、高速缓存、虚拟存储器、流水线技术等。IBM公司一次就推出6种机型，它们相互兼容，可用于科学计算又可用于数据处理；软件首先实现了360操作系统，它具有资源调度、人机通信和输入/输出控制等功能。IBM 360系列的诞生，对计算机的普及和大规模工业生产也产生了重大影响，到1966年年底，360系列机的产量已达到每月400台，5年内的总产量超过33000台。

这一时期的计算机还具有另外一个重要特点：大型/巨型机与小型机同时发展。1964年的CDC 6600及随后的CDC 7600和CYBER系列是大型机代表，它们采用多处理结构。巨型机有CDC STAR-100和64个单元并行操作的ILLIAC IV系列机等。小型计算机的发展，对计算机的推广使用也产生了很大的影响，DEC公司的PDP系列是典型代表。

1.6.5 第四代计算机

20世纪70年代初，由于微电子学飞速发展而产生的大规模集成电路和微处理器给计算机工业注入了新鲜的血液，大规模集成电路（LSI）和超大规模集成电路（VLSI）成为计算机的主要器件。其集成度已从20世纪70年代初的几千个晶体管/片（如Intel 4004为2000个晶体管）到20世纪末的千万个晶体管（PⅢ已近1000万个晶体管），主频也已达到1000MHz（1GHz）。这里，以最大的微处理器制造商Intel产品为例（见表1.4），可以看出，半导体集成电路的集成度越来越高，其速度也越来越快，其发展遵循一个定律——摩尔定律：“由于硅技术的不断改进，每18个月集成度将翻一番，速度将提高一倍，而其价格将降低一半”。戈登·摩尔（Golden Moore）是Intel公司的创始人之一，摩尔定律是1965年美国《电子》杂志的总编在采访摩尔时他对半导体芯片工业发展前景的预测，50多年的实践证明，摩尔定律的预测非常准确。摩尔定律对计算机工业的发展具有重要意义：

1）由于定律预测半导体产品和技术每经过一年半的时间会加倍，因此如果发展速度慢于这个定律的指标，那么将有被淘汰的危险，即“逆水行舟，不进则退”。这就迫使人们不断地改进技术，提高质量。

2）芯片价格的持续下降，一方面迫使公司必须采取正确的价格策略，以提高产品的竞争力，另一方面也为计算机的普及创造了有利条件。

3）定律不仅适用于“硬件”，同时也驱动着软件工业和市场的发展。由于硬件性能的不断改进和提高，软件也必须适应硬件的发展而进行不断的修改与创新，否则也将面临淘汰的危险。微软公司总裁比尔·盖茨曾经不断地以下面一句话来鞭策下属：“微软离破产永远只有一年半时间！”

表1.4　Intel CPU 芯片性能比较

芯 片 名	时 间	集成度/晶体管个数	主频时钟	线宽/μm	数据总线宽/bit	地址总线宽/bit
4004	1971年	2000	2MHz	2	4	
8080	1974年	8000	4MHz	1.5	8	20
8086	1978年	3万	5~8MHz	1.5	16	24
80286	1984年	13万	10MHz	1~1.5	16	32
80386	1985年	27万	33MHz	1~1.5	32	32
80486	1989年	100万	35~40MHz	1	32	
Pentium	1993年	300万	60~150MHz	0.6	64	32
Pentium Pro	1995年	550万	150~200MHz	0.6	64	32
Pentium Ⅱ	1997年	750万	300~450MHz	0.35	64	32
Pentium Ⅲ	1999年	800万	600~1000MHz	0.25	64	32
Pentium Ⅳ	2000年	1000万	1.4GHz	0.18	64	32
Itanium 2 9000 双内核	2006年	17亿	1.6GHz	0.09	64	64
Intel 酷睿 i7 9700K	2018年	四核的 Core i7，7.31亿	3.6~4.9GHz	0.014	64	64

那么，摩尔定律还能风光多久？这早已引起了业界不少人士的关注。摩尔本人也在1995年国际光学工程协会的一次会议上回顾了半导体芯片的发展历史并承认，如果坚持他的定律进行预测，将会面临着越来越多的困难和技术障碍，其中最突出的问题是制造芯片的成本将会大幅增加。专家们认为，摩尔定律面临着四大劫难：

1）传统工艺难以适应：目前芯片特征尺寸在2018年缩小到0.014μm，这样的挑战性将使常规制造工艺失灵。一些世界大公司正在另辟蹊径寻找新工艺，但它们技术复杂，成本昂贵。

2）“门”越来越窄：科学家们早已发现电子能够挖出小小的隧道，从而通过该隧道绕过障碍物从另一侧出来。目前芯片的“门”已经小于2nm，足以在“门”关闭时电子挖出隧道而穿过该门，从而无法阻挡电子。

3）掺杂的使用接近极限：掺杂混入硅以改善半导体的电导率，增加局部电荷能力。晶体管虽然可缩小，但仍需保持相同的电荷。为了实现这一目的，这种硅必须有较高的掺杂原子浓度。但当大于某种极限时，掺杂原子会凝集成块，使导电性能下降，目前芯片已经非常接近该极限。

4）传统材料难以适用：目前芯片互连大多采用铝，但铝的导电性能容易导致芯片过早失效。因此，近年来，芯片中采用铜布线互连已成为半导体产业的一个攻关热点。

以上劫难是“在劫难逃”还是“大难不死”，就得看世界半导体业界的专家们能否尽快研究并开发出更多、更新、更有效的新工艺、新设备和新材料，以使摩尔定律得以战胜劫难，继续灵验。

随着超大规模集成电路与微处理器技术的长足进步和现代科学技术对提高计算能力的强烈要求，并行处理技术的研究与应用以及众多巨型机的产生也成为这一时期计算机发展的特点。1996年，Cray公司推出的Cray-1向量巨型机具有12个功能部件，运算速度达每秒1.6亿次浮点运算。不少巨型机采用成百上千个高性能处理器组成大规模并行处理系统，其峰值速度已达到每秒几千亿次或万亿次，这已成为20世纪90年代后巨型机发展的主流。

第四代计算机时期的一个重要特点是计算机网络的发展与广泛应用。进入20世纪90年代以来，由于计算机技术与通信技术的高速发展与密切结合，掀起了网络热，大量的计算机联入不同规模的网络中，可通过Internet与世界各地的计算机相联。这样大大扩展和加速了信息的流通，增强了社会的协调与合作能力，使计算机的应用方式也由个人计算方式向分布式和群集式计算发展，因此，有人曾经这样说过，“计算机就是网络，网络就是计算机”。

1.6.6　新一代计算机

目前，对什么是第五代计算机的看法不一致。上面讲到，以元器件的更新换代作为计算机划代的标志，因此不管是由大规模（LSI）、超大规模（VLSI）、甚大规模（Ultra Large Scale Integration，ULSI）甚至极大规模（ELSI）集成电路组成的计算机，它们都是硅组成的半导体器件，且计算机基本结构仍然遵循冯·诺依曼结构体系，因此仍称它们为第四代计算机。多年来，人们在不断努力与探索，以寻找速度更快、功能更强的全新的元器件，如神经元、生物芯片、分子电子器件等。计算机基本结构也试图突破冯·诺依曼结构体系，使其更具智能化。这方面的研究工作已取得了某些重要成果，相信在不久的将来，它们一定会成为真正的新一代计算机。

这里介绍一下日本第五代计算机。20世纪80年代初，日本政府制订了一项10年研究计划——第五代计算机系统研究计划（1982—1992年），计划分3个阶段实施。这一研究计划的制订者和参加者的共识是：未来信息处理的基本发展方向是知识处理，而并行推理将是未来信息处理的核心。因此，该计划从一开始就以研究及开发创新的并行推理实现技术为目的，并以逻辑程序设计语言为推理机的核心语言。所谓第五代计算机，指的就是这样一类新的并行逻辑推理机。经过10年努力，该计划取得了一些阶段性成果，于1992年10月宣告结束。该计划的研究方向并不反映当代计算机技术的主要发展方向，更没有直接促进计算机的更新换代，但这一计划对推动人工智能，特别是推动并行推理技术的发展起了积极作用。

1.6.7　我国计算机的发展

我国古代在计算机理论与计算工具方面曾作出杰出贡献，它们包括：

1）二进制数的位。易经中的“阴阳八卦”是世界上最早出现的二进制形式。位的表示符号为“爻（yáo）”，阴爻对应0，阳爻对应1，八卦为3个爻的集合。

2）十进制计数系统。据殷墟甲骨文和周代青铜器上的铭文记载，十万以内的自然数可由1～9的9个符号和表示十、百、千、万位值的4个符号来表示。这比当时巴比伦和埃及的计数制更科学。并且我国早就把“零”作为数，并出现了负数运算规则。

3）筹算。利用算筹作为运算工具，春秋战国时期已广泛使用，对我国古代社会的发展起了重要作用。

4）珠算。它以算盘作为工具，在元代已广泛使用，明代传至日本、朝鲜等国。

我国对现代计算机的研究始于20世纪50年代初。在1956年国家制定《1956—1967年科学技术发展规划》时，将“计算机技术的建立”列为紧急措施之一。国家一面派人去苏联考察学习，一面在国内开办学习班，积极培养人才。同时，筹建中科院计算技术研究所，开始了计算机的研制工作，并以苏联资料为蓝本，分别于1958年和1959年推出了103小型计算机和104大型通用计算机，它们属于第一代电子管计算机。1964年5月和10月，中科院计算技术研究所和华东计算技术研究所分别自行研制出大型电子管计算机119机和J－501机。1965—1966年分别推出了晶体管计算机109机、441B机、108机和X－2机，标志着我国进入了晶体管计算机时代。我国集成电路计算机的研究始于1965年，直到1971年和1973年原四机部主持研制100系列机和

200 系列机，前者与小型机 NOVA 兼容，后者的指标与 IBM 360 类似，但不兼容，并分别生产了千余台和若干台。从前面的叙述可以看出，我国一、二、三代机的推出比世界上一、二、三代机晚了整整一代，但这些计算机的推出，对我国计算机工业的诞生与发展，特别是计算机人才的培养起了十分积极的作用。

进入 20 世纪 80 年代，改革开放的大好形势为我国计算机事业的蓬勃发展创造了良好的条件，计算机技术与计算机产业均得到了迅速的发展，逐步跟上了世界的潮流。国防科技大学先后于 1983 年和 1992 年研制成巨型机系统银河 Ⅰ 和 Ⅱ，运算速度都超过亿次。它们均配有操作系统、高级语言编译程序等软件，这些机器对国防建设和国民经济建设起了重要作用。1995 年 5 月，由中科院计算技术研究所国家智能计算机研究中心研制的“曙光 1000”大规模并行处理机宣布诞生。该机峰值速度可达 25×10^{9} 次/s 单精度浮点运算，内存容量为 1000MB，节点机间总通信容量为 4800MB/s。该机的研制成功标志着我国已掌握了大规模并行处理这一 20 世纪 90 年代计算机的尖端技术，进入了这一高技术领域的世界先进行列。在 21 世纪初，该中心又推出了“曙光 3000 超级服务器”。它由 70 台节点计算机组成，有 280 个处理器，峰值浮点运算速度达 4.032×10^{11} 次/s，内存容量 160GB，它是我国当时速度最高的服务器，也是世界上最快的计算机之一。

“天河二号”是由国防科技大学研制的超级计算机系统，以峰值计算速度 5.49×10^{16} 次/s、持续计算速度 3.39×10^{16} 次/s 双精度浮点运算的优异性能位居榜首，成为 2013 年全球最快超级计算机。

第五代计算机指具有人工智能的新一代计算机，具有推理、联想、判断、决策、学习等功能，相信我国在第五代计算机中一定可以有很大的突破。

思考题与习题

1. 什么是计算机系统、计算机硬件和计算机软件？硬件和软件哪个更重要？
2. 如何理解计算机系统的层次结构？
3. 说明高级语言、汇编语言和机器语言的差别和联系。
4. 计算机的层次结构如何划分？计算机组织与结构有什么不同含义？
5. 冯·诺依曼计算机的主要特点是什么？计算机由哪几部分组成？
6. 画出计算机硬件组成框图，说明各部件的作用及计算机硬件的主要技术指标。
7. 解释下列概念：

主机、CPU、主存、存储单元、存储元件、存储字、存储字长、存储容量、机器字长、指令字长

8. 解释下列英文代号：

CPU、PC、IR、CU、ALU、ACC、MQ、X、MAR、MDR、I/O、MIPS、CPI、MFLOPS

9. 简述计算机的解题过程。
10. 计算机从诞生至今已有几代？其分代的主要标志是什么？
11. 摩尔定律的主要含义以及它们的现实定义是什么？
12. 计算机应用技术大致可分哪几个方面？

第 2 章　计算机中的信息表示

计算机的应用领域极其广泛，但不论其应用在什么地方，信息在机器内部的形式都是一致的，即均为由 0、1 组成的各种编码。本章主要介绍参与运算的各类数据（包括无符号数和有符号数、定点数和浮点数等），以及它们在计算机中的算术运算方法，使读者进一步认识计算机在自动解题过程中对数据信息的加工处理流程，从而进一步加深对计算机硬件组成及整机工作原理的理解。

2.1　无符号数和有符号数

在计算机中参与运算的数有两大类：无符号数和有符号数。

2.1.1　无符号数

计算机中参与运算的数均放在寄存器中，通常称寄存器的位数为机器字长。所谓无符号数，即没有符号的数，寄存器中的每一位均可用来存放数值。当存放有符号数时，则需留出位置存放“符号”。因此，在机器字长相同时，无符号数与有符号数所对应的数值范围是不同的。以机器字长为 16 位为例，无符号数的表示范围为 0 ~ 65535，而有符号数的表示范围为 − 32768 ~ 32767。

2.1.2　有符号数

1. 机器数与真值

对有符号数而言，符号的“正”“负”机器是无法识别的。但由于“正”“负”恰好是两种截然不同的状态，如果用“0”表示“正”，用“1”表示“负”，这样符号也被数字化了，并且规定将它放在有效数字的前面，这样就组成了有符号数。

如有符号数（小数）：

+0.1011　在机器中表示为 | 0 | 1011 |（小数点位置在符号位之后）

−0.1011　在机器中表示为 | 1 | 1011 |（小数点位置在符号位之后）

又如有符号数（整数）：

+1100　在机器中表示为 | 0 | 1100 |（小数点位置在最低位之后）

−1100　在机器中表示为 | 1 | 1100 |（小数点位置在最低位之后）

把符号“数字化”的数称为机器数，而把带“+”或“−”符号的数称为真值。一旦符号“数字化”后，符号和数值就形成了一种新的编码。那么在运算过程中，符号位能否和数值部分一起参加运算？如果参加运算，符号位又需做哪些处理？这些问题都与符号位和数值位所构成的编码有关，这些编码就是原码、补码、反码和移码。

2. 原码表示法

原码是机器数中最简单的一种表示形式，其符号位为 0 表示正数，符号位为 1 表示负数，数值位即真值的绝对值，故原码表示又称为带符号的绝对值表示。为了书写方便以及区别整数和小数，约定整数的符号位与数值位之间用逗号“,”隔开；小数的符号位与数值位之间用小数点“.”隔开。如前面介绍的4个数的原码分别是0.1011、1.1011、0，1100和1，1100。由此可得原码的定义。

整数原码的定义为

$$[x]_{原}=\begin{cases}0,x & 2^n>x\geqslant 0\\ 2^n-x & 0\geqslant x>-2^n\end{cases}$$

式中　x——真值；

n——整数的位数。

例如，当 $x=+1110$ 时，$[x]_{原}=0,1110$；当 $x=-1110$ 时，$[x]_{原}=2^4-(-1110)=1,1110$。

小数原码的定义为

$$[x]_{原}=\begin{cases}x & 1>x\geqslant 0\\ 1-x & 0\geqslant x>-1\end{cases}$$

例如，当 $x=0.1101$ 时，$[x]_{原}=0.1101$；当 $x=-0.1101$ 时，$[x]_{原}=1-(-0.1101)=1.1101$。

根据定义，已知真值可求原码，反之已知原码也可求真值，例如：

当 $[x]_{原}=1.0011$ 时，由定义得 $x=1-[x]_{原}=1-1.0011=-0.0011$。

当 $[x]_{原}=1.1100$ 时，由定义得 $x=2^n-[x]_{原}=2^4-1.1100=10000-11100=-1100$。

当 $[x]_{原}=0.1101$ 时，$x=0.1101$。

当 $x=0$ 时，$[+0.0000]_{原}=0.0000$，$[-0.0000]_{原}=1-(-0.0000)=1.0000$。

可见 $[+0]_{原}$ 不等于 $[-0]_{原}$，即原码中的“零”有两种表示形式。

原码表示简单明了，并易于和真值转换。但用原码进行加减运算时，却带来了许多麻烦。例如，当两个操作数符号不同且要进行加法运算时，先要判断两数绝对值大小，然后将绝对值大的数减去绝对值小的数，结果的符号以绝对值大的数为准。这使得运算步骤既复杂又费时，而且本来是加法运算却要用减法器实现。那么能否在计算机中只设加法器，只进行加法操作呢？如果能找到一个与负数等价的正数来代替该负数，就可把减法操作用加法代替。而机器数采用补码时，就能满足此要求。

3. 补码表示法

（1）补数的概念

在日常生活中，常会遇到“补数”的概念。如时钟指示6点，欲使它指示3点，既可按顺时针方向将分针转9圈，又可按逆时针方向将分针转3圈，结果是一致的。假设顺时针方向转为正，逆时针方向转为负，则有

$$\begin{array}{r}6\\+9\\\hline 15\end{array}\qquad\begin{array}{r}6\\-3\\\hline 3\end{array}$$

由于时钟的时针转一圈能指示12h，这个“12”在时钟里是不被显示而自动丢失的，即15－12=3，故15点和3点均显示3点。这样－3和＋9对时钟而言其作用是一致的。在数学上称12为模，写作mod 12，而称＋9是－3以12为模的补数，记作

$$-3\equiv +9\pmod{12}$$

或者说，对模12而言，－3和＋9是互为补数的。同理有

$$-4\equiv +8\pmod{12}$$

$$-5\equiv +7\pmod{12}$$

即对模 12 而言，+8 和 +7 分别是 −4 和 −5 的补数。可见，只要确定了“模”，就可找到一个与负数等价的正数（该正数即为负数的补数）来代替此负数，这样就可把减法运算用加法实现。

例如，设 A=9，B=5，求 A−B（mod 12）。

解：A−B=9−5=4（进行减法操作）。

对模 12 而言，−5 可以用其补数 +7 代替，即

$$-5 \equiv +7 \pmod{12}$$

所以 A−B=9+7=16（进行加法操作）。

对模 12 而言，12 会自动丢失，所以 16 等价于 4，即 4≡16（mod 12）。

进一步分析发现，3 点、15 点、27 点……在时钟上看见的都是 3 点，即

$$3 \equiv 15 \equiv 27 \pmod{12}$$

也即

$$3 \equiv 3+12 \equiv 3+24 \equiv 3 \pmod{12}$$

这说明正数相对于“模”的补数就是正数本身。

上述补数的概念可以用到任意“模”上，如

$$-3 \equiv +7 \quad (\text{mod } 10)$$

$$+7 \equiv +7 \quad (\text{mod } 10)$$

$$-3 \equiv +97 \quad (\text{mod } 10^2)$$

$$+97 \equiv +97 \quad (\text{mod } 10^2)$$

$$-1011 \equiv +0101 \quad (\text{mod } 2^4)$$

$$+0101 \equiv +0101 \quad (\text{mod } 2^4)$$

$$-0.1001 \equiv +1.0111 \quad (\text{mod } 2)$$

$$+0.1001 \equiv +0.1001 \quad (\text{mod } 2)$$

由此可得如下结论：

1）一个负数可用它的正补数来代替，而这个正补数可以用模加上负数本身求得。

2）两个互为补数的数，它们的绝对值之和即为模数。

3）正数的补数即该正数本身。

将补数的概念用到计算机中，便出现了补码这种机器数。

（2）补码的定义

整数补码的定义为

$$[x]_{补} = \begin{cases} 0,x & 2^n > x \geqslant 0 \\ 2^{n+1}+x & 0 > x \geqslant -2^n (\text{mod } 2^{n+1}) \end{cases}$$

式中　x——真值；

n——整数的位数。

例如，当 $x=+1010$ 时

$$[x]_{补} = 0,1010$$

↑

用逗号将符号位和数值部分隔开

当 $x=-1101$ 时

$$[x]_{补} = 2^{n+1}+x = 100000-1101 = 1,0011$$

↑

用逗号将符号位和数值部分隔开

小数补码的定义为

$$[x]_{补}=\begin{cases}x & 1>x\geqslant 0 \quad (\bmod 2)\\ 2+x & 0>x\geqslant -1 \quad (\bmod 2)\end{cases}$$

式中　x——真值。

例如，当 $x=0.1001$ 时，$[x]_{补}=0.1001$

当 $x=-0.0110$ 时

$[x]_{补}=2+x=10.0000-0.0110=1.1010$

当 $x=0$ 时

$[+0.0000]_{补}=0.0000$

$[-0.0000]_{补}=2+(-0.0000)=10.0000-0.0000=0.0000$

显然$[+0]_{补}=[-0]_{补}=0.0000$，即补码中的“零”只有一种表示形式。

对于小数，若 $x=-1$，则根据小数补码定义，有$[x]_{补}=2+x=10.0000-1.0000=1.0000$。可见，$-1$ 本不属于小数范围，但却有 $[-1]_{补}$存在（其实在小数补码定义中已指明）。这是由于补码中的零只有一种表示形式，故它比原码多表示一个“-1”。此外，根据补码定义，已知补码还可以求真值，如

若$[x]_{补}=1.0101$

则 $x=[x]_{补}-2=1.0101-10.0000=-0.1011$

若$[x]_{补}=1.1110$

则 $x=[x]_{补}-2^{4+1}=1.1110-100000=-0010$

若$[x]_{补}=0.1101$

则 $x=[x]_{补}=0.1101$

同理，当模数为 4 时，形成了双符号位的补码。如 $x=-0.1001$，对（mod 2^2）而言：

$[x]_{补}=2^2+x=100.0000-0.1001=11.0111$

这种双符号位的补码又称为变形补码，它在阶码运算和溢出判断中有特殊作用。

由以上介绍可知，引入补码的概念是为了消除减法运算，但是根据补码的定义，在形成补码的过程中又出现了减法。如

$$x=-1011$$

$$[x]_{补}=2^{4+1}+x=100000-1011=1,0101 \tag{2.1}$$

若把模 2^{4+1}改写成 $2^5=100000=11111+00001$ 时，则式（2.1）可写成

$$[x]_{补}=2^5+x=11111+00001+x \tag{2.2}$$

又因 x 是负数，若 x 用 $-x_1x_2x_3x_4$表示，其中 $x_i(i=1,2,3,4)$不为 0 则为 1，于是式(2.2)可写成

$$\begin{aligned}[x]_{补}&=2^5+x=11111+00001-x_1x_2x_3x_4\\&=1\,\overline{x}_1\overline{x}_2\overline{x}_3\overline{x}_4+00001\end{aligned} \tag{2.3}$$

因为任一位“1”减去 x_i即为$\overline{x}_i$，所以式（2.3）成立。

由于负数 $-x_1x_2x_3x_4$的原码为 1，$x_1x_2x_3x_4$，因此对这个负数求补，可以看作对它的原码除符号位外的每位求反，末位加 1，简称“求反加 1”。这样，由真值通过原码求补码就可避免减法运算。同理，对于小数也有同样结论，读者可以自行证明。

“对原码除符号位外的每位求反，末位加 1 求补码”这一规则，同样适用于由$[x]_{补}$求$[x]_{原}$。而对于一个负数，若对其原码除符号位外的每位求反（简称“每位求反”），或是对其补码减去末位的 1，即得机器数的反码。

4. 反码表示法

反码通常用来作为由原码求补码或者由补码求原码的中间过渡。反码的定义如下。

整数反码的定义为

$$[x]_{反}=\begin{cases}0,x & 2^n>x\geqslant 0\\(2^{n+1}-1)+x & 0\geqslant x>-2^n(\bmod(2^{n+1}-1))\end{cases}$$

式中　x——真值；

n——整数的位数。

例如，当 $x=+1101$ 时

$[x]_{反}=0,1101$

↑

用逗号将符号位和数值部分隔开

当 $x=-1101$ 时

$[x]_{反}=(x^{4+1}-1)+x=11111-1101=1,0010$

↑

用逗号将符号位和数值部分隔开

小数反码的定义为

$$[x]_{反}=\begin{cases}x & 1>x\geqslant 0\\(2-2^{-n})+x & 0\geqslant x>-1(\bmod(2-2^{-n}))\end{cases}$$

式中　x——真值；

n——小数的位数。

例如，当 $x=+0.0110$ 时，$[x]_{反}=0.0110$。

当 $x=-0.0110$ 时

$[x]_{反}=(2-2^{-4})+x=1.1111-0.0110=1.1001$

当 $x=0$ 时

$[+0.0000]_{反}=0.0000$

$[-0.0000]_{反}=(10.0000-0.0001)-0.0000=1.1111$

可见 $[+0]_{反}$不等于 $[-0]_{反}$，即反码中的“零”也有两种表示形式。

实际上，反码也可看作是 mod（$2-2^{-n}$）（对于小数）或 mod（$2^{n+1}-1$）（对于整数）的补码。与补码相比，仅在末位差 1，因此有些书上称小数的补码为 2 的补码，而称小数的反码为 1 的补码。

综上所述，3 种机器数可归纳如下：

1）3 种机器数的最高位均为符号位。符号位和数值部分之间可用“.”（对于小数）或“,”（对于整数）隔开。

2）当真值为正时，原码、补码和反码的表示形式均相同，即符号位用“0”表示，数值部分与真值相同。

3）当真值为负时，原码、补码和反码的表示形式不同，但其符号位都用“1”表示，而数值部分有如下关系，即补码是原码的“求反加 1”，反码是原码的“每位求反”。

下面通过实例来进一步理解和掌握 3 种机器数的表示。

例 2.1　设机器数字长为 8 位（其中一位为符号位），对于整数，当其分别代表无符号数、原码、补码和反码时，对应的真值范围为多少？

表 2.1 列出了 8 位寄存器中所有二进制代码组合与无符号数、原码、补码和反码所对应真值

的关系。

由此可得出一个结论：由于“零”在补码中只有一种表示形式，故补码比原码和反码可以多表示一个负数。

表 2.1　例 2.1 对应的真值范围

二进制代码	无符号数对应的真值	原码对应的真值	补码对应的真值	反码对应的真值
0 0 0 0 0 0 0 0	0	+0	+0	+0
0 0 0 0 0 0 0 1	1	+1	+1	+1
0 0 0 0 0 0 1 0	2	+2	+2	+2
⋮	⋮	⋮	⋮	⋮
0 1 1 1 1 1 1 0	126	+126	+126	+126
0 1 1 1 1 1 1 1	127	+127	+127	+127
1 0 0 0 0 0 0 0	128	−0	−128	−127
1 0 0 0 0 0 0 1	129	−1	−127	−126
1 0 0 0 0 0 1 0	130	−2	−126	−125
⋮	⋮	⋮	⋮	⋮
1 1 1 1 1 1 0 1	253	−125	−3	−2
1 1 1 1 1 1 1 0	254	−126	−2	−1
1 1 1 1 1 1 1 1	255	−127	−1	−0

例 2.2　已知 $[y]_{补}$，求 $[-y]_{补}$。

解： 设$[y]_{补}=y_0y_1y_2\cdots y_n$

第一种情况　$$[y]_{补}=0.y_1y_2\cdots y_n \tag{2.4}$$

所以　$$y=0.y_1y_2\cdots y_n$$

故　$$-y=-0.y_1y_2\cdots y_n$$

则　$$[-y]_{补}=1.\overline{y_1}\overline{y_2}\cdots\overline{y_n}+2^{-n} \tag{2.5}$$

比较式（2.4）和式（2.5），发现由 $[y]_{补}$连同符号位在内的每位取反，末位加1，即可得 $[-y]_{补}$。

第二种情况　$$[y]_{补}=1.y_1y_2\cdots y_n \tag{2.6}$$

所以　$$[y]_{原}=1.\overline{y_1}\overline{y_2}\cdots\overline{y_n}+2^{-n}$$

得　$$y=-(0.\overline{y_1}\overline{y_2}\cdots\overline{y_n}+2^{-n})$$

故　$$-y=-0.\overline{y_1}\overline{y_2}\cdots\overline{y_n}+2^{-n}$$

则　$$[-y]_{补}=0.\overline{y_1}\overline{y_2}\cdots\overline{y_n}+2^{-n} \tag{2.7}$$

比较式（2.6）和式（2.7），发现由 $[y]_{补}$连同符号位在内的每位取反，末位加1，即可得 $[-y]_{补}$。

可见，不论真值是正（第一种情况）或负（第二种情况），由 $[y]_{补}$求 $[-y]_{补}$都是采用“连同符号位在内的每位取反，末位加1”的规则。这一结论在补码减法运算时将经常用到（详见2.3节有关内容）。

5. 移码表示法

有符号数在计算机中除了用原码、补码和反码表示外，在一些通用计算机中还用另一种机器数——移码表示，由于它具有一些突出的优点，目前已被广泛采用。

当真值用补码表示时，由于符号位和数值部分一起编码，与习惯上的表示法不同，因此人们

很难从补码的形式上直接判断其真值的大小，如

十进制数 $x=21$，对应的二进制数为 $+10101$，则 $[x]_{补}=0，10101$。

十进制数 $x=-21$，对应的二进制数为 -10101，则 $[x]_{补}=1，01011$。

十进制数 $x=31$，对应的二进制数为 $+11111$，则 $[x]_{补}=0，11111$。

十进制数 $x=-31$，对应的二进制数为 -11111，则 $[x]_{补}=1，00001$。

上述补码表示中的“，”逗号在计算机内部是不存在的，因此，从代码形式看，符号位也是一位二进制数。对这6位二进制代码比较大小，会得出 101011 > 010101，100001 > 011111，其实恰恰相反。

如果对每个真值加上一个 2^n（n 为整数的位数），情况就发生了变化，如

$x=10101$ 加上 2^5，可得 $10101+100000=110101$。

$x=-10101$ 加上 2^5，可得 $-10101+100000=001011$。

$x=11111$ 加上 2^5，可得 $11111+100000=111111$。

$x=-11111$ 加上 2^5，可得 $-11111+100000=000001$。

比较它们的结果可见，110101 > 001011，111111 > 000001。这样一来，从6位代码本身就可看出真值的实际大小。

由此可得移码的定义

$$[x]_{移}=2^n+x \quad (2^n>x\geqslant -2^n)$$

式中　x——真值；

n——整数的位数。

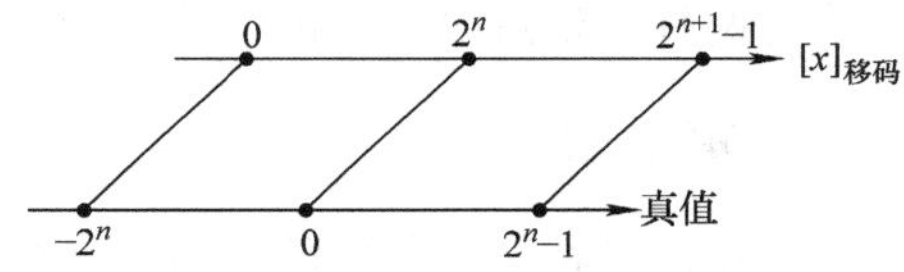

图2.1　移码在数轴上的表示

其实移码就是在真值上加一个常数 2^n。在数轴上，移码所表示的范围恰好对应于真值在数轴上的范围向轴的正方向移动 2^n 个单元，如图2.1所示，由此而得移码之称。

例如，$x=10100$

$[x]_{移}=2^5+10100=1，10100$

↑

用逗号将符号位和数值部分隔开

$x=-10100$

$[x]_{移}=2^5-10100=0，01100$

↑

用逗号将符号位和数值部分隔开

当 $x=0$ 时

$[+0]_{移}=2^5+0=1，00000$

$[-0]_{移}=2^5-0=1，00000$

可见 $[+0]_{移}$ 等于 $[-0]_{移}$，即移码表示中“零”也是唯一的。

此外，由移码的定义可见，当 $n=5$ 时，其最小的真值为 $x=-2^5=-100000$，则 $[-100000]_{移}=2^5+x=100000-100000=0，00000$，即最小真值的移码为全0，这符合人们的习惯。利用移码的这一特点，当浮点数的阶码用移码表示时，就能很方便地判断阶码的大小。

进一步观察发现，同一个真值的移码和补码仅差一个符号位，若将补码的符号位由“0”改为“1”，或从“1”改为“0”，即可得该真值的移码。表2.2列出了真值、补码和移码的对应关系。

表 2.2　真值、补码和移码对应关系

真值 x	$[x]_补$	$[x]_移$	$[x]_移$对应的十进制整数
-100000	100000	000000	0
-11111	100001	000001	1
-11110	100010	000010	2
⋮	⋮	⋮	⋮
-00001	111111	011111	31
±00000	000000	100000	32
+00001	000001	100001	33
+00010	000010	100010	34
⋮	⋮	⋮	⋮
+11110	011110	111110	62
+11111	011111	111111	63

2.2　数的定点表示和浮点表示

在计算机中，数值中的小数点可不用专门的器件表示，而是按约定的方式指出。表示小数点的方法有两种，定点表示与浮点表示。定点表示的数称为定点数，浮点表示的数称为浮点数。

2.2.1　定点表示

小数点固定在某一位置的数为定点数，有图2.2所示的两种格式。

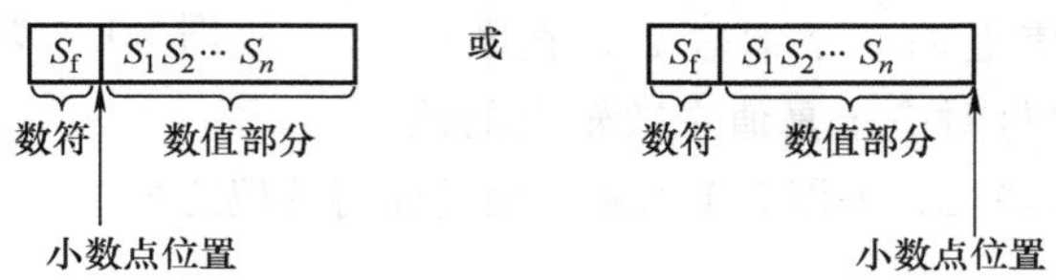

图2.2　定点表示

当小数点位于数符和第一数值位之间时，机器内的数是纯小数；当小数点位于数值位之后时，机器内的数为纯整数。采用定点数的机器称为定点机。数值部分的位数 n 决定定点机器中数的表示范围。若机器数采用原码，小数定点机中数的表示范围是 $-(1-2^{-n}) \sim (1-2^{-n})$，整数定点机中数的表示范围是 $-(2^n-1) \sim (2^n-1)$。

在定点机中，由于小数点的位置固定不变，故当机器处理的数不是纯小数或纯整数时，必须乘上一个比例因子，否则会产生“溢出”。

2.2.2　浮点表示

浮点数即小数点的位置可以浮动的数，如

$463.58 = 4.6358 \times 10^2$

$= 46.358 \times 10^1$

$= 4635.8 \times 10^{-1}$

显然，小数点的位置是可以变化的，分别乘以不同的10的方幂，故值不变。

通常，浮点数被表示成

$$N = S \times r^J$$

式中　S——尾数（可正可负）；

J——阶码（可正可负）；

r——基数。

在计算机中，基数可取 2、4、8 或 16 等。

以基数 $r=2$ 为例，数 N 可写成下列不同的形式：

$$\begin{aligned} N &= 11.0101 \\ &= 0.110101 \times 2^{10} \\ &= 1101.01 \times 2^{-10} \\ &= 0.00110101 \times 2^{100} \end{aligned}$$

为了提高数据精度以便于浮点数的比较，在计算机中规定浮点数的尾数用纯小数形式，故上例中，0.110101×2^{10} 及 $0.00110101 \times 2^{100}$ 的形式是可以采用的。此外，将尾数最高位为 1 的浮点数称为规格化数，即 $N=0.110101 \times 2^{10}$ 为浮点数的规格化形式。浮点数表示成规格化的形式后，其精度最高。

1. 浮点数的表示形式

浮点数在机器中的形式如图 2.3 所示。采用这种数据格式的机器称为浮点机。

浮点数由阶码 J 和尾数 S 两部分组成。阶码是整数，阶符和阶码的位数 m 合起来反映浮点数的表示范围及小数点的实际位置；尾数是小数，其位数 n 反映了浮点数的精度；尾数的符号 S_f 代表了浮点数的正负。

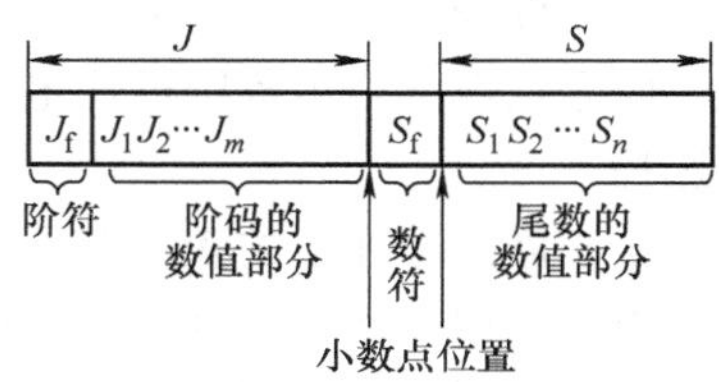

图 2.3　浮点数在机器中的形式

2. 浮点数的表示范围

以式 $N=S \times r^J$ 为例，设浮点数阶码的数值位取 m 位，尾数的数值取 n 位，当浮点数为非规格化数时，它在数轴上的表示如图 2.4 所示。

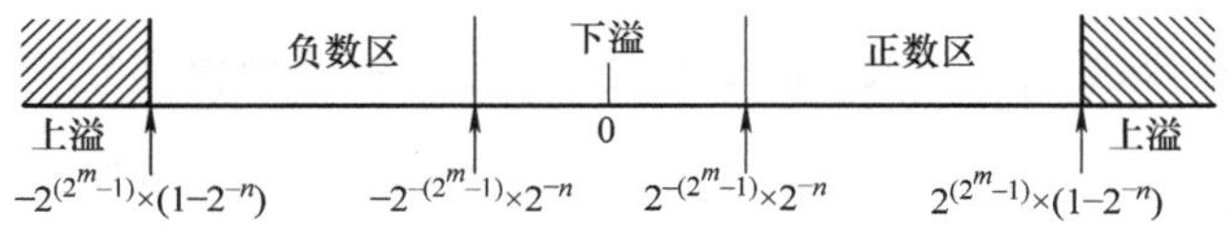

图 2.4　浮点数为非规格化数时在数轴上的表示

由图 2.4 可见，其最大正数为 $2^{(2^m-1)} \times (1-2^{-n})$，最小正数为 $2^{-(2^m-1)} \times 2^{-n}$，最大负数为 $-2^{-(2^m-1)} \times 2^{-n}$，最小负数为 $-2^{(2^m-1)} \times (1-2^{-n})$。当浮点数阶码大于最大阶码时，称为“上溢”，此时机器停止运算，进行中断溢出处理；当浮点数阶码小于最小阶码时，称为“下溢”，此时“溢出”的数绝对值很小，通常将尾数各位强置为零，按机器零处理，此时机器可继续运行。

一旦浮点数的位数确定后，能否合理地分配阶码和尾数的位数，将直接影响浮点数的表示范围和精度。通常对短实数（总位数为 32 位），阶码取 8 位（含阶符一位），尾数取 24 位（含数符一位）；通常对长实数（总位数为 64 位），阶码取 11 位（含阶符一位），尾数取 53 位（含数符一位）。

3. 浮点数的规格化

为了提高浮点数的精度，其尾数必须为规格化的数。如果不是规格化的数，通过左右移尾数的同时修改阶码的方法，使其变为规格化的数。将非规格化的数转换成规格化数的过程称为规格化。对于基数不同的浮点数，因其规格化的形式不同，规格化的过程也不同。

当基数为 2 时，尾数的最高位为 1 的数为规格化的数。规格化时，尾数左移一位，阶码减 1

（这种规格化称为向左规格化，简称左规）；尾数右移一位，阶码加1（这种规格化称为向右规格化，简称右规）。图2.4所示的浮点数规格化后，其最大的正数为$2^{(2^m-1)}\times(1-2^{-n})$，最小的正数为$2^{-(2^m-1)}\times2^{-1}$，最大的负数为$-2^{-(2^m-1)}\times2^{-1}$，最小的负数为$-2^{(2^m-1)}\times(1-2^{-n})$。

2.2.3　定点数和浮点数的比较

定点数和浮点数可从如下几个方面进行比较：

1）当浮点机与定点机中的数其位数相同时，浮点数的表示范围比定点数大得多。

2）当浮点数为规格化数时，其精度远比定点数高。

3）浮点数运算要分阶码部分和尾数部分，而且运算结果都要求规格化，故浮点运算步骤比定点数运算步骤多，运算速度比定点数低，运算线路比定点数复杂。

4）在溢出的判断方法上，浮点数是对规格化的阶码进行判断的，而定点数是对数值本身进行判断的。如小数定点机中的数，其绝对值必须小于1，否则即“溢出”，此时要求机器停止运算，进行处理。为了防止溢出，上机前必须选择比例因子，这个工作比较麻烦，给编程带来不便。而浮点数的表示范围远比定点数大，仅当上溢时机器才停止运算，故一般不必考虑比例因子的选择。

由于浮点数在数的表示范围、数的精度、溢出处理和程序编程方面（不取比例因子）均优于定点数，但在运算规则、运算速度及硬件成本方面不如定点数。因此，究竟选用定点数还是浮点数，应根据具体应用综合考虑。通用的大型机大多采用浮点数，或同时采用定点数、浮点数；而采用定点数的机器，当需要进行浮点运算时，可通过软件实现，也可外加浮点扩展硬件（如协处理器）来实现。

2.2.4　举例

例2.3　将十进制分数$+\frac{11}{128}$写成二进制定点数和浮点数（数值部分取10位，阶码部分取4位，阶符和数符各取1位），分别写出它在定点机和浮点机中的机器数形式。

解：令$x=+\frac{11}{128}$

其二进制形式：$x=0.0001011000$

定点数表示：$x=0.0001011000$

浮点数规格化表示：$x=0.1011000000\times2^{-11}$

定点机中，$[x]_{原}=[x]_{补}=[x]_{反}=0.0001011000$

浮点机中

$[x]_{原}=1$　0011　0　1011000000 或写成1，0011；0.1011000000

$[x]_{补}=1$　1101　0　1011000000 或写成1，1011；0.1011000000

$[x]_{反}=1$　1100　0　1011000000 或写成1，1100；0.1011000000

例2.4　将十进制数-54表示成二进制定点数和浮点数，并写出它在定点机和浮点机中的机器数形式（其他要求同上例）。

解：令$x=-54$

其二进制形式：$x=-110110$

定点数表示：$x=-0000110110$

浮点数规格化表示：$x=-0.1101100000\times2^{110}$

定点机中$[x]_{原}=1,0000110110$

$[x]_{补}=1,1111001010$

$[x]_{反}=1,1111001001$

浮点机中

$[x]_{原}=0,0110;1.1101100000$

$[x]_{补}=0,0110;1.0010100000$

$[x]_{反}=0,0110;1.0010011111$

例 2.5　写出对应图 2.4 所示的浮点数的补码形式。设图中 $n=10$，$m=4$。

解：　真值	补码
最大正数 $2^{15}\times(1-2^{-10})$	0，1111；0.1111111111
最小正数 $2^{-15}\times2^{-10}$	1，0001；0.0000000001
最大负数 $-2^{-15}\times2^{-10}$	1，0001；1.1111111111
最小负数 $-2^{15}\times(1-2^{-10})$	0，1111；1.0000000001

计算机中浮点数的阶码和尾数可以采用同一机器数表示，也可采用不同的机器数表示。

例 2.6　设浮点数字长为 16 位，其中阶码为 5 位（含一符号位），尾数为 11 位（含一符号位），写出 $-\frac{53}{512}$对应的浮点规格化数的原码、补码、反码和阶码用移码，尾数用补码的形式。

解：设 $x=-\frac{53}{512}=-0.000110101=2^{-11}\times(-0.1101010000)$

$[x]_{原}=1，0011；1.1101010000$

$[x]_{补}=1，1101；1.0010110000$

$[x]_{反}=1，1100；1.0010101111$

$[x]_{阶移,尾补}=0，1101；1.0010110000$

值得注意的是，当一个浮点数尾数为 0 时，不论其阶码为何值，或阶码等于或小于它所能表示的最小数时，不管其尾数为何值，机器都把该浮点数当作零看待，并称为“机器零”。如果浮点数的阶码用移码表示，尾数用补码表示，则当阶码为它所能表示的最小数 2^{-m}（式中 m 为阶码的位数）且尾数为 0 时，其阶码（移码）全为 0，尾数（补码）也全为 0，这样的机器零为 0000…0000（全零表示），有利于机器中判“0”电路。

2.2.5　IEEE 754

S	阶码(含阶符)E	尾数M

数符　　　小数点位置

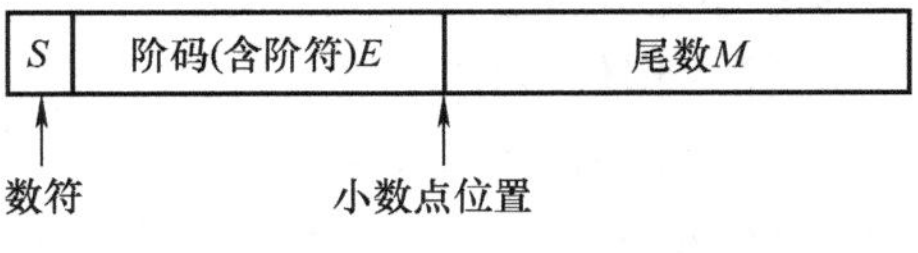

图 2.5　浮点数的 IEEE 754 标准形式

计算机中的浮点数采用 IEEE 制定的 IEEE 754 国际标准，标准形式如图 2.5 所示。

该标准为便于软件的移植，给浮点数的表示格式所制定的统一标准。该标准规定基数为 2，阶码 E 用移码表示，尾数 M 用原码表示，根据原码的规格化方法，最高数字位总是 1，该标准将这个 1 默认存储。实数的 IEEE 754 标准的浮点数格式为：

短实数也称单精度数，符号位 1 位，阶码 8 位，尾数 23 位，移码 $2^7-1=127$。

长实数也称双精度数，符号位 1 位，阶码 11 位，尾数 52 位，移码 $2^{10}-1=1023$。

下面举例，将十六进制的 IEEE 754 单精度数代码 42E48000 转换成十进制数值表示。

第一步：转换为二进制 0100 0010 1110 0100 1000 0000 0000 0000。

第二步：因为 IEEE 754 使用 1 位符号，8 位阶码，23 位尾数，分别在上面提取这些内容。

符号即第 1 位：0 表示正数。

阶码即第2～9位：10000101为133，实际的幂值为133－127＝6。

尾数即第10～32位：11001001000000000000000，实际值为1.11001001B（1.5＋0.25＋0.03125＋0.00390125＝1.78515125）。

第三步：根据公式写出实际数值大小为1110010.01，转换为十进制为114.25。

例如，数值5的单精度数表示为0 10000001 01000000000000000000000＝0100，0000，1010，0000，0000，0000，0000，0000（40A00000H）＝1.25×2^2。

对于数值5的双精度数表示，因为IEEE 754使用1位符号，11位阶码，52位尾数，分别在上面提取这些内容。符号：第1位，0表示正数，阶码；第2～12位，10000000001为1025，实际的幂值为1025－1023＝2。

数值5的双精度数表示为0 10000000001 0100000000000000000000000000000000000000000000000000＝0100，0000，0001，0100，0000，0000，0000，0000，0000，0000，0000，0000，0000，0000，0000，0000（4014000000000000H）＝1.25×2^2。

2.3　定点运算

2.3.1　移位运算

1. 移位的意义

移位运算在日常生活中很常见，例如，15m可写作1500cm。从数字而言，1500相当于数15相对小数点左移了两位，并在小数点前添了两个0；同样，15也相当于1500相对于小数点右移了两位，并删除了小数点后面的两个0。可见，当某个十进制数相对于小数点左移n位时，相当于该数乘以10^n；右移n位时，相当于该数除以10^n。

计算机中小数点的位置是事先约定的，因此，二进制表示的机器数在相对于小数点进行n位的左移或右移时，其实质就是使该数乘以或除以2^n（$n=1，2，\cdots$）。

对计算机来说，移位运算有很大的实用价值。例如，在计算机中，移位运算配合加法运算可实现乘（除）运算。计算机中的机器数字长往往是固定的，当机器数左移或右移n位时，必然会使其n位低位或n位高位出现空位。那么对空出的空位应该添补0还是1呢？这与机器数采用有符号数还是无符号数有关。对有符号数移位称为算术移位。

2. 算术移位规则

对于正数，由于$[x]_{原}=[x]_{补}=[x]_{反}$＝真值，故移位后出现的空位均以0补之。对于负数，由于原码、补码和反码的表示形式不同，故当机器数移位时，对其机器数的添补规则各不相同。表2.3列出了3种不同码制的机器数（整数和小数均可）分别对应正数和负数时移位后的空位添补规则。

表2.3　不同码制的机器数移位后的空位添补规则

	码制	添补代码
正数	原码、补码、反码	0
负数	原码	0
	补码	左移添0
		右移添1
	反码	1

必须注意的是：不论是正数还是负数，移位后的符号位均不变，这是算术移位的重要特点。

由表 2.3 可知：

1）机器数为正时，不论左移或右移，添补代码均为 0。

2）由于负数的原码其数值部分与真值相同，故在移位时只要使符号位不变，其空位均添 0。

3）由于负数的反码其各位除符号位外与负数的原码正好相反，故移位时所添代码应与原码相反，即全部添 1。

4）分析任意负数的补码可发现，当其由最低位向高位找到第一个“1”时，在此 1 左边的各位均与对应的反码相同，而在此“1”右边的各位（包括此“1”在内）均与对应的原码相同。故负数的补码左移时，空位出现在低位，则添补的代码与原码相同，即添 0。右移时因空位出现在高位，则添补的代码与反码相同，即添 1。

例 2.7　设机器数字长为 8 位（含一符号位），若 $A=\pm 26$，写出 3 种机器数左右移一位和两位后的表示形式及对应的真值，并分析结果的正确性。

解：1）$A=+26=(+11010)_2$

则 $[x]_{原}=[x]_{补}=[x]_{反}=0,0011010$

移位结果见表 2.4。

表 2.4　对 $A=+26$ 移位后的结果

移位操作	机器数 $[x]_{原}=[x]_{补}=[x]_{反}$	对应的真值
移位前	0，0011010	+26
左移一位	0，0110100	+52
左移两位	0，1101000	+104
右移一位	0，0001101	+13
右移两位	0，0000110	+6

可见，对于正数，3 种机器数移位后符号位均不变，左移时最高位丢 1，结果出错；右移时最低位丢 1，影响精度。

2）$A=-26=(-11010)_2$

3 种机器数的移位结果见表 2.5。

表 2.5　对 $A=-26$ 移位后的结果

移位操作	机器数		对应的真值
移位前	原码	1，0011010	-26
左移一位		1，0110100	-52
左移两位		1，1101000	-104
右移一位		1，0001101	-13
右移两位		1，0000110	-6
移位前	补码	1，1100110	-26
左移一位		1，1001100	-52
左移两位		1，0011000	-104
右移一位		1，1110011	-13
右移两位		1，1111001	-7
移位前	反码	1，1100101	-26
左移一位		1，1001011	-52
左移两位		1，0010111	-104
右移一位		1，1110010	-13
右移两位		1，1111001	-6

可见，对于负数，3 种机器数移位后符号位不变。负数的原码左移时，高位丢 1，结果出错；低位丢 1，影响精度。负数的补码左移时，高位丢 0，结果出错；低位丢 1，影响精度。

图 2.6 所示为机器中实现算术移位操作的硬件框图。

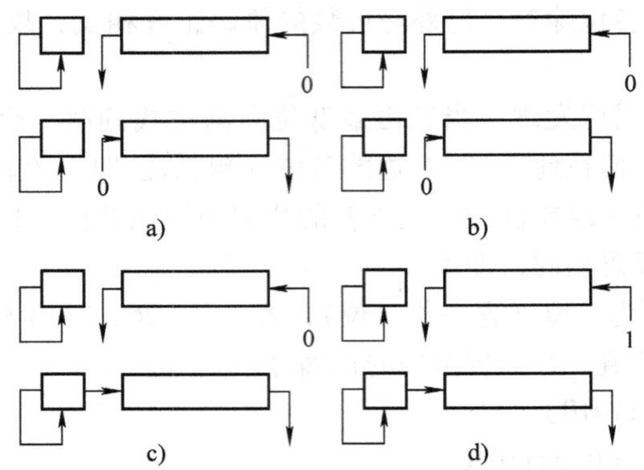

图 2.6　实现算术移位操作的硬件框图
a）真值为正的三种机器数的移位操作　b）负数原码的移位操作
c）负数补码的移位操作　d）负数反码的移位操作

3. 算术移位与逻辑移位的区别

有符号数的移位称为算术移位，无符号数的移位称为逻辑移位。逻辑移位的规则是：逻辑左移时，高位移出，低位添 0；逻辑右移时，低位移出，高位添 0。例如，寄存器内容为 01010011，逻辑左移为 10100110，算术左移为 00100110（最高数位“1”移丢）。又如寄存器内容为 10110010，逻辑右移为 01011001。若将其视为补码，算术右移为 11011001。显然两种移位的结果是不同的。这里为了避免算术左移时最高位丢 1，可采用带进位（CY）的移位，如图 2.7 所示。算术左移时，符号位移至 CY，最高位可避免移出。

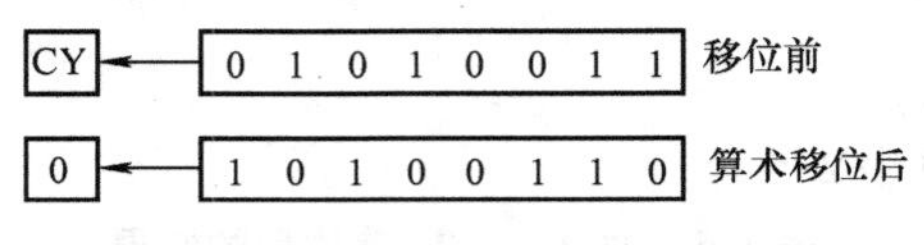

图 2.7　带进位的移位运算

2.3.2　加法与减法运算

加减法运算是计算机中最基本的运算，因减法运算可看作被减数加上一个减数的负值，即 $A-B=A+(-B)$，故此处将机器中的减法运算和加法运算合在一起介绍。现代计算机中都采用补码进行加减法运算。

1. 补码加减法运算的基本公式

补码加法的基本公式为

整数：$[A]_{补}+[B]_{补}=[A+B]_{补}(\bmod 2^{n+1})$

小数：$[A]_{补}+[B]_{补}=[A+B]_{补}(\bmod 2)$

即补码表示的两个数在进行加法运算时，可以把符号位与数位等同处理，只要结果不超出机器能表示的数值范围，运算后的结果按 2^{n+1} 取模（对于整数）或按 2 取模（对于小数），就能得到本次加法运算的结果。

读者可根据补码定义，按两个操作数的 4 种正负组合情况加以证明。

对于减法 $A-B=A+(-B)$，$[A-B]_{补}=[A+(-B)]_{补}$，由补码加法的基本公式可得

整数：$[A-B]_{补}=[A]_{补}+[-B]_{补}(\text{mod } 2^{n+1})$

小数：$[A-B]_{补}=[A]_{补}+[-B]_{补}(\text{mod } 2)$

因此，若机器数采用补码，当求 $A-B$ 时，只需先求$[-B]_{补}$（称$[-B]_{补}$为求“补后”的减数），就可按补码加法规则进行运算。而$[-B]_{补}$可由$[B]_{补}$连符号位在内的每位按位取反，末位加1而得。

例2.8　$A=0.1011$，$B=-0.0101$，求 $[A+B]_{补}$。

解：因为 $A=0.1011$，$B=-0.0101$

所以$[A]_{补}=0.1011$，$[B]_{补}=1.1011$

则$[A]_{补}+[B]_{补}=0.1011$

```
    0.1011
   +1.1011
  ---------
   10.0110 = [A+B]补
   自然丢掉
```

按模2的意义，最左边的1丢掉，故$[A+B]_{补}=0.0110$ 结果正确。

例2.9　$A=-1001$，$B=-0101$，求$[A+B]_{补}$。

解：因为 $A=-1001$，$B=-0101$

所以$[A]_{补}=1,0111$，$[B]_{补}=1,1011$

则$[A]_{补}+[B]_{补}=1,0111$

```
    1,0111
   +1,1011
  ---------
   11,0010 = [A+B]补
   自然丢掉
```

按模 2^{4+1} 的意义，最左边的1丢掉，故$[A+B]_{补}=1,0010$ 结果正确。

例2.10　设机器数字长为8位（含一位符号位在内），若 $A=+15$，$B=+24$，求$[A-B]_{补}$并还原成真值。

解：因为 $A=+15=+0001111$，$B=+24=+0011000$

所以$[A]_{补}=0,0001111$，$[B]_{补}=0,0011000$，$[-B]_{补}=1,1101000$

则$[A-B]_{补}=[A]_{补}+[-B]_{补}=1,1110111$

```
    0, 0001111
   +1, 1101000
  -------------
    1, 1110111 = [A-B]补
```

$A-B=-0001001=-9$

可见，不论操作数是正是负，在进行补码加减法操作时，只需将符号位和数值部分一起参加运算，并且将符号位产生的进位自然丢掉即可。

例2.11　设机器数字长为8位（含一位符号位在内），若 $A=-93$，$B=+45$，求 $[A-B]_{补}$ 并还原成真值。

解：因为 $A=-93=-1011101$，$B=+45=+0101101$

所以 $[A]_{补}=1,0100011$，$[B]_{补}=0,0101101$，$[-B]_{补}=1,1010011$

则 $[A-B]_{补}=[A]_{补}+[-B]_{补}=1,0100011$

$$
\begin{array}{r}
1,0100011 \\
+1,1010011 \\
\hline
\underline{1}0,1110110=[A-B]_{补}
\end{array}
$$

1 丢掉

$A-B=+1110110=+118$

按模 2^{n+1} 的意义，最左边的 1 丢掉，故 $[A-B]_{补}=0,1110110$，还原成真值得 $A-B=+118$，结果出错，这是因为 $A-B=-138$ 超出了机器字长所能表示的数值范围。在计算机中，这种超出计算机字长的现象称为溢出。为此，在补码定点加减运算过程中，必须对结果是否溢出做出明确的判断。

2. 溢出判断

对于加法，只有正数加正数和负数加负数两种情况下才可能出现溢出，符号不同的两个数相加是不会出现溢出的。

对于减法，只有在正数减负数或负数减正数两种情况下才可能产生溢出，符号相同的两个数相减是不会出现溢出的。

下面以机器字长为 4 位（含一位符号位）为例，说明机器是如何判断溢出的。

机器字长为 4 位的补码所对应的真值范围为 $-8\sim+7$，运算结果一旦超过这个范围即为溢出。表 2.6 列出了 4 种溢出情况示例。

由于减法运算在机器中是用加法器实现的，因此可得如下结论：不论是加法还是减法，只要实际参加运算的两个数（减法时即为被减数和“求补”以后的减数）符号相同，结果又与原操作数的符号不同，即为溢出。

表 2.6　补码定点运算溢出判断举例

真值	补码运算
$A=5$ $+B=4$ $A+B=9>7$ 溢出	$[A]_{补}=0,101$ $+[B]_{补}=0,100$ $[A+B]_{补}=1,001$　溢出
$A=-5$ $+B=-4$ $A+B=-9<-8$ 溢出	$[A]_{补}=1,011$ $+[B]_{补}=1,100$ $[A+B]_{补}=10,111$　溢出
$A=5$ $-B=-4$ $A-B=9>7$ 溢出	$[A]_{补}=0,101$ $+[-B]_{补}=0,100$ $[A-B]_{补}=1,001$　溢出
$A=-5$ $-B=+4$ $A+B=-9<-8$ 溢出	$[A]_{补}=1,011$ $+[-B]_{补}=1,100$ $[A-B]_{补}=10,111$　溢出

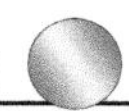

例 2.12　已知 $A=-\frac{11}{16}$，$B=-\frac{7}{16}$，求 $[A+B]_{补}$。

解：由 $A=-\frac{11}{16}=-0.1011$，$B=-\frac{7}{16}=-0.0111$

得 $[A]_{补}=1.0101$，$[B]_{补}=1.1001$

所以 $[A+B]_{补}=[A]_{补}=1.0101$

$$\begin{array}{r} 1.0101 \\ +1.1001 \\ \hline \underline{1}\ 0.1110 \end{array}$$

1 丢掉

两操作数符号均为 1，结果的符号为 0，故为溢出。

例 2.13　已知 $A=-0.1000$，$B=-0.1000$，求 $[A+B]_{补}$。

解：由 $A=-0.1000$，$B=-0.1000$

得 $[A]_{补}=1.1000$，$[B]_{补}=1.1000$

所以 $[A+B]_{补}=[A]_{补}=1.1000$

$$\begin{array}{r} 1.1000 \\ +\ [B]_{补}=1.1000 \\ \hline \underline{1}\ 1.0000 \end{array}$$

1 丢掉

结果的符号为原操作数符号,故未溢出。

由 $[A+B]_{补}=1.0000$,得 $[A+B]=-1$,由此可见,用补码表示定点小数时,它能表示 -1 的值。

计算机中采用一位符号位判断溢出时,为了节省时间,通常用符号位产生的进位与最高有效位产生的进位异或操作后,按其结果进行判断。若异或结果为 1,即为溢出;异或结果为 0,则无溢出。例 2.12 中的符号位有进位,最高有效位无进位,即 $1\oplus0=1$,故溢出。例 2.13 中的符号位有进位,最高有效位也有进位,即 $1\oplus1=0$,故无溢出。

3. 补码定点加减法所需的硬件配置

图 2.8 给出了实现补码定点加减法所需的基本硬件配置。

图 2.8 中,A、X 及加法器的位数相等,其中 A 存放被加数(或被减数)的补码。当进行减法运算时,由“求补控制逻辑”将 $\overline{X}$ 送至加法器,并使加法器的最末位外来进位加 1,以达到对减数求补的目的。运算结果溢出时,通过“溢出判断”电路置“1”溢出标志 V。Ga 为加法标记,Gs 为减法标记。

4. 补码加减运算控制流程

图 2.9 给出了补码加减运算控制流程。

从图 2.9 可知,加(减)法运算前,被加(减)数的补码在 A 中,加(减)数的补码在 X 中。若是加法,则直接完成(A) + (X)→A(mod 2 或 mod 2^{n+1})的运算；若是减法，则需对减数求补，再和 A 寄存器的内容相加，结果送 A。最后完成溢出判断。

2.3.3　乘法运算

在计算机中，乘法运算是一种重要的运算，下面从分析笔算乘法入手，介绍机器中的乘法运算。

1. 笔算乘法

设 $A=0.1101$，$B=0.1011$，求 $A\times B$。

笔算乘法时，乘积的符号由两数符号心算而得：正正得正；其数值部分的运算如下：

$$
\begin{array}{rll}
 & 0.1101 & \\
\times & 0.1011 & \\
\hline
 & 1101 & \cdots\cdots A\times 2^0 \quad A\text{ 不移位} \\
 & 1101 & \cdots\cdots A\times 2^1 \quad A\text{ 左移 1 位} \\
 & 0000 & \cdots\cdots 0\times 2^2 \quad 0\text{ 左移 2 位} \\
 & 1101 & \cdots\cdots A\times 2^3 \quad A\text{ 左移 3 位} \\
\hline
 & 0.10001111 &
\end{array}
$$

所以 $A\times B=+0.10001111$

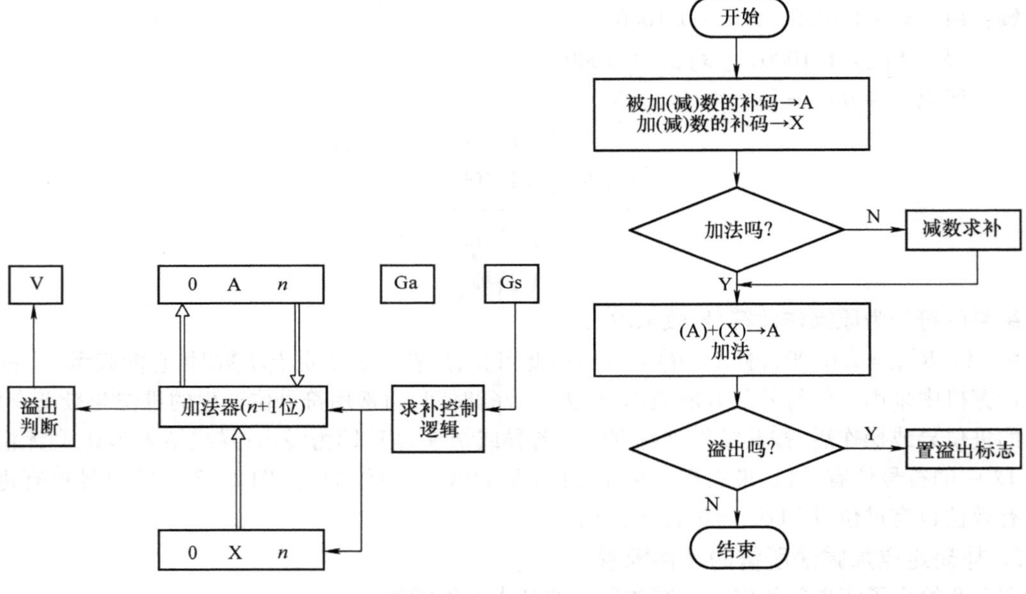

图 2.8　补码定点加减法硬件配置　　　　图 2.9　补码加减运算控制流程

可见，这里包含着被乘数 A 的多次左移，以及 4 个位积的相加运算。

若计算机完全模仿笔算乘法步骤，将有如下问题：其一，多个位积的一次相加，机器难以实现；其二，乘积位数增加了一倍，这将造成硬件资源的浪费和运算时间的增加。为此，对笔算乘法应改进。

2. 笔算乘法的改进

$$
\begin{aligned}
A\cdot B &= A\cdot 0.1011 \\
&= 0.1\cdot A+0.00\cdot A+0.001\cdot A+0.0001\cdot A \\
&= 0.1\cdot A+0.00\cdot A+0.001\cdot (A+0.1\cdot A) \\
&= 0.1\cdot A+0.01[0\cdot A+0.1\cdot (A+0.1\cdot A)] \\
&= 0.1\cdot \{A+0.1[0\cdot A+0.1\cdot (A+0.1\cdot A)]\} \\
&= 2^{-1}\cdot \{A+2^{-1}\cdot [0\cdot A+2^{-1}\cdot (A+2^{-1}\cdot A)]\}
\end{aligned}
$$

$$=2^{-1}\cdot\{A+2^{-1}\cdot[0\cdot A+2^{-1}\cdot(A+2^{-1}\cdot(A+0))]\} \tag{2.8}$$

由式（2.8）可知，两数相乘的过程，可视为加法和移位（乘以 2^{-1} 相当于一位右移）两种运算，这对计算机来说是非常容易实现的。

从初始值为0开始，对式（2.8）进行分步运算，则

第一步：被乘数加零。 $A+0=0.1101+0.0000=0.1101$

第二步：右移一位，得新的部分积。 $2^{-1}(A+0)=0.01101$

第三步：被乘数加部分积。 $A+2^{-1}(A+0)=0.1101+0.01101=1.00111$

第四步：右移一位，得新的部分积。 $2^{-1}[A+2^{-1}(A+0)]=0.100111$

第五步：被乘数加部分积。 $0\cdot A+2^{-1}[A+2^{-1}(A+0)]=0.100111$

第六步：右移一位，得新的部分积。 $2^{-1}\{0\cdot A+2^{-1}[A+2^{-1}(A+0)]\}=0.0100111$

第七步：被乘数加部分积。 $A+2^{-1}\{0\cdot A+2^{-1}[A+2^{-1}(A+0)]\}=1.0001111$

第八步：右移一位，得新的部分积。

$$2^{-1}\{A+2^{-1}[0\cdot A+2^{-1}(A+2^{-1}(A+0))]\}=0.10001111$$

表2.7列出了式（2.8）的全部运算过程。

表2.7　式（2.8）的全部运算过程

积的高4位	乘数寄存器	说明
0.0000 +0.1101	$101\underline{1}$	初始条件，部分积为0，乘数为1，加被乘数
0.1101 ==== 0.0110 +0.1101	$110\underline{1}$	右移一位，形成新的部分积；乘数同时右移一位，乘数为1，加被乘数
1.0011 ==== 0.1001 +0.0000	$111\underline{0}$	右移一位，形成新的部分积；乘数同时右移一位，乘数为0，加0
0.1001 ==== 0.0100 +0.1101	$111\underline{1}$	右移一位，形成新的部分积；乘数同时右移一位，乘数为1，加被乘数
1.0001 ==== 0.1000	1111	右移一位，形成最终结果

上述运算过程可归纳为：

1）乘法运算可用移位和加法来实现，当两个4位数相乘时，总共需做4次加法和4次移位。

2）由乘数的末位值确定被乘数是否与原部分积相加，然后右移一位，形成新的部分积；同时乘数也右移一位，由次低位作为新的末位，空出的最高位放部分积的最低位。

3）每次做加法时，被乘数仅仅与原部分积的高位相加，其低位被移至乘数所空出的高位位置。

实现这种运算比较容易，用一个寄存器存放被乘数，一个寄存器存放乘积的高位，一个寄存

器存放乘积的低位与乘数。再配上加法器及其他相应电路，就可组成乘法器。又因加法只在部分积的高位进行，故这种算法不仅节省硬件资源，而且缩短运算时间。

3. 原码乘法

由于原码表示与真值极为相似，只差一个符号，而乘积的符号又可通过两数符号的异或求得，因此，上述讨论的结果可以直接用于原码一位乘，只需加上符号位处理即可。

（1）原码一位乘运算规则

以小数为例，设 $[x]_{原}=x_0x_1x_2\cdots x_n$，$[y]_{原}=y_0y_1y_2\cdots y_n$，则 $[x]_{原}\cdot[y]_{原}=x_0\oplus y_0.(0.x_1x_2\cdots x_n)(0.y_1y_2\cdots y_n)$。

式中，$0.x_1x_2\cdots x_n$ 为 x 的绝对值，记作 x^*；$0.y_1y_2\cdots y_n$ 为 y 的绝对值，记作 y^*。

原码一位乘的运算规则为：乘积的符号可通过两数符号的异或求得；乘积的数值部分由两数的绝对值相乘，其通式为

$$\begin{aligned} x^*\cdot y^* &= x^*(0.y_1y_2\cdots y_n) \\ &= x^*(y_12^{-1}+y_22^{-2}+\cdots+y_n2^{-n}) \\ &= \underbrace{2^{-1}(y_1x^*+2^{-1}(y_2x^*+2^{-1}(\cdots+\underbrace{2^{-1}(y_{n-1}x^*+\underbrace{2^{-1}(y_nx^*+0)}_{z_1}}_{z_2}\cdots)))}_{z_n} \end{aligned} \tag{2.9}$$

再令 z_i 表示第 i 次部分积，式（2.9）可写成式（2.10）所示的递推公式

$$\begin{aligned} z_0 &= 0 \\ z_1 &= 2^{-1}(y_n\cdot x^*+z_0) \\ z_2 &= 2^{-1}(y_{n-1}\cdot x^*+z_1) \\ &\vdots \\ z_i &= 2^{-1}(y_{n-i+1}\cdot x^*+z_{i-1}) \\ &\vdots \\ z_n &= 2^{-1}(y_1\cdot x^*+z_{n-1}) \end{aligned} \tag{2.10}$$

例2.14　已知 $x=-0.1110$，$y=-0.1101$，求 $[x\cdot y]_{原}$。

解：因为 $x=-0.1110$，所以 $[x]_{原}=1.1110$，$x^*=0.1110$（为绝对值），$x_0=1$。

又因为 $y=-0.1101$，所以 $[y]_{原}=1.1101$，$y^*=0.1101$（为绝对值），$y_0=1$。

按原码一位乘运算规则，$[x\cdot y]_{原}$ 的数值部分计算见表2.8。

即 $x^*\cdot y^*=0.10110110$

乘积的符号位为 $x_0\oplus y_0=1\oplus 1=0$，故 $[x\cdot y]_{原}=0.10110110$。

表2.8　例2.14数值部分的运算

部分积	乘数	说明
0.0000 +0.1110	110 $\underline{1}$	初始条件，部分积为 $z_0=0$，乘数为1，加 x^*
0.1110 ════ 0.0111 +0.0000	011 $\underline{0}$	右移一位得 z_1；乘数同时右移一位，乘数为0，加0

（续）

部分积	乘数	说明
0.0111 ═══ 0.0011 +0.1110	101 <u>1</u>	右移一位得 z_2；乘数同时右移一位，乘数为1，加 x^*
1.0001 ═══ 0.1000 +0.1110	110 <u>1</u>	右移一位得 z_3；乘数同时右移一位，乘数为1，加 x^*
1.0110 ═══ 0.1011	0110	右移一位得 z_4；形成最终结果

值得注意的是，这里部分积取 $n+1$ 位，以便乘法过程中绝对值大于或等于1的值。此外，由于乘积的数值部分是两数绝对值相乘的结果，故原码一位乘法运算过程中的右移操作均为逻辑右移。

（2）原码一位乘运算所需硬件配置

图2.10是实现原码一位乘运算所需硬件配置框图。

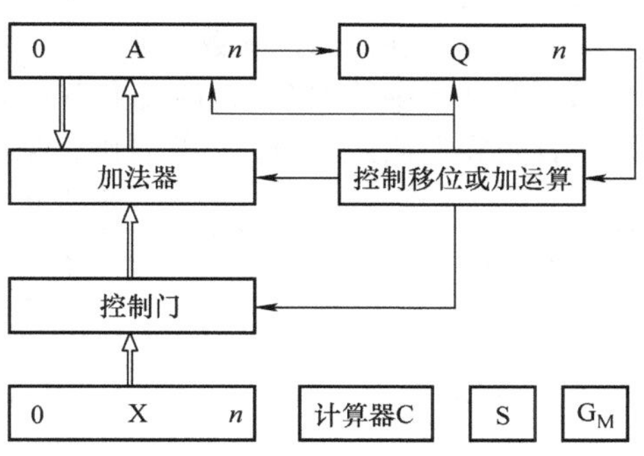

图2.10　原码一位乘运算所需硬件配置框图

图中A、X、Q均为 $n+1$ 位的寄存器，其中，X存放被乘数的原码，Q存放乘数的原码。移位或加的选择控制电路受乘数末位 Q_n 控制（当 $Q_n=1$ 时，A和X内容相加后，A、Q右移一位；当 $Q_n=0$ 时，只进行A、Q右移一位的操作）。计数器C用于控制逐位相乘的次数。S存放乘积的符号。G_M 为乘法标记。运算结束，A、Q中为乘积，共 $2n+1$ 位。

（3）原码一位乘控制流程

图2.11所示是原码一位乘运算的控制流程。

进行乘法运算前，A寄存器被清零，作为初始部分积，被乘数原码在X中，乘数原码在Q中，计数器C中存放乘数的位数 n。乘法开始后，首先通过异或运算求出乘积的符号并存于S，接着将被乘数和乘数从原码形式变为绝对值。然后根据 Q_n 的状态决定部分积是否加上被乘数，再逻辑右移一位，重复 n 次，即得运算结果。

上述介绍的运算规则同样用于整数原码。为了区别于小数乘法，书写上可将表2.8“部分积”中的“.”改为“,”。

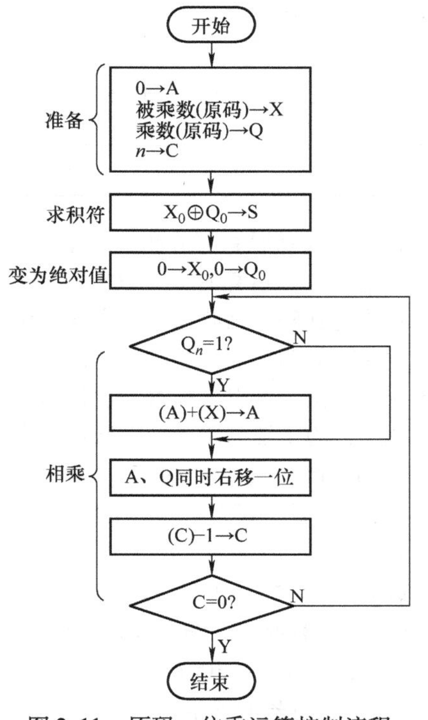

图2.11　原码一位乘运算控制流程

（4）原码两位乘

与原码一位乘一样，符号位的运算和数值部分是分开进行的，但原码两位乘是用两位乘数的状态来决定新的部分积如何形成，因此可提高运算的速度。

两位乘数共有4种状态，对应这4种状态可得表2.9。

表 2.9　两位乘数所对应新的部分积

乘数 $y_{n-1}y_n$	新的部分积
00	新部分积等于原部分积右移两位
01	新部分积等于原部分积加被乘数后右移两位
10	新部分积等于原部分积加两倍被乘数后右移两位
11	新部分积等于原部分积加3倍被乘数后右移两位

表中“两倍被乘数”可通过对被乘数左移一位实现，但“3倍被乘数”的获得较难。此时可将3视为 $4-1$（$11=100-1$），即把乘以3分两步完成，第一步先完成减1倍被乘数的操作，第二步完成加4倍被乘数的操作。而加4倍被乘数的操作实际上是由比“11”高的两位乘数代替完成的，可看作是在高两位乘数上加“1”。这个“1”可暂存在 C_j 触发器中。机器置 C_j 为“1”，即意味着对高两位乘数加1，也即要求高两位乘数代替本两位乘数“11”来完成加4倍被乘数的操作。由此可得原码两位乘的运算规则，见表2.10。

表 2.10　原码两位乘运算规则

乘数判断位 $y_{n-1}y_n$	标志位 C_j	操作内容
00	0	$Z\to2$，$y^*\to2$，C_j 保持“0”
01	0	$Z+x^*\to2$，$y^*\to2$，C_j 保持“0”
10	0	$Z+2x^*\to2$，$y^*\to2$，C_j 保持“0”
11	0	$Z-x^*\to2$，$y^*\to2$，置“1” C_j
00	1	$Z+x^*\to2$，$y^*\to2$，置“0” C_j
01	1	$Z+2x^*\to2$，$y^*\to2$，置“0” C_j
10	1	$Z-x^*\to2$，$y^*\to2$，C_j 保持“1”
11	1	$Z\to2$，$y^*\to2$，C_j 保持“1”

表中 Z 表示原有部分积，x^* 表示被乘数的绝对值，y^* 表示乘数的绝对值，$\to2$ 表示右移两位，当进行 $-x^*$ 运算时，一般都采用加 $[-x^*]_{补}$ 来实现。这样，参与原码两位乘运算的操作数是绝对值的补码，因此运算中右移两位的操作也必须按补码右移规则完成。尤其应注意的是，乘法过程中可能要加两倍被乘数，即 $+[2x^*]_{补}$，使部分积的绝对值大于2。为此，只有对部分积取3位符号位，且以最高符号位作为真正的符号位，才能保证运算过程正确无误。

此外，为了统一用两位乘数和一位 C_j 共同配合管理全部操作，需在乘数（当乘数位数为偶数时）的最高位前增加两个0，这与原码一位乘不同。这样，当乘数最高的两个有效位出现“11”时，需置“1” C_j，再与所添补的两个0结合为001状态，以完成加 x^* 的操作（此步不必移位）。

例 2.15　设 $x=0.111111$，$y=-0.111001$，用原码两位乘求 $[x\cdot y]_{原}$。

解：1）数值部分的运算过程见表2.11，其中 $x^*=0.111111$，$[-x^*]_{补}=1.000001$，$2x^*=1.111110$，$y^*=0.111001$。

2）乘积符号的确定。由于 $x_0\oplus y_0=0\oplus1=1$，故 $[x\cdot y]_{原}=1.111000000111$。

不难理解，当乘数为偶数时，需进行 $\frac{n}{2}$ 次移位，最多进行 $\frac{n}{2}+1$ 次加法。当乘数为奇数时，乘数高位前只增加一个“0”，此时需进行$\frac{n}{2}+1$次加法、$\frac{n}{2}+1$次移位（最后一步移一位），见表 2.11。

表 2.11　例 2.15 原码两位乘数值部分的运算过程

部分积	乘数 y^*	C_j	说明
000.000000 000.111111	001110 <u>01</u>	<u>0</u>	开始，部分积为 0，$C_j=0$ 根据 $y_{n-1}y_nC_j=010$ 加 x^*，保持 $C_j=0$
000.111111 000.001111 001.111110	110011 <u>10</u>	<u>0</u>	→2 位，得新的部分积，乘数同时→2 位 根据“100”加 $2x^*$，保持 $C_j=0$
010.001101 000.100011 111.000001	11 011100 <u>11</u>	<u>0</u>	→2 位，得新的部分积，乘数同时→2 位 根据“110”减 x^*（即加 $[-x^*]_补$），置“1”C_j
111.100100 111.111001 000.111111	0111 000111 <u>00</u>	<u>1</u>	→2 位，得新的部分积，乘数同时→2 位 根据“001”加 x^*，置“0”C_j
000.111000	000111		形成最终结果

虽然两位乘法可提高乘法速度，但它仍基于重复相加和移位的思想，而且随着乘法倍数的增加，重复次数增多，仍然影响乘法速度的进一步提高。采用并行阵列乘法器可大大提高乘法速度。

原码乘法的实现比较容易，但由于机器都采用补码做加减运算，倘若做乘法前将补码转换成原码，相乘之后又要将负积的原码转换为补码形式，这样增添了许多操作步骤，反而使运算复杂。为此，有不少机器直接用补码相乘，机器里配置实现补码乘法的乘法器，避免了码制的转换，提高了机器效率。

4. 补码乘法

补码一位乘运算规则：

设被乘数$[x]_补=x_0.x_1x_2\cdots x_n$

乘数$[y]_补=y_0.y_1y_2\cdots y_n$

1）当被乘数 x 符号任意，乘数 y 符号为正时

$$[x]_补=x_0.x_1x_2\cdots x_n=2+x=2^{n+1}+x(\mathrm{mod}\ 2)$$

$$[y]_补=y_0.y_1y_2\cdots y_n=y$$

则$[x]_补\cdot[y]_补=[x]_补\cdot y=(2^{n+1}+x)\cdot y=2^{n+1}\cdot y+xy$。

由于$y=0.y_1y_2\cdots y_n=\sum_{i=1}^{n}y_i2^{-i}$，则$2^{n+1}\cdot y=2\sum_{i=1}^{n}y_i2^{n-i}$，且$\sum_{i=1}^{n}y_i2^{n-i}$是一个大于或等于 1 的正整数，根据模运算的性质，有$2^{n+1}\cdot y=2\ (\mathrm{mod}\ 2)$，故$[x]_补\cdot[y]_补=2^{n+1}\cdot y+xy=2+$

$xy=[x\cdot y]_{补}$ (mod 2)

即$[x\cdot y]_{补}=[x]_{补}\cdot[y]_{补}=[x]_{补}\cdot y$。

对照原码乘法式（2.9）和式（2.10），当乘数y为正数时，不管被乘数x符号如何，都可按原码乘法的规则运算，即

$$
\begin{aligned}
&[z_0]_{补}=0\\
&[z_1]_{补}=2^{-1}(y_n[x]_{补}+[z_0]_{补})\\
&[z_2]_{补}=2^{-1}(y_{n-1}[x]_{补}+[z_1]_{补})\\
&\vdots\\
&[z_i]_{补}=2^{-1}(y_{n-i+1}[x]_{补}+[z_{i-1}]_{补})\\
&\vdots\\
&[x\cdot y]_{补}=[z_n]_{补}=2^{-1}(y_1[x]_{补}+[z_{n-1}]_{补})
\end{aligned}
\tag{2.11}
$$

当然这里的加和移位都必须按补码运算。

2）当被乘数x符号任意，乘数y符号为负时

$[x]_{补}=x_0.x_1x_2\cdots x_n$

$[y]_{补}=1.y_1y_2\cdots y_n=2+y\pmod 2$

则$[y]=[y]_{补}-2=1.y_1y_2\cdots y_n-2=0.y_1y_2\cdots y_n-1$。

由于$x\cdot y=x(0.y_1y_2\cdots y_n-1)=x(0.y_1y_2\cdots y_n)-x$，故

$[x\cdot y]_{补}=[x(0.y_1y_2\cdots y_n)_{补}]+[-x]_{补}$

将$0.y_1y_2\cdots y_n$视为一个正数，正好与上述情况相同。

则$[x(0.y_1y_2\cdots y_n)]_{补}=[x]_{补}(0.y_1y_2\cdots y_n)$

所以

$$[x\cdot y]_{补}=[x]_{补}(0.y_1y_2\cdots y_n)+[-x]_{补}\tag{2.12}$$

由此可得，当乘数为负时，把乘数的补码$[y]_{补}$去掉符号位，当成一个正数与$[x]_{补}$相乘，然后加上一个$[-x]_{补}$进行校正，也称校正法，用递推公式表示为

$$
\begin{aligned}
&[z_0]_{补}=0\\
&[z_1]_{补}=2^{-1}(y_n[x]_{补}+[z_0]_{补})\\
&[z_2]_{补}=2^{-1}(y_{n-1}[x]_{补}+[z_1]_{补})\\
&\vdots\\
&[z_i]_{补}=2^{-1}(y_{n-i+1}[x]_{补}+[z_{i-1}]_{补})\\
&\vdots\\
&[z_n]_{补}=2^{-1}(y_1[x]_{补}+[z_{n-1}]_{补})\\
&[x\cdot y]_{补}=[z_n]_{补}+[-x]_{补}
\end{aligned}
\tag{2.13}
$$

比较式（2.13）与式（2.11）可见，乘数为负的补码乘法与乘数为正时基本相同，只需最后加上一项校正项$[-x]_{补}$即可。

例2.16　已知$[x]_{补}=1.0101$，$[y]_{补}=0.1101$，求$[x\cdot y]_{补}$。

解：因为乘数$y>0$，所以按原码一位乘的算法运算，只是在相加和移位时按补码规则进行，见表2.12。考虑到运算时可能出现绝对值大于1的情况（但此刻并不是溢出），故部分积和被乘数取双符号。

表 2.12　例 2.16 的运算过程

部分积	乘数	说明
00.0000 +11.0101	1101	初值 $[z_0]_补=0$ $y_4=1$，$+[x]_补$
11.0101 11.1010 11.1101 +11.0101	1110 0111	→1 位，得 $[z_1]_补$，乘数同时→1 位 $y_3=0$，右移一位，得 $[z_2]_补$，乘数同时→1 位 $y_2=1$，$+[x]_补$
11.0010 11.1001 +11.0101	01 0011	→1 位，得 $[z_3]_补$，乘数同时→1 位 $y_1=1$，$+[x]_补$
10.1110 11.0111	001 0001	→1 位，得 $[z_4]_补$

故乘积 $[x\cdot y]_补=1.01110001$。

例 2.17　已知 $[x]_补=0.1101$，$[y]_补=1.0101$，求 $[x\cdot y]_补$。

解：因为乘数 $y<0$，故先不考虑符号位，按原码相乘，然后加上 $[-x]_补$，见表 2.13。

表 2.13　例 2.17 的运算过程

部分积	乘数	说明
00.0000 +00.1101	0101	初值 $[z_0]_补=0$ $y_4=1$，$+[x]_补$
00.1101 00.0110 00.0011 +00.1101	1010 0101	→1 位，得 $[z_1]_补$，乘数同时→1 位 $y_3=0$，→1 位，得 $[z_2]_补$ $y_2=1$，$+[x]_补$
01.0000 00.1000 00.0100 +11.0011	0010 0001	→1 位，得 $[z_3]_补$，乘数同时→1 位 $y_1=0$，→1 位，得 $[z_4]_补$， $+[-x]_补$进行校正
11.0111	0001	得最后结果 $[x\cdot y]_补$

故乘积 $[x\cdot y]_补=1.01110001$。

由以上两例可见，乘积的符号位在运算过程中自然形成，这是补码乘法和原码乘法的重要区别。

校正法与乘数的符号有关，虽然可将乘数和被乘数互换，使乘数保持正，此时不必校正，但当两数均为负数时必须校正。

2.3.4　除法运算

1. 分析笔算除法

以小数为例，设 $x=-0.1011$，$y=0.1101$，求 x/y。

笔算除法时，商的符号心算而得：负正得负；其数值部分的运算如下面竖式。所以商 $x/y=-0.1101$，余数为 -0.00000111。

$$
\begin{array}{r@{}ll}
 & 0.1101 & \\
0.1101 \big) & 0.10110 & \\
 & 0.01101 & 2^{-1}\cdot y \\ \hline
 & 0.010010 & \\
 & 0.001101 & 2^{-2}\cdot y \\ \hline
 & 0.00010100 & \\
 & 0.00001101 & 2^{-4}\cdot y \\ \hline
 & 0.00000111 &
\end{array}
$$

其特点可归纳如下：

1）每次上商都通过心算来比较余数（被除数）和除数的大小，确定商为“1”还是“0”。

2）每做一次减法，总是保持余数不动，低位补0，再减去右移后的除数。

3）商符单独处理。

如果将上述规则完全照搬到计算机内，实现起来有一定困难，主要问题是：

1）机器不能“心算”上商，必须通过比较被除数（或余数）和除数绝对值的大小来确定商值，即判断 $|x|-|y|$，差为正（够减）上商1，差为负（不够减）上商0。

2）按照每次减法运算总是保持“余数不动，低位补0，再减去右移后的除数”这一规则，要求加法器的倍数必须为除数的两倍。仔细分析发现，右移除数可以用左移余数的办法代替，其运算结果是一样的，而且对线路结构更有利。不过此刻所得到的余数不是真正的余数，只有将它乘上 2^{-n} 才是真正的余数。

3）笔算求商时是从高位向低位逐位求得的，而要求机器把每位商直接写到寄存器的不同位也是不可取的。计算机可将每一位商直接写到寄存器的最低位，并把原来的部分商左移一位。

综上所述，便可得原码除法运算规则。

2. 原码除法

原码除法和原码乘法一样，符号位是单独处理的，这里以小数为例。

设 $[x]_{原}=x_0.x_1x_2\cdots x_n$

　$[y]_{原}=0.y_1y_2\cdots y_n$

则 $\left[\dfrac{x}{y}\right]_{原}=(x_0\oplus y_0).\dfrac{0.\ x_1x_2\cdots x_n}{0.\ y_1y_2\cdots y_n}$

式中　$x_0.x_1x_2\cdots x_n$——x 的绝对值，记作 x^*；

　　$0.y_1y_2\cdots y_n$——y 的绝对值，记作 y^*。

即商符由两数符号位进行“异或”运算求得，商值由两数绝对值相除（x^*/y^*）求得。

小数定点除法对被除数和除数有一定的约束，即必须满足下列条件：

$$0<|被除数|\leqslant|除数|$$

实现除法运算时，还应避免除数为0或者被除数为0。前者结果为无限大，不能用机器的有限位数表示；后者结果总是0，这个除法操作等于白做，浪费了机器时间。至于商的位数，一般与操作数的位数相同。

原码除法中根据对余数的处理不同，又可分为恢复余数法和不恢复余数法（加减交替法）两种。

1）恢复余数法。恢复余数法的特点是，当余数为负时，需加上除数，将其恢复成原来的余数。

由上所述，商值的确定是通过比较被除数和除数的绝对值大小（即 x^*-y^*）实现的，而计算机内只设加法器，故需将 x^*-y^* 操作转换为 $[x^*]_{补}+[-y^*]_{补}$ 的操作。

例 2.18　已知 $x=-0.1011$，$y=-0.1101$，求 $\left[\frac{x}{y}\right]_{原}$。

解：由 $x=-0.1011$，$y=-0.1101$

得 $x^*=0.1011$，$[x]_{原}=1.1011$

$y^*=0.1101$，$[-y^*]_{补}=1.0011$，$[y]_{原}=1.1101$

表2.14列出了例2.18商值的求解过程。

表 2.14　例 2.18 恢复余数法求解过程

被除数（余数）	商	说明
0.1011 +1.0011	0.0000	$+[-y^*]_{补}$（减去除数）
1.1110 +0.1101	0	余数为负，上商0 恢复余数 $+[y^*]_{补}$
0.1011 1.0110 +1.0011	0	被恢复的被除数 ←1位 $+[-y^*]_{补}$（减去除数）
0.1001 1.0010 +1.0011	01 01	余数为正，上商1 ←1位 $+[-y^*]_{补}$（减去除数）
0.0101 0.1010 +1.0011	011 011	余数为正，上商1 ←1位 $+[-y^*]_{补}$（减去除数）
1.1101 +0.1101	0110	余数为负，上商0 恢复余数 $+[y^*]_{补}$
0.1010 1.0100 +1.0011	0110	被恢复的余数 ←1位 $+[-y^*]_{补}$（减去除数）
0.0111	01101	余数为正，上商1

故商值为0.1101

商的符号位为 $x_0 \oplus y_0 = 1 \oplus 1 = 0$

所以 $\left[\frac{x}{y}\right]_{原}=0.1101$

由此可见，共上商5次，第一次上的商在商的整数位上，这对小数除法而言，可用它做溢出判断。即当该位为“1”时，表示此除法溢出，不能进行该除法操作，应由程序进行处理；当该位为“0”时，说明除法合法，可以进行该除法操作。

在恢复余数法中，每当余数为负时，都需恢复余数，这就延长了机器除法的时间，操作也很不规则，对线路结构不利。不恢复余数法可克服这些缺点。

2）不恢复余数法。不恢复余数法又称加减交替法，可以认为它是恢复余数法的一种改进算法。

分析原码恢复余数法得知

当余数 $R_i>0$ 时，可上商“1”，对 R_i 左移一位后减除数，即 $2R_i-y^*$。

当余数 $R_i<0$ 时，可上商“0”，然后先做 R_i+y^* 操作，即完成恢复余数的运算，再做 $2(R_i+y^*)-y^*$ 操作，即 $2R_i+y^*$。

可见，原码恢复余数法可归纳为

当余数 $R_i>0$ 时，上商“1”，做 $2R_i-y^*$ 的运算。

当余数 $R_i<0$ 时，上商“0”，做 $2R_i+y^*$ 的运算。

这里已经看不出余数的恢复问题了，而只是做加 y^* 或减 y^* 运算，因此，一般把它称为加减交替法或不恢复余数法。

例 2.19　已知 $x=-0.1011$，$y=0.1101$，求 $\left[\frac{x}{y}\right]_{原}$。

解：由 $x=-0.1011$，$y=0.1101$

得 $[x]_{原}=1.1011$，$x^*=0.1011$

$[y]_{原}=0.1101$，$y^*=0.1101$，$[-y^*]_{补}=1.0011$

表 2.15 列出了此例商值的求解过程。

商的符号位为 $x_0\oplus y_0=1\oplus 1=0$

所以 $\left[\frac{x}{y}\right]_{原}=1.1101$

分析此例可见，n 位小数的除法共上商 $n+1$ 次，第一次的商用来判断是否溢出。倘若比例因子选择恰当，除数结果不溢出，则第一次的商肯定是 0。如果省去这位商，只需上商 n 次即可，此时除法运算一开始应将被除数左移一位减去除数，然后根据余数上商。读者可以自己练习。

表 2.15　例 2.19 不恢复余数法运算过程

被除数（余数）	商	说明
0.1011 +1.0011	0.0000	$+[-y^*]_{补}$（减除数）
1.1110 1.1100 +0.1101	0 0	余数为负，上商 0 ←1 位 $+[y^*]_{补}$（加除数）
0.1001 1.0010 +1.0011	01 01	余数为正，上商 1 ←1 位 $+[-y^*]_{补}$（减除数）
0.0101 0.1010 +1.0011	011 011	余数为正，上商 1 ←1 位 $+[-y^*]_{补}$（减除数）
1.1101 1.1010 +0.1101	0110 0110	余数为负，上商 0 ←1 位 $+[y^*]_{补}$（加除数）
0.0111	01101	余数为正，上商 1

3）原码不恢复余数法所需的硬件配置。图 2.12 是实现原码不恢复余数法运算的基本硬件配

置框图。图中 A、X、Q 均为 $n+1$ 位寄存器，其中 A 存放被除数的原码，X 存放除数的原码。移位和加控制逻辑受 Q 的末位 Q_n 控制。（$Q_n=1$ 做减法，$Q_n=0$ 做加法），计数器 C 用于控制逐位相除的次数 n，G_D 为除法标记，V 为溢出标记，S 为商符。

除法开始前，Q 寄存器被清 0，准备接收商，被除数的原码放在 A 中，除数的原码放在 X 中，计数器 C 中存放除数的位数 n。除法开始后，首先通过异或运算求出商符，并存于 S。接着将被除数和除数变为绝对值，然后用第一次的上商判断是否溢出。若溢出，则置溢出标记 V 为 1，停止运算，进行中断处理，重新选择比例因子；若无溢出，则先上商，接着 A、Q 同时左移一位，再根据上一次商值的状态决定是加除数还是减除数。这样重复 n 次后，再上最后一次商（共上商 $n+1$ 次），即得运算结果。

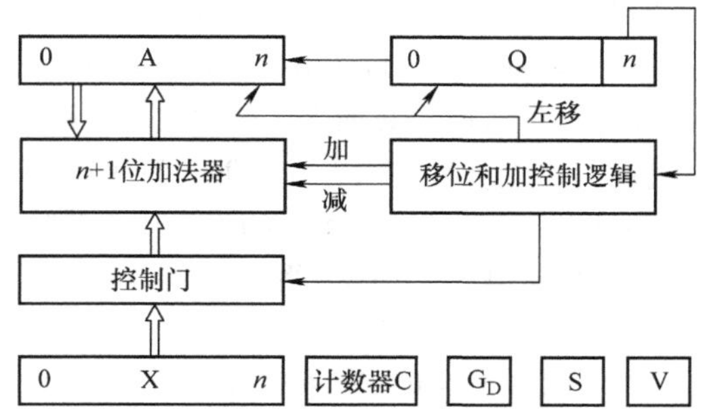

图 2.12　原码不恢复余数法运算的基本硬件配置框图

对于整数除法，要求满足以下条件：

$$0<|除数|\leqslant|被除数|$$

因为这样才能得到整数商。通常在做整数除法前，先要对这个条件进行判断，若不满足上述条件，机器发出出错信号，程序要重新设定比例因子。

上述介绍的小数除法完全适用于整数除法，只是整数除法的被除数位数可以是除数的两倍，且要求被除数的高 n 位要比除数（n 位）小，否则即为溢出。如果被除数和除数的位数都是单字长，则要在被除数前面加上一个字的 0，从而扩展成双倍字长再进行运算。

2.4　浮点四则运算

从 2.2 节浮点数的介绍可知，机器中的任何一个浮点数都可写成 $x=S_x\cdot r^{j_x}$ 的形式，其中 S_x 为浮点数的尾数，一般为绝对值小于 1 的规格数（补码表示时允许为 -1），机器中可用原码或补码表示；j_x 为浮点数的阶码，一般为整数，机器中大多用补码或移码表示。r 为浮点数的基数，常用 2、4、8 或 16 表示。下面以基数为 2 进行介绍。

2.4.1　浮点加减运算

由于浮点数尾数的小数点均固定在第一数值位前，所以尾数的加减运算规则与定点数完全相同。但由于其阶码的大小又直接反映尾数有效值的小数点位置，因此当两浮点数阶码不等时，两尾数小数点的实际位置不一样，尾数部分无法直接进行加减运算。因此，浮点数加减运算必须按以下几步进行：

1）对阶，使两数的小数点位置对齐。

2）尾数求和（差），将对阶后的两尾数按定点加减运算规则求和（差）。

3）规格化，为增加有效数字的位数，提高运算精度，必须将求和（差）后的尾数规格化。

4）舍入，为提高精度，要考虑尾数右移时丢失的数值位。

5）溢出判断，即判断结果是否溢出。

1. 对阶

对阶的目的是使两操作数的小数点位置对齐，即使两数的阶码相等。为此，首先要求出阶差，再按小阶码向大阶码看齐的原则使阶小的尾数向右移位，每右移一位，阶码加1，直到两数的阶码相等为止。右移的次数正好等于阶差。尾数右移时可能会发生数码丢失，影响精度。

例如，两浮点数 $x=0.1101\times2^{01}$，$y=(-0.1010)\times2^{11}$，求 $x+y$。

首先写出 x、y 在计算机中的补码表示

$[x]_补=00，01；00.1101$，$[y]_补=00，11；11.0110$

在进行加法前，必须先对阶，故先求阶差

$[\Delta_j]_补=[j_x]_补-[j_y]_补=00，01+11，01=11，10$

即 $[\Delta_j]_补=-2$，表示 x 的阶码比 y 的阶码小，再按小阶码向大阶码看齐的原则，将 x 的尾数右移两位，其阶码加2，得：

$[x]'_补=00，11；00.0011$

此时，$[\Delta_j]=0$，表示对阶完毕。

2. 尾数求和（差）

将对阶后的两个尾数按定点加（减）运算规则进行运算。

如上例中的两数对阶后得

$[x]'_补=00，11；00.0011$

$[y]_补=00，11；11.0110$

则求 $[S_x+S_y]_补$ 为

$$
\begin{array}{rl}
00.0011 & [S_x]'_补 \\
+11.0110 & [S_y]'_补 \\
\hline
11.1001 & [S_x+S_y]_补
\end{array}
$$

即求 $[x+y]_补=00，11；11.1001$。

3. 规格化

由前面已知，尾数 S 的规格化形式为

$$\frac{1}{2}\leqslant|S|<1 \tag{2.14}$$

如果采用双符号位的补码，则：

当 $S>0$ 时，其补码规格化形式为

$$[S]_补=00.1xx\cdots x \tag{2.15}$$

当 $S<0$ 时，其补码规格化形式为

$$[S]_补=11.0xx\cdots x \tag{2.16}$$

可见，当尾数的最高位数值与符号不同时，即为规格化形式，但 $S<0$ 时有两种情况需特殊处理。

$S=-\frac{1}{2}$，则$[S]_补=11.100\cdots0$。此时对于真值 $-\frac{1}{2}$ 而言，它满足式（2.14），对于补码$[S]_补$而言，它不满足式（2.16）。为了便于硬件判断，特规定 $-\frac{1}{2}$ 不是规格化的数（对补码而言）。

$S=-1$，则 $[S]_补=11.00\cdots0$。因小数补码允许表示 -1，故 -1 视为规格化的数。

当尾数求和（差）结果不满足式（2.15）或式（2.16）时，则需规格化。

（1）左规

当尾数出现 $00.0xx\cdots x$ 或 $11.1xx\cdots x$ 时，需左规。左规时尾数左移一位，阶码减1，直到符合

式（2.15）或式（2.16）为止。

如上例求和结果为

$[x+y]_{补}=00,\ 11;\ 11.1001$

尾数的第一数值位与符号位相同，需左规，即将其左移一位，同时阶码减1，得 $[x+y]_{补}=00,\ 10;\ 11.0010$，则 $x+y=(-0.1110)\times 2^{10}$。

（2）右规

当尾数出现 $01.xx\cdots x$ 或 $10.xx\cdots x$ 时，表示尾数溢出，这在定点加减运算中是不允许的，但在浮点运算中不算溢出，可通过右规处理。右规时尾数右移一位，阶码加1。

例2.20　已知两浮点数 $x=0.1101\times 2^{10}$，$y=0.1011\times 2^{01}$，求 $x+y$。

解： x、y 在机器中以补码表示为

$[x]_{补}=00,\ 10;\ 00.1101$

$[y]_{补}=00,\ 01;\ 00.1011$

1）对阶。

$[\Delta_j]_{补}=[j_x]_{补}-[j_y]_{补}$

$=00,\ 10+11,\ 11=00,\ 01$

即 $[\Delta_j]=1$，表示 y 的阶码比 x 的阶码小1，因此将 y 的尾数向右移1位，阶码相应加1，即

$[y]'_{补}=00,\ 10;\ 00.0101$

这时 $[y]'_{补}$ 的阶码与 $[x]_{补}$ 的阶码相等，阶差为0，表示对阶完毕。

2）求和。

$$\begin{array}{rl} 00.1101 & [S_x]'_{补} \\ +00.0101 & [S_y]'_{补} \\ \hline 01.0010 & [S_x+S_y]_{补} \end{array}$$

即 $[x+y]_{补}=00,\ 10;\ 01.0010$。

3）右规。运算结果两符号不等，表示尾数之和绝对值大于1，需右规，即将尾数之和向右移1位，阶码加1，故得

$[x+y]_{补}=00,\ 11;\ 00.1001$

则 $x+y=0.1001\times 2^{11}$。

4. 舍入

在对阶和右规的过程中，可能会使尾数的低位丢失，引起误差，影响了精度。为此可用舍入法来提高尾数的精度。常用的舍入法有两种。

1）“0舍1入”法。“0舍1入”法类似于十进制运算中的“四舍五入”法，即在进行尾数右移时，若被移去的最高数值位为0，则舍去；若被移去的最高数值位为1，则在尾数的末位加1。这样又可能使尾数溢出，此时需再做一次右规。

2）“恒置1”法。尾数右移时，不论丢掉的最高数值位是“1”还是“0”，都使右移后的尾数末位恒置1。这种方法同样有使尾数变大和变小的两种可能。

综上所述，浮点加减运算需经过对阶、尾数求和（差）、规格化和舍入等步骤，与定点加减运算相比，显然要复杂得多。

例2.21　设 $x=2^{-101}\times(-0.101000)$，$y=2^{-100}\times(+0.111011)$，并假设阶符取2位，阶码取3位，数符取2位，尾数取6位，求 $x-y$。

解： 由 $x=2^{-101}\times(-0.101000)$，$y=2^{-100}\times(+0.111011)$

得$[x]_{补}=11,011$；11.011000，$[y]_{补}=11,100$；00.111011

1）对阶。

$[\Delta_j]_{补}=[j_x]_{补}-[j_y]_{补}=11,011+00,100=11,111$

即$[\Delta_j]=-1$，则x的尾数向右移一位，阶码相应加1，即

$[x]'_{补}=11,100$；11.101100

2）求和。

$$\begin{aligned}[S_x]'_{补}-[S_y]_{补}&=[S_x]'_{补}+[-S_y]_{补}\\&=11.101100+11.000101\\&=10.110001\end{aligned}$$

即$[x-y]_{补}=11,100;10.110001$，尾数符号出现“10”，需右规。

3)规格化。

右规后得

$[x-y]_{补}=11,101;11.011000$

4）舍入处理。

采用“0舍1入”法，其尾数右规时末位丢1，则有

$$\begin{array}{r}11.011000\\+\qquad\quad 1\\\hline 11.011001\end{array}$$

所以$[x-y]_{补}=11,101$；11.011001。

$[x-y]_{原}=11,011$；11.100111

$[x-y]=2^{-011}\times(-0.100111)$

5. 溢出判断

与定点加减法一样，浮点加减运算最后一步也需判断溢出。在浮点规格化中已指出，当尾数之和（差）出现01.$xx\cdots x$或10.$xx\cdots x$时，并不表示溢出，只有将此数右规后，再根据阶码来判断浮点运算结果是否溢出。

若机器数为补码，尾数取n位，则它们能表示的补码在数轴上的表示如图2.13所示。

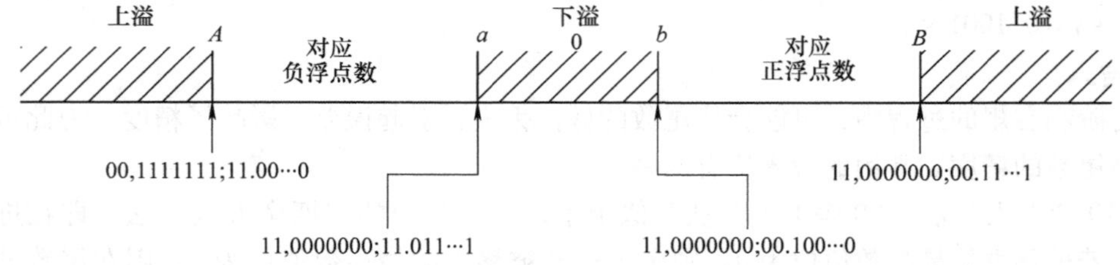

图2.13　补码在数轴上的表示

图中A、B、a、b的坐标均为补码表示，分别对应最小负数、最大正数、最大负数和最小正数。它们所对应的真值分别是

A（最小负数）为$2^{+127}\times(-1)$。

B（最大正数）为$2^{+127}\times(1-2^{-n})$。

a（最大负数）为$2^{-128}\times(-2^{-1}-2^{-n})$。

b（最小正数）为$2^{-128}\times2^{-1}$。

请读者注意，由于图2.13所示的A、B、a、b均为补码规格化的形式，故其对应的真值与图

2.4 所示的结果有所不同。

图 2.13 中 a、b 之间的阴影部分，对应阶码小于 −128 的情况，称为浮点数的下溢。下溢时，浮点数值趋于零，故机器不做溢出处理，仅把它作为机器零。

图 2.13 中 A、B 两侧的阴影部分，对应阶码大于 +127 的情况，称为浮点数的上溢。此刻，浮点数真正溢出，机器需停止运算，做溢出中断处理。一般说的浮点溢出均是指上溢。

可见，浮点机的溢出与否可由阶码的符号决定，即

阶码 $[j]_{补}=01, xx\cdots x$ 为上溢。

阶码 $[j]_{补}=10, xx\cdots x$ 为下溢，按机器零处理。

当阶码为“01”时，需做溢出处理。

例 2.22　在例 2.21 中，经舍入处理后得 $[x-y]_{补}=11, 101; 11.011001$，阶符为“11”，不溢出，故最终结果为 $x-y=2^{-011}\times(-0.100111)$。

当计算机中的阶码用移码表示时，移码运算规则参见浮点乘除运算。最后可得浮点加减运算的流程。

6. 浮点加减运算流程

图 2.14 为浮点补码加减运算的流程图。

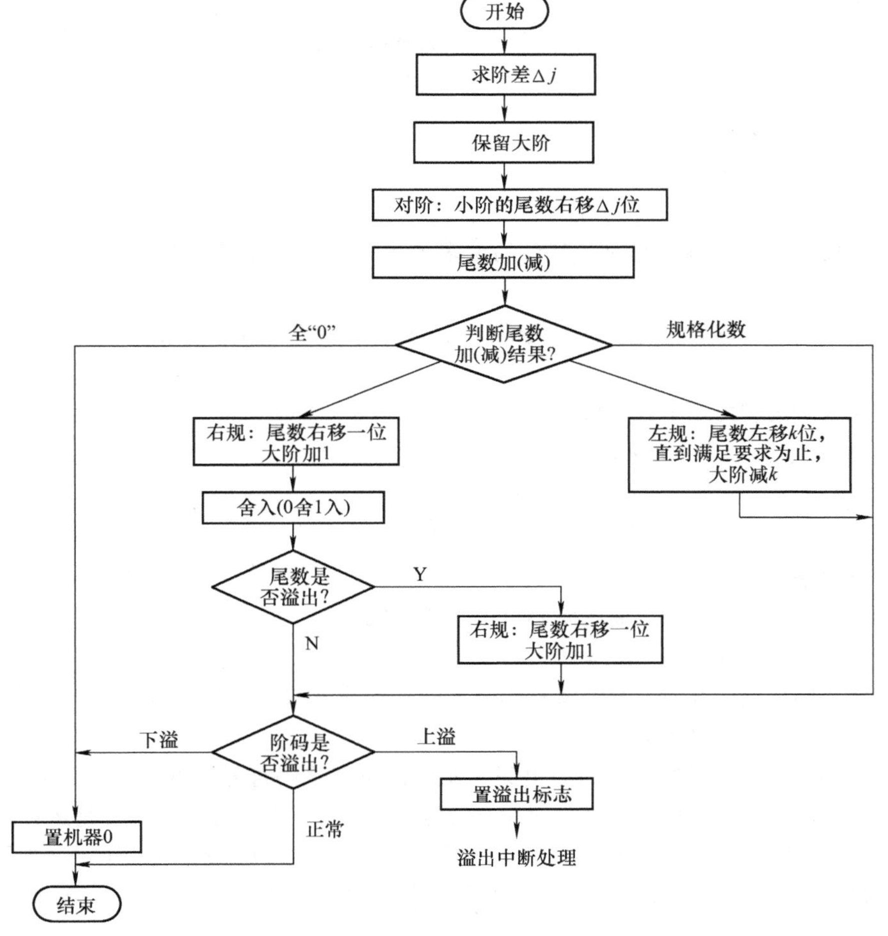

图 2.14　浮点补码加减运算的流程图

2.4.2　浮点乘除运算

两个浮点数相乘，其乘积的阶码为相乘两数的阶码之和，其乘积的尾数应为相乘两数的尾数之积。两个浮点数相除，商的阶码为被除数的阶码减去除数的阶码，其尾数为被除数的尾数除以除数的尾数所得的商。可用以下内容描述。

设两浮点数

$$x = S_x \cdot r^{j_x}$$

$$y = S_y \cdot r^{j_y}$$

则 $x \cdot y = (S_x \cdot S_y) \times r^{j_x + j_y}$

$$\frac{x}{y} = \frac{S_x}{S_y} \cdot r^{j_x - j_y}$$

在运算中也要考虑规格化和舍入问题。

1. 阶码运算

若阶码用补码运算，乘积的阶码为 $[j_x]_补 + [j_y]_补$，商的阶码为 $[j_x]_补 - [j_y]_补$。两个同号的阶码相加或异号的阶码相减可能产生溢出，此时应做溢出判断。

若阶码用移码运算，则

因为 $[j_x]_移 = 2^n + j_x \qquad -2^n \leqslant j_x < 2^n \qquad$（$n$ 为整数的位数）

$[j_y]_移 = 2^n + j_y \qquad -2^n \leqslant j_y < 2^n \qquad$（$n$ 为整数的位数）

所以 $[j_x]_移 + [j_y]_移 = 2^n + j_x + 2^n + j_y$

$= 2^n + [2^n + (j_x + j_y)]$

$= 2^n + [j_x + j_y]_移$

可见，直接用移码求阶码和时，其最高位多加了一个 2^n，要得到移码形式的结果，必须减去 2^n。

由于同一个真值的移码和补码其数值部分完全相同，而符号位正好相反，即

$$[j_y]_补 = 2^{n+1} + j_y \qquad (\mathrm{mod}\ 2^{n+1})$$

因此如果求阶码和可用下式完成

$[j_x]_移 + [j_y]_补 = 2^n + j_x + 2^{n+1} + j_y$

$= 2^{n+1} + [2^n + (j_x + j_y)]$

$= [j_x + j_y]_移 \qquad (\mathrm{mod}\ 2^{n+1})$

则直接可得移码形式。

同理，当进行除法运算时，商的阶码可用下式完成

$$[j_x]_移 + [-j_y]_补 = [j_x - j_y]_移$$

可见进行移码加减运算时，只需将移码表示的加数或减数的符号位取反（即变为补码），然后进行运算，就可得阶和（或阶差）的移码。

阶码采用移码表示后又如何判断溢出呢？如果在原有移码符号位的前面（即高位）再增加一位符号位，并规定该位恒用0表示，便能方便地进行溢出判断。溢出的条件是运算结果移码的最高符号位为1。此时若低位符号位为0，表示上溢；低位符号位为1，表示下溢。如果运算结果移码的最高符号位为0，即表示没溢出。此时若低位符号位为1，表明结果为正；低位符号位为0，表明结果为负。

例如，若阶码取3位（不含符号位），则其对应的真值范围是 -8 ~ 7。

当 $[j_x]=+101$，$[j_y]=100$ 时，则有

$[j_x]_{移}=01,101$；　$[j_y]_{补}=00,100$

故 $[j_x+j_y]_{移}=[j_x]_{移}+[j_y]_{移}=01,101+00,100=10,001$　结果上溢

$[j_x-j_y]_{移}=[j_x]_{移}+[-j_y]_{移}=01,101+11,100=01,001$　结果为 +1

当 $[j_x]=-101$，$[j_y]=-100$ 时，则有

$[j_x]_{移}=00,011$；　$[j_y]_{补}=11,100$

故 $[j_x+j_y]_{移}=[j_x]_{移}+[j_y]_{移}=00,011+11,100=11,111$　结果下溢

$[j_x-j_y]_{移}=[j_x]_{移}+[-j_y]_{移}=00,011+00,100=00,111$　结果为 -1

2. 尾数运算

进行浮点乘法的尾数运算时，两个浮点数的尾数相乘，可按下列步骤进行：

1）检测两个尾数中是否有一个为 0，若有一个为 0，乘积必为 0，不再做其他操作；如果两尾数均不为 0，则可进行乘法运算。

2）两个浮点数的尾数相乘可以采用定点小数的任何一种乘法运算来完成。相乘后的结果可能要进行左规，左规时调整阶码后如果发生下溢，则做机器零处理；如果发生上溢，则做溢出处理。此外，尾数相乘会得到一个双倍字长的结果，若限定只取一倍字长，则乘积的若干低位将会丢失。如何处理丢失的各位值，通常有两种办法。

其一，无条件地丢掉正常尾数最低位之后的全部数值，这种办法被称为截断处理。其优点是处理简单，但影响精度。

其二，按浮点加减运算介绍的两种舍入原则进行舍入处理。对于原码，采用“0 舍 1 入”法时，不论其值是正数或负数，“舍”使数的绝对值变小，“入”使数的绝对值变大。对于补码，采用“0 舍 1 入”法时，若丢失的位不是全 0，对正数来说，“舍”“入”的结果与原码分析正好相同；对负数来说，“舍”“入”的结果与原码分析正好相反，即“舍”使绝对值变大，“入”使绝对值变小。为了使原码、补码舍入处理后的结果相同，对负数的补码可采用如下规则进行舍入处理：

1）当丢失的各位均为 0 时，不必舍入。

2）当丢失的各位数中的最高位为 0 时，且以下各位不全为 0，或丢失的各位数中的最高位为 1，且以下各位均为 0 时，则舍去被丢失的各位。

3）当丢失的各位数中的最高位为 1，且以下各位又不全为 0 时，则在保留尾数的最末位加 1 修正。

例如，对下列 4 个补码进行只保留小数点后 4 位有效数字的舍入操作见表 2.16。

如果将上述 4 个补码转换成原码后再舍入，其结果列于表 2.17。

表 2.16　对补码只保留小数点后 4 位有效数字的舍入操作实例

$[x]_{补}$舍入前	舍入后	对应真值 x
1.01110000	1.0111（不舍不入）	-0.1001
1.01111000	1.0111（舍）	-0.1001
1.01110101	1.0111（舍）	-0.1001
1.01111100	1.1000（入）	-0.1000

表2.17　原码舍入操作实例

$[x]_原$舍入前	舍入后	对应真值 x
1.10010000	1.1001（不舍不入）	-0.1001
1.10001000	1.1001（入）	-0.1001
1.10001011	1.1001（入）	-0.1001
1.10000100	1.1000（舍）	-0.1000

比较表2.16和表2.17可见，按照上述的约定对负数的补码进行舍入处理，与对其原码进行舍入处理后的真值是一样的。

2.4.3　浮点运算所需的硬件配置

由于浮点运算分阶码运算和尾数运算两部分，因此浮点运算器的硬件配置比定点运算器复杂。分析浮点四则运算发现，对于阶码只有加减运算，对于尾数则有加、减、乘、除4种运算。可见浮点运算器主要由两个定点运算部件组成：一个是阶码运算部件，用来完成阶码加、减，以及控制对阶时小阶尾数的四则运算和规格化时对阶码的调整；另一个是尾数运算部件，用来完成尾数的四则运算以及判断尾数是否已规格化。此外还需有判断运算结果是否溢出的电路等。

现代计算机可把浮点运算部件做成独立的选件，或称为协作处理器，用户可根据需要选择不用选件的机器，也可用编程的办法来完成浮点运算，不过这将会影响机器的运算速度。

例如，Intel 80287是浮点协作处理器。它可与Intel 80286或80386微处理器配合处理浮点数的算术运算和多种函数运算。

2.5　算术逻辑单元

针对每一种算术运算，都必须有相对应的基本硬件配置，其核心部件是加法器和寄存器。当需完成逻辑运算时，需要配置相应的逻辑电路，而ALU电路是既能完成算术运算又能完成逻辑运算的部件。

2.5.1　ALU电路

图2.15所示为ALU框图。图中A_i和B_i为输入变量；k_i为控制信号，k_i的不同取值可决定该电路做算术运算还是逻辑运算；F_i是输出函数。

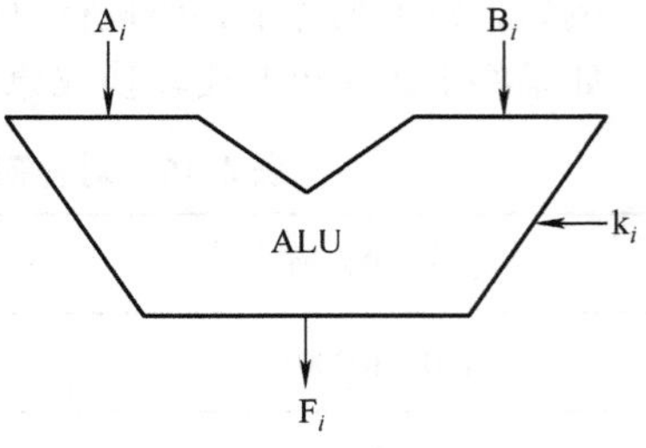

图2.15　ALU框图

现在ALU电路已制成集成电路芯片，如74181是能完成4位二进制代码的算术逻辑运算部件。

74181有两种工作方式：正逻辑和负逻辑。图2.16a、b分别为这两种方式。表2.18列出了其算术/逻辑运算功能。

以正逻辑为例，$B_3 \sim B_0$和$A_3 \sim A_0$是两个操作数，$F_3 \sim F_0$为输出结果，C_{-1}表示最低位的外来进位，C_{n+4}是74181向高位的进位，P、G可供先行进位使用，M用于区别算术运算还是逻辑运算；$S_3 \sim S_0$的不同取值可实现不同的运算。例如，当M=1，$S_3 \sim S_0$=0110时，74181做逻辑运算$A \oplus B$；当M=0，$S_3 \sim S_0$=0110时，74181做算术运算。由表2.18可见，在正逻辑条件下，M=0，$S_3 \sim S_0$=0110，且C_{-1}=1时，完成A减B

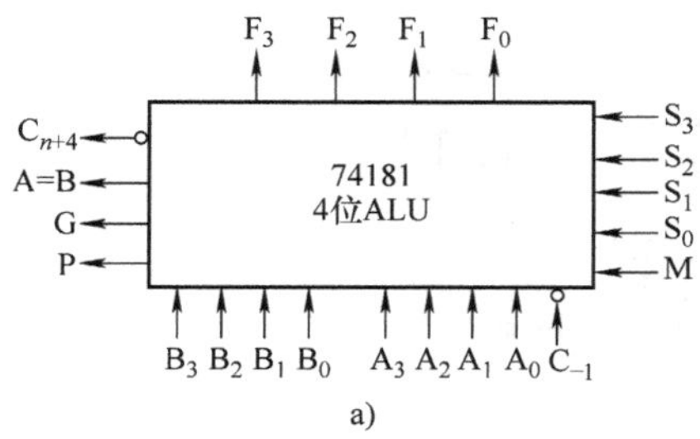

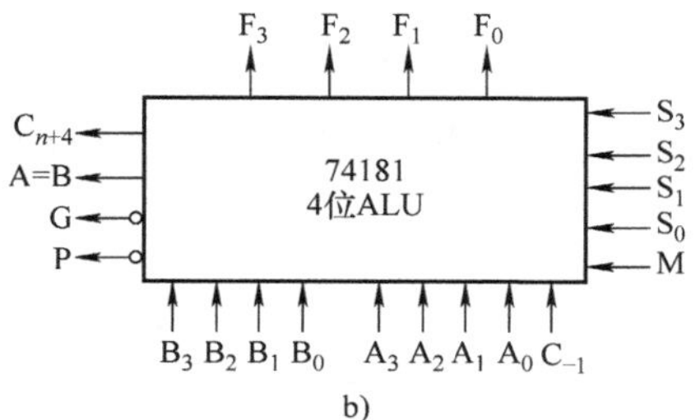

图 2.16　74181 外特性示意图

a）正逻辑　b）负逻辑

减 1 的操作。若想完成 A 减 B 运算，可使 $C_{-1}=0$。请读者注意，74181 算术运算是用补码实现的，其中减数的反码是由内部电路形成的，而末位加“1”，则通过 $C_{-1}=0$ 来体现（图 2.16a 中 C_{-1}输入端处有一个小圈，意味着 $C_{-1}=0$ 反相为 1）。尤其要注意的是，ALU 为组合逻辑电路，因此实际应用 ALU 时，其输入端口 A 和 B 必须与锁存器相连，而且在运算过程中锁存器的内容是不变的。其输出也必须送至寄存器中保存。现在有的芯片将寄存器和 ALU 电路集成在一个芯片内，如 29C101，其框图如图 2.17 所示（图中 ALU 的控制端 $I_8 \sim I_0$未画出）。

表 2.18　74181 ALU 的算术/逻辑运算功能

功能表				
工作方式选择输入 $S_3S_2S_1S_0$	负逻辑输入或输出		正逻辑输入或输出	
	逻辑运算（M=1）	算术运算（M=0）（$C_{-1}=0$）	逻辑运算（M=1）	算术运算（M=0）（$C_{-1}=1$）
0000	$\overline{A}$	A 减 1	$\overline{A}$	A
0001	$\overline{AB}$	AB 减 1	$\overline{A+B}$	A+B
0010	$\overline{A}+B$	$A\overline{B}$减 1	$\overline{A}+B$	$A+\overline{B}$
0011	逻辑 1	减 1	逻辑 0	减 1
0100	$\overline{A+B}$	A+（$A+\overline{B}$）	$\overline{AB}$	$A+A\overline{B}$
0101	$\overline{B}$	AB+（$A+\overline{B}$）	$\overline{B}$	（A+B）加 $A\overline{B}$
0110	$\overline{A \oplus B}$	A 减 B 减 1	$A \oplus B$	A 减 B 减 1
0111	$A+\overline{B}$	$A+\overline{B}$	$A\overline{B}$	$A\overline{B}$减 1
1000	$\overline{A}B$	A 加（A+B）	$\overline{A}+B$	A 加 AB
1001	$A \oplus B$	A 加 B	$\overline{A \oplus B}$	A 加 B
1010	B	$A\overline{B}$加（A+B）	B	（$A+\overline{B}$）加 AB
1011	A+B	A+B	AB	AB 减 1
1100	逻辑 0	A 加 A^*	逻辑 1	A 加 A^*
1101	$A\overline{B}$	AB 加 A	$A+\overline{B}$	（A+B）加 A
1110	AB	$A\overline{B}$加 A	A+B	（$A+\overline{B}$）加 A
1111	A	A	A	A 减 1

注：1. 1=高电平；0=低电平。

2. * 表示每一位均移到下一个更高位，即 $A^*=2A$。

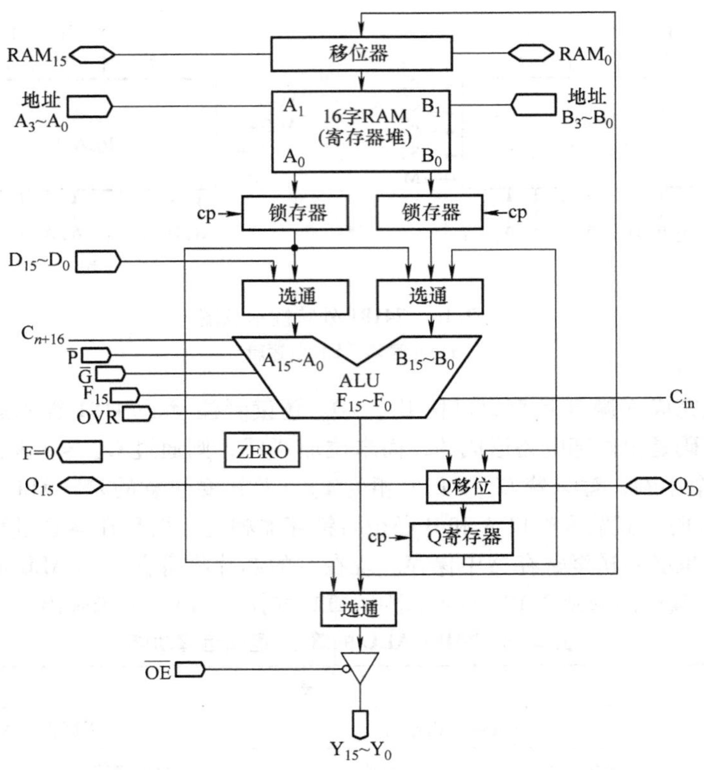

图 2.17　29C101 框图

该芯片的核心部件是一个容量为 16 字的双端口 RAM 和一个高速 ALU 电路。

RAM 可视为由 16 个寄存器组成的寄存器堆。只要给出 A_i 口或 B_i 口的 4 位地址，就可以从 A_0 出口或 B_0 出口读出对应口地址的存储单元内容。写入时，只能写入由 B_i 口指定的那个单元内。参与操作的两个数分别由 RAM 的 A_0、B_0 出口输出至两个锁存器中。

ALU 受 $I_8 \sim I_0$ 控制，I_1、I_0 控制 ALU 的数据源；I_5、I_4、I_3 控制 ALU 所能完成的 3 种算术运算和 5 种逻辑运算；$I_8 \sim I_6$ 用来控制 RAM 和 Q 移位器，决定是否移位以及 Y 口输出是来自 RAM 的 A 出口还是 ALU 的 F 出口。

ALU 的 C_{in} 为低位来的外来进位，C_{n+16} 为向高位的进位，可供 29C101 级联时用。ALU 结果为 0 时，F = 0 可直接输出，OVR 为溢出标记。而 $\overline{P}$、$\overline{G}$ 与 74181 的 P、G 含义相同，它们可供先行进位方式时使用。ALU 的输出可直接通过移位器存入 RAM，也可通过选通门在 $\overline{OE}$ 有效时从 $Y_{15} \sim Y_0$ 输出。Q 寄存器主要为乘法和除法服务，$D_{15} \sim D_0$ 为 16 位立即数的输入口。

2.5.2　快速进位链

随着操作数位数的增加，电路中进位的速度对运算时间的影响也越大。为了提高运算速度，本小节将通过对进位过程的分析，设计快速进位链。

并行加法器由若干全加器组成，示意图如图 2.18 所示。$n+1$ 个全加器级联，就组成了一个 $n+1$ 位的并行加法器。

由于每位全加器的进位输出是高一位全加器的进位输入，因此全加器进位这种一级一级传递进位的过程，将大大影响运算速度。

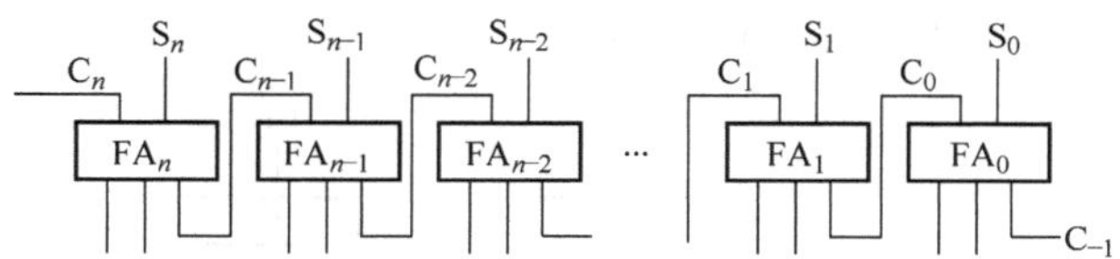

图 2.18 并行加法器示意图

由全加器的逻辑表达式可知

和 $S_i = \overline{A_i}\,\overline{B_i}C_{i-1} + \overline{A_i}B_i\overline{C_{i-1}} + A_i\overline{B_i}\,\overline{C_{i-1}} + A_iB_iC_{i-1}$

进位 $C_i = \overline{A_i}B_iC_{i-1} + A_i\overline{B_i}C_{i-1} + A_iB_i\overline{C_{i-1}} + A_iB_iC_{i-1}$

$= A_iB_i + (A_i + B_i)C_{i-1}$

可见，C_i进位由两部分组成：本地进位 A_iB_i，可记作 d_i，与低位无关；传递进位（$A_i + B_i$）C_{i-1}，与低位有关，可称 $A_i + B_i$为传递条件，记作 t_i，则 $C_i = d_i + t_iC_{i-1}$。

根据 C_i的构成，可以将 C_i 设计成逐级传递进位的结构，从而转换为以进位链的方式实现快速进位。目前进位链通常采用串行和并行两种。

1. 串行进位链

串行进位链是指并行加法器中的进位信号采用串行传递，图 2.18 所示就是一个典型的串行进位加法器。

以 4 位并行加法器为例，每一位的进位表达式可表示为

$$\begin{aligned} C_0 &= d_0 + t_0C_{-1} \\ C_1 &= d_1 + t_1C_0 \\ C_2 &= d_2 + t_2C_1 \\ C_3 &= d_3 + t_3C_2 \end{aligned} \tag{2.17}$$

由式（2.17）可见，采用与非逻辑电路可方便地实现进位传递，如图 2.19 所示。

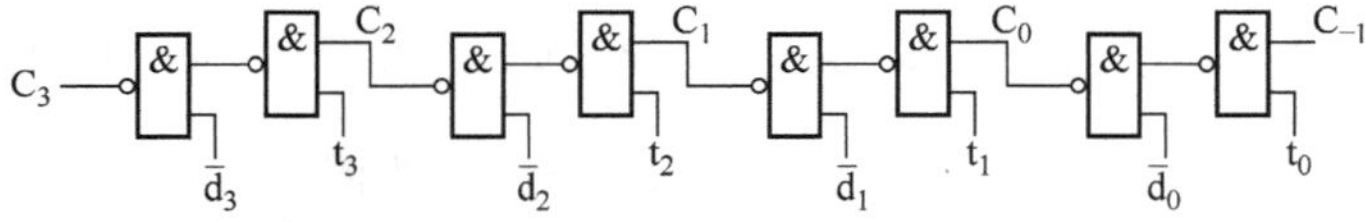

图 2.19 4 位串行进位链

若设与非门的级延迟时间为 t_y，那么当 d_i、t_i形成后，共需 $8t_y$便可产生最高位的进位。实际上，每增加一个全加器，进位时间就会增加 $2t_y$。n 位全加器的最长进位时间为 $2nt_y$。

2. 并行进位链

并行进位链是指并行加法器中的进位信号是同时产生的，又称先行进位、跳跃进位等。理想的并行进位链由 n 位全加器的 n 位进位同时产生，但实际实现有困难。通常并行进位链有单重分组和双重分组两种实现方案。

1）单重分组跳跃进位就是将 n 位全加器分成若干小组，小组内的进位同时产生，小组与小组之间采用串行进位，这种进位又有组内并行、组间串行之称。

以 4 位加法器为例，对式（2.17）稍进行变换，便可获得以下并行进位表达式：

$$\begin{aligned} C_0 &= d_0 + t_0C_{-1} \\ C_1 &= d_1 + t_1C_0 = d_1 + t_1d_0 + t_1t_0C_{-1} \\ C_2 &= d_2 + t_2C_1 = d_2 + t_2d_1 + t_2t_1d_0 + t_2t_1t_0C_{-1} \\ C_3 &= d_3 + t_3C_2 = d_3 + t_3d_2 + t_3t_2d_1 + t_3t_2t_1d_0 + t_3t_2t_1t_0C_{-1} \end{aligned} \tag{2.18}$$

按式（2.18）可得与其对应的逻辑图，如图 2.20 所示。

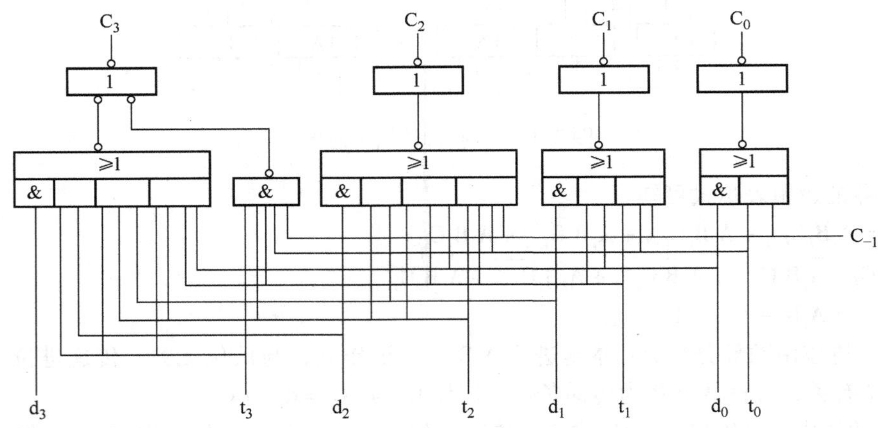

图 2.20　4 位一组并行进位链

设与或非门的级延迟时间为 $1.5t_y$，与非门的级延迟时间仍为 $1t_y$，则 d_i、t_i形成后，只需 $2.5t_y$就可产生全部进位。

如果将 16 位的全加器按 4 位一组分组，便可得单重分组跳跃进位链框图，如图 2.21 所示。

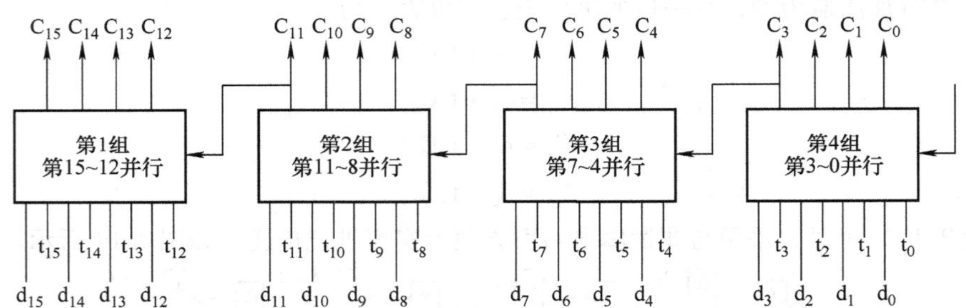

图 2.21　单重分组跳跃进位链框图

不难理解在 d_i、t_i形成后，经 $2.5t_y$可产生 C_3、C_2、C_1、C_0这 4 个进位信息，经 $10t_y$就可产生全部进位，而 $n=16$ 的串行进位链的全部进位时间为 $32t_y$，可见单重分组方案进位时间仅为串行进位链的 1/3。

但随着 n 的增大，其优势便很快减弱，如当 $n=64$ 时，按 4 位分组，共为 16 组，组间有 16 位串行进位，在 d_i、t_i形成后，还需经 $40t_y$才能产生全部进位，显然进位时间太长。如果使组间进位也同时产生，必然会更大地提高进位速度，这就是组内、组间均为并行进位的方案。

2）双重分组跳跃进位就是将 n 位全加器分成几个大组，每个大组又包含几个小组，而每个大组内所包含的各个小组的最高位是同时形成的，大组与大组间采用串行进位。因各个小组最高进位是同时形成的，小组内的其他进位也是同时形成的（注意：小组内的其他进位与小组的最高位进位并不是同时产生的），故又有组（小组）内并行、组（小组）间并行之称。图 2.22 是一个 32 位并行加法器双重分组跳跃进位链框图。

图中共分两大组，每个大组内包含 4 个小组，第一大组内的 4 个小组的最高位 C_{31}、C_{27}、C_{23}、C_{19}是同时产生的，第二大组内 4 个小组的最高位 C_{15}、C_{11}、C_7、C_3是同时产生的，而第二大组向第一大组的进位 C_{15}采 1 用串行进位方式。

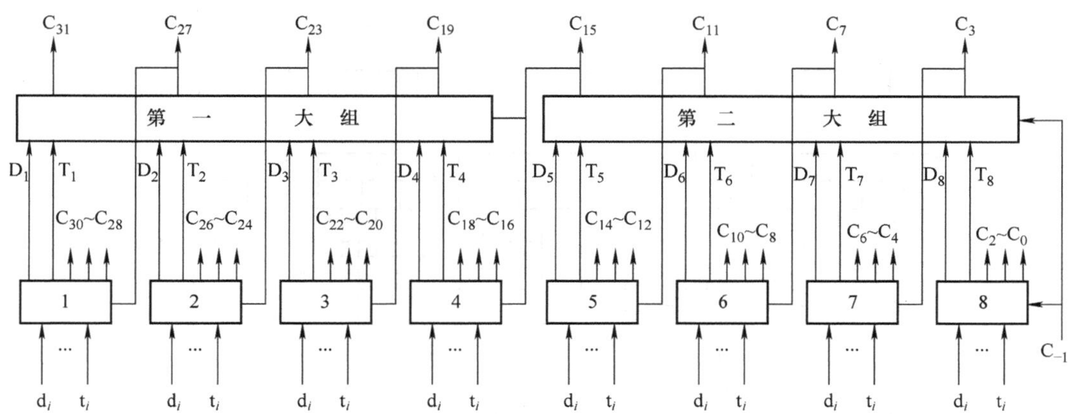

图 2.22 32 位并行加法器双重分组跳跃进位链框图

以第二大组为例，分析各进位的逻辑关系。

按式（2.18），可写出第八小组的最高进位表达式：

$C_3 = d_3 + t_3C_2 = d_3 + t_3d_2 + t_3t_2d_1 + t_3t_2t_1d_0 + t_3t_2t_1t_0C_{-1} = D_8 + T_8C_{-1}$

式中，$D_8 = d_3 + t_3d_2 + t_3t_2d_1 + t_3t_2t_1d_0$仅与本小组内的$d_i$、$t_i$有关，不依赖外来进位$C_{-1}$，故称$D_8$为第八小组的本地进位；$T_8 = t_3t_2t_1t_0$是将低位进位$C_{-1}$传到高位小组的条件，故称$T_8$为第八小组的传送条件。

同理可写出第五、六、七小组的最高进位表达式。

$$
\begin{aligned}
&\text{第七小组}\ C_7 = d_7 + t_7d_6 + t_7t_6d_5 + t_7t_6t_5d_4 + t_7t_6t_5t_4C_3 = D_7 + T_7C_3 \\
&\text{第六小组}\ C_{11} = d_{11} + t_{11}d_{10} + t_{11}t_{10}d_9 + t_{11}t_{10}t_9d_8 + t_{11}t_{10}t_9t_8C_7 = D_6 + T_6C_7 \\
&\text{第五小组}\ C_{15} = d_{15} + t_{15}d_{14} + t_{15}t_{14}d_{13} + t_{15}t_{14}t_{13}d_{12} + t_{15}t_{14}t_{13}t_{12}C_{11} = D_5 + T_5C_{11}
\end{aligned}
\tag{2.19}
$$

进一步展开又得

$$
\begin{aligned}
C_3 &= D_8 + T_8C_{-1} \\
C_7 &= D_7 + T_7C_3 = D_7 + T_7D_8 + T_7T_8C_{-1} \\
C_{11} &= D_6 + T_6C_7 = D_6 + T_6D_7 + T_6T_7D_8 + T_6T_7T_8C_{-1} \\
C_{15} &= D_5 + T_5C_{11} = D_5 + T_5D_6 + T_5T_6D_7 + T_5T_6T_7D_8 + T_5T_6T_7T_8C_{-1}
\end{aligned}
\tag{2.20}
$$

可见，式（2.20）和式（2.18）极为相似，因此，只需将图 2.20 中的d_0、d_1、d_2、d_3改为D_8、D_7、D_6、D_5，再将t_0、t_1、t_2、t_3改为T_8、T_7、T_6、T_5，便可构成第二重跳跃进位链，即大组跳跃进位链，如图 2.23 所示。由图 2.23 可见，当D_iT_i（$i = 5 \sim 8$）及外来进位C_{-1}形成后，再经过$2.5t_y$便可同时产生C_{15}、C_{11}、C_7、C_3。D_i和T_i可由式（2.19）求得，它们都是由小组产生的，按其逻辑表达式可画出相应的电路。实际上只需将图 2.20 略做修改便可得双重分组跳跃进位链中的小组进位链线路，该线路能产生D_i和T_i，对于第八小组，如图 2.24 所示。

可见，每小组可产生本小组的本地进位D_i和传送条件T_i以及组内的各低位进位，但不能产生组内最高位进位，即

第五小组形成D_5、T_5、C_{14}、C_{13}、C_{12}，不产生C_{15}；

第六小组形成D_6、T_6、C_{10}、C_9、C_8，不产生C_{11}；

第七小组形成D_7、T_7、C_6、C_5、C_4，不产生C_7；

第八小组形成D_8、T_8、C_2、C_1、C_0，不产生C_3。

图 2.23 和图 2.24 两种类型的线路可构成 16 位并行加法器的双重跳跃进位链框图，如

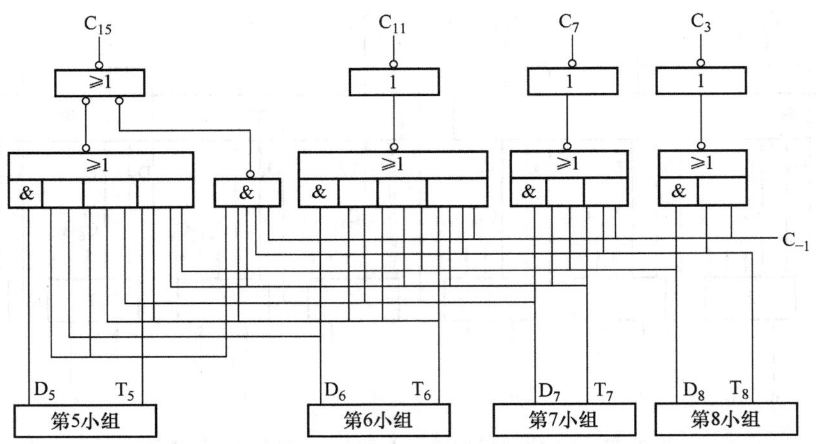

图 2.23　双重分组跳跃进位链的大组进位线路

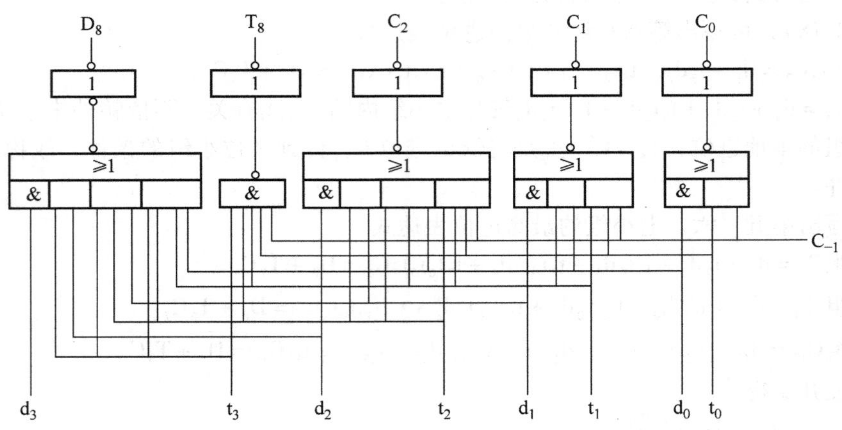

图 2.24　双重分组跳跃进位链的小组进位链线路

图 2.25所示。

由图 2.23 ~ 图 2.25 可知从 d_i、t_i及 C_{-1}（外来进位）形成后开始，经 $2.5t_y$形成 C_2、C_1、C_0和全部 D_i、T_i。经过 $2.5t_y$形成大组内的 4 个进位 C_{15}、C_{11}、C_7、C_3，再经过 $2.5t_y$形成第五、六、七小组的其余进位 C_{14}、C_{13}、C_{12}、C_{10}、C_9、C_8、C_6、C_5、C_4，可见，按双重分组设计 $n=16$ 的进位链，最长进位时间为 $7.5t_y$，比单重分组进位链节省了 $2.5t_y$。

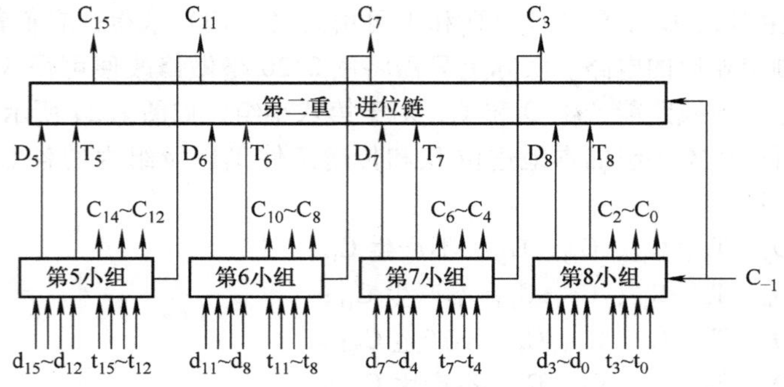

图 2.25　16 位并行加法器的双重跳跃进位链框图

对应图2.22所示32位并行加法器的双重分组进位链，不难理解从 d_i、t_i、C_{-1}形成后算起，经2.5t_y产生 C_2、C_1、C_0及 D_1 ~ D_8、T_1 ~ T_8；经2.5t_y后，产生 C_{15}、C_{11}、C_7、C_3；再经过2.5t_y后产生C_{18} ~ C_{16}、C_{14} ~ C_{12}、C_{10} ~ C_8、C_6 ~ C_4及 C_{31}、C_{27}、C_{23}、C_{19}；最后经2.5t_y产生 C_{30} ~ C_{28}、C_{26} ~ C_{24}、C_{22} ~ C_{20}，可见产生全部进位的最长时间为10t_y。若采用单重分组进位链，仍以4位一组分组，则产生全部进位的时间为20t_y，比双重分组多一倍。显然，随着 n 的增大，双重分组的优越性显得格外突出。

机器究竟采用哪种方案，每个小组内应包含几位，应根据运算速度指标及所选元件等方面的因素综合考虑。

由上述分析可知，D_i和 T_i均是小组进位链产生的，它们与低位进位无关。而 D_i和 T_i又是大组进位链的输入，因此，引入 D_i和 T_i可采用双重分组进位链，大大提高了运算速度。

2.5.1小节介绍的74181芯片是4位ALU电路，其4位进位是同时产生的，多片74181级联就犹如单重分组跳跃进位，即组内（74181片内）并行，组间（74181片内）串行。74181芯片的G、P输出就如这里介绍的D、T。当需要进一步提高进位速度时，将74181与74182芯片配合，就可组成双重分组跳跃进位链，如图2.26所示。

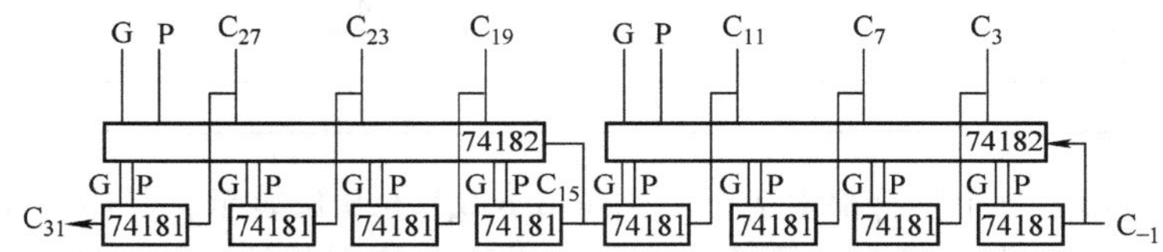

图2.26 由74181和74182组成的双重分组跳跃进位链

图2.26中，74182为先行进位部件，两片74182和8片74181组成32位ALU电路，该电路采用双重分组先行进位方案，其原理与图2.22类似，其不同点是74182还提供了大组的本地进位G和大组的传送条件P。

2.6 字符的表示

计算机中除了能处理数值型数据信息外，还能处理大量的非数值型数据，如字符、图像及汉字信息等，这些信息在计算机中也必须用二进制代码形式表示。本节主要介绍字符型数据的表示。

2.6.1 ASCII码

西文是由拉丁字母、数字、标点符号及一些特殊符号所组成的，它们统称为“字符”（Character）。所有字符的集合称为“字符集”。字符不能直接在计算机内部进行处理，因而必须对其进行数字化编码。字符集中的每一个字符都有一个代码（二进制编码的0/1序列），这些代码具有唯一性，它们构成了该字符集的代码表，简称码表。

字符集有多种，每一个字符集的编码方法也多种多样。字符主要用于外部设备和计算机之间交换信息。一旦确定了所使用的字符集和编码方法，计算机内部所表示的二进制代码及外部设备输入、打印和显示的字符之间就有了唯一的对应关系。

当前计算机中使用得最广泛的西文字符集及其编码是美国标准信息交换码（American Standard Code for Information Interchange，ASCII），ASCII码见表2.19。

表 2.19　ASCII 码

	$b_6b_5b_4$ =000	$b_6b_5b_4$ =001	$b_6b_5b_4$ =010	$b_6b_5b_4$ =011	$b_6b_5b_4$ =100	$b_6b_5b_4$ =101	$b_6b_5b_4$ =110	$b_6b_5b_4$ =111
$b_3b_2b_1b_0$ =0000	NUL	DLE	SP	0	@	P	`	p
$b_3b_2b_1b_0$ =0001	SOH	DC1	!	1	A	Q	a	q
$b_3b_2b_1b_0$ =0010	STX	DC2	"	2	B	R	b	r
$b_3b_2b_1b_0$ =0011	ETX	DC3	#	3	C	S	c	s
$b_3b_2b_1b_0$ =0100	EOT	DC4	$	4	D	T	d	t
$b_3b_2b_1b_0$ =0101	ENQ	NAK	%	5	E	U	e	u
$b_3b_2b_1b_0$ =0110	ACK	SYN	&	6	F	V	f	v
$b_3b_2b_1b_0$ =0111	BEL	ETB	'	7	G	W	g	w
$b_3b_2b_1b_0$ =1000	BS	CAN	(	8	H	X	h	x
$b_3b_2b_1b_0$ =1001	HT	EM	)	9	I	Y	i	y
$b_3b_2b_1b_0$ =1010	LF	SUB	*	:	J	Z	j	z
$b_3b_2b_1b_0$ =1011	VT	ESC	+	;	K	[	k	{
$b_3b_2b_1b_0$ =1100	FF	FS	,	<	L	\	l	|
$b_3b_2b_1b_0$ =1101	CR	GS	-	=	M	]	m	}
$b_3b_2b_1b_0$ =1110	SO	RS	.	>	N	^	n	~
$b_3b_2b_1b_0$ =1111	SI	US	/	?	O	_	o	DEL

从表 2.19 可看出，每个字符都由 7 个二进位 $b_6b_5b_4b_3b_2b_1b_0$表示，其中 $b_6b_5b_4$是高位部分，$b_3b_2b_1b_0$是低位部分。一个字符在计算机中实际上是用 8 位表示的。一般情况下，最高位 b_7为“0”。在需要奇偶校验时，这一位可用于存放奇偶校验值，此时称这一位为奇偶校验位。7 个二进位 $b_6b_5b_4b_3b_2b_1b_0$从 0000000 ~ 1111111，共表示 128 种编码，可用来表示 128 个不同的字符，其中包括 10 个数字、26 个小写字母、26 个大写字母、算术运算符、标点符号、商业符号等。ASCII 码表中共有 95 个可打印（或显示）字符和 33 个控制字符。这 95 个可打印（或显示）字符在计算机键盘上能找到相应的键，按键后就可将对应字符的二进制编码送入计算机内。ASCII 码表中字符的第 1 列和第 2 列以及第 8 列最末一个字符（DEL）称为控制字符，共 33 个，它们在传输、打印或显示输出时起控制作用。

从表 2.19 中可看出这种字符编码有两个规律。

1）字符0 ~9 这 10 个数字字符的高三位编码为 011，低四位分别为 0000 ~ 1001。当去掉高三位时，低四位正好是二进制形式的 0 ~9。这样既满足了正常的排序关系，又有利于实现 ASCII 码与二进制数之间的转换。

2）英文字母字符的编码值也满足正常的字母排序关系，而且大、小写字母的编码之间有简单的对应关系，差别仅在 b_5这一位上。若这一位为 0，则是大写字母；若为 1，则是小写字母。这使得大、小写字母之间的转换非常方便。

西文字符集的编码不止 ASCII 码一种，较常用的还有一种是用 8 位二进制数表示一个字符的 EBCDIC 码（Extended Binary Coded Decimal Interchange Code）。该码共有 256 个编码状态，最多可表示 256 个字符，但这 256 个编码并没有全部被用来表示字符。0 ~9 这 10 个数字字符的高四位编码为 1111，低四位还是对应 0000 ~ 1001。大、小写英文字母字符的编码也是仅一位（第 2 位）不同。

2.6.2　Unicode 编码

随着互联网的迅速发展，要求进行数据交换的需求越来越大。不同的编码体系越来越成为信息交换的障碍，而且多种语言共存的文档不断增多，单靠代码页已很难解决这些问题。于是 Unicode 应运而生。

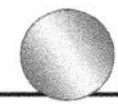

Unicode（统一码、万国码、单一码）是一种在计算机上使用的字符编码。它为每种语言中的每个字符设定了统一且唯一的二进制编码，以满足跨语言、跨平台进行文本转换、处理的要求。这种编码从 1990 年开始研发，1994 年正式公布。随着计算机工作能力的增强，Unicode 也在问世以来的 20 多年里得到普及。

Unicode 是基于通用字符集（Universal Character Set）的标准来发展的，并且同时也以书本的形式对外发表。

Unicode 使任何语言的字符都可以被机器更容易地接收，Unicode 由 UC（Unicode 协会）管理并接受其技术上的修改。包括 Java、Ldap、XML 在内的技术标准中均要求得到 Unicode 的支持。Unicode 的字符被称为代码点（Code Points），用 U 后面加上 XXXX 来表示，其中，X 为十六进制的字符。

对于英文来说，ASCII 码 0 ~ 127 就足以代表所有字符；对于中文而言，则必须使用两个字节（Byte）来代表一个字符，且第一个字节必须大于 127（所以有些程序判断中文都是以 ASCII 码大于 127 作为条件）。以上用两个字节来表示一个中文的字符码，习惯上称为双字节字符集（Double – Byte Character Set，DBCS），而相比之下，英文的字符码就称为单字节字符集（Single – Byte Character Set，SBCS）。

虽然 DBCS 足以解决中英文字符混合使用的情况，但对于不同字符系统而言，必须经过字符码转换，这非常麻烦。例如，中英文混合情况、日文、韩文等。为解决这个问题，国际标准组织于 1984 年 4 月成立 ISO/IEC JTC1/SC2/WG2 工作组。针对各国文字、符号进行统一性编码。1991 年，美国跨国公司成立 Unicode Consortium，并于同年 10 月与 WG2 达成协议，采用同一编码字集。目前 Unicode 是采用 16 位编码的体系。其字符集内容与 ISO10646 的 BMP（Basic Multilingual Plane）相同。Unicode 于 1992 年 6 月通过 DIS（Draf International Standard）。版本 V2. 0 于 1996 年发布。其内容包含符号 6811 个、汉字 20902 个、韩文拼音 11172 个、造字区 6400 个，保留 20249 个，共计 65534 个。

Unicode 有双重含义。首先 Unicode 是对国际标准 ISO/IEC10646 编码的一种称谓（ISO/IEC10646 是一种国际标准，也称大字符集。它是 ISO 于 1993 年颁布的一项重要国际标准，其宗旨是全球所有文种统一编码）。另外，它又是由美国的 HP、Microsoft、IBM、Apple 等大企业组成的联盟集团的名称，成立该集团的宗旨就是要推进多文种的统一编码。

Unicode 的最初目标是用一个 16 位的编码来为超过 65000 个的字符提供映射。但这还不够，它不能覆盖全部历史上的文字，也不能解决传输的问题（Implantation Head – ache's），尤其是在那些基于网络的应用中。因此，Unicode 用一些基本的保留字符制订了 3 套编码方案，它们分别是 UTF – 8、UTF – 16 和 UTF – 32。顾名思义，在 UTF – 8 中，字符是以 8 位序列来编码的，用一个或几个字节来表示一个字符。这种方式的最大好处是保留了 ASCII 字符的编码作为它的一部分。例如，在 UTF – 8 和 ASCII 中，“A”的编码都是 0x41。UTF – 16 和 UTF – 32 分别是 Unicode 的 16 位和 32 位编码方式。考虑到最初的目的，通常说的 Unicode 就是指 UTF – 16。

Unicode 国际组织制订了可以容纳世界上所有文字和符号的字符编码方案。Unicode 用数字 0 ~ 0x10FFFF 来映射这些字符，最多可以容纳 1114112 个字符，或者说有 1114112 个码位。码位就是可以分配给字符的数字。UTF – 8、UTF – 16、UTF – 32 都是将数字转换到程序数据的编码方案。

Unicode 字符集可以简写为 UCS（Unicode Character Set）。早期的 Unicode 标准有 UCS – 2、UCS – 4。UCS – 2 用两个字节编码，UCS – 4 用 4 个字节编码。UCS – 4 根据最高位为 0 的最高字节分成 $2^7 = 128$ 个组（Group）。每个组再根据次高字节分为 256 个平面（Plane）。每个平面根据

第3个字节分为256行（Row），每行有256个码位（Cell）。组（Group）0的平面0被称作BMP（Basic Multilingual Plane）。对UCS－4的BMP去掉前面的两个零字节就得到了UCS－2。

每个平面有$2^{16}=65536$个码位。Unicode计划使用17个平面，一共有$17\times65536=1114112$个码位。在Unicode 5.0版本中，已定义的码位只有238605个，分布在平面0、平面1、平面2、平面14、平面15、平面16。其中，平面15和平面16上只是定义了两个各占65534个码位的专用区（Private Use Area），分别是0xF0000～0xFFFFD和0x100000～0x10FFFD。所谓专用区，就是保留给大家放自定义字符的区域，可以简写为PUA。

2.6.3　汉字编码简介

西文是一种拼音文字，用有限的几个字母可以拼写出所有单词。因此西文中仅需要对有限个少量的字母和一些数学符号、标点符号等辅助字符进行编码，所有西文字符集的字符总数不超过256个，所以使用7个或8个二进位就可表示。中文信息的基本组成单位是汉字，汉字也是字符。但汉字是表意文字，一个字就是一个方块图形。计算机要对汉字信息进行处理，就必须对汉字本身进行编码，但汉字的总数超过6万个，数量巨大，这给汉字在计算机内部的表示、汉字的传输与交换、汉字的输入和输出等带来了一系列问题。为了适应汉字系统各组成部分对汉字信息处理的不同需要，汉字系统必须能处理以下几种汉字代码，即输入码、内码、字模点阵码。

1. 汉字的输入码

由于计算机最早是由西方国家研制开发的，最重要的信息输入工具——键盘是面向西文设计的，一个或两个西文字符对应着一个按键，非常方便。但汉字是大字符集，专门的汉字输入键盘由于键多、查找不便、成本高等原因而几乎无法采用。怎么向计算机输入汉字呢？一种是手写汉字联机识别输入，一种是印刷汉字扫描输入后自动识别，这两种方法现均已达到实用水平。现在还有一种用语音输入汉字的方法，虽然简单易操作，但离实用阶段还相差很远。目前来说，广泛采用的汉字输入方法是利用英文键盘输入汉字。由于汉字字数多，无法使每个汉字与西文键盘上的一个键相对应，因此必须使每个汉字用一个或几个键来表示，这种对每个汉字用相应的按键进行的编码表示就称为汉字的“输入码”，又称外码。因此汉字输入码的码元（即组成编码的基本元素）一定是西文键盘中的某个按键。

汉字的输入编码方案有几百种之多，能够被广泛接受的编码方案应具有的特点是易学习、易记忆、效率高（击键次数较少）、重码少、容量大（包含汉字的字数多）等。到目前为止，还没有一种在所有方面都很好的编码方法，真正应用较好的也只有少数几种。汉字输入编码方法大体分成4类。①数字编码：用一串数字来表示汉字的编码，如电报码、区位码等。它们难以记忆，不易推广。②字音编码：基于汉语拼音的编码。它简单易学，适合于非专业人员。缺点是同音字引起的重码多，需增加选择操作。例如，现在常用的微软拼音输入法和智能ABC输入法等。③字形编码：将汉字的字形分解归类而给出的编码。这种编码重码少、输入速度快，但编码规则不易掌握。例如，五笔字型法和表形码就是这类编码。④形音编码：将汉字读音和形状结合起来考虑的编码。它吸取了字音编码和字形编码的优点，使编码规则简化、重码减少，但不易掌握。

2. 字符集与汉字内码

汉字通过输入码从键盘输入、通过语音识别从传声器输入、通过联机手写输入，或通过印刷体文字扫描输入等进入计算机内部后，就按照一种被称为“内码”的编码形式在系统中进行存储、查找、传送等处理。对于西文字符数据，它的内码就是ASCII码。对于汉字内码的选择，必须考虑以下几个因素：①不能有二义性，即不能和ASCII码有相同的编码；②要与汉字在字库中的位置有关系，以便于汉字的处理、查找；③编码应尽量短。

为了适应计算机处理汉字信息的需要，1980年我国颁布了《信息交换用汉字编码字符集·基本集》（GB2312—1980）。该标准选出了6763个常用汉字，为每个汉字规定了标准代码，以供汉字信息在不同计算机系统之间交换使用。这个标准称为国标码，又称国标交换码。

GB2312国标字符集由3部分组成：第一部分是字母、数字和各种符号，包括英文、俄文、日文平假名与片假名、罗马字母、汉语拼音等共687个；第二部分为一级常用汉字，共3755个，按汉语拼音排列；第三部分为二级常用字，共3008个，因不太常用，所以按偏旁部首排列。

GB2312国标字符集为任意一个字符（汉字或其他字符）规定了一个唯一的二进制代码。码表由94行（十进制编号：0~93行）、94列（十进制编号：0~93列）组成，行号称为区号，列号称为位号。每一个汉字或符号在码表中都有各自的位置，因此各有一个唯一的位置编码，该编码用字符所在的区号及位号的二进制代码表示，7位区号在左，7位位号在右，共14位，这14位代码就叫该汉字的“区位码”。因此区位码指出了该汉字在码表中的位置。

汉字的区位码并不是其国标码（即国标交换码）。由于信息传输的原因，每个汉字的区号和位号必须各自加上32（即十六进制的20h），这样相应的二进制代码才是它的“国标码”，因此在“国标码”中区号和位号还是各自占7位。在计算机内部，为了处理与存储的方便，汉字国标码的前后各7位分别用一个字节来表示，所以共需两个字节才能表示一个汉字。因为计算机中的中西文信息是混合在一起进行处理的，所以如果汉字信息不予以特别的标识，就会与单字节的ASCII码混淆不清，无法识别。为了解决这个问题，采用的方法之一就是使表示汉字的两个字节的最高位（b_7）总等于“1”。这种双字节（16位）的汉字编码就是其中的一种汉字“机内码”（即汉字内码）。目前PC中汉字内码的表示大多数都是这种方式。例如，汉字“大”的国标码为3473h（0011 0100 0111 0011B），前面的34h和字符“4”的ACSII码相同，后面的73h和字符“s”的ACSII码相同，将每个字节的最高位各设为“1”后，就得到其机内码：B4F3h（1011 0100 1111 0011B）。这样就不会和ASCII码混淆了。应当注意，汉字的区位码和国标码是唯一的、标准的，而汉字内码可能随系统的不同而有差别。

随着计算机应用的普及与深入，汉字字符集及其编码还在发展。国际标准ISO/IEC 10646提出了一种包括全世界现代书面语言文字所使用的所有字符的标准编码，每个字符用4个字节（称为UCS-4）或两个字节（称为UCS-2）来编码。我国与日本、韩国联合制定了一个统一的汉字字符集（CJK编码），收集了不同国家和地区的共约两万多个汉字及符号，采用两个字节（即UCS-2）编码，现已被批准为国家标准（GB13000）。美国微软公司在Windows 95和Windows NT操作系统（中文版）中也已采用了中西文统一编码，收集了中、日、韩三国常用的约两万个汉字，称为“Unicode”（两个字节编码），它与ISO/IEC 10646的UCS-2编码一致。

汉字输入码与汉字内码、汉字交换码是完全不同范畴的概念，不能把它们混淆起来。使用不同的输入编码方法输入计算机中的汉字，它们的内码、交换码还是一样的。

3. 汉字的字模点阵码和轮廓描述

经过计算机处理后的汉字，如果需要在屏幕上显示出来或用打印机打印出来，则必须把汉字机内码转换成人们可以阅读的方块字形式，若输出内码则很难看懂。

每一个汉字的字形都必须预先存放在计算机内，一套汉字（如GB2312国标汉字字符集）所有字符的形状描述信息集合在一起称为字形信息库，简称字库（Font）。不同的字体（如宋体、仿宋、楷体、黑体等）对应着不同的字库。在输出每一个汉字的时候，计算机都要先到字库中查找它的字形描述信息，然后把字形信息送到相应的设备输出。

汉字的字形主要有两种描述的方法：字模点阵描述和轮廓描述。字模点阵描述是将字库中的各个汉字或其他字符的字形（即字模），用一个其元素由“0”和“1”组成的方阵（如16×16、

24×24、32×32 甚至更大）来表示，汉字或字符中有黑点的地方用“1”表示，空白处用“0”表示。这种用来描述汉字字模的二进制点阵数据称为汉字的字模点阵码。汉字的轮廓描述方法比较复杂，它把汉字笔画的轮廓用一组直线和曲线来勾画，记下每一条直线和曲线的数学描述公式。目前已有两类国际标准，即 Adobe Type1 和 True Type。这种方式精度高，字形大小可以任意变化。目前，字模点阵描述和轮廓描述这两种类型的字库都被广泛使用。

2.7　指令信息的表示

存储程序是计算机最基本的结构特征之一，程序员用各种语言编写的程序最后要翻译（解释或编译）成以指令形式表示的机器语言，才能在计算机上运行。计算机的指令有微指令、宏指令和机器指令之分。微指令是微程序级的命令，属于硬件；宏指令由若干机器指令组成，属于软件；机器指令介于二者之间，因而是硬件和软件的界面。

一台计算机能执行的机器指令全体称为该机的指令系统。它是软件编程的出发点和硬件设计的依据，它能衡量机器硬件的功能，反映硬件对软件支持的程度。

2.7.1　指令格式

机器指令必须规定硬件要完成的操作，并指出操作数或操作数地址。指令的一般格式如下：

操作码	地址码

1. 指令的分类

按指令包含地址的个数可分为以下几种。

（1）三地址指令

最初的机器指令包含 3 个地址，即存放第一个操作数的单元地址、存放第二个操作数的单元地址和存放操作结果的单元地址，格式如下：

OP	A1	A2	A3

执行（A1）OP（A2）→A3 表示地址为 A1 的单元内容和地址为 A2 的单元内容执行 OP 操作，结果存入地址为 A3 所指出的单元。

三地址指令中的地址太多，使指令字长过长，占用存储器空间较多，运行效率低，现在不常使用。

（2）二地址指令

操作结果可放回某一个操作数单元，这个操作数称为目标操作数，另一个操作数称源操作数，这样就产生了二地址指令：

OP	A1	A2

例如，执行(A1)OP(A2)→A2。

（3）单地址指令

如果用 CPU 中的一个专用寄存器 A（称累加器）作为目标操作数，那么又可以省去一个地址，这样就产生了单地址指令：

OP	A1

例如，执行(A1)OP(A)→A。

单地址指令短，由于一个操作数已经在CPU内，所以执行速度也较快。

（4）零地址指令

这类指令无操作数，所以无地址码。例如，空操作、停机等不需要地址的指令，或者操作数隐含在堆栈中，其地址由栈指针给出。格式如下：

OP

2. 指令长度

指令长度的原则如下：

1）指令长度应为存储器基本字长的整数倍。如果指令长度任意，就会产生指令跨存储字边界存放的情况，即有时一条指令存放在几个存储字中，而有时一个存储字中又存放若干指令。这将给取指令带来很大的不便，影响指令的执行速度。因此，指令长度应为存储器基本字长的整数倍。另外，指令长度有固定长指令和可变长指令两类。例如，DJS-130小型机，指令固定长为16位；又如PDP-1小型机，基本指令长度也是16位。IBM360/370机的指令长度有16位、32位和48位，Pentium机的指令长度也可变。由于可变长指令比较灵活，所以采用较多。

2）指令字长应尽量短。指令短有利于提高程序的效率，即减少所需存储量和加快运行速度。指令短有利于减小所需存储量，这是显而易见的。指令短为什么能加快指令执行速度呢？因为指令短，从存储器中取出指令的时间一般就会少一些，分析指令的时间一般也会短一些。目前，为了使指令长度缩短，采取了一系列措施。例如，用指令指针PC（IP）指出下一条指令的地址，用累加器A隐含一个操作数，地址隐含在某个寄存器中，以及采用RISC技术等。

当然，不能为了使指令短而影响指令系统的完备性和规整性。指令系统的完备性差，机器的功能受影响；规整性差，分析指令的时间必然加长。

2.7.2 常用的寻址方式

前面已经讲过，指令不仅要规定所执行的操作，还要给出操作数或操作数的地址。指令如何指定操作数或操作数地址称为寻址方式。寻址方式也是指令系统的一个重要内容。确定一台计算机指令系统的寻址方式时，有以下几点必须考虑：

1）希望指令所含地址尽可能短。

2）希望能访问尽可能大的存储空间。

3）寻址方法尽可能简单。

4）在不改变指令的情况下，仅改变地址的实际值，从而能方便地访问数组、串、表格等较复杂的数据。

常用的寻址方式有以下几类。

1. 立即寻址

指令直接给出操作数本身，这种寻址方式称为立即寻址。

在按字节编址的机器中，8位和16位立即数指令的格式如图2.27所示。

存储器地址	存储器内容
n	操作码
n+1	8位立即数
n+2	下条指令

a)

存储器地址	存储器内容
n	操作码
n+1	立即数低8位
n+2	立即数高8位
n+3	下条指令

b)

图2.27 按字节编址机器中的立即寻址指令

a）8位立即数 b）16位立即数

2. 直接寻址

指令直接给出操作数地址，称为直接寻址。

在按字节编址并采用16位地址的机器中，直接寻址指令的格式如图2.28所示。

3. 间接寻址

指令给出存放操作数地址的存储单元地址，称为间接寻址。

其中，@是间接寻址标志。单级间接寻址过程如图2.29所示。计算机中还有多重间接寻址。指令在存储器中的存放形式与直接寻址类似。

存储器地址	存储器内容
n	操作码
n+1	操作数地址低8位
n+2	操作数地址高8位
n+3	下条指令

图2.28　按字节编址机器中的直接寻址指令

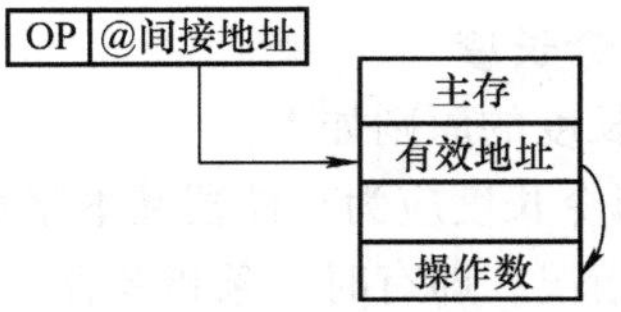

图2.29　单级间接寻址过程

4. 寄存器（直接）寻址

操作数在指令指定的CPU的某个寄存器中，称为寄存器（直接）寻址。

寄存器寻址有以下优点：

1）CPU寄存器数量远小于内存单元，所以寄存器号比内存地址短，因而寄存器寻址方式指令短。

2）操作数已在CPU中，不用访问内存，因而指令执行速度快。

5. 寄存器间接寻址

操作数地址在指令指定的CPU的某个寄存器中，称为寄存器间接寻址。如8086指令MOV AX，[BX]，将以寄存器BX内容为地址，读出该内存单元内容送入AX寄存器。寄存器间接寻址指令也短，因为只要给出一个寄存器号即可，而不必给出操作数地址。指令长度和寄存器寻址指令差不多，但由于要访问内存，因此寄存器间接寻址指令执行的时间比寄存器寻址指令执行的时间长。

6. 寄存器变址寻址

指令指定一个CPU寄存器（称为变址寄存器）和一个形式地址，操作数地址是两者之和，称为寄存器变址寻址。

例如，8086指令MOV AL，[SI+1000H]。其中SI为变址器，1000为形式地址（或称位移量）。变址寄存器的内容可以自动“+1”或“-1”，以适合于选取数组数据，如图2.30所示。形式地址指向数组的起始地址，变址器SI自动“+1”，可以选取数组中的所有元素。另外，某些计算机中还允许变址与间址同时使用。如果先变址，后间址，称为前变址；而先执行间址，后变址，则称为后变址。

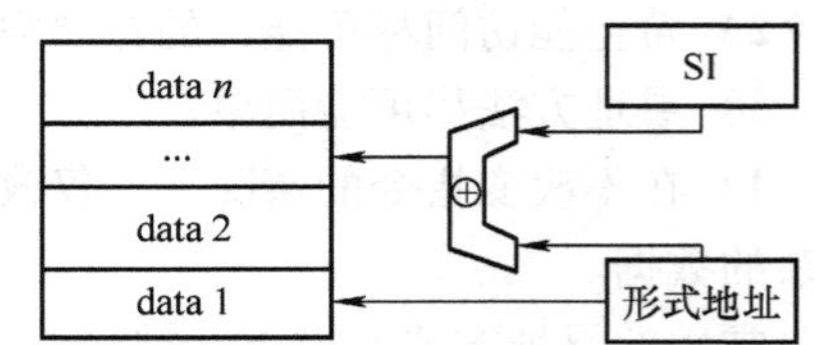

图2.30　寄存器变址寻址选择数组数据

7. 其他寻址方式

其他寻址方式还有：

1）相对寻址。

2）基址寻址。

3）隐含寻址方式。

4）其他特殊寻址方式。

有的计算机指令系统中还有更复杂的寻址方式，如基址变址寻址、位寻址、块寻址、串寻址

等，这里不再赘述。

对于 80x86 CPU 的指令寻址方式将在第 4 章介绍。

2.7.3　指令类型

指令系统的设计是一台计算机系统结构设计的关键之一。因此，在设计一台计算机的指令系统的功能时，以下几个原则必须考虑：

1）完备性或完整性：即指令系统的功能应尽量完备，这会给用户的使用带来方便。但是，如果指令系统太复杂，也会给指令的硬件实现增加困难。因此，较复杂的功能可以通过程序实现。

2）兼容性：特别是在考虑系列机的设计实现时，往往高档机的指令系统兼容以前低档机的指令系统，这会给软件资源重复利用带来方便。例如，Pentium 机的指令系统与 80x86 指令系统具有很好的兼容性。

3）均匀性：数据处理指令能对多种类型的数据进行处理，包括 3 种整数（字节、字、双字）和两种浮点数（单精度和双精度浮点数）。

4）可扩充性：操作码字段要保留一定的空间，以便需要时进行功能扩充。

1. 按功能分类

（1）算术和逻辑运算指令

这类指令有加（ADD）、减（SUB）、比较（CMP）、乘（MUL）、除（DIV）、与（AND）、或（OR）、取反（NOT）、变补（NEG）、异或（XOR）、加 1（INC）、减 1（DEC）等。为了方便多字长数据的运算，大多数机器还设置了带进位的加（ADC）和带借位的减（SBB）指令等。在算术运算指令中，有的计算机还专门设置了十进制数的运算指令。

（2）移位指令和循环指令

这类指令有算术移位、逻辑移位、环移、半字交换等。

1）算术移位。

算术左移：如图 2.31a 所示。操作数的各位依次向左移一位，最低位补零。大多数机器的算术左移操作还将原操作数的最高位移入 C 标志位（进位标志）。

算术右移：操作数的各位依次向右移一位，最高位（符号位）不变。原操作数的最低位移入 C 标志位，如图 2.31b 所示。

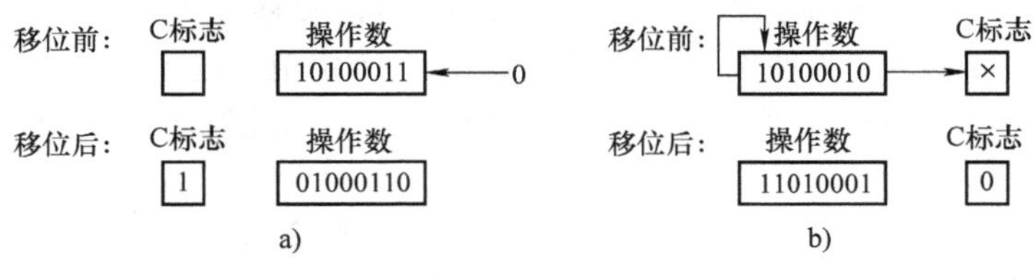

图 2.31　算术移位

a）算术左移　b）算术右移

2）逻辑移位。

逻辑左移：操作同算术左移，大多数机器一般不再专门设置此指令。

逻辑右移：操作数的各位依次向右移一位，最高位补零。原操作数的最低位移入 C 标志位。

3）环移。

- 小环移。

小循环左移，最高位移入C标志，同时移入最低位。

小循环右移，最低位移入C标志，同时移入最高位。

- 大环移。

大循环左移，操作如图2.32a所示。最高位移入C标志，而C标志移入最低位。

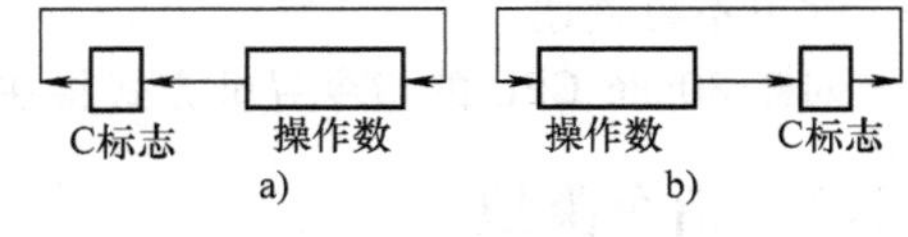

图2.32　大环移
a）大循环左移　b）大循环右移

大循环右移，操作如图2.32b所示。最低位移入C标志，而C标志移入最高位。

4）半字交换。

交换前：

01001000	01101110

交换后：

01101110	01001000

(3) 传送类指令

这类指令有传送（MOV）（源操作数→目标操作数）、取数（LDA）（数由内存→CPU寄存器）、存数（STA）（数由CPU寄存器→内存）、交换（XCHG）（源操作数和目标操作数交换）等指令。

(4) 串指令

对字符串进行操作的指令。如串传送、比较、检索、传送转换等指令。

(5) 顺序控制指令

用来控制程序执行的顺序。如条件转移、无条件转移（JMP）、跳步（SKIP）、转子程序（CALL）、返主程序（RET）等指令。

条件转移指令的操作是将转移地址送到PC中去，转移地址可用直接寻址方式给出（又称绝对转移），或由相对寻址方式给出（又称相对转移）。有的机器还可以用寄存器寻址方式或寄存器间接寻址方式给出转移地址。

无论上条指令执行的结果是什么，无条件转移指令都要执行转移操作，而条件转移指令仅仅在特定条件满足时才执行转移操作。转移条件一般是某个标志位置位或复位，或者由两个或两个以上的标志位组合而成。如进位标志C=1时转移或C=0时转移，又或C=1且Z（零标志位）=1时转移等。跳步是转移的一种特例，它使PC再增加一个定值，这个定值一般是指令字所占用的存储字个数。应该注意的是，取指令时PC已增量过了，因此跳步指令实际上就是跳过下条指令。

转子程序指令和转移指令的根本区别在于，执行转子程序指令时必须记住下条指令的地址（称为断点或返回地址）。这类指令用于子程序的调用，当子程序执行完毕时，仍返回到主程序的断点继续执行。而转移指令则不保存断点。

返主指令（又叫返回指令）的操作是在子程序执行完毕时，将事先保存的主程序的断点（由转子程序指令保存）送到PC，这样程序将回到转子程序指令的下条指令继续执行。

为了便于实现保存断点和返回操作，特别是当子程序又调用子程序即所谓的子程序嵌套时，如果要顺利返回，则需要一种按后进先出方式存取的数据结构，如堆栈数据结构。

(6) CPU控制指令

这类指令有停机、开中断、关中断以及改变执行特权、进入特殊处理程序等指令。大多数机

器将这类指令划为“特权”指令，只能用于操作系统等系统软件，用户程序一般不能使用。这样，才能防止因用户使用不当而对系统的运行造成危害。

（7）输入、输出指令

这类指令用于完成 CPU 与外部设备交换数据或传送控制命令及状态信息。大多数机器都设置了这类指令，但是它们的寻址方式一般较少，常见的只有直接寻址和寄存器间接寻址等。有的机器不设置这类指令，用访内存指令完成其操作（当然这样一来需要给各外设安排特殊的存储器地址）。

2. 按操作数个数分类

1）双操作数指令：如 ADD、SUB、AND 等。

2）单操作数指令：如 NEG、NOT、INC、DEC 等。

3）无操作数指令：如空操作（NOP）、停机、开中断、关中断等。

3. 按操作数寻址方式分类

1）R-R 型：两个操作数都在 CPU 的寄存器中。

2）R-S 型：两个操作数中的一个在 CPU 寄存器中，另一个在内存中。

3）S-S 型：两个操作数都在内存中。

2.8　校验技术

数据在计算机内部计算、存取和传送的过程中，由于元器件故障或噪声干扰等原因会出现差错。为了减少和避免这些错误，一方面要从计算机硬件本身的可靠性入手，在电路、电源、布线等方面采取必要的措施，提高计算机的抗干扰能力；另一方面就是要采取相应的数据检错和校正措施，自动地发现并纠正错误。

到目前为止，提出的数据校验方法大多采用一种“冗余校验”的思想，即除原数据信息外，还增加若干位编码，这些新增的代码被称为校验位。图 2.33 所示为一般情况下的数据校验处理过程。

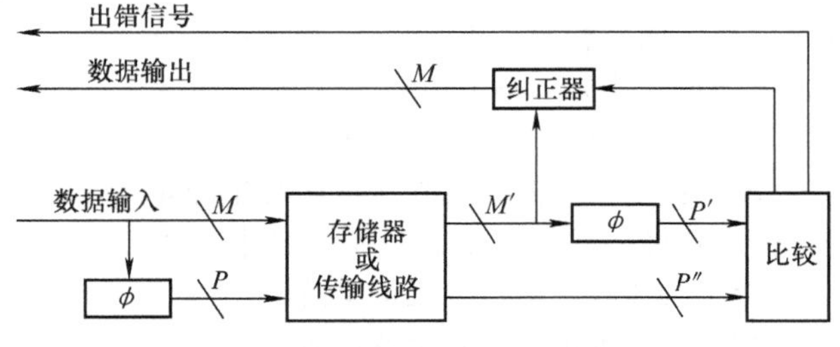

图 2.33　数据校验处理过程

当数据被存入存储器或从源部件传输时，对数据 M 进行某种运算（用函数 ϕ 来表示），以产生相应的代码 $P=\phi(M)$，这里的 P 就是校验位。这样原数据信息和相应的校验位一起被存储或传送。当数据被读出或传送到终部件时，和数据信息一起被存储或传送的校验位也被得到，用于检错和纠错。假定读出后的数据为 M'，通过同样的函数 ϕ 对 M' 运算，也得到一个新的校验位 $P'=\phi(M')$。假定原来被存储的校验位 P 取出后其值为 P''，将校验位 P'' 与新生成的校验位 P' 进行某种比较，根据其比较结果确定是否发生了差错。比较的结果为以下 3 种情况之一。

1）没有检测到错误，得到的数据位直接传送出去。

2）检测到差错，并可以纠错。数据位和比较结果一起送入纠错器，然后将产生的正确数据位传送出去。

3）检测到错误，但无法确认哪位出错，因而不能进行纠错处理，此时报告出错情况。

为了判断一种码制的冗余程度，并估计它的查错和纠错能力，引入了“码距”的概念。由若干位代码组成的一个字叫“码字”，将两个码字逐位比较，具有不同代码的位的个数称为这两个码字间的“距离”。一种码制可能有若干个码字，而且，其中任意两个码字之间的距离可能不同，将各码字间的最小距离称为“码距”，它就是这个码制的距离。例如“8421”编码中，2（0010）和3（0011）之间的距离为1，所以“8421”码制的码距为1，记作 $d=1$。在数据校验码中，一个码字是指数据位和校验位按照某种规律排列得到的代码。

码距与检错、纠错能力的关系为：

1）如果码距 d 为奇数，则能发现 $d-1$ 位错，或者能纠正（$d-1$）/2 位错。

2）如果码距 d 为偶数，则能发现 $d/2$ 位错，并能纠正（$d/2-1$）位错。

常用的数据校验码有奇偶校验码、海明校验码和循环冗余校验码。

2.8.1　奇偶校验码

最简单的一种数据校验方法是奇偶校验。奇偶校验法的基本思想是通过在原数据信息中增加一位奇校验位（或偶校验位），然后将原数据和得到的奇（偶）校验位一起进行存取或传送，对存取后或在传送的终部件得到的相应数据和奇（偶）校验位再进行一次编码，求出新的奇校验位（或偶校验位），最后根据得到的这个新的校验位的值确定是否发生了错误。

奇偶校验码的实现原理如下：假设将数据 $B=b_{n-1}b_{n-2}\cdots b_1b_0$ 从源部件传送至终部件。在终部件接收到的数据为 $B'=b_{n-1}'b_{n-2}'\cdots b_1'b_0'$。为了判断数据 B 在传送中是否发生了错误，可以按照如下步骤进行，通过最终得到的奇（偶）校验位 P^* 来判断是否发生了数据传送错误。

第一步：在源部件求出奇（偶）校验位 P。

若采用奇校验位，则 $P=b_{n-1}\oplus b_{n-2}\oplus\cdots\oplus b_1\oplus b_0\oplus 1$。即若 B 有奇数个1，则 P 取0，否则 P 取1。若采用偶校验位，则 $P=b_{n-1}\oplus b_{n-2}\oplus\cdots\oplus b_1\oplus b_0$。

例如，若传送的是字符A：1000001，则增加奇校验位后的编码为11000001，而加上偶校验位后的编码为01000001。

第二步：在终部件求出奇（偶）校验位 P'。

若采用奇校验位，则 $P'=b_{n-1}'\oplus b_{n-2}'\oplus\cdots\oplus b_1'\oplus b_0'\oplus 1$。

若采用偶校验位，则 $P'=b_{n-1}'\oplus b_{n-2}'\oplus\cdots\oplus b_1'\oplus b_0'$。

第三步：计算最终的校验位 P^*，并根据其值判断有无奇偶错。

P 与 B 是一起从源部件传到终部件的，假定 P 在终部件接收到的值为 P''，则采用异或操作 $P^*=P'\oplus P''$，对 P' 和 P'' 进行下列比较，确定有无奇偶错。

1）若 $P^*=1$，则表示终部件接收的数据有奇数位错。

2）若 $P^*=0$，则表示终部件接收的数据正确或有偶数个错。

在奇偶校验码中，若两个数据中有奇数位不同，则它们相应的校验位就不同；若有偶数位不同，则虽校验位相同，但至少有两位数据位不同。因而任意两个码字之间至少有两位不同，所以码距 $d=2$。由于只能发现奇数位出错，不能发现偶数位出错，而且也不能确定发生错误的位置，因而不具有纠错能力。但奇偶校验法所用的开销小，它常被用于存储器读写检查或按字节传输过程中的数据校验。因为一字节长的代码发生错误时，一位出错的概率较大，两位以上出错的概率则很小，所以奇偶校验码用于校验一字节长的代码还是有效的。

2.8.2　循环冗余校验码

循环冗余校验（Cyclic Redundancy Check，CRC）码是一种具有很强检错、纠错能力的校验

码。循环冗余校验码常用于外存储器的数据校验，在计算机通信中，也被广泛采用。在数据传输中，奇偶校验码是在每个字符信息后增加一位奇偶校验位来进行数据校验的。这样在对大批量传输数据进行校验时，会增加大量的额外开销，尤其是在网络通信中，传输的数据信息都是二进制比特流，因而没有必要将数据再分解成一个个字符，这样也就无法采用奇偶校验码，因此通常采用 CRC 码进行校验。

CRC 码的编码原理复杂，这里仅对其编码方式和实现过程做简单介绍，而不详细进行数学推导。

前面所介绍的奇偶校验码是以奇偶检测为手段的，而循环冗余校验码则通过某种数学运算来建立数据和校验位之间的约定关系。

1. CRC 码的检错方法

假设要进行校验的数据信息 $M(x)$ 为一个 n 位的二进制数据，将 $M(x)$ 左移 k 位后，用一个约定的“生成多项式” $G(x)$ 相除，$G(x)$ 必须是一个 $k+1$ 位的二进制数，相除后得到的 k 位余数就是校验位。这些校验位拼接到 $M(x)$ 的 n 位数据后面，形成一个 $n+k$ 位的代码，称这个代码为循环冗余校验码，也称（$n+k$，n）码，如图 2.34 所示。一个 CRC 码一定能被生成多项式整除，所以当数据和校验位一起送到接收端后，只要将接收到的数据和校验位用同样的生成多项式相除，如果正好除尽，则表明没有发生错误；若除不尽，则表明某些数据位发生了错误。

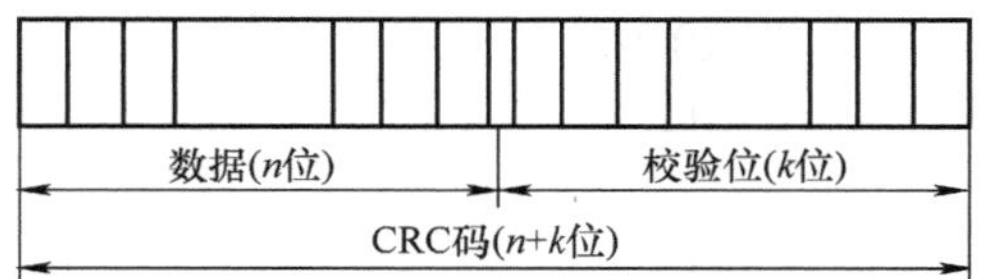

图 2.34　CRC 码的组成

2. 校验位的生成

下面用一个例子来说明校验位的生成过程。假设要传送的数据信息为 1100，即报文多项式为 $M(x)=x^3+x^2$，若约定的生成多项式为 $G(x)=1011=x^3+x+1$，则数据信息位数 $n=4$，生成多项式位数为 4 位，所以校验位位数 $k=3$。生成校验位时，用 $x^3 \cdot M(x)$ 去除以 $G(x)$，相除时采用“模 2 运算”的多项式除法。模 2 运算时不考虑加法进位和减法借位，进行模 2 除法时，上商的原则是当部分余数首位是 1 时商取 1，反之商取 0。然后按模 2 相减原则求得最高位后面几位的余数。这样当被除数逐步除完时，最后的余数位数比除数少一位。这样得到的余数就是校验码，此例中最终的余数有 3 位。

下面的式子说明利用“模 2”多项式除法计算 $x^3 \cdot M(x) \div G(x)$ 的过程。

$x^3 \cdot M(x) \div G(x) = (x^6+x^5) \div (x^3+x+1) = x^3+x^2+x$

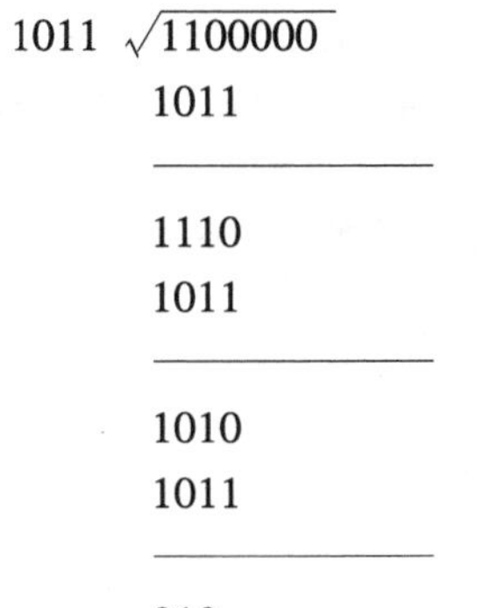

所以校验位为 010，CRC 码为 1100010。如果要校验 CRC 码，则可将 CRC 码用同一个多项式相除，若余数为 0，则说明无错；若余数不为 0，则说明有错。例如，若接收方的 CRC 码与发送方一致，即为 1100010 时，用同一个多项式相除后余数为 0；若接收方的 CRC 码有一位出错而变为 1100 011 时，用同一个多项式相除后余数不为 0。

```
          111
1011 √1100010
      1011
      ────────
      1110
      1011
      ────────
      1011
      1011
      ────────
       0000 --------------------余数为 0
            1110
1011 √1100011
      1011
      ────────
      1110
      1011
      ────────
      1011
      1011
      ────────
       0001
      0000
      ────────
       01 --------------------余数不为 0
       02
```

3. CRC 码的纠错

在接收方将收到的 CRC 码用约定的生成多项式 $G(x)$ 去除，如果码字没有错误，则余数为 0，若有一位出错，则余数不为 0，而且不同的出错位置其余数不同。更换不同的码字，余数和出错位的关系不变，只和码制与生成多项式有关。例如，表 2.20 给出了（7，4）循环码中生成多项式 $G(x)=1011$ 时出错位置与余数的关系。表中给出两种不同的码字，可以看出其出错位置与余数的关系是相同的。对于其他码制或选用其他生成多项式，出错位置与余数的关系可能发生改变。

表 2.20　(7,4) 循环码中生成多项式 $G(x)=1011$ 时出错位置与余数的关系

	码字举例		余　数	出　错　位
	$N_1\ N_2\ N_3\ N_4\ N_5\ N_6\ N_7$	$N_1\ N_2\ N_3\ N_4\ N_5\ N_6\ N_7$		
正确	1 0 1 0 0 1 1	1 1 0 0 0 1 0	0 0 0	无
错误	1 0 1 0 0 1 0	1 1 0 0 0 1 1	0 0 1	7
	1 0 1 0 0 0 1	1 1 0 0 0 0 0	0 1 0	6
	1 0 1 0 1 1 1	1 1 0 0 1 1 0	1 0 0	5
	1 0 1 1 0 1 1	1 1 0 1 0 1 0	0 1 1	4
	1 0 0 0 0 1 1	1 1 1 0 0 1 0	1 1 0	3
	1 1 1 0 0 1 1	1 0 0 0 0 1 0	1 1 1	2
	0 0 1 0 0 1 1	0 1 0 0 0 1 0	1 0 1	1

如果 CRC 码中有一位出错，用特定的 $G(x)$ 进行模 2 除，则会得到一个不为 0 的余数。若对余数补 0 后继续除下去，则会出现一个有趣的现象：各次余数将会按照一个特定的顺序循环。例如在表 2.20 所示的例子中，若将第 7 位出错时对应的余数 001 后面补 0，继续再除一次，则会得到新余数 010，在 010 后补 0，继续再除一次，则会得到下一个余数 100，如此继续下去，依次得到 011、110、111、…反复循环。这就是"循环"冗余码的由来。利用这种特点，能方便地对出错码字进行纠错，所用硬件开销小。在大批量数据传输校验中，能有效地降低硬件成本。这是它为何被广泛使用的主要原因。

4. 生成多项式的选取

并不是任何一个 k 位多项式都能作为生成多项式。从查错和纠错的要求来看，选取的一个生成多项式应满足以下几个条件：

1）任何一位发生错误时，都应使余数不为 0。

2）不同位发生错误时，余数应该不同。

3）对余数进行模 2 除时，应使余数循环。

将这些条件用数学方式描述起来比较复杂，对一个（n，k）码来说，可将（x^n-1）按模 2 运算分解为若干质因子，根据所要求的码距，选取其中的因式或若干因式的乘积作为生成多项式。例如，若要求对一个（7，k）码选取相应的生成多项式，可以按上述方法对（x^7-1）分解质因子。

$x^7-1=(x+1)(x^3+x+1)(x^3+x^2+1)$（模 2 运算）

若选择 $G(x)=x+1=11$，则可构成（7，6）码，只能发现一位错。若选择 $G(x)=x^3+x+1=1011$ 或 $G(x)=x^3+x^2+1=1101$，则可构成（7，4）码，能纠正一位错或发现两位错。若选择 $G(x)=(x+1)(x^3+x+1)=11101$，则可构成（7，3）码，能纠正一位错并发现两位错。

下面是几种常用的生成多项式。

CRC - CCITT：$G(x)=x^{16}+x^{12}+x^5+1$。

CRC - 16：$G(x)=x^{16}+x^{15}+x^2+1$。

CRC - 12：$G(x)=x^{12}+x^{11}+x^3+x^2+x+1$。

CRC - 32：$G(x)=x^{32}+x^{26}+x^{23}+x^{16}+x^{12}+x^{11}+x^{10}+x^8+x^7+x^5+x^4+x^2+x+1$。

思考题与习题

1. 设机器数字长为 8 位（含一位符号位），写出对应下列各真值的原码、补码和反码。

$-\frac{13}{64}$　$\frac{29}{128}$　100　-87

2. 写出下列各数的原码、反码、补码表示（用 8 位二进制数），其中 MSB 是最高位（又是符号位），LSB 是最低位。如果是小数，小数点在 MSB 之后；如果是整数，小数点在 LSB 之后。

（1）$-35/64$。

（2）23/128。

（3）-127。

（4）用小数表示 -1。

（5）用整数表示 -1。

3. 在表 2.21 中，已知 $[X]_{补}$，求 $[X]_{原}$ 和 X。

表2.21　题3数据表

$[X]_{补}$	$[X]_{原}$	X
1.1100		
1.1001		
0.1110		
1.0000		
1，0101		
1，1100		
0，0111		
1，0000		

4. 当十六进制数9B和FF分别表示为原码、补码、反码、移码和无符号数时，所对应的十进制数各为多少（设机器数采用一位符号位）。

5. 设机器数字长为8位（含一位符号位），用补码运算规则计算下列各题。

（1）$A=\frac{9}{64}$，$B=-\frac{13}{32}$，求$A+B$。

（2）$A=\frac{19}{32}$，$B=-\frac{17}{128}$，求$A-B$。

（3）$A=-\frac{3}{16}$，$B=\frac{9}{32}$，求$A+B$。

（4）$A=-87$，$B=53$，求$A-B$。

（5）$A=115$，$B=-24$，求$A+B$。

6. 有一个字长为32位的浮点数（IEEE 754），符号位一位；阶码8位，且用移码表示；尾数23位，用补码表示；基数为2。请写出：

（1）最大数的二进制表示。

（2）最小数的二进制表示。

（3）规格化数所能表示数的范围。

7. 将下列十进制数表示成IEEE 754标准的32位浮点规格化数。

（1）27/64。

（2）−27/64。

8. 已知x和y，用变形补码（两位符号位，以下同）计算$x-y$，同时指出运算结果是否溢出。

（1）$x=0.11011$，$y=-0.11111$。

（2）$x=0.10111$，$y=0.11011$。

（3）$x=0.11011$，$y=-0.10011$。

9. 已知两个十进制数：$x=-41$，$y=+101$，试用9位（7位数值位）二进制变形补码形式运算$x+y$，并讨论结果的正确性。

10. 已知两个十进制数：$x=-41$，$y=-101$，试用9位（7位数值位）二进制变形补码形式运算$x+y$，并讨论结果的正确性。

11. 已知两个二进制数：$x=0.11001$，$y=0.00111$，试用变形补码形式运算$x+y$，并讨论结果的正确性。

12. 已知两个二进制数：$x=0.11001$，$y=-0.10111$，试用变形补码形式运算$x+y$，并讨论结果的正确性。

13. 已知两个二进制数：$x=110011$，$y=101101$，试用变形补码形式运算 $x+y$，并讨论结果的正确性。

14. 已知两个二进制数：$x=110011$，$y=101101$，试用变形补码形式运算 $x-y$，并讨论结果的正确性。

15. 已知两个二进制数：$x=0.11001$，$y=0.00111$，试用变形补码形式运算 $x-y$，并讨论结果的正确性。

16. 已知 x 和 y，用变形补码形式计算 $x+y$，同时指出结果是否溢出。

（1）$x=0.11011$，$y=0.00011$。

（2）$x=0.11011$，$y=-0.10101$。

（3）$x=-0.10110$，$y=-0.00001$。

17. 已知 x 和 y，用变形补码形式计算 $x-y$，同时指出运算结果是否溢出。

（1）$x=0.11011$，$y=-0.11111$；

（2）$x=0.10111$，$y=0.11011$；

（3）$x=0.11011$，$y=-0.10011$。

18. 已知两个无符号二进制数：$x=1001$，$y=1101$，用原码一位乘法完成 $x\times y$。

19. 已知两个无符号二进制数：$x=1101$，$y=1010$，用原码一位乘法完成 $x\times y$。

20. 用原码乘法、补码乘法分别计算 $x\times y$（选做）。

（1）$x=0.11011$；$y=-0.11111$。

（2）$x=-0.11111$；$y=-0.11011$。

21. 用原码除法计算 $x\div y$（选做）。

（1）$x=0.11000$，$y=-0.11111$。

（2）$x=-0.01011$，$y=-0.11001$。

（3）$x=-0.11111$，$y=-0.11011$。

22. 设阶码3位，尾数6位，按浮点运算方法完成下列取值的［$x+y$］、［$x-y$］运算。

（1）$x=2^{-011}\times 0.100101$，$y=2^{-010}\times(-0.011110)$。

（2）$x=2^{-101}\times(-0.010110)$，$y=2^{-100}\times(0.010110)$。

23. 设数的阶码为3位，尾数为6位，用浮点运算方法计算下列各式。

（1）$(2^3\times 13/16)\times[2^4\times(-9/16)]$。

（2）$(2^{-2}\times 13/32)\div(2^3\times 15/16)$。

24. 某加法器进位链小组信号为 $C_4C_3C_2C_1$，低位来的进位信号为 C_0，请分别按下述两种方法写出 $C_4C_3C_2C_1$ 逻辑表达式。

（1）串行进位方式。

（2）并行进位方式。

25. 若给定全加器、半加器和门电路，请设计实现余3码的十进制加法器的逻辑线路。

26. 设有寄存器、74181和74182器件，请设计具有并行运算功能的16位（含一位符号位）补码二进制加减法运算器，画出运算器的逻辑框图。

27. 设有效信息为110，试用生成多项式 $G(x)=11011$ 将其写成循环冗余校验码。

28. 有一个（7，4）码，其生成多项式 $G(x)=x^3+x+1$，写出代码1001的循环冗余校验码。

第 2 篇　计算机系统分层结构

从第 1 篇第 1 章的介绍知，从语言功能角度，现代计算机可划分为 5 层。本篇将从微体系结构层、指令系统层及汇编语言层介绍计算机系统的组成。

第3章 微体系结构层——CPU的构成

CPU是计算机的核心部件，主要由运算器与控制器两大部分构成。同时，运算器与控制器是计算机五大组成部分中的两大部件。

3.1 CPU的组成和功能

3.1.1 CPU的组成

一个典型的CPU可细分为4个主要部分：寄存器组、算术逻辑单元（ALU）、控制器（CU）及内部CPU数据总线，如图3.1所示。

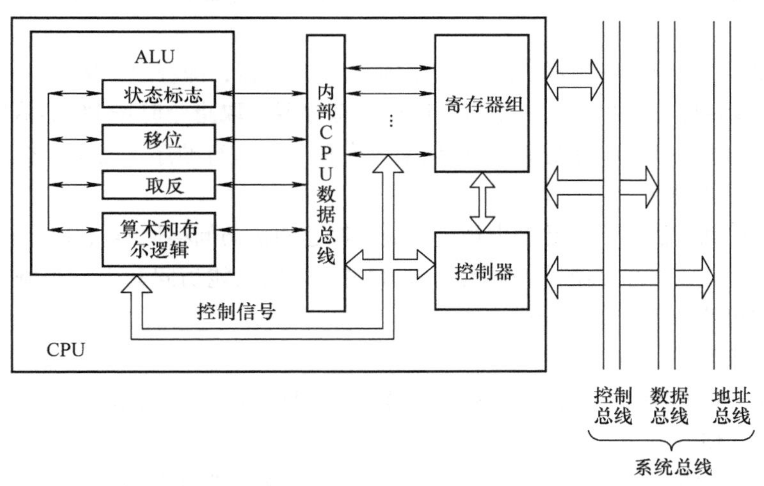

图3.1 CPU的组成框图

（1）寄存器组

寄存器组用于存放指令、指令地址、操作数及运算结果，它是CPU内部特别快速的存储单元。不同计算机体系结构的寄存器组互不相同，不同之处在于寄存器的数量、寄存器的类型、寄存器的容量及用途。CPU中的寄存器大致可分为两类：一类是用户可见寄存器，用户可对这类寄存器编程，减少对主存的访问，从而提高程序的执行速度；另一类是控制和状态寄存器，控制部件使用这类寄存器控制CPU的操作，用户不可对这类寄存器编程，但具有特权的操作系统程序可以使用这类寄存器控制程序的执行。

用户可见的寄存器如下。

1）通用寄存器。可用于多种目的，由程序员分配多种功能，既可以存放数据，也可以存放地址。通用寄存器的数目一般有8个、16个、32个，甚至更多。例如，80x86系列CPU的通用寄存器有EAX、EBX、ECX、EDX、ESP、EBP、ESI、EDI等。

2）段寄存器。为了支持分段，处理器发出的地址由段号（基地址）和在该段内的偏移量（位移量）组成，段寄存器保存了这个段的地址。例如，80x86 系列 16 位 CPU 的段寄存器有 CS（代码段）、DS（数据段）、ES（数据段）、SS（堆栈段）、FS（数据段）、GS（数据段）。

3）标志寄存器。通常包括状态标志位、控制标志位和系统标志位，用于指示处理器的状态并控制处理器的操作。例如，80x86 系列 CPU 标志寄存器的状态标志位包括进位标志（CF）、奇偶标志（PF）、辅助进位标志（AF）、零标志（ZF）、符号标志（SF）和溢出标志（OF）。这些位也称为条件码位，是 CPU 根据运算结果由硬件设置的位，在程序中可以被测试作为分支操作的依据，此外它们也可以被置位或复位；控制标志位包括陷阱标志（单步操作标志）（TF）、中断标志（IF）和方向标志（DF）等。

控制和状态寄存器如下。

1）存储器访问寄存器。在存储器读写操作中有两个寄存器是必需的，即存储器地址寄存器（MAR）和存储器数据寄存器（MDR）。在进行存储器访问时，必须将要访问单元的地址放入存储器地址寄存器，以便选中要访问的单元。在进行存储器写操作时，必须将要写入存储单元的数据字放入存储器数据寄存器；在进行存储器读操作时，从存储器读出的数据也会首先放入存储器数据寄存器。

2）取指令寄存器。在取指令的过程中要用到两个寄存器，即程序计数器（PC）和指令寄存器（IR）。PC 是保存即将取出的下一条指令地址的寄存器，取指令时按 PC 的值所指定的地址取指令，计算机运行程序时，通过改变 PC 的值来改变程序的执行顺序。而指令被取出后则要放入 IR 寄存器中，以便译码执行。

寄存器可用 D 触发器构成。常用中规模集成的高速随机访问存储器（RAM）构成寄存器组，一个存储单元相当于一个寄存器。如采用单口 RAM，每次只能访问其中一个寄存器；如采用双口 RAM，则一次可读取两个寄存器的内容。

（2）算术逻辑单元（ALU）

用于执行指令中所需的算术、逻辑和移位操作。详见“2.5　算术逻辑单元”。

（3）控制器（CU）

产生一系列控制信号，以控制计算机中各部件从存储器中取出将要执行的指令进行译码，然后执行该指令的操作。详见“3.3　组合逻辑控制器原理”和“3.4　微程序控制器原理”。

（4）内部 CPU 数据总线

在 CPU 内部，该总线用于连接寄存器组、ALU 和 CU，为数据和控制信号的传输提供通路。为了减轻总线负载且避免多个部件同时占用总线，要求在每个需要将信息送至总线的寄存器输出端接三态门，由三态门控制端控制什么时刻由哪个寄存器输出。当控制端无效时，寄存器和总线之间呈高阻状态。

3.1.2　CPU 的功能

CPU 的功能就是通过程序指令的执行，控制各部件协调工作，以达到完成程序所指定的功能。具体可以归结为以下几个方面。

1）指令控制。CPU 必须具有控制程序执行顺序的功能。按照“存储程序控制”的概念，程序被装入主存后，计算机应能按其预先规定的顺序有序地执行，这样才能完成程序指定的功能。

2）操作控制。CPU 必须具有产生完成每条指令所需的控制命令的功能。一条指令的执行，需要计算机中的若干个部件协同工作。CPU 必须能够产生相应的控制命令并传送给这些部件，并能检测这些部件的状态，使它们有机地配合起来，共同完成指令的功能。

3）时间控制。CPU 必须具有对各种操作实施时间上控制的功能。由于计算机高速地进行工作，每一个动作的时间是非常严格的，不能有任何差错，因此对各种操作信号的产生时间、稳定时间、撤销时间及相互之间的关系都必须有严格的规定，才能保证计算机的正常工作。

4）数据加工。CPU 必须具有对数据进行算术运算和逻辑运算的功能。数据加工处理是完成程序功能的基础，它是 CPU 最基本的任务。

5）处理中断。CPU 必须具有对异常情况和外来请求处理的功能。对于机器出现某些异常情况，诸如算术运算的溢出和数据传送的奇偶错等，或者某些外来请求，诸如设备完成、程序员从键盘上输入命令等，CPU 应能在执行完当前指令后响应这些请求。

3.1.3　指令的执行过程

计算机运行程序的过程遵循“取指—译码—执行”这样一个基本的循环过程。

1）取指。将程序计数器（PC）的内容传送到存储器地址寄存器（MAR）（即 PC→MAR），按照 PC 的内容访问内存，取出一条指令，放入存储器数据寄存器（MDR）（即 M（MAR）→MDR），然后将其传送到指令寄存器 IR（即 MDR→IR），准备进入译码阶段。同时，PC 自动加 1（即 PC + 1→PC），使计算机能够实现顺序执行。另外，当一个程序被启动执行时，它的入口地址必须被装入 PC。

2）译码。或称为分析指令、解释指令等。对指令寄存器（IR）中指令的操作码进行识别和解释，在时序系统的配合下，按时序产生相应的控制信号，这些控制信号被连接到相应的控制对象。若是微程序控制器系统，由微地址形成部件根据 IR 中指令的操作码形成该指令对应的微程序段的首地址，通过微程序的执行产生相应的控制信号序列。

3）执行。根据译码阶段产生的控制信号序列，通过 CPU 及输入/输出设备的执行，实现具体指令的功能，其中包括对计算结果的处理以及转移地址的形成等。通常在每条指令的结束时刻，CPU 都要发出查询信息来查看有无中断请求，若有中断请求，则转入中断处理阶段，否则转入下条指令的取指阶段，重复“取指—译码—执行”这一基本的循环过程。

3.2　CPU 模型机的数据通路及指令流程分析

CPU 还可以分为数据部分和控制部分。数据部分即数据通路，包括寄存器和 ALU。数据通路对数据项执行某些操作。控制部分主要是控制器，用来向数据通路发出控制信号。寄存器间以及 ALU 和寄存器间的内部数据传送可以采用不同的结构，包括单总线结构、双总线结构和三总线结构等。在数据传输频繁的两个部件之间也可以采用专用数据通路，以加快指令在这部分的执行速度。

指令流程即指令的操作过程。指令流程会受到多种因素的影响，如指令功能、寻址方式、数据通路、ALU 的功能、指令执行的基本步骤等。

3.2.1　单总线结构

单总线是指在 CPU 寄存器和 ALU 之间采用单一总线传输数据的结构，这条总线称为 ALU 总线，也称为 CPU 内部总线。

1. 单总线结构的数据通路及控制信号

由于一条总线在一个时钟周期只能处理一次数据传送，因此对于 ALU 的两个操作数的操作就需两个时钟周期，同时也需要额外的寄存器用来为 ALU 暂存数据。图 3.2 所示为 CPU 单总线模型机数据通路及控制信号。

这种结构的优点是总线结构简单，花费最小。缺点是限制了同一时钟周期内数据传输的数量，从而降低了 CPU 总体的性能。

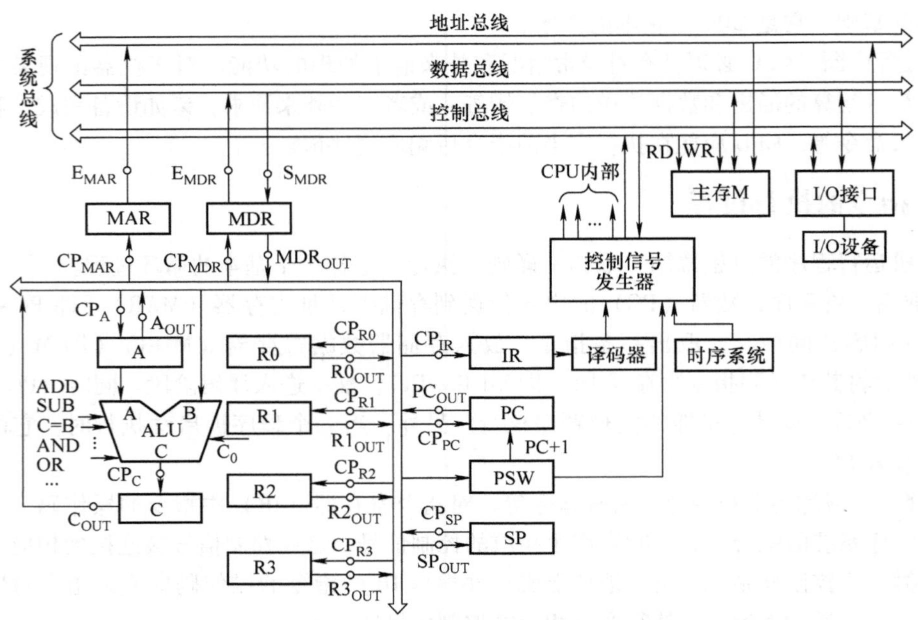

图 3.2　CPU 单总线模型机数据通路及控制信号

在图 3.2 中，许多寄存器都与 ALU 总线相连，那么在什么时刻用哪个寄存器来接收总线上的信息呢？这就需要同步脉冲将 ALU 总线上的数据输入相应的寄存器中。实际上，往往利用脉冲的边沿（即正向或负向跳变）来进行同步，起定时作用。图 3.2 中的输入信号有 CP_{MAR}、CP_{MDR}、CP_{A}、CP_{C}、CP_{R0}、CP_{R1}、CP_{R2}、CP_{R3}、CP_{IR}、CP_{PC}、CP_{SP}等。

在 CPU 内部总线上挂有许多寄存器，但同一时刻只允许一个寄存器向总线上发送信息，因此在寄存器的输出端和总线之间必须要加三态门来控制，而控制这些三态门的信号就是控制器根据指令操作码等产生的控制信号（也称微操作信号）。图 3.2 中包括的各种寄存器输出到 ALU 总线的控制信号有 MDR_{OUT}、A_{OUT}、C_{OUT}、$R0_{OUT}$、$R1_{OUT}$、$R2_{OUT}$、$R3_{OUT}$、PC_{OUT}、SP_{OUT}等。

除了上面的两类控制信号外，还有以下控制信号。

1）ALU 运算控制信号。ADD、SUB、AND、OR、XOR 等。

2）程序计数器的计数控制信号。PC + 1。

3）MAR 和 MDR 输出到系统总线的控制信号。E_{MAR}、E_{MDR}。

4）寄存器置入控制信号。S_{MDR}、S_{PSW}。

5）主存的读写信号。RD、WR。

2. 单总线结构的指令流程分析

例 3.1　ADD R1，R0。这是一条加法指令，属于寄存器寻址方式，操作数和结果都存在寄存器中。其功能是将寄存器 R0 和 R1 的内容相加，结果存入寄存器 R1 中。其指令单总线流程分析见表 3.1。

表 3.1 ADD R1, R0 指令单总线流程分析表

步骤	微 操 作	控 制 信 号	解 释
(1)	(PC)→MAR; (PC)+1→C	PC_{OUT}、CP_{MAR}、E_{MAR}、RD、+1、C=B、CP_C	指令地址送到 MAR，PC 内容和 1 相加后送 C
(2)	(C)→PC; M [MAR]→MDR	C_{OUT}、CP_{PC}、S_{MDR}	完成 PC 的修改，将读出的指令送 MDR
(3)	(MDR)→IR	MDR_{OUT}、CP_{IR}	将读出的指令送 IR，取指阶段完成
(4)	(R1)→A	$R1_{OUT}$、CP_A	将 R1 的内容送 A
(5)	(A)+(R0)→C	$R0_{OUT}$、ADD、CP_C	A 加 R0 结果送 C
(6)	(C)→R1	C_{OUT}、CP_{R1}	将 C 的内容送 R1

例 3.2 ADD R0，X。这是一条加法指令，也是一条双字指令，X 的值存在第 2 个指令字中，目的和源操作数分别属于寄存器寻址方式和直接寻址方式，并分别放在寄存器和存储器单元中。其功能是将 X 单元的内容和寄存器 R0 的内容相加，结果存入寄存器 R0 中。其指令单总线流程分析见表 3.2。

表 3.2 ADD R0，X 指令单总线流程分析表

步骤	微 操 作	控 制 信 号	解 释
(1)	(PC)→MAR; (PC)+1→C	PC_{OUT}、CP_{MAR}、RD、E_{MAR}、+1、C=B、CP_C	指令地址送到 MAR，PC 内容和 1 相加后送 C
(2)	(C)→PC; M [MAR]→MDR	C_{OUT}、CP_{PC}、S_{MDR}	完成 PC 的修改，将读出的指令送 MDR
(3)	(MDR)→IR	MDR_{OUT}、CP_{IR}	将读出的指令送 IR，取指阶段完成
(4)	(PC)→MAR; (PC)+1→C	PC_{OUT}、CP_{MAR}、RD、E_{MAR}、+1、C=B、CP_C	X 的地址送到 MAR，PC 内容和 1 相加后送 C
(5)	(C)→PC; M [MAR]→MDR	C_{OUT}、CP_{PC}、S_{MDR}	完成 PC 的修改，将读出的操作数地址送 MDR
(6)	(MDR)→MAR	MDR_{OUT}、CP_{MAR}、E_{MAR}、RD	将读出的操作数地址送 MAR
(7)	M [MAR]→MDR	S_{MDR}	将读出的操作数送 MDR
(8)	(MDR)→A	MDR_{OUT}、CP_A	将读出的操作数送 A
(9)	(A)+(R0)→C	$R0_{OUT}$、ADD、CP_C	A 加 R0 结果送 C
(10)	(C)→R0	C_{OUT}、CP_{R0}	将 C 的内容送 R0

3.2.2 双总线结构

1. 双总线结构的数据通路及控制信号

相对于单总线结构而言，采用双总线结构是一种较快的解决方案。在双总线情况下，通用寄存器与两条总线相连，数据可以同时从两个不同的寄存器传送到 ALU 的输入点，因此，双操作数的操作可以在同一时钟周期取得两个操作数。当两条总线忙于传送两个操作数时，需要额外的缓冲寄存器来保存 ALU 的输出。CPU 双总线模型机数据通路及控制信号如图 3.3 所示。

双总线的优点是对于两个操作数的操作，加快了数据到达 ALU 输入点的速度。缺点是增加了总线的数目，增加了硬件的复杂性。

2. 双总线结构的指令流程分析

例 3.3 ADD R1，R0。这是一条加法指令，属于寄存器寻址方式，操作数和结果都存在寄存器中。其功能是将寄存器 R0 和 R1 的内容相加，结果存入寄存器 R1 中。其指令双总线流程分析见表 3.3。

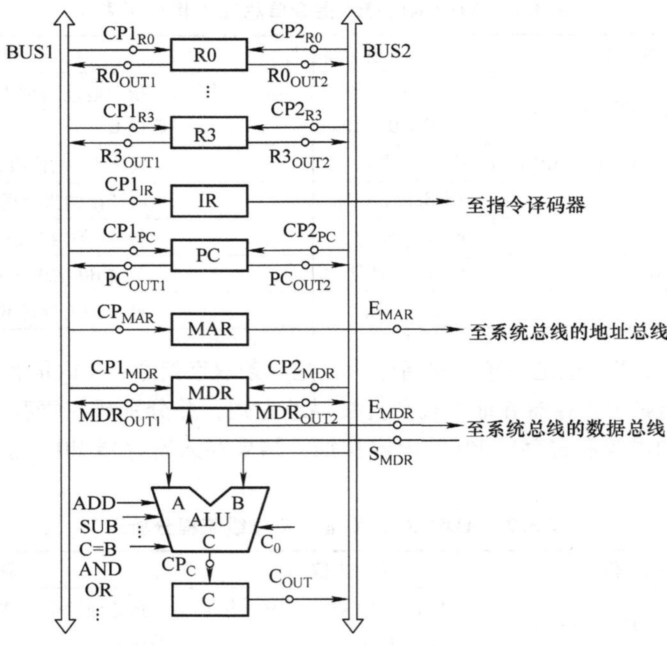

图 3.3　CPU 双总线模型机数据通路及控制信号

表 3.3　ADD R1，R0 指令双总线流程分析表

步骤	微 操 作	控 制 信 号	解　　释
(1)	(PC)→MAR；(PC)+1→C	PC_{OUT1}、CP_{MAR}、E_{MAR}、RD、+1、CP_C	指令地址送到 MAR，PC 内容和 1 相加后送 C
(2)	(C)→PC；M [MAR]→MDR	C_{OUT}、$CP2_{PC}$、S_{MDR}	完成 PC 的修改，将读出的指令送 MDR
(3)	(MDR)→IR	MDR_{OUT1}、$CP1_{IR}$	将读出的指令送 IR，取指阶段完成
(4)	(R1)+(R0)→C	$R1_{OUT1}$、$R0_{OUT2}$、ADD、CP_C	将 R1 与 R0 的内容相加送 C
(5)	(C)→R1	C_{OUT}、$CP2_{R1}$	将 C 的内容送 R1

例 3.4　ADD R0，X。这是一条加法指令，也是一条双字指令，X 的值存在第 2 个指令字中，目的和源操作数分属于寄存器寻址方式和直接寻址方式，并分别放在寄存器和存储器单元中。其功能是将 X 单元的内容和寄存器 R0 的内容相加，结果存入寄存器 R0 中。其指令双总线流程分析见表 3.4。

表 3.4　ADD R0，X 指令双总线流程分析表

步骤	微 操 作	控 制 信 号	解　　释
(1)	(PC)→MAR；(PC)+1→C	PC_{OUT1}、CP_{MAR}、RD、E_{MAR}、+1、CP_C	指令地址送到 MAR，PC 内容和 1 相加后送 C
(2)	(C)→PC；M [MAR]→MDR	C_{OUT}、$CP2_{PC}$、S_{MDR}	完成 PC 的修改，将读出的指令送 MDR
(3)	(MDR)→IR	MDR_{OUT1}、CP_{IR}	将读出的指令送 IR，取指阶段完成
(4)	(PC)→MAR；(PC)+1→C	PC_{OUT1}、CP_{MAR}、RD、E_{MAR}、+1、CP_C	X 的地址送到 MAR，PC 内容和 1 相加后送 C

（续）

步骤	微 操 作	控 制 信 号	解 释
(5)	(C)→PC；M［MAR］→MDR	C_{OUT}、$CP2_{PC}$、S_{MDR}	完成PC的修改，将读出的操作数地址送MDR
(6)	(MDR)→MAR	MDR_{OUT1}、CP_{MAR}、E_{MAR}、RD	将读出的操作数地址送MAR
(7)	M［MAR］→MDR	S_{MDR}	将读出的操作数送MDR
(8)	(MDR)+(R0)→C	MDR_{OUT1}、$R0_{OUT2}$、ADD、CP_C	X所指单元的值加R0，结果送C
(9)	(C)→R0	C_{OUT}、CP_{R0}	将C的内容送R0

3.2.3 三总线结构

在三总线结构中，两条总线作为输出总线，从寄存器中出来的数据直接输出到这两条总线，第三条总线作为输入总线，通过这条总线将数据输入到寄存器中。图3.4所示为CPU三总线模型机数据通路及控制信号。

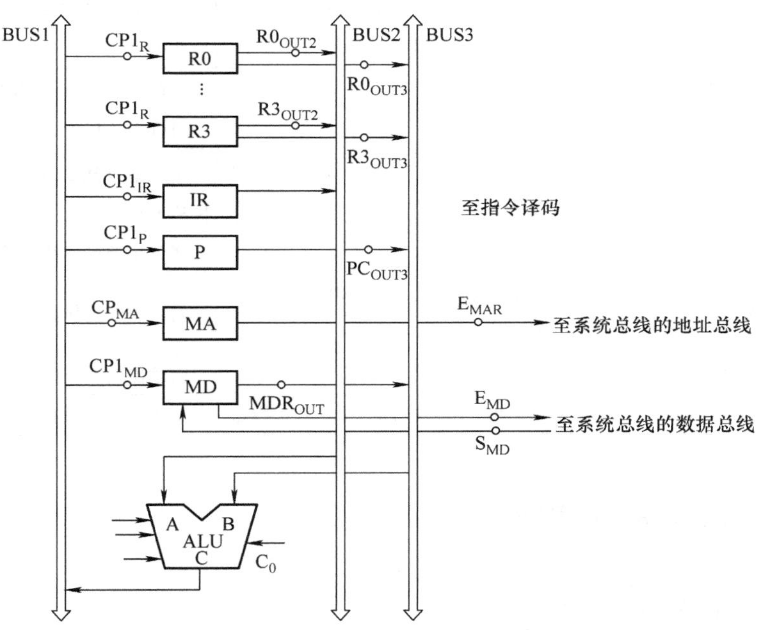

图3.4 CPU三总线模型机数据通路及控制信号

1. 三总线结构的数据通路及控制信号

ALU的两个输入点分别与两条输出总线相连，ALU的输出点直接连到输入总线上。

三总线结构的优点是，在单一时钟周期可以将两个数据送到ALU的两个输入点，节省了时间，提高了系统的效率。缺点是由于总线数量的增加使得硬件的复杂性随之增加。

2. 三总线结构的指令流程分析

例3.5 ADD R1，R0。这是一条加法指令，属于寄存器寻址方式，操作数和结果都存在寄存器中。其功能是将寄存器R0和R1的内容相加，结果存入寄存器R1中。其指令三总线流程分析见表3.5。

表 3.5　ADD R1，R0 指令三总线流程分析表

步骤	微 操 作	控 制 信 号	解　　释
(1)	(PC)→MAR；(PC)+1→PC	PC_{OUT3}、C=B、CP_{MAR}、E_{MAR}、RD、+1、$CP1_{PC}$	指令地址送到 MAR，PC 内容和 1 相加后送 PC
(2)	M [MAR]→MDR	S_{MDR}	将读出的指令送 MDR
(3)	(MDR)→IR	MDR_{OUT3}、$CP1_{IR}$	将读出的指令送 IR，取指阶段完成
(4)	(R1)+(R0)→R1	$R1_{OUT2}$、$R0_{OUT3}$、ADD、$CP1_{R1}$	将 R1 与 R0 的内容相加送 R1

例 3.6　ADD R0，X。这是一条加法指令，也是一条双字指令，X 的值存在第 2 个指令字中，目的和源操作数分属于寄存器寻址方式和直接寻址方式，并分别放在寄存器和存储器单元中。其功能是将 X 单元的内容和寄存器 R0 的内容相加，结果存入寄存器 R0 中。其指令三总线流程分析见表 3.6。

表 3.6　ADD R0，X 指令三总线流程分析表

步骤	微 操 作	控 制 信 号	解　　释
(1)	(PC)→MAR；(PC)+1→PC	PC_{OUT3}、C = B、CP_{MAR}、RD、E_{MAR}、+1、$CP1_{PC}$	指令地址送到 MAR，PC 内容和 1 相加后送 PC
(2)	M [MAR]→MDR	S_{MDR}	将读出的指令送 MDR
(3)	(MDR)→IR	MDR_{OUT3}、$CP1_{IR}$	将读出的指令送 IR，取指阶段完成
(4)	(PC)→MAR；(PC)+1→PC	PC_{OUT3}、C = B、CP_{MAR}、RD、E_{MAR}、+1、$CP1_{PC}$	X 的地址送到 MAR，PC 内容和 1 相加后送 PC
(5)	M [MAR]→MDR	S_{MDR}	将读出的操作数地址送 MDR
(6)	(MDR)→MAR	MDR_{OUT3}、C = B、CP_{MAR}、E_{MAR}、RD	将读出的操作数地址送 MAR
(7)	M [MAR]→MDR	S_{MDR}	将读出的操作数送 MDR
(8)	(MDR)+(R0)→R0	MDR_{OUT3}、$R0_{OUT2}$、ADD、$CP1_{R0}$	X 所指单元的值加 R0，结果送 R0

3.3　组合逻辑控制器原理

3.3.1　模型机的指令系统

1. 模型机指令的基本格式

此模型机的指令格式为单字指令格式，见表 3.7。

表 3.7　模型机指令的基本格式

<table>
<tr><td>31　　27</td><td>26　　22</td><td>21　　17</td><td>16　　12</td><td>11　　5</td><td>4</td><td>2　　0</td></tr>
<tr><td rowspan="4">OP
（操作码）</td><td rowspan="4">ra（目标寄存器）</td><td colspan="5">C1 （长偏移地址）</td></tr>
<tr><td rowspan="3">rb（源寄存器 1、地址索引寄存器、分支目标寄存器）</td><td colspan="4">C2 （短偏移地址、立即数）</td></tr>
<tr><td rowspan="2">rc（源寄存器 2、条件测试寄存器、C3 为零时移位位数寄存器）</td><td rowspan="2">未用</td><td colspan="2">C3（移位位数）</td></tr>
<tr><td></td><td>C4(测试条件)</td></tr>
</table>

表 3.7 中：

1）操作码（OP）占 5 位，从 00000～11111 最多可以容纳 32 条指令。

2）目标寄存器（ra）编号占 5 位，从 00000 ~ 11111 共有 32 个通用寄存器的编号。

3）源寄存器 1、地址索引寄存器、分支目标寄存器（rb）占 5 位，从 00000 ~ 11111 共有 32 个通用寄存器的编号。

4）源寄存器 2、条件测试寄存器、C3 为零时的移位位数寄存器（rc）占 5 位，从 00000 ~ 11111 共有 32 个通用寄存器的编号。

5）长偏移地址（C1）占 22 位，相对 PC 寻址。

6）短偏移地址（C2）占 17 位，直接寻址或和 R［rb］变址寻址。

7）移位位数（C3）占 5 位，移位指令用来规定移位的位数。

8）测试条件（C4）占 5 位，用来指定条件的"真""假"或对 R［rc］进行什么样的条件测试。

2. 模型机的指令系统

模型机的指令系统包括加载指令、存储指令、条件分支指令、加法指令、减法指令、逻辑操作指令、移位指令、空操作指令和停机指令等。其具体格式及功能等见表 3.8。

表 3.8　模型机指令系统中指令的具体格式及功能

指令名称	具体格式	指令功能	指令举例
加载	LOAD R[ra], C2;（if rb = 0） LOAD R[ra], C2(R[rb])	R[ra]←M[C2] R[ra]←M[C2 + R[rb]]	LOAD R3, A LOAD R3, 4(R5)
相对加载	LOADR R[ra], C1	R[ra]←M[PC + C1]	LOADR R5, 10
存储	STORE R[ra], C2;（if rb = 0） STORE R[ra], C2(R[rb])	M[C2]←R[ra] M[C2 + R[rb]]←R[ra]	STORE R3, A STORE R3, 4(R5)
相对存储	STORER R[ra], C1	M[PC + C1]←R[ra]	STORER R5, 10
加载偏移地址	LOADA R[ra], C2;（if rb = 0） LOADA R[ra], C2(R[rb])	R[ra]←C2 R[ra]←C2 + R[rb]	LOADA R3, A LOADA R3, 4(R5)
加载相对地址	LOADAR R[ra], C1	R[ra]←PC + C1	LOADAR R5, 10
条件分支	BRXX R[rb], R[rc]	PC←R[rb] IF R[rc] = XX	BRZR R4, R0
条件分支和链接	BRLXX R[ra], R[rb], R[rc]	R[ra]←PC; PC←R[rb] IF R[rc] = XX	BRLNZ R6, R4, R0
加法	ADD R[ra], R[rb], R[rc]	R[ra]←R[rb] + R[rc]	ADD R2, R3, R4
加立即数	ADDI R[ra], R[rb], C2	R[ra]←R[rb] + C2	ADDI R2, R3, 10
减法	SUB R[ra], R[rb], R[rc]	R[ra]←R[rb] − R[rc]	SUB R2, R3, R4
变符号	NEG R[ra], R[rc]	R[ra]← − R[rc]	NEG R5, R6
逻辑与	AND R[ra], R[rb], R[rc]	R[ra]←R[rb] ∧ R[rc]	AND R2, R3, R4
逻辑与立即数	ANDI R[ra], R[rb], C2	R[ra]←R[rb] ∧ C2	ANDI R2, R3, 10
逻辑或	OR R[ra], R[rb], R[rc]	R[ra]←R[rb] ∨ R[rc]	OR R2, R3, R4
逻辑或立即数	ORI R[ra], R[rb], C2	R[ra]←R[rb] ∨ C2	ORI R2, R3, 10
求反	NOT R[ra], R[rc]	R[ra]←ØR[rc]	NOT R5, R6
逻辑右移	SHR R[ra], R[rb], C3 SHR R[ra], R[rb], R[rc]（IF C3 = 0）	R[ra]←(C3@0) #R[rb] < 31…C3 > R[ra]←(R[rc] < 4..0 > @0) #R[rb] < 31…R[rc] < 4..0 > >	SHR R5, R6, 6 SHR R5, R6, R8

（续）

指令名称	具体格式	指令功能	指令举例
算术右移	SHRA R[ra]，R[rb]，C3 SHRA R[ra]，R[rb]，R[rc]（IF C3 =0）	R[ra]←(C3@R[rb] <31 >) #R[rb] <31…C3 > R[ra]←(R[rc] <4..0 >@R[rb] <31 >) # R[rb] <31 …R[rc] <4..0 > >	SHRA R5，R6，6 SHRA R5，R6，R8
逻辑左移	SHL R[ra]，R[rb]，C3 SHL R[ra]，R[rb]，R[rc]（IF C3 =0）	R[ra]←R[rb] <31 - C3…0 >) #(C3@0) R[ra]←R[rb] <31 - R[rc] <4..0 >…0 >) #(R[rc] <4..0 >@0)	SHL R5，R6，6 SHL R5，R6，R8
循环左移	ROL R[ra]，R[rb]，C3 ROL R[ra]，R[rb]，R[rc]（IF C3 =0）	R[ra]←R[rb] <31 - C3…0 > #R[rb] <31…32 - C3 > R[ra]←R[rb] <31 - R[rc] <4..0 >…0 >) #R[rb] <31…32 - R[rc] <4..0 >0 >	ROL R5，R6，6 ROL R5，R6，R8
空操作	NOP		NOP
停机	STOP	Run←0	STOP

关于表3.8的几点说明如下：

1）条件分支、条件分支和链接指令中的XX：当C4 =0时，XX为“F”（假）；当C4 =1时，XX为“T”（真）；当C4 =2时，XX为“Z”（零）；当C4 =3时，XX为“NZ”（非零）；当C4 =4时，XX为“S”（负）；当C4 =5时，XX为“NS”（正）。

2）0≤ra≤31；0≤rb≤31；0≤rc≤31。

3）R5 <31…n >表示R5寄存器的第31 ~ n位。

4）m@0表示将0重复m次。

5）#表示连接。

3. 模型机寻址方式

1）寄存器寻址。例如，ADD R2，R3，R4。

2）直接寻址。例如，LD R3，A。

3）立即数寻址。例如，ADDI R2，R3，10。

4）相对寻址。例如，LDR R5，10。

5）变址寻址。例如，LD R3，4（R5）。

3.3.2 模型机的时序系统与控制方式

1. 时序系统

时序系统是控制器的心脏，由它为指令的执行提供各种定时信号。

1）工作周期（又称为机器周期或CPU周期）的划分。从取指令、分析指令到执行完一条指令所需的全部时间称为指令周期。

由于各种指令的操作功能不同，繁简程度不同，因此各种指令的指令周期也不尽相同。

通常把指令周期分为几个工作阶段，每个工作阶段也称为一个工作周期。在此模型机中共设

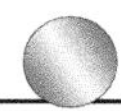

置了 6 个工作周期，即取指周期 FT、取源操作数周期 ST、取目的操作数周期 DT、执行周期 ET、中断响应周期 IT 和 DMA 传送周期 DMAT。

每个工作周期设置一个周期标志触发器与之对应（见图 3.5），机器运行于哪个周期，与其对应的周期标志触发器被置为“1”。显然，机器运行的任何时刻都只能建立一个周期标志，因此同一时刻只能有一个周期标志触发器被置为“1”。

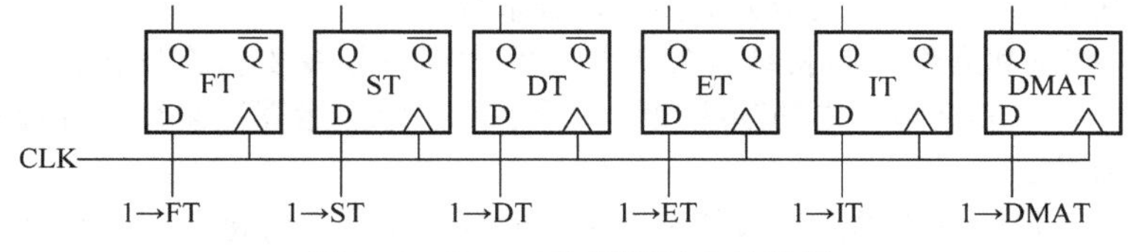

图 3.5　CPU 工作周期标志触发器

不同类型的指令所需的工作周期不一定相同，图 3.6 描述了各种指令所需的工作周期的控制流程。

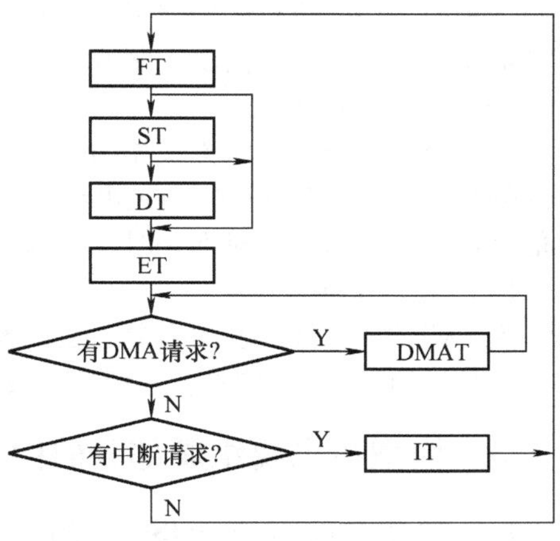

图 3.6　CPU 工作周期的控制流程

2）节拍。把一个工作周期等分成若干个时间区间，每一时间区间称为一个节拍。一个节拍对应一个电位信号，控制一个或几个微操作的执行。

在同一个工作周期中，不同指令所需的节拍数可以不同，因此模型机采用的节拍发生器产生的节拍数是可变的。节拍发生器由计数器 T 与节拍译码器组成。当工作周期开始时，T = 0，若本工作周期还需延长，则发出命令 T + 1，计数器将继续计数，表示进入一个新的节拍。若本工作周期应当结束，则发出命令 T = 0，计数器复位，从 T = 0 开始一个新的计数循环，进入新的工作周期。计数器的状态经译码后产生节拍（时钟周期）状态，如 T0，T1，T2，…，作为分步操作的时间标志。

3）脉冲（定时脉冲）。节拍提供了一项基本操作所需的时间分段，但有的操作如打入寄存器，还需严格的定时脉冲，以确定在哪一时刻打入。节拍的切换，也需要严格的同步定时。所以在一个节拍内，有时还需要设置一个或几个工作脉冲，用于寄存器的复位和接收数据等。

常见的设计是在每个节拍的末尾发一次工作脉冲，脉冲前沿可用来打入运算结果（或传送），脉冲后沿则实现周期的切换。有的计算机也会在一个节拍中先后发出几个工作脉冲，有的脉冲位于节拍前端，可用作清除脉冲；有的脉冲位于中部，用作控制外围设备的输入/输出脉冲；有的脉冲位于尾部，前沿用作 CPU 内部的输入，后沿实现周期切换。

周期、节拍、脉冲构成了三级时序系统，它们之间的关系如图 3.7 所示。图中包括两个工作周期 M1、M2，每个工作周期包含 4 个节拍 W0 ~ W3，每个节拍内有一个脉冲 P。

2. 控制方式

控制不同操作序列时序信号的方式，称为控制器的控制方式。

（1）同步控制方式

即固定时序控制方式，各项微操作都由统一的时序信号控制，在每个工作周期中产生统一数目的节拍电位和工作脉冲。

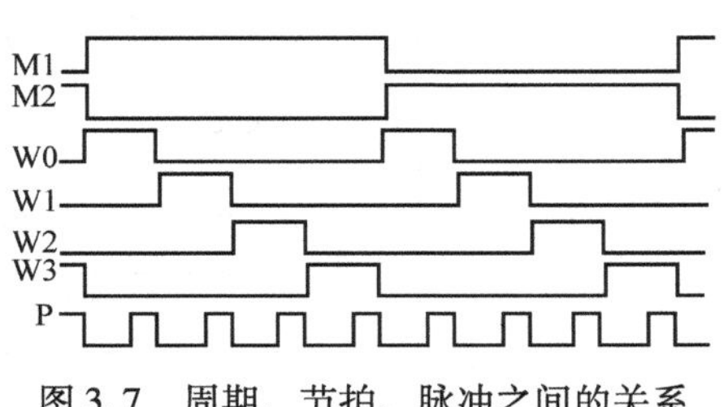

图 3.7　周期、节拍、脉冲之间的关系

为了提高 CPU 的效率，在同步控制中又有3种方案。

1）采用完全统一的工作周期和节拍。这种方案一般以最长的微操作序列和最烦琐的微操作作为标准，采用完全统一的、具有相同时间间隔和相同数目的节拍作为工作周期来运行各种不同的指令。显然，对于微操作序列较短的指令来说，会造成时间上的浪费。

2）采用不同节拍的工作周期。将大多数操作安排在一个较短的工作周期内完成，对某些复杂的微操作，采用延长工作周期或增加节拍的办法来解决。

3）采用中央控制和局部控制相结合的方法。将大部分指令安排在固定的工作周期内完成，称为中央控制。对少数复杂指令中的某些操作（乘、除、浮点运算）采用局部控制方式来完成。

（2）异步控制方式

采用这种方式，没有固定的周期节拍和严格的时钟同步，执行每条指令和每个操作时需要多少时间就占用多少时间。这种方式微操作的时序由专门的应答线路控制。当控制器发出某一操作控制信号后，等待执行部件完成操作后发回“回答”信号，再开始新的操作。这种方式因采用应答电路，所以结构比同步控制方式复杂。

（3）联合控制方式

同步控制和异步控制方式相结合就是联合控制方式。这种方式对各种不同指令的微操作实行大部分统一、小部分区别对待的办法。即大部分微操作安排在一个固定工作周期中，并在同步时序信号控制下进行；而对那些时间难以确定的微操作则采用异步控制的方式，如 I/O 操作。

（4）人工控制方式

为了调试和软件开发的需要，在计算机面板或内部往往设置一些开关或按键以进行人工控制。最常见的有 Reset 按键、连续执行或单条指令执行的转换开关、停机开关等。

3.3.3　模型机主要组成部分的门级设计及控制信号

1. 一个简单的32位 RISC 机的 CPU 总视图

如图3.8所示，这个总视图由32位单总线、32个通用寄存器组、ALU 及其寄存器、程序计数器（PC）、条件形成逻辑、IR 寄存器及其逻辑、存储器地址寄存器（MA）、存储器数据寄存

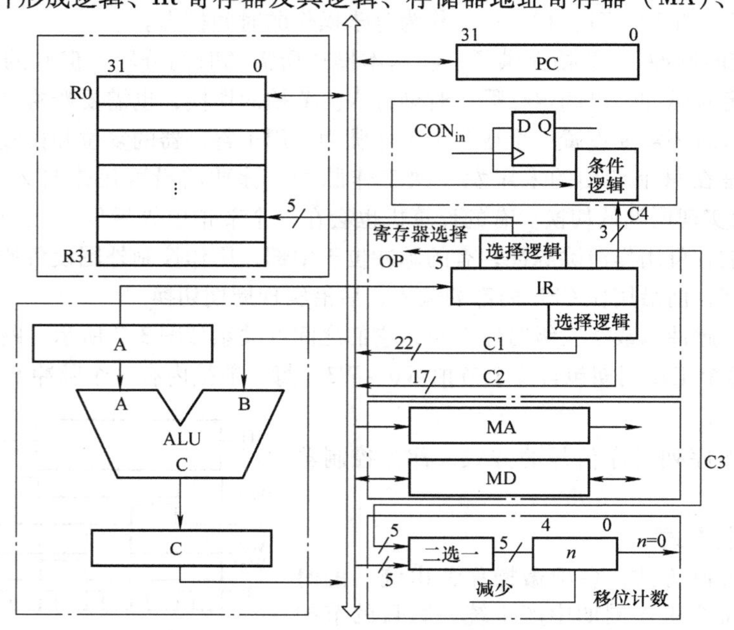

图3.8　简单的32位 RISC 机的 CPU 总视图

器（MD）、移位计数逻辑等组成。

2. 通用寄存器组及其控制信号

如图3.9所示，这个图包括了指令寄存器（IR）中的通用寄存器编号ra、rb、rc如何与各通用寄存器连接及其相应的控制信号。

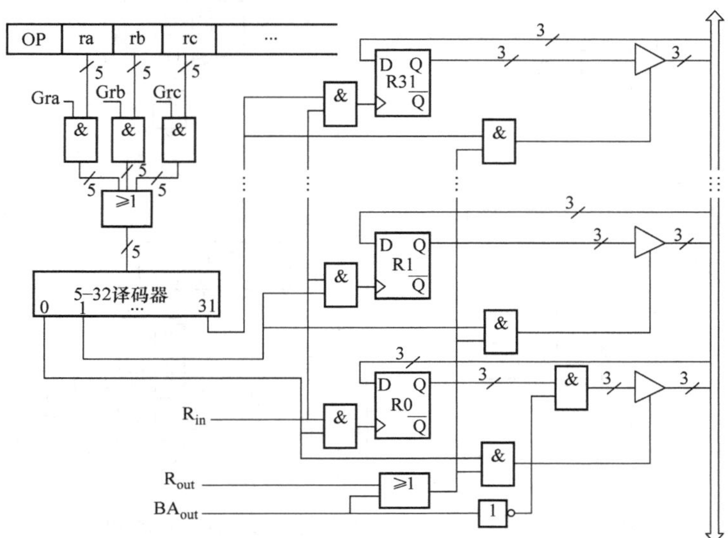

图3.9 通用寄存器组的连接及其控制信号

3. CPU与主存接口及其控制信号

图3.10所示为CPU与主存间如何通过存储器地址寄存器（MA）和存储器数据寄存器（MD）交换信息及其相应的控制信号。

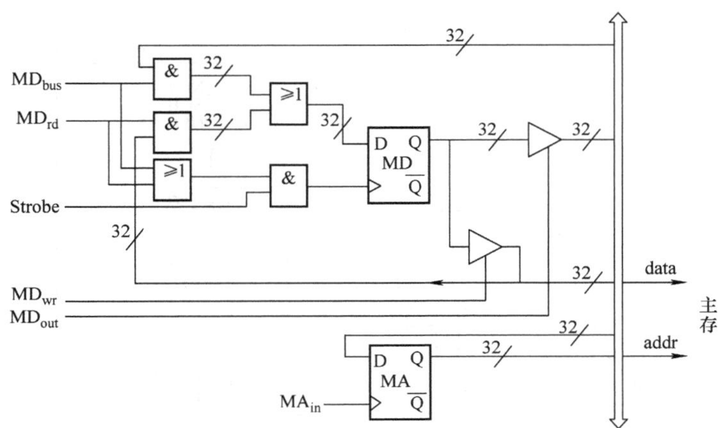

图3.10 CPU与主存间的信息交换及控制信号

4. 从IR中提取各字段、条件形成逻辑、移位计数逻辑及其控制信号

图3.11所示为如何从IR寄存器中提取出C1、C2、C3、C4字段及移位计数逻辑（由C3字段和R［rc］形成移位位数）和条件形成逻辑（由C4控制对R［rc］进行什么样的条件测试以形成测试结果）。

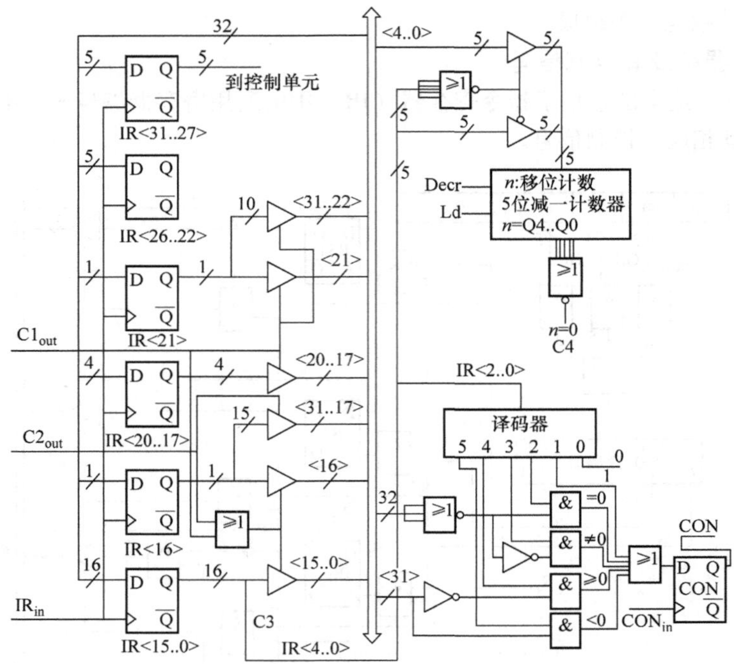

图 3.11　从 IR 中取出 C1、C2、C3、C4 字段及移位计数逻辑和条件形成逻辑

5. 一位 ALU 的逻辑设计图及其相应的控制信号

如图 3.12 所示，这部分包括了一位 ALU 的逻辑设计图及其相应的控制信号。对于与 CPU 有关的指令如何实现相应的计算，都有详细的逻辑电路及其控制信号。

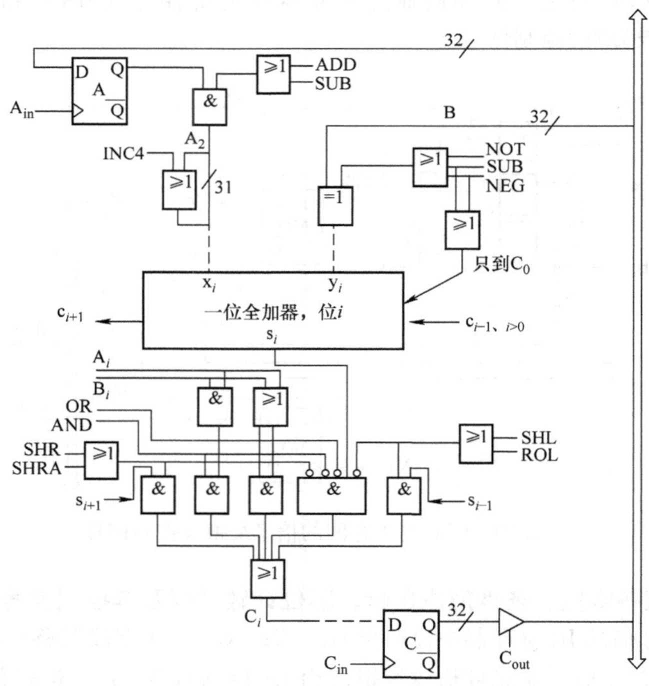

图 3.12　一位 ALU 的逻辑设计图及其相应的控制信号

3.3.4　指令流程及控制信号序列

分析指令的执行步骤，绘制指令操作流程表并写出控制信号的序列是计算机组合逻辑控制器设计的第一步。

指令流程表指的是根据机器指令的结构、数据表示方式及各种运算的算法，把每条指令的执行过程分解成若干功能部件能实现的基本微操作，并以表的形式排列成有先后次序、相互衔接配合的流程。它可以比较形象、直观地表明一条指令的执行步骤和基本过程。

控制信号流程是指由控制器发出的出现在数据通路逻辑中的控制信号的列表。

为了便于微操作控制信号的综合、化简，取得优化的结果，在绘制指令流程表时通常以周期为线索，按工作周期拟定各类指令在本周期内的操作流程，再以操作时间表的形式列出各个节拍内所需的控制信号及它们的条件。

1. 取指周期（FT）微操作序列及控制信号流程表

取指周期是每条指令的第一个工作周期，它对于每条指令都是一样的，属于公共操作。其微操作序列及控制信号流程表见表 3.9。

表 3.9　取指周期（FT）微操作序列及控制信号流程表

节　拍	微操作序列	控制信号
FT0	MA←PC；C←PC+4；	PC_{out}，MA_{in}，INC4，C_{in}
FT1	MD←M［MA］；PC←C；	MD_{rd}，Strobe，Read，C_{out}，PC_{in}
FT2	IR←MD；	MD_{out}，IR_{in}

2. 加法指令（ADD）的微操作序列及控制信号流程表

加法指令的功能是将寄存器 R［rb］的内容和寄存器 R［rc］的内容相加，结果存到 R［ra］寄存器中，其微操作序列及控制信号流程表见表 3.10。

表 3.10　加法指令（ADD）的微操作序列及控制信号流程表

节　拍	微操作序列	控制信号
FT0 ~ FT2	取指令（见表 3.9）	取指令（见表 3.9）
ET0	A←R［rb］；	Grb，R_{out}，A_{in}
ET1	C←A+R［rc］；	Grc，R_{out}，ADD，C_{in}
ET2	R［ra］←C；	C_{out}，Gra，R_{in}

3. 加立即数指令（ADDI）的微操作序列及控制信号流程表

加立即数指令是将寄存器 R［rb］的内容和立即数 C2 相加，结果存到 R［ra］寄存器中，其微操作序列及控制信号流程表见表 3.11。

表 3.11　加立即数指令（ADDI）的微操作序列及控制信号流程表

节　拍	微操作序列	控制信号
FT0 ~ FT2	取指令（见表 3.9）	取指令（见表 3.9）
ET0	A←R［rb］；	Grb，R_{out}，A_{in}
ET1	C←A+C2；	$C2_{out}$，ADD，C_{in}
ET2	R［ra］←C；	C_{out}，Gra，R_{in}

4. 加载指令（LOAD）的微操作序列及控制信号流程表

加载指令首先判断 rb 的值，若 rb 等于 0，用 C2 的值作为有效地址访存，将取出的数据送到 R［ra］；若 rb 不等于 0，用 C2+R［rb］的值作为有效地址访存，将取出的数据送到 R［ra］。

其微操作序列及控制信号流程表见表3.12。

表3.12　加载指令（LOAD）的微操作序列及控制信号流程表

节　拍	微操作序列	控制信号
FT0～FT2	取指令（见表3.9）	取指令（见表3.9）
ST0	A←（(rb=0)→0:(rb≠0)→R［rb］）;	Grb，BA_{out}，A_{in}
ST1	C←A+C2;	$C2_{out}$，ADD，C_{in}
ST2	MA←C;	C_{out}，MA_{in}
ST3	MD←M［MA］;	MD_{rd}，Strobe，Read
ET0	R［ra］←MD	MD_{out}，Gra，R_{in}

5. 存储指令（STORE）的微操作序列及控制信号流程表

存储指令首先判断rb的值，若rb等于0，用C2的值作为存数的有效地址，将R［ra］的内容存入此地址单元中；若rb不等于0，用C2+R［rb］的值作为存数的有效地址，将R［ra］的内容存入此地址单元中。其微操作序列及控制信号流程表见表3.13。

表3.13　存储指令（STORE）的微操作序列及控制信号流程表

节　拍	微操作序列	控制信号
FT0～FT2	取指令（见表3.9）	取指令（见表3.9）
DT0	A←（(rb=0)→0:(rb≠0)→R［rb］）;	Grb，BA_{out}，A_{in}
DT1	C←A+C2;	$C2_{out}$，ADD，C_{in}
ET0	MA←C;	C_{out}，MA_{in}
ET1	MD←R［ra］;	Gra，R_{out}，MD_{bus}，Strobe
ET2	M［MA］←MD;	MD_{wr}，Write

6. 相对存储指令（STORER）的微操作序列及控制信号流程表

相对存储指令将C1+PC的值作为存数的有效地址，将R［ra］的内容存入此地址单元中。其微操作序列及控制信号流程表见表3.14。

表3.14　相对存储指令（STORER）的微操作序列及控制信号流程表

节　拍	微操作序列	控制信号
FT0～FT2	取指令（见表3.9）	取指令（见表3.9）
DT0	A←PC;	PC_{out}，A_{in}
DT1	C←A+C1;	$C2_{out}$，ADD，C_{in}
ET0	MA←C;	C_{out}，MA_{in}
ET1	MD←R［ra］;	Gra，R_{out}，MD_{bus}，Strobe
ET2	M［MA］←MD;	MD_{wr}，Write

7. 分支指令（BR）的微操作序列及控制信号流程表

分支指令由C4控制对R［rc］进行什么样的条件测试以形成测试结果（见图3.11中的条件逻辑），若测试结果为真，则将R［rb］的内容作为分支地址送PC。其微操作序列及控制信号流程表见表3.15。

表3.15　分支指令（BR）的微操作序列及控制信号流程表

节　拍	微操作序列	控制信号
FT0～FT2	取指令（见表3.9）	取指令（见表3.9）
ET0	CON←cond（R［rc］）;	Grc，R_{out}，CON_{in}
ET1	CON→PC←R［rb］;	Grb，R_{out}，CON→PC_{in}

8. 逻辑右移指令（SHR）的微操作序列及控制信号流程表

逻辑右移指令首先判断 C3（即 IR <4..0>）的值，若为0，则以 R［rc］<4..0>的值作为逻辑右移的位数 n，否则以 IR <4..0>的值作为逻辑右移的位数 n，然后将 R［rb］的内容逻辑右移 n 位，结果送到 R［ra］。其微操作序列及控制信号流程表见表 3.16。

表 3.16　逻辑右移指令（SHR）的微操作序列及控制信号流程表

节　拍	微操作序列	控 制 信 号
FT0 ~ FT2	取指令（见表 3.9）	取指令（见表 3.9）
ET0	n←((IR <4..0> =0)→R[rc] <4..0> : (IR <4..0> ≠0→IR <4..0>));	Grc, R_{out}, Ld
ET1	C←R［rb］;	Grb，R_{out}，C = B，C_{in}
ET2	Shr(: = n≠0→(C <31…0>←0#C <31…1> : n←n − 1; Shr))	n≠0→(C_{out}, SHR, C_{in}, Decr, Goto ET2)
ET3	R[ra]←C;	C_{out}, Gra, R_{in}

注：Goto ET2 为一个控制节拍发生器的信号。

3.3.5　组合逻辑控制器的设计步骤

1. 编排控制信号时间表

将 3.3.4 小节列出来的每条指令的控制信号归纳成一张控制信号时间表，表的每一列为指令的名称，表的每一行为各工作周期中的节拍及各节拍中的控制信号，表的行列交叉处用“1”表示该行左边的控制信号在该列上边的指令中出现，用“0”表示没有出现。设计这一张表的目的是为了方便找出每个控制信号在所有指令中的出现位置，为下一步设计该控制信号的逻辑表达式做准备。

表 3.17 是根据“3.3.4　指令流程及控制信号序列”小节中列出的几条指令画出的表格（不全），若要画出整个指令系统所有的控制信号时间表，表格就显得比较大，查找起来不太方便，可以利用数据库软件将该表格建成一个数据表，然后用数据库的查找命令进行查找。

表 3.17　每条指令对应的控制信号时间表

工作周期	节拍	控制信号	机 器 指 令							
			ADD	ADDI	LOAD	STORE	STORER	BR	SHR	…
FT 取指周期	T0	PC_{out}	1	1	1	1	1	1	1	
		MA_{in}	1	1	1	1	1	1	1	
		INC4	1	1	1	1	1	1	1	
		C_{in}	1	1	1	1	1	1	1	
	T1	MD_{rd}	1	1	1	1	1	1	1	
		Strobe	1	1	1	1	1	1	1	
		Read	1	1	1	1	1	1	1	
		C_{out}	1	1	1	1	1	1	1	
		PC_{in}	1	1	1	1	1	1	1	
	T2	MD_{out}	1	1	1	1	1	1	1	
		IR_{in}	1	1	1	1	1	1	1	

（续）

工作周期	节拍	控制信号	机器指令							
			ADD	ADDI	LOAD	STORE	STORER	BR	SHR	…
ST 取源操作数周期	T0	Grb			1					
		BA_{out}			1					
		A_{in}			1					
	T1	$C2_{out}$			1					
		ADD			1					
		C_{in}			1					
	T2	C_{out}			1					
		MA_{in}			1					
	T3	MD_{rd}			1					
		Strobe			1					
		Read			1					
DT 取目的操作数周期	T0	Grb				1				
		BA_{out}				1				
		A_{in}				1	1			
		PC_{out}					1			
	T1	$C1_{out}$					1			
		$C2_{out}$				1	1			
		ADD				1	1			
		C_{in}				1	1			
ET 执行周期	T0	Grb	1	1						
		R_{out}	1	1				1	1	
		A_{in}	1	1						
		MD_{out}			1					
		Gra			1					
		R_{in}			1					
		C_{out}				1	1			
		MA_{in}				1	1			
		Grc						1	1	
		…								

2. 根据控制信号时间表写出各控制信号的逻辑表达式

对于每一个控制信号，找出它在控制信号时间表中的每一个出现位置，记住与此位置相关的指令、周期与节拍，然后将它们之间的关系用与或逻辑表达式表示出来。例如，控制信号 C_{OUT} 的逻辑表达式可以表示为

C_{OUT} = FT · T1 + ST · T2 · LOAD + ET ·（T0 ·（STORE + STORER）+ T2 ·（ADD + ADDI）+ T3 · SHR）+ …

3. 画出控制信号的逻辑图

根据各控制信号的逻辑表达式画出相应的逻辑图。例如，控制信号 C_{OUT} 的逻辑图如图 3.13 所示。

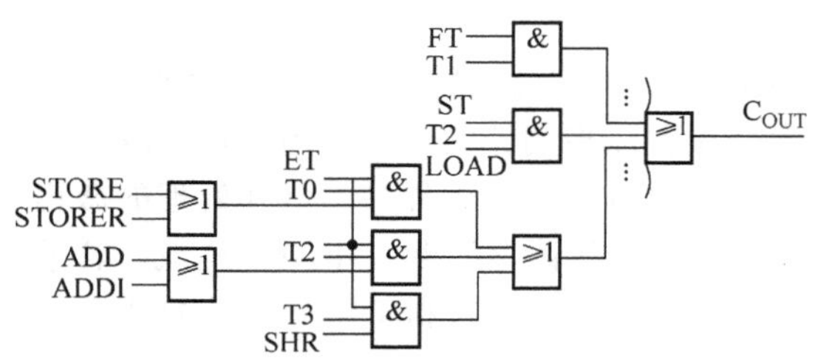

图 3.13　控制信号 C_{OUT}的逻辑图

3.4　微程序控制器原理

微程序控制器的思想是由 M. V. Wilkes 在 20 世纪 50 年代早期提出的。为了降低组合逻辑控制器的复杂性而促成了微程序方法。

3.4.1　微程序控制的基本概念

微程序控制将微操作控制信号以编码字（即微指令）的形式存放在控制存储器中。执行指令时通过依次读取一条条微指令，产生一组组操作控制信号，控制有关功能部件完成一组组微操作。因此，又称为存储逻辑。

应该强调的是，如果同样的模型机执行同样的指令系统，那么微程序控制器发出的控制信号序列应该与组合逻辑控制器相同，只是两种控制器设计方法产生控制信号序列的方式不同。也就是说，这里仍然介绍单总线模型机及其相应的指令系统，那么之前分析的控制信号序列就是微程序控制器所发出的控制信号序列，区别仅在于产生控制信号的方式不同。

1. 微程序控制器的组成及工作原理

下面以微程序控制器的框图（见图 3.14）为例，说明其基本组成与工作原理。

微程序控制器主要由 IR（指令寄存器）、操作码到微程序地址的映像机构、4 选 1 多路选择器、μPC 微程序计数器、控制存储器、μIR 微指令寄存器、增量器及定序器（Sequencer）等组成。

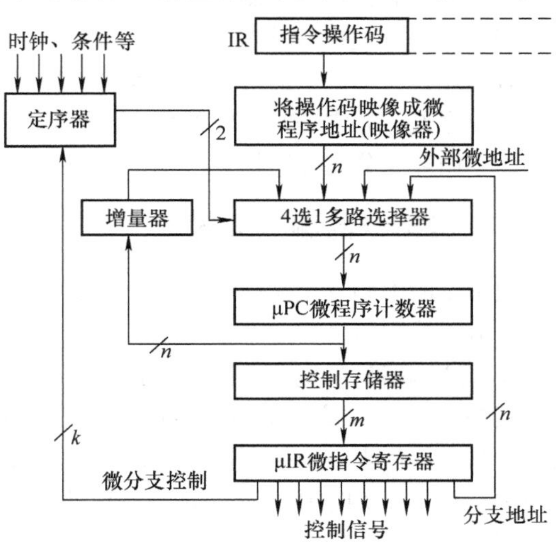

图 3.14　微程序控制器的框图

IR（指令寄存器）：用于存放当前正在执行的指令。

操作码到微程序地址的映像机构（映像器）：就像查找表一样，通常采用 ROM，用指令操作码作为地址，地址单元的内容为对应该指令的微程序段首地址，这样就很容易将指令操作码映像到微程序段的首地址。

4 选 1 多路选择器：用于从增量地址、微程序段首地址、外来地址及分支地址中选择一个（4 选 1）。其中，增量地址是当前微指令的顺序地址；外来地址包括 Reset（复位）信号给出的微程序地址、Exception（例外）信号给出的微程序地址等；分支地址为当前微指令中指定的下一条微指令地址。

μPC 微程序计数器：包括要从控制存储器中取出的下一条微指令的地址。

控制存储器（CM）：它是微程序控制器的核心，用于存放取指令的微程序、指令系统中所有指令执行阶段的微程序、例外处理的微程序等（见图 3.15）。控制存储器可用只读存储器（ROM）构成。若采用可擦除可编程只读存储器（EPROM），则有利于微程序的修改和动态微程序设计。

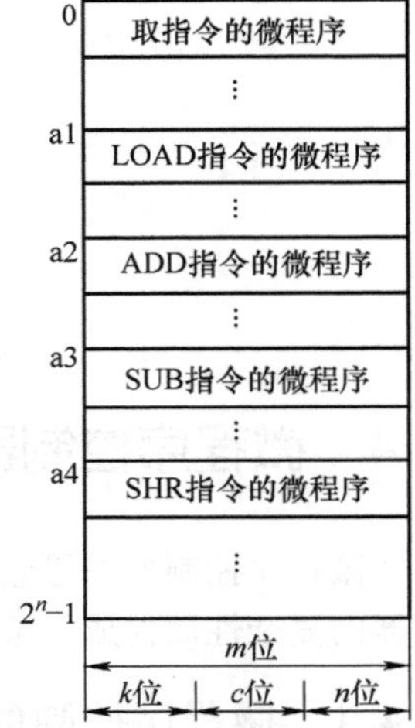

图 3.15　控制存储器框图

μIR 微指令寄存器：根据微程序计数器提供的地址从控制存储器中读出的微指令存放在 μIR 微指令寄存器中，它由 3 个字段组成。

1）控制信号字段。该字段包括当前微指令要发出的控制信号，如 C_{OUT}、CP_{MDR} 等。这些就是之前介绍的控制信号。

2）分支地址字段。该字段包括一个分支地址。

3）分支控制字段。该字段包括控制分支的信号。

增量器：对 μPC 微程序计数器的值做加 1 操作，以便微程序中的微指令能顺序执行。

定序器：以微指令字中的控制分支信号及运算器输出的标志信号作为输入，产生对 4 选 1 多路选择器的控制信号，用于控制多路器从 4 个输入中选择 1 个作为输出。

2. 几个常用术语

（1）微命令与微操作

微命令：就是控制信号，它由控制器通过控制线发向各个被控制的部件。例如，打开或关闭某个控制门的电位信号、某个寄存器的输入脉冲等。

微操作：它是由微命令控制实现的最基本的操作过程。

（2）微指令与微周期

微指令：以二进制编码形式存放在控制存储器的一个单元中，用来实现指令中的某一步操作。微指令由 3 个部分组成，即控制信号字段、分支地址字段及分支控制字段。

微周期：通常指从控制存储器中读取一条微指令并执行相应的微操作所需的时间。

（3）微程序与微程序设计

微程序：一个有序的微指令序列。

微程序设计：它是将传统的程序设计方法运用到控制逻辑的设计中，在微程序中也可以有微子程序、循环、分支等结构。

3.4.2　微指令的编码方式

微指令的编码方式又称为微指令的控制方式，它是指如何对微指令的控制信号字段进行编码，以形成控制信号。

1. 直接编码（直接控制）方式

直接编码方式是指在微指令的控制信号字段中，每一位代表一个控制信号（微命令），该位为“1”表示该控制信号有效，该位为“0”表示该控制信号无效，如图 3.16 所示。

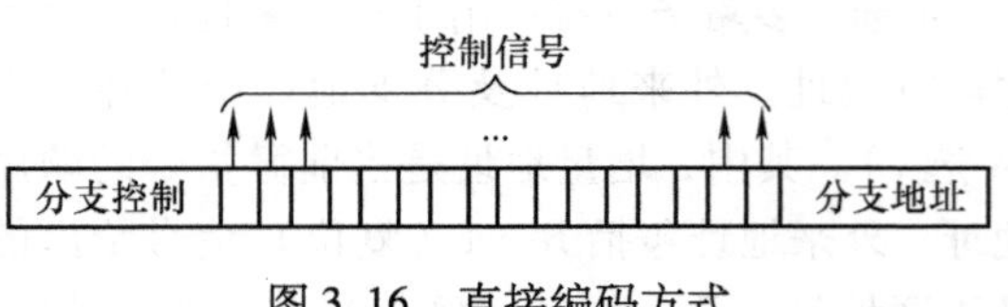

图 3.16　直接编码方式

对于此种编码方式，微指令寄存器中的控制位可直接与模型机数据通路中相应的控制点相

连，不需要译码，它的优点是速度快。但每一个控制信号必须在微指令字中对应一个控制位，这样就会由于系统中的控制信号很多而增加微指令的长度，造成控制存储器的容量很大。

2. 字段直接编码方式

字段直接编码方式是指将微指令中的控制信号字段分成若干个小段，每个小段内通过编码放入一组互斥的控制信号（微命令），在执行微指令时，通过译码电路对每个小段进行译码，一个小段同一时刻只能译出一个控制信号（微命令），如图3.17所示。这种方式又称为显式编码方式或单重定义编码方式。

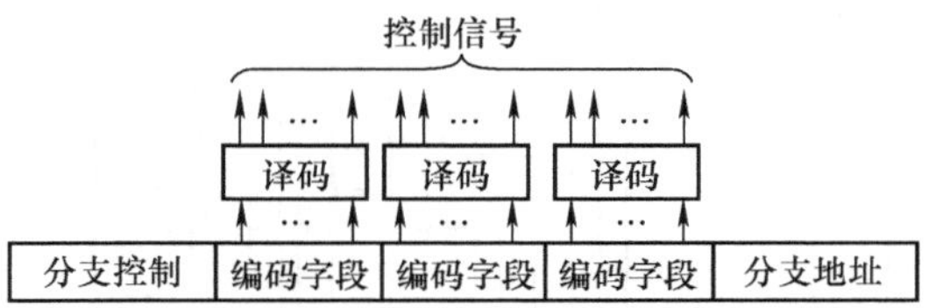

图3.17　字段直接编码方式

采用字段直接编码方式可以用较少的二进制位表示较多的控制信号，这样就缩短了微指令的长度。例如，3位二进制编码从000~111共8种状态，可以表示7个互斥的控制信号及一个不发控制信号的状态。相比之下，直接编码方式用3位二进制位表示3个控制信号，而字段直接编码方式用3位二进制位表示7个控制信号，这样就等于将微指令的长度缩短了4位。当然这是它的优点，但由于字段直接编码方式必须对编码字段进行译码才能发出控制信号，这样与直接编码方式相比，速度就会稍微慢一些。

3. 字段间接编码方式

字段间接编码方式是指一个字段的某些编码不能独立地定义某些控制信号（微命令），而需要与其他字段的编码来联合定义，因此又称为隐式编码或多重定义编码，如图3.18所示。

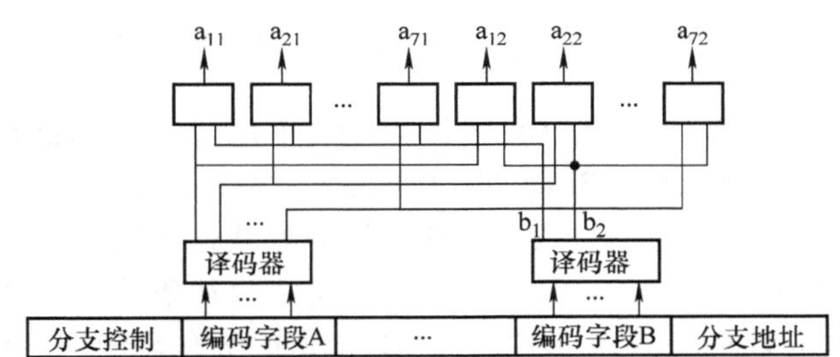

图3.18　字段间接编码方式

图中的字段A（3位）所产生的控制信号还要受到字段B的控制。当字段B发出b_1信号时，字段A与其合作产生a_{11}，a_{21}，…，a_{71}中的一个控制信号；而当B发出b_2信号时，字段A与其合作产生a_{12}、a_{22}，…，a_{72}中的一个控制信号。这种方式进一步减少了微指令的长度，但通常可能会削弱微指令的并行控制能力，且译码电路相应地会较复杂，因此，它只作为字段直接编码方式的一种补充。

3.4.3　微程序控制器中的分支控制

从微程序控制器框图（见图3.14）中可以看出，μPC微程序计数器用来提供下一条微指令的地址，而在微程序的运行中，μPC的值有4个来源：增量地址、微程序段首地址、外来地址及微指令中的分支地址。如何选择其一，必须受到定序器的控制。下面以微程序控制器中的分支控制图（见图3.19）及一个微程序段实例进行说明。

1. 微程序控制器中的分支控制图

在微程序控制器的分支控制图3.19中，微指令寄存器的最左两位为多路控制“Mux控制”，

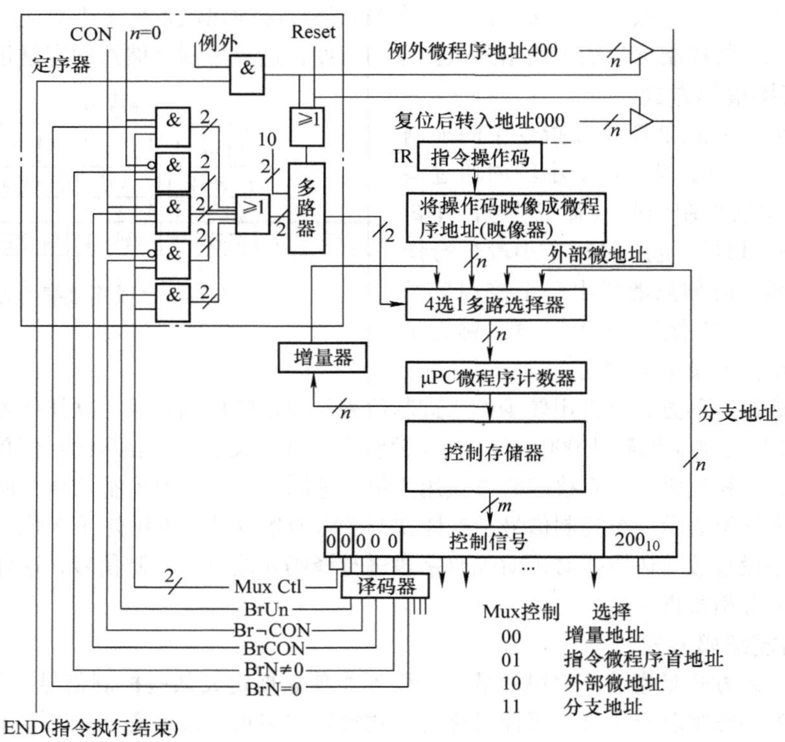

图 3. 19　微程序控制器中的分支控制图

它规定多路选择器应该选择哪一路输入（见图 3. 19 的右下角），紧接着的 5 位给出选择该路输入时应该满足的条件：BrUn 为无条件；Br ¬CON 为条件不成立时；BrCON 为条件成立时；BrN ≠0 为 N 不等于零时；BrN 为 N 等于零时。从图 3. 19 中的点画线框可以看出，定序器的输入除了上述 7 位信号外，还有“CON”和“$n=0$”两个输入（分别为从条件逻辑的输出及移位计数器的输出），当例外和 Reset 有效时，4 选 1 多路器选择外部地址作为下条微指令地址。

2. 分支控制在微程序段中的应用举例

表 3. 18 为一个分支控制在微程序段中应用的示例。

表 3. 18　分支控制在微程序段中的应用示例

微指令地址	Mux Ctl	BrUn	Br ¬CON	BrCON	BrN≠0	BrN =0	控制信号	分支地址	分支动作的说明
200	00	0	0	0	0	0	...	×××	顺序执行，到微地址 201
201	01	1	0	0	0	0	...	×××	到映像器输出的指令微程序首地址
202	10	0	0	1	0	0	...	×××	如果条件成立，到外部微地址，否则顺序
203	11	0	0	0	1		...	300	如果 $N≠0$，到 300，否则到 204
204	11	0	0	0	0	1	0...0	206	如果 $N=0$，到 206，否则到 205
205	11	1	0	0	0	0	...	204	到微地址 204

关于表3.18的相关解释如下。

在微指令地址为200的微指令中，两位多路控制及5个条件位都为零表示使多路器选择增量器这一路输入并提供给μPC（201），从而实现微程序的顺序执行。

在微指令地址为201的微指令中，两位多路控制为“01”，BrUn为“1”，其他条件位为“0”，表示无条件使多路器选择映像器这一路输入，使μPC的值为指令寄存器（IR）中的指令操作码映像的地址，从而转移到对应指令的微程序段首地址。

在微指令地址为202的微指令中，两位多路控制为“10”，BrCON为“1”，其他条件位为“0”，表示当条件成立时使多路器选择外部微地址这一路输入并提供给μPC，否则选择增量器这一路输入并提供给μPC（203）。

在微指令地址为203的微指令中，两位多路控制为“11”，BrN≠0为“1”，其他条件位为“0”，表示当$N \neq 0$时使多路器选择分支地址（300）这一路输入并提供给μPC，否则选择增量器这一路输入并提供给μPC（204）。

在微指令地址为204的微指令中，两位多路控制为“11”，BrN=0为“1”，其他条件位为“0”，表示当$N=0$时使多路器选择分支地址（206）这一路输入并提供给μPC，否则选择增量器这一路输入并提供给μPC（205）。

在微指令地址为205的微指令中，两位多路控制为“11”，BrUn为“1”，其他条件位为“0”，表示无条件使多路器选择分支地址（204）这一路输入并提供给μPC。

实际上，微地址204及205的两行微指令实现了一个“while”循环结构。

3.4.4　微指令格式

微指令格式的设计除了要实现计算机的整个指令系统之外，还要考虑具体的数据通路、控制存储器速度以及微程序的编制等因素。

不同的机器有不同的微指令格式，但从其所具有的共性来看，通常可分为两大类。

1. 水平型微指令

水平型微指令是指一次能定义并执行多个操作微命令的微指令。从编码方式看，直接编码、字段直接编码及字段间接编码都属于水平型微指令。水平型微指令一般具有以下特点：

1）微指令字较长，定义的微命令较多，一般为几十位到上百位。例如，VAX—11/780微指令字长为96位，巨型机ILLAIAC—Ⅳ微指令字长达280位。微指令字较长，也意味着控制存储器的横向字长较长。

2）微指令中微操作的并行能力强，在一个微周期中，一次能定义并执行多个并行操作微命令。

3）微指令编码简单，一般采用直接控制方式和字段直接编码法，微命令与数据通路各控制点之间有比较直接的对应关系。

水平型微指令的优点是微指令条数少、灵活性好、执行效率高，但其指令字较长，复杂程度高，难以实现微程序设计的自动化。

2. 垂直型微指令

垂直型微指令类似于机器指令格式，它通常有一个微操作码字段、源地址字段、目的地址字段及某些扩展操作字段。它一次只能控制从源部件到目的部件的一两种信息传送过程。

根据垂直型微指令的微操作码字段，可以将其划分为以下几种：传送型微指令、运算控制型微指令、移位控制型微指令、访存微指令、无条件转移微指令及条件转移微指令。

垂直型微指令一般具有以下特点：

1）微指令直观、规整，易于编制微程序，易于实现设计自动化。

2）微指令字的微操作并行能力弱，一条微指令定义的微操作少，编制的微程序长，要求控制存储器的纵向容量大。

3）微指令字短，一般为10～20位，使控制存储器的横向容量少。

3.4.5　模型机的微指令格式设计及微程序编写

在介绍了“3.3.4　指令流程及控制信号序列”小节后，设计微程序控制器的主要任务就成了微指令格式的设计及微程序的编写。

1. 模型机的微指令格式设计

为了缩短微指令字的长度，采用字段直接编码方式来设计微指令的格式。

首先要对“3.3.4　指令流程及控制信号序列”小节列出的所有控制信号的互斥性及相容性进行分析，将所有互斥的信号放在一组，将相容的信号放在不同组，这是字段直接编码方式所要求的。下面就对这些控制信号进行分组。

第1组：多路控制信号（Mux Ctl）。用来控制4选1多路器的选择，只需两位二进制码就可对4个输入进行选择，编码为00～11。

第2组：分支控制信号（Branch Control）。有BrUn、Br $\overline{\text{CON}}$、BrCON、BrN＝0和BrN≠0这5个分支控制信号，再加一个无控制信号的状态None，共6个状态，这一组用3位二进制码表示，编码依次为000～101。

第3组：输出控制信号（Out Signals）。这一组为输出到总线的控制信号，因为同一时刻只允许有一个信号发送到总线，因此这些信号是互斥的。它们是PC_{OUT}、C_{OUT}、MD_{OUT}、R_{OUT}、BA_{OUT}、$C1_{OUT}$、$C2_{OUT}$等，再加一个无控制信号的状态None，共8个，必须用3位二进制码才能表示，编码依次为000～111。

第4组：输入控制信号（In Signals）。这一组为寄存器的同步打入控制信号，有MA_{in}、PC_{in}、IR_{in}、A_{in}、R_{in}、MD_{in}、Ld等，再加一个无控制信号的状态None，共8个，必须用3位二进制码才能表示，编码依次为000～111。

第5组：通用寄存器字段选通信号（Gate Registers）。这一组用来为指令中规定的寄存器字段选择某个通用寄存器，包括Gra、Grb和Grc信号，再加一个无控制信号的状态None，共4个，用两位二进制码表示就可以了，编码依次为00～11。

第6组：ALU控制信号，包括ADD、SUB、C＝B、AND、OR、XOR、INC4、COM、ASR、SHL及SHR等15个控制信号，再加上无控制信号的状态None，必须用4位二进制码才能表示，编码依次为0000～1111。

第7组：由于不能互斥而无法放在前面几组中的其他控制信号，包括Read、Write、Wait、Decr、CONin、Cin、Stop等，再加上无控制信号的状态None，共8个，用3位二进制码表示，编码依次为000～111。

第8组：分支地址n位，根据总的微程序的行数来定。假如有1K行，n应该为10位二进制码，编码依次为0000000000～1111111111。

根据上面的分组情况写出的微指令格式见表3.19。

表3.19　微指令格式

2位	3位	3位	3位	2位	2位	3位	10位
多路控制信号	分支控制信号	输出控制信号	输入控制信号	通用寄存器字段选通信号	ALU控制信号	其他控制信号	分支地址

2. 模型机的微程序编写

微指令的格式设计好后，就可以按照“3.3.4　指令流程及控制信号序列”小节中所列出的控制信号序列来编写微程序了，每行控制信号序列对应一条微指令。编写时，首先要找出本行各控制信号在微指令格式中的分组及编码，然后将编码填入该分组中，无对应控制信号的分组选择None的编码。对于多路控制、分支控制及分支地址中的内容，根据编写微程序的需要而定。

3.5　精简指令系统计算机

精简指令系统计算机（Reduced Instruction Set Computer，RISC）的起源要追溯到20世纪70年代中期。可以说IBM公司的John Coke的早期工作撒下了RISC的种子，他在1975年开始建造实验模型801主机，这个系统最初几乎没有受到人们的关注，直到许多年后机器的细节才被公开。20世纪80年代中期，加州大学伯克利分校制造出了RISC-I机、斯坦福大学制造出了MIPS机，这两个机器就是最初制造的实际RISC机器。

3.5.1　RISC与CISC的概念

RISC设计的最初想法是只提供一组能够执行所有最基本操作的最小指令系统：数据移动、ALU操作和分支转移。只允许显式的LOAD和STORE指令访问存储器。

CISC（Complex Instruction Set Computer）的设计最初是因为存储器的成本过高。每条指令的复杂程度越高，就意味着程序变得越小，从而占用更少的存储空间。随着VLSI技术的迅速发展，硬件成本不断下降，软件成本不断上升，促使人们在指令系统中增加更多和更复杂的指令，以适应不同应用领域的需要。特别是系列机，为了保证向上兼容，致使同一系列机的指令系统变得越来越复杂。另外，人们还通过增加复杂指令来缩小指令系统与高级语言语义的差距。所有这些做法都使得指令系统越来越复杂，如DEC公司的VAX-11/780机有303条指令，18种寻址方式。这类计算机就称为复杂指令系统计算机。

3.5.2　精简指令系统计算机的技术特点

精简指令系统计算机的主要特点是减少了指令系统中指令的条数及降低复杂性。RISC的设计者在设计时使用了很多技术，下面将一一列出这些技术。但对于一个具体的RISC来讲，不可能使用下面列出的全部技术。

1. 一个时钟周期完成一条指令

RISC的早期定义要求每条指令在单个时钟周期内完成，随着流水线技术的使用，当前的目标是每个时钟周期从流水线流出一条指令。由于程序的执行时间依赖于流水线的流量，而不是单个指令的执行时间，因此正确的目标是按照平均速率每个时钟周期流出一条指令，这就要求指令简单，而不是加长时钟周期。

2. 固定的指令长度

要想在每个时钟周期流出一条指令，就必须限制指令的长度，通常为一个字。

3. 仅LOAD和STORE指令访问内存

由于访问主存花费的时间较长，为了达到按照平均速率每个时钟周期流出一条指令就不能有太多的指令访问内存，因此将可以访问内存的指令限制到最少，只有LOAD和STORE指令，而其他指令只对放在寄存器中的操作数进行操作。

4. 简单的寻址方式

复杂的寻址方式意味着有许多地址计算需要完成，这样就必须花费更长的时钟周期，因此RISC通常限制为2~3种简单的寻址方式，如寄存器寻址方式、寄存器间接寻址方式、变址寻址方式（变址值通常在寄存器中或作为立即数在指令字中）。

5. 指令数量少且简单

任何复杂的指令都能够被分解成简单指令的序列，这样就可选取使用频率较高的一些简单指令，以及很有用但不复杂的指令。

6. 延时转移技术

在流水线中，取下一条指令是同上一条指令的执行并行进行的，当遇到转移指令时，流水线就可能断流。在使用延迟转移方法的RISC中，当遇到转移指令时，编译程序自动在转移指令之后插入一条（或几条）空指令（根据流水线情况而定），以延迟后继指令进入流水线的时间。同样，对于LOAD和STORE两个执行时间较长的访存指令，也可以采用此办法。

7. 预取和预测执行

当指令进入流水线的时候，RISC可以检查该指令是否包含操作数访问或分支。如果包含，即可采用预取技术立即取出相应的操作数或分支目标，这样就可以节省出这部分时间。当分支目标地址可用后，处理器可以在分支条件判断之前，执行分支目标地址单元的指令，如果之后判断的分支条件不满足，即可放弃前面执行的结果。这被称为预测执行。

8. 编译程序优化

RISC将原CISC中的复杂指令变成了简化后的短、小的指令，这样就会增加指令间的相关性。为了提高流水线的执行效率，有效地完成延时转移等技术，专门为RISC所设计的编译程序能够使用优化技术，调度指令的执行次序，充分发挥机器内部操作的并行性。

3.6　指令流水技术

之前讲的指令的执行方式是一种顺序串行执行的方式，即先取一条指令，然后分析并执行这条指令，当这条指令执行完后，才能取出下一条指令，再分析并执行。这种方式控制简单，但速度慢，机器中的取指部件和执行部件交替工作、交替休息，并没有被充分利用起来。为了加快指令的执行速度，使机器中的各部件都能忙起来，利用指令流水技术可以达到这个效果。

3.6.1　流水线的基本概念

计算机中的指令流水线类似于工厂中的生产流水线。假如工厂中要加工一个零件，需要取原料、打孔、切割、抛光及包装5个步骤，那么随着生产流水线的流动就会有5个零件分别处在不同的加工位置，这样也就让所有的加工设备都忙起来了，提高了生产的效率。同样，计算机中的指令流水线也将一条指令的执行过程分成大致相等的几个子过程，每一个子过程都由一个部件来完成，让指令在各个子过程连成的线路上连续流动，这样所有部件并行工作，同时执行多条指令，就会大大提高机器的吞吐量。

假如将一条指令的执行过程分为取指令（IF）、指令译码（ID）、指令执行（IE）和指令结果存储（IS）4个子过程，每个子过程分别由不同的功能部件来完成，就可以构成一个图3.20所示的指令的四级流水结构。假设每个子过程所需的时间大致相等，即为

IF	ID	IE	IS			
	IF	ID	IE	IS		
		IF	ID	IE	IS	
			IF	ID	IE	IS

图3.20　指令的四级流水结构

一条指令执行过程的四分之一，这样从理论上来讲，有了流水线后的机器执行指令的速度是无流水线机器串行执行指令的速度的4倍。

3.6.2 DLX流水线

DLX是一种虚拟的32位微处理机系统结构。它的指令系统具有简单的LOAD/STORE指令集；注重指令流水效率；简化指令的译码；高效支持编译器。图3.21是DLX基本指令流水线结构。

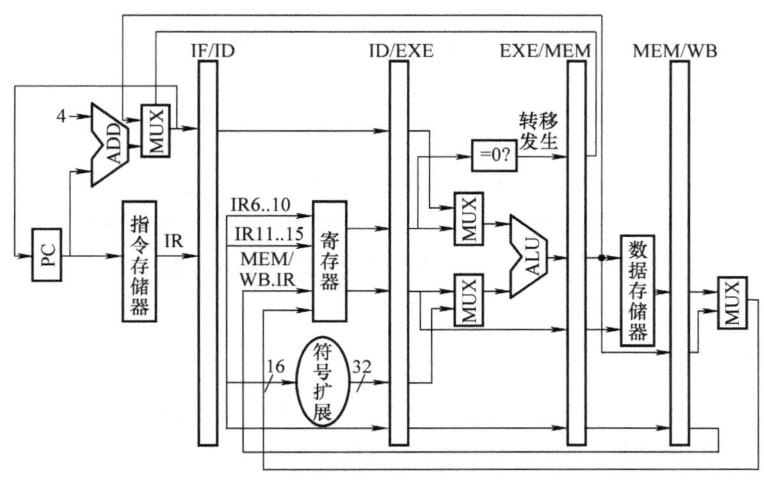

图3.21 DLX基本指令流水线结构

流水线由5段组成，它们分别为取指令（IF）、指令译码（ID）、访存有效地址计算或指令执行（EXE）、访存读或写（MEM）、结果写回寄存器（WB）。与非流水线数据通路相比，流水线数据通路在段与段之间加入了流水线寄存器。

假设有3类指令，它们分别为取数/存数（LOAD/STORE）指令、算术逻辑（ALU）指令、转移分支（BRANCH）指令。这3类指令在DLX 5级流水线中每一级的具体操作见表3.20。

表3.20 3类指令在DLX 5级流水线中每一级的具体操作

流水线级	LOAD/STORE指令	ALU指令	BRANCH指令
IF	取指令	取指令	取指令
ID	译码、读寄存器	译码、读寄存器	译码、读寄存器
EXE	计算机访存有效地址	执行	计算转移目标地址、设置条件码
MEM	对数据存储器读或写	空操作	若条件成立，将转移地址送PC
WB	读出数据写入寄存器	结果写回寄存器	空操作

为了更直观地描述流水线的工作过程，下面画出DLX基本流水线的时空图，如图3.22所示。

在图3.22中，横坐标表示时间，即输入到流水线的各任务所使用的时间，这里表示时钟数；纵坐标表示空间，即流水线的每一个流水段；$I_1 \sim I_5$表示第1~5条指令。

从图3.22可以看出，在DLX的流水线中，从第5个时钟开始，每个时钟周期完成一条指令，而对于串行执行方式，每条指令均需要5个时钟周期，从理论上讲，使用流水线后执行指令的速度是未使用流水线之前的5倍。

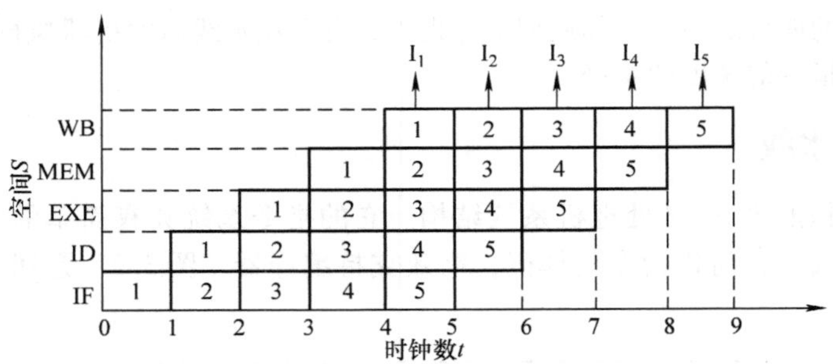

图 3. 22　DLX 基本流水线的时空图

3. 6. 3　流水线的效率

流水线的效率是指流水线中各功能段设备的利用率。在图 3. 22 中，流水线的效率定义为完成 n 个任务占用的时空区有效面积与 n 个任务所用的时间和 k 个流水段所围成的矩形时空区总面积相比。由于流水线有建立和排空时间，因此各功能段设备不可能一直在工作，总有一段空闲时间。

流水线效率的一般公式可以表示为

$$E=\frac{n\text{ 个任务占用的时空区有效面积}}{n\text{ 个任务所有的时间和 }k\text{ 个流水线段所围成的时空区总面积}}$$

如果流水线的各功能段执行时间均相等，而且输入的 n 个任务是连续的，则一条具有 k 级流水段处理 n 个任务的流水线的效率计算公式为

$$E=\frac{kn\Delta t}{k\ (k+n-1)\ \Delta t}=\frac{n}{k+n-1}$$

3. 6. 4　流水线中的相关

流水线中的相关是指相邻或相近的指令因存在某种关联，后面的指令不能在原来指定的时钟周期开始执行。一般来说，流水线中的相关主要分为 3 种类型，即结构相关、数据相关和控制相关。

1. 结构相关

如果某些指令组合在流水线中重叠执行时产生资源冲突，则称该流水线有结构相关。

许多流水线机器都将数据和指令保存在同一存储器中。如果在某个时钟周期内，流水线既要完成某条指令对数据的存储器访问操作，又要完成取指令的操作，那么将会发生存储器访问冲突问题。在时钟 4 时，因第 I_1条指令要读存储器，同时取出第 I_4条指令也要访存，假如指令和数据都存在同一存储器中，就会产生结构相关，见表 3. 21。

表 3. 21　两条指令同时访存产生结构相关

	时钟								
指令	1	2	3	4	5	6	7	8	9
I_1（LOAD）	IF	ID	EXE	MEM	WB				
I_2		IF	ID	EXE	MEM	WB			
I_3			IF	ID	EXE	MEM	WB		
I_4				IF	ID	EXE	MEM	WB	
I_5					IF	ID	EXE	MEM	WB

解决存储器争用冲突的办法如下。

1）流水线气泡。让流水线完成前一条指令对数据的存储器访问时，暂停（空闲）一个时钟周期再对后一条指令进行访存的操作，暂停周期一般也称为流水线气泡。

2）使用双端口存储器。如果指令和数据放在同一个存储器中，可使用双端口存储器，一个端口取指令，另一个端口存取数据。

3）使用两个存储器。像DLX机器一样，使用两个存储器，一个为指令存储器，另一个为数据存储器。

如果结构相关发生在其他功能部件中，可以采用与上述相似的思路解决。

2. 数据相关

当指令在流水线中重叠执行时，流水线有可能改变指令读/写操作数的顺序，使得读/写操作顺序不同于它们非流水实现的顺序，这将导致数据相关。

首先考虑下列指令在流水线中的执行情况，见表3.22。

ADD R1，R2，R3；(R2)+(R3)→R1

AND R6，R1，R7；(R1) ∧ (R6)→R7

表3.22　数据相关

	时钟								
指令	1	2	3	4	5	6	7	8	9
ADD	IF	ID	EXE	MEM	WB				
AND		IF	ID	EXE	MEM	WB			

从表3.22中可以看出，ADD指令在时钟5将结果写入寄存器R1，而AND指令在时钟3读寄存器R1的内容，很显然这时R1的数据是错误的数据，这就产生了数据相关。

根据指令间对同一寄存器读和写操作的完成次序关系，可将数据相关性分为写后读（RAW）、读后写（WAR）和写后写（WAW）3种类型。

对于程序中的两条指令i和j，假设i先于j，数据相关产生的数据冒险（Hazard）如下。

- 写后读（RAW）：j试图在i写一个数据之前读取它，于是j得到的是错误的值。例如：

MUL R1，R2；(R1)×(R2)→R1

ADD R3，R1；(R1)+(R2)→R3

这两条指令在寄存器R1上出现了先读后写数据相关。

- 读后写（WAR）：j试图在i读之前写入一个值，于是i读取的是错误的值。例如：

MUL R1，R2；(R1)×(R2)→R1

MOV R2，#00H；0→R2

若第二条指令先得到执行，这两条指令就在R2上出现了先写后读数据相关。

- 写后写（WAW）：j试图在i写一个数据之前写该数据。这样，写操作是按错误的顺序进行的，最后本应留下j写的结果，但实际留下的却是i写的结果。例如：

MUL R1，R2；(R1)×(R2)→R1

MOV R1，#00H；0→R1

若第二条指令先得到执行，这两条指令就在R1上出现了先写后写数据相关。

解决数据相关的办法有：

1）旁路技术法。旁路技术又称为定向技术或专用通路技术，其基本思想是，如果后续指令要使用前面指令的运算结果值，则通过硬件专门电路将该运算结果值传送到有关缓冲寄存器，使后续指令得以不停顿地进入流水线，并及时得到所需要的操作数。

2）空闲周期法。这是一种用装入延迟的方法来解决数据相关冲突。为了解决数据相关，可使用流水线联锁硬件来检测这种相关情况，检测到后使流水线暂停流动一个时钟周期。这种停顿延迟周期称为流水线的空闲周期。

3）编译程序优化法。由编译程序来检测程序运行中可能出现的数据相关性，然后通过重新调整指令的顺序来解决指令间的数据相关。

3. 控制相关

如果一条指令要等前一条（或几条）指令做出转移方向的决定后才能进入流水线，便产生了控制相关。引起这类相关的是转移类指令，它在执行过程中可能会改变程序的方向，造成流水线的断流。

数据相关影响的仅仅是本条指令附近的少数几条指令，所以称为局部相关。而控制相关影响的范围大得多，所以称为全局相关。

控制相关最典型的就是由条件转移指令引起的。表3.23列出了条件转移引起的控制相关。

表3.23　条件转移引起的控制相关

	时钟											
指令	1	2	3	4	5	6	7	8	9	10	11	12
指令1	IF	ID	EXE	MEM	WB							
指令2		IF	ID	EXE	MEM	WB						
条件转移			IF	ID	EXE	MEM	WB					
指令4				IF	ID	EXE						
指令5					IF	ID						
指令6						IF						
指令15							IF	ID	EXE	MEM	WB	
指令16								IF	ID	EXE	MEM	WB

从表中可以看到，条件转移指令必须等到指令2的结果出现后（第6个时钟）才能决定下一条指令是第4条（条件不满足时）还是第15条（条件满足时）。由于结果无法预测，流水线继续预取指令，当最后条件满足时，发现第4～6条指令所做的操作全部报废，在第7个时钟，第15条指令进入流水线。这就是由于控制相关造成的第8～10个时钟期间无指令完成，使流水线性能下降。

为了减轻因控制相关引起的流水线性能下降，可采用如下方法：

1）加快和提前形成条件码。有些指令的条件码可以提前形成，如乘、除法指令，它们的结果是正或负的条件码就可以在相乘或相除前由两个操作数的符号形成。

2）转移预测法。用硬件的方法，依据指令过去的行为来预测将来的行为。通过使用转移取和顺序取两路指令预取队列器，以及目标指令Cache，可将转移预测提前到取指令阶段进行，以获得良好的效果。

3）优化延迟转移技术。这是一种软件方法，它由编译程序重排指令序列来实现。其基本思想是“先执行再转移”，即进行成功转移时并不排空指令流水线，而是让紧跟在转移指令之后进入流水线的少数几条指令继续完成，如果这些指令是与转移指令结果无关的有用指令，那么延迟损失时间正好得到了有效的利用。

思考题与习题

1. 一个典型的 CPU 通常包括哪几个主要部分？各部分的作用是什么？

2. CPU 的功能具体包括哪几个方面？请详细说明。

3. 计算机运行程序遵循什么样的循环过程？PC 寄存器和 IR 寄存器在这个过程中起的作用是什么？

4. CPU 内部的数据通路可以采用几种不同的方式？对比单总线数据通路、双总线数据通路和三总线数据通路，说明它们的优缺点。

5. 按照图 3.2 所示的单总线数据通路，写出 SUB　R2，R3 指令取指阶段和执行阶段的微操作序列。

6. 按照图 3.3 所示的双总线数据通路，写出 SUB　R2，R3 指令取指阶段和执行阶段的微操作序列。

7. 按照图 3.4 所示的三总线数据通路，写出 SUB　R2，R3 指令取指阶段和执行阶段的微操作序列。

8. 根据表 3.7 的分析，参考表 3.8，说明模型机有几种指令格式。

9. 根据"3.3.1　模型机的指令系统"小节中列出的寻址方式，详细说明各寻址方式是如何寻址的。

10. 在模型机中将指令周期分为哪几个工作周期？

11. 三级时序系统中的三级是指哪三级？每一级的作用是什么？

12. 某机 CPU 的主频为 8MHz，其时钟周期是多少微秒？若已知每个机器周期平均包含 4 个时钟周期，该机的平均指令执行速度为 0.8MIPS，试问：

（1）平均指令周期是多少微秒？

（2）平均每个指令周期含有多少个机器周期？

（3）若改用时钟周期为 0.4ms 的 CPU 芯片，则计算机的平均指令执行速度又是多少 MIPS？

（4）若要得到 40 万次/s 的指令执行速度，则应采用主频为多少兆赫兹的 CPU 芯片？

13. 指令和数据都存放在主存中，计算机在执行程序时如何区分哪个地址单元存的是指令，哪个地址单元存的是数据？

14. 控制不同操作序列时序信号的方式分为哪几种？

15. 根据"3.3.3　模型机主要组成部分的门级设计及控制信号"小节所提供的几个逻辑图，写出 SUB 指令的微操作序列及控制信号流程。

16. 根据"3.3.3　模型机主要组成部分的门级设计及控制信号"小节所提供的几个逻辑图，写出 SHL 指令的微操作序列及控制信号流程。

17. 组合逻辑控制器的设计分为哪几步？每步的具体内容是什么？

18. 根据表 3.17 写出控制信号 MD_{OUT} 的逻辑表达式并绘制逻辑图。

19. 什么是组合逻辑控制？什么是微程序控制？它们的特点是什么？

20. 解释名词：微命令、微操作、微指令、微周期、微程序、微程序设计。

21. 什么是微指令的编码？它共有哪几种方式？

22. 控制存储器和主存的区别是什么？

23. 结合图 3.19，说明微程序对一条机器指令的解释执行过程。

24. 某机有 5 条微指令，每条微指令发出的控制信号见表 3.24。采用直接控制方式设计微指令的控制字段，要求其位数最少，而且保持微指令本身的并行性。

表 3.24　微指令 I_1 ~ I_5 的控制信号

微指令	激活的控制信号									
	a	b	c	d	e	f	g	h	i	j
I_1	Ö		Ö		Ö		Ö		Ö	
I_2	Ö	Ö		Ö		Ö		Ö		Ö
I_3	Ö			Ö	Ö	Ö				
I_4	Ö									
I_5	Ö			Ö						Ö

25. 说明微程序的编写过程。

26. 按照表 3.19 所提供的微指令格式，写出 ADD 指令的微程序。

27. 什么是 RISC？什么是 CISC？它们各自的特点是什么？

28. 什么是指令流水？画出指令的四级流水结构图。

29. 什么是流水线中的相关？其相关的主要类型有哪几种？

30. 在流水线中有哪几种数据相关？这几种数据相关分别发生在什么情况下？

31. 为了减轻因控制相关引起的流水线性能下降，可采用哪几种方法？解释这几种方法的具体做法。

第 4 章　指令系统层

指令系统层（The Instruction Set Architecture Level），也叫机器语言层，是位于微体系结构层之上的一个抽象层。在现代计算机的多层次结构模型中，该层有特别重要的意义：指令系统层是硬件和编译器之间的接口，各种高级语言都能翻译到指令系统层，而指令系统层的指令、程序能被硬件——微体系结构层直接执行。

由于篇幅的限制，本章主要以 Intel 80x86 为例介绍指令系统层，不涉及指令系统层的设计分析。目标是通过学习本章，读者能了解 IA－32 结构（Intel Architecture－32 位），加深对指令系统层的理解。

4.1　概述

第 3 章讨论了 CPU 执行机器指令的详细过程，但计算机系统的层次结构和功能抽象使得程序设计者（如编译器设计者、汇编语言程序设计者等）无须知道指令执行的具体细节。他们关注的是指令要完成何种操作、从哪里取得操作数据、又把结果存放在哪里等信息。指令系统层本质上反映了程序设计者如何看待微处理器，它提供了与 CPU 互动所需的信息，而隐藏了 CPU 是如何设计、实现和执行的细节。

指令系统层主要包括指令集（Instructions Set）、执行环境（Execution Environment）和数据类型（Data Types）。

指令集（也称为指令系统）指 CPU 所能执行的全部指令，具体内容包括指令格式、寻址方式、指令类型和功能。它是指令系统层的核心内容，也集中反映了 CPU 的功能。这部分内容已在第 2 章介绍。

执行环境说明了 CPU 支持的操作模式（Operation Mode）、存储器组织和寄存器结构。

操作模式确定哪些指令和结构特性可以使用。现代的计算机大多具有至少两种操作模式，通常有内核模式（Kernel Mode）和用户模式（User Mode）。前者用于运行操作系统，该模式下可以运行所有指令；后者则用于运行用户应用程序，这种模式下，某些特殊敏感指令（如管理 Cache 指令等）不允许运行。在支持多任务（Multitasking）的系统中，这样可避免由于某一用户的应用程序不当使用某些指令而导致整个系统崩溃。

处理器通过它的地址总线寻址的存储器称为物理存储器。物理存储器由具有连续地址的存储单元组织而成。存储单元是可寻址访问的最小单位，每个存储单元有唯一的地址。因为 ASCII 码有 7 位二进制信息，所以绝大部分计算机把存储单元取为 8 位，称为一个字节（Byte），再把若干个（一般为 2 的整数次幂）字节组成一个字（Word），这样既可按字节又可按字访问内存。有些处理器（如 80x86）具有存储管理部件，可供操作系统和执行程序使用，以便有效和可靠地管理存储器。

指令系统层可见的寄存器是指程序可访问的寄存器，它们用于控制程序的执行、存放中间结果等，通常可分为通用寄存器和专用寄存器两大类。有很多用于特殊目的的寄存器，比如控制 Cache、I/O 设备和其他硬件性质的寄存器，只能在内核模式下由操作系统使用。

指令系统层的数据类型是硬件支持的数据类型，即机器指令所要求的特别形式的数据。比如

8086 支持16 位整型数据，16 位（二进制）整数的加法可直接用一条指令完成；但如果要计算两个64 位（二进制）整数的和，由于8086 不支持64 位整型数据，就需编写一段程序通过软件来实现。

现代的计算机内存都是按字节编址的，当要存储多字节数据时，就产生各字节的排列问题，这就是所谓的字节序（Byte Order）问题。如图4.1 所示，图中的每个小格表示一个字节，格中数字表示字节的地址。每行的4 个小格构成一个存储字，它们的左边或右边标出相应的字地址。访存时既可按字节也可按字访问。比如地址信息4，可以用于访问4 号的一个字节，也可访问4 号字的4 个字节。字节序有大端（Big Endian）和小端（Little Endian）两种排列方式。所有计算机都选择其中之一作为标准，相应地称为大端机器（见图4.1a，左端的高位字节具有小地址）或小端机器（见图4.1b，左端的高位字节具有大地址）。如80x86 采用小端字节序，属小端机器。

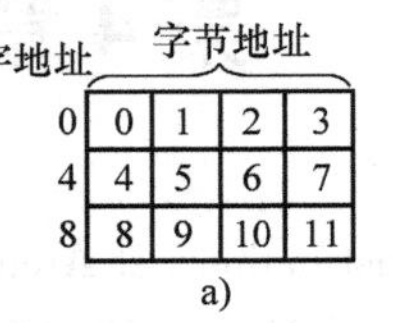

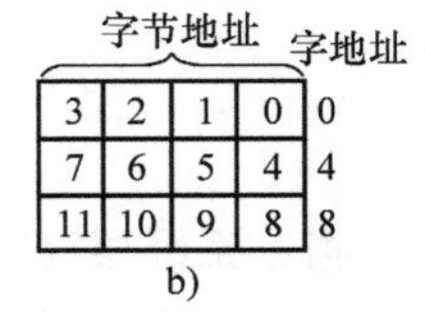

图4.1　字节寻址的主存地址分配
a）大端字节序　b）小端字节序

另一个和数据存储有关的是边界对准（Alignment）问题。如图4.2 所示的例子，计算机存储器的字长为4B，可按字节、半字（两个字节）、字或双字访问，半字地址是2 的整数倍，字地址是4 的整数倍，而双字地址则是8 的整数倍。假设要存储一个字的数据，有的计算机为便于硬件实现，要求多字节数据按边界对准存放，如图4.2a 灰色部分所示（如果数据的字节数目不是1、2、4 或8 时，可填充一个或多个空白字节）。要读取一个字的数据，只要按字访问内存一次即可。如果是允许边界不对准的计算机，字数据可如图4.2b 阴影所示存放，要读取该数据则要按半字访问两次内存，并对字节顺序进行调整。由于早期的处理器仅支持字节数据，有的处理器基于向上兼容性（Backward Compatibility，即同一系列中，为旧机器编写的程序可不修改，直接在新机器上运行）的考虑，采用边界不对准方式。由上面介绍可知，即使在不要求边界对准的计算机中，数据的存储也应尽量采用边界对准方式，以节省访存时间。

存储器			地址(十进制)
半字(地址2)		半字(地址0)	0
字节(地址7)	字节(地址6)	半字(地址4)	4
半字(地址10)		半字(地址8)	8

a)

存储器			地址(十进制)
半字(地址2)		半字(地址0)	0
字节(地址7)	字节(地址6)	半字(地址4)	4
半字(地址10)		半字(地址8)	8

b)

图4.2　存储器中数据的存放
a）边界对准　b）边界不对准

正如在第3 章所学到的，微体系结构层的结构是由其功能决定的。指令系统层一方面反映了编译器设计者看到的机器的抽象属性，另一方面也界定了微体系结构层的功能，是微体系结构层硬件逻辑设计的基础。所以在设计指令系统层时就要折中两方的意见。设计时还要受到向上兼容性的限制，这一点对商用计算机尤为重要。

一个好的指令系统层应该定义一套在当前和将来技术条件下能够高效率实现的指令集，从而使低成本高效率的设计可用于今后的若干代计算机中；还应该为编译器提供明确的编译目标，使编译结果具有规律性和完整性。

4.2　80x86 CPU

微处理器的功能结构属于微体系结构的内容。把有关介绍放在指令系统层的一个理由是，随着深度流水线、多层次 Cache、微指令重排序（Microinstruction Reordering）等技术在微体系结构层的实现，一些由它们引起的特性会在指令系统层显现出来。比如由于采用深度流水线技术，使得运行程序的速度提高了一倍，这对程序设计者是“可见的”。又比如微指令重排序，对系统状态（寄存器、内存等）更新方式的不同实现，会直接影响编译器的设计。

Intel 的 80x86 系列微处理器是 PC 使用最多的 CPU 之一，该系列的新机型保持对旧机型的向上兼容性。本节仅简要介绍 IA－32 结构微处理器中的 8086/8088、80386、Pentium 和 Pentium Ⅳ 的功能结构，有关它们的详细介绍请参考有关文献。

4.2.1　8086/8088 微处理器

8086 是 16 位微处理器，具有 16 位外部数据总线和 20 位地址总线，能寻址 1MB 的物理地址空间。8088 除了外部数据总线为 8 位外，其他的与 8086 相同。这些处理器把段（Segmentation）的概念引入到 IA－32 结构。

8086 CPU 采用单指令流水线结构，由两个可并行的独立单元，即总线接口单元（Bus Interface Unit，BIU）和执行单元（Execute Unit，EU），分别完成取指令（或操作数）与执行指令的功能，8086 CPU 结构框图如图 4.3 所示。当 EU 执行指令时，BIU 预取后继指令到指令队列中，减少了 CPU 为取指令而等待的时间，提高了运行速度。

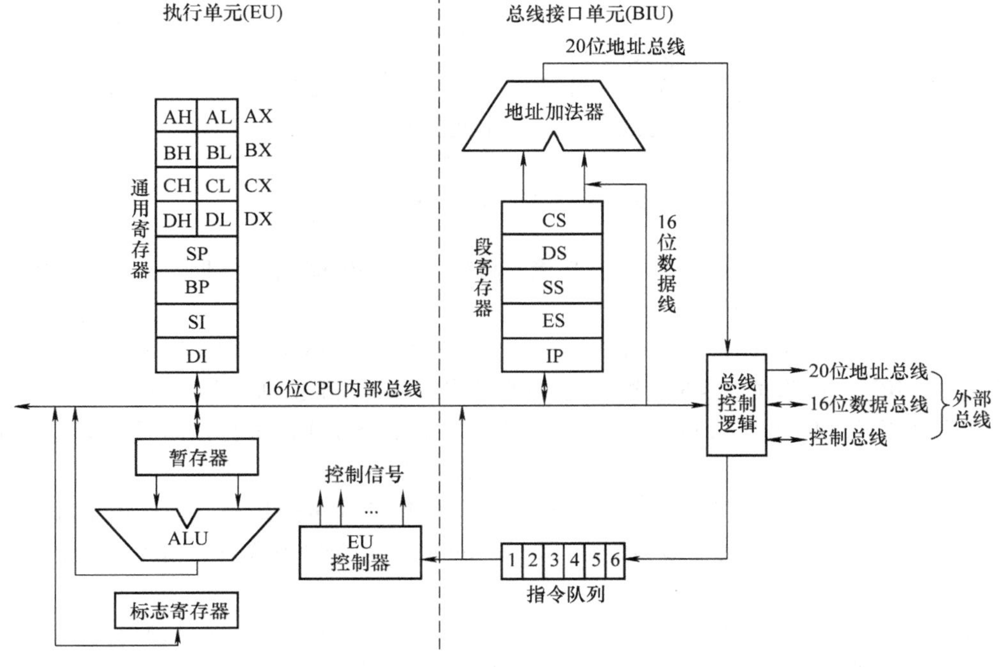

图 4.3　8086 CPU 结构框图

BIU与外部总线连接，为EU完成全部的总线操作，并计算、形成20位的存储器的物理地址。具体地说，就是BIU负责从内存的指定部分读取指令送到指令队列中排队（指令队列是一种先进先出（FIFO）的数据结构，8086的为6B，8088的则为4B)；执行指令时所需的操作数、指令执行结果的存储也要通过BIU来完成。EU用于控制、执行指令。

4.2.2　80386微处理器

Intel 80386微处理器是IA-32结构中的第一个实用的32位处理器。外部数据总线和地址总线都是32位，能寻址4GB的物理地址空间，虚拟存储空间为64TB。80386为IA-32结构引入了虚拟86（Virtual-8086）模式和内存管理的分页（Paging）机制。

80386 CPU结构框如图4.4所示，由6个按流水线结构设计的能并行操作的功能部件组成。指令的预取、译码、执行等步骤都由各自的处理部件并行处理。这样可同时处理多条指令，提高了微处理器的处理速度。

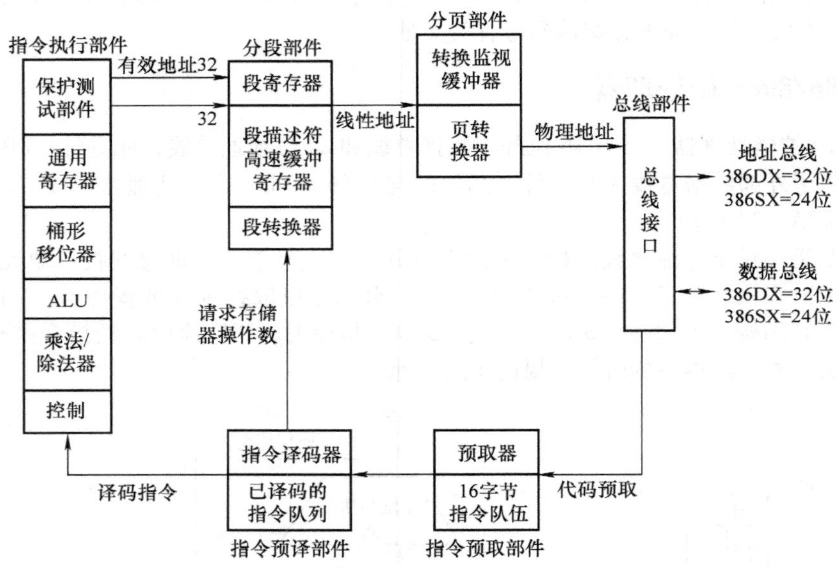

图4.4　80386 CPU结构框图

总线接口单元提供了微处理器与外部环境的高速接口（80386总线周期仅为两个时钟周期)，在操作时对相应信号进行驱动。

指令预取部件（Instruction Prefetch Unit，IPU）包含一个16B的预取队列寄存器，一般能存放5条指令。IPU会在总线空闲时把指令流的4B读出，存到预取队列寄存器中。

指令预译部件（Instruction Predecode Unit，IDU）对指令操作码进行预译码，完成从指令到微指令的转换，并将其存放在已译码队列中，供执行部件使用。

指令执行部件中除了乘/除法器和ALU外，还有8个32位的通用寄存器（用于数据操作或地址计算)，以及一个64位的桶形移位器（Barrel Shifter，用于加速移位、循环以及快速的乘除法操作)。

分段部件（Segmentation Unit，SU）通过计算有效地址，实现从逻辑地址到线性地址的转换，同时由保护测试部件（Protection Test Unit）完成总线周期分段的违法检查，然后把转换后的线性地址和总线周期事务处理信息发送到分页部件。SU可实现任务之间的隔离，也可实现指令和数

据区的再定位。

分页部件（Paging Unit，PU）的功能是将线性地址转换成物理地址。有两种情况：如果无分页特征，则线性地址就是物理地址；如果有分页特征，则将线性地址按页存储方式转换成物理地址，长度为4KB，最后将物理地址送给BIU。分页管理比8086地址空间的分段管理更有效，并且对应用程序而言是完全透明的，也不会降低应用程序的执行速度。

4.2.3 Pentium微处理器

Pentium微处理器内部的主要寄存器宽度为32位，外部数据总线宽度为64位。地址总线宽度为36位，但一般仅用32位，故物理地址空间为4GB；采用2MB页面的分页模式时才使用36位地址总线。控制器采用硬布线控制和微程序控制相结合的方式。大多数简单指令用硬布线控制实现，在一个时钟周期内完成。通过微程序实现的指令也多在2～3个时钟周期内完成。Pentium虽兼有CISC和RISC两者的特性，但CISC特性更多一些，因此仍被视为CISC结构的处理器。

Pentium微处理器由总线部件、指令Cache、数据Cache、分支目标缓冲器、控制ROM部件、预取缓冲器、整数运算部件、浮点运算部件、整数和浮点数寄存器组等10个功能部件组成，其结构框图如图4.5所示。

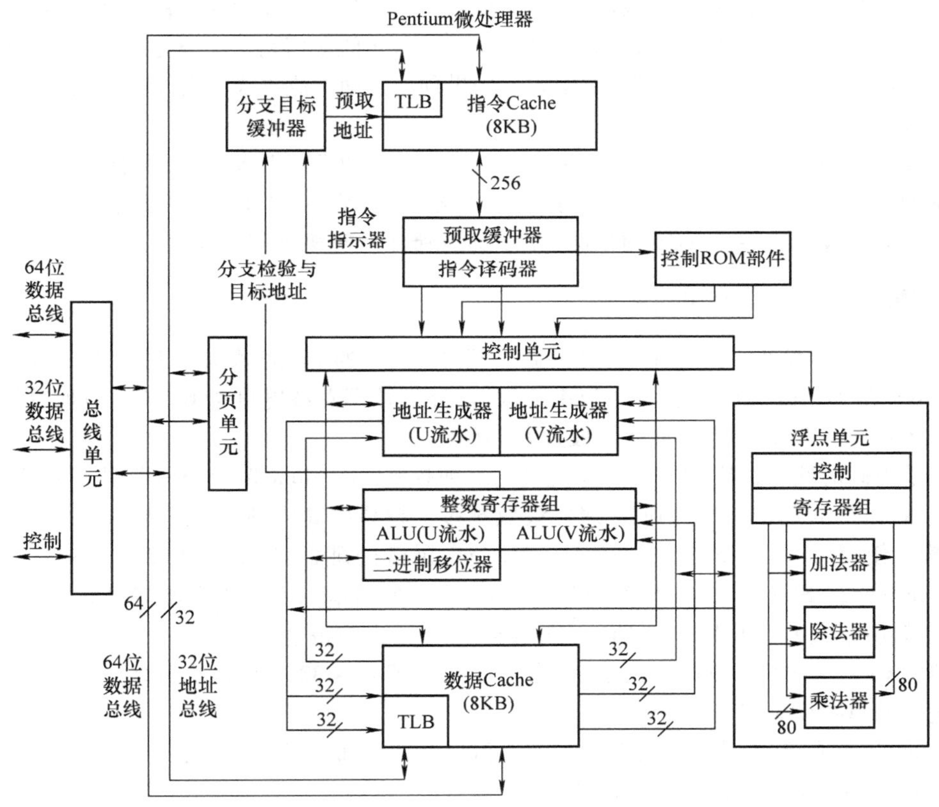

图4.5 Pentium微处理器的结构框图

它有如下的特点。

1. 超标量结构

由两条并行的整数流水线（U流水线和V流水线）构成超标量流水线结构，其中每条流水线都有指令预取、指令译码、地址生成、指令执行和回写5级。在指令配对的条件下，在每个时钟周期内能执行两条简单的整数指令，极大地提高了指令的执行速度。

2. 浮点流水线

Pentium 微处理器的浮点流水线共有8级。前4级（指令预取、指令译码、地址生成和取操作数）利用U流水线来完成，后4级（执行1、执行2、结果回写寄存器组和错误报告）则在浮点运算部件中完成。浮点运算部件中对常用的浮点指令（如 Load、ADD、MUL 等）采用硬件电路执行而非由微码执行，提高了运行速度。

3. 双路 Cache

指令 Cache 和数据 Cache 各为8KB。前者为单端口只读，后者为双端口可读写。数据 Cache 通过双端口分别与U、V流水线相连，能同时与这两条独立的流水线交换数据。数据 Cache 除能设置为写直达方式外，还能设置为 Cache 回写方式，从而节省处理时间。

独立的指令 Cache 与数据 Cache 对流水线提供了有力的支持，使指令预取和数据读写能无冲突地并行工作。

4. 分支预测

为避免在遇到转移指令时使流水线断流，Pentium 微处理器引入了分支目标缓冲器（Branch Target Buffer，BTB）来动态地预测程序的分支操作。当一条指令导致程序转移时，BTB 记录这条指令和转移目标的地址，并在再次遇到该条指令时用这些信息预测产生分支时的路径，预先从该处预取，使流水线的指令预取步骤不会空置。如果预测正确，流水线不会停顿，从而提高了流水线的工作效率。

Pentium 的后期版本——Pentium with MMX（“多能奔腾”）引入了 MMX 技术，是对 IA－32 指令系统的有力扩充。MMX 指令采用单指令多数据流（SIMD）技术，能在运行单条指令时并行处理4种类型，最多达64位宽度的数据，极大地增强了计算机处理多媒体信息和通信的能力。

4.2.4 Pentium Ⅳ微处理器

Intel 在2000年发布了 Pentium Ⅳ系列微处理器，其中的早期版本属于 IA－32 结构的32位机器（Pentium Ⅳ 5xx 和 6xx 系列为 Intel 64 结构）。外部数据总线宽度为64位，地址总线宽度36位（最低3位总为0），物理地址空间最大为64GB。

为追求更高的性能，让 CPU 工作于更高的时钟频率，Pentium Ⅳ微处理器引入了以深度指令流水线（Pentium Ⅳ的流水线达到24级。级数越多，越易提高内核的工作频率）为特点的 NetBurst 架构，使得 CPU 主频可达3.8GHz。Pentium Ⅳ微处理器还引入 SSE2 和 SSE3（Streaming SIMD Extensions，SSE）指令来加速、提高处理计算、多媒体、3D 图像和游戏等的能力。Pentium Ⅳ可以支持超线程技术（Hyper－Threading Technology），使得物理上的一个 CPU 能像两个逻辑的、虚拟的 CPU 一样共享执行资源的并发工作，提高了 IA－32 处理器执行多线程操作系统或多任务环境下的单线程应用程序的能力。

Pentium Ⅳ具有 RISC 内核，因为所有的机器指令最终都被译码为类似于 RISC 指令的微操作（μop），这些微操作能被硬件直接高效执行。

图4.6为 Pentium Ⅳ微处理器的简化框图。Pentium Ⅳ可划分为4个主要的子系统：内存子系统、前端子系统、乱序控制（the Out－of－order Control）子系统和执行单元子系统。

内存子系统主要包括系统接口、L2 Cache 和指令预取单元（与 Cache 相连，图中没有标出）。L2 Cache 是统一、回写式 Cache，且 L2 Cache 和其他 Cache 间的数据传输带宽极高（主频为3GHz时，带宽高达96GB/s）。指令预取单元通过系统接口从内存取回的指令就存放于 L2 Cache 中。

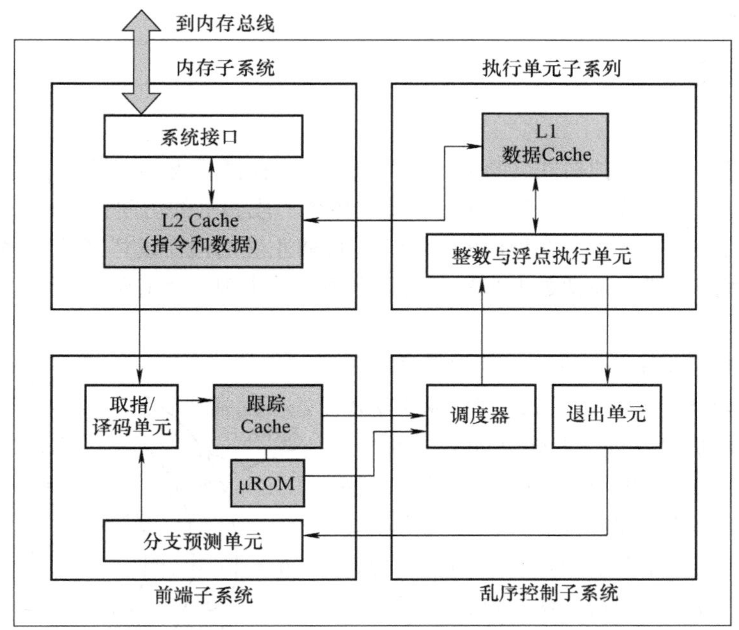

图 4.6 Pentium Ⅳ微处理器的简化框图

前端子系统主要包括取指/译码单元、跟踪 Cache（Trace Cache，即第 1 级指令 Cache）、微码 ROM（μROM）和分支预测单元。取指/译码单元从 L2 Cache 取回机器指令，并进行译码。如果是简单的指令，就在取指/译码单元内将其转换为微操作序列，否则要从 μROM 中查找与该指令对应的微操作序列。不论采用哪种方式，最终都要把得到的微操作序列传输到跟踪 Cache。分支预测单元保证了在遇到分支转移时，跟踪 Cache 有很高的命中率。

乱序控制子系统是 NetBurst 流水线的重要组成部分，它主要由调度器和退出单元（Retirement Unit）构成。微操作是按对应的机器指令顺序（也即应用程序的顺序）由跟踪 Cache 传输到调度器的，但为了保持高并行性，并不一定必须按机器指令的顺序来执行。当某一微操作由于资源（寄存器、功能单元等）不可用而不能执行时，调度器就将它保存起来，转而处理资源可用的后续微操作。

退出（Retirement）是指微操作或机器指令执行完毕，执行结果存入缓存器或内存中。微操作可乱序执行，为处理中断的需要，退出单元的任务是保证微操作的退出必须按照对应的机器指令的顺序进行。这样，如果在某一特定点发生了中断，就可保证该断点之前的机器指令全部完成，后面的指令则不受影响。

执行单元完成整数、浮点数计算及其他指令。执行单元有多个，可并行工作。L1 数据 Cache 负责为执行单元提供操作数。

Pentium Ⅳ的设计受限于要在一个现代的、高度并行的 RISC 内核上执行古老的 Pentium 指令集的要求，所以其微体系结构高度复杂。

4.3 基本执行环境

从本节开始介绍有关 80x86 CPU 的指令系统层内容，但仅限于基本、常用的部分，其他内容可在需要时查阅文献。

4.3.1 操作模式

1. 保护模式

386以上的CPU具有保护模式（Protected Mode）。这种模式支持多任务，提供了一系列的保护机制——任务地址空间分离、4个特权级、特权指令、段和页的访问权限和段限检查等。

这里简单介绍保护的概念。在程序的运行中，应防止应用程序破坏系统程序、某一应用程序破坏了其他应用程序、错误地把数据当程序运行等情形的出现。为避免出现这些情形所采取的措施称为“保护”。

IA－32处理器有多种保护方式，其中最突出的是特权级（Privilege Level，PL）方式。图4.7所示为特权级的环形保护（Ring－Protection）结构。4种特权级别由程序状态字的对应位控制。其中最高级为第0级，所有的指令和特性都可用，可完全控制计算机。这一级供操作系统使用，相当于其他计算机的内核模式。最低级为第3级，则用于运行用户应用程序，屏蔽了某些特殊的关键指令，并限制对某些寄存器的访问，以免被程序误用导致整个系统崩溃。其他两级不常用。

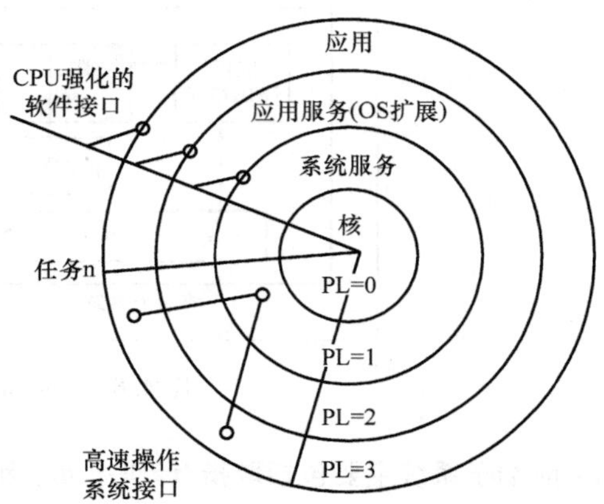

图4.7 特权级的环形保护结构

所谓虚拟8086方式（Virtual－8086 Mode），实质上并非CPU的一种独立的操作方式，而是指在保护模式下，操作系统创建了一个独立的8086运行环境来运行过去的MS－DOS程序。比如在Windows系统下启动一个MS－DOS窗口时，这个MS－DOS程序就是用虚拟8086方式启动的。这种方式可以保证当MS－DOS程序出错时，Windows系统本身不受影响。

2. 实地址模式

实地址模式（Real－Address Mode）实现了8086 CPU的编程环境，还能转换为保护模式或系统管理模式。该模式只支持单任务，程序可直接访问内存或硬件设备。所有的Intel CPU启动时都先进入该模式，比如想让系统运行于保护模式，启动程序（系统初始化或引导）也要在实地址模式下进行，以便初始化保护模式。

3. 系统管理模式

系统管理模式（System Management Mode，SMM）为操作系统提供一种“透明”机制来实现电源管理和系统安全等特殊功能。

4.3.2 存储管理

1. 地址空间

80x86处理器内存寻址的最小单位是字节，把连接到CPU地址总线上的全部存储器所提供的字节称为物理地址空间。当CPU的32位地址信号有效时所能访问的最大存储空间，大小为2^{32}＝4GB，它是80386和80486所能达到的最大物理地址空间。程序员用来编写程序的地址空间则是逻辑地址空间，在保护模式下逻辑地址空间可达64TB（2^{46}），也是虚拟地址空间的大小（虚拟存储与虚拟地址空间，请参考第6章）。通常逻辑地址空间远大于物理地址空间，而物理地址空

间才是真正存储、运行程序的空间，这就需要根据某种规则把按逻辑地址编写的程序装入物理内存中去，还需要把逻辑地址变换成物理地址，程序才能运行。80386 以上微处理器的存储管理部件正是以一种“透明”的机制完成这种地址变换的。

2. 实地址模式下的存储管理

8086/8088 只能工作于实地址模式，实地址模式也称为 16 位模式（16 - bit Mode）。8086/8088 的地址线为 20 位，最大的物理地址空间和逻辑地址空间均为 1MB。但 8086/8088 主要的寄存器是 16 位，只能寻址 64KB 的范围。为了用 16 位的寄存器寻址 1MB 的地址空间，采用了对存储器地址分段管理的方法。即把存储空间划分为段 ，每段的大小为 0 ~ 64K（最大值为 64K 是为了向上兼容只有 16 位地址线的 8085 处理器），则段中任意存储单元的偏移地址（Offset Address，即相对于每段首地址的地址差值）都可以用 16 位表示。在某些寻址方式的地址计算中，如果偏移地址的计算值超出 0FFFFH，则只取最低 16 位值（参考例 4. 3）。

为确定 20 位的物理地址，除偏移地址外，还要给出段基址（也称段地址，Segment Address）。机器规定：段基址只能是 20 位地址中的低 4 位全为 0 的地址（用十六进制表示地址则最低位为 0H，用十进制表示的地址则是 16 的倍数）。由于段基址的低 4 位全为 0，所以只需表示出 20 位地址中的高 16 位即可。

由段基址和偏移地址构成的就是逻辑地址，表示形式为段基址：偏移地址。逻辑地址转换成物理地址的机制是，把段基址左移 4 位，再加上偏移地址，就形成 20 位的物理地址，用公式表示（十六进制表示）为

$$段基址 \times 10H + 偏移地址 = 物理地址$$

这个过程由 CPU 中的地址加法器完成，但对用户透明。

80286 以上的 CPU 由于具有向上兼容性，因此也都可工作于实地址模式，此时只能访问物理内存的前 1MB 空间（此处不介绍 High Memory，有兴趣的读者请参考有关文献）。逻辑地址的构成及其向物理地址的变换与 8086/8088 的基本相同。

实地址模式下，80x86 微处理器的段基址存储在段寄存器中。代码段（存储正在执行的程序）的段基址存入 CS，数据段的段基址存入 DS，堆栈段的段基址存入 SS，附加段（也是存储数据）的段基址存入 ES。在一般情况下，各段在存储器中的分配由操作系统负责，即各段寄存器的值由操作系统给定。在 80386 及其后续的 80x86 中，除上述 4 个段寄存器外，又增加了两个段寄存器 FS 和 GS，它们也是附加的数据段寄存器，所以 8086 ~ 80286 的程序允许 4 个存储段，而后续的 80x86 程序可允许 6 个存储段。

偏移地址也可存储在寄存器中，使用时应尽量遵守段寄存器和存储偏移地址的寄存器的默认组合关系。具体的默认组合关系见表 4. 1 和表 4. 2。在默认组合下，程序中不必专门指明组合关系（不必指明段寄存器名），但如果用到非默认组合关系，则必须用段跨越前缀（即必须给出相应段寄存器名）加以说明。

表 4. 1　80x86 微处理器默认的 16 位段 + 偏移寻址组合

段寄存器	偏移地址	主要用途
CS	IP	指令寻址
SS	SP 或 BP	堆栈寻址
DS	BX、DI、SI 或 16 位数	数据寻址
ES	DI（用于串指令）	目标串寻址

表 4.2 80386 ~ Pentium Ⅳ微处理器默认的32位段 + 偏移寻址组合

段寄存器	偏移地址	主要用途
CS	EIP	指令寻址
SS	ESP 或 EBP	堆栈寻址
DS	EAX、EBX、ECX、EDX、EDI、ESI、8 位或 32 位数	数据寻址
ES	EDI（用于串指令）	目标串寻址
FS	无默认	一般寻址
GS	无默认	一般寻址

例 4.1 图 4.8 所示为存储段分配的一种情形。其中，代码段占有 8KB（2000H）的存储段，数据段占有 2KB（800H）的存储段，堆栈区则占有 256B 的存储段。这里有 3 点要注意：

首先，段首地址最低位一定是 0H（十六进制表示）。

其次，每个存储段的大小可以根据实际需要来分配，而非一定要占有 64KB 的最大段空间，图中代码段就只占 8KB。代码段结束后紧接数据段，这种情形称为代码段与数据段发生“重叠”。

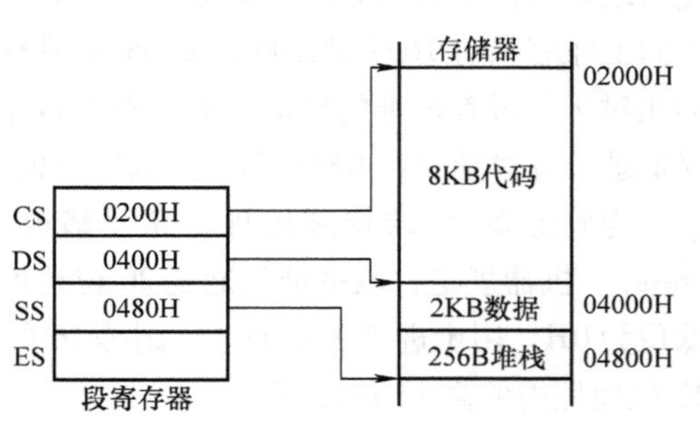

图 4.8 存储段分配的一种情形

最后，存储段的分配工作实际上是由操作系统完成的，但系统也允许程序员在必要时可指定所需占用的内存区。

例 4.2 设（CS）= 24F6H 且（IP）= 634AH：

1）写出相应的逻辑地址和偏移地址。

2）计算出物理地址和代码段（物理）地址的可能范围。

解答如下：

1）逻辑地址为 24F6：634A 或 CS：IP。

偏移地址为 634AH。

2）物理地址计算（十六进制表示）：把段基址左移一位，即 24F60H，加上偏移地址 634AH，其和 2B2AAH 即为物理地址。代码段物理地址下限等于段首地址 24F60H。因存储段最大为 64KB，所以地址上限值为 24F60H + 0FFFFH = 34F5FH。

例 4.3 某些寻址方式下，偏移地址可能是一个 16 位数字与某个寄存器内容的和。比如，（DS）= 4000H，（SI）= 3000H，数据的偏移地址是 0F000H 与（SI）的和。那么该数据的逻辑地址是 4000：2000，物理地址是 42000H。对于偏移地址的计算，3000H + F000H = 12000H，偏移地址为 16 位，需要把最高的进位 1 丢掉（即只取最低 16 位），即为 2000H。

例 4.4

```
1  MOV AX，[BX]        ；默认组合关系，DS 作为段寄存器，偏移地址存在 BX 中
                       ；寻址的单元内容送入 AX 寄存器
2  MOV AX，DS：[BX]    ；DS 作为段寄存器，偏移地址存在 BX 中
                       ；寻址的单元内容送入 AX 寄存器
3  MOV AX，ES：[BP]    ；非默认组合关系，ES 作为段寄存器，偏移地址存在 BP 中
                       ；寻址的单元内容送入 AX 寄存器
```

说明：1 和 2 的效果一样，采用默认组合可不指明段寄存器（DS）。

利用分段机制管理内存的一个优点是允许程序和数据的重定位。程序可重定位（Relocatable Program）是指程序在不加修改的情况下在另外一个不同的存储区仍可正常运行。数据可重定位（Relocatable Data）是指数据可以存储在不同存储区，且可不加修改地为程序所用。段加偏移方案由于利用偏移地址在段内寻址，因此在不同存储区只需修改段寄存器内容就可实现程序和数据的重定位。

3. 保护模式下的存储管理

存储管理包括两大机制：地址转换机制和保护机制。地址转换机制使操作系统可灵活地把存储区域分配给各个任务，而保护机制则用来避免系统中的一个任务越权访问属于另一个任务的存储区域或属于操作系统的存储区域。

80386 以上的微处理器可工作于保护模式，此时支持的物理地址空间远大于 1MB，这样实地址模式的存储管理机制就不能直接套用。但是其中的主要思想，即存储空间分段、逻辑地址提供段首地址信息和段内偏移地址，以及逻辑地址向物理地址的转换采用透明机制，很容易推广并与保护机制结合而用于保护模式。

保护模式下，80386 以上处理器的逻辑地址由选择子（Selector，16 位）和偏移地址（32 位）构成，可分别存储于段寄存器和通用寄存器中。逻辑地址的表示形式为“选择子:偏移地址”，它转换为物理地址的过程如图 4.9 所示。图中 32 位的线性地址是逻辑地址变换到物理地址的中间层，线性地址空间为 4GB。如果不使用分页机制，线性地址即物理地址。

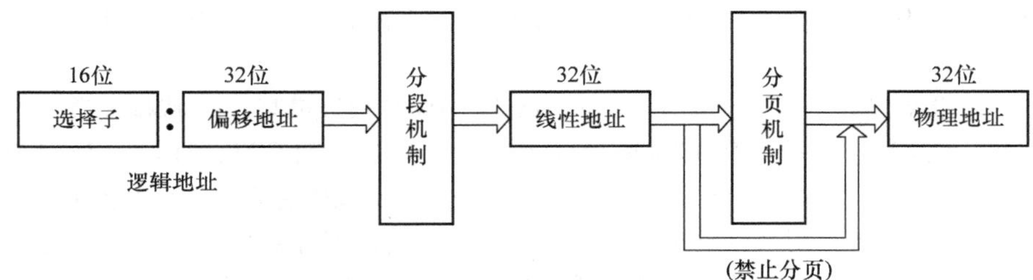

图 4.9 逻辑地址转换为物理地址的过程

在段页机制下，逻辑地址转换到物理地址可分两个阶段实现，简述如下：

1）分段机制，逻辑地址转换为线性地址。

分段机制下，逻辑地址空间由长度可变的存储段组成，每段长度可高达 4GB。存储段（在线性地址空间）的首地址、长度、类型和访问权限等有关信息，都包括在描述子（Descriptor）中。386 以上的微处理器常用 4 类描述子——全局描述子（Global Descriptor）、局部描述子（Local Descriptor）、TSS 描述子（TSS Descriptor）和中断描述子（Interrupt Descriptor）。全局描述子所定义的段可用于所有程序，局部描述子所定义的段通常只用于一个用户程序（或称一个任务），TSS 描述子所定义的任务状态段（TSS）存储了恢复一个任务所需的信息。这些描述子分别存放在 3 种描述子表（Descriptor Table）——全局描述子表（GDT）、局部描述子表（LDT）和中断描述子表（IDT）之中。所有这些表都是变长的数组（比如，GDT 和每个 LDT 最多可容纳 8K 个描述子），存储在物理内存中。由于用户程序使用的逻辑存储空间由 GDT 和 LDT 定义的存储分段组成，而每段最大可寻址空间是 4GB，所以处理器为用户程序提供了 2 × 8K × 4GB = 64TB 的逻辑地址空间。

GDT 定义了能被系统中所有任务公用的存储分段，可以避免对同一系统服务程序进行不必要的重复定义和存储。GDT 中包含了操作系统和除中断服务程序所在段以外的各任务公用的描述子，通常包括了使用的代码段、数据段、TSS 和系统中各个 LDT 的描述子，一个系统只能有一个 GDT。

LDT 用于存放各个任务私有的描述子，如本任务的代码段、数据段的描述子等。在设计操作系统时，通常每个任务有一个独立的 LDT。LDT 提供了将一个任务的代码段、数据段与操作系统的其余部分相隔离的机制。每个 LDT 都有相应的描述子，存放于 GDT 中。

IDT 最多包含 256 个中断服务程序位置的描述子。为容纳 Intel 保留的 32 个中断描述子，IDT 至少应有 256B。系统所使用的每种类型的中断在 IDT 中都必须有一个描述子项，通过中断指令、外部中断和异常事件来访问。同样，一个系统只能有一个 IDT。

GDT 和 IDT 在内存中的位置和长度，由 CPU 中的 GDTR 和 IDTR 两个 48 位的寄存器（32 位的线性首地址和 16 位的段限值）分别给出。当使用保护模式工作时，由系统将 GDT 和 IDT 的段基址与段限值分别送入 GDTR 和 IDTR 中。

因为 LDT 的描述子存放在 GDT 中，要定位 LDT 就必须先通过存储于 16 位寄存器 LDTR 的选择子访问 GDT，才能得到该 LDT 段的描述子。TSS 的定位与 LDT 相同，也需要通过 16 位寄存器 TR 中存放的选择子。

要从描述子表中得到某项描述子，必须通过选择子。选择子存放在段寄存器中，格式如下：

15　　　　　　　　　　3	2	1　　0
INDEX	TI	RPL

其中：

INDEX——13 位索引值，它给出所选描述子在描述子表中的地址，可从表中 8K 个描述子中选取一个。

RPL——请求特权级（Requested Privilege Level）。00 特权级最高，11 特权级最低。

TI——1 位的描述子表指示符（Table Indicator）。TI =0，访问 GDT；TI =1，访问 LDT。

为了提高保护模式存储器寻址的速度，CPU 内部为 6 个段寄存器、LDTR 和 TR 各设置了一个 64 位的描述子缓存器，用来存放对应段的描述子。每当段寄存器装入一个新的选择子，硬件就会自动把对应的 8B 描述子装入相应的描述子缓存器中，以后每当出现对该段存储器的访问时，就可直接使用相应的描述子缓存器中的段基址进行线性地址的计算，不需要在内存中（描述子表）查找段基址，因此加快了线性地址的形成。

由逻辑地址中的选择子最终从相应的描述子得到段基地址，再加上偏移地址，即得到线性地址。逻辑地址转换为线性地址的过程如图 4. 10 所示。

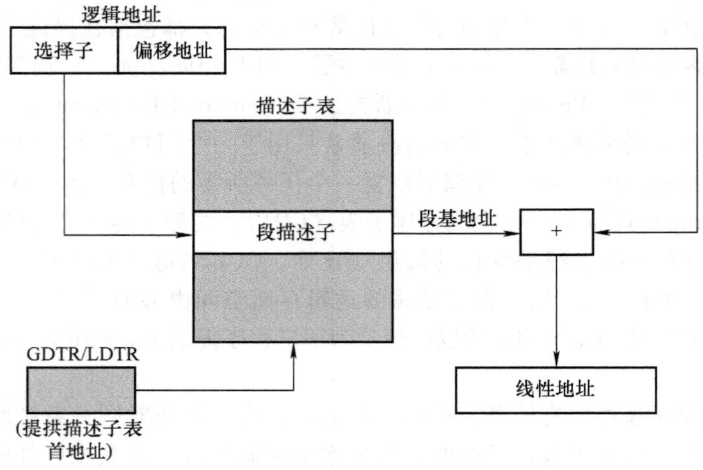

图 4. 10　逻辑地址转换为线性地址的过程

与实地址模式下的存储管理类似，存放选择子的段寄存器和存放偏移地址的寄存器间有默认的组合关系，见表4.3。

表4.3　存放选择子的段寄存器和存放偏移地址的寄存器间的默认组合关系

序号	操作类型	逻辑地址		
		选择子		偏移地址
		默认来源	允许替代来源	
1	取指令	CS	无	IP 或 EIP
2	堆栈操作	SS	无	SP 或 ESP
3	取源串	DS	CS、SS、ES	SI 或 ESI
4	存目的串	ES	无	DI 或 EDI
5	以 BP 作为基址	SS	CS、DS、ES	有效地址 EA
6	存取存储器操作（上述3、4、5项除外）	DS	CS、SS、ES	有效地址 EA

2）分页机制，线性地址转换为物理地址。

在分页机制下，线性地址空间分别划分为固定大小的页（Page），通常为4KB。线性地址向物理地址的转换过程如图4.11所示。内存中的页目录和页表都是高达1K个项的数组结构，只有一个页目录，但可有多达1K个页表。页目录项和页表项均为32位，每个页目录项都存储了相应页表的首物理地址，每个页表项又存储了对应物理页的首物理地址。页目录首物理地址则存储在CPU的控制寄存器CR3中。32位的线性地址可分为图4.11中所示的3部分，目录索引用于访问目录表中的对应目录项，再利用页表索引访问对应页表项，得到对应物理页的首地址，最后取其与页内地址之和即得到物理地址。

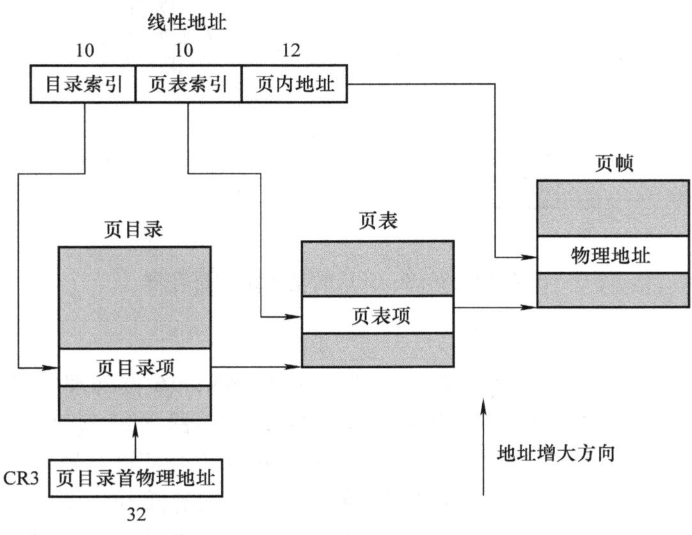

图4.11　线性地址转换为物理地址的过程

4.3.3　80x86 CPU 的寄存器结构

1. 80x86 CPU 的寄存器分类

可以从多个角度对寄存器进行分类，比如程序可见还是不可见等。在指令系统层，人们只关心可见（包括系统程序可见和用户程序可见）的寄存器。

80x86 CPU 的内部寄存器可分为以下三大类。

基本结构寄存器组：通用寄存器、指令指针寄存器、标志寄存器、段寄存器。

系统级寄存器组：系统地址寄存器、控制寄存器、测试寄存器、调试寄存器。

浮点寄存器组：数据寄存器、标记字寄存器、指令和数据指针寄存器、控制字寄存器。

在一般的应用程序设计中只能访问基本结构寄存器组和浮点寄存器组；而系统级寄存器组仅能由系统程序访问，且程序的特权级必须为0。GDTR、IDTR、LDTR 和 TR 就属于系统级寄存器。

本小节只介绍基本结构寄存器组。系统级寄存器组和浮点寄存器组的内容请参考有关文献。

2. 基本结构寄存器

80x86 CPU 有 16 个基本结构寄存器，如图 4.12 所示。这 16 个寄存器按用途分为通用寄存器、段寄存器和控制寄存器 3 类。

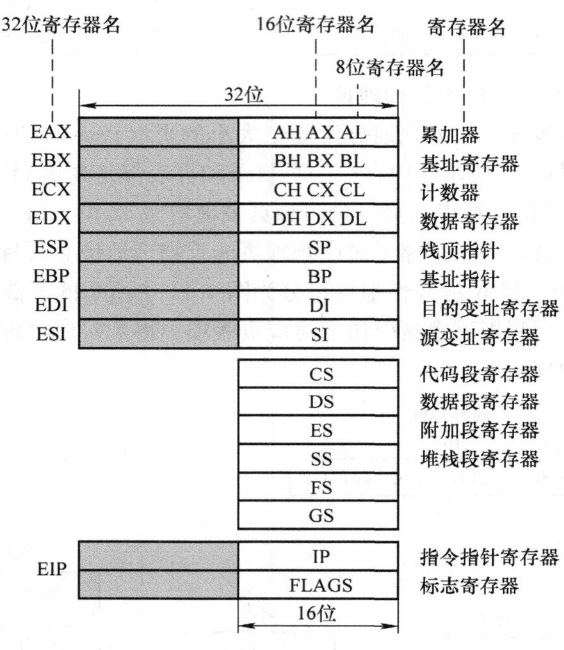

图 4.12　80x86 CPU 的基本结构寄存器

（1）通用寄存器

通用寄存器有累加器（EAX/AX，32 位处理器具有 EAX，16 位处理器只有 AX，下同）、基址寄存器（EBX/BX）、计数寄存器（ECX/CX）、数据寄存器（EDX/DX）、堆栈指针（ESP/SP）、基址指针（EBP/BP）、源变址寄存器（ESI/SI）和目的变址寄存器（EDI/DI）。32 位的寄存器用于 80386 以上的 80x86 CPU。为保持向上兼容性，它们的低 16 位构成相应的 16 位寄存器，比如，EAX 的低 16 位可作为 16 位的累加器 AX 使用；更进一步说，AX 的高 8 位和低 8 位可分别作为两个 8 位寄存器 AH 和 AL 使用，以便于处理字节数据。

在 80x86 指令系统中，某些指令的操作数只能用一个特定的寄存器或寄存器组来表示，所以这些通用寄存器具有一些隐含用法，先总结如下，在“4.4 80x86 CPU 的指令系统”小节再做说明。

1）数据寄存器。

EAX——算术运算的主要寄存器，操作数和结果数据的累加器。

EBX——常用作基址寄存器，作为 DS 段的数据指针。

ECX——串和循环操作的计数器。

EDX——I/O 指针，也常用于数据寄存。

2）指针及变址寄存器。

ESI——DS 段的数据指针，串操作的源指针。

EDI——ES 段的数据指针，串操作的目标指针。

ESP——栈顶指针（SS 段中），存放栈顶地址。

EBP——SS 段数据指针（不一定指向栈顶）。

（2）段寄存器

6 个 16 位的段寄存器分别是 CS（代码段寄存器）、DS（数据段寄存器）、SS（堆栈段寄存器）、ES（附加段寄存器）、FS 以及 GS 段寄存器（80386 以上的 CPU 才有 FS 和 GS）。段寄存器在实地址模式下存放段基址，在保护模式下则存放选择子，它们的作用在上一小节已做介绍。段寄存器和存放偏移地址的其他通用寄存器的默认组合关系见表 4.1 和表 4.2。

（3）控制寄存器

控制寄存器有两个：EIP（指令指针）和 FLAGS（状态和控制寄存器，也称为标志寄存器）。

EIP（16 位机则是 IP）存放将要执行的下一条指令的偏移地址（相对于当前代码段的段首地址）。除转移控制指令（JMP、CALL 和 RET 等）、中断和异常（Exception）外，程序不能对 EIP（IP）进行直接的存取操作。

FLAGS 是一个存放条件码标志、控制标志和系统标志的寄存器。标志寄存器同样具有向上兼容性，即在标志寄存器的发展过程中不改变已有标志位的位置和意义，只增加新的标志位。FLAGS 各标志位的定义如图 4.13 所示。

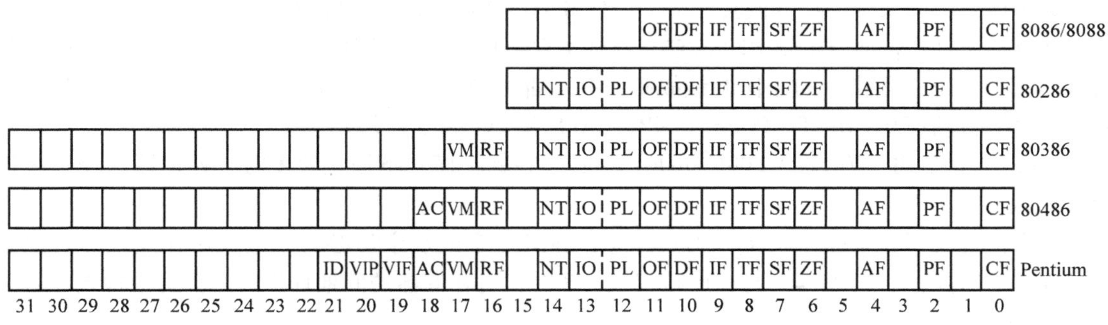

图 4.13　80x86 CPU 的标志寄存器各标志位的定义

1）条件码标志包括以下 6 位。

进位标志（Carry Flag，CF）：在进行算术运算时，如果最高位（对字操作是第 15 位，对字节操作是第 7 位）产生进位或借位，则 CF 置 1，否则置 0。在移位类指令中，CF 用来存放移出的代码（0 或 1）。这个标志常用于指示无符号数溢出和多字节数的加减运算。

奇偶标志（Parity Flag，PF）：用来为机器中传送信息时可能产生的代码出错情况提供检验条件。当操作结果的最低位字节中 1 的个数为偶数时置 1，否则置 0。

辅助进位标志（Auxiliary Carry Flag，AF）：在进行算术运算时，如果低字节中的低 4 位（第 3 位向第 4 位）产生进位或借位，则 AF 置 1，否则 AF 置 0。AF 主要用于 BCD 码十进制运算的校正。

零标志（Zero Flag，ZF）：进行算术或逻辑运算时，如果结果为0，则ZF置1，否则ZF置0。

符号标志（Sign Flag，SF）：其值等于运算结果的最高位。如果把指令执行结果看作带符号数，那么结果为负，SF置1；结果为正，SF置0。

溢出标志（Over Flow Flag，OF）：进行符号数的算术运算时，如果运算结果超出补码表示数的范围N，即溢出时，则OF置1，否则OF置0。对于字节运算有$-128\leqslant N\leqslant +127$；对于字运算有$-32768\leqslant N\leqslant +32767$。对无符号数的操作，忽略此标志。

2）控制标志位只有1位。

方向标志（Direction Flag，DF）：它用于串操作指令中控制处理信息的方向。当DF位为1时，每次操作后使变址寄存器SI和DI减小，这样就使串操作从高地址向低地址方向处理。当DF位为0时，则使SI和DI增大，使串操作从低地址向高地址方向处理。可用STD和CLD分别对DF设1或清0。

3）系统标志位有10位。

陷阱标志（Trap Flag，TF）：用于调试时的单步方式操作。TF=1时，每条指令执行完之后产生陷阱，由系统控制计算机；TF=0时，CPU正常工作，不产生陷阱。

中断允许标志（Interrupt Flag，IF）：IF=1时，允许CPU响应外部的可屏蔽中断请求；IF=0时，则禁止CPU响应外部的可屏蔽中断请求，但对内部产生的中断不起作用。可用STI和CLI分别对其设1或清0。

I/O特权级（I/O Privilege Level，IOPL）标志：用来指示I/O设备特权级（00最高，11最低）。IOPL用于保护模式，如果当前程序或任务的CPL（现行特权级）高于I/O设备的特权级，则可访问I/O，否则产生异常中断（异常13故障），使任务挂起。

嵌套任务（Nested Task，NT）标志：用来表示当前的任务是否嵌套在另一任务内。该标志用于保护模式，如果当前任务嵌套在前一个任务内则NT置1，否则清0。

恢复标志（Resume Flag，RF）：它与调试寄存器的断点一起使用，以保证不重复处理断点。当RF=1时，下一条指令的任何调试故障或断点都被忽略。然而，每成功执行完一条指令（无故障），RF自动清0（IRET、POPF、JMP、CALL和INT指令除外）。

虚拟8086模式（Virtual-8086 Mode）位：当在保护模式下该位置1时，处理器工作于虚拟8086模式。

对准检查（Alignment Check，AC）标志：在进行字或双字访存时，检查访存地址是否处于字或双字的边界上。当AC=1且程序特权级为3时，对存储器访问地址进行边界对准检查，否则不检查。

虚拟中断标志（Virtual Interrupt Flag，VIF）：虚拟方式下IF的映像。

虚拟中断挂起（Virtual Interrupt Pending，VIP）标志：置1表示中断挂起，而无中断挂起则清0。与VIF一起使用。

标识（IDentification，ID）标志：程序有设置和清除ID标识的能力，以指示处理器对CPUID指令的支持。

4.4 80x86 CPU的指令系统

80x86 CPU的指令集是在8086/8088 CPU的指令系统上发展起来的。8086/8088指令系统是基本指令集，80286～Pentium Ⅳ指令系统在基本指令集上进行了扩充，在支持的数据类型、寻址方式和指令类型方面都进行了扩充。扩充指令的一部分是增强的8086/8088基本指令和一些专用

指令；另一部分是系统控制指令，即特权指令，它们对80286以上CPU保护模式的多任务、存储器管理和保护机制提供了控制能力。

4.4.1　80x86数据类型

1. 基本数据类型

基本数据类型可做如下理解：一个属于基本数据类型的信息就是一串0或1信号，而不进行附加解释（比如把它看成代表了一个字符或者一个正数等）。

IA－32结构的基本数据类型是字节、字、双字、四字和双四字，如图4.14所示（图中，N、$N+1$等表示内存地址）。

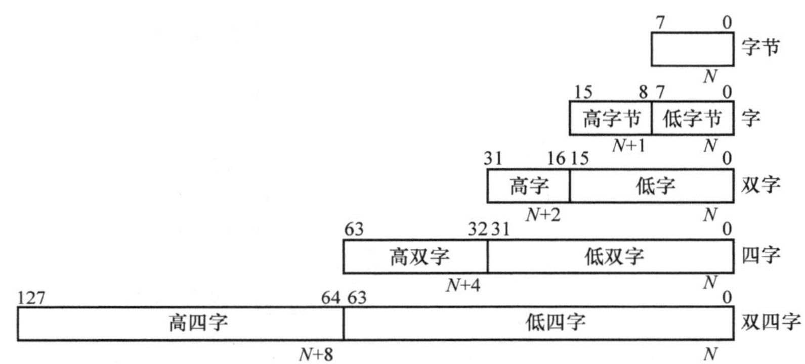

图4.14　基本数据类型

一个字节是8位，一个字是两个字节（16位），双字是4B（32位），四字是8B（64位），双四字是16B（128位）。四字是80486引入的，双四字是具有SSE扩展的Pentium Ⅲ引入IA－32结构的。

80x86处理器的字节序采用小端排列方式，即低字节（位0～7）占内存中的最小地址，该地址也就是此操作数的地址。

2. 数字数据类型

某些指令支持对基本数据类型附加解释为数字数据类型，这些数字数据类型如图4.15所示。

其中，整数包括了无符号整数和符号整数，符号整数用补码表示。浮点数据类型包括单精度浮点数、双精度浮点数和双扩展精度浮点数，浮点数的格式满足IEEE754标准。

3. 指针数据类型

指针即内存单元的地址，IA－32结构定义了两类指针：近指针（Near Pointer，32位，8086/8088 CPU则为16位）和远指针（Far Pointer，48位，8086/8088 CPU则为32位），如图4.16所示。近指针是段内的32/16位偏移地址（也称为有效地址），用于平面存储模式的存储器访问或分段存储模式中同一段内的访存。远指针是一个48/32位的逻辑地址，包括了16位的选择子和32/16位的偏移地址，用于在分段存储模式中的跨段访存。

4. 位字段数据类型

一个位字段（Bit Field）是指连续的位序列。它可以在内存中任何字节的任一位置开始并能包含最多至32位。

5. 串数据类型

串是位、字节、字或双字的连续序列。位串（Bit String）能在任何字节的任一位置开始并能包含最多至$2^{32}-1$位。字节串（Byte String）能包含字节、字或双字，其范围能从$0\sim2^{32}-1$B（4GB）。

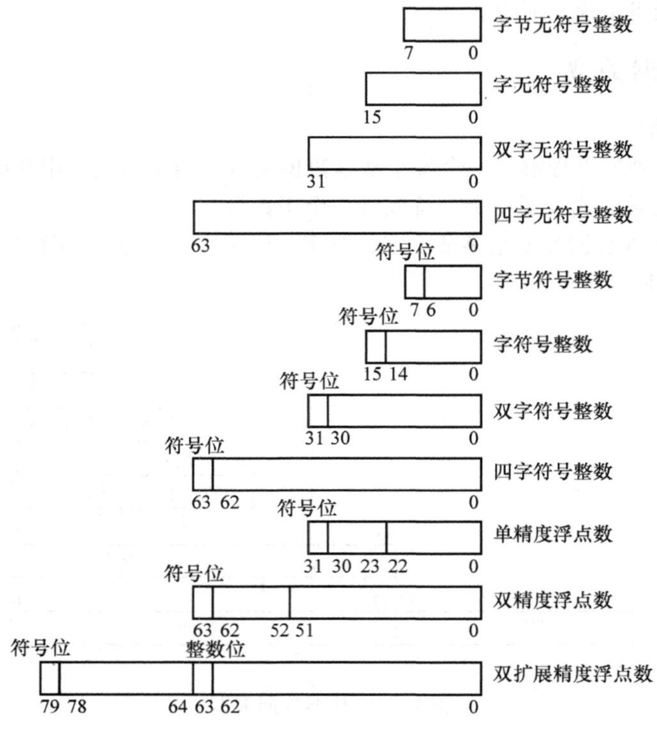

图 4.15　数字数据类型

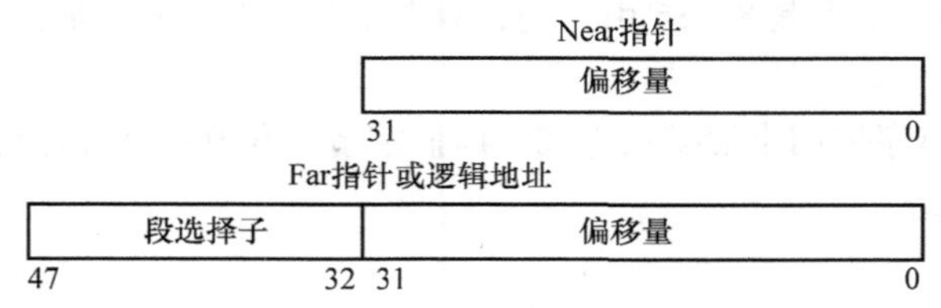

图 4.16　指针数据类型

4.4.2　80x86 指令格式

80x86 CPU 采用了变字长的机器指令格式，由 1 ~ 17 个字节组成一条指令，一般格式如图 4.17所示。

80x86 机器指令格式的简要说明：在指令格式的 6 个部分中，除操作码外其余可缺；具有两个操作数的指令，除串操作指令外，不能有两个操作数都存放在内存。

4.4.3　80x86 寻址方式

寻址方式（Addressing Mode）就是寻找指令中操作数或指令转移目标地址的方式，寻找指令操作数称为数据寻址，而寻找指令转移目标的地址则称为程序寻址。

操作数的地址可以是寄存器地址或存储器地址。这里的存储器地址是指存储单元的偏移地址，又叫有效地址（EA），有关存储器/内存操作数的寻址就是要获得有效地址。

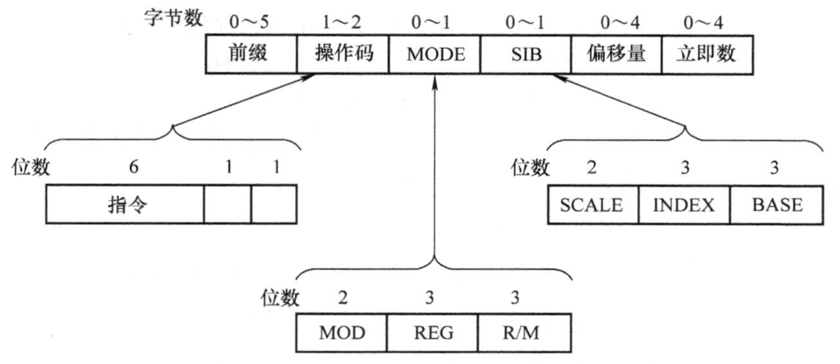

图 4.17　80x86 的指令格式

为了使数据寻址的解释直观，使用了一条机器指令——MOV 指令做例子。为了书写和记忆的方便，不直接使用 MOV 指令的机器语言形式（一长串 0 或 1 的信息），而采用相应的汇编语言指令，汇偏语言指令与机器指令一一对应。

MOV 指令的格式如下：

MOV　DST，SRC

其中，DST 称为目的操作数，SRC 称为源操作数。

该指令的功能是把源操作数传送（复制）到目的操作数，而源操作数中的内容不变。

例如，MOV AX，BX 的含义是将 BX 寄存器的内容传送到 AX，而 BX 的内容不变。

又如，MOV [1000H]，32 的含义为将数字 32 送入偏移地址为 1000H 的内存单元。

1. 数据寻址方式

机器指令的操作数按其储存位置可分为 3 种：立即数、寄存器操作数和内存操作数。共有以下 8 种寻址方式，其中的 3）~8）属于内存操作数的寻址。

1）立即数寻址方式。操作数直接存放在指令代码中，随着取指令一起取到 CPU 中，这种操作数称为立即数。

立即数用来表示常数，它经常用于给寄存器赋初值，并且只能用于源操作数字段，不能用于目的操作数字段，且源操作数长度应与目的操作数长度一致。表 4.4 是一些立即数寻址方式的例子。

表 4.4　立即数寻址方式的例子

指　　令	含　　义	结　　果
MOV BL，44	十进制数 44 传送到 BL	BL = 44
MOV AX，‘AB’	字符串‘AB’的 ASCII 码传送到 AX	AX = 4241H
MOV EAX，123400FEH	十六进制数 123400FEH 传送到 EAX	EAX = 123400FEH

2）寄存器寻址方式。寄存器寻址是指指令所需的操作数存放在 CPU 的寄存器中，通过指令中的寄存器地址找到操作数。这种寻址方式由于操作数在 CPU 内部的寄存器中，因而运算速度较高。表 4.5 是一些寄存器寻址方式的例子。

表 4.5　寄存器寻址方式的例子

指　　令	含　　义	备　　注
MOV　BL，AL	寄存器 AL 的内容传送到 BL	8 位寄存器之间数据传送
MOV　DS，AX	寄存器 AX 的内容传送到 DS	16 位寄存器之间数据传送
MOV　EBP，EDX	寄存器 EDX 的内容传送到 EBP	32 位寄存器之间数据传送

3）直接寻址方式。直接寻址是指指令所需的操作数存放在存储单元中，操作数的有效地址直接由指令代码中的偏移量提供。表4.6是一些直接寻址方式的例子。

表4.6　直接寻址方式的例子

指　　令	含　　义
MOV BL，[2000H]	数据段2000H单元中的字节数据传送到BL中
MOV AX，[2000H]	数据段2000H单元中的字数据传送到AX中
MOV NUMBER，BX	BX的内容传送到数据段NUMBER（字）单元，NUMBER表示偏移地址
MOV [3000H]，EAX	EAX中的内容传送到数据段3000H（双字）单元

4）寄存器间接寻址方式。寄存器间接寻址是指指令的操作数在存储单元中，操作数的有效地址存放在寄存器（基址寄存器或变址寄存器）中，即该寄存器可看成一个地址指针。有关段寄存器与存放有效地址的寄存器的默认组合关系参考表4.1和表4.2。表4.7是一些寄存器间接寻址方式的例子。

表4.7　寄存器间接寻址方式的例子

指　　令	含　　义
MOV CX，[BX]	数据段中由BX内容指定的字存储单元的内容传送到CX中
MOV [DI]，'A'	字符A的ASCII码传送到由DI内容指定的字节存储单元中
MOV ECX，[EBX]	数据段中由EBX内容指定的双字存储单元的内容传送到ECX中

这种寻址方式可以用于表（可看成一维数组）的处理，在程序中只要修改地址寄存器的内容，就可以用同一条指令访问不同的存储单元。

5）寄存器相对寻址方式。寄存器相对寻址是指指令的操作数存储在存储单元中，操作数的有效地址是两个地址分量之和：基址寄存器（或变址寄存器）的内容与指令中指定的偏移量之和。表4.8是一些寄存器相对寻址方式的例子。

表4.8　寄存器相对寻址方式的例子

指　　令	含　　义
MOV BL，[DI+100H]	将数据段中EA=DI+100H的存储单元的字节数据传送到BL中
MOV LIST [SI+2H]，AX	将AX的内容传送到数据段中EA=LIST+SI+2H的字存储单元中
MOV DI，SETS [EBX]	将数据段中EA=EBX+SETS的字存储单元的数据传送到DI中
MOV EAX，[EBX+100H]	将数据段中EA=EBX+100H的双字存储单元的数据传送到EAX中

表4.8中的LIST和SETS称为符号地址，分别代表了一个偏移地址值；DI+100H表示DI寄存器中的内容与100H的和，其余类似。

在实地址模式下，如果EA（也即偏移地址）是多个量的和，要把位15（即最高位）产生的进位丢掉，请参考例4.3。

6）基址变址寻址方式。指令所需的操作数在主存单元中，操作数的有效地址是3个地址分量之和，即基址寄存器内容、变址寄存器内容与指令中的偏移量（0位、8位、16位或32位）之和，称为基址变址寻址方式。

在8086~80286中，两个寄存器只能分别从基址寄存器（BX或BP）与变址寄存器（SI或DI）中各选其一。80386以上的微处理器则可选取任意两个32位通用寄存器的组合（但ESP不能作为变址寄存器）。表4.9给出了一些基址变址寻址方式的例子。

表 4.9　基址变址寻址方式的例子

指　　令	含　　义
MOV DX, [BX + DI]	将数据段中 EA = BX + DI 的字存储单元的数据传送到 DX 中
MOV 200H [BX] [SI], AX	AX 的内容传送到数据段中 EA = BX + SI + 200H 的字存储单元中
MOV BL, [BX + SI + 100H]	将数据段中 EA = BX + SI + 100H 的字节存储单元的数据传入 BL 中
MOV EAX,ARRAY[EBX][ESI]	数据段中 EA = ARRAY + EBX + ESI 的双字存储单元的数据送到 EAX

由于基址变址寻址方式中有两个地址分量可以在程序执行过程中进行修改，因此常用来访问存放在主存中的二维数组。

7）比例变址寻址方式。80386 以上的 CPU 为使处理元素大小为 2B、4B、8B 的数组更方便，引入比例变址寻址方式，能以 1、2、4 或 8 的比例因子（默认值为 1）对变址值进行换算，以便于对数组结构的寻址。

比例变址寻址方式是指指令操作数在内存单元中，操作数的有效地址是变址寄存器的内容乘以指令中指定的比例因子再加上偏移量之和。表 4.10 给出了一些比例变址寻址方式的例子。

表 4.10　比例变址寻址方式的例子

指　　令	备　　注
MOV EAX, [4 * EBX]	源操作数的 EA = 4 ×（EBX 的内容）
MOV EAX, COUNT [ESI * 4]	源操作数的 EA = 4 ×（ESI 的内容）+ 符号地址 COUNT
MOV AX, [1000H + 2 * EDI]	源操作数的 EA = 2 ×（EDI 的内容）+ 1000H

在处理一维数组时，可在变址寄存器中存放数组下标，比例因子取为数组元素字节数，则可由比例变址寻址方式直接把下标值转换为变址值。

8）基址比例变址寻址方式。指令的操作数在内存单元中，操作数的有效地址是变址寄存器的内容乘以比例因子后加上基址寄存器的内容，再加上偏移量（0 位、8 位、16 位或 32 位）。表 4.11是一些基址比例变址寻址方式的例子。

表 4.11　基址比例变址寻址方式的例子

指　　令	备　　注
MOV EAX, [EDI + 4 * EBX]	源操作数的 EA = EDI 的内容 + 4 ×（EBX 的内容）
MOV EAX, TABLE [EBP] [ESI * 4]	源操作数的 EA = 符号地址 TABLE + EBP 的内容 + 4 ×（ESI 的内容）
MOV AX, [100H + EBX + 2 * EDI]	源操作数的 EA = 100H + EBX 的内容 + 2 ×（EDI 的内容）

基址比例变址寻址方式可用于处理元素大小为 2B、4B、8B 的二维数组。

所有涉及内存操作数的寻址方式中，有效地址都可用下式来计算：

$$\text{EA} = \text{基地址} + \text{变址量} \times \text{比例因子} + \text{偏移量}$$

上式中，基地址和变址量要分别存放在寄存器中，4 个量中的每一个都可空缺。80386 以上的 CPU 才能使用比例因子，且一定要和变址量同时使用。8086/8088 处理器的内存操作数寻址，只有方式 3）~6），式中的比例因子固定为 1。一旦确定了有效地址，系统就可按 4.3.2 小节的机制将其转换为物理地址。

2. 程序存储器寻址

程序存储器寻址用来确定转移指令和子程序调用指令的转向地址，用于 JMP 和 CALL 指令。

4.4.4　80x86 CPU 指令的分类

80x86 的指令集包含了大量的指令，这些指令按操作数地址个数可划分为 3 种。

1）双地址指令：OPR　DEST，SRC。OPR 表示指令操作码，指令中给出两个操作数地址；SRC 表示源操作数地址，简称源地址；DEST 表示目的操作数地址，简称目的地址。

2）单地址指令：OPR　DEST。指令中只给出一个操作数地址 DEST。若指令只需一个操作数，则该地址既是源地址又是目的地址；若指令需两个操作数，则另一个操作数地址由指令隐含指定。

3）无地址指令：OPR。一种情况是指令未给出操作数地址，但隐含指定了操作数的存放处；另一种情况是指令本身不需要操作数。

80x86 指令按功能可分为 6 类：

1）传送类指令（Transfer Instructions）。

2）算术运算类指令（Arithmetic Instructions）。

3）逻辑类指令（Bit Manipulation Instructions）。

4）串操作类指令（String Instructions）。

5）程序转移类指令（Program Transfer Instructions）。

6）处理器控制类指令（Processor Control Instruction）。

本小节将分别介绍这几类中常用的指令。为便于书写和记忆，采用指令的汇编码（即汇编语言指令）而非指令的机器码来进行介绍。在指令的学习中要注意掌握指令的格式、功能和对状态标志位的影响。实际应用中，在一些对性能要求很高的场合，还要注意指令长度、执行时间等，尽可能使用长度短的、执行时间短的指令。

1. 传送类指令

传送类指令可分为 5 种：数据传送指令、地址传送指令、标志位传送指令、类型转换指令和 I/O 指令。这一类指令除了 SAHF、POPF 外，其余指令对标志位均无影响。

（1）数据传送指令

1）MOV 指令。

格式：MOV DEST，SRC

功能：DEST⇐(SRC)，即将源地址的内容（源操作数）传送到目的地址中。传送指令执行完后，源操作数保持不变。

例 4.5

```
MOV AL，44              ；为 AL 寄存器赋值 44
MOV DS，AX              ；两寄存器之间进行字数据传送
MOV [2000H]，ECX        ；内存与寄存器之间进行双字数据传送
```

注意：

① MOV 指令不破坏源操作数内容，这里的传送实质上是“复制”，即把源操作数复制到目的操作数。

② MOV 指令不允许从存储单元直接传送至存储单元。

③ 源操作数和目的操作数的长度应相等。

④ 立即数不能作为目的操作数。

⑤ 不能用立即数为段寄存器赋值。

⑥ 不能用 MOV 指令为 CS 赋值，因为 CS 和 IP 指示了下一条指令的地址。

⑦ 32 位指令只能为 80386 以上的 CPU 使用（这一点对全部指令适用，以后不再重复）。

例 4.6　判断下列指令的对错，错的指明原因。

MOV [DI], [SI] ；错，两个内存单元间直接进行数据传送

MOV CX, AH ；错，目的操作数为16位，源操作数为8位

MOV 20, DL ；错，目的操作数为立即数

MOV CS, BX ；错，用MOV指令为CS赋值

MOV DS, 1000H ；错，不能用立即数为段寄存器赋值

MOV BL, 7F2H ；错，源操作数（立即数）长度超过8位

MOV DS, AX ；对

例4.7 把DS:[SI]字单元传送到ES:[DI]字单元可用如下两条MOV指令实现：

MOV AX, DS: [SI]

MOV ES: [DI], AX

例4.8 将立即数1000H传送给DS可按下面的方式实现：

MOV AX, 1000H

MOV DS, AX

2）MOVSX带符号扩展传送指令（80386及后继机型可用）。

格式：MOVSX DEST, SRC

功能：DEST⇐符号扩展（SRC）。该指令的源操作数可以是8位或16位寄存器或存储单元的内容，而目的操作数必须是16位或32位寄存器，传送时将源操作数进行符号扩展后送入目的寄存器，8位数据可以将符号扩展到16位或32位，16位数据也可以将符号扩展到32位。

例4.9 如果（CL）=F0H，执行“MOVSX EAX, CL”后，（EAX）=0FFFFFFF0H。又如果内存单元DS:[100H]的内容为7ABCH，则执行“MOVSX EDX, DS:[100H]”后，（EDX）=00007ABCH。

注意：源操作数长度一定要小于目的操作数；目的操作数要在寄存器内；源操作数不能为立即数。

3）MOVZX带零扩展传送指令（80386及后继机型可用）。

格式：MOVZX DEST, SRC

功能：DEST⇐零扩展（SRC）。类似于MOVSX指令，只是MOVZX的源操作数是无符号整数，做零扩展，即不管源操作数的符号位是否为1，高位均扩展为0。

例4.10 如果（CL）=F0H，执行“MOVZX EAX, CL”后，（EAX）=000000F0H。又如果内存单元DS: [100H]的内容为7ABCH，则执行“MOVZX EDX, DS: [100H]”后，（EDX）=00007ABCH。

4）PUSH类指令。

堆栈是以“后进先出”（LIFO）方式工作的一个存储区，栈底地址维持不变，栈顶地址小于栈底地址。堆栈必须存储在堆栈段中，SS存储其段首地址。堆栈操作只能在栈顶进行，因此使用堆栈指针SP或ESP来指示栈顶单元的地址，当堆栈偏移地址长度为16位时用SP，当堆栈偏移地址长度为32位时用ESP。

格式：PUSH SRC/PUSHA/PUSHAD/PUSHF/PUSHFD

功能：PUSH类指令自动修改堆栈指针SP，并将源操作数内容压进堆栈。PUSH类指令具体格式及功能见表4.12。

表 4.12　PUSH 类指令具体格式及功能

格　　式	功　　能
PUSH　reg16	SP 或 ESP⇐(SP 或 ESP) -2，栈顶字单元⇐16 位寄存器内容
PUSH　reg32	ESP⇐ESP -4，栈顶双字单元⇐32 位寄存器内容
PUSH　mem16	SP 或 ESP⇐(SP 或 ESP) -2，栈顶字单元⇐字存储单元内容
PUSH　mem32	ESP⇐ESP -4，栈顶双字单元⇐双字存储单元内容
PUSH　seg	SP 或 ESP⇐(SP 或 ESP) -2，栈顶字单元⇐段寄存器内容（FS、GS 有例外）
PUSH　imm8	SP⇐(SP) -2 或 ESP⇐ESP -4，栈顶单元⇐8 位立即数符号扩展后
PUSH　imm16	SP⇐(SP) -2 或 ESP⇐ESP -4，栈顶单元⇐16 位立即数或者符号扩展后
PUSH　imm32	ESP⇐ESP -4，栈顶双字单元⇐32 位立即数
PUSHA	AX、CX、DX、BX、SP（该指令执行前值）、BP、SI、DI 按次序进栈，SP⇐(SP) -16
PUSHAD	EAX、ECX、EDX、EBX、ESP（该指令执行前值）、EBP、ESI、EDI 依次进栈，ESP⇐(ESP) -32
PUSHF	SP⇐(SP) -2，栈顶字单元⇐FLAGS 标志寄存器内容
PUSHFD	ESP⇐(ESP) -4，栈顶双字单元⇐EFLAGS 标志寄存器 VM、RF 位清 0 后的内容

注意：

① 8086 ~ 80286 总是将 16 位数据压栈，80386 以上的 CPU 可将 16 位或 32 位数据压栈。

② 堆栈指针为 SP 时，每把一个数据压栈，SP 减小 2；ESP 作为堆栈指针时，压一个 16 位数据进栈，ESP 减小 2，如果压一个 32 位数据进栈，则 ESP 减小 4。

③ 堆栈指针为 SP，压入 16 位数据时，操作顺序：SP -1，数据的高位字节⇒SP -1 指向的字节单元；SP -2，数据的低位字节⇒SP -2 指向的字节单元。执行指令后，SP = 该指令执行前的 SP -2。ESP 的情况以此类推。

④ 任何段寄存器的内容都可以压入堆栈。但压入 FS 或 GS 时，如果堆栈地址长度为 32 位，要先把 FS 或 GS 零扩展为 32 位才压栈。

⑤ 8086 不能把立即数压进堆栈。

⑥ 保护模式下，如果 PUSH 指令中的立即数不足 32 位，先符号扩展为 32 位才压栈；实地址模式下，立即数默认为 16 位，如果 PUSH 指令中的立即数不足 16 位，先符号扩展为 16 位才压栈。

⑦ PUSH SP 或 PUSH ESP 指令的执行结果：8086/8088 是将 SP -2 压入堆栈，而 80286 以上的 CPU 则是将指令执行前的 ESP 或 SP 内容压入堆栈。

⑧ PUSH 指令使用以 ESP 作为基址寄存器的数据寻址方式时，用指令执行前的 ESP 值计算有效地址。

5）POP 类指令。

格式：POP DEST/POPA/POPAD/POPF/POPFD

功能：POP 类指令从堆栈弹出数据，实现与 PUSH 类指令相反的操作。首先将 SP 或 ESP 来指向的栈顶单元的内容弹出到目的寄存器或存储单元中，然后修改 SP 或 ESP 来指向新的栈顶。POP 类指令具体的格式及功能见表 4.13。

表 4.13　POP 类指令具体的格式及功能

格　　式	功　　能
POP reg16	16 位寄存器⇐栈顶字单元内容，SP 或 ESP⇐(SP 或 ESP) +2
POP reg32	32 位寄存器⇐栈顶双字单元内容，ESP⇐ESP +4
POP mem16	字存储单元⇐栈顶字单元内容，SP 或 ESP⇐(SP 或 ESP) +2

（续）

格　　式	功　　能
POP mem32	双字存储单元⇐栈顶双字单元内容，ESP⇐ESP+4
POP seg	段寄存器⇐栈顶字单元内容，SP 或 ESP⇐(SP 或 ESP)-2（FS、GS 有例外）
POPA	DI、SI、BP、BX、DX、CX、AX 依次序出栈（忽略栈中 SP），SP⇐(SP)+16
POPAD	EDI、ESI、EBP、EBX、EDX、ECX、EAX 依次序出栈（忽略栈中 ESP），ESP⇐(ESP)+32
POPF	FLAGS 寄存器⇐栈顶字单元内容，SP⇐(SP)+2
POPFD	EFLAGS 寄存器⇐栈顶双字单元内容，SP⇐(SP)+4

注意：

① POP 指令的操作顺序与 PUSH 指令相反，数据出栈后才修改 ESP、SP。

② 当堆栈偏移地址长度为 16 位时用 SP，当堆栈偏移地址长度为 32 位时用 ESP。

③ 立即数不能作为 POP 指令的操作数。

④ 代码段寄存器 CS 不能作为 POP 指令的操作数。

⑤ ESP 作为堆栈指针，FS 或 GS 作为 POP 指令的操作数时，弹出栈顶字单元内容，使其进入段寄存器，但 ESP 加 4。

⑥ POP ESP 指令执行后，ESP 存放的是原来的栈顶内容，因为操作时先修改了 ESP 再把旧的栈顶内容存进 ESP。

⑦ POP 指令使用以 ESP 作为基址寄存器的存储器寻址时，用指令执行后的 ESP 值计算有效地址。

⑧ POPA/POPAD 执行时，SP/ESP 的出栈只是修改了指针使其后的 BX/EBX 能顺利出栈，栈中存放的原 SP/ESP 内容丢弃而不装入 SP/ESP 中。

⑨ POPF/POPFD 执行后影响标志位，但 POPFD 不影响 VM、RF、IOPL、VIF 和 VIP 的值。

例 4.11　(AX)=EE11H，(SP)=100H，执行下列 3 条指令：

```
PUSH AX
MOV BX, 0088H
PUSH BX
POP AX
```

执行后，(AX)=EE11H，(SP)=FEH。

6）XCHG 交换指令。

格式：XCHG DEST，SRC

功能：(DEST)⇔(SRC)。将源地址的内容与目的地址的内容相互交换。

注意：数据交换只能在通用寄存器之间或通用寄存器与存储单元之间进行，不允许使用段寄存器；指令允许字或字节操作，80386 及其后继机型还允许双字操作。

例 4.12　判断下列指令的对错，错的指明原因。

```
XCHG  EAX, EDX       ; 对
XCHG  35, DL         ; 错，操作数使用了立即数
XCHG  AX, DS         ; 错，操作数使用了段寄存器
XCHG  AX, BX         ; 对。目标操作数为 AX，源操作数亦为寄存器时，指令字长
                     为 1B
XCHG  AL, [SI]       ; 对
XCHG  [BX], [DI]     ; 错，两个操作数都是存储单元
XCHG  EAX, CX        ; 错，两个操作数宽度不同
```

7）XLAT　换码指令。

格式：XLAT 或者 XLAT SRC

功能：将 AL 与 BX 寄存器内容之和作为偏移地址所指向的内存单元内容送入 AL 寄存器。

该指令常用于通过查表方式进行代码转换工作，如 ASCII 码和 BCD 码的互换、BCD 码到 7 段 LED 码（用于数码管显示数字）的转换等。使用该指令时，要先将数据表的首地址送入 BX，待转换的代码（通常设计为相对于表首地址的偏移量）送入 AL；指令执行后，AL 的内容即为转换后的代码。XLAT 称为换码指令，就是指把 AL 中的原值替换为数表中的相应值，这是唯一执行 8 位数与 16 位数相加的指令。指令中的 SRC 为数据表的首地址，可省略，因为 XLAT 指令并不能将 SRC 自动装入 BX，设置的目的只是提高程序的可读性。

（2）地址传送指令

1）LEA 有效地址送寄存器指令。

格式：LEA DEST，SRC

功能：DEST⇐SRC 的 EA，即将源操作数的有效地址传送到目的地址（16 位或 32 位通用寄存器）中。

注意：

① LEA 指令的源操作数必须是存储器操作数，而目的地址只能是 16 位或 32 位通用寄存器名，不能使用段寄存器。

② 当目的寄存器为 16 位，源操作数地址为 32 位时，把有效地址的低 16 位送目的寄存器；当目的寄存器为 32 位，源操作数地址为 16 位时，把有效地址零扩展后送目的寄存器。

例 4.13　(SI) = A234H，(BX) = 1000H，(DI) = FF00H，则执行 LEA SI，[BX + DI] 后，(SI) = 0F00H（BX 与 DI 两寄存器的内容之和为 10F00H，只取其最低 16 位）。

2）LDS、LES、LFS、LGS、LSS 指令。

这几个指令的功能类似，就是从作为地址指针的 4B 或 6B 存储单元中，同时取出段基址（或段选择子）与偏移地址，分别送到段寄存器和指定通用寄存器中。指令的具体格式及功能见表 4.14。

表 4.14　LDS、LES、LFS、LGS、LSS 指令的具体格式及功能

格　式	功　能
LDS DEST，SRC	DEST⇐(SRC)，DS⇐(SRC +2)（偏移地址 16 位）或 DS⇐(SRC +4)（地址 32 位）
LES DEST，SRC	DEST⇐(SRC)，ES⇐(SRC +2)（偏移地址 16 位）或 ES⇐(SRC +4)（地址 32 位）
LFS DEST，SRC	DEST⇐(SRC)，FS⇐(SRC +2)（偏移地址 16 位）或 FS⇐(SRC +4)（地址 32 位）
LGS DEST，SRC	DEST⇐(SRC)，GS⇐(SRC +2)（偏移地址 16 位）或 GS⇐(SRC +4)（地址 32 位）
LSS DEST，SRC	DEST⇐(SRC)，SS⇐(SRC +2)（偏移地址 16 位）或 SS⇐(SRC +4)（地址 32 位）

注意：

① 源操作数必须是存储器操作数，而目的地址只能是 16 位或 32 位的通用寄存器的名字。

② LFS、LGS 和 LSS 只能用于 80386 以上的 CPU。

③ LSS 常用于保存旧的堆栈区地址，然后建立新的堆栈区地址（参考例 4.15）。

例 4.14　指令“LDS DI，LIST”的执行结果是将存储在 LIST（符号地址）单元的两个字节送 DI 寄存器，将存储在 LIST +2 单元的两个字节作为段基址送 DS 寄存器。

例 4.15　指令“LSS ESP，MEM”的执行结果是把 MEM 单元中存放的 4B 作为偏移地址送入 ESP，将 MEM +4 单元的两个字节作为段选择子送入 SS 寄存器中；其效果是建立了新的堆栈区。

（3）标志位传送指令

这种指令用于对标志寄存器进行存取操作，都是无操作数指令。

1）LAHF 标志送 AH 指令。

格式：LAHF

功能：AH⇐FLAGS 的低字节，即将标志寄存器的低 8 位内容传送到 AH 寄存器中，也就是把标志位 SF、ZF、AF、PF、CF 送至 AH 中的第 7、6、4、2、0 位。

2）SAHF AH 送标志寄存器指令。

格式：SAHF

功能：FLAGS 的低字节⇐(AH)，即将 AH 寄存器的内容传送给标志寄存器的低 8 位。

影响标志位[⊖]：SF、ZF、AF、PF、CF。

SAHF 指令用于设置或恢复 SF、ZF、AF、PF、CF 这 5 个标志位。它只影响标志寄存器的低 8 位，对高 8 位标志无影响。

（4）类型转换指令

1）CBW 字节转换为字指令。

格式：CBW

功能：将 AL 符号扩展到 AH，形成 AX 中的字。即如果（AL）的最高有效位为 0，则（AH）=0；如果（AL）的最高有效位为 1，则（AH）=0FFH。

2）CWD/CWDE 字转换为双字指令。

格式：CWD

功能：扩展 AX 的符号到 DX，形成 DX：AX 中的双字。即如果（AX）的最高有效位为 0，则（DX）=0；如果（AX）的最高有效位为 1，则（DX）=0FFFFH。

格式：CWDE

功能：扩展 AX 的符号到 EAX，形成 EAX 中的双字。

3）CDQ 双字转换为 4 字指令。

格式：CDQ

功能：扩展 EAX 的符号到 EDX，形成 EDX：EAX 中的 4 字。

4）BSWAP 字节交换指令。

格式：BSWAP r32

功能：使指令指定的 32 位寄存器（r32 指 32 位寄存器）的字节次序变反。具体操作：1、4 字节互换；2、3 字节互换。该指令只能用于 80486 及其后继机型。

（5）I/O 指令

Intel 80x86 所用到的 I/O 专用指令只有两个：IN 和 OUT。这两种指令的目标寄存器（IN 指令）和源寄存器（OUT 指令）必须是 AL（8 位端口）、AX（16 位端口）或 EAX（32 位端口）。端口地址在 8 位以下（即端口地址不超过 0FFH）的，可以使用直接寻址方式寻址外设；若端口地址是 16 位的，要用 DX 进行间接寻址。

1）IN 指令。

格式：IN DEST，PORT/IN DEST，DX

功能：从端口地址 PORT（8 位地址）或 DX 指定的外设中输入数据到累加器 AL、AX、EAX 中。

⊖ 即根据指令的执行结果设置标志寄存器的有关标志位，下文同。

2）OUT 指令。

格式：OUT PORT，SRC/OUT DX，SRC

功能：把累加器 AL、AX、EAX 中的数据向端口地址 PORT 或 DX 指定的外设输出。

例 4.16

```
OUT 61H，AL        ；将 AL 中的内容输出到 61H 端口（61H 端口为 DOS 下的扬声器端口）
IN AX，DX          ；从 DX 指向的 16 位端口读入字数据
IN AL，DX          ；从 DX 指向的 8 位端口读入字节数据
IN EAX，DX         ；从 DX 指向的 32 位端口读入双字数据
OUT DX，EAX        ；把双字数据输出到 DX 指向的 32 位端口
```

有关 I/O 指令的进一步讨论请参考第 7 章。

2. 算术运算类指令

算术运算类指令包括加、减、乘、除 4 种指令，这类指令可以对字节、字或双字数据进行运算。算术运算分为二进制算术运算和十进制算术运算。二进制算术运算又分为无符号数运算和带符号数补码运算。参加十进制算术运算的操作数用非压缩（Unpacked）BCD 码或压缩（Packed）BCD 码表示。算术运算类指令中既有双操作数指令，也有单操作数指令。双操作数指令的两个操作数不能同时为存储器操作数，且只有源操作数可为立即数。单操作数指令不允许使用立即数寻址方式。算术运算指令根据操作结果的某些特征设置标志寄存器的 6 个标志位（CF、AF、SF、ZF、PF 和 OF）。

（1）加法指令

1）ADD 加法指令。

格式：ADD DEST，SRC

功能：DEST⇐(SRC)+(DEST)，即源操作数与目的操作数相加，其和送入目的地址中。该指令执行后，源操作数保持不变。

影响的标志位：OF、SF、ZF、AF、PF 和 CF。

例 4.17　写出计算 NUM 和 NUM+1 两字节单元内数据之和的程序段。

```
MOV AL，0                    ；AL 清 0
ADD AL，[NUM]                ；相加，和存放在 AL
ADD AL，[NUM+1]
```

2）ADC 带进位加法指令。

格式：ADC DEST，SRC

功能：DEST⇐(SRC)+(DEST)+CF，即在完成两个操作数相加的同时，将标志位 CF 的值（处于位 0 即最低位）加上，求出的和送入目的地址中。

影响的标志位：OF、SF、ZF、AF、PF 和 CF。

例 4.18　在 8086/80286 中实现两个双精度数的加法。两个 32 位无符号数分别存放在 DX－AX（表示高 16 位放 DX，低 16 位放 AX）和 CX－BX 中，计算两数之和，结果存放在 DX－AX 中，可用以下指令来实现：

```
ADD AX，BX     ；低 16 位相加，如果最高位（位 15）产生进位，CF=1
ADC DX，CX     ；高 16 位相加，并加上低 16 位和的进位
```

8086/80286 为 16 位机，硬件不支持 32 位数的相加，但可利用 ADC 指令通过软件来实现，这种方法也可用于 80386 以上机型。

3）INC 加 1 指令。

格式：INC DEST

功能：DEST⇐(DEST) +1，即目的操作数加1后送回目的地址中。

影响的标志位：OF、SF、ZF、AF和PF。

注意：

① INC指令执行结果不影响CF。

② INC指令只有一个操作数，可以是字节、字或双字，且是无符号数。

③ INC指令不能用段寄存器作为操作数。

INC指令主要用于计数器的计数或修改地址指针。

4）XADD交换并相加指令。

格式：XADD　DEST，SRC

功能：TEMP⇐(SRC) +(DEST)，SRC⇐(DEST)，DEST⇐(TEMP)，即将目的操作数送入源地址，并把源和目的操作数之和送目的地址。

影响的标志位：OF、SF、ZF、AF、PF和CF。

注意：

① 该指令的源操作数只能用寄存器寻址方式，目的操作数则可用寄存器或任一种存储器寻址方式。

② 该指令只能用于80486及其后继机型。

例4.19　(BL) =12H，(DL) =02H，执行XADD BL，DL后，(BL) =14H，(DL) =12H。

(2) 减法指令

1）SUB减法指令。

格式：SUB　DEST，SRC

功能：DEST⇐(DEST) -(SRC)，即从目的操作数中减去源操作数，差值送入目的地址中。

影响的标志位：OF、SF、ZF、AF、PF和CF。

例4.20　(AL) =36H，执行SUB AL，48H后，(AL) =EEH，标志位变化如下：

ZF =0　　(结果不等于0)

CF =1　　(最高位有借位)

AF =1　　(低4位向高4位有借位)

SF =1　　(结果为负)

OF =0　　(结果在符号字节数 -128 ~ +127范围内，没有溢出)

PF =1　　(结果所处字节中有偶数个1)

2）SBB带借位减法指令。

格式：SBB DEST，SRC

功能：DEST⇐(DEST) -(SRC) -CF，即在完成两个操作数相减的同时，还要减去借位CF，相减结果送入目的地址中。

影响的标志位：OF、SF、ZF、AF、PF和CF。

与ADC类似，SBB指令多用于软件实现多精度的减法。

3）DEC减1指令。

格式：DEC　DEST

功能：DEST⇐(DEST) -1，即目的操作数减1后送回目的地址中。

影响的标志位：OF、SF、ZF、AF和PF。

注意：

① DEC 指令执行结果不影响 CF。

② DEC 指令只有一个操作数，可以是字节、字或双字，且是无符号数。

③ DEC 指令不能用段寄存器作为操作数。

DEC 指令主要用于计数器的计数或修改地址指针，修改方向恰好与 INC 相反。

4）NEG 求补指令。

格式：NEG　DEST

功能：DEST⇐0－(DEST)，即把操作数（视为补码表示的符号数）的相反数（补码表示）送回目的地址中。

影响的标志位：OF、SF、ZF、AF、PF 和 CF。

注意：

① NEG 指令属单操作数指令，操作数可以是字节、字或双字，且被当作补码表示的带符号数。

② 如果操作数为零，则标志位 CF 置 0，否则 CF 置 1。

5）CMP 比较指令。

格式：CMP DEST，SRC

功能：按（DEST）－（SRC）相减的结果设置标志位 OF、SF、ZF、AF、PF 和 CF，但不存储两数相减的差，目标操作数维持不变。

影响的标志位：OF、SF、ZF、AF、PF 和 CF。

注意：CMP 指令与 SUB 指令的不同之处是，运算结果不送回目的地址中。因此 CMP 指令执行后，两个操作数都不变，只影响状态标志位。

CMP 指令后往往跟条件转移指令，它把 CMP 指令执行后的标志位作为分支转移的判定条件。常用到的标志位是 ZF、CF 或 SF。

（3）乘法指令

1）MUL 无符号数乘法指令。

格式：MUL SRC

功能：字节操作数　　AX⇐(AL) * (SRC)
　　　字操作数　　　DX：AX⇐(AX) * (SRC)
　　　双字操作数　　EDX：EAX⇐(EAX) * (SRC)

以 8086/8088 的字操作乘法为例说明：16 位被乘数 AX 与 16 位乘数 SRC 相乘，乘积高 16 位放 DX，低 16 位放 AX。

影响的标志位：CF 和 OF。

具体规则：MUL 指令执行后，如果乘积的高一半为 0，即 AH（字节乘）、DX（字乘法）或 EDX（双字乘）全为 0，则 CF＝0，OF＝0；否则 CF＝1，OF＝1（表示 AH、DX 或 EDX 中有乘积的有效数字）。

注意：

① 被乘数置于隐含的操作数——累加器（AL、AX、EAX）中，乘数 SRC 可存放在寄存器或存储器中，但不能为立即数。

② 双字乘法用于 80386 以上机型。

2）IMUL 带符号数乘法指令。

格式：IMUL　SRC

功能：与 MUL 相同，但 IMUL 指令的操作数和乘积必须是带符号数且用补码表示。

影响的标志位：CF 和 OF。

IMUL 指令执行后，如果乘积的高一半是低一半的符号扩展，则 CF 和 OF 均为 0，否则均为 1。

注意：双字乘法用于 80386 以上机型；IMUL 指令有三操作数形式，但应用不广，此处不做介绍，请参考有关文献。

（4）除法指令

1）DIV 无符号数除法指令。

格式：DIV SRC

功能：将隐含存放在 AX（字节除）、DX：AX（字除法）或 EDX：EAX（双字除）中的被除数除以除数（SRC），除后的商和余数送入隐含指定的寄存器中，具体规则如下。

字节操作：AL⇐(AX)/(SRC) 的商
　　　　　AH⇐(AX)/(SRC) 的余数
字操作：　AX⇐(DX：AX)/(SRC) 的商
　　　　　DX⇐(DX：AX)/(SRC) 的余数
双字操作：EAX⇐(EDX：EAX)/(SRC) 的商
　　　　　EDX⇐(EDX：EAX)/(SRC) 的余数

OF、SF、ZF、AF、PF 和 CF 的值不确定。

注意：

① 字节除法中，如果被除数不足 16 位，要先进行零扩展到 16 位，再执行 DIV 指令。其余情况以此类推（参考例 4.21）。

② 如果商超出其目标寄存器的容量或除数为 0，将产生 0 型中断（除法出错中断）。

③ 除数 SRC 可存放在寄存器或存储器中，但不能为立即数。

④ 32 位除法只适用于 80386 以上 CPU。

例 4.21 将 AX 中的无符号数 8AH 除以 CX 中无符号数 33。

```
MOV DX，0        ；被除数 DX：AX 高 16 位为 0
DIV CX           ；DX：AX 内容除以 CX 内容，商放 AX 中，余数放 DX 中
```

2）IDIV 带符号数除法指令。

格式：IDIV SRC

功能：与 DIV 相同，但操作数、商和余数必须是带符号数且用补码表示，余数的符号与被除数的符号相同。

OF、SF、ZF、AF、PF 和 CF 的值不确定。

注意：

① 字节除法中，如果被除数不足 16 位，要先进行符号扩展到 16 位，再执行 IDIV 指令。其余情况以此类推（参考例 4.22）。

② 如果商超出其目标寄存器的容量或除数为 0，将产生 0 型中断（除法出错中断）。

③ 32 位除法只适用于 80386 以上 CPU。

例 4.22 将 AX 中的符号数 8AH 除以 CX 中的符号数 33。

```
CWD          ；将 AX 符号扩展为 DX：AX
IDIV CX      ；DX：AX 内容除以 CX 内容，商放 AX 中，余数放 DX 中
```

（5）BCD、ASCII 码校正指令

80x86 CPU 对用 BCD 或 ASCII 码表示的十进制数进行运算所采用的方法是，先用二进制数的

加、减、乘、除指令对 BCD、ASCII 码进行运算，但运算结果不一定是合法的 BCD、ASCII 码，所以要用校正指令对运算结果进行校正，将其转换为正确的 BCD、ASCII 编码。

1）AAA 非压缩 BCD 码加法校正指令。

格式：AAA

功能：用于执行 ADD、ADC 指令后，对存放在 AL 中的两个非压缩 BCD 码的和进行校正，把结果存回 AL。校正后如果产生向高位的进位，则 AH 增加 1，CF = 1，AF = 1，否则 AH 不变，CF = 0，AF = 0。

影响的标志位：CF 和 AF。

注意：

① 只有紧跟在以 AL 作为目的寄存器的 ADD、ADC 指令（求两个非压缩 BCD 码的和）后，AAA 指令才起作用。

② 校正处理只和 ADD、ADC 指令执行后的 AF 标志和 AL 的低 4 位有关（AL 的高 4 位清 0）。

③ AAA 指令可用于 ASCII 码加法的校正（参考例 4.24）。

例 4.23 DL 存放了一位非压缩 BCD 码 6，把它加上 8，结果要求为非压缩 BCD 码，并存入 DX 中。

```
MOV AX, 8          ; AAA 要求跟在以 AL 作为目的寄存器的 ADD 指令后，所以把其中一
                   个加数 8 存入 AL，同时 AH 清 0
ADD AL, DL         ; 相加结果为 00001110，不是和 14 的非压缩 BCD 码
AAA                ; 校正。结果:(AL) = 04H，(AH) = 01H 为正确的非压缩 BCD 码
MOV DX, AX
```

例 4.24 求两个一位 ASCII 码数字“8”和“5”的和，结果仍用 ASCII 码表示。

0 ~ 9 的 ASCII 码比相应的非压缩 BCD 码大 30H，即两种码低 4 位相同，非压缩 BCD 码高 4 位为 00H，而 ASCII 码高 4 位为 03H。可利用这点进行 ASCII 码的加法：

```
MOV AX, 38H        ; 38H 为 8 的 ASCII 码，存入 AL，同时 AH 清 0
ADD AL, 35H        ; 35H 为 5 的 ASCII 码
AAA                ; 由于 AL 的高 4 位不参与校正，实质相当于校正非压缩 BCD 码的和
ADD AX, 3030H      ; 把校正后的两位 BCD 码（个位存入 AL，十位存入 AH）转换为
                   ASCII 码
```

讨论 ASCII 码加法的意义在于：使用 I/O 指令在不少外设与主机间传输数据时，数据采用 ASCII 码形式。

2）DAA 压缩 BCD 码加法校正指令。

格式：DAA

功能：用于执行 ADD、ADC 指令后，对存放在 AL 中的两个压缩 BCD 码的和进行校正，把结果存回 AL。校正后如果 AL 的低 4 位向高 4 位有进位，AF = 1，否则 AF = 0；校正后如果 AL 向高位进位，CF = 1，否则 CF = 0。

影响的标志位：CF、AF、SF、ZF、OF 和 PF。

注意：只有紧跟在以 AL 作为目标寄存器的 ADD、ADC 指令（求两个压缩 BCD 码的和）后，DAA 指令才起作用。

例 4.25 求两个 4 位压缩 BCD 码 1234 和 3099 的和，结果仍用压缩 BCD 码表示并存入 CX。

```
MOV AL, 34H        ; 1234 低字节的压缩 BCD 码装入 AL
ADD AL, 99H        ; 两数低字节的压缩 BCD 码相加
```

```
DAA               ；低字节和校正，若校正后压缩 BCD 码有向高位进位，则 CF=1，否
                    则 CF=0
MOV CL，AL
MOV AL，12H       ；1234 高字节的压缩 BCD 码装入 AL
ADC AL，30H       ；两数的高字节与低字节来的进位相加
DAA               ；高字节和的校正
MOV CH，AL
```

3）AAS 非压缩 BCD 减法校正指令。

格式：AAS

功能：用于执行 SUB、SBB 指令后，对存放在 AL 中的两个非压缩 BCD 码的差进行校正，把结果存回 AL。校正后如果产生向高位的借位，则 AH 减小 1，CF=1，AF=1，否则 AH 不变，CF=0，AF=0。

影响的标志位：CF 和 AF。

注意：

① 只有紧跟在以 AL 作为目的寄存器的 SUB、SBB 指令（求两个非压缩 BCD 码的差）后，AAS 指令才起作用。

② 校正处理只和 SUB、SBB 指令执行后的 AF 标志和 AL 的低 4 位有关（AL 的高 4 位清 0）。

③ AAS 指令可用于 ASCII 码减法的校正。

例 4.26 用非压缩 BCD 码减法计算 15-6。

```
MOV AX，105H       ；15 的非压缩 BCD 码 0105H 存入 AX
SUB AL，06H        ；5-6=-1（0FFH）
AAS                ；0FFH 在 AL 中校正为 09H，校正后 AL 产生借位；AH 减 1。结果
                     AX=09H
```

4）DAS 压缩 BCD 码减法校正指令。

格式：DAS

功能：用于执行 SUB、SBB 指令后，对存放在 AL 中的两个压缩 BCD 码的差进行校正，把结果存回 AL。校正后如果 AL 的低 4 位向高 4 位借位，AF=1，否则 AF=0；校正后如果 AL 向高位借位，CF=1，否则 CF=0。

影响的标志位：CF、AF、SF、ZF 和 PF。

注意：只有紧跟在以 AL 作为目的寄存器的 SUB、SBB 指令（求两个压缩 BCD 码的差）后，DAS 指令才起作用。

3. 逻辑类指令

这类指令包括逻辑运算指令、位测试指令、位扫描指令和移位指令。

（1）逻辑运算指令

逻辑运算指令对操作数按位进行运算，操作数可以是字节、字或双字。

注意：除 NOT 指令不影响标志位外，其他逻辑指令都使 CF 和 OF 清 0，AF 不定，并根据一般规则设置 SF、ZF 和 PF。

1）AND 逻辑与指令。

格式：AND DEST，SRC

功能：将源操作数和目的操作数按位进行逻辑与运算，并将结果送入目的操作数。

AND 指令的用途之一是屏蔽，即将一个二进制数的某些位清零。

例4.27　将一位数字的ASCII码转换为非压缩BCD码。

```
MOV AL，32H          ；2的ASCII码为32H
AND AL，0FH          ；0FH=00001111B，屏蔽AL的高4位。结果（AL）=02H
```

2）NOT逻辑非指令。

格式：NOT DEST

功能：将给定的操作数按位求反。

注意：①操作数不能为立即数。

②该指令不影响标志位。

3）OR逻辑或指令。

格式：OR DEST，SRC

功能：将源与目标操作数按位逻辑或运算，结果送目标操作数。

利用OR指令可将一个二进制数的某些位置1。

例4.28　将一位数字6的非压缩BCD码转换为ASCII码。

```
MOV AL，06H
OR AL，30H     ；结果（AL）=36H
```

4）XOR逻辑异或指令。

格式：XOR DEST，SRC

功能：将源与目标操作数按位逻辑异或运算，结果送目标操作数。

利用XOR指令可测试两操作数是否相等、给寄存器清0和给一个二进制数的某些位取反。

例4.29　判断EAX的内容是否为12345678H，可利用XOR EAX，12345678H。如果两者相等，ZF=1，否则ZF=0。

例4.30　可用XOR CX，CX将CX清0。这条指令为两个字节长，而指令MOV CX，00H长为3B，两者执行时间基本相同，所以一般采用XOR指令来清0。

例4.31　把DX的最高2位与最低3位取反，可用指令XOR DX，0C007H实现。

5）TEST测试指令。

格式：TEST　DEST，SRC

功能：将两个操作数按位进行逻辑与运算，不存结果，只根据特征设置标志位SF、ZF和PF。

TEST指令通常用于条件转移指令JZ、JNZ前，以产生转移的条件；TEST指令还可判断二进制数的某些位是否为1。

例4.32　测试AL的位2是否为1，若为1，则转移到EXIT执行。

```
TEST AL，04H        ；AL位2为1则ZF=0，否则ZF=1
JNZ EXIT            ；ZF=0就跳转到EXIT处的指令执行，否则顺序执行
```

（2）位测试指令

位测试指令有4条，格式与功能见表4.15。

表4.15　位测试指令格式与功能

格　式	功　能
BT OPR1，OPR2	测试OPR1中由OPR2指定的位，将测试位传送至CF
BTC OPR1，OPR2	测试OPR1中由OPR2指定的位，测试位传送至CF并对测试位求反
BTR OPR1，OPR2	测试OPR1中由OPR2指定的位，测试位传送至CF并对测试位清0
BTS OPR1，OPR2	测试OPR1中由OPR2指定的位，测试位传送至CF并对测试位置1

注意：

① 这组指令用于80386以上CPU。

② 指令只影响CF标志位。

③ OPR1可以是字、双字的寄存器或存储器操作数，OPR2可以是8位的立即数或与OPR1长度相等的寄存器操作数；由于OPR1长度最大为32位，因此OPR2的取值范围为0～31。

例4.33　(CX)=1248H，运行下列程序段：

```
BTC CX, 12        ; 位12取反
BTR CX, 6         ; 清位6
BTS CX, 7         ; 置位7
BT CX, 12         ; 位12送CF
```

结果：(CX)=0288H，CF=0。

(3) 位扫描指令

位扫描指令有两条，格式与功能见表4.16。

表4.16　位扫描指令格式与功能

格　式	功　能	影响标志位
BSF OPR1，OPR2	从右至左扫描OPR2第一个含1的位，位号送OPR1	ZF（ZF=1，若OPR2=0）
BSR OPR1，OPR2	从左至右扫描OPR2第一个含1的位，位号送OPR1	ZF（ZF=1，若OPR2=0）

注意：

① 这组指令用于80386以上CPU。

② OPR1只能是16位或32位寄存器，OPR2可以是16位、32位的寄存器或存储器操作数；OPR1与OPR2长度必须相等。

③ 源操作数为零时，目标操作数不确定。

例4.34　设AX中存有16位图形信息，要求对其处理后只保留可能有的最左和最右各一位1。

```
XOR DX, DX           ; DX清0
BSF CX, AX           ; 扫描AX，取最右一位1的位置送CX，如果AX全0，ZF=1
JZ DONE              ; ZF=1就跳转至DONE处指令
BTS DX, CX           ; 对DX相应位置设1
BSR CX, AX           ; 扫描AX，取最左一位1的位置送CX
BTS DX, CX           ; 对DX相应位置设1
DONE: MOV AX, DX     ; 结果放入AX
```

(4) 移位指令

移位指令有10条。

1) SHL、SAL、SHR、SAR单精度移位指令。

SHL、SHR是逻辑移位指令，SAL、SAR是算术移位指令。这4条指令的格式和功能见表4.17，操作示意图如图4.18所示，影响CF、OF、SF、ZF和PF标志位。

表4.17　单精度移位指令的格式和功能

格　式	功　能
SHL OPR，CNT	把OPR左移CNT位，每次移位把最高位移入CF，空出的最低位补0
SAL OPR，CNT	同上
SHR OPR，CNT	把OPR右移CNT位，每次移位把最低位移入CF，空出的最高位补0
SAR OPR，CNT	把OPR右移CNT位，每次移位把最低位移入CF，空出的最高位保持原值

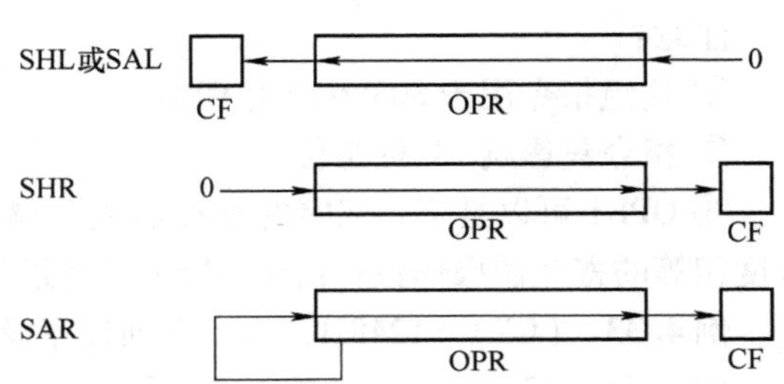

图4.18　单精度移位指令的操作示意图

注意：

① OPR只能为8、16、32位通用寄存器或存储器操作数，不能为立即数；80386以上CPU才能用32位操作数。

② 对于8086/80286，移动一位，CNT可为立即数1；若移动多位，用CL作为CNT，移位次数置于CL中。而80386以上CPU除可用CL来移位多位外，还可使用8位立即数。

③ OF仅当CNT为1时有效，若移位后最高位发生变化，OF=1，否则OF=0；当移动次数为0时，不影响标志位。

SHL、SAL左移指令相当于把无符号/符号操作数乘以2，而SHR、SAR右移指令相当于把无符号/符号操作数除以2。

例4.35　AX中存放一个符号数，若要完成（AX）×3÷2运算，可用以下程序段实现：

```
MOV DX, AX
SAL AX, 1          ; 乘2⇒AX
ADD AX, DX         ; 乘3⇒AX
SAR AX, 1          ; 完成（AX）×3÷2
```

例4.36　设DL中有一个压缩BCD码，将其转换为两位ASCII码，结果存入AX。

```
MOV AH, DL
SHR AH, 4          ; 高位压缩BCD码移入AH低4位
OR AH, 30H         ; 转换成ASCII码
AND DL, 0FH        ; 屏蔽DL高4位，得低位压缩BCD码
OR DL, 30H         ; 转换成ASCII码
MOV AL, DL
```

2）ROL、ROR、RCL、RCR循环移位指令。

这4条指令的格式和功能见表4.18，操作示意图如图4.19所示，影响CF和OF标志位。

表4.18　循环移位指令的格式和功能

格　式	功　能
ROL OPR，CNT	把OPR左环移CNT次：每次移位时最高位移入CF，其他位顺序左移一位，空出的最低位由新的CF值（即原最高位）填入
ROR OPR，CNT	把OPR右环移CNT次：每次移位时最低位移入CF，其他位顺序右移一位，空出的最高位由新的CF值（即原最低位）填入
RCL OPR，CNT	把OPR连同CF一起左环移CNT次：每次移位时CF移入OPR的最低位，OPR的最高位移入CF，其他位顺序左移一位
RCR OPR，CNT	把OPR连同CF一起右环移CNT次：每次移位时CF移入OPR的最高位，OPR的最低位移入CF，其他位顺序右移一位

注意：

① OPR只能为8、16、32位通用寄存器或存储器操作数，不能为立即数；80386以上CPU才能用32位操作数。

② 对于8086/80286，移动一位，CNT可为立即数1；若移多位，用CL作为CNT，移位次数置于CL中。而80386以上CPU除可用CL来移位多位外，还可使用8位立即数；80286以上CPU

限制移位次数不超过31。

③ OF仅当CNT为1时有效，若移位后最高位发生变化，OF = 1，否则OF = 0；当移动次数为0时，不影响标志位。

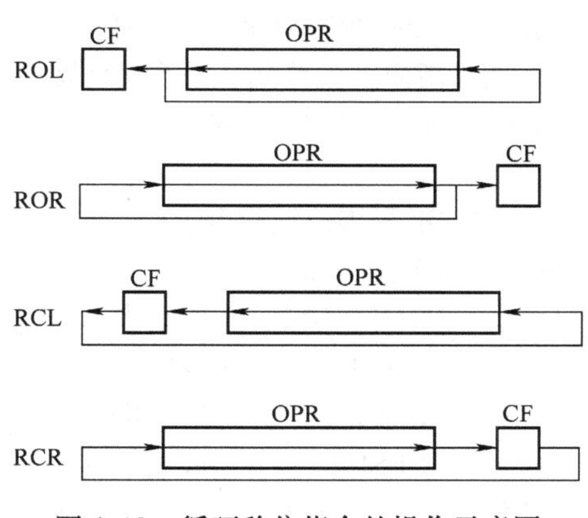

图4.19　循环移位指令的操作示意图

例4.37　用8086/8088的带进位循环移位指令实现DX: AX联合算术右移1位，即将DX、AX当作一个32位的整体进行算术右移。

SAR DX，1

RCR AX，1

3）SHLD、SHRD双精度移位指令。

- 双精度左移SHLD指令。

格式：SHLD DEST，SRC，CNT

功能：将DEST指定的8、16、32位寄存器或存储器操作数左移CNT次，同时将SRC指定的寄存器的高位依次左移到DEST的低位中，且SRC内容保持不变，如图4.20a所示。

- 双精度右移SHRD指令。

格式：SHRD DEST，SRC，CNT

功能：将DEST指定的8、16、32位寄存器或存储器操作数右移CNT次，同时将SRC指定寄存器的低位依次右移到DEST的高位中，且SRC内容保持不变，如图4.20b所示。

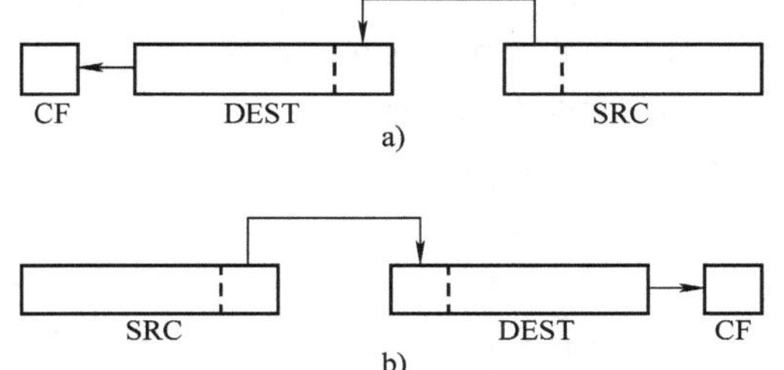

图4.20　双精度移位指令操作
a）SHLD　b）SHRD

影响标志位：CF、OF、SF、ZF和PF。

注意：

① 这组指令为80386以上CPU特有。

② 这是一组双操作数指令，其中，DEST可以用除立即数以外的任一种寻址方式指定字或双字操作数；SRC则只能是使用寄存器寻址方式指定与目的操作数相同长度的字或双字。CNT用来指定移位次数，它可以是一个8位的立即数；也可以是CL，其内容指定移位次数。移位次数的范围为1 ~ 31（对于大于31的数，机器则自动取模32的值来取代）。

③ OF仅当CNT为1时有效，若移位后最高位发生变化，OF = 1，否则OF = 0；当移动次数为0时，不影响标志位。

4. 串操作类指令

串（String）是指存储器中由若干个字符或数据（字节、字或双字均可）组成的数据块。80x86指令集有7条串操作指令：MOVS、CMPS、SCAS、LODS、STOS、INS和OUTS。为便于对串中的多个单元数据操作，它们还可以与表示重复执行的3条前缀REP、REPE/REPZ和REPENE/REPNZ配合使用，为处理串带来很大便利。

所有串操作指令都具有下列特点：

① 若采用16位寻址方式，源变址寄存器只能使用SI，目的变址寄存器只能使用DI；若采用32位寻址方式，源变址寄存器只能使用ESI，目的变址寄存器只能使用EDI。

② 源串操作数地址由DS：[ESI/SI]表示（DS可以由其他段寄存器替代），目的串操作数地址由ES：[EDI/DI]表示（ES可以由其他段寄存器替代）。

③ 串操作指令除对字节、字或双字操作数进行相应的操作外，同时自动修改变址寄存器的内容，使其指向下一单元。修改变址寄存器的规则：如果方向标志位 DF = 0，则变址寄存器加 1（字节串）、加 2（字串）或加 4（双字串），否则减 1（字节串）、减 2（字串）或减 4（双字串）。

④ 它们都是零地址指令。

（1）LODS 取串指令

格式：LODS [SRC] ；取源串
　　LODSB　　；取字节串的一个字节
　　LODSW　　；取字串的一个字
　　LODSD　　；取双字串的一个双字（80386 及其后继机型可用）

功能：　字节操作　AL⇐(DS:(SI/ESI))，SI/ESI⇐(SI/ESI) ±1
　　　　字操作　　AX⇐(DS:(SI/ESI))，SI/ESI⇐(SI/ESI) ±2
　　　　双字操作　EAX⇐(DS:(SI/ESI))，SI/ESI⇐(SI/ESI) ±4

影响标志位：无。

注意：该指令是零地址指令，隐含的目的操作数是累加寄存器（AL、AX、EAX），隐含的源操作数为 SI、ESI 所指的源串；LODS [SRC] 格式中的 SRC 是供给汇编程序进行类型检查用的，它要向汇编程序表明是进行字节、字还是双字操作，汇编成其他 3 种格式之一（机器语言形式）。其他串指令中的 SRC、DEST 也是如此。

（2）STOS 存串指令

格式：STOS [DEST]　　；存目的串
　　STOSB　　；存一个字节于字节串
　　STOSW　　；存一个字于字串
　　STOSD　　；存一个双字于双字串（80386 及后继机型可用）

功能：　字节操作　ES:(DI/EDI)⇐(AL)，DI/EDI ⇐(DI/EDI) ±1
　　　　字操作　　ES:(DI/EDI)⇐(AX)，DI/EDI ⇐(DI/EDI) ±2
　　　　双字操作　ES:(DI/EDI)⇐(EAX)，DI/EDI ⇐(DI/EDI) ±4

影响标志位：无。

（3）MOVS 串传送指令

格式：MOVS [DEST, SRC]
　　MOVSB　　；字节串传送一个字节
　　MOVSW　　；字串传送一个字
　　MOVSD　　；双字串传送一个双字（80386 及后继机型可用）

功能：字节操作　ES:(DI/EDI)⇐(DS:(SI/ESI))
　　　　　　　　SI/ESI⇐(SI/ESI) ±1；DI/EDI⇐(DI/EDI) ±1
　　　字操作　　ES:(DI/EDI)⇐(DS:(SI/ESI))
　　　　　　　　SI/ESI⇐(SI/ESI) ±2；DI/EDI⇐(DI/EDI) ±2
　　　双字操作　ES:(DI/EDI)⇐(DS:(SI/ESI))
　　　　　　　　SI/ESI⇐(SI/ESI) ±4；DI/EDI⇐(DI/EDI) ±4

影响标志位：无。

（4）CMPS 串比较指令

格式：CMPS [DEST, SRC]

CMPSB ；字节串比较一个字节

CMPSW ；字串比较一个字

CMPSD ；双字串比较一个双字（80386及其后继机型可用）

功能：字节操作 (DS:(SI/ESI)) - (ES:(DI/EDI))

SI/ESI⇐(SI/ESI) ±1；DI/EDI⇐(DI/EDI) ±1

字操作 (DS:(SI/ESI)) - (ES:(DI/EDI))

SI/ESI⇐(SI/ESI) ±2；DI/EDI⇐(DI/EDI) ±2

双字操作 (DS:(SI/ESI)) - (ES:(DI/EDI))

SI/ESI⇐(SI/ESI) ±4；DI/EDI⇐(DI/EDI) ±4

注意：CMPS指令在比较时，将源变址寄存器指向数据段中的一个单元数据减去目的变址寄存器指向附加段中的一个单元数据，不保留相减结果，但根据结果设置标志位OF、SF、ZF、AF、PF和CF。

（5）SCAS串搜索指令

格式：SCAS [DEST]

SCASB ；字节串搜索

SCASW ；字串搜索

SCASD ；双字串搜索

功能：字节操作 (AL) - (ES:(DI/EDI))

DI/EDI⇐(DI/EDI) ±1

字操作 (AX) - (ES:(DI/EDI))

DI/EDI⇐(DI/EDI) ±2

双字操作 (EAX) - (ES:(DI/EDI))

DI/EDI⇐(DI/EDI) ±4

注意：SCAS指令在目的串中查找AL、AX或EAX指定的内容，即用AL、AX或EAX的内容减去目的变址寄存器指向附加段中的一个字节（或字，或双字），不保留相减结果，但根据结果设置标志位OF、SF、ZF、AF、PF和CF。

（6）重复操作前缀

前述串操作指令执行一次只能处理一个单元的数据，如果在串操作指令前加上表示重复的前缀，就可以对串中连续的单元数据依次进行相同的处理，进行重复操作的次数要预先放在ECX、CX中（16位寻址使用CX，32位寻址用ECX）。

1）REP。

格式：REP string primitive

其中，string primitive可为MOVS、STOS、LODS、INS和OUTS指令。

功能：

① 如果（CX/ECX）=0，则退出REP，否则往下执行。

② (CX/ECX)⇐(CX/ECX) -1。

③ 执行其后的串指令。

④ 重复①~③步骤。

2）REPE/REPZ。

格式：REPE string primitive

REPZ string primitive

其中，string primitive 可为 CMPS 和 SCAS 指令。

功能：

① 如果（CX/ECX）=0 或 ZF=0，退出，否则往下执行。

②（CX/ECX）⇐（CX/ECX）-1。

③ 执行其后的串指令。

④ 重复①~③步骤。

注意：这个前缀可称为"相等时重复前缀"，即只在计数到零或遇到不相等数据时才结束操作。

3）REPNE/REPNZ。

格式：REPNE　string primitive

　　　REPNZ　string primitive

功能：除退出条件为（CX/ECX）=0 或 ZF=1 外，其他操作与 REPE 完全相同。

注意：这个前缀可称为"不相等时重复前缀"，即只在计数到零或遇到相等数据时才结束操作。

例 4.38　将 DS 段 DATA1 单元开始的 10 个字节数据传送到 ES 段 DATA2 单元开始的缓冲区。

```
CLD                    ; DF 清 0，增址方式修改 SI、DI
LEA SI, DATA1          ; 源串首地址送入 SI
LEA DI, DATA2          ; 目的串首地址送入 DI
MOV CX, 10             ; 串长度
REP MOVSB              ; 重复执行 10 次字节传送
```

5. 处理器控制类指令

（1）标志位操作指令

80x86 提供了一组设置或清除标志位的指令，它们只影响本指令指定的标志，而不影响其他标志位。这些指令是无操作数指令，指令中未直接给出操作数的地址，但隐含指出操作数在某个标志位上。能直接操作的标志位有 CF、IF、DF。

CLC 清除进位标志指令（Clear Carry Flag）CF⇐0

STC 进位标志置位指令（Set Carry Flag）CF⇐1

CMC 进位标志取反指令（Complement Carry Flag）CF 取反

CLD 清除方向标志指令（Clear Direction Flag）DF⇐0

STD 方向标志置位指令（Set Direction Flag）DF⇐1

CLI 清除中断标志指令（Clear Interrupt - enable Flag）IF⇐0

STI 中断标志置位指令（Set Interrupt - enable Flag）IF⇐1

注意：上述指令只对指定标志位操作，而不改变其余标志位。

（2）其他处理器控制指令

以下这些指令可控制处理器状态，但不影响条件码。

1）NOP（No Operation）空操作。

该指令不执行任何操作，其机器码只占一个字节。在调试程序时往往用这个指令占有一定的存储单元，以便在正式运行时用其他指令代替。

2）HLT（Halt）停机。

该指令可使机器暂停工作，使处理器处于停顿状态以便等待一次外部中断的到来，中断结束后可继续执行下面的程序。

3）WAIT（WAIT）等待。

该指令使处理器处于空转状态，它也可用于等待外部中断发生，但中断结束后仍返回WAIT指令继续等待。

4）LOCK（LOCK）封锁。

该指令是一种前缀，它可以与其他指令联合，用来维持总线的锁存信号直到与其联合的指令执行完为止。当CPU与其他处理器协同工作时，该指令可避免破坏有用信息。

5）BOUND界限（80286以上CPU可用）。

该指令检查给出的数组下标是否在规定的上下界内。如果在上下界内，则执行下一条指令；如果超出了范围，则产生中断5。如果发生中断，则中断返回时返回地址仍指向BOUND指令，而非下一条指令。

6）ENTER建立堆栈帧（80286以上CPU可用）。

该指令在过程调用时为便于过程间传递参数而建立堆栈帧所用。

7）LEAVE释放堆栈帧（80286以上CPU可用）。

该指令在程序中位于退出过程的RET指令之前，用来释放由ENTER指令建立的堆栈帧存储区。

思考题与习题

1. 什么是“程序可见”的寄存器？

2. 80x86微处理器的基本结构寄存器组包括哪些寄存器？各有何用途？

3. 80x86微处理器标志寄存器中的各标志位有什么意义？

4. 画出示意图，简述实地址模式下存储器寻址的过程。

5. 画出示意图，简述保护模式下存储器寻址的过程。

6. 比较实地址模式和保护模式下的逻辑地址的异同。

7. 图4.3所示的8086 CPU（也包括8088）的8个通用寄存器中，哪些可用于内存操作数寻址？哪些不可以？

8. 80x86 CPU的ESP、SP寄存器的用途是什么？堆栈段的非栈顶存储字可以用哪个寄存器访问？

9. 假设（8086/8088微机系统）堆栈段10000H～1000FFH（SS＝1000H）的初始状态是空的，此时SP＝________。

10. 系统工作于实地址模式，如果CS＝0FF59H，则代码段的物理地址可达什么范围？

11. 实地址模式下，数据段的DS＝578CH，物理地址67F66H的存储字节是否位于该数据段内？要访问该字节需做什么设置？

12. 系统工作于实地址模式下，假定（DS）＝2000H，（ES）＝2100H，（SS）＝1500H，（SI）＝00A0H，（BX）＝0100H，（BP）＝0100H，试指出下列指令源操作数的寻址方式和物理地址。

（1）MOV AX，0BAH

（2）MOV AX，[100H]

（3）MOV AX，[BX＋SI]

（4）MOV AX，ES：[BX]

（5）MOV AX，[BP]

（6）MOV AX，BP

（7） MOV AX，[BX+5]

（8） MOV AX，[BX+SI+5]

13. 系统工作于实地址模式下，假定（EAX）=00001000H，（EBX）=00002000H，（DS）=0010H，试指出下列指令中内存操作数的寻址方式和物理地址。

（1） MOV ECX，[EAX+EBX]

（2） MOV [EAX+2*EBX]，CL

（3） MOV DH，[EBX+4*EAX+1000H]

14. 写出把首地址为TABLE的字数组的第5个字送到DX寄存器的指令（或指令序列），要求使用以下几种寻址方式。

（1） 寄存器间接寻址

（2） 寄存器相对寻址

（3） 基址变址寻址

15. 系统工作于实地址模式下，（SS）=0100H，（SP）=00FEH。试画出执行下列程序段后，堆栈区和SP的内容变化过程示意图（标出存储单元的物理地址）。

```
MOV AX，1234H
MOV BX，5678H
PUSH AX
PUSH BX
POP CX
```

16. 比较指令 MOV DI，[1000H] 和 LEA DI，[1000H]。

17. 系统工作于实地址模式下，（DS）=091DH，（SS）=1E4AH，（AX）=1234H，（BX）=0024H，（CX）=5678H，（BP）=0024H，（SI）=0012H，（DI）=0032H，[09226H]=00F6H，[09228H]=1E40H，[1E4F6H]=091DH，指出下列各指令或程序段的执行结果。

（1） MOV CL，[BX+20H][SI]

（2） MOV [BP][DI]，CX

（3） LEA BX，[BX+20H][SI]
MOV AX，[BX+2]

（4） LDS SI，[BX][DI]
MOV [SI]，BX

（5） XCHG CX，[BX+32H]
XCHG [BX+20H][SI]，AX

18. 阅读下列各程序段，在空格填上执行结果。

（1） MOV BL，85H
MOV AL，17H
ADD AL，BL
DAA

（AL）=________，（BL）=________，SF=________，ZF=________，PF=________，CF=________，AF=________，OF=________。

（2） MOV AX，BX
NOT AX
ADD AX，BX

INC AX

(AX) = ________, CF = ________, ZF = ________。

(3) MOV AX, 0FF60H

STC

MOV DX, 96

XOR DH, 0FFH

SBB AX, DX

(AX) = ________, CF = ________。

(4) MOV BX, 0FFFEH

MOV CL, 2

SAR BX, CL

(BX) = ________, CF = ________。

(5) MOV BX, 12FFH

MOV AX, 0FFH

MOV CL, 8

ROL BX, CL

AND BX, AX

CMP BX, AX

(BX) = ________, (AX) = ________, ZF = ________, CF = ________。

(6) MOV AL, 90H

ADD AL, 0E0H

RCL AL, 1

(AL) = ________, CF = ________。

19. 按下列要求分别编制程序段。

(1) 把标志寄存器中的符号位标志 SF 置 1。

(2) 寄存器 AL 中的高、低 4 位互换。

(3) 假设有 3 个字存储单元 A、B、C，在不使用 ADD 和 ADC 指令的情况下，实现 (A) + (B)⇒C。

(4) 把 DX、AX 中的 32 位无符号数右移两位。

(5) 用一条指令把 CX 中的整数转变为奇数。

(6) 把 AX 中的第 1、3 位求反，其余各位保持不变。

(7) 根据 AX 中有 0 的位对 BX 中的对应位求反，其余各位保持不变。

20. 编写程序段实现：不改变 DH 的内容，但清除其最左边 3 位的值，结果存入 BH 寄存器。

21. 试给出下列各指令序列执行后目的寄存器的内容。

(1) MOV BX, -12

MOVSX EBX, BX

(2) MOV AH, 7

MOVZX ECX, AH

(3) MOV AX, 99H

MOVZX EBX, AX

22. 假设使用 8086 指令集，下列各指令语法是否有错？若有错，指明是什么错误。

（1） MOV 35，BL

（2） XLAT

（3） MOV AX，DL

（4） ADD [BX] [BP]，BX

（5） POP CS

（6） DIV AX，BL

（7） MUL 8

（8） TEST [BP]，DL

（9） SBB 15H，CL

（10） MOV AL，1000H

（11） LEA ES，[BX]

（12） OR CH，CL

（13） SHL DI，2

（14） MOV DS，1234H

（15） DAA AL

（16） PUSH AL

（17） MOV SP，1000H

（18） MOV [SI]，[DI]

（19） NOT AL，BL

（20） DEC CX，1

第 5 章　汇编语言层

在现代计算机的多层次结构模型中，汇编语言层位于操作系统层和面向问题语言层之间。这一层和它下面的操作系统层、指令系统层和微体系结构层有两点显著的不同。首先，操作系统层、指令系统层和微体系结构层这 3 层主要面向计算机设计者和系统程序员，用于支持汇编语言层和面向问题语言层；而从汇编语言层起的高两层则主要面向应用程序员，用于解决具体问题。其次，汇编语言层和面向问题语言层通过翻译的方式（汇编或编译）由其下层支持，而操作系统层和指令系统层则是用解释方式支持。

本章介绍汇编语言层，主要介绍 80x86 汇编语言及其程序设计方法（实地址模式）。

5.1　概述

从汇编语言层看，每一种计算机都有自己的一套汇编语言和将其翻译为机器语言的汇编程序（或叫汇编器），以及相应的程序设计方法。虽然从汇编语言层与从指令系统层看计算机系统有很多相似之处，比如同样的编程环境（寄存器结构、存储器组织、支持的数据等几乎一样），同样由指令系统刻画了 CPU 功能等，但跟其他层次一样，汇编语言层也对其下面层次进行了抽象，隐藏了许多汇编语言程序员不需要知道的细节。

试比较两条汇编指令 MOV CX，50、MOV AX，0 和它们对应的机器语言代码（十六进制表示）B90032H、B80000H。显然机器语言指令运用起来很不方便，不利于理解和记忆。碰到陌生的机器代码，要弄清其意义，就要根据机器指令格式查出前缀、操作码、寻址方式和地址各部分含义，所以用机器语言编制程序非常困难，调试和维护也非常困难。

汇编语言用类似自然语言的“缩记符”——汇编指令来代替机器代码，汇编指令比机器代码更利于理解和记忆，而且汇编指令和机器代码是“一一对应”的，即每一条汇编指令都是一个机器代码的缩记符，反过来也一样（这也是能在第 4 章用汇编指令代替机器代码介绍指令系统的原因）。所以用汇编语言编制的程序“等同”机器语言编制的程序，这也正是汇编语言的优点。在汇编语言程序编制过程中，会遇到一些常见的硬件资源和软件资源的操作，比如访问 I/O 设备、常见中断的处理和文件操作等，这时可以使用操作系统提供的系统调用和中断。

汇编语言程序并不能直接由计算机执行，要经过一个“翻译”过程，即由汇编程序将其汇编为机器语言程序，才能被计算机执行。为减轻汇编语言程序编制工作的繁重，人们希望能把一部分工作交给汇编程序来代替人工完成，为此设计了伪指令和宏指令，并开发出相应的汇编程序。这些伪指令和宏指令本身并无对应的机器代码，它们只是向汇编程序提供有关的信息，以便把汇编语言程序汇编为机器语言程序。

汇编语言大体上包括了汇编指令、系统调用和中断、伪指令和宏指令，汇编语言是强烈依赖硬件和汇编环境的。比如，Sun Ultra - SPARC Ⅲ处理器与 Intel Pentium Ⅳ处理器的指令系统不同，它们的汇编语言也不同。又比如，同样是 Intel 80x86 系列的处理器，由于使用不同的汇编程序，汇编语言也不同（Windows 系统多采用 MASM，Linux 系统可用 gas），它们最大的差异在于伪指令和宏指令不同。通常汇编语言程序设计是以某一系列计算机和汇编程序为背景进行的。本章所介绍的汇编语言程序设计就以 80x86 CPU 为硬件背景，以 Microsoft 的 MASM 5.0 ~ MASM

6.15 为汇编器。

汇编语言是面向机器结构的，其学习和使用比高级语言困难。为什么要学习和使用汇编语言程序设计呢？有3方面的原因。第一，高性能（指程序运行速度快且代码短）。比如，高级语言程序要编译为机器语言后才能执行，而且编译是经过优化的，但优化可能不针对当前的问题。为进一步提高运行速度（假设程序已采用最优的算法），把可执行代码反汇编，把对影响运行速度最大的小部分程序段用汇编语言重写，以提高程序的整体运行速度。再比如嵌入式设备应用程序、智能卡中的程序、手机中的程序、游戏机程序、设备驱动程序、BIOS 程序等，为保证高性能必须汇编语言编程。第二，对计算机的完全控制。例如，操作系统中的低级中断和陷阱处理程序，以及嵌入式实时系统中的设备控制程序。第三是教育上的价值，学习和研究汇编语言可使读者清楚地了解实际计算机的结构，理解计算机的工作原理和过程。计算机公司通常喜欢雇用一些具有汇编语言背景的程序员，并非因公司需要汇编语言程序员，而是因为需要一些理解计算机体系结构的程序员，以便使写出的程序更高效，运行更加顺畅。

因汇编指令已在第4章介绍，本章主要介绍伪指令、宏指令和基本程序结构及相应的程序设计方法。

5.2　汇编语言语句类型及格式

5.2.1　语句类型

汇编语言程序由语句（Statements）构成，共有3类语句，其中前两种是最基本、最常用的。

1）指令（Instructions）语句。指令语句就是在第4章介绍的指令系统中的汇编指令，它们能汇编成机器代码，由 CPU 执行以完成一定的操作功能。

2）伪指令（Directives）语句。也称为指示性语句，伪指令语句只为汇编程序在汇编源程序时提供有关信息，如程序如何分段，有哪些逻辑段，定义了哪些数据单元和数据，内存单元如何分配等。伪指令语句除其所定义的具体数据要生成目标代码外，其他项均不生成目标代码。也就是说，伪指令语句的功能是由汇编程序在汇编源程序时通过执行汇编程序的某些程序段来实现的，而非在运行程序时由 CPU 执行。

3）宏指令（Marcos）语句。宏指令语句可看成是由若干条指令语句构成的语句，一条宏指令语句的功能相当于若干条指令语句的功能。支持宏指令语句的汇编程序称为宏汇编，比如 MASM。

5.2.2　语句格式

指令语句和伪指令语句均由4个字段（Fields）组成。

指令语句格式：

[标号:] 操作码 [操作数 [，操作数]] [；注释]

例如：
```
START：XOR   AX，AX      ；START 是指令语句的标号
INC   CX
```

伪指令语句格式：

[名字] 伪操作 [操作数 [，操作数，…]] [；注释]

例如：
```
DATAB DB 18H，-1，30      ；DATAB 是变量名，字节操作数
   STACK SEGMENT STACK ‘STACK’
```

格式中带方括号的项是可选项，需要根据具体情况而定。注释以分号“;”开始。要注意，在编辑输入源程序时，格式中的全部符号（“:”“,”和“;”）都用半角符号，即在英文状态下输入。

语句各字段的说明如下。

1. 标号和名字

标号是指令的符号地址，它代表一条指令所在存储单元（称为指令单元）的地址（也就是指令的第一个字节单元地址），在代码段使用。标号与所代表的指令之间用冒号分隔。标号主要用于提供转移目标和入口地址，即如果一条指令作为转移指令的转移目标或者是程序段的第一条指令，那么该指令前面应加上标号，否则没必要使用标号。

标号有3个属性。

段属性（SEG）：标号所代表指令单元的段基址，即CS的值，表示指令在哪个逻辑段中。

偏移属性（OFFSET）：标号所代表指令单元的段内偏移地址。

类型属性（TYPE）：表示该标号是作为段内转移还是段间转移指令的目标地址。段内转移类型为NEAR，转移时只改变EIP、IP值，不改变CS值；段间转移类型为FAR，转移时既改变EIP、IP值，又改变CS值。

伪指令语句中名字的意义随伪操作的不同而异，它可以是常量名、变量名、段名、过程名等，多数情况下用作变量（名）。

变量代表存放在存储单元中的数据，并用作数据所在存储单元（称为数据单元）的符号地址，可在数据段、附加段和堆栈段中使用，变量与伪指令语句的其他字段用空格分隔，不能使用冒号。

变量也有3个属性。

段属性：变量所代表数据单元的段基址，表示数据存放在哪个逻辑段。

偏移属性：变量所代表数据单元的段内偏移地址。

类型属性：用于表示数据单元的字节数目。如字节数据的类型属性为1，字数据的类型属性为2，其余类推。

标号和名字统称标识符，它们在程序中只能定义一次，不能重复定义。标识符的定义要满足一定的规则：

- 标识符的最大有效长度为31，计算机不能识别超过的部分。
- 第一个字符必须是字母或5个特殊字符（“?”“@”、下画线“_”、点号“.”和“$”）之一。
- 从第二个字符开始，可以是字母、数字和5个特殊字符，单独的“?”不能作为标识符。
- 不能使用系统专用保留字作为标识符，如操作码、伪指令、寄存器名等。

2. 操作码和伪操作

操作码和伪操作是语句中的主要部分。操作码就是指令中的助记符，如ADD、MOV等，用来指明操作的性质和功能。伪操作在5.3节讨论。操作码和伪操作用空格与操作数隔开。

3. 操作数

语句中的操作数用来指定参与操作的数据。根据需要可有多个操作数，它们之间用逗号隔开。80x86宏汇编语言能识别的操作数包括常数、变量、标号及由它们构成的表达式。

下面简要介绍常数和表达式。

（1）常数

数值常数：汇编语言中的数值常数可以是二进制数、八进制数、十进制数和十六进制数，使用时注意书写规则，即二进制数以字母 B 结尾（如 01110001B），八进制数以字母 O 或 Q 结尾（如756O 或756Q），十进制数可以用字母D 结尾或没有结尾字母（如2008D 或2008），十六进制数必须以字母 H 结尾，如果数字以 A ~ F 开始，则必须在前面加上数字 0（如 123AH 和 0FE1DH）。

字符串（字符）常数：包含在单引号或双引号中的若干个字符形成字符串常数（如果只有一个字符，则可称为字符常数）。这些字符用它们的 ASCII 码存储在存储单元中。如‘A’和‘AB’存储为 41H 和 4142H。如果字符串常数本身包含引号，书写格式请参考例 5. 1。

例 5. 1　This isn't a test。和 Gracie said "Goodnight"。作为字符串常数在 80x86 宏汇编语言中可写为：

"This isn't a test."

'Gracie said "Goodnight".'

符号常数：常数用符号名代替就称为符号常数。符号常数在下一节的伪指令中介绍。

(2) 表达式

表达式就是由运算对象和运算符根据汇编语言语法组成的合法式子，分为数值表达式和地址表达式。数值表达式的运算结果是数值，而地址表达式的运算结果是存储单元的地址。表达式的计算是在把源程序汇编成目标程序时完成的，而非在执行目标程序时执行，数值表达式相当于立即数，地址表达式相当于直接寻址。运算符包括算术运算符、逻辑运算符、关系运算符、分析运算符和合成运算符 5 类。下面介绍前 3 类。

算术运算符主要有 +(加)、-(减)、*（乘)、/(除）和 MOD（取余)。算术运算符可用于数值表达式和地址表达式，但用于地址表达式时要避免出现没有物理意义的式子（比如两个地址相乘除)。还要注意，除了加减运算符外，其他运算符只适用于常数运算；算术表达式是整数表达式，即其值是整数。例如：

```
MOV DI, LIST + 12              ; 源操作数为地址表达式，LIST 是符号地址
ADD AX, (15 * 8 + 2) MOD 5     ; 数值表达式，相当于 ADD AX, 2
MOV [BX], 16/5                 ; 数值表达式，相当于 MOV [BX], 3
MOV AL, 22 * 33                ; 22 * 33 超出 8 位数范围，汇编时给出出错信息
```

逻辑运算符有 4 个：AND（与)、OR（或)、NOT（非）和 XOR（异或)。逻辑运算符只能用于数值表达式，不能用于地址表达式。例如：

```
MOV AX, 55H AND 0FH
MOV CX, NOT 0FFH
```

要注意区别逻辑运算符和指令助记符 AND、OR、NOT、XOR，后者是在程序运行时才执行的逻辑操作。

关系运算符有 5 个：EQ（相等)、LT（小于)、LE（小于或等于)、GT（大于）和 GE（大于或等于)。关系运算符用来比较两个数值的大小，结果为逻辑值，用全 1 表示真（比如 32 位时，0FFFFH 表示真)，用全 0 表示假（32 位时，0000H 表示假)。用于关系运算的两个操作数要属于同类型，要么同是数值，要么同是同一段内的偏移地址。通常把关系运算符和逻辑运算符一起使用。

例如指令：

```
MOV BX, ((PORT_NUM LT 5) AND 20) OR ((PORT_NUM GE 5) AND 30)
```

当端口地址 PORT_NUM 小于 5 时，相当于

```
MOV BX, 20
```

否则

MOV BX，30

4. 注释

注释由分号“;”开始，提供说明信息，通常用来说明一条指令或一段程序的功能，并不产生机器代码。适当提供注释，可增加程序的可读性，有利于程序的调试、修改和维护。

注意：汇编器 MASM 5.0 ~ MASM 6.15 对字母的大小写不敏感，但保留字习惯用大写。

5.3　80x86 宏汇编伪指令

伪指令用于向汇编程序提供有关信息，如逻辑段的定义、选择何种存储模型、定义变量和创建过程等。汇编后，伪指令并不产生相应的机器指令代码。

本节介绍常用的基本伪指令。

5.3.1　符号定义伪指令

如果程序中多次用到同一个表达式（或常数、字符串），为方便起见，可赋予表达式一个特定符号，要使用这个表达式时就用该符号代表它。

1. 等值伪指令 EQU

格式：符号名 EQU 表达式

功能：给符号名定义一个值、别的符号名、表达式、寄存器名或助记符；不会给符号名分配存储单元。

等值伪指令常用于定义符号常数，增加程序可读性，方便调试维护程序。可用于数据段或代码段。

例 5.2　等值伪指令。

```
D1 EQU 2555                  ; 常数
D2 EQU 25 * 5/13             ; 表达式
D3 EQU <Example>             ; 字符串，要用“< >”代替引号包含字符串
ADR1 EQU DS:[SI]             ; 逻辑地址
ADR2 EQU LIST + 2            ; 地址表达式
CHA1 EQU CX                  ; 寄存器名
CHA2 EQU ADC                 ; 指令助记符
```

注意：EQU 不能对同一符号重复定义，如果非要把同一个符号定义为另一个表达式，可使用解除定义伪指令 PURGE。

格式：PURGE <符号 1，符号 2，…，符号 n>

功能：解除指定符号的定义，使之可用 EQU 重新定义。

例如，

```
D4   EQU   <GOOD>               ; 定义 D4 代表“GOOD”
PURGE D4                        ; 解除 D4 的定义
D4   EQU <GOOD JOB! >           ; 重新定义 D4 代表“GOOD JOB!”
```

2. 等号伪指令 =

格式：变量 = 表达式

功能：同 EQU 功能类似，也可给符号名定义一个值、别的符号名、表达式，但不能用于寄存器名、助记符等，且等号伪指令可给一个符号重复定义。例如，下面的定义是正确的：

D1 =7

D1 =80H

而下面的定义则不正确：

OPCD = MOV

OPCD AL, 8H

5.3.2 数据定义伪指令

数据定义伪指令用来定义一个变量的（基本数据）类型，为变量分配存储单元，而且还可给变量赋初值。

格式：[变量名] 伪操作 操作数 [，操作数，…][；注释]

功能：为操作数分配存储单元，还可为存储单元赋初值，并把变量名与存储单元相联系。

常用的数据定义伪操作种类见表5.1，由于MASM 6的向上兼容性，DB、DW、DD、DF、DQ和DT在MASM 6中也可使用。

表5.1 数据定义伪操作种类

MASM 6 形式	含 义	旧版本形式
BYTE	无符号数的字节变量（一个数据占用一个字节的存储单元）	DB
SBYTE	定义符号数的字节变量	
WORD	定义无符号数的字变量	DW
SWORD	定义符号数的字变量	
DWORD	定义无符号数的双字变量	DD
SDWORD	定义符号数的双字变量	
FWORD	定义操作数的3字变量	DF
QWORD	定义操作数的4字变量	DQ
TBYTE	定义操作数的10字节变量	DT

数据定义伪操作后面的操作数可以是数据、字符串或表达式。

1. 操作数是数据或表达式

例5.3 操作数是数据或表达式的定义形式。

```
DATASB    SBYTE -1, 30*2-7         ; 每个符号操作数占用一个字节单元
DATAB     BYTE   'A', 28H, 80      ; 每个无符号操作数占用一个字节单元
DATAB3    DB     18H, -1,'a'       ; 每个操作数（无符号或有符号）占用一个字节
                                   单元
DATAW     DW     1234H             ; 每个操作数（无符号或有符号）占用一个字单元
DATAD     SDWORD 0E01011FFH, 18    ; 每个符号操作数占用一个双字单元
```

注意：对于80x86处理器，操作数在存储单元中采用小端排列方式，即操作数的低位字节占存储单元中小地址的字节单元。

2. 操作数是地址

例5.4 操作数是地址的定义形式，NEXT为语句标号。

```
ADDR1 WORD NEXT        ; 用字变量存放段内偏移地址
ADDR2 DWORD NEXT       ; 用双字变量存放偏移地址和段地址
…
NEXT: MOV AL, 34H
```

两个变量在内存中的存储情况如图5.1所示。

ADDR1	偏移地址低字节
	偏移地址高字节
ADDR2	偏移地址低字节
	偏移地址高字节
	段地址低字节
	段地址高字节

图5.1 例5.4的内存存储情况

3. 操作数是字符串

例5.5 操作数是字符串的定义形式。

1）STR1 BYTE 'ABC' ；地址由低到高的字节单元内容依次为41H、42H、43H

2）STR1 DB 'A','B','C'

3）STR1 BYTE 41H，42H，43H

4）STR2 BYTE 'BA' ；地址由低到高的字节单元内容依次为42H、41H

5）STR2 WORD 'AB' ；字变量小端排列字节序，地址由低到高的字节单元内容依次为42H、41H

其中，1）~3）这3个定义是等价的，4）和5）两个定义也是等价的。

注意：当字符串多于两个字符（少于255个）时，为使存储的小端排列字节序与字符串的排列次序一致，应使用BYTE或DB定义字符串。

4. 操作数是“?”

如果只要求给变量分配内存单元，不定义初值，可使用“?”作为操作数。

例5.6 操作数是“?”的定义形式。

BUF1 BYTE 5,?, 7

BUF2 WORD 56H,?, 345FH

在内存中的存储情况如图5.2所示。

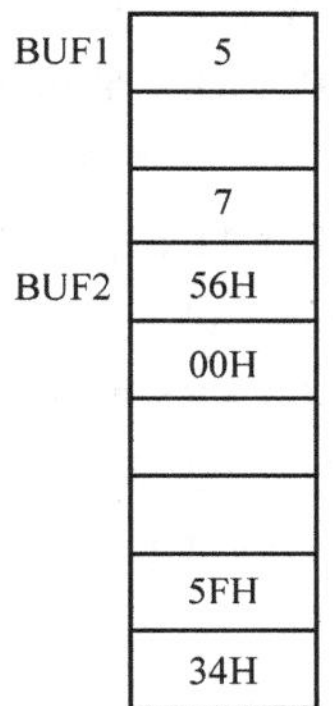

图5.2 例5.6的内存存储情况

5. 操作数使用复制操作符DUP

如果要在连续的存储单元中重复预置一组数据，可在操作数中使用DUP操作符，其格式是：

[变量名] 数据定义伪操作 表达式1 DUP 表达式2

其中，表达式1是重复次数，表达式2是重复的内容。

例5.7 操作数中使用DUP的定义形式。

DATA1 BYTE 1，2，3 DUP（4） ；等价于DATA1 BYTE 1，2，4，4，4

DATA2 DWORD 5 DUP（?） ；等价于DATA2 DWORD ?,?,?,?,?

DATA3 DB 2 DUP（5，3 DUP（7）） ；等价于DATA3 DB 5，7，7，7，5，7，7，7

6. 变量（标号）定义后的分析运算

所谓分析运算，是利用分析操作符从变量或标号中分解计算出某些属性数值。分析操作符有7个，其中MASM 5以上支持TYPE、LENGTH、SIZE、OFFSET和SEG；MASM 6.1x还支持LENGTHOF和SIZEOF。

格式：TYPE 变量或标号

功能：计算出变量或标号的类型值。对变量而言，类型值等于变量单元所含字节数，如DB类型值为1，DW类型值为2；对标号而言，NEAR和FAR对应的类型值分别为-1和-2。

格式：LENGTH 变量

功能：对于使用DUP定义的变量，计算出分配给该变量的单元数，其他变量的LENGTH值为1。

格式：SIZE 变量

功能：其值等于TYPE与LENGTH的乘积，用于估算分配给该变量的字节数。

格式：SIZEOF 变量

功能：计算出分配给变量的字节数。

格式：LENGTHOF 变量

功能：计算出变量的数据个数。

例5.8　若定义变量如下：

```
VAR1 DWORD 10 DUP (?)
VAR2 WORD 20, 34
VAR3 BYTE 3 DUP (5, 9 DUP (0FFH))
VAR4 BYTE 'ABC'
VAR5 DB 3 DUP (?), 0, 0
```

则TYPE VAR1的值是4，LENGTH VAR1的值是10，SIZE VAR1为40，SIZEOF VAR1为40，LENGTHOF VAR1为10。

TYPE VAR2的值是2，LENGTH VAR2的值是1，SIZE VAR2为2，SIZEOF VAR2为4，LENGTHOF VAR2为2。

TYPE VAR3的值是1，LENGTH VAR3的值是3，SIZE VAR3为3，SIZEOF VAR3为30，LENGTHOF VAR3为30。

TYPE VAR4的值是1，LENGTH VAR4的值是1，SIZE VAR4为1，SIZEOF VAR4为3，LENGTHOF VAR4为3。

TYPE VAR5的值是1，LENGTH VAR5的值是3，SIZE VAR5为3，SIZEOF VAR5为5，LENGTHOF VAR5为5。

格式：OFFSET　变量或标号

功能：计算出变量或标号的段内偏移地址。

格式：SEG　变量或标号

功能：计算出变量或标号的段基址。

例5.9　下列两条指令等价：

```
LEA   AX, VAR1
MOV   AX, OFFSET VAR1
```

它们都将变量VAR1的偏移地址送入AX。

注意：虽然两条指令的功能一样，但第二条指令长度为3B，比第一条指令少了1B，且第二条指令的执行速度更快；在内存容量小、追求速度的场合，可考虑用第二条指令。

7. 变量（标号）定义后的合成运算

合成运算是指利用合成操作符（又叫属性操作符）改变变量或标号的原来类型。合成操作符有PTR（Pointer）。

格式：类型 PTR 表达式

功能：给表达式（一般为变量或标号）指定新的类型。对变量可以指定的类型为BYTE、WORD和DWORD；对标号可以指定的类型是NEAR或FAR。

例5.10　下列两条语句构成的程序段不正确：

```
DATA1 WORD 1234H          ；定义字变量DATA1
MOV AL, DATA1             ；目的操作数为字节操作数，源操作数是字操作数，不匹
                            配。可把第二条语句改为：
```

```
MOV AL, BYTE PTR DATA1        ; 指定源操作数为字节型数据
```

执行后，(AL) = 34H。

例 5.11　分析下列三条语句的含义：

```
VAR1 WORD 1234H, 5678H
VAR2 EQU BYTE PTR VAR1
VAR3 EQU VAR2 + 1
```

VAR1 代表一个字单元，VAR2、VAR3 分别代表一个字节单元，三者有相同的段基址；VAR1 和 VAR2 有相同的偏移地址，VAR3 的偏移地址比 VAR2 的大 1。

例 5.12　分析下列两条指令可能的错误原因。

```
MOV [BX], 5        ; 两个操作数，一个为间接寻址，另一个为立即数，无法判断存储
                   器操作数类型
INC [SI]           ; INC 的单操作数为间接寻址的存储器操作数，无法判断其类型应
                   该指明存储器操作数的类型，例如：
MOV WORD PTR [BX], 5
INC BYTE PTR [SI]
```

8. LABEL 伪指令

使用 LABEL 伪指令能对变量（或标号）定义另外的变量名（或标号）和类型，它的格式如下：

变量名或标号　LABEL　类型

其中，对变量而言，类型可以是 BYTE、WORD、DWORD 或 QWORD；对标号而言，类型为 FAR 和 NEAR。使用时，LABEL 语句必须和数据定义语句或带标号的语句配合使用。

例 5.13　LABEL 伪指令与数据定义语句配合使用。

```
DATA_B     LABEL BYTE          ; 其后必须跟一条数据定义语句
DATA1      WORD 25F6H          ; 定义字变量 DATA1
…
           MOV AX, DATA1       ; (AX) = 25F6H
           MOV BL, DATA_B      ; (BL) = F6H
           MOV BH, DATA_B + 1  ; (BH) = 25H
```

DATA_B 与 DATA1 有相同的偏移地址（和段基址），因为使用 LABEL 定义变量时，并不会给该变量分配内存空间。

例 5.14　LABEL 伪指令与带标号的指令语句配合使用。

```
(代码段 1)
        …
PROG_A     LABEL FAR        ; 其后必须跟一条带标号的指令语句
INITI      : MOV AL, 12H    ; 标号 INITI 为 NEAR 属性（段内跳转）
        …
           JZ INITI         ; 段内跳转
        …
(代码段 2)
        …
           JZ PROG_A        ; 段间跳转
```

标号 INITI 与 PROG_A 有相同的段基址和偏移地址，但 INITI 的类型是 NEAR，PROG_A 的类型是 FAR。实现段间跳转到 INITI，也可使用 PTR 伪指令“JZ FAR PTR INITI”。

5.3.3　指令集选择伪指令

虽然 80x86 的指令集向上兼容，但因为后续机型不断增加新指令，所以在编写汇编语言程序时要指定使用哪种指令集，这可通过使用指令集选择伪指令实现。指令集选择伪指令都以“.”作为引导，通常放在程序的开端，对整个程序起作用。程序中如果省略了指令集选择伪指令，就默认使用 8086/8088 指令集和 8087 协处理器指令集。指令集选择伪指令有：

.8086：使用 8086/8088 和协处理器 8087 指令集。

.286：使用 80286 和协处理器 80287 指令集，不包括特权指令。

.286P：使用 80286 和协处理器 80287 指令集，包括特权指令。

.386：使用 80386 和协处理器 80387 指令集，不包括特权指令。

.386P：使用 80386 和协处理器 80387 指令集，包括特权指令。

.486：使用 80486 指令集，不包括特权指令。

.486P：使用 80486 指令集，包括特权指令。

.586：使用 Pentium 指令集，不包括特权指令。

.586P：使用 Pentium 指令集，包括特权指令。

.686：使用 Pentium Pro 指令集，不包括特权指令。

.686P：使用 Pentium Pro 指令集，包括特权指令。

5.3.4　段结构伪指令

汇编语言程序由若干个逻辑段构成，而逻辑段要用段定义伪指令来定义。

1. 段定义伪指令

格式：段名　SEGMENT［定位类型］［组合类型］［'类别'］［属性类型］
　　　　　　…　　；段体
　　　段名　ENDS

汇编语言源程序的每个逻辑段都以 SEGMENT 开始，到 ENDS 结束。两者之间的内容称为段体，也即各种语句的序列。这 SEGMENT 和 ENDS 前的段名必须相同，段名就是所定义的逻辑段的名字，它的命名规则要遵守一般标识符的命名规则。格式中的其他部分为可选项，它们规定了逻辑段的其他属性。

（1）定位类型

定位类型通知汇编程序（实际上是连接程序）在逻辑段的目标代码装入内存时对段基址的要求。有 4 种方式，默认为 PARA。

1）PAGE：表示逻辑段从页边界开始（256B 称为 1 页），所以该段起始地址（也就是段基址）最低 8 位二进制数为 0（即以 00H 结尾）。

2）PARA：表示该段从小节的边界开始（16B 称为 1 小节），所以该段起始地址以 0000B（即以 0H）结尾。

3）WORD：表示该段从字的边界开始（2B 称为 1 个字），所以该段起始地址以 0B 结尾。

4）BYTE：表示该段从字节的边界开始，即可以从任何地址开始。此时本段的起始地址紧接在前一个段的后面，两个段之间不留空单元。

注意：段定义常使用 PARA 定位类型，此时数据段第一个可储存的字节单元的偏移地址就是0H。

（2）组合类型

组合类型指定本段与其他逻辑段之间怎样连接和定位，主要用于多模块的程序中。有6种方式，默认为 NONE，常用 PUBLIC 和 STACK 组合类型。

1）NONE。表示本段是一个独立的段，与其他段没有连接关系。对不同程序模块中有相同段名的逻辑段也分别作为不同的逻辑段装入内存，不进行组合。

2）PUBLIC。在满足定位类型的条件下，本段将与其他具有 PUBLIC 属性的同名段按指定的连接顺序连接成一个新的逻辑段。段的长度为各同名 PUBLIC 段长度之和。

3）COMMON。连接时，本段与其他同名 COMMON 段根据指定的连接顺序从同一段基址开始装入，即各个逻辑段重叠在一起。连接后的段长度为原来最长的同名 COMMON 段的长度。

4）STACK。具有 STACK 属性的逻辑段是堆栈段。连接时，同名的 STACK 段连接成一个大的堆栈段。连接后的堆栈段的长度是各同名堆栈段长度之和。

5）MEMORY。连接时，汇编程序把遇到的第一个 MEMORY 段定位在地址最高处，其他 MEMORY 段均当作 COMMON 段处理。

6）AT 表达式。逻辑段定位时，段基址等于表达式给出的值，它常与 ORG 伪指令配合使用。

（3）类别

类别是用单引号括起来的字符串，长度不超过40个字符。设置类别的作用是当几个程序模块连接时，将具有相同类别名的逻辑段按出现的先后顺序依次存放在连续的存储区内，而所有没有类别名的逻辑段也一起连续装入内存。8086/8088 中的常用类别：CODE、DATA、STACK 和 EXTRA。

（4）属性类型

属性类型适用于80386以上 CPU，有两种方式：

1）USE16。段基址、偏移地址都为16位，段的最大长度为64KB。

2）USE32。段基址（实质是段选择子）为16位，偏移地址为32位，段的最大长度为4GB。

2. 段约定伪指令

由段寄存器指向的段称为当前段，只有当前段才能被 CPU 访问、使用。汇编语言源程序中可能包含了多个代码段、数据段或堆栈段，所以在汇编源程序时，汇编程序必须知道哪些段是当前段，它们由哪个段寄存器指向。段约定伪指令 ASSUME 可向汇编程序提供有关这方面信息。ASSUME 伪指令格式如下：

ASSUME 段寄存器名：段名［，段寄存器名：段名…］

其中，段寄存器名指 CS、SS、DS 和 ES（80386 以上 CPU 还有 FS 和 GS），段名就是使用段定义伪指令时所定义的段名。例如，如果源程序中的代码段名字是 CODE，数据段名字为 DATA，则可使用下述语句指定段寄存器：

ASSUME CS：CODE，DS：DATA，ES：DATA

注意：

1）ASSUME 语句是非执行语句，要求放在代码段中、执行寻址操作之前。习惯上，把 ASSUME语句作为代码段的第一条语句。

2）ASSUME 仅约定了对某个逻辑段进行寻址操作时使用哪一个段寄存器，而真正把段基址信息装入段寄存器（称为段寄存器的初始化）的操作必须在源程序中用指令设置。

3）可使用下列语句取消逻辑段与段寄存器的约定关系：

```
ASSUME    NOTHING          ; 取消该语句前的所有段寄存器设置
ASSUME ES: NOTHING         ; 取消对 ES 的设置
```

3. 段寄存器装载

在 ASSUME 指令设置了段寄存器与逻辑段的约定关系后，就应该对段寄存器 SS、DS、ES、FS 和 GS（80386 以上 CPU 才有 FS 和 GS）进行段基址装载，否则无法对数据进行正确的寻址操作。代码段 CS 是在计算机加载程序后由系统自动装填的。

堆栈段寄存器 SS 既可自动装载也可由执行指令手工装载。如果采用自动装载，在定义堆栈段时，组合类型必须选择 STACK 参数。例如：

```
NAME1   SEGMENT  PARA  STACK  'STACK'
        …
NAME1   ENDS
```

当程序装入内存时，系统会自动把堆栈段段基址和堆栈指针装入 SS 和 SP 中。

在程序中用指令装载 DS、ES、SS、FS 和 GS 的方法相同。比如，已用 ASSUME 设置逻辑段 DATA 与 DS 的对应关系，把 DATA 段的段基址装入 DS 可用下列指令完成：

```
MOV AX, DATA          ; 数据段段基址送入 AX
MOV DS, AX            ; AX 内容送入 DS
```

如果用指令装填 SS 寄存器，必须紧接着用一条指令（比如 MOV）来初始化堆栈指针，中间不要插入其他指令。

5.3.5 定位伪指令

1. 定位伪指令 ORG

格式：ORG　表达式

功能：告知汇编程序，把其后的指令或数据从表达式的值所指定的偏移地址开始存放。表达式是以 65536 为模进行计算的无符号整数（即只能取值 0 ~ 65535）。

2. 地址计数器 $

汇编程序有一个地址计数器，用来记录正在汇编的数据或指令的目标代码在当前段内的偏移地址，“$”表示当前地址计数器的值。

例 5.15 使用 ORG 与$的例子。

```
DATA    SEGMENT                  ; 数据段开始伪指令
        ORG     100H             ; 以下所定义的第一个变量偏移地址从 100H 开始
VAR1    BYTE    12H, 34H         ; VAR1 的偏移地址为 100H
        ORG     $+10H            ; 从当前地址开始跳过 10H 个字节单元
STR1    BYTE    'Bye    ! '      ; STR1 的偏移地址为 112H
DATA    ENDS
```

例 5.16 利用$计算数据个数。

```
DATA     SEGMENT
DATA1    BYTE 12H, 34H, …, 0FFH        ; 定义多个字节数据
CNT1     EQU $-DATA1                   ; CNT1 的值即为 DATA1 包含的数据个数
DATA2    WORD 12H, 34H, …, 0EEH        ; 定义多个字数据
CNT2     EQU ($-DATA2)/2               ; CNT2 的值即为 DATA2 包含的数据个数
DATA     ENDS
```

相较 LENGTHOF，利用$计算数据个数更灵活。

5.3.6　过程定义伪指令

可以把具有独立功能的程序段定义为过程，供其他程序调用。过程定义伪指令语句格式如下：

```
过程名    PROC    [类型]
          …       ；过程体
          RET
过程名    ENDP
```

其中，过程名不能省略，且 PROC 与 ENDP 前的过程名必须相同。它的类型有 FAR 和 NEAR 两种，默认为 NEAR。过程体中至少要有一条 RET 指令。

5.3.7　标题伪指令

格式：TITLE　文本

功能：汇编源程序时，在生成的 .lst 文件中的每一页顶行均显示标题中的文本。文本不能超过 60 个 ASCII 字符。文本内容通常是源程序存储在外存上的文件名及程序功能的简单描述。

5.3.8　结束伪指令

任何一个源程序都必须用结束伪指令 END 作为源程序的最后一个语句。其格式为

END　地址表达式

其中，地址表达式通常是已定义的标号，也可以是标号加减一个常数。源程序中 END 伪指令后面的语句都会被汇编程序忽略。

END 伪指令通知汇编程序源程序到此结束，而用地址表达式指向的指令是程序运行时的进入点，即第一条指令的地址。DOS 操作系统把目标代码装入内存时，自动把地址表达式所在段的段基址赋给 CS，把地址表达式所指向的单元的偏移地址赋给 IP。CPU 自动地从地址表达式开始的那条指令依次执行程序。例如：

```
DATA      SEGMENT
…
DATA      ENDS
CODE      SEGMENT
          ASSUME CS：CODE，DS：DATA
START：   MOV AX，DATA        ；程序进入点
…
CODE      ENDS
          END START           ；程序结束点，END 后的标号与程序进入点的标号相同
```

5.3.9　包含伪指令

格式：INCLUDE　文件名

功能：把指定的文件插入当前程序中，作为源程序的一个组成部分。通常，指定的文件是一个不含 END 伪指令的汇编源程序。该伪指令通常用于插入一个宏库文件。例如：

```
INCLUDE     FILE.MAC
```

INCLUDE　　A:\MASM\ABC.ASM

5.3.10　简化段定义伪指令

为方便汇编语言的编程，从MASM 5.0开始提供简化段定义伪指令，这些伪指令均以“.”引导。在使用简化段定义伪指令前要先执行内存模式伪指令。

1. 内存模式伪指令 .MODEL

格式：.MODEL　内存模式

功能：指明简化段所用的内存模式，内存模式有TINY、SMALL、MEDIUM、COMPACT、LARGE和HUGE这6种。一般可选用SMALL。

1）TINY。所有代码和数据放入不超过64KB的同一个物理段内，该模式用于编写较小的源程序，这种源程序用于形成COM文件。

2）SMALL。程序的代码都放入一个64KB的段内，所有的数据放入另一个64KB的段中。程序只有一个代码段和一个数据段。

3）MEDIUM。程序的数据都放入一个64KB的段内，代码可以放入多个段中。程序只有一个数据段，可有多个代码段。

4）COMPACT。程序的代码都放入一个64KB的段内，数据可以放入多个段中。程序只有一个代码段，可有多个数据段。

5）LARGE。程序的代码和数据都可以放入多个段中，即程序可以有多个代码段和数据段。

6）HUGE。与LARGE类似，只是数据段大小可超过64KB（32位）。

2. 简化段伪指令

（1）格式：.CODE［名字］

功能：定义一个代码段。如果有多个代码段，需要用名字区别；只有一个代码段时，默认段名为@CODE。

（2）格式：.STACK［长度］

功能：定义一个堆栈段，其隐含段名为@STACK，并形成SS及SP的初值；“长度”参数指定堆栈段包含的字节数，默认长度为1KB。

（3）格式：.DATA［名字］

功能：定义一个数据段。如果有多个数据段，需要用名字区别；只有一个数据段时，默认段名为@DATA。

注意：简化段定义中，堆栈段默认用PARA定位，代码段和数据段则默认用WORD定位。所以数据段开始（指第一个可储存的字节单元，区别于段基址）的偏移地址不一定是0H（数据段可能与代码段发生“重叠”）。

（4）格式：.STARTUP

功能：指示程序的开始位置，并装载DS和SS段寄存器内容。

（5）格式：.EXIT［返回值］

功能：程序结束点，返回DOS系统。常用0作为返回值。

5.4　宏指令

在编写汇编语言程序时，常遇到需要多次用到同一程序段的情形。如果能把这一程序段定义为一条“指令”，使得这条“指令”的功能与原来程序段的功能相同，但书写起来却简单得多，

那么就能省去很多重复编写的工作，还能让源程序更加简洁、易读。宏汇编语言就提供了这样的功能，那种“指令”称为宏指令。在源程序中使用宏指令的过程称为宏调用；宏汇编程序在汇编源程序时自动用宏指令的内容代替宏指令，称为宏展开。

1. 宏指令的使用过程

使用宏指令必须按照宏定义、宏调用和宏展开3步依次进行。

（1）宏定义

宏定义有两种格式：

- 无参数的宏定义。

```
宏名    MACRO
…           ；宏体
ENDM
```

- 带参数的宏定义。

```
宏名    MACRO 形参1，形参2，…
…           ；宏体
ENDM
```

一个宏定义包含3个部分：宏名、宏伪指令（MACRO与ENDM）和宏体。宏名不可省略且不得与其他标号名字等重名；宏体是一个汇编语句序列；形参指示宏调用时宏体中能被修改的部分（参见例5.17），多个形参间要用逗号隔开。

例5.17 对两个存储单元的内容相互交换的程序段进行宏定义。

```
EXCHANGE MACRO MEM1，MEM2，REG
         MOV    REG，MEM1
         XCHG   REG，MEM2
         MOV    MEM1，REG
         ENDM
```

上述宏定义中有3个形参：MEM1、MEM2和REG。前两个形参表示要进行数据交换的两个存储单元，最后一个表示在实现两个存储单元的数据交换时使用的寄存器。在调用时要指定用哪些内存单元替换宏体中的MEM1和MEM2、用哪个寄存器替换REG。

宏定义可以放在源程序的任何位置。为了便于宏指令语句的使用，通常在源程序的开始处进行宏定义，或者把宏定义集中到一个文件，用INCLUDE语句把它包括到源程序中。

（2）宏调用

在进行了宏定义后，就可在源程序的任何位置上调用宏指令语句。与宏定义相对应，宏调用也有两种格式。

- 无参数调用。

宏名

- 带参数调用。

宏名　　实参1，实参2，…

调用带参数的宏指令时，实参可以是数字、符号名等。实参和形参的排列顺序应一致，个数应相等，且每个实参都要满足替换形参后在宏体中相应语句的语法规则。如果实参个数比形参个数多，那么多余的实参被忽略；如果实参个数比形参个数少，那么在宏展开时，没有实参替换的形参自动用空白串代替。

例5.18 下面的源程序对例5.17中的宏定义进行了调用。

```
EXCHANGE  MACRO  MEM1，MEM2，REG        ；宏定义
          MOV  REG，MEM1
          XCHG  REG，MEM2
          MOV  MEM1，REG
          ENDM
DATA      SEGMENT
VAR1      BYTE    34H
VAR2      BYTE    12H
DATA      ENDS
CODE      SEGMENT
          ASSUME CS：CODE，DS：DATA
START：   MOV  AX，DATA
          MOV  DS，AX
          EXCHANGE  VAR1，VAR2，AL              ；宏调用
CODE      ENDS
          END  START
```

实参 VAR1 与 VAR2 分别与形参 MEM1 与 MEM2 对应，实参 AL 与形参 REG 对应。如果宏调用语句改为

EXCHANGE VAR1，VAR2，AX

则不正确，因为 VAR1 与 VAR2 是字节变量，AX 为字操作数，数据宽度不匹配。

（3）宏展开

宏展开是由宏汇编程序完成的，而非在运行目标程序时执行。如果宏汇编程序在汇编时扫描到宏指令语句，就把宏定义中宏体的程序段目标代码插入宏指令语句所在位置处。如果是带参数的宏指令语句，则还要用实参替换掉宏体的对应部分。

例 5.19　图 5.3 是例 5.18 源程序在汇编时生成的列表文件（扩展名 .lst），它列出了源程序、偏移地址和目标代码（已省略列表文件中的其他部分），展示了宏指令使用的全过程。

列表文件中的左边第一列的 4 位数字表示偏移地址，第二列长度不等的数字是汇编指令的机器代码或变量的数值。将列表文件与例 5.18 的源程序比较可看出，列表文件中，有“1”的 3 行指令是宏汇编程序在宏展开时自动用宏体中的程序段替代的指令。如果宏指令语句带参数，那么带“1”的指令都已用实参替换过。宏指令语句本身不生成目标代码，它仅表示调用宏定义的位置。同时还可看出，宏指令的使用并不会缩短目标代码的长度，但可减少编程时的书写、输入工作量。

2. 宏操作符

（1）连接操作符 &

在宏定义时，可以在宏体中的形参前面或后面放置连接操作符 &。在宏展开时，对应形参的实参就与它前面或后面的符号连接在一起，构成一个新的符号。这个连接功能对修改某些符号很有用，比如某些指令的助记符等。

例 5.20　使用连接操作符 & 的宏定义。

```
SHIFT_VAR  MACRO R_M，DIRECT，CNT
                   MOV CL，CNT
                   S&DIRECT R_M，CL
                   ENDM
```

```
ex518.lst - 记事本
文件(F) 编辑(E) 格式(O) 查看(V) 帮助(H)
Microsoft (R) Macro Assembler Version 6.15.8803            12/18/19 15:38:51
ex518.asm                                                   Page 1 - 1


                                EXCHANGE        MACRO MEM1, MEM2, REG
                                                MOV  REG, MEM1
                                                XCHG REG, MEM2
                                                MOV  MEM1, REG
                                                ENDM

 0000                           DATA     SEGMENT
 0000 34                VAR1    BYTE  34H
 0001 12                VAR2    BYTE  12H
 0002                           DATA     ENDS

 0000                           CODE     SEGMENT
                                         ASSUME CS:CODE, DS:DATA
 0000  B8 ---- R        START:  MOV AX, DATA
 0003  8E D8                             MOV DS, AX
                                         EXCHANGE VAR1,VAR2,AL
 0005  A0 0000 R      1                  MOV  AL, VAR1
 0008  86 06 0001 R   1                  XCHG AL, VAR2
 000C  A2 0000 R      1                  MOV  VAR1, AL
 000F                           CODE     ENDS
                                         END START
Microsoft (R) Macro Assembler Version 6.15.8803            12/18/19 15:38:51
ex518.asm                                                   Symbols 2 - 1
```

图 5.3　例 5.18 的列表文件（部分）

宏调用　　SHIFT_VAR AX，HL，2 的宏展开为

MOV CL，2

SHL AX，CL

其功能就是把 AX 内容逻辑左移两位。类似的宏调用“SHIFT_VAR BX，HR，3”是把 BX 逻辑右移 3 位。

（2）表达式操作符%

格式:% 表达式

功能：指示宏汇编程序获取表达式的值而非获取表达式本身，多用于宏调用语句的实参前，不允许置于形参前。

例 5.21　宏调用例 5.20 的宏定义。

（数据段）

```
…
VAR1   WORD      1234H，5678H
…
```

（代码段）

```
        …
SHIFT_VAR AX，HL，%（SIZE VAR1）            ；等价于 SHIFT_VAR AX，HL，2
        …
```

使用宏调用“SHIFT_VAR AX，HL,%（SIZE VAR1）”时的宏展开效果与例 5.20 中的一样，

宏汇编时把表达式 SIZE VAR1 转换为整数值 2。

(3) 文本操作符 < >

在宏调用时，如果一个实参由字符、逗号或空格构成，为避免宏汇编程序把它误认作多个实参，可以用文本操作符把整个实参包括起来，作为一个单一的实参使用。

例如，对例 5.17 交换两个存储单元内容的宏定义进行宏调用：

```
EXCHANGE    <BYTE PTR WORD1>, <BYTE PTR WORD2>, AL
```

宏展开的结果是

```
MOV     AL, BYTE PTR WORD1
XCHG    AL, BYTE PTR WORD2
MOV     BYTE PTR WORD1, AL
```

(4) 字符操作符!

格式:! 字符

功能：宏调用时用于实参，指示宏汇编程序，符号“!”后的字符不作为转义字符使用，而被当作一般文本字符处理。例如，“! &”表示“&”不作为宏操作的连接操作符使用，只作为字符“&”使用；“!%”表示“%”不作为表达式操作符使用，只作为字符“%”使用。

又例如，宏定义：

```
MESS   MACRO    NUM, TEXT_BUF
              PROM&NUM   BYTE    '&TEXT_BUF&'
              ENDM
```

宏调用：

```
MESS 23, <Expression! >255 >          ;“! >”中的“>”不是文本操作符的结束符
```

宏展开：

```
PROM23BYTE     'Expression >255'
```

(5) 宏注解符;;

宏定义中用“;;”引导的注解在宏展开后不会在源程序中出现。如果希望这些注释在宏展开后也在源程序中出现，这些注释应该用单个分号“;”引导。

3. LOCAL 伪指令

如果宏定义中定义了变量名或标号，且在同一源程序中又多次被宏调用，那么宏汇编程序在宏展开时会产生多个相同的变量名或标号。这就违反了变量名或标号在同一程序中必须唯一的要求，从而产生汇编出错。为避免这个错误，可以在宏定义中使用 LOCAL 伪指令对变量名或标号进行说明。

格式：LOCAL 符号表

符号表是宏定义中定义的变量名或标号，多个符号之间用逗号隔开。LOCAL 语句应紧跟在 MACRO 语句后。宏汇编程序在宏展开时，对 LOCAL 伪指令指定的变量名和标号自动生成格式为“?? XXXX”的符号。其中，后 4 位顺序使用 0000H～0FFFFH 的十六进制数字。

例 5.22 把例 5.19 中的宏定义和源程序略做修改，宏汇编生成的列表文件如图 5.4 所示(已省略其他部分)。

图 5.4 所示的宏定义中，给指令 MOV REG, MEM1 添上了标号 NONSENSE，在程序中进行了两次宏调用。第一次宏调用和宏展开时用符号?? 0000 替代局部标号 NONSENSE，第二次宏调用和宏展开时则用符号?? 0001 替代局部标号 NONSENSE。对不同宏定义的宏调用，宏汇编程序总是按照调用的顺序来生成特殊形式的序号“?? XXXX”。

```
EX5-22.lst - 记事本
文件(F)  编辑(E)  格式(O)  查看(V)  帮助(H)
Microsoft (R) Macro Assembler Version 6.15.8803          12/20/19 14:12:23
EX5-22.asm                                                         Page 1 - 1


                                  EXCHANGE          MACRO  MEM1,MEM2,REG
                                                    LOCAL NONSENSE  ;把标号定义为LOCAL
                                  NONSENSE:         MOV REG, MEM1   ;语句标号为NONSENSE
                                                    XCHG REG, MEM2
                                                    MOV MEM1, REG
                                                    ENDM

 0000                             DATA      SEGMENT
 0000 34                          VAR1      BYTE  34H
 0001 12                          VAR2      BYTE  12H
 0002 56                          VAR3      BYTE  56H
 0003                             DATA      ENDS

 0000                             CODE      SEGMENT
                                            ASSUME CS:CODE, DS:DATA
 0000  B8 ---- R           START:   MOV AX,DATA
 0003  8E D8                                MOV DS,AX
                                            EXCHANGE VAR1,VAR2,AL      ;宏调用
 0005  A0 0000 R        1  ??0000:  MOV AL, VAR1                       ;语句标号为NONSENSE
 0008  86 06 0001 R     1                   XCHG AL, VAR2
 000C  A2 0000 R        1                   MOV VAR1, AL
                                            EXCHANGE VAR2,VAR3,CL      ;宏调用
 000F  8A 0E 0001 R     1  ??0001:  MOV CL, VAR2                       ;语句标号为NONSENSE
 0013  86 0E 0002 R     1                   XCHG CL, VAR3
 0017  88 0E 0001 R     1                   MOV VAR2, CL
 001B  B4 4C                                MOV AH,4CH                 ;DOS功能调用,返回DOS
 001D  CD 21                                INT 21H                    ;软件中断
 001F                             CODE      ENDS
                                            END START
Microsoft (R) Macro Assembler Version 6.15.8803          12/20/19 14:12:23
EX5-22.asm                                                      Symbols 2 - 1
```

图 5.4　例 5.22 的列表文件（部分）

注意：在上面的宏定义中，指令 MOV REG，MEM1 既非程序的第一条指令，亦非指令的转移目标，在这种情形下一般不赋予它标号。在这里硬给它加上标号是用来说明伪指令 LOCAL 作用的。

4. 宏库

经常把一些常用、编写得好的宏定义以文件形式组成一个宏库，供其他程序使用。当需要宏库文件中的宏定义时，可以在当前编写的源程序中通过使用 INCLUDE 伪指令把宏定义复制进来。这样可减少重复编写时的工作量和错误。

5.5　汇编语言程序的设计步骤

汇编语言程序的设计与其他高级语言（如 C 语言）的程序设计类似，大致可分成 6 个步骤。

1）分析问题，建立数学模型。

2）确定算法，即确定解决数学模型的步骤和方法。

3）绘制流程图，用图形方式描述算法和整个程序结构，有利于程序的编写和调试。传统的流程图常用符号见表 5.2。

4）根据流程图编写汇编源程序。

5）上机调试程序。

6）程序通过调试后，还要试运行以查看是否达到设计要求。

表5.2　传统流程图常用符号

符号	符号名称	含义
（圆角矩形）	起止框	表示算法的开始和结束
（平行四边形）	输入/输出框	表示输入/输出操作
（矩形）	处理框	表示对框内的内容进行处理
（菱形）	判断框	表示对框内的条件进行判断
↓→	流程线	表示流程的方向
（圆）	连接点	表示两个具有同一标记的“连接点”应连成一个点

汇编语言的汇编、连接和执行过程如图5.5所示。汇编语言程序经汇编器（assembler）汇编为机器码的目标文件，连接器（linker）把目标文件调用的子程序、宏定义、数据文件等模块导入，生成可执行文件（扩展名一般为EXE）。可执行文件经操作系统的程序加载器（program loader，MS－DOS中即为COMMAND程序）装入内存，初始化后即可运行。

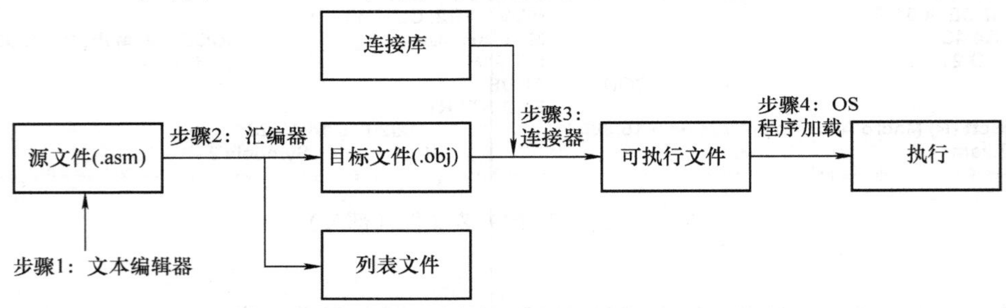

图5.5　汇编语言的汇编、连接和执行过程

简便起见，本章讨论的16位实地址模式编程的汇编、连接和调试软件使用Microsoft的MASM和debug.exe，以及MS－DOS模拟器DOSBox v0.74。

假定操作系统为Windows 7～Windows 10，MASM 6.15安装在C盘（可执行文件在C：\masm615目录下），debug.exe和汇编源程序也存放在C：\masm615目录。

使用MASM 6.14～MASM 6.15的上机调试过程简述如下：

1）使用编辑器输入、编辑源程序文件，文件的扩展名必须为.asm。

2）使用宏汇编程序MASM.exe把源程序（.asm）汇编成扩展名为.obj的目标文件。

图5.6所示为对例5.22的源程序文件EX5－22.asm的汇编过程。具体操作：在Windows中运行“命令提示符”应用程序，打开“命令提示符”窗口。在窗口中的提示符“>”后输入“MASM 文件名［.asm］［/L］”，然后按Enter键即可。在当前文件目录下，生成目标文件和列表文件（扩展名.lst）。列表文件可用记事本打开（参考图5.3），有助调试程序。

3）使用连接程序LINK.exe（必须5.60版本以上），把目标程序文件连接装配成扩展名为.exe的可执行文件。如图5.7所示，输入“LINK　文件名［.obj］”，然后按Enter键（图中所有的提示输入，均直接按Enter键）。注意：生成的16位可执行文件不能在Windows 7以上的系统中运行，需借助DOS模拟器来运行。

```
命令提示符

C:\MASM615>MASM EX5-22 /L
Microsoft (R) MASM Compatibility Driver
Copyright (C) Microsoft Corp 1993.  All rights reserved.

 Invoking: ML.EXE /I. /Zm /c /Fl EX5-22.asm

Microsoft (R) Macro Assembler Version 6.15.8803
Copyright (C) Microsoft Corp 1981-2000.  All rights reserved.

 Assembling: EX5-22.asm

C:\MASM615>
```

图 5.6　EX5 - 22. asm 文件的汇编过程

```
命令提示符

C:\MASM615>LINK EX5-22

Microsoft (R) Segmented Executable Linker  Version 5.60.339 Dec  5 1994
Copyright (C) Microsoft Corp 1984-1993.  All rights reserved.

Run File [EX5-22.exe]:
List File [nul.map]:
Libraries [.lib]:
Definitions File [nul.def]:
LINK : warning L4021: no stack segment

C:\MASM615>
```

图 5.7　EX5 - 22. obj 文件的连接

4）启动 DOSBox v0. 74，如图 5. 8 所示，使用“mount c c：\ masm615”命令将 C：\ masm615 目录映射为虚拟盘 C（执行“mount - u c”可取消映射）。转换到虚拟盘 C，并执行“CLS”清屏。注意：步骤 3）生成的 . exe 文件可在 DOSBox 中执行。

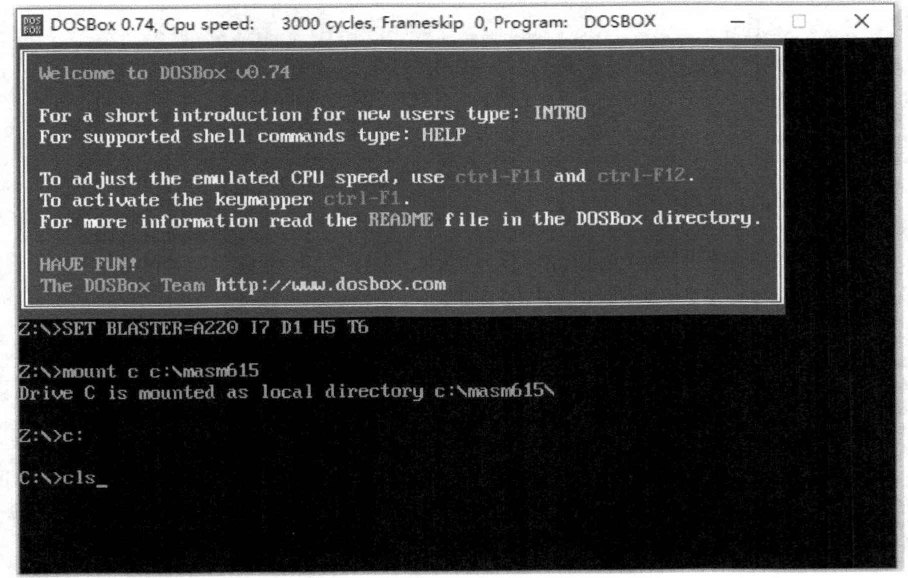

图 5.8　启动 DOSBox 映射虚拟盘

5）使用调试程序DEBUG，调试并运行可执行文件（.exe）。

如图5.9所示，在DOSBox中的提示符“>”后输入“DEBUG　EX5-22.exe”，然后按Enter键，启动调试程序DEBUG。在DEBUG命令提示符“-”后，输入反汇编命令“U”，然后按Enter键，对比源程序确认数据段段基址、程序开始和断点的偏移地址。注意：代码段和数据段的段基址会因不同的计算机系统而异。

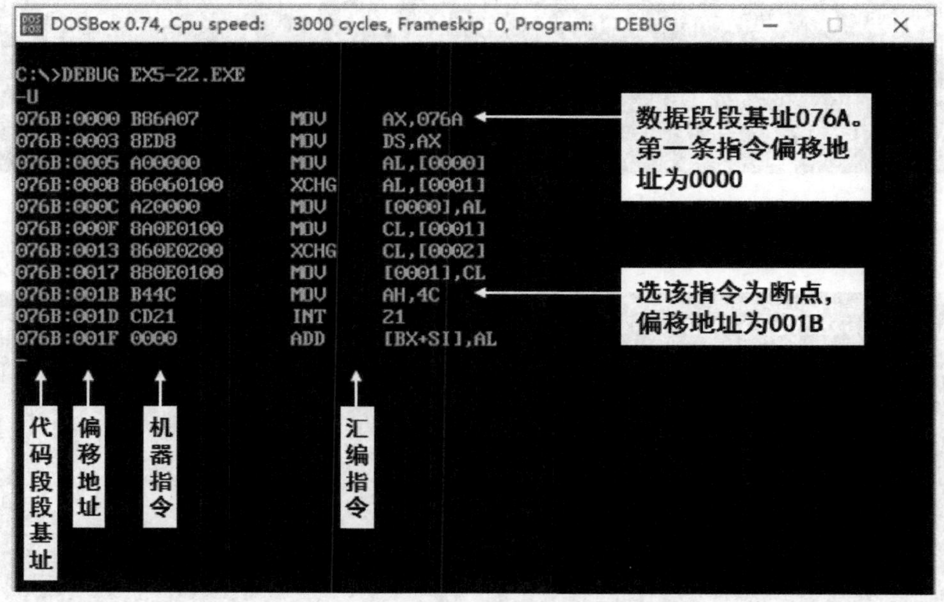

图5.9　反汇编EX5-22.exe文件

运行程序前可使用显示内存命令“D　[开始地址][结束地址/L字节数]”，按Enter键，查看数据段，如图5.10所示。

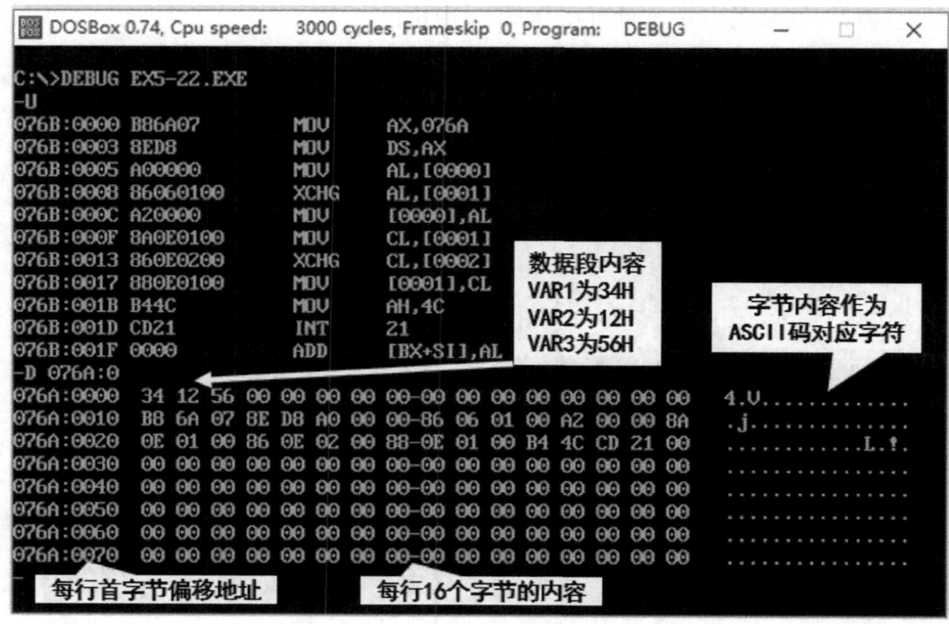

图5.10　运行程序前查看数据段

使用 G 命令“G　[= 开始地址] [断点地址]”，按 Enter 键，运行程序（从开始的偏移地址 00 至断点 1B 处），然后用 D 命令查看数据段内容，检查运行结果。如图 5.11 所示，VAR1 与 VAR2 的内容先交换，VAR2 与 VAR3 的内容再交换，可知程序正确。

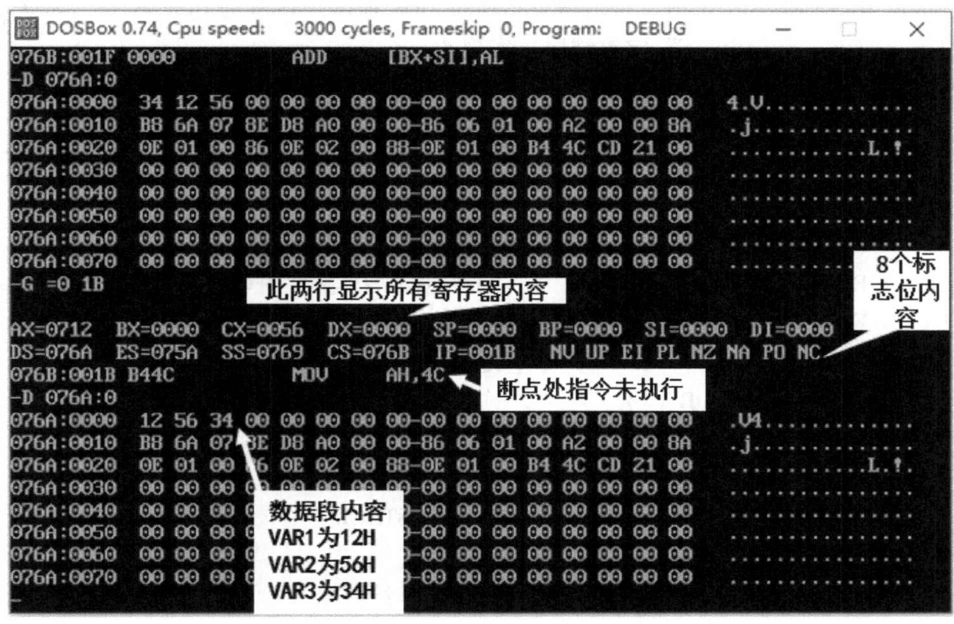

图 5.11　运行程序后查看数据段

注意：

① 因为步骤 3）生成的可执行文件运行于 DOSBox，故其文件名不能多于 8 个字符（不包含扩展名）。

② DEBUG 中的所有数字都采用十六进制表示（不带后缀 H）。

③ 若使用 MASM 6.11 版本及以下版本（LINK.exe 版本 5.31 及以下）的汇编器，由于它们不能运行于 Windows 7 以上系统，要先执行上述步骤 4），再在 DOSBox 中执行步骤 1）~3）和 5）。

④ 使用 MASM 5.X 汇编器时，源程序中的数据定义伪操作需使用表 5.1 所列的旧版本形式。

5.6　汇编语言程序设计的基本技术

根据结构化程序设计的理论，汇编语言程序可分为 3 种结构：顺序结构、分支结构和循环结构。

5.6.1　顺序结构程序设计

顺序结构是最简单和最基本的结构形式。顺序结构的程序按指令书写的先后次序执行一系列操作，也叫直线式程序，其流程图如图 5.12 所示。

例 5.23　从键盘输入的两个双位数字“47”和“69”的 ASCII 码已存放在数据缓冲区的存储单元 VAL1 和 VAL2，求它们的和（ASCII 码）并存入数据缓冲区的存储单元 RES 中，在显示器显示结果。

分析：ASCII码的加法与非压缩BCD码的加法类似，先用二进制加法，再用AAA指令校正，得到的结果是BCD码，再利用ASCII码比相应的非压缩BCD码大30H的事实将结果转换为ASCII码。由于两个双位数相加有可能向百位进位，因此RES应取3个字节。显示结果是通过DOS提供的09H号功能调用——显示字符串（必须以“$”字符结尾）实现的。

开始 → 指令1 → 指令2 → ⋮ → 指令n → 结束

图5.12　顺序结构程序流程图

源程序如下：

```
DATA    SEGMENT                     ；定义数据段
VAL1    BYTE '47'
VAL2    BYTE '69'
RES     BYTE 3 DUP（?）
ECHR    BYTE '$'                    ；跟在RES后作为字符串结束符
DATA    ENDS
STACK   SEGMENT STACK 'STACK'       ；定义堆栈段
        BYTE  100 DUP（?）
STACK   ENDS
CODE    SEGMENT                     ；定义代码段
        ASSUME CS：CODE，DS：DATA，SS：STACK
START： MOV AX，DATA
        MOV DS，AX                  ；数据段基址装填
        MOV AX，WORD PTR VAL1       ；取变量VAL1，（AH）='7'，（AL）='4'
        XCHG AH，AL                 ；交换AH与AL（校正运算只能针对AL）
        MOV BX，WORD PTR VAL2       ；取变量VAL2，（BH）='9'，（BL）='6'
        ADD AL，BH                  ；个位数字二进制相加，'7'+'9'
        AAA                         ；校正为非压缩BCD码，进位加入AH
        OR AL，30H                  ；个位的和转换为ASCII码
        MOV RES+2，AL               ；保存结果的个位
        MOV AL，AH                  ；把十位数传送进AL
        XOR AH，AH                  ；AH清零，用于放百位数字
        ADD AL，BL                  ；对十位数字进行加法
        AAA
        OR AX，3030H                ；将百位、十位数字转换为ASCII码
        MOV RES+1，AL               ；保存结果的十位数字
        MOV RES，AH                 ；保存百位数字
        MOV DX，OFFSET RES          ；要显示字符串的起始地址（偏移地址）
        MOV AH，9                   ；09H号DOS功能调用，显示字符串
        INT 21H
        MOV AH，4CH                 ；4CH号功能调用，终止用户程序返回DOS
        INT 21H
CODE    ENDS
        END START
```

说明：

1）这段程序使用8086指令集，工作于实模式。本章中的例题如果没有另外说明，都采用同样的设置。

2）显示字符串是09H号DOS功能调用，功能号09H必须送入AH中，然后执行软件中断指令INT 21H。其他规定是：DS：DX⇐需要输出字符串的首地址；字符串以字符“$”为结束标志（$不显示）。DOS提供了许多I/O功能调用，现阶段只需要能熟练使用即可，不必深究其原理。

3）最后两条指令“MOV AH，4CH”和“INT 21H”是使用了4CH号（送入AH中）的系统功能调用，作用是终止程序，返回DOS。

4）程序中定义的堆栈段并没有实际使用，可以省去。这里添加堆栈段的目的是避免在使用LINK程序连接.obj文件时出现提示：“warning L4021：no stack segment”。

5）本节中的全部例题出于教学目的，为使程序结构清晰、易读，不追求程序性能的优化。

例5.24　利用查表法把非压缩BCD码转换为七段码（Seven－Segment－Code）。

分析：七段码用于控制LED或数码管等显示数字。如图5.13所示，置某控制位为1就能让对应段发光，从而显示0～9或其他简单字符。

图5.13　七段码显示

源程序如下：

```
.MODEL      SMALL                              ；设置内存模式
.STACK      64                                 ；定义堆栈段
.DATA                                          ；定义数据段
TABLE7      BYTE 3FH，06H，5BH，4FH，66H，6DH，7DH，07H，7FH，6FH
                                               ；对应0～9的七段码
VALBCD      BYTE   05H                         ；待转换的非压缩BCD码
RES7        BYTE    ?
.CODE                                          ；定义代码段
.STARTUP
MOV     BX，     OFFSET     TABLE7             ；表的首地址放入BX
MOV     AL，     VALBCD                        ；取数
XLAT                                           ；查表
MOV     RES7，AL                               ；存结果
.EXIT
END
```

上述程序采用简化段结构，减轻了书写（输入）量，但MASM 5不支持BYTE、.STARTUP和.EXIT伪指令。查表也可不采用XLAT指令，而利用寄存器间接寻址或基址寻址的方式实现。

查表法广泛用于代码转换及其他不便于实时计算的场合（比如求一个数的对数等），考虑到现在CPU内部数据Cache比较大，只要表格组织得好，查表速度也很快。

5.6.2　分支结构程序设计

在用汇编语言程序解决实际问题时，经常遇到需要针对不同情况做出不同处理的情形。这时用顺序结构就无法解决问题了，而需要使用分支结构程序。在汇编语言中经常使用转移指令来实现分支结构程序的设计。

1. 转移指令

转移指令可分为无条件转移指令和条件转移指令两类，这是根据转移是否依赖于标志寄存器的状态来划分的。还可以根据转移指令与转移目标是否同处一个逻辑段分为段内转移（NEAR）与段间转移（FAR）。段内转移由于转移目标处指令与转移指令同处一个逻辑段，所以发生转移时只需修改EIP、IP的值，而段间转移由于转移目标处指令与转移指令不在同一逻辑段，发生转移时需同时修改CS和EIP、IP的值。转移目标的寻址方式有直接寻址和间接寻址两种。

（1）无条件转移指令JMP

JMP指令的功能是无条件使程序转移到指定的目的地址，并从该地址开始执行新的程序段。它的执行对标志寄存器无影响。

无条件转移指令的机器语言格式：

（a）	EB	DISP				SHORT转移
（b）	E9	DISP low	DISP high			NEAR转移
（c）	EA	IP low	IP high	CS low	CS high	FAR转移

说明：

（a）SHORT转移指令：这是一个段内转移指令，指令长2B。EB是操作码；DISP是8位的相对位移量（转移目标地址与当前IP值的差），用补码表示，取值范围为－128～127。该指令的功能就是IP⇐IP＋DISP，而CS内不变，从而使指令流控制转移到本程序段内的一个目的地址。

（b）NEAR转移指令：这同样是一个段内转移指令，指令长3B。E9是操作码；DISP low与DISP high分别是相对位移量的低8位和高8位，16位的相对位移量用补码表示，取值范围为－32768～＋32767。该指令功能与SHORT转移指令一样，只是转移范围更大，可跳转到段内任何地方（段的最大长度64KB）。

（c）FAR转移指令：这是一个段间转移指令，指令长5B。EA为操作码；IP low和IP high分别代表转移目的地的偏移地址的低8位和高8位；而CS low和CS high则分别代表转移目的地所在的段基址的低8位和高8位。该指令的功能是IP⇐指令中的IP段内容，CS⇐指令中的CS段内容，从而实现段间转移。

这里介绍转移指令的机器语言格式仅是为了更好地使读者理解转移指令，需要掌握的是下面将要介绍的转移指令的汇编语言格式，它们在汇编后都会转换为上述3种形式之一。

1）直接转移指令。

格式：JMP［类型］标号地址

功能：无条件转移到标号地址处的指令，继续执行程序。类型可选择 SHORT（段内转移）、NEAR（段内转移）和 FAR PTR（段间转移）。省略类型参数，默认为 NEAR。如果标号地址已定义为 FAR 类型，则 JMP 指令中说明为 FAR PTR 的类型参数可省略。

例如：

```
CODE1 SEGMENT
        …
      XOR    BX,    BX
BEGIN:AND    AX, 1
        …
      JMP BEGIN             ; 段内转移（NEAR）
        …
NEXT1 LABEL    FAR          ; 标号定义为 FAR 类型，其逻辑地址同 NEXT
NEXT: MOV BX, AX
        …
      JMP SHORT NEXT        ; 段内转移（SHORT）
        …
      ENDS
CODE2 SEGMENT
        …
      JMP NEXT1             ; 段间转移至 FAR 类型标号 NEXT1
        …
      JMP FAR PTR BEGIN     ; 段间转移，标号 BEGIN 原类型为 NEAR
        …
      ENDS
```

2）段内间接转移指令。所谓间接转移指令，是指目标地址采用间接寻址方式的无条件转移指令。

格式：JMP 字地址指针

功能：IP⇐指针所指内存字单元的内容。

例如：

```
JMP DI                ; IP⇐DI
JMP [SI]              ; IP⇐ [SI]（字单元）
JMP WORD PTR [BX]     ; IP⇐ [BX+1] [BX]（BX 指向字节单元数据）
```

3）段间间接转移指令。

格式：JMP 双字地址指针

功能：IP⇐EA 所指（双字中低地址字）字单元的内容；

CS⇐EA+2 所指内存字单元的内容。

例如：

```
JMP    DWORD PTR [DX]
JMP    JTABLE [BX]
```

（2）条件转移指令

条件转移指令以某些标志位或标志位的逻辑运算为判断依据。若满足条件，则转移到指定目标处的指令，否则顺序执行该条指令的下一条指令。条件转移指令只能段内转移，而且都是相对转移（转移目标偏移地址等于由条件转移指令机器码中的相对位移量 DISP 与当前 IP 值之和）。8086～80286 只支持 SHORT 转移，80386 以上 CPU 支持 NEAR 转移。所有条件转移指令的执行不影响标志寄存器。

条件指令格式：

Jcc 标号

其中，J 后面的 cc 代表由 1～3 个字母表示的转移条件。表 5.3 给出了条件转移指令及其判断条件，按其判断功能划分，可分为 3 类：简单条件转移指令、无符号数条件转移指令和带符号数条件转移指令。

通常在条件转移指令前使用一些影响标志位的指令，如算术运算、逻辑类指令和串操作中的 CMPS、SCAS 等，以产生判断条件。

表 5.3　条件转移指令及其判断条件

种　　类	指　　令	转移条件	意　　义
简单条件转移指令	JC	CF = 1	有进位/有借位
	JNC	CF = 0	无进位/无借位
	JE/JZ	ZF = 1	相等/等于 0
	JNE/JNZ	ZF = 0	不相等/不等于 0
	JS	SF = 1	负数
	JNS	SF = 0	正数
	JO	OF = 1	有溢出
	JNO	OF = 0	无溢出
	JP/JPE	PF = 1	（最低字节）有偶数个 1
	JNP/JPO	PF = 0	（最低字节）有奇数个 1
无符号数条件转移指令	JA/JNBE	CF = 0 AND ZF = 0	A > B（CMPA，B）
	JAE/JNB	CF = 0	A ≥ B（CMPA，B）
	JB/JNAE	CF = 1	A < B（CMPA，B）
	JBE/JNA	CF = 1 OR ZF = 1	A ≤ B（CMPA，B）
带符号数条件转移指令	JG/JNLE	SF = OF AND ZF = 0	A > B（CMPA，B）
	JGE/JNL	SF = OF	A ≥ B（CMPA，B）
	JL/JNGE	SF ≠ OF	A < B（CMPA，B）
	JLE/JNG	SF ≠ OF OR ZF = 1	A ≤ B（CMPA，B）

2. 分支结构程序设计

在使用汇编语言程序解决问题时，当遇到必须针对不同情况采用不同的解决方案时，就要使用分支结构。要能正确地利用分支结构的程序解决问题，首先必须能设法利用某些指令执行结果所设置的标志位对不同的情况进行区分，也就是产生转移的判定条件。有多少种不同的情况，就意味着程序有多少个分支。根据分支的个数，分支结构程序可分为双分支结构和多分支结构。多分支结构可由多个双分支结构实现。

（1）双分支结构程序设计

典型的双分支结构程序流程图如图 5.14 所示。图 5.14a 为 IF－THEN－ELSE 结构，图 5.14b 为 IF－THEN 结构。

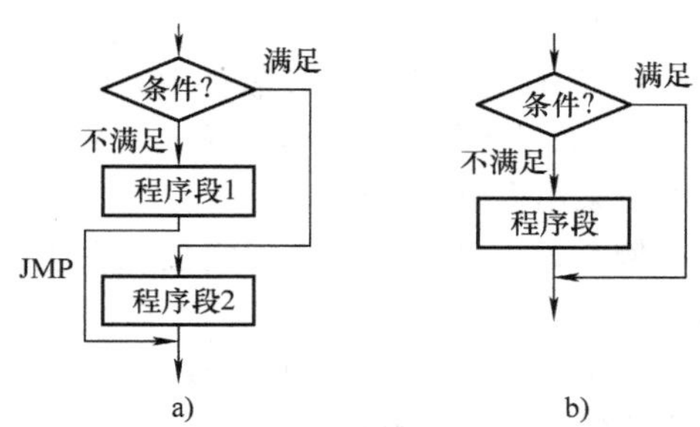

图 5.14　双分支结构程序流程图

a）IF－THEN－ELSE 结构　b）IF－THEN 结构

例 5.25　编写程序实现显示字符串 PROMPT1，如果用户从键盘输入“Y”，显示 MESSAGE，输入其他内容则显示 PROMPT2。

分析：这个可采用双分支结构来处理，因为有两种情况要分别处理，Y 和非 Y，所以属于 IF－THEN－ELSE 结构。键盘输入字符采用 07H 号 DOS 功能调用实现，键入字符的 ASCII 码送入 AL 中。由于要 3 次显示字符串，所以可对显示字符串的功能进行带参数的宏定义。

源程序如下：

```
DISP     MACRO STR              ；定义宏，实现显示字符串功能，形参为字符串变量
         MOV DX，OFFSET STR
         MOV AH，9              ；09H 号 DOS 功能调用
         INT 21H
         ENDM
.MODEL SMALL
.STACK 64
.DATA
PROMPT1 BYTE        'There is a message for you from NEO.'，SPACE
        BYTE        'To read it enter Y'，'$'
MESSAGE BYTE        CR，LF，'HI！I will meet you in the Matrix in 3009.'，'$'
PROMPT2 BYTE        CR，LF，'No more messages for you.'，'$'
CR       EQU     0DH        ；控制字符，表示回车
LF       EQU     0AH        ；控制字符，表示换行
SPACE    EQU     20H        ；控制字符，表示空格
.CODE
START：  MOV AX，@DATA
         MOV DS，AX
         DISP PROMPT1          ；宏调用，显示字符串 PROMPT1
         MOV AH，7             ；07H 号 DOS 功能调用，输入字符送入 AL
         INT 21H               ；软件中断，功能号由 AH 指定
         CMP AL，'Y'           ；如果是 Y，跳转到标号 OVER
         JZ OVER
         DISP PROMPT2          ；如果不是 Y，显示 PROMPT2
         JMP EXIT
OVER：   DISP MESSAGE          ；显示 MESSAGE
EXIT：   MOV AH，4CH
         INT 21H
         END START
```

说明：

1）07H 号的 INT 21H 软件中断调用的功能是从键盘读入一个字符送至 AL。

2）如果条件改为从键盘输入“Y”或“y”显示 MESSAGE，否则显示 PROMPT2，要如何实现？可采用多分支结构。

例 5.26 清屏并把光标定位在左上角，然后以十六进制数字显示内存单元中的一个字节数据。

分析：清屏与光标定位只要调用 BIOS 中断 INT 10H，正确设置参数即可实现，因而把它们定义为宏，以免影响程序主干的阅读。

显示数据可以采用 09H 号 DOS 功能调用——显示字符串的方法，但现在要显示的字符仅为两个，所以也可以采用两次显示单个字符的方法，即使用 02H 号 DOS 功能调用。调用要求是把要显示字符的 ASCII 码送入 DL，把功能号 02H 送 AH，再执行 INT 21H 软件中断指令。

因为4位二进制数字恰好对应一位十六进制数字，所以最后一个要解决的问题是如何把4位二进制数转换为对应的一位十六进制数字的 ASCII 码。由于数字字符 0 ~ 9 的 ASCII 码比相应的二制数大 30H，而 A ~ F 的 ASCII 码比相应的二制数大 37H，两种情况需分别处理，所以可用双分支结构程序解决。

源程序如下：

```
CLEAR   MACRO                       ；定义宏，实现清屏功能
        MOV AX，0600H
        MOV BH，07
        MOV CX，0000
        MOV DX，184FH
        INT 10H
        ENDM

CURSOR  MACRO COLUMN，ROW          ；定义宏，光标定位在由形参决定的位置
        MOV AH，02                  ；功能号
        MOV BH，00                  ；显示页号为00
        MOV DL，COLUMN              ；光标的列坐标
        MOV DH，ROW                 ；光标的行坐标
        INT 10H                     ；BIOS 中断调用
        ENDM

DATA    SEGMENT
D_BUFF  BYTE 9FH                    ；待显示的数据
DATA    ENDS

CODE    SEGMENT
        ASSUME CS：CODE，DS：DATA
START：  MOV AX，DATA
        MOV DS，AX
        CLEAR                       ；宏调用，清屏
```

```
        CURSOR 0，0          ；宏调用，光标定位在左上端
        MOV DL，D_BUFF       ；取需显示的字节数据
        MOV BL，DL           ；备份数据，以减少访存次数
        MOV CL，4
        SHR DL，CL           ；逻辑右移，DL中为原数据的高4位
        CMP DL，9            ；数字不大于9，加30H转换为ASCII码
        JBE NEXT1
        ADD DL，7            ；数字大于9，加37H转换为ASCII码
NEXT1： ADD DL，30H
        MOV AH，02H          ；02H号DOS功能调用
        INT 21H              ；显示高位ASCII码
        MOV DL，BL
        AND DL，0FH          ；DL中存放原数据低4位
        CMP DL，9
        JBE NEXT2
        ADD DL，7
NEXT2： ADD DL，30H
        MOV AH，02H          ；显示低位ASCII码
        INT 21H
        MOV AH，4CH
        INT 21H
CODE    ENDS
        END START
```

说明：

1）清屏、光标定位均通过文本方式BIOS屏幕功能调用实现，清屏使用了06H号窗口上滚的功能来实现，光标定位使用02H号功能。VGA显示器文本方式下可以显示80列×25行字符，其中，0列0行在左上角，79列24行在右下角。

2）例题演示了如何把一个字节的二进制数转换为两位十六进制数（ASCII码）的方法，可推广到多字节的二进制数。

3）采用例题中的方法可以显示寄存器或存储器中的字节数据，可用于显示程序结果或程序断点的状态。

（2）多分支结构程序设计

多分支结构的程序有两个以上的分支。多分支结构程序的设计可以由多个双分支结构实现。

例5.27 编写一个程序，判别键盘上输入的字符：若是0~9字符，则显示；若为A~Z或a~z字符，均显示“C”；若是回车字符<CR>（其ASCII码为0DH)，则结束程序；若为其他字符则不显示，继续等待新的字符输入。

分析：根据字符的ASCII码，需要处理多种情形，即00H~29H（等待）、30H~39H（显示数字)、3AH~40H（等待)、41H~5AH（显示C)、5BH~60H（等待)、61H~7AH（显示C）和7BH~7FH（等待)，所以需用多分支结构程序解决。流程图如图5.15所示，源程序如下：

```
CODE    SEGMENT
        ASSUME CS：CODE
START： MOV AH，7          ；键盘输入字符送入AL
```

```
          INT 21H
          CMP AL, 0DH          ; 回车符，跳转 DONE 结束
          JZ DONE
          CMP AL, '0'
          JB START             ; 其他字符，跳转 START，继续等待新的字符输入
          CMP AL, '9'
          JA CHARUP
          MOV DL, AL           ; 0~9 字符，显示数字
          MOV AH, 2
          INT 21H
          JMP START
CHARUP:   CMP AL, 41H
          JB START             ; 其他字符，跳转 START，继续等待新的字符输入
          CMP AL, 5AH
          JA CHRDN
DISPC:    MOV DL, 'C'          ; A~Z 字符，显示 C
          MOV AH, 2
          INT 21H
          JMP START
CHRDN:    CMP AL, 61H
          JB START
```

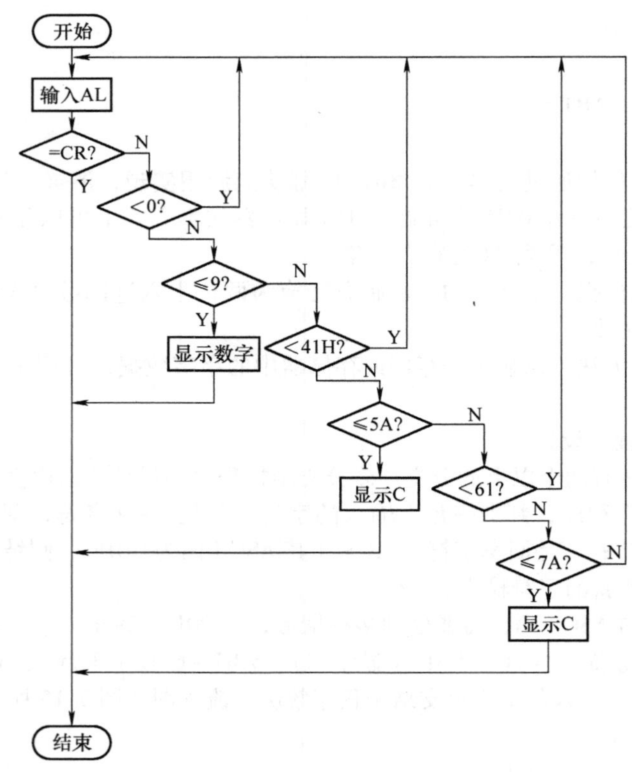

图 5.15　例 5.27 的程序流程图

```
         CMP AL, 7AH
         JA START
         JMP DISPC             ; a~z字符, 显示C
DONE:    MOV AH, 4CH
         INT 21H
CODE     ENDS
         END START
```

虽然多分支结构可用多个双分支结构实现，但这种实现多分支结构的方法，一方面使程序显得冗长烦琐，另一方面进入各个支路的等待时间也不一致。

如果问题中的多个分支可以用连续的编号进行划分，则这种多分支结构可以采用跳转表（Jumptable）的办法来实现。跳转表由表项组成，表项数目等于分支数。所有表项的字节数相同，可以由转移分支的入口地址（标号）或无条件转移指令组成。跳转时，利用各分支的编号寻找相应分支的跳转表项，从而找到转移的目标地址，然后跳转到相应位置，实现多分支转移。

例 5.28 设计一个简单的菜单程序，要求主菜单如下所示。用户输入 1 或 2，屏幕中央显示欢迎信息，底部显示 "Please strike any key"，用户按任意键，程序又显示主菜单。输入 3 则返回 DOS。

```
                      MENU
 * * * * * * * * * * * * * * * * * * * * * * * * *
 *          1. NORTH CAMPUS OF GDUFS            *
 *          2. SOUTH CAMPUS OF GDUFS            *
 *          3. RETURN TO DOS                    *
 * * * * * * * * * * * * * * * * * * * * * * * * *
                          CHOICE (1, 2, 3):
```

分析：为简化程序设计，把输入字符的 ASCII 码高 6 位屏蔽，则低 2 位属于 00 ~ 11 这 4 种情况之一，可采用跳转表法实现多分支。

源程序如下：

```
DISP     MACRO YY, XX, STR      ; 宏定义, 实现在指定位置显示字符串
         MOV AH, 2
         MOV BH, 0
         MOV DL, XX             ; 光标的列位置
         MOV DH, YY             ; 光标的行位置
         INT 10H                ; BIOS 调用, 把光标预置在指定位置
         MOV AH, 9              ; DOS 调用 9 号功能显示字符串
         MOV DX, OFFSET STR
         INT 21H
         ENDM

CLEAR    MACRO                  ; 宏定义, 清屏
         MOV AX, 0600H
         MOV BH, 07
         MOV CX, 0000
         MOV DX, 184FH
```

```
        INT 10H
        ENDM

.MODEL SMALL
.STACK 64
.DATA
CR      EQU 0DH
LF      EQU 0AH
N       EQU 24 DUP ('    ')
L1      BYTE N, '            MENU      ', CR, LF       ；整个菜单作为一个字符串
        BYTE N, '****************************', CR, LF
        BYTE N, '*1. NORTH CAMPUS OF GDUFS *', CR, LF
        BYTE N, '*2. SOUTH CAMPUS OF GDUFS *', CR, LF
        BYTE N, '*3. RETURN TO DOS *', CR, LF
        BYTE N, '****************************', CR, LF, '$'
L7      BYTE N, 'CHOICE (1, 2, 3):       ', '$'
MESG1   BYTE 'WELCOME TO NORTH Campus! $'；欢迎信息
MESG2   BYTE 'WELCOME TO SOUTH Campus! $'
ENDMES BYTE  'Please strike any key $'
J_TAB   WORD CH0, CH1, CH2, CH3   ；地址表，每个表项2B，为语句标号

.CODE
START：MOVAX, @DATA
        MOV   DS, AX
        MOV   AX, 2                  ；BIOS屏显功能调用，黑白文本显示方式
        INT   10H
AGAIN：CLEAR
        DISP  05, 00, L1             ；宏调用，显示菜单
        DISP  0BH, 00, L7            ；宏调用，显示提示信息
        MOV   AH, 1                  ；1号DOS功能调用，带回显的键盘字符输入AH
        INT   21H
        AND   AL, 3                  ；屏蔽AL高6位
        XOR   AH, AH                 ；AH清0
        MOV   BX, AX                 ；分支编号送入BX
        SHL   BX, 1                  ；编号乘以2才是相对跳转表首地址的偏移量
        JMP   J_TAB [BX]             ；间接转移
CH0：   JMP   AGAIN                  ；编号00的处理，重新等待输入
CH1：   CLEAR                        ；编号01的处理
        DISP  0CH, 1AH, MESG1        ；宏调用，显示欢迎信息
        DISP  17, 1FH, ENDMES        ；宏调用，显示提示信息
        MOV   AH, 7                  ；等待按键操作
```

```
        INT  21H
        JMP  AGAIN
CH2:    CLEAR                          ; 编号 10 的处理
        DISP  0CH, 1AH, MESG2
        DISP  17, 1FH, ENDMES
        MOV   AH, 7
        INT  21H
        JMP  AGAIN
CH3:    CLEAR
        MOV   AH, 4CH                  ; 编号 11 的处理, 返回 DOS
        INT  21H
        END  START
```

这个程序中的跳转表由地址标号构成，可以改为由无条件转移指令构成。

例 5.29 无条件转移指令构造跳转表的多分支程序设计。

对于例 5.28 中的程序，删去数据段的 J_TAB，代码段做如下修改：

```
.CODE      SMALL
  START: MOV AX, @DATA
         MOV DS, AX
  …
AGAIN:       CLEAR
  …
        MOV AH, 1            ; 1 号 DOS 功能调用, 带回显的键盘字符输入 AL
        INT 21H
        AND AL, 3            ; 屏蔽 AL 高 6 位
        XOR AH, AH           ; AH 清 0
        MOV BX, AX           ; 分支编号送入 BX
        ADD BL, AL           ; 编号乘以 2 才是相对跳转表首地址的偏移量
        ADD BX, OFFSET J_TAB
        JMP BX               ; 转移至跳转表中
J_TAB:  JMP CH0              ; 编号 00 跳转, 每条短 JMP 指令 2B
                             ; 对于 JMP 指令 MASM 5 编译为 3 字节, MASM 6 编译为 2B
        JMP CH1              ; 编号 01 跳转
        JMP CH2              ; 编号 10 跳转
        JMP CH3              ; 编号 11 跳转
CH0:    JMP AGAIN            ; 编号 00 的处理
CH1:    CLEAR                ; 编号 01 的处理
  …
CH2:    CLEAR                ; 编号 10 的处理
  …
        JMP AGAIN
CH3:    CLEAR
```

```
MOV AH, 4CH        ; 编号11的处理，返回DOS
INT 21H
END START
```

本例中，代码段中从标号J_TAB起的4条指令构成跳转表，每条跳转指令都是SHORT跳转，指令字长2B。与例5.28的跳转表法相比，本例执行速度稍慢。

5.6.3 循环结构程序设计

程序设计中经常会遇到需要多次重复执行的工作，这时可以用循环结构的程序来实现。在循环结构程序中，通过循环控制指令来控制循环。

1. 循环控制指令

(1) 分支转移指令

可以使用分支转移指令实行循环控制。

例5.30 编写程序实现振铃连续发声，直到按键盘上的任一键才停止。

分析：振铃发声可采用02号DOS功能调用，通过显示07H字符（振铃）实现。要检测键盘是否发生按键操作，同时又能连续发声，可调用BIOS的INT 16H中断。其调用参数与功能如下：

```
MOV AH, 01        ; 功能号01送AH，用于检测按键操作
INT 16H
```

返回参数：如果有按键操作，则ZF=0，否则ZF=1。流程图如图5.16所示，源程序如下：

```
.MODEL    SMALL
.STACK
.DATA
BEL       EQU 7
MESSAGE   BYTE 'TO STOP THE BELL SOUND PRESS ANY KEY$'
.CODE
START:    MOV AX, @DATA
          MOV DS, AX
          MOV AH, 9              ; 显示提示信息
          LEA DX, MESSAGE
          INT 21H
AGAIN:    MOV AH, 2              ; 显示BEL字符，振铃发生
          MOV DL, BEL
          INT 21H
          MOV AH, 1              ; 检测按键操作
          INT 16H
          JZ AGAIN               ; 无按键时返回AGAIN连续发声
          MOV AH, 4CH
          INT 21H
          END START
```

注意：程序只在真正支持实模式的系统才正常发声。Windows 7以上系统通过DOSBox运行该程序，由于无法直接访问硬件，因此不会发声。该种场合若需要发声程序，请参考例5.46。

本例中用条件ZF是否为0控制循环，循环次数不定。只要ZF=1，JZ就跳转回AGAIN；一

且 ZF=0，就结束循环。如此就利用分支转移指令实现了循环控制。事实上，所有循环结构都可用分支转移指令实现。

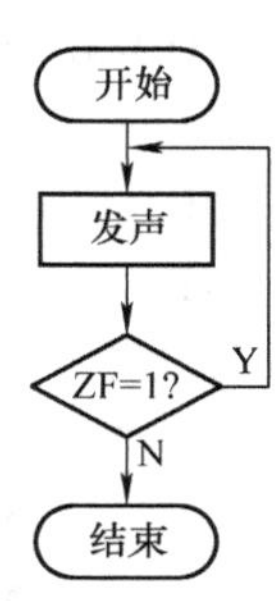

图 5.16　例 5.30 的流程图

（2）专门的循环控制指令

为便于设计程序，指令集提供了 3 个专门用于控制循环程序的指令。循环控制指令也属于转移类指令，而且也是相对转移。相对转移量是 8 位二进制补码，转移范围为 -128 ~ +127B。这 3 条指令都隐含使用 CX 做循环计数器，在执行循环时，CX 递减计数。所以在进入循环前，必须先把循环次数送入 CX。循环控制指令的执行不影响标志位。

1）LOOP 指令。

格式：LOOP 目标地址

功能：在循环计数后（即 CX⇐CX-1），判断循环是否结束：如果 CX≠0，转移至目标地址继续循环，否则退出循环，顺序执行循环控制指令的下一条指令。

一条 LOOP 指令相当于以下两条指令的组合：

```
DEC CX
JNZ LABEL_DEST
```

LOOP 指令主要用于循环次数已知的情况，比如求数组的和、寻找数组中具有某些性质的元素等。

例 5.31　软件延时程序。

```
.MODEL      SMALL
.CODE
START:      MOV CX，立即数 N            ；N 为空循环次数
WAIT1:      LOOP WAIT1
            END START
```

该程序利用指令的多次重复执行消耗 CPU 一段时间，从而达到延时的目的。改变立即数 N 的大小，也就可调整延时的长短。系统主频越高，延时就越短，此时可把上述程序改为双重循环以增加延时。同一个延时程序在主频不同的机器上，延时时间不相同，因此通常只在那些对延时要求不精确的场合使用。较好的方案是利用 INT 15H 中断的 86H 号功能实现延时，也可以用其他软硬件结合或硬件的方法实现高精度的延时。

2）LOOPZ/LOOPE 指令。

格式：LOOPZ/LOOPE　目标地址

功能：在循环计数后（即 CX⇐CX-1）判断循环是否结束：若 CX≠0 且 ZF=1，则转移至目标地址继续循环；若 CX=0 或 ZF=0 则退出循环，顺序执行循环控制指令的下一条指令。

3）LOOPNZ/LOOPNE 指令。

格式：LOOPNZ/LOOPNE　目标地址

功能：在循环计数后（即 CX⇐CX-1）判断循环是否结束：若 CX≠0 且 ZF=0，则转移至目标地址继续循环；若 CX=0 或 ZF=1 则退出循环，顺序执行循环控制指令的下一条指令。

例 5.32　在字节数组中找出第一个 0 数据，找到后显示“Y”，否则显示“N”。

分析：为找出第一个 0 数据，应把 0 与每一个数据比较，所以程序应采用循环结构。循环结束条件有两个，遇到一个即结束循环：遇到一个 0 元素，或者扫描了整个数组也没找到 0 元素。源程序如下：

```
. MODEL  SMALL
. DATA
BUF      BYTE 12, 23, 46, 0FEH, 0F1H, 3DH, 0, 23, 56, 73, 0FCH, 0, 3
CNT      EQU $ - BUF                    ; 数组长度
. CODE
START:   MOV AX, @DATA
         MOV DS, AX
         MOV CX, CNT                    ; 设置循环计数器
         MOV DI, -1                     ; 数组下标从 0 开始
NEXT:    INC DI
         CMP BUF [DI], 0                ; 和 0 比较大小
         LOOPNZ NEXT                    ; 不为 0 且没比较完，循环
         JNZ NFIND                      ; 比较完但没 0 数据，转 NFIND
         MOV DL, 'Y'                    ; 找到，显示 Y
         MOV AH, 2
         INT 21H
         JMP EXIT
NFIND:   MOV DL, 'N'                    ; 没找到，显示 N
         MOV AH, 2
         INT 21H
EXIT:    MOV AH, 4CH                    ; 返回 DOS
         INT 21H
         END START
```

如果题目改为要找第一个非 0 数据，则采用 LOOPZ 指令，对上述程序稍进行修改即可。另外，类似于求一个以“$”作为字符串结束标志的字符串长度这种问题，就是要找到第一个$，所以也可用类似的方法解决。

2. 循环程序的结构

掌握循环程序的结构有助于编写和阅读循环程序。

一个完整的循环程序由 5 部分构成，循环流程图如图 5.17 所示。

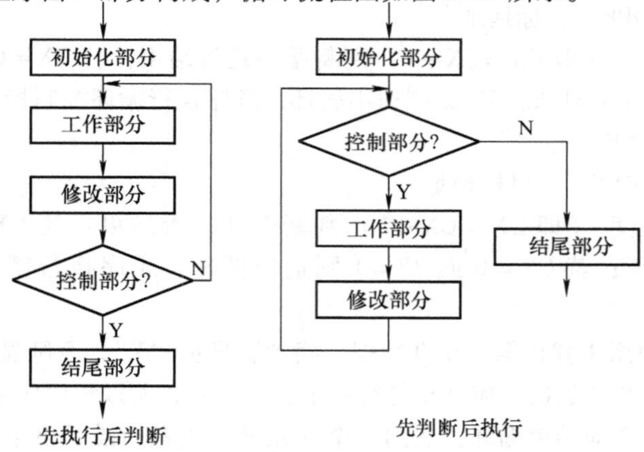

图 5.17　循环流程图

初始化部分：设置循环的初始值，如设置地址指针、循环计数器、累加器和标志位的初值等。

工作部分：通常也称为循环体。它是循环程序的核心部分，动态地执行功能相同的操作。

修改部分：与工作部分协调配合，完成对地址指针及控制变量的修改，为下次循环或退出做好准备。通常每执行循环体一次，都要做相应的修改。

控制部分：判断并控制是结束还是继续循环。

结束处理部分：对循环结果的操作，如对运算结果的存储与传输等。

循环结构有两种基本结构形式。先执行后判断的特征是至少执行一次循环，而先判断后执行则有可能一次也不执行。在实际编程中可据此选用一种。

3. 循环控制方法

控制循环主要有两类方法：用计数器控制循环和用条件控制循环。

（1）用计数器控制循环

如果循环次数已知，就可以利用循环次数来控制循环结束与否。这种循环至少进行一次，常采用先执行后判断结构的方式。这种循环易于用 LOOP 指令实现，此时要在循环前把循环次数送入 CX。但在某些情形下，不能或不便使用 CX 作为计数器（如多重循环的其中某层循环），这时可选另一种通用寄存器来作为循环计数器，与条件转移指令配合来实现循环。在这种情形下，循环计数既可使用正计数法（让计数器从 0 开始计数，每循环一次加 1），也可使用倒计数法（计数器从初值计数到 0，每循环一次减 1）。

例 5.33 一串准备用于通信的字符串，以标准 ASCII 码形式（最高位为 0）存储在内存中，要求给它们设置偶校验位。

分析：校验位不能影响原信息，所以应设置在最高位。偶校验是指整个字节（包括校验位）中 1 的个数为偶数。因为字符串长度已知，所以可用计数器控制的循环实现。

```
DATA     SEGMENT
STR_ORI  BYTE     "Assembly"
         BYTE     '126', '9'
CNT      EQU      $-STR_ORI                ；统计串长度
ORG      100H
STR_BUF  BYTE   CNT DUP (?)                ；预留等长的缓冲区，存放结果
DATA     ENDS
CODE     SEGMENT
         ASSUME CS：CODE，DS：DATA，ES：DATA
START：   MOV AX，DATA
         MOV DS，AX
         MOV ES，AX
         MOV CX，CNT
         LEA SI，STR_ORI                   ；源串首地址送 SI
         LEA DI，STR_BUF                   ；目的串首地址送 DI
         CLD                               ；DF=0，增量地址
LOAD：    LODSB
         AND AL，AL                        ；AND 结果设置 PF 位
         JP STORE                          ；偶数个 1 转 STORE
```

```
        OR AL, 80H                  ; 奇数个1校验位置1
STORE:  STOSB
        LOOP LOAD
        MOV AH, 4CH
        INT 21H
CODE    ENDS
        END START
```

说明：程序中的数据段和附加段共享一个物理段。使用 LODSB 和 STOSB 指令，它们能分别自动修改 SI 和 DI。

（2）用条件控制循环

当实际的循环次数未知或不确定时，比如例 5.30 和例 5.32，就要用某种“条件”来控制循环结束与否。这类循环相比用计数器控制的循环要复杂，常用条件转移指令来实现，有些情形下也可用 LOOPZ/LOOPE 或 LOOPNZ/LOOPNE 指令实现。

例 5.34　求正整数 n 的开二次方近似值（整数）。

分析：由 $\sum_{i=0}^{n-1}(2i+1)=n^2$ 得知，n 依次减去前 i 个奇数，一直到不够减为止，所减去的奇数的个数即为 n 的二次方根近似值。如 $n=17$，$n-1-3-5-7=1$，不够减下一个奇数 9，总共减了 4 次，所以 $\sqrt{17}\approx 4$ 。这里够减多少次不能预先确定，所以只能用条件来控制循环，判定条件是当前的差是否不小于要减的奇数。程序如下：

```
DATA    SEGMENT
VAR     WORD 65530
VAR_SQR WORD?
DATA    ENDS
CODE    SEGMENT
        ASSUME CS: CODE, DS: DATA
START:  MOV AX, DATA
        MOV DS, AX
        MOV AX, VAR             ; AX存放正整数n
        XOR CX, CX              ; CX存放减数个数i
LOP:    MOV DX, CX              ; DX存放当前减数
        SHL DX, 1
        INC DX                  ; 形成当前减数2*i+1
        SUB AX, DX
        JC EXIT                 ; 不够减转EXIT，结束循环
        INC CX                  ; 够减，减数个数加1
        JMP LOP                 ; 转LOP，继续循环
EXIT:   MOV VAR_SQR, CX
        MOV AH, 4CH
        INT 21H
CODE    ENDS
        END START
```

4. 多重循环

多重循环指循环体内还有循环，也叫循环嵌套。例如，下面是一个二重循环软件延时程序段：

```
        …
        MOV DX，100
WAIT2：MOV CX，2801
WAIT1：LOOP WAIT1
        DEC DX
        JNZ WAIT2
        …
```

其中，内循环用 LOOP 指令实现，外循环不能再用 LOOP 指令，而采用 DX 作为计数器配合 JNZ 指令实现循环控制。

对于多重循环，要注意以下两个问题：

1）内层循环必须完全包含于外层循环内，不允许循环结构交叉。

2）转移指令只能从循环结构内转出，或者在同层循环体内转移，而不能从一个循环结构外转入该循环结构内。

例 5.35 用冒泡法给数组中的无符号数 a_1，a_2，a_3，…，a_n由小到大进行排序。

分析：冒泡法有多种算法，其中一种分析如下。

从 a_1开始把相邻两数比较，如果前数大于后数，则两数交换位置，否则位置不变，需进行 $n-1$次比较。为讨论方便，把这种重复进行相邻数比较的操作称为内循环。这里的关键之处在于第一轮 $n-1$ 次内循环完成后，数组中的最大数已处于其正确位置（a_n位置）上。但前面 $n-1$ 个数可能还未排好序，所以进行第二轮相邻数比较，比较次数为 $n-2$，就可把 $n-1$ 个数中的最大数（也即 n 个数中次大数）放入 a_{n-1}位置。把需重复进行的每一轮比较称为一轮外循环，第 i 轮外循环只需进行 $n-i$ 次内循环，就把前 $n-i+1$ 个数中的最大数放入 a_{n-i+1}位置。显然最多进行 $n-1$ 轮外循环就可把全部 n 个数排好序，但有可能不用 $n-1$ 轮就已排好序，那么这种情形如何让外循环提前结束呢？

排好序后再进行一轮外循环时，比较相邻数（即内循环）是不会发生交换操作的，所以可设置一个工作标志，内循环前先清0，内循环中有交换就将其设为1，否则保持为0。内循环结束后，如果工作标志为1，就进入下一轮外循环，否则结束。综上所述，外循环的结束条件是已进行了 $n-1$ 轮比较或工作标志为0。

```
DATA     SEGMENT
BUF      BYTE 1H，3H，56H，67H，35H，99H，33H，0FDH
LENS     EQU $－BUF             ；数据个数
CNT      WORD LENS
DATA     ENDS
CODE     SEGMENT
         ASSUME CS：CODE，DS：DATA
START：  MOV AX，DATA
         MOV DS，AX
         MOV DX，CNT             ；DX 作为外循环计数器
ELOP：   DEC DX
```

```
        JZ DONE                 ; 已比较 CNT-1 轮，结束
        XOR BL, BL              ; BL 作为工作标志，内循环前清 0
        MOV CX, DX              ; CX 内循环计数器
        MOV SI, OFFSET BUF
ILOP:   MOV AL, [SI]            ; 取相邻两数比较
        MOV AH, [SI+1]
        CMP AH, AL
        JNC NEXT                ; 前数大于后数，交换，不跳转
        MOV [SI], AH
        MOV [SI+1], AL
        MOV BL, 1               ; 工作标志设为 1
NEXT:   INC SI
        LOOP ILOP
        AND BL, BL              ; 判断工作标志是否为 1
        JNZ ELOP                ; 工作标志为 1，进行下轮比较
DONE:   MOV AH, 4CH
        INT 21H
        CODE   ENDS
        END START
```

5. 字符串操作程序

与字符串有关的处理程序往往采用循环结构。前面已有相关的例题，下面再提供两个例题，以使读者熟悉字符串操作程序的编写。

为此先介绍一个 DOS 中断调用，功能号为 0AH。它的功能是从键盘输入字符串。其规定如下。

入口参数：DS: DX = 预设的输入缓冲区首地址

出口参数：接收到的字符串存储到输入缓冲区

说明：

1）缓冲区的第一个字节为缓冲区的字节数，也可视为入口参数；缓冲区的第二个字节存放实际读入字符数（不包括回车符），可视为出口参数；从第三个字节起才存放接收的字符，最大接收字符数（包括回车符）等于第一个字节中的字节数。

2）字符串输入以回车符结束。回车符是接收、存储到输入缓冲区的最后字符。

3）如果输入的字符数超过缓冲区所能容纳的最大字符数，则随后的输入字符丢弃并且响铃，直到遇到回车符为止。

4）如果输入时按 Ctrl + C 或 Ctrl + Break 组合键，则结束程序。

调用格式：

```
MOV AH, 0AH
MOV DX, 缓冲区首地址        ; 缓冲区在当前数据段
INT 21H
```

例 5.36　假设从 STRING 单元开始有一源字符串，从键盘输入一个任意长度的子串，编程实现查找源串中包含了子串多少次，并给出结果信息。

分析：当子串长度为 0，或者子串长度超过源串时不需要搜索。搜索次数等于源串长度减去

子串长度再加1。

串比较可以使用带REPE前缀的串比较指令实现。如果遇上一次匹配，就要把指向源串的指针增加子串长度个字节数。

```
DISP    MACR   OVAR                    ；宏定义，显示字符串功能
        MOV AH，9
        LEA DX，VAR
        INT 21H
        ENDM
DATA    SEGMENT
STRING  BYTE 'ABABCDABCDGAKCCC'        ；源串
LENS    EQU $－STRING                  ；源串长度
IN_BUF  BYTE   LENS+1                  ；输入缓冲区首字节，预设输入字符串的最大长度
                                       ；也即子串长度最大为LENS
        BYTE   ?
        BYTE LENS+1 DUP（?）           ；预留子串的存储空间
FOUND   BYTE ?                         ；搜索匹配次数
CR      EQU 0DH
LF      EQU 0AH
MESG1   BYTE 'Please Enter... $'
MESG2   BYTE LF，CR，'FOUND $'
DATA    ENDS
CODE    SEGMENT
        ASSUME CS：CODE，DS：DATA，ES：DATA
START：  MOV AX，DATA
        MOV DS，AX
        MOV ES，AX
        DISP MESG1
        MOV AH，0AH                    ；接收键盘输入子串
        MOV DX，OFFSET IN_BUF
        INT 21H
        MOV AL，IN_BUF+1               ；读取子串长度
        AND AL，AL
        JZ EXIT                        ；子串长度为0转至EXIT
        XOR DX，DX
        MOV DL，AL                     ；子串长度存放在DX
        MOV AH，LENS
        SUB AH，AL
        INC AH                         ；对循环计数器AH初始化
        XOR AL，AL                     ；AL记录匹配次数
        CLD                            ；DF清0，增址方式
        MOV BX，OFFSET STRING
```

```
AGAIN： MOV SI, BX
        LEA DI, IN_BUF +2          ; DI 指向子串首地址
        MOV CX, DX                 ; 设置串比较重复次数
        REPE CMPSB                 ; 字符串搜索
        JNZ NEXT
        INC AL                     ; 匹配次数加 1
        ADD BX, DX                 ; 源串指针增加子串长度
        DEC BX
NEXT：  INC BX                     ; 比较一次，源串指针加 1
        DEC AH
        JNZ AGAIN
EXIT：  MOV FOUND, AL              ; 存放搜索结果
        DISP MESG2
        MOV DL, FOUND
        OR DL, 30H
        MOV AH, 02H
        INT 21H
        MOV AH, 4CH
        INT 21H
CODE    ENDS
        END START
```

例 5.37　在一片内存区中有一数据块，起始地址为 BLOCK。要求把其中的负数和非负数分开，分别存放到 MINUS_BUF 和 PLUS_BUF 缓冲区中。

分析：取字符串、存字符串可以用相应的串操作指令实现，区分负数和非负数可通过测试符号位解决。难点在于，如果使用串操作指令，就一定要用 DI 作为目的串的指针，但现有两个目的串，那么一个指针如何为两个目的串服务？其中一种解决方法是让 DI 作为当前要访问的目的串的指针，BX 作为另一个当前不访问的目的串指针；如果访问对象改变，就交换两个指针的内容。

```
DATA    SEGMENT
BLOCK   DB 03H, 46H, 0F4H, 0AFH, 90H, 87H, 50H
        DB 99H, 0FFH, 40H, 77H, 88H, 0B3H, 9EH
        CNT EQU $ - BLOCK
        ORG 100H
P_BUF   DB CNT DUP (0FFH)
        ORG 200H
M_BUF   DB CNT DUP (01H)
DATA    ENDS
CODE    SEGMENT
        ASSUME CS: CODE, DS: DATA, ES: DATA
START:  MOV AX, DATA
        MOV DS, AX
```

```
        MOV ES, AX
        LEA SI, BLOCK       ; 取源串首地址
        LEA DI, P_BUF       ; 取正数区首地址
        LEA BX, M_BUF       ; 取负数区首地址
        MOV CX, CNT         ; 循环次数
        CLD                 ; 增址方式
NEXT:   LODSB
        TEST AL, 80H        ; 测试正负
        JNZ MINUS
        STOSB               ; 非负数存正数区
        JMP AGAIN
MINUS:  XCHG BX, DI         ; 交换指针存负数
        STOSB
        XCHG BX, DI
AGAIN:  LOOP NEXT
        MOV AH, 4CH
        INT 21H
CODE    ENDS
        END START
```

5.6.4 子程序设计

编写汇编语言程序时常遇到一些完成一定功能的程序段要重复使用的情况，比如题目中经常出现的要实现显示功能的程序段，但不能用循环结构来解决重复编写的问题。为解决这类重复编写的问题，以及节省存储空间，可把这些程序段编制为子程序（Procedure），供其他程序调用。调用子程序的程序称为主程序。指令流控制在主程序与子程序间转移时需使用调用（CALL）指令和返回（RET）指令。

1. 子程序调用指令与返回指令

（1）子程序调用指令

子程序调用指令又叫过程调用指令，主程序调用子程序是通过使用CALL指令实现的。它的功能是把当前程序中紧跟CALL指令的下一条指令的地址（又叫断点地址或返回地址）压进堆栈，并把被调用过程的第一条指令的地址（即入口地址）送入IP/EIP，从而转去执行子程序。CALL指令可分为段内调用（NEAR CALL）和段间调用（FAR CALL）两种。段内调用指调用程序和被调用过程在同一段内，CS的内容不改变，仅需把返回地址的偏移地址（当前EIP/IP内容）压栈，然后将被调用过程的入口地址（偏移地址）送入IP，从而转去执行子程序。段间调用指调用程序与被调用过程不在同一段，需要把返回地址的信息（即当前CS和EIP/IP的内容）都放入堆栈，把被调用过程入口地址的段基址和偏移地址分别送入CS和EIP/IP。

CALL指令的汇编语格式有以下3类。

1）直接调用。

格式：CALL　［类型］　过程名

其中，类型参数有NEAR PTR和FAR PTR两种。如果过程名已被定义为NEAR或FAR类型，则CALL指令中的类型参数可以忽略，否则要选用（如果过程名省略类型说明，CALL指令中也省略类型参数，则当作段内调用处理）。

- 如果类型参数为 NEAR PTR，或者过程名为 NEAR，则是段内直接调用：

  SP⇐SP－2　　（SP）⇐IP；

  IP⇐IP＋D16　（D16 表示子程序入口地址和当前 IP 间的偏移量，补码表示）

- 如果类型参数为 FAR PTR，或者过程名为 FAR，则是段间直接调用：

  SP⇐SP－2（SP）⇐CS　（先压 CS 进栈）

  SP⇐SP－2（SP）⇐IP　（再压 IP 进栈）

  IP⇐入口地址的偏移地址　　CS⇐入口地址的段基地址

2）内存间接调用。

格式：CALL　［类型］　存储单元

类型参数有 WORD PTR 和 DWORD PTR 两种。如果存储单元已定义为字或双字类型，则 CALL 指令中的类型参数可以忽略。

- 类型参数为 WORD PTR，或者存储单元为字单元，则是段内间接调用：

  SP⇐SP－2（SP）⇐IP

  IP⇐（EA）

- 类型参数为 DWORD PTR，或者存储单元为双字单元，则是段间间接调用：

  SP⇐SP－2（SP）⇐CS　（先压 CS 进栈）

  SP⇐SP－2（SP）⇐IP　（再压 IP 进栈）

  IP⇐（EA）CS⇐（EA＋2）

例如：

```
CALL WORD PTR [SI]            ; [SI] 指向字节单元
CALL DWORD PTR [SI]           ; [SI] 指向字节或字单元
CALL DWORD PTR ADDR           ; ADDR 为字节变量
```

3）寄存器间接调用。

格式：CALL 寄存器

这是段内间接调用：

  SP⇐SP－2（SP）⇐IP

  IP⇐（寄存器）

例如，CALL BX。

（2）返回指令

子程序执行完后返回主程序需由返回指令实现。返回指令的功能是从堆栈的栈顶弹出数据作为返回地址。与调用指令相对应，返回指令有段内返回和段间返回。如果主程序通过段内调用进入子程序，则返回时属段内返回；如果主程序通过段间调用进入子程序，则返回时属段间返回。段内返回是从栈顶弹出一个字数据进 IP；段间返回是从栈顶弹出一个字数据进 IP，再弹出一个字数据进 CS。

RET 指令的汇编语句格式有以下两类。

1）格式：RET。

- 段内返回 IP⇐（SP）　　SP⇐SP＋2
- 段间返回IP⇐（SP）　　SP⇐SP＋2

  　　　CS⇐（SP）　　SP⇐SP＋2

2）格式：RET *n*（正偶数）。

- 段内返回 IP⇐（SP） SP⇐SP+2

  SP⇐SP+n
- 段间返回 IP⇐（SP） SP⇐SP+2

  CS⇐（SP） SP⇐SP+2

  SP⇐SP+n

n 的作用是丢弃堆栈顶的 n 个字节数据。

2. 子程序设计规定

设计子程序是为了实现既具有通用性又相对独立的功能。它的设计与主程序的设计有共通之处，比如，可以采用顺序、分支和循环结构来设计，提供必要的说明、注释信息等。但子程序的设计也有不少与主程序的不同之处，要特别注意。

1）要使用伪指令 PROC 与 ENDP 来定义。

2）子程序至少要有一个 RET 指令，通常放在子程序的最后部分。

3）子程序的开始部分应该对用到的寄存器内容进行保护，返回前恢复，即所谓的现场保护和现场恢复。现场保护和现场恢复一般通过堆栈实现（参考例 5.38）。

4）如果采用堆栈方式进行现场保护，要注意保证堆栈操作正确。

5）处理好子程序和主程序间的参数传递。

6）子程序应安排在代码段的主程序之外，最好放在主程序执行终止后的位置（返回 DOS 后，END 伪指令之前），也可放在主程序开始执行之前。

7）提供详细、清晰的子程序调用方法说明，包括子程序的目的、入口和出口参数、所用的寄存器和存储单元、所调用的其他子程序和示例，使用户根据调用说明就可方便地调用子程序，而不必逐条读懂子程序本身。

可采取如下的步骤进行设计：

1）确定子程序的名称，写在第一个语句前。

2）确定子程序的入口参数、出口参数。

3）确定所使用的寄存器和存储单元及其使用目的。

4）确定子程序的算法，编写源程序。

5）编写子程序说明文件。

根据以上步骤可把前面例题中的一些具有通用性又相对独立的功能编写为子程序。

- 输入子程序。

子程序名：SUBIN。

功能：等待直到从标准输入设备（键盘）输入一个字符，不在标准输出设备（显示器）显示。

入口参数：无。

出口参数：输入字符的 ASCII 码存入 AL 寄存器。

子程序：

```
SUBIN   PROC
        MOV AH, 7H              ; 07H 号 DOS 功能调用
        INT 21H
        RET
SUBIN   ENDP
```

注意：如果把功能号改为 01H，其他不变，则是带回显的键盘输入，即输入的字符在显示器

上回显。

- 输出子程序。

子程序名：SUBOUT。

功能：从标准输出设备（显示器）输出一个字符。

入口参数：输出字符的 ASCII 码送 DL。

出口参数：在显示器上显示单个字符。

子程序：

```
SUBOUT  PROC
        MOV AH, 2H
        INT 21H
        RET
SUBOUT  ENDP
```

例 5.38 将 16 位二进制数转换为十进制数的 ASCII 码形式。

分析：16 位二进制无符号数最大为 65535。要将它转换为十进制数就是看它包含了多少个 10000、多少个 1000……多少个 1（10^5，10^4，…，1 称为十进制的位权）。要知道包含多少个 10000，只要连续做减法就可确定，即对某一位权减法次数的计算值就是十进制数对应位的值。为实现循环的方便，位权存放在缓冲区 DDEC 中，临时缓冲区 TBUFF 存放十进制数，计数器 BL 记录减法次数。

子程序名：DEC16OUT。

功能：将 AX 寄存器中的 16 位二进制数转换为十进制数的 ASCII 码形式并显示输出。

入口参数：16 位二进制数存放在 AX 中。

出口参数：以十进制数形式输出该 16 位二进制数。

子程序：

```
DEC16OUT PROC NEAR/FAR              ; 根据需要选择 NEAR 或 FAR 参数
          PUSH SI                   ; 保护现场
          PUSH DI
          PUSH CX
          PUSH DX
          PUSH BX
          MOV CX, 5                 ; 十进制数最多 5 位
          LEA SI, DDEC              ; SI 指向存放位权的缓冲区
          LEA DI, TBUFF             ; DI 指向存放十进制数的临时缓冲区
CONV:     XOR BL, BL                ; 减法次数计数器
          MOV DX, [SI]
REC:      SUB AX, DX                ; 减位权
          JC NEXT                   ; 不够减，转去恢复被减数
          INC BL                    ; 够减，减法次数计数器加 1
          JMP REC
NEXT:     ADD AX, DX                ; 恢复 AX 的数值
          OR BL, 30H                ; 转换为 ASCII 码
          MOV [DI], BL              ; 存入结果单元
```

```
            INC SI                  ; 修改位权字单元地址
            INC SI
            INC DI                  ; 修改结果字节单元地址
            LOOP CONV               ; 未转换完，继续循环
            MOV CX, 5               ; 显示5位十进制数字
            LEA DI, TBUFF
            MOV AH, 2H
CRT1:       MOV DL, [DI]            ; 将待显示字符的ASCII码送入DL
            INT 21H                 ; 调用02H号DOS功能输出字符
            INC DI
            LOOP CRT1
            POP BX                  ; 恢复现场
            POP DX
            POP CX
            POP DI
            POP SI
            RET
DEC16OUT ENDP
```

说明：

代码转换是汇编程序设计的常见内容。上述子程序中如果把位权改为 16^4、16^3、16^2、16^1，结果会如何？在屏幕显示数值，本例的方法与例5.26的哪个更好？

子程序中使用了AX、BX、CX、SI和DI多个寄存器，为保证子程序返回主程序前这些寄存器的内容不被改变，从而不影响主程序对这些寄存器的使用，在子程序开端部分要先使用堆栈指令把通用寄存器内容压栈，实行现场保护（有时还要用PUSHF保护标志寄存器的内容），再开始执行子程序具体的功能。在完成子程序的功能后，要先执行出栈指令，把寄存器的原内容送回各个寄存器中，再执行RET指令返回主程序。由于堆栈具有LIFO（后进先出）的特性，现场保护时寄存器出现的顺序应刚好跟现场恢复时的出现顺序相反。

3. 子程序的调用

子程序不能单独运行，必须通过使用CALL指令对其调用才能实现它的功能。子程序执行完毕后使用RET指令返回主程序断点处继续执行主程序。

例5.39 多字节数相加。

分析：相加用子程序实现，有4个入口参数：SI、DI分别指向两个加数的首地址，BX指向和的首地址，CX中存放多字节的长度。

源程序如下：

```
DATA    SEGMENT
VAR1    BYTE 12H, 34H, 56H, 78H          ; 低字节在低地址存储单元
VAR2    BYTE 1FH, 45H, 0EEH, 0E0H
RES     BYTE 5 DUP (?)                   ; 存放两数之和
DATA    ENDS
STSEG   SEGMENT                          ; 该逻辑段用作堆栈段，省略组合类型参数
STBUF   WORD 100 DUP (?)
```

```
TOP       EQU LENGTH STBUF
STSEG     ENDS
CODE      SEGMENT
          ASSUME CS：CODE，DS：DATA，SS：STSEG
START：   MOV AX，DATA
          MOV DS，AX
          MOV AX，STSEG                  ；装填 SS 段寄存器
          MOV SS，AX
          MOV SP，TOP                    ；初始化堆栈指针
          LEA SI，VAR1                   ；SI 指向第一个加数的首地址
          LEA DI，VAR2                   ；DI 指向第二个加数的首地址
          LEA BX，RES                    ；BX 指向和的首地址
          MOV CX，4                      ；字节个数
          CALL MBINADD                   ；调用加法子程序
          MOV AH，4CH
          INT 21H
；- - - - - - - - - - - - - - - - - - - - - - - - - - - -
；子程序名：MBINADD
；功能：将两个多字节二进制数相加
；入口参数：SI、DI 分别指向两个加数的首地址，BX 指向和的首地址
；CX 中存放多字节的长度
；出口参数：BX 指向和的首地址
          MBINADD PROC                   ；子程序定义开始，默认类型参数为 NEAR
          PUSH AX                        ；保护现场
          PUSH BX
          XOR AH，AH                     ；AH 清 0，存放最高位进位
          CLC                            ；CF 清 0
LP：      MOV AL，[SI]                   ；取第一个加数的一个字节
          ADC AL，[DI]                   ；与第二个加数中的对应字节相加
          MOV [BX]，AL                   ；存储结果
          INC SI                         ；指针加 1
          INC DI
          INC BX
          LOOP LP
          ADC AH，0                      ；最高位进位
          MOV [BX]，AH
          POP BX                         ；恢复现场
          POP AX
          RET                            ；返回指令
MBINADD ENDP                             ；子程序定义结束
；- - - - - - - - - - - - - - - - - - - - - - - - - - - -
```

```
CODE     ENDS
         END START
```

说明：

1）本例中主程序与子程序之间利用寄存器进行参数传递。一般不能对传递出口参数的寄存器进行现场保护和恢复。但本例中，由于 BX 既作为入口参数，也作为出口参数，故对 BX 做现场保护和恢复。

2）源程序中，演示了堆栈段在段定义中不使用 STACK 组合类型参数的情形下，如何装填段地址和初始化堆栈指针。这种方法可用于切换堆栈段。

4. 子程序参数传递方法

子程序可分为无参数子程序和有参数子程序两类，有参数子程序的使用更灵活。主程序调用子程序前，把要加工的数据传给子程序，这些数据称为入口参数；子程序执行完后，要把执行结果传回主程序进行处理，这些数据称为出口参数。

参数传递方式主要有 3 种：通过寄存器传递、通过堆栈传递和通过存储单元传递。

（1）通过寄存器传递参数

例 5.38 和例 5.39 中，主程序先把入口参数送入某些寄存器，然后才调用子程序。子程序直接使用存放入口参数的寄存器进行处理。子程序处理完数据后，根据需要将执行结果作为出口参数存入寄存器中（例 5.38 不需要把出口参数存入寄存器），才返回主程序。返回主程序后，主程序对存放在寄存器中的出口参数进行相应的处理。要注意，不能对传递出口参数的寄存器进行现场保护和恢复。

用寄存器传递参数方便，执行速度快，但由于寄存器个数有限，因此只适用于参数较少的情况。

（2）通过堆栈传递参数

使用堆栈传递参数时，主程序先把入口参数压栈，然后调用子程序。子程序从堆栈中访问入口参数进行处理。由于子程序返回主程序时，堆栈顶存储的必须是断点地址，因此应避免用堆栈传递出口参数。

例 5.40 分别对两个数组的无符号数（字节）求和及计算平均值，结果取为整数（四舍五入）。

分析：求和及平均值用子程序 SMEAN 实现，有两个入口参数：数组的首地址和长度。使用寄存器 AX 把两个参数依次压栈。出口参数直接存放在存储单元。子程序定义在与主程序不同的逻辑段中，主程序对子程序的调用属于段间调用，所以需要把子程序定义为 FAR 型。子程序中利用 BP 指针访问堆栈中的非栈顶数据。

```
DATA     SEGMENT
ARYA     BYTE 80, 85, 89
SUMA     WORD ?                  ; 存放数组 ARYA 的和，字变量
MEANA    BYTE ?                  ; 存放数组 ARYA 的平均值，字节变量
ARYB     BYTE 80, 81, 80, 80
SUMB     WORD ?
MEANB    BYTE ?
DATA     ENDS
STACK    SEGMENT PARA STACK 'STACK'
         BYTE 100 DUP (?)
```

```
STACK   ENDS
CODE    SEGMENT
        ASSUME CS：CODE，DS：DATA
START： MOV AX，DATA
        MOV DS，AX
        MOV AX，SUMA - ARYA        ；数组 ARYA 的长度
        PUSH AX                    ；压栈
        MOV AX，OFFSET ARYA        ；数组 ARYA 的首地址
        PUSH AX                    ；压栈
        CALL SMEAN                 ；调用子程序
        MOV AX，SUMB - ARYB
        PUSH AX
        MOV AX，OFFSET ARYB
        PUSH AX
        CALL SMEAN
        MOV AH，4CH
        INT 21H
CODE    ENDS
PROCE   SEGMENT
        ASSUME CS：PROCE，DS：DATA
        SMEAN   PROCFAR            ；子程序定义
        PUSH AX                    ；保护现场
        PUSH BX
        PUSH CX
        PUSH DX
        PUSH SI
        PUSH BP
        MOV BP，SP
        MOV CX，[BP + 18]          ；从堆栈中取数组长度送 CX
        MOV BX，CX                 ；数组长度送 BX
        MOV SI，[BP + 16]          ；从堆栈中取数组首地址送 SI
        XOR AX，AX                 ；累加器清 0
LOP：   ADD AL，[SI]               ；数组求和
        ADC AH，0
        INC SI                     ；指针增 1
        LOOP LOP                   ；CX 不为 0 则循环
        MOV [SI]，AX               ；将和存入存储单元
        XOR DX，DX                 ；被除数高 16 位清 0
        DIV BX                     ；求数组的平均值
        SHL DX，1                  ；余数乘以 2
        CMP DX，BX                 ；2 倍余数与除数比较
```

```
        JB NEXT                  ; 2 倍余数比除数小，舍
        INC AX                   ; 2 倍余数比除数大，入（商 AX 增 1）
NEXT:   INC SI
        INC SI                   ; 指针指向存放平均值的存储单元
        MOV [SI], AL             ; 存放平均值
        POP BP                   ; 恢复现场
        POP SI
        POP DX
        POP CX
        POP BX
        POP AX
        RET 4                    ; 带立即数返回
SMEAN   ENDP
PROCE   ENDS
        END START
```

说明：

1）使用堆栈传送入口参数，编程者在程序的各个阶段应当弄清堆栈区域的参数变化，为减少出错，最好画出堆栈区参数的示意图。

2）在子程序中，使用 BP 访问堆栈中的两个入口参数后，入口参数仍保留在堆栈中。如果子程序完成操作后直接返回主程序，那么每次调用后，堆栈中就会增加两个字的数据；若多次调用子程序，则有可能发生“堆栈溢出”。因此，必须在子程序返回主程序前把入口参数“清除”掉，这可通过使用 RET 4 指令实现：把栈顶的断点地址弹出后，再把 SP 往下调 4B（入口参数在堆栈中占 4B），从而让堆栈恢复到调用子程序前的状态。

3）本例中虽用到了整个数组的数据，但并非把全部的数组元素作为入口参数，而只把数组首地址和长度作为入口参数，这是在要传送较多数据给子程序时常用的方法。

（3）通过存储单元传递参数

使用存储单元传递参数时，主程序先把入口参数送入存储单元，然后调用子程序。子程序从存储单元中读出入口参数进行处理。子程序处理完数据后可将出口参数送回存储单元，然后返回主程序。

例 5.41 将两个存放在内存的 4 位压缩 BCD 码转换为二进制数，结果放回内存单元中。

分析：4 位压缩 BCD 码转换为二进制的算法：

$$(((0\times10+\text{千位数})\times10+\text{百位数})\times10+\text{十位数})\times10+\text{个位数}$$

转换功能用子程序 BCD2B 实现，入口参数为内存单元 DBCD，存放 4 位压缩 BCD 码；出口参数为内存单元 DBIN，存放转换后的二进制数。

```
.MODEL SMALL
.STACK 128
.DATA
BCD1    WORD 1234H
BIN1    WORD ?
BCD2    WORD 5678H
BIN2    WORD ?
```

```
        ORG     100H
        DBCD    WORD ?
        DBIN    WORD ?
        .CODE
START:  MOV AX, @DATA
        MOV DS, AX
        MOV AX, BCD1
        MOV DBCD, AX                ；入口参数存入 DBCD
        CALL BCD2B                  ；调用子程序 BCD2B
        MOV AX, DBIN
        MOV BIN1, AX                ；出口参数送入 BIN1
        MOV AX, BCD2
        MOV DBCD, AX
        CALL BCD2B
        MOV AX, DBIN
        MOV BIN2, AX
        MOV AH, 4CH
        INT 21H
BCD2B   PROC NEAR                   ；定义子程序
        PUSH AX                     ；保护现场
        PUSH BX
        PUSH CX
        PUSH DX
        MOV BX, DBCD                ；取 BCD 码
        MOV CH, 4                   ；循环次数，需处理 4 位 BCD 码
        MOV CL, 4                   ；循环移位位数
        XOR AX, AX                  ；累加器清 0
LP:     MOV DX, 10
        MUL DX                      ；累加和乘以 10 送 AX
        ROL BX, CL                  ；循环左移 4 位
        MOV DX, BX                  ；BX 内容暂存到 DX
        AND BX, 0FH                 ；屏蔽 BX 高 12 位
        ADD AX, BX                  ；累加 1 位 BCD 码
        MOV BX, DX
        DEC CH                      ；循环计数器减 1
        JNZ LP                      ；不为 0，则继续循环
        MOV DBIN, AX                ；存出口参数
        POP DX                      ；恢复现场
        POP CX
        POP BX
        POP AX
```

```
            RET
BCD2B       ENDP
            END START
```

使用堆栈或内存单元传递参数时，由于需要访存，因此执行速度不如寄存器传递参数的方式，但便于处理多个参数的情形。

5. 子程序的嵌套

子程序内还包含对其他子程序的调用，称为子程序的嵌套调用，图5.18为子程序的两层嵌套调用。子程序的嵌套调用与一般的调用完全相同。子程序可以多重嵌套，嵌套深度（层次）只受限于所开设的堆栈空间的大小。

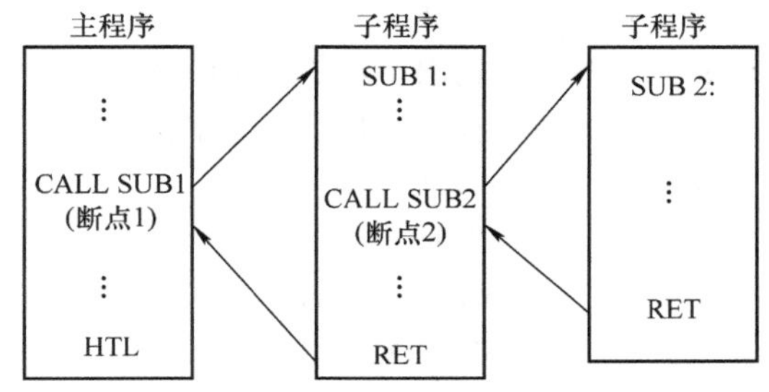

图5.18 子程序的两层嵌套调用

例5.42 将16位二进制数转换为十六进制数并送屏幕显示。

分析：可使用02H号DOS功能调用（显示字符）来显示十六进制数。而将4位二进制数转换为对应的一位十六进制数的ASCII码方法已在例5.26中陈述：4位二进制数为0000～1001时，该数加上30H；4位二进制数为1010～1111时，该数则要加上7H+30H。程序功能用子程序实现，其中的显示功能通过调用另一子程序实现。

```
.MODEL      SMALL
.STACK      64
.CODE
START:      MOV DX, 0F120H          ；待转换二进制数送入DX
            CALL B2HEX              ；调用子程序
            MOV AH, 4CH
            INT 21H
；子程序名：B2HEX
；入口参数：待转换二进制数送入DX
；出口参数：显示4位十六进制数字
B2HEX       PROC NEAR               ；定义子程序
            PUSH AX                 ；保护现场
            PUSH CX
            MOV CH, 4               ；循环次数，需处理4位十六进制数字
            MOV CL, 4               ；循环移位位数
LOP:        ROL DX, CL              ；循环左移4位
            MOV AL, DL
            AND AL, 0FH             ；AL内容为一位十六进制数字
            CMP AL, 0AH
            JB NEXT
            ADD AL, 7               ；AL内容大于或等于A，先加7H
NEXT:       ADD AL, 30H             ；加30H
            CALL DISP               ；调用另一子程序，显示单个字符
            DEC CH
```

```
              JNZ LOP                 ; 计数器CH不为0，则循环
              POP CX                  ; 恢复现场
              POP AX
              RET
B2HEX         ENDP
; 子程序名：DISP
; 入口参数：输出字符的ASCII码送AL
; 出口参数：在屏幕显示单个字符
DISP          PROC   NEAR             ; 定义子程序
              PUSH DX                 ; 保护现场
              MOV DL, AL              ; 输出字符的ASCII码送DL
              MOV AH, 2               ; 02H号DOS功能调用
              INT 21H
              POP DX                  ; 恢复现场
              RET
DISP          ENDP
              END START
```

6. 子程序的递归调用

子程序直接或间接地调用自身时称为递归调用；含有递归调用的子程序称为递归子程序，递归子程序在理论和实践中都有重要的意义。由于篇幅所限，下面以两道题为例，简要介绍递归子程序的设计方法。

例5.43 用递归子程序实现NUM（NUM的值大于0且小于9）的阶乘，结果存入变量FNUM单元。

分析：用$F(n)$表示n的阶乘，根据阶乘的定义有如下递归定义：

$$F(n) = \begin{cases} n \times F(n-1) & n > 1 \\ 1 & n = 1 \end{cases}$$

可根据递归定义来编写递归子程序。假设已用递归子程序实现$F(n)$，入口参数n送入AL，出口参数n！送AX。根据$F(n)$的递归定义，当$n>1$时，要把$n-1$作为入口参数送AL，然后调用子程序。为避免把AX中原来的内容n冲掉，可先把n压栈。子程序返回后，把出口参数乘以n（从堆栈中弹出到AX外的通用寄存器，如CX）即得到n!。如果$n=1$，则把1送AX，然后返回调用程序。

```
DATA      SEGMENT
NUM       BYTE 8
RES       WORD ?
DATA      ENDS
STSEG     SEGMENT STACK
          BYTE 100 DUP (?)
STSEG     ENDS
CODE      SEGMENT
          ASSUME CS: CODE, DS: DATA
START:    MOV AX, DATA
```

```
        MOV DS, AX
        PUSH CX                  ; 备份寄存器内容
        PUSH DX
        XOR AH, AH
        MOV AL, NUM              ; 取 NUM, 送 AL
        CALL FACT                ; 调用子程序
        MOV RES, AX              ; 存储结果
        POP DX                   ; 恢复寄存器内容
        POP CX
        MOV AH, 4CH
        INT 21H
FACT    PROC NEAR                ; 定义子程序
        PUSH AX                  ; AX 内容压栈
        DEC AX
        JNZ NEXT                 ; AX 不为 1, 继续递归调用
        POP AX                   ; AX 为 0, 弹出 1 到 AX
        RET                      ; 返回调用程序
NEXT:   CALL FACT                ; 递归调用子程序, 返回的出口参数存于 AX
        POP CX                   ; 弹出栈顶的数据, 用于阶乘运算
        MUL CX
        RET                      ; 返回调用程序
        FACT   ENDP
CODE    ENDS
        END START
```

说明：

1）通常保护现场和恢复现场都是在子程序中完成。但在本例中，把备份、恢复寄存器内容放在主程序中的原因是，开设的堆栈空间不太大，应避免多次递归调用子程序时引起“堆栈溢出”。如果堆栈空间足够大，可把保护现场和恢复现场放在递归子程序中完成。

2）为加深对递归子程序的理解，请读者画出堆栈操作指令、子程序调用和返回指令处的堆栈示意图。

3）NUM 可取零或更大的值时，程序该如何修改？

例 5.44 采用快速排序（Quick Sort）把一数组元素（无符号数）由小到大排列。

分析：为理解快速排序算法，先考虑日常生活中的例子：把乱序排列的学生考试试卷按学号由小到大排列（学号范围为 20190000～20191000）。一个可行的方案是：第一步，任选一个学号，比如 20190502，把全部试卷分为学号小于或等于 20190502 与学号大于该值的两叠；第二步，再分别对这两叠试卷做类似的操作，即对学号不超过 20190502 的一叠用 20190256 分成 20190000～20190256 与 20190257～20190502 的两小叠，学号大于 2019502 的一叠则用 2019712 分为 2019503～2019712 和 2019713～20191000 的两小叠；第三步，用同样的方法把这 4 小叠再分成更小的 8 叠，以此类推，最终经过有限步之后，就可把试卷按学号的增序排好。

快速排序与此类似，其基本思想是任取一个数组元素作为基准元素 pivot，通过扫描、交换元素的位置，使基准元素处于正确的位置上。假设该位置下标为 k，该下标 k 把数组 $a[0],a[1]$,

$a[n]$ 分成两个子数组，使得下标 $0\sim k-1$ 的元素小于或等于基准元素（该范围下标称为下段），下标 $k+1\sim n$ 的元素大于基准元素（该范围下标称称为上段）。如果这两个子数组都排好序，则整个数组也就排好序了。为此再分别对两个子数组实施同样的操作，重复这一过程，直到子数组中的元素为1个（也可能为0个），因为当子数组的元素不超过1个时，该子数组自然已排序完毕。

这里的关键是如何确定基准元素的正确位置和保证下段不超过基准元素，而上段大于基准元素。假设把处于"物理位置"正中的数组元素（该元素地址等于排序前的元素首地址和末地址的平均值）取为基准元素，排序后正确位置的下标设为 k。为确定 k 值，可使用正向扫描指针 SI 从 $a[1]$ 开始往下标增大的方向进行正向扫描，还要使用反向扫描指针 DI 从 $a[n]$ 开始往下标减小的方向进行反向扫描，具体步骤如下。

1）初始化。补充两个不参与排序的元素，$a[0]=0$（最小值），$a[n+1]=0FH$（最大值）。引入它们的目的是扫描时可减少使用条件转移指令，又不会导致指针越界。同理，令 SI 指向 $a[0]$，DI 指向 $a[n+1]$。

2）选取元素基准值，存于 AL 寄存器。

3）正向扫描循环。[SI] < AL，SI 增加1，否则进入4)。

4）反向扫描循环。[DI] > AL，DI 减少1，否则进入5)。

5）如果 SI < DI，就意味着 SI 处于下段而 DI 处于上段，此时交换两者所指向的元素，然后返回3)，否则进入6)。

6）SI = DI，指针重合。DI 所指位置就为上、下段分界位置，也即 k 值；为分划子数组，需修正指针，SI 加1，DI 减1。指针交错（SI > DI）就意味着 SI 已进入上段范围，DI 进入下段范围。可据此分划子数组，[地址下界，DI] 作为下段数组，[SI，地址上界] 为上段数组。

由上面的分析可知，快速排序便于用递归子程序实现。递归的终止条件是子数组元素个数小于2。子程序名为 QSORT，入口参数为数组的第一个元素的地址和最后一个元素的地址，分别送入 SI 和 DI，出口参数则为增序排列的数组。

源程序如下：

```
DATA  SEGMENT
L_END  BYTE 0H                  ; 增加下界元素 a [0]
ARRAY  BYTE 0H, 9H, 5H, 3H, 4H, 0H, 1H, 2H, 3H, 9H, 7H
A_END  EQU $-1
H_END  BYTE 0FFH                ; 增加上界元素 a[n+1]
DATA  ENDS
STACK  SEGMENT STACK 'STACK'
      WORD 1024
STACK  ENDS
CODE  SEGMENT
      ASSUME CS: CODE, SS: STACK, DS: DATA
START: MOV AX, DATA
      MOV DS, AX
      MOV SI, OFFSET ARRAY
      MOV DI, A_END
      CALL QSORT ; 调用子程序
```

```
        MOV AH, 4CH
        INT 21H
; -------------------------------------------------------------------
; 子程序名：QSORT
; 功能：实现数组元素（a[1]~a[n]，无符号数）由小到大排列
; 入口参数：SI 指向数组元素首地址，DI 指向数组元素末地址
; 出口参数：内存中已排序数组
; 注意：调用前，补充两个不参与排序的元素，a[0] =0（最小值），a[n+1] =0FH（最
大值）
; -------------------------------------------------------------------
QSORT  PROC NEAR
    PUSH AX                     ; 现场保护
    PUSH BX
    PUSH DX
    MOV BX, SI                  ; 备份地址下界
    MOV DX, DI                  ; 备份地址上界
    CMP BX, DX
    JNB EXIT                    ; 数组元素个数小于 2 则返回
    ADD DI, SI
    SHR DI, 1
    MOV AL, [DI]                ; 取"物理位置"中间的元素作为基准元素
    MOV DI, DX
    INC DI                      ; 初始化扫描指针 DI
    DEC SI                      ; 初始化扫描指针 SI
SCANU: INC SI                   ; 正向扫描循环，[SI] <基准元素，SI 增 1
    CMP [SI], AL
    JB SCANU
SCAND: DEC DI                   ; 反向扫描循环，[DI] >基准元素，DI 减 1
    CMP [DI], AL
    JA SCAND
    CMP SI, DI
    JZ PT_M                     ; 扫描指针重合，跳转到 PT_M
    JNC SUBAL                   ; 扫描指针交错，跳转到 SUBAL
    MOV AH, [SI]
    XCHG AH, [DI]
    MOV [SI], AH                ; 否则交换数组元素
    JMP SCANU                   ; 跳转，扫描循环
PT_M: DEC DI                    ; 修正重合指针值
    INC SI
SUBAL: CMP BX, DI               ; 分划下段子数组
    JNB SUBAH
```

```
    XCHG BX, SI
    CALL QSORT              ; 子数组元素个数大于1，调用 QSORT
    XCHG SI, BX
SUBAH: CMP SI, DX           ; 分划上段子数组
    JNB EXIT
    XCHG DI, DX
    CALL QSORT              ; 子数组元素个数大于1，调用 QSORT
EXIT: POP DX                ; 现场恢复
    POP BX
    POP AX
    RET
QSORT   ENDP
CODE ENDS
    END START
```

说明：

1）快速排序是目前所有排序方法中最快的一种算法，有关其算法的分析请参考算法设计或数据结构等有关课程。快速排序常用于数组规模大于30的场合。

2）跳转指令和访存指令的执行耗时较多。为提高程序性能而减少这两类指令的执行，可导致例题程序的可读性变差。

3）由例题可知使用递归子程序对堆栈的“消耗”相当大，当数组元素个数较多时，应开设足够的堆栈空间。

7. 子程序与宏指令的比较

子程序与宏指令的共同点：都可简化程序设计，增强程序的可读性。

子程序与宏指令的不同点：使用子程序编程可减小目标代码的体积，从而节省内存存储空间（存储程序的空间，不包括运行子程序所占用的堆栈空间），而且子程序的调用是由 CPU 在运行程序时完成的。宏指令不能减小目标代码的体积和节省内存存储空间，宏指令是在汇编时完成展开的。

由于现在的计算机内存很大，且宏指令执行速度快，调用带参数的宏指令比调用带参数的子程序方便，因此在设计大型程序时，宏指令的使用也很广泛。但是宏指令无法完全取代子程序，综合来看，还是子程序用得较多。

5.6.5　系统功能的调用

BIOS 和 DOS 是两组系统服务软件的集合，它们能让程序方便地访问、使用硬件资源，比如从键盘读取字符，在显示器上显示信息，读写磁盘等。在实模式下，要使用硬件资源有 3 种方式：直接访问硬件、BIOS 调用和 DOS 调用。3 种方式在编程的复杂性和程序的可移植性方面各有利弊。

直接访问硬件是指使用 I/O 类指令（IN 和 OUT）访问外设，使外设完成指定的操作。这种程序的编写相当繁杂，还要求编程人员对外设硬件非常熟悉。直接访问硬件的程序可移植性很差，如果不是为得到更高的执行效率和获得 DOS 与 BIOS 不支持的功能，一般情形下，应用程序不应直接与硬件打交道。

BIOS 是一组最底层的系统软件程序，固化在系统主板上的只读存储器（ROM）中。计算机加电后，就可以随时调用 BIOS 程序。BIOS 程序通过直接和外设通信，为编程人员提供了一个使

用硬件的简单接口。在应用程序中调用 BIOS 功能可提高编程效率，同时使程序获得较高的运行效率。由于使用 BIOS 调用的程序在有些 80x86 兼容机上存在不能运行的风险，因此除非追求高运行效率，或其功能无法用 DOS 调用替代，否则就应该使用 DOS 功能调用而非 BIOS 调用。

DOS 曾经是 PC 上最为广泛使用的操作系统，它为编程人员提供了丰富的服务程序。DOS 在更高的层次上提供了与 BIOS 同样的功能，DOS 的许多功能其实就是通过调用 BIOS 实现的。DOS 功能调用比 BIOS 功能调用更容易使用，且使用 DOS 功能调用的程序的可移植性更好；但使用 DOS 功能调用的程序的运行效率比 BIOS 的低，且 DOS 提供的功能也没有 BIOS 的丰富。

1. DOS 功能调用

DOS 服务程序的作用与子程序类似，但使用时不通过 CALL 指令来调用，而采用软件中断方式来调用。简单地说，中断是让 CPU 停止当前正在处理的工作而去运行其他程序（称为中断服务程序）的信号；完成中断服务程序后，CPU 执行中断返回指令（IRET）返回原来被停止的程序继续运行。中断信号可由 CPU 产生（比如除数为 0），或由 CPU 外部硬件产生（比如 I/O 设备），也可以用 INT 指令由软件产生。

应用程序通过 INT 21H 软中断指令进行 DOS 系统调用，可采用如下格式：

```
MOV   AH，功能号（十六进制数字）
设置入口参数
INT   21H
处理出口参数
```

其中，21H 是中断向量，由它确定“21H 型中断服务程序”的入口地址。“21H 型中断服务程序”包含多个功能子模块，调用时需把相应子模块的功能号作为立即数送入 AH。

这里主要介绍几个常用的输入/输出 DOS 功能调用。

（1）输入功能调用

【功能号：01H】

功能：等待从键盘输入一个字符，并回显该字符（一般在显示屏上）；响应 Ctrl－Break（即从键盘输入 Ctrl－Break，DOS 将调用 INT 23H 中断处理程序，强行结束用户程序）。

入口参数：无。

出口参数：AL＝输入字符的 ASCII 码。若 AL＝0，则表示输入的是一个扩展 ASCII 字符（如功能键、ALT 或光标键），要再次调用本功能才能返回该字符的扩展码部分。

【功能号：08H】

功能：等待从键盘输入一个字符，不回显；响应 Ctrl－Break。

入口参数：无。

出口参数：AL＝输入字符的 ASCII 码。若 AL＝0，则表示输入的是一个扩展 ASCII 字符，要再次调用本功能才能返回该字符的扩展码部分。

【功能号：0AH】

功能：等待从键盘输入一串字符（须按 Enter 键作为结束），送入应用程序的数据缓冲区；响应 Ctrl－Break。

入口参数：DS：DX 必须指向从键盘接收字符串的数据缓冲区的首地址（段地址与偏移地址）。此缓冲区长度必须比接收的字符数多两个字节，第一个字节指定缓冲区能接收的字符数（应把结束符的 Enter 键计算在内，最大 255），必须非 0。

出口参数：数据缓冲区的第二个字节为实际接收的字符个数，最后一个字节为 0DH（Enter 键的 ASCII 码）；其间的字节存放接收字符的 ASCII 码。

说明：当输入字符数等于数据缓冲区指定的接收字符数减1时，其后输入的字符将被略去并响铃，直到按Enter键为止。

【功能号：0BH】

功能：查询有无键盘输入；响应Ctrl-Break。

入口参数：无。

出口参数：AL=0表示无输入，AL=FFH表示有输入。

（2）输出功能

【功能号：02H】

功能：屏幕显示一个字符；响应Ctrl-Break。

入口参数：DL=待显示字符的ASCII码。

出口参数：无。

【功能号：05H】

功能：向打印机发送一个字符。

入口参数：DL=待发送字符的ASCII码。

出口参数：无。

说明：调用该功能时，DOS自动检测打印机状态。如果打印机未准备就绪，DOS会在屏幕上显示出错信息。

【功能号：09H】

功能：屏幕显示字符串；响应Ctrl-Break。

入口参数：DS：DX=待显示字符串的首地址，字符串须以字符“$”作为结束标志（该字符不显示）。

出口参数：无。

（3）结束程序功能

【功能号：4CH】

功能：终止当前程序的运行，把控制权交给调用它的程序，由被终止程序打开的全部文件都被关闭。该功能把程序占用的内存空间交还给DOS另行分配，还根据被终止程序的运行情况返回错误码或在程序中设定的“返回码”。

入口参数：AL=返回码（或者不设置）。

出口参数：无。

2. BIOS功能调用

BIOS功能调用与DOS功能调用类似，可采用如下格式调用：

```
MOV AH，功能号
设置入口参数
INT n（十六进制数字）
处理出口参数
```

其中，INT *n* 为对应中断类型码 *n* 的软中断指令。

BIOS常用的功能是实现屏幕文本显示方式和图形显示方式的操作。它们很实用，但使用起来相对复杂一些，请参考有关文献。这里仅介绍两个常用的有关键盘输入的BIOS功能调用。

BIOS的键盘输入功能使用INT 16H调用。

【功能号：00H】

功能：等待从键盘输入一个字符，不回显；响应Ctrl-Break。

入口参数：无。

出口参数：AL＝输入字符的ASCII码。若AL＝0，则AH＝输入字符的扩展码。

【功能号：01H】

功能：查询有无键盘输入，不回显；响应Ctrl－Break。

入口参数：无。

出口参数：

1）ZF＝0，有键输入；AL＝输入字符的ASCII码，AH＝输入字符的扩展码。注意，该功能调用结束后，键的ASCII码仍保留在键盘分缓冲区中。

2）ZF＝1，无输入。该功能常用于不等待键盘输入的情形，参考例5.30。

5.6.6 直接访问内存和端口

工作于实模式的MS－DOS操作系统没有能力对硬件进行全面严格的管理，汇编程序可以直接访问物理内存和硬件，这是实模式汇编语言的优点之一。

本章到此之前的所有例题中，访问内存并写入数据信息，均通过DOS的管理、分配内存空间来实现。但汇编语言程序也可以直接用地址指定任意内存单元，向其写入信息。当然这样做很可能会破坏重要的系统信息，造成系统崩溃、死机。不过在实模式DOS系统下，物理地址00200H～002FFH（0:200～0:2FF）的这256B的内存空间，一般不被合法的程序使用，可安全地随意读写。

例5.45 以下程序使用直接访问内存的方式向00200H字节单元、00201H字单元写入信息。

源程序：

```
CODE    SEGMENT
        ASSUME CS：CODE
START： MOV AX，0
        MOV DS，AX                    ；直接加载数据段段基址0
        MOV SI，0FFH
CHK：   MOV AL，DS：[200H＋SI]        ；读取物理地址002xxH字节，xx的范围为FF～00
        AND AL，AL
        JNZ EXIT
        DEC SI
        JNZ CHK                       ；检测00200H～002FFH空间是否安全
        MOV BYTE PTR DS：[200H]，11H  ；向00200H字节单元写入信息
        MOV AX，0EEEEH
        MOV DS：[201H]，AX            ；向00211H字单元写入信息
EXIT：  MOV AH，4CH
        INT 21H
CODE    ENDS
        END START
```

注意：如果0:200～0:2FF单元的内容全为0，则证明DOS和其他合法的程序没有使用这段存储空间。

80x86的PC系统中，CPU除通过总线和内存连接外，还连接了芯片、外设等其他硬件设备。这里只做简单介绍。

这些外设或芯片中，拥有可由 CPU 读写的寄存器，这些寄存器就称为端口（Port）。端口跟内存单元类似，也按地址访问。对所有端口进行（独立于内存）统一编址，从而建立一个统一的端口地址空间。CPU 通过 I/O 指令对端口进行访问，就能实现对相应硬件的直接控制。

例 5.46 编程控制 80x86 计算机系统内置的 8253 芯片实现扬声器发声。

分析：

PC 内置扬声器的工作状态由地址 61H 的端口控制：该端口字节信息的最低 2 位为 11B，开启扬声器；若为 00B，关闭扬声器。

扬声器的声源信号来源于 8253 芯片内的 2 号计数器的输出信号。8253 芯片是可编程计数器/定时器，芯片内部有 0 ~ 2 号 3 个独立的计数器。芯片的控制端口地址为 43H，通过向该端口写入控制字节信息 0B6H，即可指定芯片的 2 号计数器输出一定频率范围内的方波信号。该方波的具体频率通过 1.19318MHz/分频值的方式决定，其中的分频值（2B 信息）由 42H 端口输入给 2 号计数器，而且必须分两次输入：先输入低位字节，再输入高位字节。分频值输入 42H 端口后，2 号计数器即持续输出确定频率的方波。

源程序：

```
.MODEL    SMALL
.STACK
.DATA
CTLB       EQU 0B6H                    ；控制字节信息
TONEH      EQU 1FH                     ；分频值高位字节
TONEL      EQU 0B4H                    ；分频值低位字节
DELAYN     EQU 0FFFFH                  ；软件延时计数值
MESSAGE BYTE 'PLAY SOUND$'
.CODE
START：    MOV AX, @DATA
           MOV DS, AX
           MOV AH, 9
           MOV DX, OFFSET MESSAGE
           INT 21H
           MOV AL, CTLB
           OUT 43H, AL                 ；输出控制字节信息
           MOV AL, TONEL
           OUT 42H, AL                 ；输出分频值低位字节
           MOV AL, TONEH
           OUT 42H, AL                 ；输出分频值高位字节
           IN AL, 61H                  ；读入扬声器端口信息
           MOV AH, AL                  ；备份该信息 xxxxxx00B
           OR AL, 00000011B
           OUT 61H, AL                 ；开启扬声器
           MOV DX, 100                 ；软件延时
AGAIN2：   MOV CX, DELAYN
AGAIN1：   LOOP AGAIN1
```

```
DEC DX
JNZ AGAIN2
MOV AL, AH
OUT 61H, AL                  ; 关闭扬声器
MOV AH, 4CH
INT 21H
END START
```

修改分频值可改变声音的声调。使用该例题的方法可编程输出枪声、风雨声等多种声音，还可电子演奏乐曲，有兴趣者请参考有关资料。

思考题与习题

1. 指令语句、伪指令语句和宏指令语句有何区别？
2. 画图说明下列伪指令语句所定义的数据在内存中的存放形式。

```
VAL1        BYTE    '345'
VAL2        BYTE 3DUP（?）
VAL3        WORD    0FE56H,    2    DUP    (12H)
```

并回答：

LENGTH VAL1 = (　　)

TYPE　VAL1 = (　　)

LENGTH　VAL2 = (　　)

TYPE　VAL2 = (　　)

LENGTH　VAL2 = (　　)

TYPE　VAL2 = (　　)

3. 伪指令语句如下：

```
DATA_1 BYTE 2, 3, 4, '567'
DATA_2 BYTE 8, 9, 10
LT1      EQU $ - DATA_1
LT2 EQU DATA_2 - DATA_1
ORG 4
DATA_3 BYTE 0AH, 0BH, 0CH, 0DH
```

则：LT1 = (　　)

LT2 = (　　)

DATA_2 + 1 单元的内容 = (　　)

4. 说明宏是如何定义、调用和展开的。
5. 编写一个带参数的宏来实现求16位通用寄存器内容的3倍积。要求：结果仍存入原寄存器，不能使用乘法指令。
6. 阅读下列程序，并回答问题（假设DS = 00BFH）：

```
.MODEL SMALL
.DATA
ORG 1000H
```

```
NUM          BYTE 48H, 8DH
RES        BYTE ?
.STACK 100
.CODE
START:       MOV AX, @DATA
     MOV DS, AX
     MOV SP, 100H
     LEA BX, NUM
     MOV AL, [BX]
     SUB AL, [BX+1]
     PUSH AX
     PUSHF
     ADD AL, AL
     POPF
     POP AX
     MOV [BX+2], AL
     MOV AH, 4CH
     INT 21H
     END START
```

问题：

（1）分析程序运行后，存储器的数据段中数据存放情况，填入具体数据。

（2）分析最后标志位 OF、SF、ZF、AF、PF 和 CF 的状态（其他各位假定为 0）。

（3）分析堆栈进栈情况，进栈后，SP 是多少？在堆栈中填入具体数据。

7. 编程实现利用查表法求 73 的二次方，假设从 SQTAB 为首地址的内存中放入 0 ~ 100 的二次方值，结果送入 RES 字单元中。

8. 是否多分支结构程序都可通过双分支结构来实现？试举例说明在什么条件下用地址表法或转移表法实现多分支转移能有较高的运行效率。

9. 阅读程序：

```
.MODEL SMALL
.DATA
AA DB 0A7H, 89H, 23H, 8EH
BB DB 0B0H, 87H, 94H, 62H
CC DB 5 DUP (?)
COUNT EQU 0004H
.CODE
START:       MOV AX, @DATA
     MOV DS, AX
     MOV ES, AX
     CLD
     LEA DI, AA
     LEA SI, BB
```

```
        AND AX, AX
        MOV BX, OFFSET CC +4
        MOV CX, COUNT
MUL1:       MOV AL, [DI +3]
        ADC AL, [SI +3]
        MOV [BX], AL
        DEC DI
        DEC SI
        DEC BX
        DEC CX
        JNZ MUL1
        MOV AL, 0
        RCL AL, 1
        MOV [BX], AL
        MOV AH, 4CH
        INT 21H
        END START
```

回答下列问题：

（1）该程序实现什么操作？

（2）程序执行后，CC +3 单元的内容是什么？

（3）程序执行后，BX 所指单元的内容是什么？

（4）程序中，指令 AND AX，AX 的作用是什么？能用其他指令替代吗？

（5）程序中，指令 MOV AL，0 能用 XOR AL，AL 替代吗？为什么？

10. 写一个宏，判断从键盘输入的一个字符是否为大写字母。若是就转换为小写字母，否则不转换。

11. 学生成绩存放在 SCORE 单元（60 ~ 100 分），试用地址表法或转移表法实现：100 分，屏幕显示“A +”，90 ~ 99 分显示“A”，80 ~ 89 分显示“A –”，70 ~ 79 分显示“B +”，60 ~ 69 分显示“B”。

12. 循环程序由几部分构成？各部分的功能是什么？

13. 常用的循环程序的控制方法有哪几种？分别适用于什么场合？

14. 阅读程序：

```
DATA    SEGMENT
NUM     WORD 8096H
RES     BYTE ?
DATA    ENDS
CODE    SEGMENT
        ASSUME CS: CODE, DS: DATA
START:  MOV AX, DATA
        MOV DS, AX
        MOV CX, 16
        MOV AX, NUM
```

```
LOP1:    AND AX, AX
         JZ DONE
         SHL AX, 1
         JNC NEXT
         INC CH
NEXT:    DEC CL
         JNZ LOP1
DONE:    MOV RES, CH
         MOV AH, 4CH
         INT 21H
CODE     ENDS
         END START
```

回答下列问题：

（1）该程序的功能是什么？

（2）程序运行结束时，RES单元的内容是什么？

（3）指令AND AX，AX在程序中的作用是什么？

15. 100个学生某科考试成绩（0~100分）存放在以RECORD为首的内存单元中，统计0~59分、60~69分、70~79分、80~89分、90~99分、100分的人数，并计算全班的平均成绩，保留整数位，结果四舍五入。

16. 假设6位由字母或数字构成的密码（ASCII码）存储在以PWRD为首地址的内存单元中。编程实现：首先显示"Please enter the password:"，然后等待键盘输入字符串，若与存储的密码相符，显示欢迎信息"Welcome!"；否则，再次提示输入，总共有3次输入机会，每次输入错误后，显示出错信息"Wrong password,?? tries left.",?? 用具体数字替代。3次都输入错误，显示"ACCESS DENIED!"，并结束程序。

17. 字节数组DATA1中存放了10个不等的符号数，编程实现求最大值、最小值，以及两者存放单元的偏移地址。

18. 调用程序与子程序间传递参数有几种常用方式？各有何特点？

19. 试比较子程序与宏指令。

20. 阅读程序，回答问题：

（1）该子程序的功能是什么？

（2）子程序的入口参数、出口参数分别是什么？

```
SUB2     PROC NEAR/FAR
         PUSH CX
         PUSH AX
         MOV CX, 16
BIN1:    ROL BX,      1
         MOV AL, BL
         AND AL, 1
         ADD AL, 30H
         CALL SUBOUT           ；调用显示子程序，入口参数AL
                               LOOP BIN1
```

```
                    POP AX
                    POP CX
                    RET
SUB2                ENDP
```

21. 编写子程序实现两个多字节压缩 BCD 码相减，并显示结果。

22. 编写子程序实现通过键盘输入的任意组合的 8 位 0、1 字符转换为等值的二进制数，送数据段 BIN1 字节单元。

23. 编写递归子程序，计算 a^n 的值。

24. 试用递归子程序解决“梵塔”问题（The Towers of Hanoi）：

（1）有 3 根杆子 A、B、C。A 杆上有若干大小不等的碟子，小的叠在大的上面。

（2）每次移动一个碟子，小的只能叠在大的上面。

（3）把所有碟子从 A 杆全部移到 C 杆上。

25. 试用递归子程序实现快速排序算法，要求把待排序数组的第一个元素选作基准元素。

26. 下列数据段中定义了 0AH 号 DOS 功能调用的键盘输入数据缓冲区 BUF，（a）和（b）的值相同吗？假设要完全接收长度为 5 的字符串（不包括结束的回车符），（a）和（b）的值至少分别为多大？此时缓冲区共有多少个字节？完成键盘输入后，缓冲区第二个字节的值是多少？

```
DATA        SEGMENT
BUF         BYTE (a),?,(b) DUP (?)
DATA        ENDS
```

27. 把例 5.30 程序的发声部分用例 5.46 介绍的方法实现。

28. 假设 AL、BL 存储了外部传感器输入的数据，当满足条件“AL > 5 and BL = 3”时，调用子程序 Handle1，而且 BL≠3、AL > 5 的可能性都很高。请写出实现判断、分支转移的程序段。

第 3 篇　存储系统与 I/O 系统

存储系统与 I/O 系统是计算机系统中 5 个组成部分中的 3 个部分。存储器是计算机的核心部件之一。CPU 与主存储器组成计算机主机。主机与 I/O 设备相连组成完整的计算机系统。

本篇介绍存储系统与 I/O 系统。

第6章　存储系统

本章重点介绍主存储器的分类、工作原理、组成方式及其与其他部件（如CPU）的联系。此外还介绍了高速缓冲存储器、磁表面存储器等的基本组成和工作原理，旨在使读者建立起存储器层次结构的概念。

6.1　概述

6.1.1　存储器的分类

存储器是计算机系统中的记忆设备，用来存放程序和数据。随着计算机的发展，存储器在系统中的地位越来越重要。随着超大规模集成电路技术的提高，CPU的速度提高得很快，而存储器的访问速度提高得没有那么多，导致它与CPU速度差距不断加大，使计算机系统的运行速度在很大程度上受存储器速度的制约。此外，由于I/O设备的不断增多，如果它们与存储器打交道都通过CPU来实现，这将大大降低CPU的工作效率。为此，出现了I/O与存储器的直接存取方式（DMA），这也使存储器的地位更为突出。尤其在多处理机系统中，各处理机本身都需要与主存交换信息，而且各处理机在互相通信中也都需共享存放在存储器中的数据。因此，存储器的地位变得越来越重要。

存储器的种类繁多，从不同的角度可对存储器进行不同的分类。

1. 按存储介质分类

存储介质是指能寄存“0”“1”两种代码并能区别两种状态的物质或元器件。存储介质主要有半导体器件、磁性材料和相变材料等。

（1）半导体存储器

存储元件由半导体器件组成的叫半导体存储器。现代半导体存储器都用超大规模集成电路工艺制成芯片，其优点是体积小、功耗低、存取时间短。其缺点是当电源关闭时，所存信息随之丢失，所以，它是一种易失性存储器。近年来已研制出用非挥发性材料制作的半导体存储器，克服了信息易失的弊病。

半导体存储器又可按其材料的不同，分为双极型（TTL）半导体存储器和MOS半导体存储器两种。前者具有高速的特点；后者具有高集成度的特点，并且制造简单，成本低廉，功耗小，故MOS半导体存储器被广泛应用。

（2）磁表面存储器

磁表面存储器是在金属或者塑料基体的表面上涂一层磁性材料作为记录介质的存储器。这种存储器工作时磁头在磁层上进行读写操作，故称为磁表面存储器。按载磁体形状的不同，可分为磁盘、磁带和磁鼓。现代计算机已很少采用磁鼓。由于磁表面物质为磁性材料，磁化后它们按照剩磁状态的不同而区分“0”和“1”，而且剩磁状态可以长时间保留，不会轻易丢失，故这种存储器具有非易失性的特点。

（3）磁心存储器

磁心是由硬磁性材料制作的环状元件，在磁心中环绕驱动导线（通电流）和读出导线，这样便可以进行读写操作。磁心属于磁性材料，故它也是不易失的永久记忆存储器。不过，磁心存储器的体积过大、工艺复杂、功耗太大，故20世纪70年代后，这种存储器逐渐被半导体存储器取代，目前几乎不再使用。

（4）光盘存储器

光盘存储器是应用激光在记录介质（磁光材料、相变材料）上进行读写的存储器，同样具有非易失性的特点。优点是记录密度高、耐用性好、可靠性高和可互换性强等。

2. 按存取方式分类

按存取方式可把存储器分为随机存储器、只读存储器、顺序访问存储器和直接存取存储器4类。

（1）随机存储器（Random Access Memory，RAM）

RAM是一种可读写存储器，其特点是存储器的任何一个存储单元的内容都可以随机存取，而且存取时间与存储单元的物理位置无关。计算机系统中的主存都采用这种随机存储器。由于存储信息原理的不同，RAM又分为静态RAM（Static RAM，SRAM）和动态RAM（Dynamic RAM，DRAM）两种。SRAM用触发器寄存信息，DRAM则通过电容充放电寄存信息。

（2）只读存储器（Read Only Memory，ROM）

只读存储器是能对其存储的内容读出而不能对其重新写入的存储器。这种存储器一旦存入了信息，在程序执行过程中，只能将其中的信息读出，而不能重新写入新的信息去改变原来的信息。因此，通常用它存放固定不变的程序、常数以及汉字字库等，甚至用于操作系统的固化。它和随机存储器共同构成物理主存。

早期的只读存储器制作时，厂家根据用户要求，采用掩膜工艺，把原始信息记录在芯片中，一旦制作完成就不能更改，称为掩膜只读存储器（Masked ROM，MROM）。随着半导体技术的发展和用户需求的变化，只读存储器先后派生出可编程只读存储器（Programmable ROM，PROM）、可擦除可编程只读存储器（Erasable Programmable ROM，EPROM）以及电可擦除可编程只读存储器（Electrically Erasable Programmable ROM，EEPROM）。近年来还出现了快擦型存储器Flash Memory，也称为闪存，它具有EEPROM的特点，而速度快得多。

（3）顺序访问存储器

如果对存储单元进行读写操作时需按其物理位置的先后顺序寻找地址，则称这种存储器为顺序访问存储器。典型的例子是磁带存储器，不论信息处于什么位置，读写时必须从其介质的开始位置按顺序查找，直到找到信息存储的位置才能开始读写访问，这类顺序访问的存储器又叫串行存取存储器。显然这种存储器由于信息所在位置不同，读写时间是不同的。

（4）直接存取存储器

还有一种属于部分串行访问的存储器，如磁盘。在对磁盘读写时，首先直接定位该存储器中的某个小区域（磁道），然后顺序寻访，直至找到准确位置，故其前段是直接访问，后段是串行访问，称其为直接存取存储器。

3. 按在计算机中的作用分类

按在计算机中系统的作用不同，存储器又可分为主存储器（主存）、辅助存储器（辅存）、高速缓冲存储器。

主存储器的主要特点是它可以和CPU直接交换信息，如前面所述的RAM和ROM都属于主存。辅助存储器是主存储器的后援存储器，用来存放当前暂时不用的程序和数据，它不能与CPU直接交换信息，如磁盘、光盘和由闪存（Flash Memory）技术制作的U盘。两者相比，主存速度快、容量小、价格高；辅存速度慢、容量大、价格低。高速缓冲存储器用在两个速度不同的部件

中，如 CPU 与主存之间可设置一个高速缓冲存储器（有关内容在 6.4 节讲述），起到缓冲作用。

综上所述，存储器分类如图 6.1 所示。

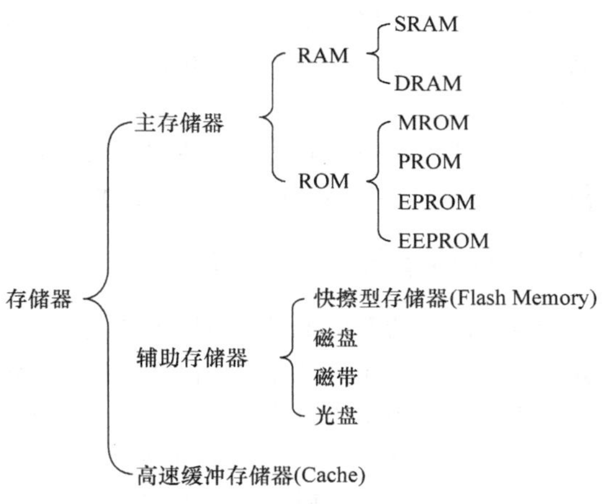

图 6.1 存储器分类图

6.1.2 主存的主要技术指标

大容量、高速度、低价格、高可靠的存储器不仅是计算机系统结构设计人员追求的目标，也是用户评价存储器性能的主要技术指标。

1. 存储容量

存储器通常可以按字节访问，相应的地址称为字节地址；也可以按字访问，相应的地址称为字地址。一个机器字可以包含数个字节。

一个存储器中的存储单元总数称为该存储器的存储容量。存储容量越大，能够存储的信息就越多。常用的存储容量单位为字（Word）和字节（Byte），如 64K 字、512KB、64MB。外存储器（如硬盘）中为了表示更大的存储容量，采用 GB、TB 等单位。其中 $1KB = 2^{10}B$，$1MB = 2^{20}B$，$1GB = 2^{30}B$，$1TB = 2^{40}B$。B 表示字节，一个字节定义为 8 个二进制位，所以计算机中一个字的字长通常是 8 的倍数。存储容量反映了存储空间的大小。

2. 存取时间

从存储器中读出信息的操作称为读操作。把信息存入存储器的操作称为写操作。读和写操作统称“访问”。存取时间又称为存储器访问时间（Memory Access Time），是指从存储器接收到读（或写）申请命令到从存储器读出（或写入）信息所需的时间，用 T_V 表示。存取时间 T_V 反映了存储器的存取速度，决定了 CPU 进行一次读写操作必须等待的时间。目前计算机主存储器的存取时间约 10ns，$1ns = 10^{-9}s$。

3. 存取周期

存取周期指存储器连续启动两次访问操作所需间隔的最小时间，用 T_P 表示。有的存储器读出操作是破坏性的，读取出信息后，原来的信息会被破坏，所以在读出信息的同时要立即将其重新写回到原来的存储单元中，然后才能进行下一次访问。即使是非破坏性读出的操作，读出信息后也不能立即进行下一次读写操作，因为存储介质和有关控制线路都需要一段稳定恢复的时间。所以，存取周期的全部时间是存储器进行连续访问所允许的最小时间间隔。通常，T_P 略大于 T_V，其时间单位为纳秒（ns）。

4. 存储器带宽

存储器带宽是单位时间里存储器所存取的信息量，用 B_m 表示，通常以位/秒或字节/秒为单位。如果存储器传送的数据宽度为 W 位，一般情况下 W 与存储器字长一致，则存储器被连续访问时其带宽为 $B_m = \frac{W}{T_P}$（位/秒）。

5. 价格

价格是衡量经济性能的重要指标。因为各种机型的存储容量差别很大，所以通常用每位价格来描述。设 C 是具有 S 位存储容量的存储器总价格，则每位价格 $P = \frac{C}{S}$。其中，总价格 C 一般与存储器容量成正比，而与存取时间或存取周期成反比，存储器的存取时间越短，存储元件价格越高。所以 P 不仅是存储器每一位的价格，也反映了存储元件的访问速度。

6. 可靠性

存储器的可靠性一般用存储器的平均无故障工作时间（Mean Time Before Failure，MTBF）来衡量。MTBF 越长，表示存储器的可靠性越好。

6.1.3　存储系统的层次结构

计算机的存储系统用于存储程序和数据，是计算机的核心部件之一，其性能直接关系到整个计算机系统性能。如何以合理的价格设计出容量和速度满足计算机系统要求的存储器系统，始终是计算机体系结构设计中的关键问题之一。计算机软件设计者和计算机用户最关心的存储器的3个主要指标是容量、速度和每位价格。但是存储器的这3个指标又是相互矛盾的：速度越快，每位价格越高；容量越大，每位价格越低；容量越大，速度越慢。任何一种单一的存储器都无法同时满足这3个指标。因此，现代计算机系统都采用多种技术的存储器，构成多级层次结构的存储系统，如图6.2所示。

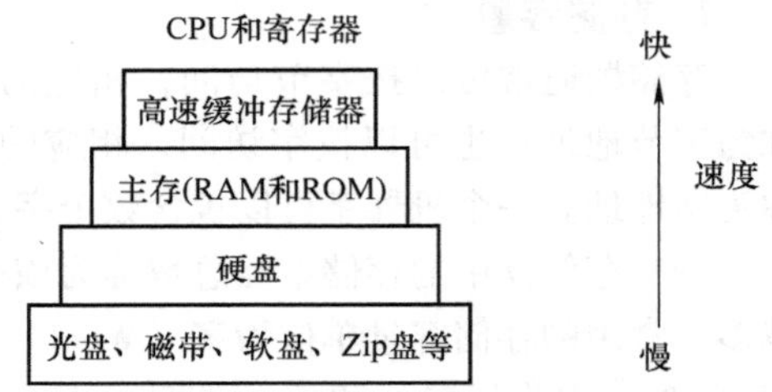

图6.2　多级层次结构的存储系统

图6.2中，CPU和寄存器的速度最快，其次是高速缓冲存储器，访问时间达到1～2ns，主存的访问时间约10ns，闪存等的访问时间大概是毫秒级，硬盘访问时间大概10ms，光盘等的访问时间需要数秒。闪存和U盘属于脱机存储设备，现在有的笔记本计算机中用固态盘代替硬盘，固态盘存储材料和闪存相同。这些存储器构成了计算机层次结构的存储系统，它们通过硬件/软件联系在一起，是一个有机的整体。存储器越靠近CPU，则CPU对它的访问频率越高，而且最好大多数的访问都能在最接近CPU的一级（高速缓冲存储器）中完成。这可以利用程序局部性原理来实现。程序局部性原理指出，绝大多数程序访问的指令和数据是相对簇聚的，因此可以把近期内CPU使用的程序和数据放在最靠近CPU的一级存储器中。

6.2　半导体存储器的存储原理

半导体存储器的核心是存储阵列，它由一系列的基本记忆单元组成。目前广泛使用的半导体存储器是MOS半导体存储器和TTL双极型半导体存储器。半导体存储器的优点是存取速度快，存储体积小，可靠性高，价格低廉。

6.2.1　双极型半导体存储器

图6.3是存储二进制1位信息的TTL双极型基本存储单元电路。两管的第1发射极 e_1、e_2 分别和位线 Q、$\overline{Q}$ 相连，第2发射极 e'_1、e'_2 与字选择线相连。T_1、T_2 两个双发射极晶体管输入/输出交叉耦合构成触发器，保证在没有外界信号作用时，T_1、T_2 只能处于两种截然相反的稳定状态，也就是 C_1 和 C_2 两端只能处于两个相反的电位状态，相当于触发器的 Q 和 $\overline{Q}$ 端。当存储单元没有被选中时，两条位线都维持在高电位，字选择线为低电位。设 C_1 高电位表示存储信息“1”，此时 T_2 的第2发射极导通，使 C_2 处于低电

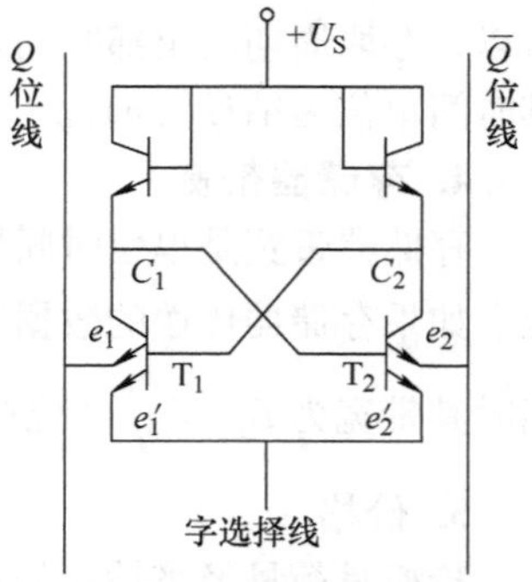

图6.3　TTL双极型基本存储单元电路

位，从而T_1截止。存储信息“0”时，C_1和C_2两端电位相反。当存储单元被选中时，字选择线电平变高，第2发射极反向截止，C极上存储的位信息通过导通的第1发射极送至位线——读操作，或位线上的位信息通过导通的第1发射极写入C极——写操作。

双极型晶体管的开关时间短，所以存取速度比MOS存储器快得多，且电路结构简单、开启电压低，多用于小容量快速缓冲存储器；缺点是功耗较大，多射极间的交叉漏电流容易造成存储元件误动作。

6.2.2 静态随机访问存储器（SRAM）

静态随机访问存储器（Static Random Access Memory，SRAM）是相对于动态而言的，不需要刷新。图6.4是6管SRAM基本存储单元电路，它用来存储一位二进制信息“0”或者“1”。图中两个MOS反相器T_1和T_2交叉耦合，构成触发器，T_3、T_4是负载管，T_1、T_2是工作管。若T_1截止，A点为高电位，使T_2管导通，于是B点处于低电位，而B点的低电位使T_1管更加可靠地截止，因此，这是一个稳定的状态。反之，如果T_1导通，A点为低电位，使T_2管截止，于是B点处于高电位，而B点的高电位使T_1管更加可靠地导通，因此，这也是一个稳定的状态。所以，该电路有两个稳定的状态，并且A、B两点的电位总是相反的，其作用相当于触发器的两个输出端Q和$\overline{Q}$。如果A点高电位表示该单元存储“1”，低电位表示存储“0”，那么，这个单元电路就能表示一位二进制的“0”或者“1”。T_5、T_6、T_7、T_8为控制管或开关管，用于控制按地址选择存储单元的操作。

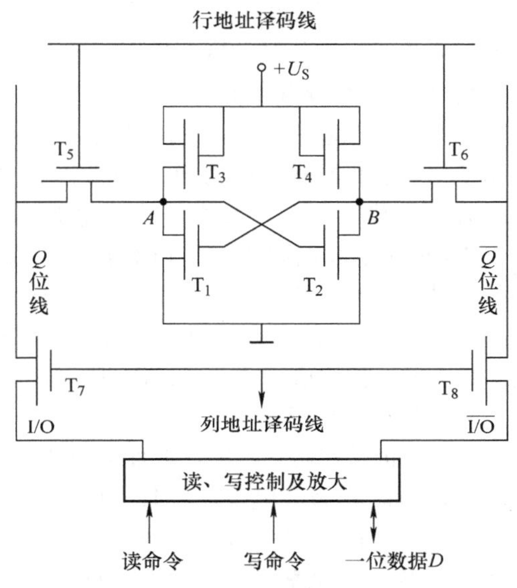

图6.4 6管SRAM基本存储单元电路

如果该单元被选中，则行地址译码线和列地址译码线均处于高电位，使T_5、T_6、T_7、T_8这4个MOS管均导通，输入/输出电路I/O及$\overline{I/O}$就分别与A点和B点连接。这样，A点和B点的电位状态信息“0”或“1”，在读命令或写命令配合下就能够输入或输出。用这样的单元组成存储矩阵时，一行的单元共用一个行地址译码线，一列的单元共用Q位线、$\overline{Q}$位线、列地址译码线以及T_7、T_8两个MOS管。

1. 写操作

如果要写入“1”，使行地址译码线和列地址译码线均处于高电位，置数据位$D=1$，再送入写命令，则I/O线被置为高电位，而$\overline{I/O}$线置为低电位。这样T_5、T_6、T_7、T_8这4个MOS管导通，从而把高、低电位分别加在A、B点，使T_1管截止，T_2管导通。当输入信息和地址选择信号撤销之后，T_5、T_6、T_7、T_8管都截止，外部信号不能进入A、B点，从而T_1、T_2管保持被写入的状态不变。写“0”的情况与写“1”的过程类似。

注意，要同时使T_5、T_6、T_7、T_8这4个MOS管导通，必须使行地址译码线和列地址译码线同时输入高电位。如果行地址译码线和列地址译码线中的任何一个为低电位或者同时为低电位，则该存储单元没有被选中，不能访问。

2. 读操作

读出时，行地址译码线和列地址译码线均处于高电位，该单元的T_5、T_6、T_7、T_8管均导通，该单元被选中，于是A、B两点与位线Q和$\overline{Q}$连接，在读命令作用下，存储单元的信息被送至

I/O和$\overline{I/O}$线上，放大后送至数据位 D 输出。

6.2.3　动态随机访问存储器（DRAM）

动态随机访问存储器（Dynamic Random Access Memory，DRAM）和 SRAM 的主要区别在于 DRAM 靠电容存储电荷的原理来存储信息。如果电容上存有足够多的电荷表示存储“1”，否则表示存储“0”。而集成电路芯片中电容极板的电荷会漏电，一般只能维持 1 ~ 2ms，因此即使电源一直不掉电，存储单元中的信息也会自动消失。为此，必须经常性地（如 2ms 内）对其所有存储单元进行一次信息的恢复操作，这个过程叫再生或刷新。

1. 4 管动态存储单元

在 6 管静态基本存储单元电路中，信息暂存于 T_1、T_2 管的栅极。因为 MOS 管栅极有一定的电容，负载管 T_3、T_4 负责给这些电容充电。而且 MOS 管栅极电阻很高，电容泄漏电流很小，存储信息在一定时间内可以自动维持。为了减少管子的数量以提高集成度，把负载管 T_3、T_4 去掉，就构成了 4 管 DRAM 基本存储单元电路，如图 6.5 所示。

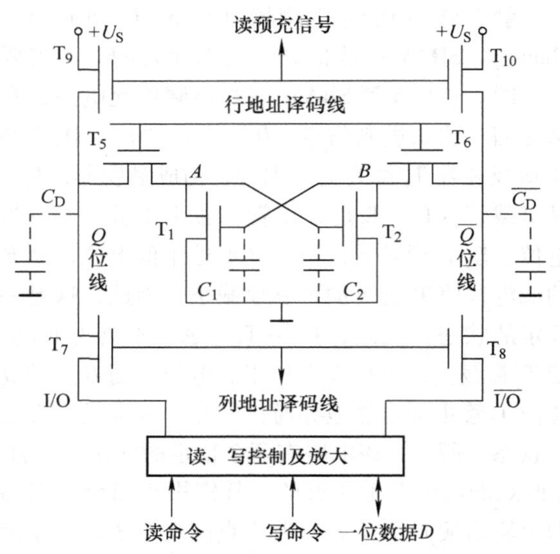

图 6.5　4 管 DRAM 基本存储单元电路

T_5、T_6 仍是控制管，由行地址译码线控制。当行地址译码线为高电位时，T_5、T_6 导通，存储电路的 A、B 点与位线 Q、$\overline{Q}$ 分别连接，再通过 T_7、T_8 管与外部数据线 I/O 和$\overline{I/O}$连接。而 T_7、T_8 管由列地址译码线控制，同时在一列的位线上接有两个公共的预充管 T_9、T_{10}。用这样的单元组成存储矩阵时，一行的单元共用一个行地址译码线，一列的单元共用 Q 位线、$\overline{Q}$ 位线、列地址译码线、T_7、T_8、T_9、T_{10} 4 个 MOS 管。

写入“1”时，行、列地址译码线置为高电位，置写入数据 $D=1$，送入写命令，I/O 和$\overline{I/O}$被置为相反的电位，I/O = “1”，$\overline{I/O}$ = “0”，T_5、T_6、T_7、T_8 管导通，信息送至 A 和 B 端，A 点为高电位，B 点低电位，电容 C_2 充电至高电位，电容 C_1 通过 B 接地，存储的电荷释放至低电位。写入后撤销地址译码线、数据 D 以及写命令，T_5、T_6、T_7、T_8 管都截止，外部信号不能进入 A、B 点，从而使 T_1、T_2 管栅极电容保持被写入的状态不变，通常可以维持一定的时间。例如，2ms 时间内 A 和 B 端状态维持不变。写“0”的情况类似。

读出时，先给出读预充信号，使 T_9、T_{10} 管导通，于是电源向位线 Q 和 $\overline{Q}$ 上的电容充电，使它们达到电源电压。行、列地址译码线置为高电位，送入读命令，T_5、T_6、T_7、T_8 管导通，A 和 B 端电位信息向位线输出。若存储的信息为“1”，则电容 C_2 上有电荷，T_2 管导通，而 T_1 管截止，因此电容 $\overline{C_D}$ 上的预充电荷经 T_2 管接地并释放，故 $\overline{Q}$ 位线为低电位“0”，而 Q 位线仍为高电位“1”，电位信号通过 I/O 和$\overline{I/O}$线输出到数据位 D。

由于靠电容来存储信息，因此时间一长，信息就会因电容漏电而丢失。为此，必须由外界按一定规律（例如每隔 2ms）给栅极进行充电，补充栅极存储的电容电荷，这就是再生或刷新。4 管存储单元的刷新过程类似于读出的过程，设原来存储的信息为“1”，电位 A = “1”，B = “0”，T_2 管导通，T_1 管截止。若经过一段时间后，T_2 管栅极上的电容 C_2 漏失了一部分电荷（电容

C_1没有存储电荷），使A端的电位稍小于存储“1”时的电位。刷新时置读预充信号和行地址译码线为高电位，使T_5、T_6、T_9、T_{10}管导通，A端与位线Q连接，电容C_2被充电，A端电位被恢复到存储“1”时的电位，从而刷新了该存储单元。而B点由于通过T_2接地，所以不会给电容C_1充电。

2. 单管动态存储单元

为了进一步缩小存储器的体积以提高其集成度，人们设计了单管动态存储单元电路，如图6.6所示。它由一个MOS管T_1和电容C构成。写入时，字选择线为“1”，T_1管导通，写入信息由位线（数据线）存入电容C中，如果写“1”，数据线高电位，给电容C充电；如果写“0”，数据线低电位，给电容C存储的电荷通过数据线释放。读出时，字选择线为“1”，存储在电容C上的电荷通过T_1管输出到数据线上，再通过读出放大器即可得到存储信息。

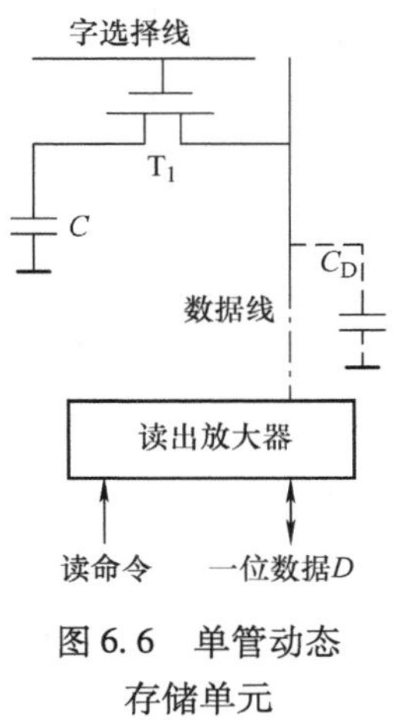

图6.6 单管动态存储单元

比较4管和单管存储单元电路，它们各有优缺点。4管电路的缺点是管子多，占用的芯片面积大，它的优点是外围电路比较简单，读出过程就是刷新过程，故不需要额外的逻辑电路来实现信息的刷新。单管电路的元件数量少，集成度高，但是读“1”和“0”时，数据线上的电位差别很小，需要有高鉴别能力的读出放大器配合工作，外围电路比较复杂。

6.2.4 只读存储器（ROM）

RAM（包括SRAM和DRAM）的特点是其信息的“易失性”，即关闭电源，RAM中的内容就不复存在。在很多场合下，人们希望使用“非易失性”的存储器，这就是只读存储器（Read Only Memory，ROM）。顾名思义，ROM就是只能读出，不能写入的存储器。ROM的种类有很多，性能和价格差别也很大，用户要根据具体要求加以选择，本小节介绍常用的几种。

1. MROM

掩膜ROM（Mask - programmable ROM，MROM）是价格最便宜的一种。图6.7所示为1K×1位的MOS型掩膜ROM，其容量为1K×1位，行、列译码器输入都是5位二进制地址，译码器输出都是32个行、列地址译码线。

所以存储矩阵有32行×32列，共1024个基本存储单元。行地址译码线和列地址译码线交叉处都有MOS管，但是否连接地址译码线，需要视用户的具体要求而定。即在需要输出“1”的地方，MOS管连接地址译码线，在需要输出“0”的地方则不连接。每根列选择线控制一个列控制管，32个列控制管的输出端连接一个读放大器。例如，当地址全为“0”时，第0行、第0列被选中，从图6.7中可知，其交叉处MOS管连接了地址译码线。该管导通，使该列输出为低电位，再经过反相得到高电位输出，即“1”。当地址$A_4 \sim A_0$为“11111”，$A_9 \sim A_5$为“00000”时，则第31行、第0列被选中，从图6.7中可知，交叉处MOS管没有连接地址译码线，故该列输出高电位，再经过反相得到低电位输出“0”。可见，用行、列交叉处MOS管是否连接地址译码线，便可以区分存储的单元信息是“1”还是“0”。显然，这种ROM制作完成后，用户不能更改其中存储的信息。

2. PROM

PROM（Programmable ROM）是可以一次性编程的只读存储器，图6.8所示为一个由晶体管和熔丝构成的PROM基本存储单元电路。

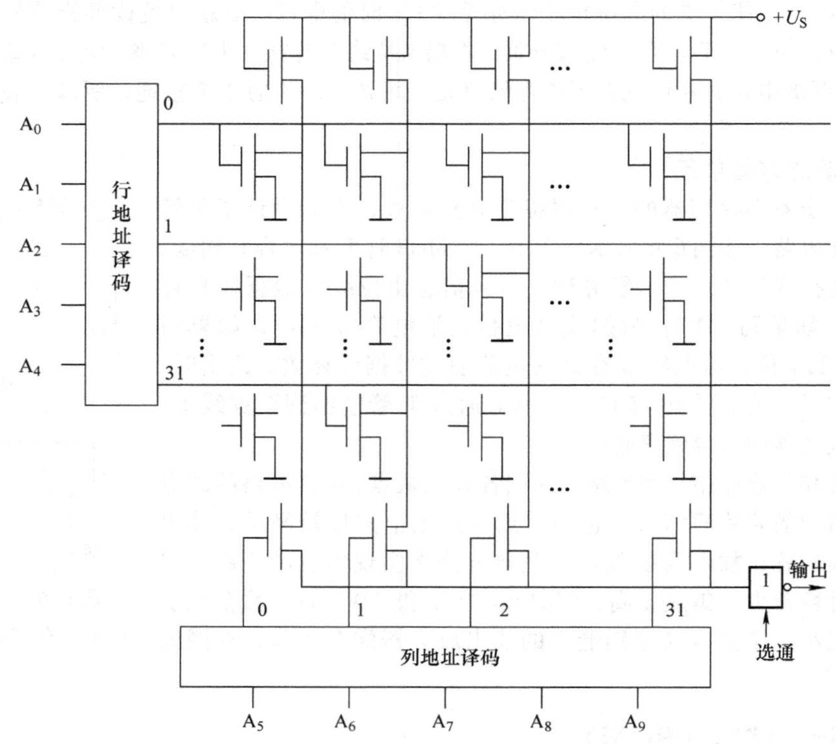

图 6.7　1K×1 位的 MOS 型掩膜 ROM

在这个电路中，基极由字选择线控制，发射极与列选择线之间形成一条镍铬合金薄膜制成的熔丝，集电极接电源 U_S。用户在使用前，可按需要将信息存入单元内。如果要存储“0”，则给耦合元件通过一个大电流，将熔丝烧断。如果要存储“1”，则保留熔丝即可。当该单元被选中时，熔丝烧断处将得到数据“0”，熔丝未断处将读得数据“1”。由于烧断的熔丝无法再恢复，故这种 ROM 只能被修改一次，不能多次修改。由于其可靠性较差，而且只能一次编程，目前这种 ROM 已很少采用。

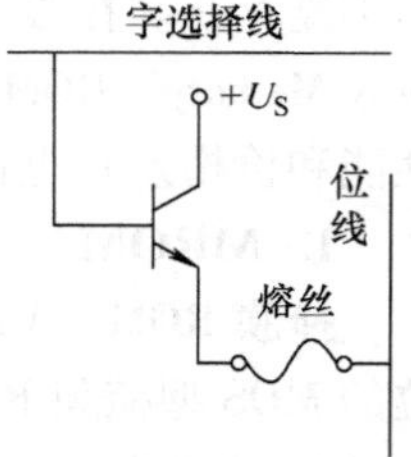

图 6.8　PROM 基本存储单元电路

3. EPROM

EPROM（Erasable PROM）也是一种可以由用户编程的 ROM，但是编程后的内容可以被擦除。也就是说，EPROM 是可以由用户多次编程、多次擦除的 ROM。EPROM 芯片有一个小窗口，通过适当波长的紫外线光照射，可以擦除写入 EPROM 的内容，使芯片恢复到原始状态。

图 6.9a 所示为用于 EPROM 的 N 沟道浮空栅 MOS 管结构示意图，它与普通 N 沟道增强型 MOS 管相似，在 P 基片上通过扩散工艺生长了两个高浓度的 N 型区，它们通过欧姆接触，分别引出源极（S）和漏极（D）。在 S 极和 D 极之间，有一个由多晶硅做的栅极，但它是浮空的，被绝缘物 SiO_2 所包围。管子制造完成后，硅栅上没有电荷，因此管子内没有导电沟道，S 极和 D 极之间是不能导通的。

当把 EPROM 管子用于存储矩阵时，一个基本存储单元电路如图 6.9b 所示，当字选择线置为高电位，选中该单元时，由于 EPROM 管子不能导通，位线读出的是高电位“1”。如果要写入“0”，则在 D 极和 S 极之间加上 25V 高压，并加上编程脉冲（其宽度约为 50ms），D 极和 S 极之

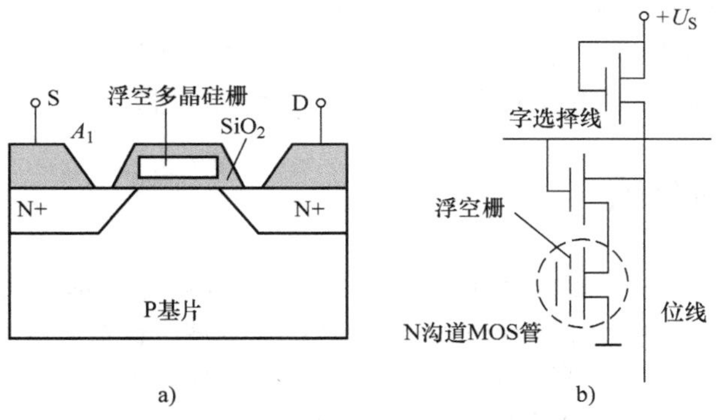

图 6.9 N 沟道浮空栅结构及其基本存储单元电路

a）N 沟道浮空栅 MOS 管结构 b）基本存储单元电路

间被瞬时击穿，于是电子通过绝缘层注入浮空栅，使之带电子变负，形成导电沟道，D 极和 S 极之间导通。正常使用时去除 D 极和 S 极之间的高电压，但因为浮空栅被绝缘层包围，注入的电子不能泄漏，D 极和 S 极之间仍然维持导通，于是位线输出为“0”。因此浮空栅无电荷存储“1”，有电荷存储“0”。如果用紫外线照射芯片上的石英玻璃窗口，所有电路中的浮空硅栅上的电荷会形成光电流泄漏掉，导电沟道消失，使电路恢复初始状态，S 极和 D 极之间重新断开，相当于把写入的信息“0”擦除，再访问该单元将读出“1”。经过照射后的 EPROM，还可以再次写入，写入后仍作为只读存储器使用。

4. EEPROM

EEPROM（Electrically EPROM，EEPROM）的基本存储单元电路与 EPROM 相似，它在 EPROM 基本单元电路的浮空栅的上面再生成一个浮空栅，前者称为第一级浮空栅，后者称为第二级浮空栅。第二级浮空栅引出一个电极，连接到一个电压 U_G。若 U_G为正电压，第一级浮空栅极与漏极之间产生隧道效应，使电子注入第一级浮空栅极，形成导电沟道，S 极和 D 极之间导通，此时访问该单元会读出“0”。当 U_G为负电压时，会使第一级浮空栅极的电子散失，S 极和 D 极之间的导电沟道消失，两极断开，这是擦除过程，擦除后访问该单元会读出“1”。总之，与前面的 EPROM 相同，第一级浮空栅无电荷存储“1”，有电荷存储“0”。擦除后可重新写入。

6.2.5 快擦型存储器（Flash Memory）

快擦型存储器（Flash Memory）也称为闪速存储器，简称闪存。闪存是在 EPROM 和 EEPROM 工艺基础上产生的一种新型、性能价格比更高、可靠性更高的存储器。Intel 是世界上第一个生产闪存并将其投放市场的公司，1988 年，公司推出了一款 256Kbit 闪存芯片。闪存也是用电信号擦除的，但它以块为单位进行擦除。与 EEPROM 相比，闪存具有价格低、容量大的优点。它比较适合于作为一种高密度、非易失性的数据采集和存储器件，在便携式计算机、工业控制系统及单片机系统中得到广泛应用。现在广泛应用的计算机的 U 盘、固态盘，其存储元件就是闪存。

闪存的基本存储单元与 EEPROM 类似，也是由两级浮空栅 MOS 管组成。读出过程与 EPROM 相同。写入过程与 EEPROM 相同，在第二级浮空栅加以正电压，使电子进入第一级浮空栅，使之有电荷而存储“0”。擦除方法是在源极加正电压，利用第一级浮空栅与源极之间的隧道效应，把注入至第一级浮空栅的负电荷吸引到源极释放，使之没有电荷，从而存储“1”，也就是说，擦除后实际上存储的是“1”。由于利用源极加正电压擦除，因此各单元的源极是连接在一起的，这样，闪存不能按字节擦除，而是全片或分块擦除。

总之，擦除过程就是从浮动栅中导出电子并释放，使之没有电荷而存储“1”。擦除后再写入时只有数据为“0”时才需要按上述方法进行写入，写入数据为“1”时则什么也不用做。

6.3　主存储器的组成

几乎所有自1975年以来出售的计算机的主存储器（即内存）都采用半导体DRAM芯片构成，而几乎所有的高速缓冲存储器Cache都采用SRAM。这些存储器芯片是由基本存储单元组成的存储矩阵，外加一些必要的读写控制电路、输入/输出电路组成。随着集成规模的提高，单片存储器容量越做越大，集成的基本存储单元数量越来越多。

6.3.1　主存储器的逻辑设计

主存储器的基本结构如图6.10所示。当CPU发出访存地址时，经过地址译码、驱动电路，在存储矩阵中找到所需访问的单元。读出时，经过读出放大器，才能将被选中单元的存储信息送到I/O（输入/输出）电路。写入时，I/O电路中的数据也必须经过读写控制电路才能真正写入被选中的存储单元中。

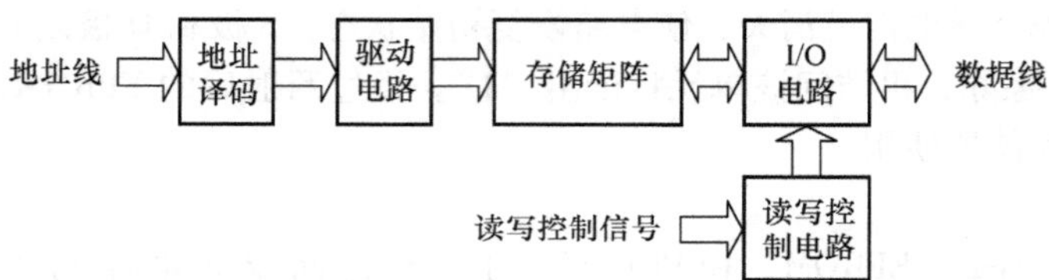

图6.10　主存储器的基本结构

1. 字节序

主存各存储单元的空间位置是由单元地址编号来表示的，而地址总线用于指出存储单元地址编号，根据该地址可以访问一个存储字。不同机器的存储字长度不同，常用8位二进制数表示一个字节，而存储字长都取8的倍数。通常计算机系统既能够按字寻址，又能够按字节寻址。一个存储字的各字节在存储器中存储的次序称为字节序，字节序有两种。例如，图6.11a所示机器字长为32位，它可以按字节寻址，即它的一个存储字包含可独立寻址的4B。字地址与该字高位字节的地址相同，故其字地址是4的整数倍，可以根据字地址码的最低两位来区分同一个字的4B的位置。图6.11b所示为相同的机器字长，它同样可以按字节寻址，字地址与该字低位字节的地址相同，其字地址也是4的整数倍。图6.11a所示的存储形式称为大端字节序，或大端机器，图6.11b所示的存储形式称为小端字节序，或小端机器。

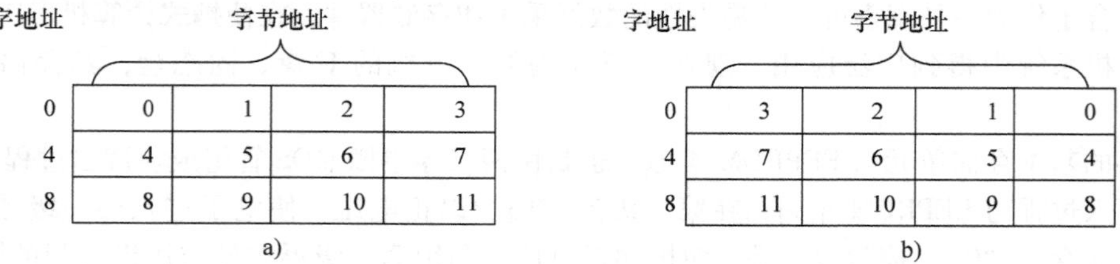

图6.11　存储字的各字节存储次序

a）大端字节序　b）小端字节序

2. SRAM 的逻辑结构

一个 SRAM 由存储矩阵、读写电路、地址译码电路和控制电路等组成，存储矩阵由基本存储单元构成。而地址译码有两种方式：单译码方式和双译码方式。单译码方式只有一个地址译码器，图 6.12 所示的是一个单译码方式的 SRAM 电路，一个地址译码器有 4 位地址输入，地址译码线输出有 $2^4=16$ 个，每次只有一个输出为高电位，其余为低电位，每个地址译码线连接 8 个基本存储单元。这种结构的地址译码线也称为字选择线，简称字线。可见，这种存储器的特点是用一根字线直接选中与之连接的所有存储单元。这种单译码方式的结构较简单，也叫字选法，适于容量比较小的存储器。例如，当地址线 $A_3A_2A_1A_0$ 为“0000”时，则第 0 根字线为高电位，其余为低电位，因而与第 0 根字线连接的最上面一行的 8 个基本存储单元被选中，对应的 8 位信息就可以被读出或写入。图 6.12 中，存储器的每个访存地址可以读写 8 位二进制，也就是存储器的每个地址存储了 8 位二进制。

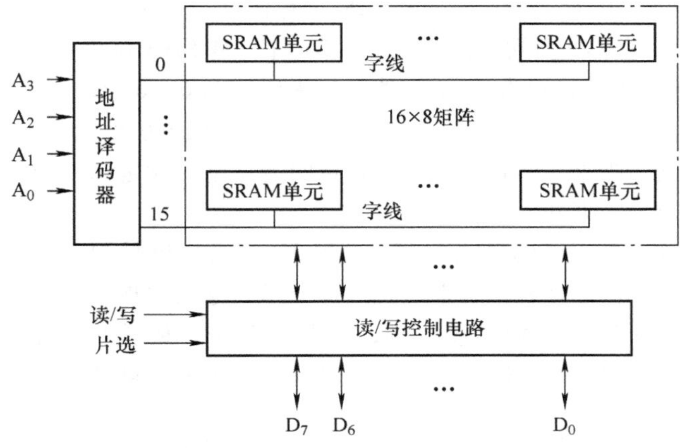

图 6.12　单译码方式的 SRAM 电路

如果需要一个 1M×8 位的存储器芯片，采用上述单译码方式，则需要有一个具有 20 位输入地址、2^{20} 个地址译码输出线的译码器。实际上往往采用图 6.13 所示的双译码方式，双译码方式

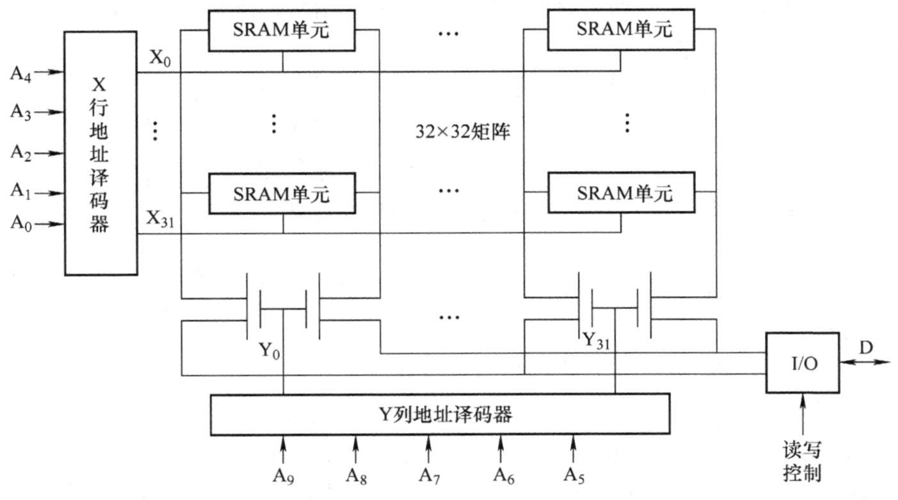

图 6.13　双译码方式 32×32（1K×1 位）存储器

也称为2D结构。图中所示为1K×1位的存储器，1024个基本存储单元被组织成32×32的存储矩阵。10位地址分为行、列两组，每组5位。$A_4A_3A_2A_1A_0$为行地址（或X地址），$A_9A_8A_7A_6A_5$为列地址（或Y地址），5位行地址和5位列地址分别输入两个5－32译码器。译码器有32个地址译码输出线，每次只有一个高电位，其余为低电位。因而对于任意一个10位地址$A_9A_8A_7A_6A_5A_4A_3A_2A_1A_0$，都会有一个行译码输出线和一个列地址译码输出线为高电位，对应行与列交叉处的一个基本存储单元被选中，存储的一位信息就可以读出或写入。例如，图中当地址线为全"0"时，译码输出X_0和Y_0均为高电位，其余为低电位，于是选中矩阵中的第0行、第0列交叉处的一个基本存储单元进行访问。这种结构又称为重合法，意思是被选中单元是由X、Y两个方向的地址决定的。

2D结构存储器的每个地址只能存储一位二进制，更进一步，可以把2D结构存储器组织成每个地址存储多位二进制，称为2.5D结构。2.5D结构实际上是图6.12和图6.13两种结构的结合。例如，一个16K×4位的存储器，总共有16K个存储字，每字4位。而$2^{14}=16K$，故16K字需要14位二进制地址，存储矩阵可以这样安排：256行×64列×4位/列。也就是说，X地址线有8根，Y地址线有6根。X译码器为8－256线，Y译码器为6－64线。当在256行中选中一行、在64列中选中一列时，行列交叉处有4位存储信息可以读出或写入。纯粹的3D结构的存储单元阵列在目前的产品中比较少见，但较早期的磁心存储器采用的就是3D结构。它的地址分为3部分，分别用来选择一行、一列和一层。

无论是单译码方式还是双译码方式，也不论是2D、2.5D还是3D结构，都需要在译码器输出后加驱动电路。因为存储芯片容量越来越大，每个译码输出线连接的基本存储单元越来越多，即带的负载越来越多，所以需要加驱动电路，以驱动每个译码输出线上的所有存储单元。图6.13中，I/O电路处于数据总线和被选中的单元之间，用于控制被选中的单元读出或写入信息，并具有放大信息的作用。

当然每一个存储器芯片的存储容量终究是有限的，所以常常需要用一定数量的存储器芯片按照一定方式进行连接来组成一个存储器，以满足实际应用要求。为了控制存储器芯片的选中与否，存储器芯片通常有片选引脚和读/写控制电路，片选引脚通常低电位有效。只有当存储器芯片的片选引脚为低电位时，该芯片被选中，此时该芯片才可以访问，否则不能访问。通常用地址译码器的输出和一些控制信号（如读写命令）来形成片选信号，送至存储器芯片的片选引脚。

3. SRAM存储芯片举例

图6.14所示为Intel 2114存储芯片引脚图，该芯片的基本存储单元电路由6个MOS管组成，芯片容量为1K×4位。图中A_9～A_0为地址线；I/O_1～I/O_4为数据输入/输出端；$\overline{CS}$为片选信号（低电位有效）；$\overline{WE}$为写允许信号；V_{CC}为电源端；GND为地端。

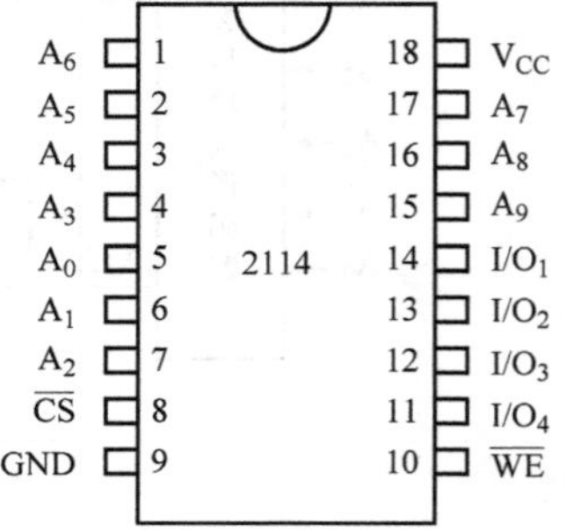

图6.14　Intel 2114存储芯片引脚图

Intel 2114芯片的内部结构如图6.15所示，图中，A_0～A_9为10根地址线，有$2^{10}=1024$（1K）个存储器访问地址，每个地址可以访问到4位二进制。

I/O_1～I/O_4为4根双向数据线。片选信号$\overline{CS}=0$时，该芯片被选中。写允许控制信号线$\overline{WE}=0$时为写入；$\overline{WE}=1$时为读出。由于Intel 2114的容量为1024×4位，故共有4096个基本存储单元，组织成64行×16列×4位/列的阵列。用A_3～A_8这6根地址线作为行地址，输入行地址译码器，地址译码输出64根行选择线，用A_0～A_2与A_9这4根地址线作为列地址，输入列地址译码

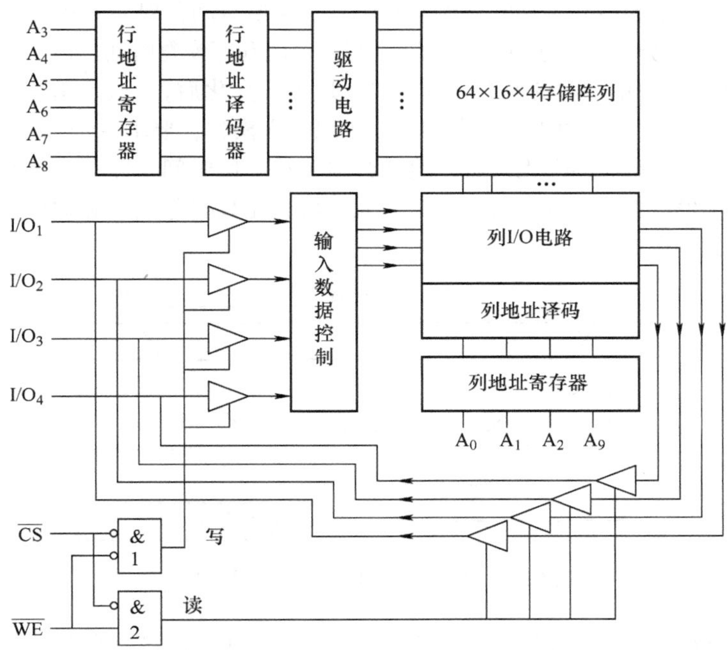

图 6.15　Intel 2114 芯片的内部结构

器，地址译码输出 16 根列选择线，而每根列选择线控制一组 4 个基本存储单元，因而可以读或写 4 位。存储器内部有 4 路 I/O 电路以及 4 路输入/输出三态门，并由 4 根双向数据线 I/O_1 ~ I/O_4 引脚与外部数据总线相连。当$\overline{CS}=0$与$\overline{WE}=0$时，经门 1 输出的高电平将输入数据控制线上的 4 个三态门打开，使数据写入；当$\overline{CS}=0$与$\overline{WE}=1$时，经门 2 输出的高电平将输出数据控制线上的 4 个三态门打开，使数据读出。从图 6.15 中可以看到，输入三态门和输出三态门是互锁的，读出数据时不能写入，写入数据时不能读出。

4. SRAM 的读写周期

图 6.16 所示为典型 SRAM 芯片的读周期时序，在整个读周期中，$\overline{WE}$始终为高电平，图中略去。读周期是指对芯片进行连续两次读操作的最小间隔时间。在一个读周期时间内，首先应该给出读地址，经过一段时间后给出片选有效信号（低电位），此时存储器芯片根据地址从存储阵列中读出数据，并把数据输出到芯片的数据引脚。在片选信号撤销后，数据必须维持一段时间，直至读地址变更后，数据还要维持一段时间，以确保外部电路从数据线读取数据。读出时间包括从给出有效地址，经过译码电路、驱动电路的延迟，到读出所选中单元的内容，再经过 I/O 电路延迟后在外部数据总线上稳定地出现所读出的数据信息等过程所需要的时间，该时间小于读周期时间。

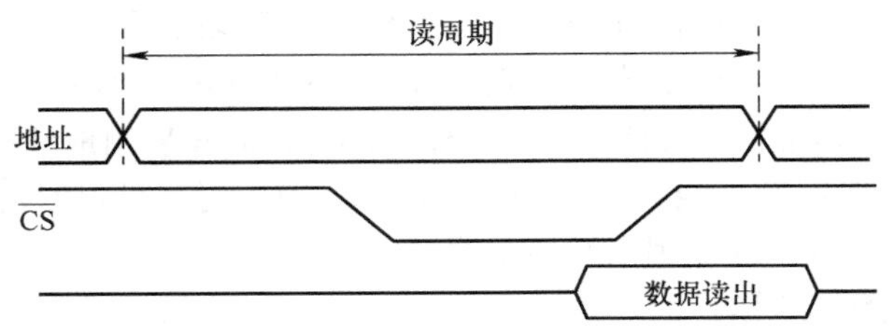

图 6.16　典型 SRAM 芯片的读周期时序

图6.17所示为典型SRAM芯片的写周期时序。写周期时间是对芯片进行连续两次写操作的最小时间间隔，由3部分组成，包括滞后时间、写入时间和写恢复时间。由于在本次写入数据之前，数据线上可能存在着前一次的数据，故在本次地址线变化后，$\overline{CS}$、$\overline{WE}$都要滞后一段时间才有效，以避免将前一次的无效数据写入存储器。实现写入操作，要求片选$\overline{CS}$信号和写命令$\overline{WE}$信号都为低电位。在写允许信号$\overline{WE}$无效后，地址必须保持一段时间，即写恢复时间。为了保证数据可靠写入，在$\overline{CS}$和$\overline{WE}$撤销的前一段时间，写入的数据在数据总线上必须稳定，并且一直维持到$\overline{CS}$和$\overline{WE}$缺失后的一段时间。

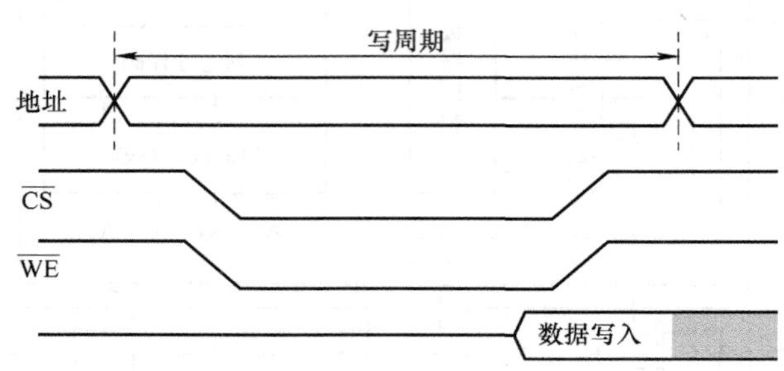

图6.17　典型SRAM芯片的写周期时序

存储器芯片制成后，其读/写周期时序就已经确定，因此，将它与CPU连接时，必须注意地址、片选、写入控制、数据等信号的时序匹配关系，才能保证存储器芯片的正常工作。

5. DRAM的逻辑结构

DRAM靠电容存储电荷的原理来存储信息，如前所述，其基本存储单元有4管式、3管式和单管式结构。若电容存有足够多的电荷表示存“1”，电容上无电荷表示存“0”。由于电容有泄漏电流，电容上的电荷一般只能维持几毫秒的时间，因此即使电源不掉电，存储的信息也会消失。为此，必须定期对所有存储单元的信息进行恢复操作，这个过程叫再生或刷新。与SRAM相比，DRAM集成度更高，功耗更低，因而目前被广泛应用于各类计算机系统的主存。

DRAM的逻辑结构与SRAM类似，例如，2D结构的DRAM，其存储单元以矩阵形式集成在存储器芯片中，可参考双译码方式存储器结构图。2D结构是双译码结构，行地址输入到行地址译码器，每个译码输出连接一行基本存储单元，列地址输入到列地址译码器，每个译码输出连接一列基本存储单元。行和列的交叉点位置即被选中的一位存储单元位置。

DRAM和SRAM芯片的不同之处是行/列地址选择。在DRAM中，为了提高集成度，减少芯片引脚的数量，地址线被平均分成大致相等的两部分，分两次从相同的引脚送入芯片，如图6.18所示。图6.18a所示为1M×1位的DRAM芯片，$\overline{RAS}$（Row Address Select）和$\overline{CAS}$（Column Address Select）分别为行地址和列地址选择信号，称为行选通和列选通，芯片只有10个地址引脚。20位地址需要分两次送入存储器芯片的地址引脚$A_0 \sim A_9$，分别由$\overline{RAS}$和$\overline{CAS}$选通。具体来说，先置$\overline{RAS}=0$，并送10位行地址到芯片的地址引脚$A_0 \sim A_9$，再置$\overline{CAS}=0$，并送10位列地址到芯片的地址引脚$A_0 \sim A_9$，这称为地址复用。$\overline{WE}$为“0”表示写入，一位二进制信息由D_{IN}输入，为“1”表示读出，一位二进制信息由D_{OUT}输出。图6.18b所示为1M×4位的DRAM芯片，有10个地址引脚，20位地址需要分两次送入存储器芯片，同样采用地址引脚复用技术，由$\overline{RAS}$和$\overline{CAS}$选通。$D_0 \sim D_3$是双向数据线，$\overline{OE}$为使能端，为“0”时，可以对芯片进行读写操作，为“1”时，数据线悬空，不能访问芯片存储的信息。

6. DRAM芯片的读写周期

DRAM芯片的读周期时序如图6.19所示，图中读周期从$\overline{RAS}$变为有效电位开始至下一次再

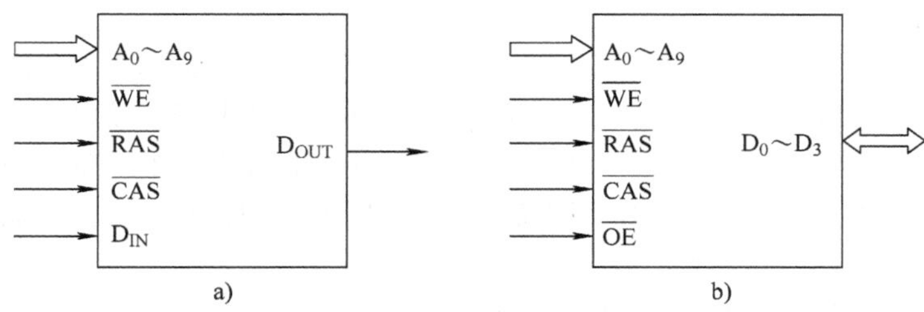

图 6.18 DRAM 芯片

a）1M×1 位 DRAM 芯片 b）1M×4 位 DRAM 芯片

变为有效低电位止，是 DRAM 完成一次读操作所需的最短时间。行地址必须在行选通信号$\overline{RAS}$有效前的一段时间有效，$\overline{RAS}$有效之后还要保持一段时间；同样列地址必须在列选通信号$\overline{CAS}$有效前的一段时间有效，$\overline{CAS}$有效之后还要保持一段时间。这样才能保证行地址与列地址能够正确送入相应的缓存器。写入信号$\overline{WE}$控制在行选通$\overline{RAS}$有效后、列选通$\overline{CAS}$有效前为高电位，并保持至列选通$\overline{CAS}$缺失。列选通地址有效至输出数据有效一般需要经过一段时间，而在$\overline{RAS}$、$\overline{CAS}$以及列地址取消后，数据输出还需要维持一段时间，以确保外部电路获取数据。由于存储器芯片中有地址锁存器，故在所需求的列地址保持时间后，在读周期完成以前，外界的地址总线可以改变。

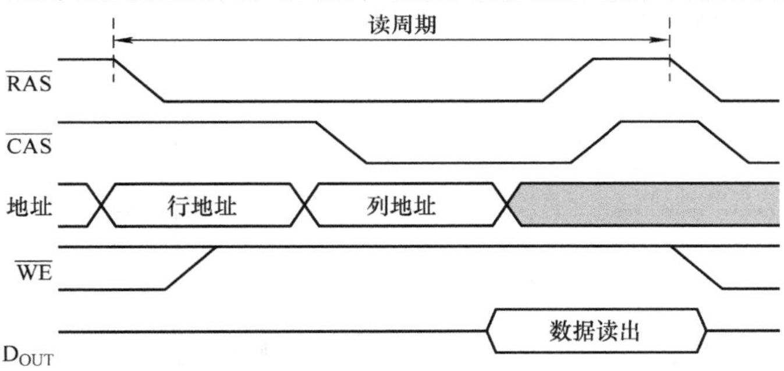

图 6.19 DRAM 芯片的读周期时序

在写工作方式下，写入信号$\overline{WE}$必须为低电平，写周期时序如图 6.20 所示。$\overline{RAS}$信号与$\overline{CAS}$信号以及它们与地址信号之间的关系，与读周期时序完全相同。为了确保准确无误地写入数据 D_{IN}，写命令信号$\overline{WE}$必须在$\overline{CAS}$信号有效前有效，而且应该保持一段时间。通常，写入数据 D_{IN}在$\overline{WE}$有效后、在$\overline{CAS}$信号有效前有效，而且一直保持到$\overline{WE}$、$\overline{CAS}$和$\overline{RAS}$信号缺失前，即后 3 个信号有效期应该一直维持到写入数据缺失后，以保证数据可靠地写入存储器。

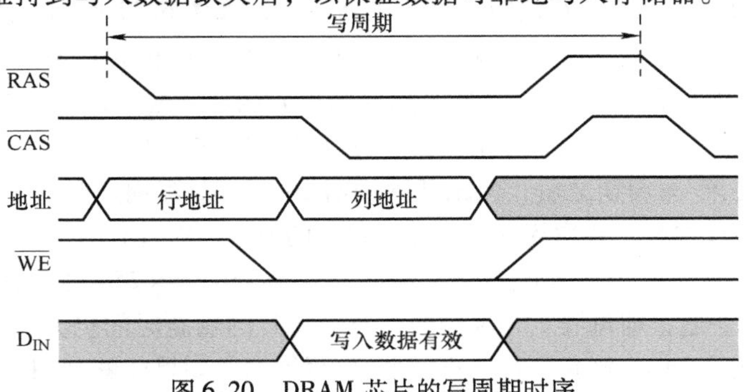

图 6.20 DRAM 芯片的写周期时序

7. DRAM 的刷新

如前所述，DRAM 靠电容来存储信息，所以需要刷新。2116 的存储单元必须每 2ms 刷新一次。在 2116 的刷新周期里，$\overline{RAS}$为低电平，而$\overline{CAS}$为高电平，在$\overline{RAS}$有效电平出现前，必须先给出刷新地址，并保持一段时间。一个$\overline{RAS}$刷新周期可以使 DRAM 芯片的一整行信息再生，对 2116 芯片来说，在 2ms 内必须完成 128 个$\overline{RAS}$刷新周期。在刷新周期，必须断开存储器的输出，同时由于控制刷新的需要，DRAM 芯片的控制电路比较复杂。

刷新过程实际上是读/写的过程，先将存储的信息读出，再由刷新放大器形成原信息并重新写入。该过程是一行一行进行的，每次刷新一行。从上一次对整个存储器刷新结束到下一次对整个存储器全部刷新一遍为止，这一段时间间隔叫刷新周期，一般为 2ms、4ms 或 8ms 。常用的刷新方式有 3 种，分别是集中式、分散式和异步式。

集中式刷新是在规定的一个刷新周期内，集中一段时间对全部存储单元逐行进行刷新，刷新时当然要停止读/写访问操作。图 6.21 所示为集中式刷新方式，图中假设对 256 行×256 列存储矩阵进行刷新。设读/写访问周期 t_C为 0.5μs，即刷新一行需要 0.5μs 的时间，设刷新周期为 2ms，于是总共有 4000 个周期。在 4000 个周期内，假设前面 3744 个周期为读/写或者维持周期，后面 256 个周期集中对存储器进行刷新，则刷新需要 128μs。在这段时间内，不能对存储器进行读/写操作，这段时间又称为“死区”。在这个例子中，“死区”占整个刷新周期的比例为256/4000 = 6.4% 。

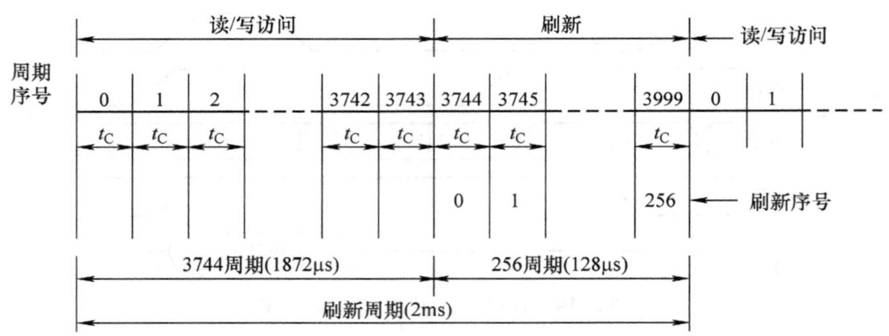

图 6.21　集中式刷新方式

分散式刷新是指对每行存储单元的刷新操作分散到每个读/写周期，每次对存储器的一行进行读/写操作或者维持信息操作后，就进行一次刷新操作。这种方式相当于把一个存储系统周期 t_C分为前后两半，周期前半段时间 t_M用来进行读/写操作或者维持信息，后半段时间 t_R作为刷新操作时间，仍以对 256 行×256 列存储矩阵进行刷新为例，如图 6.22 所示。这样，每经过 256 个额外系统周期时间，整个存储器全部刷新一遍。如果读/写周期仍为 0.5μs，那么存储系统周期为 1μs，256μs 的时间就可以把存储芯片的全部存储单元刷新一遍，比允许的刷新间隔 2ms 要短得多。这种刷新方式克服了集中式刷新出现的“死区”，但它并没有提高存储系统的工作效率。因为尽管刷新分散在读/写周期之后，但刷新同样需要一个读/写周期时间。从图 6.22 中可以看出，这种刷新方式不仅加长了存取周期，降低了整机的速度，而且有的行刷新过于频繁。

异步式刷新方式是前两种方式的结合，例如，对于 256 行 × 256 列的存储芯片，可采取在 2ms 内对 256 行刷新一遍，即每隔 7.8μs 刷新一行，每行的刷新时间仍为 0.5μs。这样，对每行来说，刷新周期仍然是 2ms，刷新一行停止一个读/写周期。如果能够利用 CPU 对指令的译码阶段（即不访问主存这段时间）进行这种异步刷新操作，那么就避免了集中式刷新方式出现的访

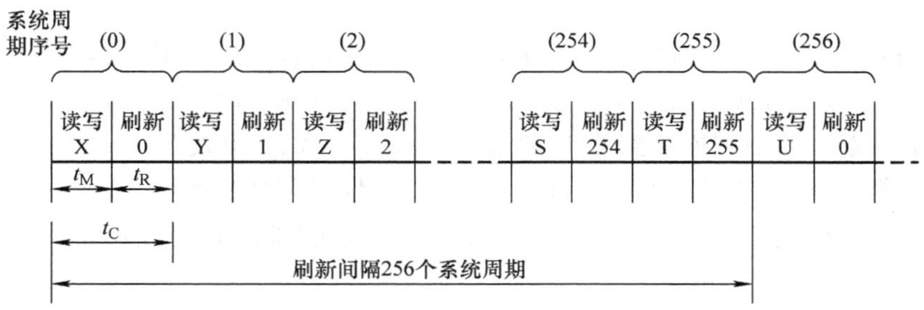

图 6.22　分散式刷新方式

存“死区”，同时又避免了分散刷新单独占用 0.5μs 的读/写周期来刷新的问题，从而从根本上提高了整机的工作效率。

6.3.2　主存储器与 CPU 的连接

1. 存储容量的扩展

单片存储器芯片的容量有限，很难满足实际需要，因此通常要将若干存储器芯片连接，组成存储器，以满足实际需要，称为存储容量的扩展。存储容量的扩展有位扩展、字扩展以及字和位同时扩展 3 种。

（1）位扩展

位扩展是指增加存储字长，如图 6.23 所示。

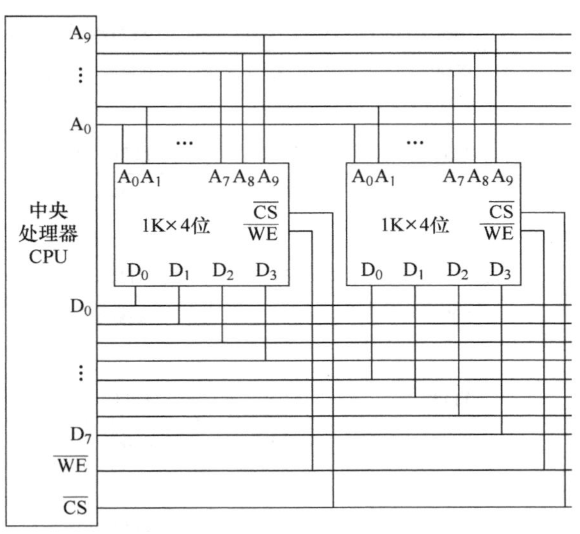

6.23　两片 1K×4 位芯片组成 1K×8 位存储器（位扩展）

图 6.23 中，两片 1K×4 位芯片的地址引脚 A_0 ~ A_9、$\overline{CS}$和$\overline{WE}$分别连接在一起，并分别连接到 CPU 的地址引脚 A_0 ~ A_9，以及$\overline{CS}$和$\overline{WE}$。其中一片的数据引脚 D_0 ~ D_3分别连接到 CPU 的数据引脚 D_0 ~ D_3，作为低 4 位，另一片的数据引脚 D_0 ~ D_3分别连接到 CPU 的数据引脚 D_4 ~ D_7，作为高 4 位，即两片 4 位的芯片位扩展成 8 位。这样从 CPU 的角度看，它访存时发出 10 位地址 A_0 ~ A_9，可以存取 8 位数据 D_0 ~ D_7，相当于访问一个 1K×8 位的存储器，实际上 8 位数据由两块芯片各提供 4 位，拼接成 8 位。

（2）字扩展

字扩展是指增加存储器字的数量，而每个字的位数没有改变，如图 6.24 所示，4 个 16K ×8 位的芯片采用字扩展的方式组成 64K ×8 位的存储器。4 个 16K ×8 位芯片的地址引脚 $A_0 \sim A_{13}$ 和 $\overline{WE}$ 分别连接在一起，并分别连接到 CPU 的地址引脚 $A_0 \sim A_{13}$，以及 $\overline{WE}$。4 个芯片的数据引脚 $D_0 \sim D_7$ 分别连接到 CPU 的数据引脚 $D_0 \sim D_7$。而 CPU 地址引脚高位地址 A_{14}、A_{15} 输入到译码器，译码器 4 个输出引脚分别连接 4 个芯片的片选引脚 $\overline{CS}$，地址空间分配见表 6.1。

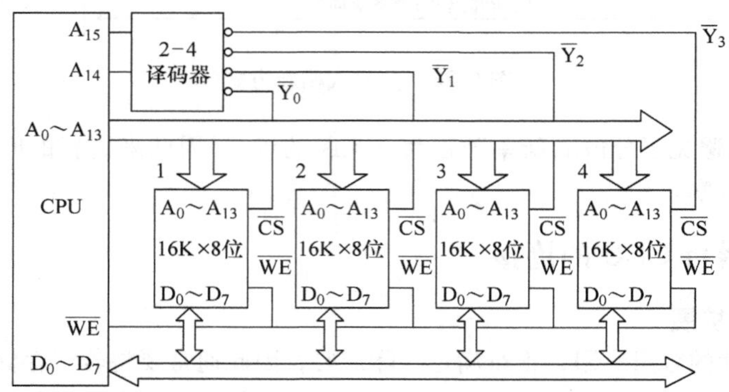

图 6.24　4 个 16K ×8 位芯片组成 64K ×8 位存储器（字扩展）

表 6.1　存储器地址空间分配表

十六进制地址	二进制地址				2-4 译码器输出	被选中的芯片
	$A_{15}A_{14}A_{13}A_{12}$	$A_{11}A_{10}A_9A_8$	$A_7A_6A_5A_4$	$A_3A_2A_1A_0$	$\overline{Y}_0\ \overline{Y}_1\ \overline{Y}_2\ \overline{Y}_3$	
0000	0000	0000	0000	0000		
⋮		⋮			0111	1
3FFF	0011	1111	1111	1111		
4000	0100	0000	0000	0000		
⋮		⋮			11011	2
7FFF	0111	1111	1111	11111		
8000	1000	0000	0000	0000		
⋮		⋮			1101	3
BFFF	1011	1111	1111	1111		
C000	1100	0000	0000	0000		
⋮		⋮			1110	4
FFFF	1111	1111	1111	1111		

（3）字和位同时扩展

字和位同时扩展是指既增加存储字的数量，又增加存储字长，即同时采用字扩展和位扩展的方法增加存储器的容量，以满足应用需求。若单片芯片的容量为 l 字×k 位，存储器容量要求为 M 字×N 位（$M \geqslant l$，$N \geqslant k$），采用字、位同时扩展的方法，则共需要（M/l）×（N/k）个存储器芯片。

例如，用容量为 1K ×4 位的芯片组成容量为 4K ×8 位的存储器，需要芯片数量为（4/1）×（8/4）=8 片，连线图如图 6.25 所示。图 6.25 中，芯片的地址引脚 $A_0 \sim A_9$ 连在一起，并分别连

至 CPU 的相应引脚。两个芯片为一组，每组两块芯片，共有 8 个数据引脚，形成 8 位数据，分别连接到 CPU 的数据引脚 $D_0 \sim D_7$。CPU 的地址引脚 A_{10}、A_{11} 输入到 2－4 译码器，4 个译码输出分别连接到 4 组芯片的 8 个片选引脚 $\overline{CS}$，每个译码输出连接一组 2 个芯片的 $\overline{CS}$。$\overline{WE}$ 为读/写控制信号，与 CPU 的 $\overline{WE}$ 连接。

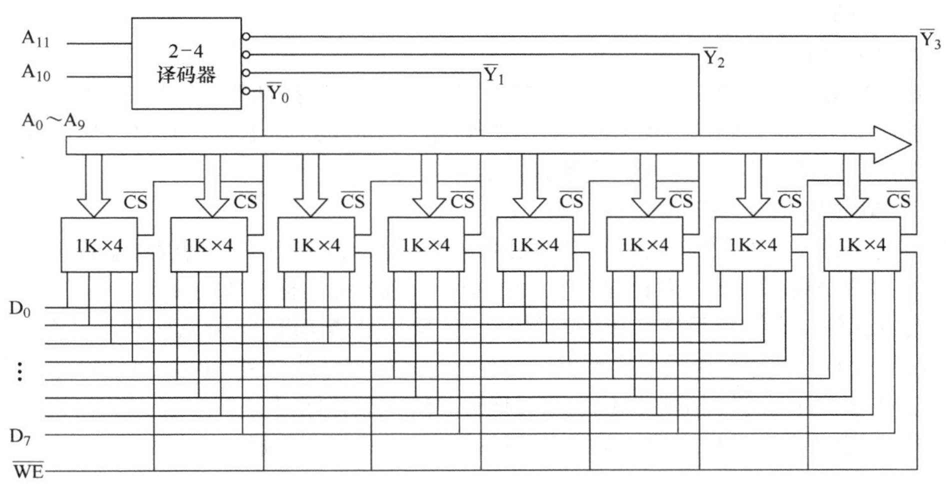

图 6.25　由 8 片 1K×4 位芯片组成 4K×8 位存储器（字位扩展）

2. 存储器与 CPU 的连接

主存与 CPU 之间通过系统总线连接，具体来说，主存和 CPU 的地址引脚分别连接到系统总线的地址总线，数据引脚分别连接到系统总线的数据总线，控制引脚包括片选引脚、写允许引脚等，分别连接到系统总线的控制总线。

（1） 地址引脚的连接

不同容量的存储器芯片，其地址引脚位数不同，而 CPU 的地址引脚位数一般比存储器芯片的多。因此，一般将 CPU 地址引脚的低位地址部分与存储器芯片对应的地址引脚相连接。CPU 地址引脚剩余的高位部分用作存储器芯片扩展，或者其他用途。例如，一个 16K×8 位的存储芯片共有 14 个地址引脚 $A_0 \sim A_{13}$，应分别与 CPU 的低 14 位地址引脚 $A_0 \sim A_{13}$ 相连，而 CPU 地址引脚高位部分则留作存储器字扩展时使用。

（2） 数据引脚的连接

存储器数据引脚的位数与存储器芯片的内部结构有关，通常和 CPU 的数据引脚位数不相等，因此必须对存储器进行位扩展，使两者相等。如 16K×1 位的芯片只有 1 个数据引脚，如果用 8 片进行位扩展以形成 8 位存储字长，那么可以将第 1 片的数据引脚连到 CPU 的 D_0，将第 2 片的数据引脚连到 CPU 的 D_1，以此类推，将第 8 片的数据引脚连到 CPU 的 D_7。

（3） 读/写命令线的连接

一般情况下，存储器的读/写命令线可以直接连接到 CPU 的读/写控制端，通常高电平为读，低电平为写。需要注意的是：①如果 CPU 和存储器的读、写控制端是分开的，则单独连接即可；②如果 CPU 和存储器的读、写控制端有一个是分开的，另一个是复用的，则需要设计相应的逻辑电路来连接。

（4） 片选信号线的连接

片选信号线的连接是 CPU 与存储器芯片之间能够准确工作的关键，由于实际的存储器通常由多块芯片通过字扩展组成，两者的连接一般通过一个译码电路来完成，如在前面提到的，CPU地址引脚的高位部分输入到译码器，译码器的输出端连接多个存储器芯片的片选端。另外还要考虑 CPU 访存时，除了发出访存地址外，还发出$\overline{\text{MREQ}}$（低电平有效）信号，该信号为低电平时才表示 CPU 要求访存，否则，即使 CPU 发出地址，也不是要求访存。因此，访存控制电路还应该考虑$\overline{\text{MREQ}}$信号的作用。

（5）合理的芯片选择

选择芯片是指芯片类型（如 ROM 和 RAM）及其数量的选择和配合。ROM 通常存放系统程序、标准子程序、引导程序等，而 RAM 则用来组成计算机系统的主存。两类芯片也有不同容量大小可供选择，选择芯片及其数量时应使连接尽可能简单。

3. CPU 对主存的基本操作

CPU 与主存通过系统总线连接，称为硬连接。在此基础上，两者之间通过总线交换信息，例如 CPU 向主存发送读写命令，主存向 CPU 传送指令、数据等，称为软连接。

CPU 对主存的基本操作是读操作和写操作。读操作是指 CPU 发送地址和读命令到存储器，存储器从该地址对应的存储单元取出数据或指令，通过数据总线送到 CPU，具体操作过程如下：

1）CPU 发出地址，送到地址总线，通过地址总线送到存储器。

2）CPU 发出读命令，送到控制总线，通过控制总线送到存储器。

3）等待存储器完成信号。

4）读出信息通过数据总线送到 CPU。

写操作是指 CPU 发送地址、要写的信息和写命令到存储器，存储器把信息写入该地址对应的存储单元，具体操作过程如下：

1）CPU 发出地址，送到地址总线，通过地址总线送到存储器。

2）CPU 发出要写的信息（通常是数据），送到数据总线，通过数据总线送到存储器。

3）CPU 发出写命令，送到控制总线，通过控制总线送到存储器。

4）等待存储器完成信号。

由于 CPU 和存储器存在速度差距，因此在连接两者时还应该考虑速度匹配问题。匹配方式有两种，同步方式和异步方式。上面给出的 CPU 对存储器的读写操作是基于异步方式的，两者之间没有统一的时钟来同步，CPU 对存储器读或者写时，发送地址和相应的命令后，存储器进行读写操作，完成后向 CPU 发送“工作完成”信号。如果是读操作，“工作完成”表示信息已经从存储单元读出，送到了数据总线，CPU 可以从数据总线读取信息；如果是写操作，则表示要写的信息已经写入存储单元。

至于同步方式，CPU 和存储器之间有统一的时钟来同步，前面的 DRAM 芯片的读周期时序和写周期时序就是同步方式。在同步方式下，CPU 必须放慢速度，以配合存储器的读写操作，存储器读写操作完成后不需要向 CPU 发送“工作完成”信号。

6.3.3　高性能 DRAM

1. FPM DRAM（Fast Page Mode DRAM）和 EDO DRAM（Extended Data Output DRAM）

FPM DRAM 又叫快速页面模式随机存取存储器，该存储器同样把基本存储单元组织成矩阵，受输入/输出引脚数的限制，它的地址引脚是复用的。它每隔 3 个时钟脉冲周期传送一次数据，具有 72 条引脚线，工作在 5V 电压下，具有 32 位数据宽度，存取周期都在 60ns 以上。这种存储器在早期的 486 机和 Pentium 时代得到广泛应用。

FPM DRAM 的每一个基本存储单元有一个行地址和列地址，“页”是指具有相同行地址的存储区域，也就是存储矩阵的一行，一行有2048位。访问存储矩阵中某一基本单元时，首先要选择一行，然后选择一列。如果访问数据的行地址与前一次访问的行地址相同，即同一“页”，存储器内存地址控制器可以保持行地址信号不变，只要给出一个列地址即可。这样存取同一“页”数据的速度与效率就大大提高了。但是，CPU每次访问该存储器时，芯片都需要有一个“准备就绪”的延迟时间，延长了FPM DRAM的访问时间。

EDO DRAM又称为扩展数据输出随机存取存储器，是对FPM DRAM的改进，有时称为超页模式（Hyper-page Mode）。EDO DRAM成功地消除了主板和内存两个存储周期的时间间隔，每隔两个时钟脉冲周期传输一次数据，大大缩短了存取时间，提高了访问速度。这种内存有72线和168线两种，存取周期达到了60ns，具有32位数据宽度，这种内存曾经是早期的Pentium机主板上主流的存储器。EDO DRAM在读出放大电路和输出引脚之间增加了一个高速锁存器（Latch），从而构成二级输出缓冲单元，用以存放输出数据，直到该数据被可靠地读取，相当于增加了数据输出的有效时间，从而提高了DRAM的性能。由于有高速锁存器保存每次访问的信息，因此即使列地址信号被撤销，读出的信息仍然可以从高速锁存器获取。与FPM DRAM相比，EDO DRAM的访问速度提高了10%～20%。早期的IS41C16256芯片是512×512×16bit（4Mbit即0.5MB）的EDO DRAM芯片，设有读出放大器、地址缓冲器、行地址译码器、列地址译码器、时钟发生器、刷新计数器、写允许控制逻辑、输出允许控制逻辑、数据I/O总线及数据输入/输出缓冲器等。地址引脚复用，访问时先送行地址，并通过$\overline{RAS}$锁存，再送列地址并通过$\overline{CAS}$锁存。该芯片适用于16位和32位总线的系统，也适用于图形、数字信号处理系统、计算机系统及其外围电路等。

2. SDRAM（Synchronous DRAM，同步动态随机存取存储器）和DDR SDRAM

SDRAM曾经是动态存储器系列中使用最广泛的高速、高容量存储器，它是现行主流动态存储器DDR（Double Data Rate）SDRAM系列的前身。

前面介绍的两种存储器FPM DRAM和EDO DRAM，都以异步方式连接CPU或存储控制器，而SDRAM采用同步方式连接CPU或者存储控制器。采用同步控制方式极大地提高了连续读写能力。与传统的DRAM相比，SDRAM存储器中加入同步控制逻辑，并且用统一的系统时钟同步所有的地址、数据和控制信号，因此SDRAM工作速度与系统总线速度是同步的，每个时钟脉冲周期传送一次数据。CPU访存时，在SDRAM进行相应的操作期间，例如行列选择、地址译码、数据读出或写入、数据放大等操作期间，因为这些操作时序都是确定的，处理器或其他主控器可以进行其他操作，而不必单纯地等待，这样可以提高对存储器访问时的并行性，从而提高整体系统性能。SDRAM按工作频率分为PC66、PC100、PC133、PC150等，这里的数字（66、100等）指的是系统总线的频率，如PC150的内存适用于系统总线频率为150MHz的计算机。SDRAM内存的工作电压为3.3V、168线，存取周期为7～10ns，具有64位数据宽度，在速度及性能上比FPM DRAM和EDO DRAM有很大的提高。因此对SDRAM而言，总线时钟频率决定了其访问速度的快慢，常用时钟频率来衡量SDRAM的速度。

早期SDRAM内部采用的是一种双存储体结构，集成了两个并列的存储阵列，后来发展为集成4个存储阵列，这在SDRAM的规范中是最高的存储阵列数量。而RDRAM则达到了32个，在DDR2 SDRAM标准中，存储阵列的数量也提高到了8个。访存时除了要确定片选控制外，还要确定是哪个存储阵列，然后在这个选定的存储阵列中选择相应的行与列进行访问。这种存储器芯片在访问时与普通存储器芯片一样，每次只能对其中一个存储阵列进行读写，但其他存储阵列却被同时启动并且进入预备工作状态。所以，当CPU对一个存储体或阵列访问数据的同时，其他阵列已准备好读写数据，这样通过两个或多个存储阵列的紧密切换，存储器带宽得到成倍的提高。

另外，SDRAM 对这些存储阵列的读写访问采用了流水线处理方式，当指定一个特定的地址时，SDRAM 就可读出多个数据，即实现突发传送。与 DRAM 不同的还有 SDRAM 存储单元中的电容容量很小，所以信号要经过高倍放大来识别其逻辑电平。

DDR（Double Data Rate）SDRAM 称为双速率的 SDRAM。它在 SDRAM 的基础上，采用延时锁定环技术对数据进行精确定位，在时钟脉冲的上升沿和下降沿都可传输数据，因此和普通的 SDRAM 相比，DDR SDRAM 在相同时钟频率的情况下使数据传输率提高了一倍。DDR1 采用 2∶1 的数据预取位宽机制，通过两个内存控制器同时工作，即双通道内存技术，从而获得双倍的内存带宽，大幅度提高整体性能。这种芯片内部集成了多个并列的存储阵列，芯片本身具有两个独立数据总线，分别连接两个内存控制器，芯片内部数据总线宽度是外部系统的数据总线宽度的两倍。除此之外，还要对内存控制器加以改进，以便在内存的输出端可以分别在时钟脉冲的上升沿和下降沿都传输数据。即使内部工作频率仅仅为外部数据传输频率的一半，由于可以同时存取两个单元的数据，内部数据总线的带宽提高一倍，所以 DDR1 的数据传输频率是实际工作频率的两倍。双通道内存技术的精髓就在于让北桥芯片同时集成两个内存控制器，这样等于让内存带宽在现有的基础上加倍。DDR 内存的多通道技术的研究也在蓬勃兴起。

常用带宽来衡量传输数据的能力。带宽表示单位时间内传输字节数的大小，如果 B 表示带宽，F 表示存储器时钟频率，D 表示存储器数据总线位数，则带宽为 $B = F \times D/8$，单位为 B/s。例如，PC100 的 SDRAM 带宽计算如下：

100MHz × 64bit/8 = 800MB/s

对于上升沿和下降沿都传输数据的 DDR1，因为它的传输效率是双倍的，因此它的带宽应为 $B = 2 \times F \times D/8$。例如在 100MHz 下，DDR SDRAM 可提供 100MHz × 2 × (8B × 8)/8 = 1.6GB/s 的数据传输率，133MHz 下可达到 2.1GB/s，这曾经是 21 世纪初计算机主存的主流产品。DDR1 内存采用 2.5 V 工作电压，184 线，内存接口为 64 位。DDR SDRAM 适用于大型的应用程序和复杂的 3D。在速度的区分方面，DDR 内存问世之初根据其工作频率来标记，比如工作在 100MHz 或 133MHz 的 DDR 内存分别被称为 PC200、PC266（100 ×2、133 ×2），后来改用理论上的最大数据传输率作为速度标记，比如 133MHz DDR 内存的理论最大带宽为 2.1GB/s，就将其标记为 PC2100。DDR 内存沿袭了 SDRAM 内存的制造体系，只要对设备稍加改动就能生产 DDR 内存，而且没有专利方面的问题，其制造成本比普通 SDRAM 略高一点，但比 RDRAM 低很多，因此几乎所有的内存生产商都支持 DDR 内存。而因为 DDR 内存性价比高，消费者对其接受程度也相当高。

如前所述，DDR SDRAM 在每时钟周期传输两次数据，它在时钟信号的上升沿和下降沿各传输数据一次。与普通存储器相比，DDR 芯片内部结构上有两点不同，首先集成了多个并列的存储阵列，并且采用预取技术，访问一个阵列时，其他阵列被同时启动进入预备状态；其次加宽芯片内部总线，以这种方式推进内存条的速度。例如，DDR1 SDRAM 存储器芯片从内部阵列到 I/O 缓存之间的总线宽度是外部总线宽度的 2 倍，DDR2 提高到 4 倍，DDR3 则达到 8 倍。

DDR2 通过使用 4∶1 预取架构来提高数据传输率，每次访存时并行访问 4 个存储阵列，存取 4 个单元的数据，然后在高速时钟的上升沿、下降沿连续传送，进一步降低对内部存储单元阵列的频率要求。

2002 年 6 月，JEDEC（Joint Electron Device Engineering Council，联合电子设备工程委员会，https://www.jedec.org/）开始研究 DDR3 内存标准，但由于处理器厂商并不支持，DDR3 内存还停留在概念上，并无实际的产品。到 2007 年，Intel 首先推出支持 DDR3 内存的芯片组产品，并且另一个桌面处理器厂商 AMD 也明确表示支持 DDR3 内存，各内存厂商才陆续生产 DDR3 内存。

DDR3 内存比 DDR2 内存有更低的工作电压，从 DDR2 的 1.8V 降到 1.5V，更加省电，性能更好；预取位宽机制从 DDR2 的 4:1 预取升级为 8:1 预取，这是 DDR3 提升带宽的关键。对于同样的芯片核心频率，DDR3 能够提供两倍于 DDR2 的带宽。此外，DDR3 还采用了 CWD、Reset、ZQ、STR、RASR 等技术。

DDR3 是现行计算机内存的主流产品。

JEDEC 最早在 2012 年 9 月发布了 DDR4 标准 JESD79－4B，2017 年 6 月做了更新。标准说明 DDR4 每个数据引脚传输速率为 1.6Gbit/s，引脚传输速率的最大目标是 3.2Gbit/s。从 DDR1 到 DDR3，都以增加存储阵列数量和内部总线宽度，以及数据预取技术作为标志。DDR1 采用 2:1 数据预取位宽机制，内部总线宽度为外部总线宽度的两倍，直到 DDR3 的 8:1数据预取位宽，内部总线宽度为外部总线宽度的 8 倍。但因为继续提高到 16:1 数据预取的难度太大，DDR4 通过增加 Bank 数量，采用 Bank Group（BG，数据通道组）设计，一个数据通道组由 4 个数据通道构成，存储器包含 2～4 个数据通道组，每个组都可以独立访问。通过这种办法来提高预取位宽至 16:1。DDR4 相比 DDR3 最大的区别有 3 点：16:1 数据预取位宽机制，同样内核频率下的理论速度是 DDR3 的两倍；更可靠的传输规范，数据可靠性进一步提升；工作电压降为 1.2V，更节能。

JEDEC 在 2018 年发布了 DDR5 标准。同年 11 月，韩国海力士半导体公司 SK Hynix 发布了 DDR5 标准的 SDRAM 模块，计划 2019 年底发布 DDR5 产品，每个芯片可以提供 16Gbit（2GB）的容量。电压进一步降低，从 1.2V 降低到 1.1V，与 DDR4 模块相比，降低了功耗。DDR5 模块为每个端口提供高达 6.4Gbit/s 的吞吐量，其他厂商也曾表示将发布 DDR5 内存模块。如果两大处理器公司 Intel 和 AMD 的主流主板支持 DDR5，相信会在台式机上更快地应用 DDR5 SDRAM。

总之，DDR 系列存储器从面世之初就备受青睐，随着其性价比的不断提高，逐渐替代其他存储器，成为主流，并一直保持至今。

3. RDRAM（Rambus DRAM）存储器

RDRAM 存储器原为 Rambus 公司为电视游戏机提出的一种内存规格，能达到更高的时钟频率。1996 年由 Intel 联合 Micron 等 10 余家半导体厂商发布，并正式命名为 Direct Rambus DRAM，简称为 RDRAM。

由于其矩阵结构对基本速度的限制，SDRAM 的频率很难超越 133MHz。RDRAM 存储器技术打破了上述频率屏障，其设计较为复杂，有点类似于系统级设计。在 RDRAM 内部，类似 SRAM 的高速缓冲存储器页提供了快速的数据流。出于提高了高速缓冲存储器页的效率和交叉轮换的因素，每一 RDRAM 器件包括 2～4 个存储器阵列。RDRAM 的高速缓冲存储器页指的是它的行缓冲器，在普通的 DRAM 中，行缓冲器的信息在写回存储器后便不再保留，而 RDRAM 则将这一信息保留。在进行存储器访问时，如果缓冲器已有目标数据，则可利用它，因而实现了高速访问。

RDRAM 的内存接口为 16 位，RDRAM 内存条也被称为 RIMM，采用 2.5V 工作电压，引脚为 184 针，板载一块 SPD ROM，在系统开启时提供初始化信息。根据内存的速度有 600MHz、700MHz 与 800MHz 这 3 个版本。RDRAM 将数据封包后使用特殊的协议传输数据，与 DDR SDRAM 数据传输方式类似，RDRAM 也在单个时钟周期内的上升沿和下降沿内各传输一次数据。RDRAM 在连续读出数据时，效率很高，如果读取内存中分散的数据，就会慢很多，甚至没有 SDRAM 的效率高。

出现之初，RDRAM 凭借速度优势，曾与 SDRAM 和 DDR SDRAM 互不相让，争夺存储器市场份额。但是由于 Rambus 结构复杂，生产 Rambus 内存必须投入大量的资金兴建全新生产线，同时还必须获得 Rambus 授权，支付可观的专利费用。而 DDR 作为一种开放的技术，不存在专利费用的问题，加上 DDR SDRAM 仍然沿用现有的 SDRAM 生产体系，制造成本只比 SDRAM 高很少。在与 DDR 内存的竞争中，RDRAM 在速度上曾经有优势，但是价格昂贵，后来逐渐被用户抛弃，现在已经淡出存储器市场。

6.3.4　并行存储技术

在层次结构的存储系统中，主存是紧接着 Cache（高速缓冲存储器）下面的一个存储器。主存连接到系统总线，一方面通过总线满足 Cache 的读写请求，另一方面通过总线连接硬盘控制器，再连接硬盘（辅存）；连接光盘控制器，再连接光盘；连接输入/输出（I/O）接口电路，再连接输入/输出设备（外部设备）。这些辅存和外设的信息要先送到主存，才能为主机 CPU 访问，反之也是这样，CPU 的信息要先送到主存，才能送到辅存和外设。所以主存的作用很关键，如何提高主存的带宽，并行存储器（Parallel Memory）是行之有效的方法。

1. 双端口存储器

双端口存储器是有两组独立读写控制电路和两个读写端口的存储器，可以同时处理两个读写访存请求。结构框图如图 6.26 所示。

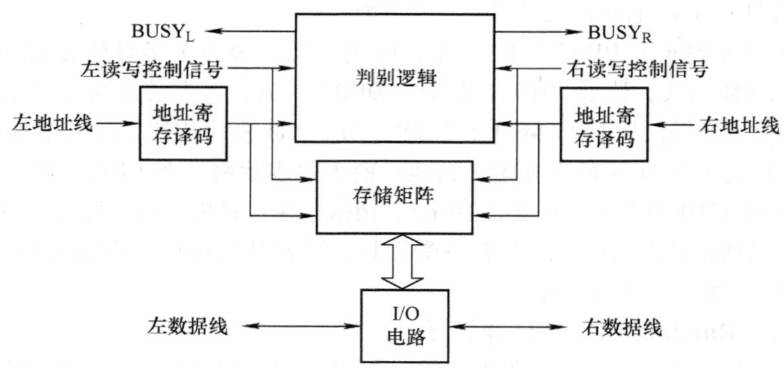

图 6.26　双端口存储器的组成框图

只有一个端口访存时，和普通的访存完全相同。两个端口同时访存时，如果两个端口的地址不相同，在两个端口上进行读写操作不会发生冲突，$BUSY_L$和 $BUSY_R$信号均无效。当两个端口同时访问存储器同一存储单元时发生冲突，需要由判别逻辑电路进行优先判断，允许其中一个先访存，BUSY 信号无效；另外一个暂停访存，BUSY 信号有效。

2. 单体多字存储器

普通存储器是单体单字方式，一次访存最多存取一个存储字。为了提高访存速度，单体多字存储器把多个存储模块集成在一个存储体，一个存取周期可以并行访问多个存储字，结构框图如图 6.27 所示。

图 6.27 中，n 个并行的存储模块共用一套地址寄存器和译码电路，每个可以读写一个字，同一个地址访存一次可以并行读写 n 个字，主存带宽提高 n 倍。这种存储器用于存放连续执行的指令和连续处理的一批操作数，非常有效。如果不是连续执行的指令，不是连续处理的操作数，效果会打折扣。

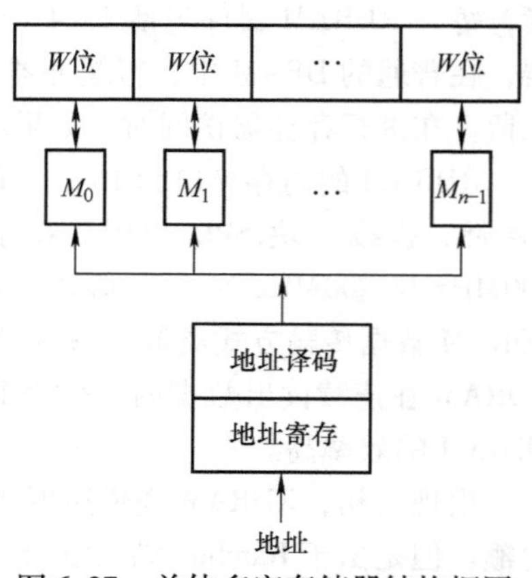

图 6.27　单体多字存储器结构框图

3. 多体并行存储器

多体并行存储器由多个结构相同的单体存储器采用交叉方式组成，每个单体有独立的地址寄存、译码、驱动放大和数据寄存等部件，多个体可以并行工作。单体多字存储器一次访存，并行读出的是有同一个地址的 n 个模块的 n 个字，而多体并行存储器能够实现多个体并行存取，每个体可以单独设置地址。多体比单体方式控制线路复杂，但地址设置灵活，被大多数中、大型计算机所采用。

多体并行存储器地址设置有两种方式：高位交叉方式和低位交叉方式。

高位交叉方式如图6.28所示。如果主存高位地址有 n 位，则共有 $m=2^n$ 个体。访问主存时，高 n 位地址字段经过译码选择存储体，剩余的低位地址部分直接送到各个存储体的地址寄存器，指向相应体的某一个单元。

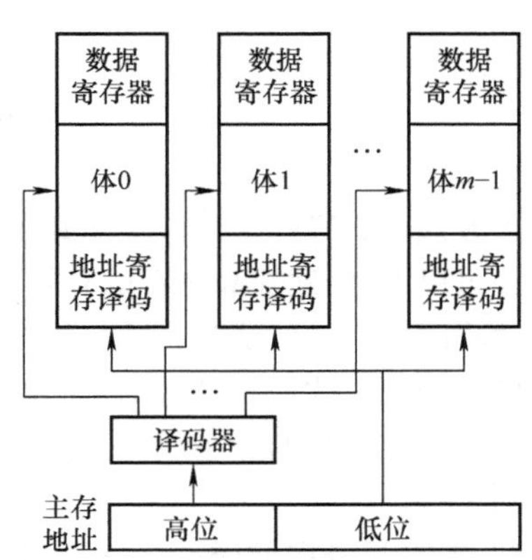

图6.28　高位交叉方式

例如，假设有4个体，每个体有8个存储字单元，主存地址共5位，高2位表示体号，低3位是某个体内的地址。地址分配如图6.29所示。从00000到00111范围的地址表示体号为0的存储体的8个单元地址，以此类推，01000到01111范围的地址表示体号为1的存储体的8个单元地址，11000到11111范围的地址表示体号为3的存储体的8个单元地址。

体0 地址	字单元	体1 地址	字单元	体2 地址	字单元	体3 地址	字单元
00000		01000		10000		11000	
00001		01001		10001		11001	
⋮	⋮	⋮	⋮	⋮	⋮	⋮	⋮
00111		01111		10111		11111	

图6.29　高位交叉方式地址分配

高位交叉方式适合于把用户程序和数据分开存放在不同体的情况，可以避免两者的访存冲突。也可以把不同用户的程序和数据放在不同的体，以避免相互干扰。但连续的地址单元在同一个体，不能充分发挥并行存储器的优点。

低位交叉方式如图6.30所示。地址码的低位字段经过译码选择不同的存储体，而高位字段指向相应体的存储单元。这样，连续地址单元分布在相邻的体，而同一体内的地址都是不连续的。

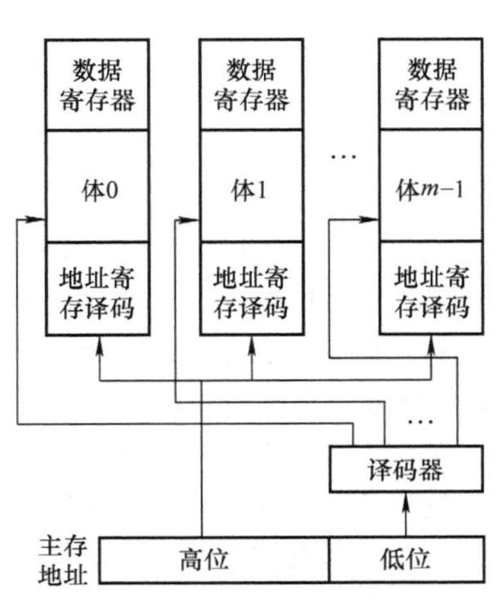

图6.30　低位交叉方式

同样假设有4个体，每个体有8个存储字单元，主存地址共5位，高3位表示体内地址，低2位表示体号，地址分配如图6.31所示。

通常，程序或数据按连续地址存储和访问，采用低

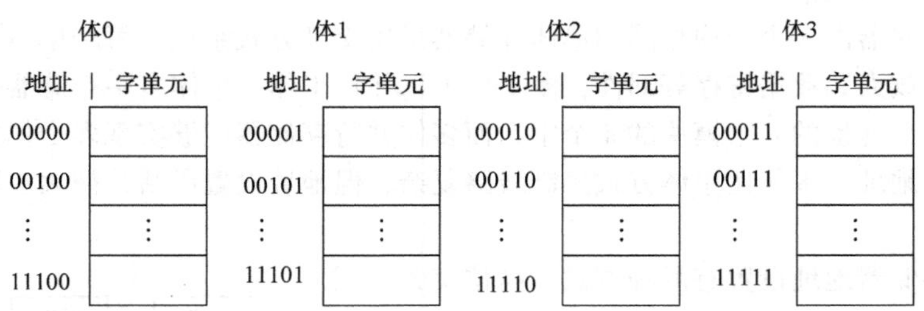

图6.31　低位交叉方式地址分配

位交叉方式时，实际上分布存储到多个存储体，这些体并行访问，就能够充分发挥并行存储器的优点，可以10倍地提高主存的有效访问速度和带宽。当然，发生程序转移或者个别数据访问时，并行性将降低。一般认为，并行的体数量 m 大多取2～8个，体数量太多时作用不大。

低位交叉方式需要考虑两个问题。一个是体数量必须为 2^n，缺一不可，这样就不能以一个体作为增减主存容量的最小单位。第二个问题是任一体失效都会造成地址空间缺陷，可能影响整个程序的运行。

4. 多体并行存储器分时工作原理

主存与CPU交换信息的通道只有一个字的宽度，为了在一个存取周期访问 n 个字，多体并行存储器采用分时工作的方法。假设多体并行存储器由4个体组成，每个存储体访存周期都是 T_M，各体分时启动，每隔1/4访存周期启动一个体，如图6.32所示。

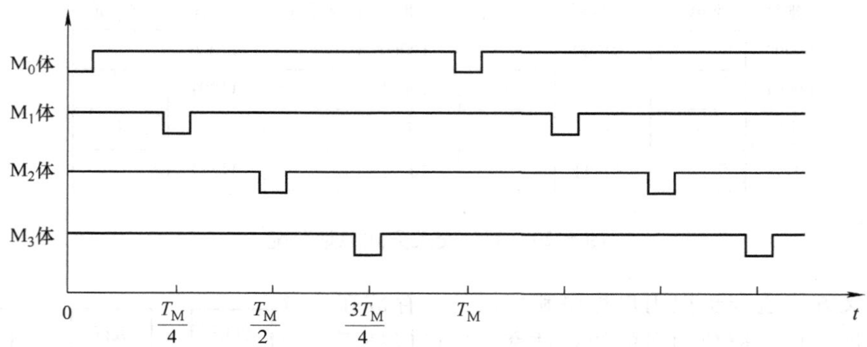

图6.32　4体并行分时工作

图6.32中，负脉冲是每个体的启动信号。M_0体在第1个访存周期首先启动，经过（1/4）× T_M启动 M_1体，M_2和 M_3体分别在（1/2）× T_M，（3/4）× T_M时刻启动。虽然每个体的访存周期时间没有缩短，但是4个体分时启动，并行工作，CPU交叉访问各个体，在一个存取周期内，分别从4个体各存取一个字，共存取4个字，大大提高了存储器的带宽。多体并行存储器分时工作类似于流水工作方式，有一串地址流以1/4存取周期速度流入存储器，同时有一串信息流以同样速度流出，这种流水工作方式适合于同样以流水方式工作的处理机。

另一种并行存取的处理方法是同时启动4个体，使4个体在一个存储周期 T_M内同时被访问，一次访问4个字。

6.4 高速缓冲存储器（Cache）

近十多年来，CPU的性能提高得很快，据统计CPU的速度平均每年提高60%，而组成主存的DRAM速度平均每年只提高7%，主存速度的提高始终跟不上CPU的发展，结果是CPU和DRAM之间的速度差距平均每年增大50%。因此现代计算机都采用高速缓冲存储器（Cache）来解决主存与CPU的不匹配问题。

另外，在多体交叉存储器中，I/O向主存请求的级别高于CPU访存，这就出现了CPU等待I/O访存的现象，致使CPU空等一段时间，甚至可能等待几个主存周期，从而降低了CPU的工作效率。为了避免CPU与I/O争抢访存，在CPU与主存之间加一级高速缓存，这样，主存可将CPU需要的信息提前送至高速缓存，CPU从缓存中读取所需信息，不必空等而影响效率，除非需要的信息不在缓存中，才访问主存，从而提高整机效率。

Cache的作用是减少CPU对主存的直接访问次数，尽可能多地与Cache交换信息。Cache保存的信息是小部分主存信息的副本。那么，这种方法是否可行呢？通过大量典型程序的分析发现，在一定时间内，CPU从主存取指令或存取数据，只是对主存局部地址区域的访问。这是由于指令和数据在主存内都是连续存放的，并且有些指令和数据往往会被多次访问（如子程序循环程序和一些常数）。这说明CPU访存的地址不是随机的，而是相对簇聚。所以CPU在执行程序时，访存具有相对的局部性，这称为程序访问的局部性原理（Locality of Reference）。

程序的局部性原理是指程序总是趋向于使用最近使用过的指令和数据，也就是说程序执行时访问存储器地址的分布不是随机的，而是相对地簇聚。这种簇聚包括指令和数据两部分。程序局部性包括程序的时间局部性和空间局部性。程序的时间局部性是指程序即将用到的信息很可能就是目前正在使用的信息。程序的空间局部性是指程序即将用到的信息很可能与目前正在使用的信息在存储空间上相邻或者相近。

根据这一原理，只要将CPU近期要用到的程序和数据提前从主存送到Cache，那么就可以大大减少CPU访问主存的次数。一般Cache采用高速的SRAM制作，其价格比主存贵，但因其容量远小于主存，因此能很好地解决速度和成本的矛盾。

6.4.1 Cache的功能及工作原理

1. Cache的功能

如前所述，为了填补CPU和主存在速度上的巨大差距，现代计算机都在CPU和主存之间设置一个高速、小容量的缓冲存储器（Cache）。Cache对于提高整个计算机系统的性能有重要的意义，几乎是一个不可缺少的部件。从功能上看，它是主存的缓冲存储器，由高速SRAM构成，为了追求速度，全部功能由硬件实现，对程序员透明。随着半导体集成度的进一步提高，Cache已经集成到CPU内，工作速度接近于CPU的速度。

CPU访存时，会先访问Cache，如果需要的信息在Cache中找到，称为命中（Hit）。命中时取消对主存的访问，直接从Cache存取信息。如果需要的信息不在Cache，称为不命中（Miss）或缺失。访问Cache缺失时，CPU才访问主存。

Cache是按块进行管理的。Cache和主存均被分割成大小相同的块。信息以块为单位调入Cache。相应的，CPU的访存地址被分割成两部分，即块地址和块内位移，如图6.33所示。

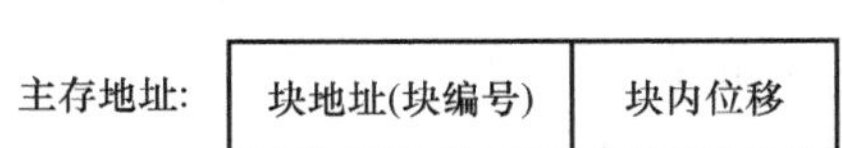

图6.33 CPU访存地址

主存块地址也叫块编号，用于查找该块在Cache中的位置；块内位移用于确定所访问的信息在该块中的位置。不同的计算机系统，块大小不尽相同，从十几字节到几十字节，甚至更大。

2. Cache的工作原理

（1）映像方法

一般来说，主存容量远大于Cache的容量。因此，当要把一个块从主存调入Cache时，就有放置在Cache的哪个块位置的问题，这是映像方法所要解决的。映像方法有以下3种。

1）全相联映像。全相联映像是指主存中的任一块可以被放置到Cache中的任意一个位置的方法，如图6.34所示。图中，Cache存储体保存一块主存的内容（指令或数据），标识部分保存的是该主存块的块地址。每块还有状态位，用于指示该块的内容是否有效（图中未画出状态位）。每个Cache块的状态位和标识构成该块的目录项，而一块的目录项和存储体的该块内容则构成一行（Line）。图6.34中，主存的第9块可以放入Cache中的任意位置（带阴影）。作为一个例子，图6.34中的Cache只有8块，主存只有16块。实际的Cache常有几百块，而主存则一般有数千万块。

全相联映像的优点是Cache的空间利用率高，冲突概率低；缺点是实现复杂，访问Cache时命中时间长。

例6.1　假设主存与Cache采用全相联映像，块大小同为256个存储字，Cache容量（指存储体，不包括标识和状态位）为8K字，主存地址空间为1M字。问：主存地址如何划分？并说明CPU对主存单元0320AH的访问过程。

解：Cache块数为 $8K/256=2^{13}/256=32$ 块。

1M字主存地址空间有20位二进制地址，块大小为256字，则块内位移是低8位，剩余高12位地址为块地址（块编号），同时也是标识。主存块数为 $1M/256=4K$。

主存地址0320AH转换为二进制地址00000011001000001010，其中低8位00001010是块内位移，高12位000000110010是块地址，也是该块的标识。块地址000000110010转换成十进制数是50，即该地址单元属于主存的第50块。

访问0320AH单元的过程：将块地址000000110010与Cache中所有块的标识进行比较，如果比较到有一个相等，则命中，此时CPU根据块内位移00001010对该Cache块中对应的一个存储字进行存取。如果比较结果没有一个相等的，则缺失，此时需要将0320AH单元所在块，即第50块，从主存调入Cache，放入Cache存储体任意一个块位置保存，同时把该Cache块的标识设置为000000110010。

为了加快标识比较的速度，通常的做法是每个Cache标识都设置一个比较器，这样，访存的标识可以与Cache的所有标识同时比较，而不是一个一个地串行比较。

2）直接映像。直接映像是指主存中的每一个块只能被放置到Cache中唯一的一个位置，如图6.35所示。

图6.35中带箭头的虚线表示映像关系，可以看出，直接映像实际上遵循循环分配的原则，设Cache共有 M 块，则主存的第 $0\sim M-1$ 块分别映像到Cache的第 $0\sim M-1$ 块，主存的第 $M\sim 2M-1$ 块再分别映像到Cache的第 $0\sim M-1$ 块，如此循环。例如，主存的第9块只能放入Cache的第1块（$9 \bmod 8=1$）的位置。一般的，对于主存的第 i 块（即块地址为 i），设它映像到Cache的第 j 块，则

$$j=i \bmod (M)$$

如果 $M=2^m$，则当表示为二进制数时，j 实际上就是 i 的低 m 位，如图6.36所示。因此，可以直接用主存块地址的低 m 位去选择直接映像Cache中的相应块。主存块地址低 m 位称为索引，

剩余高位部分也称为标识。与全相联映像不同，此时 Cache 标识保存的不是主存块地址，而是主存块地址的标识，即主存块地址中除去低位索引位剩余的高位部分，如图 6.36 所示。

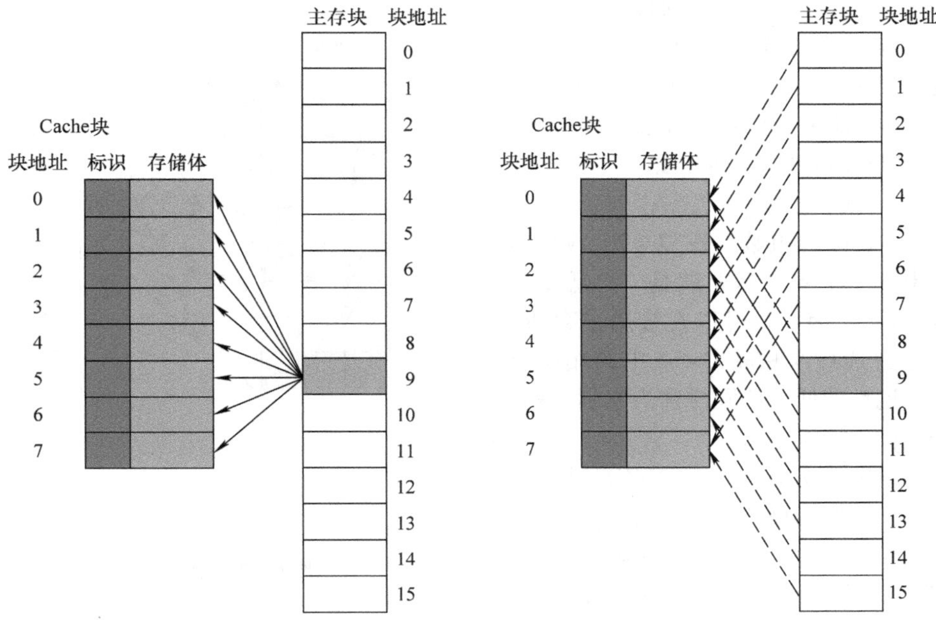

图 6.34 全相联映像

图 6.35 直接映像

直接映像的优点是实现简单，访问 Cache 命中时间短；缺点是 Cache 空间利用率低，冲突概率高。

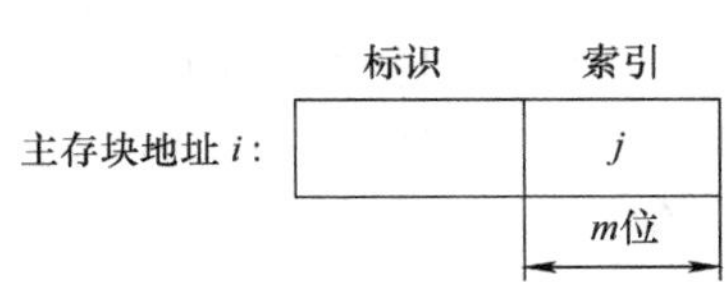

图 6.36 直接映像的主存块地址

例 6.2 假设主存与 Cache 采用直接映像，块大小同为 256 个存储字，Cache 容量（指存储体，不包括标识）为 8K 字，主存地址空间为 1M 字。问：主存地址如何划分？并说明 CPU 对主存单元 0320AH 的访问过程。

解：Cache 块数为 $8K/256 = 2^{13}/256 = 32$ 块。

1M 字主存地址空间有 20 位二进制地址，块大小为 256 字，则块内位移是低 8 位，剩余高 12 位地址为块地址（块编号）。而 Cache 有 32 块，所以主存 12 位块地址中的低 5 位是索引，剩余高 7 位是标识。

主存地址 0320AH 转换为二进制地址 00000011001000001010，其中低 8 位 00001010 是块内位移，高 12 位 000000110010 是块地址，同例 6.1，该地址单元属于主存的第 50 块。块地址中的低 5 位 10010 是索引，剩余高 7 位 0000001 是标识。5 位索引 10010 转换成十进制数是 18，所以主存的第 50 块映像到 Cache 的第 18 块。

访问 0320AH 单元的过程：首先根据 5 位索引 10010 找到 Cache 的第 18 块，再把该 Cache 块的标识与本次访存地址的标识 0000001 进行比较。如果两者相等，则命中，此时 CPU 根据块内位移 00001010 对该 Cache 块中的对应的一个存储字进行存取。如果两者不相等，则缺失，此时需要将 0320AH 单元所在块（第 50 块）内容从主存调入 Cache，放入 Cache 存储体的第 18 块位置保存，同时把该 Cache 块的标识设置为 0000001。

3）组相联映像。组相联是指主存中的任一块可以被放置到 Cache 中唯一的一个组中的任何一个位置（Cache 被等分为若干组，每组由若干块构成），如图 6.37 所示。

图6.37中，主存第9块映像到Cache第1组的任何一个块位置。组相联是直接映像和全相联的结合：一个主存块首先映像到唯一的一个组上（直接映像的特征），然后这个块可以被放入这个组中的任何一个位置（全相联的特征）。组的选择常采用位选择算法，即若主存第i块映像到Cache的第k组，则

$$k = i \bmod (G)$$

其中，G为Cache的组数。设$G = 2^g$，则当表示为二进制数时，k实际上就是i的低g位，如图6.38所示。因此，可以直接用主存块地址的低g位去选择组相联Cache中的相应组。这里主存块地址的低g位同样称为索引，剩余高位部分也称为标识。

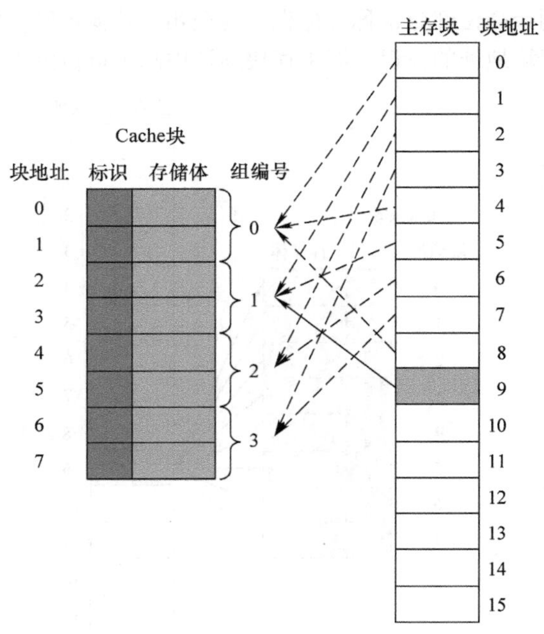

图6.37 组相联映像

如果每组中有n个块（$n = M/G$），则称该映像方法为n路组相联。n的不同取值构成了一系列不同相联度的组相联。直接映像相当于1路组相联，每组仅一块，全相联映像则只有一组，故直接映像和全相联映像实际上是组相联的两种极端情况。

例6.3 假设主存与Cache采用2路组相联映像，块大小同为256个存储字，Cache容量（指存储体，不包括标识）为8K字，主存地址空间为1M字。问：主存地址如何划分？并说明CPU对主存单元0320AH的访问过程。

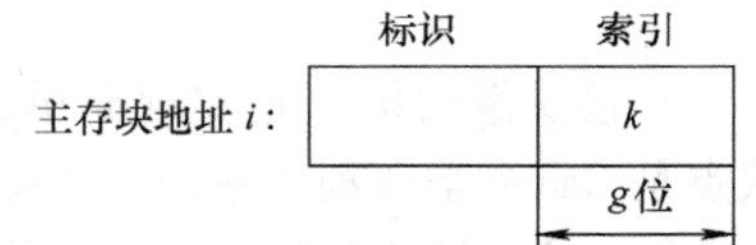

图6.38 组相联映像的主存块地址

解：Cache块数为8K/256 = 2^{13}/256 = 32块，由于每组有2块，故共有16组。

1M字主存地址空间有20位二进制地址，块大小为256字，则块内位移是低8位，剩余高12位地址为块地址（块编号）。而Cache有16组，所以主存12位块地址中的低4位是索引，剩余高8位是标识。

主存地址0320AH转换为二进制地址00000011001000001010，其中低8位00001010是块内位移，高12位000000110010是块地址，同例6.2，该地址单元属于主存的第50块。块地址中的低4位0010是索引，剩余高8位00000011是标识。4位索引0010转换成十进制数是2，所以主存的第50块映像到Cache的第2组，可以放置到该组两个块位置中的任意一个位置。

访问0320AH单元的过程：首先根据4位索引0010找到Cache的第2组，再把该组Cache中两个块的标识与本次访存地址的标识00000011进行比较。如果通过比较找到相等的标识，则命中，此时CPU根据块内位移00001010对该Cache块中的对应的一个存储字进行存取。如果没有相等的标识，则缺失，此时需要将0320AH单元所在块（第50块）的内容从主存调入Cache，放入Cache存储体第2组的任意一个块位置保存，同时把该Cache块的标识设置为00000011。

（2）Cache块的查找

作为主存的缓冲存储器，Cache容量比主存小很多，存储的信息包括主存块地址（或标识）和该块的内容，主存块地址指出了该块中存放的内容是哪个主存块的，一块的内容可以是指令，也可以是操作数据。CPU访存时，向Cache发出访存地址，其中的块地址（或标识）与Cache中

存储的主存块地址（或标识）进行比较，如果找到匹配的地址，则说明CPU访问的块在Cache中，这就是命中。命中时，再根据块内位移，CPU就在Cache中对该块中的某个字或者字节进行存取操作，不用访问主存。如果通过比较没有找到匹配的地址，则说明CPU访问的块不在Cache中，这就是不命中，或者缺失，此时CPU向主存发出请求，把这个块从主存调入Cache。

（3）Cache块的替换

由于主存中的块比Cache中的块多很多，所以从主存调入一块到Cache时，会出现该块所映像到的一组（或一个）Cache块位置已全被占用的情况。这时，需把其中的某一块替换出去，以接纳新调入的块。那么应该替换哪一块呢？这就是替换算法所要解决的问题。

直接映像Cache中的替换很简单，因为调入的主存块在Cache中只有唯一的一个块位置可以放，不能放置到其他位置，所以只能替换该块，别无选择。而在组相联和全相联Cache中，则有多个块位置供选择。选择的原则是尽可能避免替换马上就要用到的块，主要的替换算法有以下3种。

1）随机法。为了均匀使用一组中的各块，这种方法随机地选择被替换的块。有些系统采用伪随机数法产生块号，以使行为可再现。这对于调试硬件是很有用的。这种方法的优点是简单、易于用硬件实现，但这种方法没有考虑Cache块过去被使用的情况，反映不了程序的局部性，所以其缺失率高。

2）先进先出法（First-In-First-Out，FIFO）。这种方法选择Cache的一组中最早调入的块作为被替换的块，其优点是比较容易实现。它虽然利用了同一组中各块进入Cache的时间顺序这一“历史”信息，但没有正确地反映程序的局部性。因为最先进入的块，很可能是经常要用到的块。

3）最近最少使用法（Least Recently Used，LRU）。这种方法选择Cache的一组中近期最少被访问的块作为被替换的块。但由于硬件实现比较困难，只能近似实现，因此选择最久没有被访问过的块作为被替换的块。这种方法符合局部性原理的一个推论：如果最近刚用过的块被再次用到的概率是最高的，那么最久没用过的块被再次用到的概率就是最低的，因而是最佳的被替换者。

LRU较好地反映了程序的局部性，其优点是缺失率在上述3种方法中是最低的，但是实现最复杂，硬件实现难度随着组中包含Cache块数的增加而增加，特别是全相联映像，实现难度最大，经常只能近似实现。

（4）写策略

分析CPU访存操作，可以得出两条结论。

首先，大部分访存都是“读”，包括CPU取指阶段对所有指令的“读”。执行指令过程中从存储器“读”操作数的概率，比向存储器写操作数的概率大得多。通过对典型程序运行的统计分析，表明“写”在所有访存操作中所占的比例约为7%，其余93%为“读”。

其次，由于Cache内容是主存部分内容的副本，指令对操作数的“写”访问导致两者内容不一致。往Cache写入新的数据后，Cache中相应单元的内容改变了，而主存中该单元的内容却仍然是旧的，这就产生了Cache与主存内容的一致性问题。

为了解决Cache与主存内容的一致性问题，保证程序的正确性，必须更新主存内容。如何更新？何时更新？这正是写策略所要解决的问题。写策略主要有两种：

1）写直达法（Write Through或者Store Through）。写直达法也称为存直达法。它是指在执行“写”操作时把数据写入Cache中相应的块，同时写入下一级存储器（主存）中相应的块。考虑到主存速度比Cache慢很多，现在有的计算机使用写缓冲器，数据写入Cache的同时写入写缓冲器，不是立即写到主存，而是在保证正确性的前提下写缓冲器装满了才一次性写入主存。

2）写回法（Write Back）。写回法也称为拷回法。它只把数据写入 Cache 中相应的块，不写入主存。Cache 的数据是新的，而主存数据是旧的，当该 Cache 块被替换时，才一次性写回主存。

为了减少替换时块的写回，系统为 Cache 中的每一块设置一个标志位，用于指出该块数据是否被修改过。只有修改过的块在替换时才写回主存，未被修改过的块替换时不用写回主存。

相比之下，写回法的优点是速度快，因为只“写”Cache，不“写”主存。而且对于同一块的多个写，最后只需一次写回主存，几乎所有的“写”只到达 Cache，不到达主存，因而所使用的存储器频带较低。写回法对于多处理机很有吸引力。而写直达法的优点是硬件实现比较容易，而且更易于保证主存和 Cache 内容的一致性。

6.4.2　Cache 的组成

根据 Cache 的功能和原理可知，Cache 由 Cache 存储体、查找部件、替换部件等几个部件组成。Cache 存储器原理框图，如图 6.39 所示。

1）Cache 存储体用于保存块内容。一个块的内容可以是指令（称为指令块），也可以是数据（称为数据块），Cache 以块为单位与主存交换信息。为提高 Cache 与主存之间调块的速度，主存大多采用多体结构，且 Cache 访存的优先级最高。

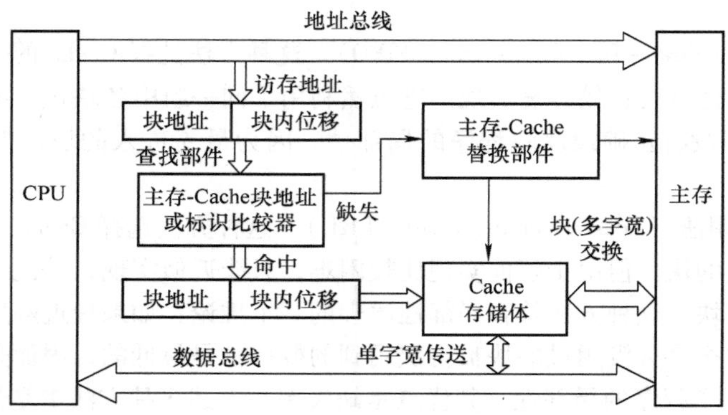

图 6.39　Cache 存储器原理框图

2）查找部件由主存、Cache 块地址（或标识比较器）及有关逻辑电路构成，用于处理 CPU 访问 Cache 的操作。CPU 访存时向 Cache 发出地址，如前所述，地址分为块地址和块内位移，块地址又分为标识和索引。不同的映像方法，查找过程略有不同。对于全相联映像，没有索引位，标识就是块地址，Cache 将 CPU 送来的块地址与 Cache 中存储的所有块地址比较。如果找到相同的块地址，则命中，Cache 存储体中对应的块就是 CPU 要访问的。CPU 访问 Cache 通常只需要一个字甚至一个字节，再根据块内位移就可以对该块中对应的字或字节进行存取。如果没有找到相同的块地址，则不命中，或缺失。

对于直接映像或组相联映像，首先根据索引找到 Cache 的一块或者一组，再把访存地址中的标识与该 Cache 块的标识（或该组内所有 Cache 块的标识）进行比较。如果找到相同的标识，则命中，否则就是缺失。

发生缺失时，CPU 访问 Cache 的下一级存储器，即主存，不仅将该字从主存取出，同时将它所在的主存块一并调入 Cache。在处理缺失时，调入一块到 Cache，如果 Cache 已被装满，那么就由替换部件采用一定的替换策略进行替换。

3）替换部件在替换时，向主存请求一块，根据替换算法，用该块替换 Cache 存储体中的一

块，并更新该Cache块的标识。如果被替换的块被修改过，为了保证Cache与主存内容的一致性，该块需要写回主存。如果被替换的块没有被修改过，则直接用新的块覆盖即可。

如前所述，Cache对用户透明。用户编程时只需用主存地址，而不用担心哪些主存块调入Cache、如何映像、如何查找和替换，Cache功能全部由硬件自动完成。

6.4.3 多级Cache

CPU和主存之间增设Cache很好地解决了两者之间的速度差距问题，极大地提高了整个计算机系统的性能。但是Cache的容量和速度之间是矛盾的，容量越大的Cache，速度越慢；容量越小，速度越快。那么是应该把Cache做得更快，还是应该把Cache做得更大？答案是两者兼顾。在原有Cache和存储器之间增加另一级Cache，构成两级Cache，可以把第一级Cache做得足够小，使其速度和快速CPU的时钟周期相匹配，而把第二级Cache做得足够大，使它能捕获更多本来需要到主存去的访问，从而降低实际缺失开销，如图6.40所示。

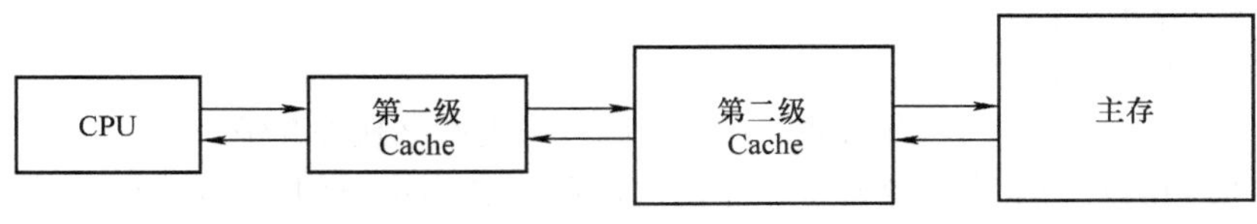

图6.40 两级Cache

目前的计算机系统大多采用两级以上Cache，有的采用多级Cache，其中第一级Cache大多集成到CPU，以进一步提高系统性能。

6.4.4 存储层次性能分析

为简单起见，仅考虑由M_1和M_2两个存储器构成的两级存储层次结构，如M_1为Cache，M_2为主存。这里假设M_1的容量、访问时间和每位价格分别为S_1、T_{A1}和C_1，M_2的参数为S_2、T_{A2}和C_2。

（1）两级存储系统的平均每位价格C

$$C=\frac{C_1S_1+C_2S_2}{S_1+S_2}$$

显然，当$S_1 \ll S_2$时，$C \approx C_2$。即如果Cache容量比主存容量小得多，可以认为整个存储系统的平均每位价格近似等于主存的每位价格。

（2）命中率H

命中率H为CPU访问存储系统时，在M_1中找到所需信息的概率。通过执行一组有代表性的典型程序，分别记录下访问M_1和M_2的次数N_1和N_2，得到命中率为

$$H=\frac{N_1}{N_1+N_2}$$

不命中率或缺失率用F来表示，它是指CPU访存时，在M_1中找不到所需信息的概率。显然：

$$F=1-H$$

在前面的例子中，Cache块大小是256个存储字，假设CPU对一块的访问是按次序连续的，即第1次访问该块的第1个字，之后每次按顺序访问下一个字，直到最后一个字。再假设CPU第1次访问该块的第1个存储字时是缺失的，需要从主存把该块调入Cache，那么之后访问其余的255个字就全部命中。这种情况下，CPU对该块访问的命中率为255/256，而缺失率为1/256。

（3）平均访存时间 T_A

CPU 访存有两种可能：第1种可能为在 M_1 命中时，需要时间 T_{A1}，T_{A1} 称为命中时间（Hit-time）；第2种可能为在 M_1 缺失时，对于两级存储器，如果访问的信息不在 M_1 中，就必须从 M_2 把包含所请求的字的信息块传送到 M_1，同时把 CPU 请求的字送到 CPU。如果传送一个信息块的时间为 T_B，则缺失时的访问时间为

$$T_{A2}+T_B+T_{A1}=T_{A1}+T_M$$

其中，$T_M=T_{A2}+T_B$，它是从向 M_2 发出访问请求开始到把整个数据块调入 M_1 中所需要的时间，称为缺失开销（Miss Penalty）。

综合上述访存的两种可能，得到平均访存时间

$$T_A = HT_{A1} + (1-H)(T_{A1}+T_M) = T_{A1}+(1-H)T_M = T_{A1}+FT_M \tag{6.1}$$

式中　T_{A1}——CPU 访问 M_1 命中的时间；

F——CPU 访问 M_1 的缺失率；

T_M——缺失开销。

上面的公式也可以用文字表述为

平均访存时间 = 命中时间 + 缺失率 × 缺失开销

平均访存时间的两个组成部分既可以用绝对时间（如命中时间为2ns），也可以用时钟周期数（如缺失开销为50个时钟周期）来衡量。

例6.4　设 Cache 的存取周期为2ns，主存的存取周期为10ns，在一段时间内，CPU 访存5000次，其中300次访问 Cache 不命中，需要访问主存，其余命中，缺失开销取为主存的存取周期，求：

1）Cache 的命中率；

2）CPU 访存的平均访问时间。

解：1）Cache 的命中率 $H=(5000-300)/5000=0.94$。

2）平均访问时间为

$$T_A = T_{A1}+FT_M = 2\text{ns}+(1-0.94)\times 10\text{ns} = 2.6\text{ns}$$

平均访存时间接近 Cache 的存取周期，可见，Cache－主存层次在访问速度上接近快速的 Cache。

如何提高存储系统的性能？如何降低平均访存时间？根据平均访存时间公式（6.1）可知，可以从以下3个方面着手：

1）降低缺失率。

2）减少缺失开销。

3）减少 Cache 命中时间。

具体方法可以参考有关书籍，此处略去。

6.4.5　Pentium CPU 的 Cache 组成

Intel 公司的80386处理器芯片内没有集成 Cache，采用芯片外部 Cache；80486把芯片外部 Cache 集成到处理器芯片内，但芯片内空间小，导致 Cache 容量过小，随后的486处理器在芯片外部增设了第2级 Cache（L2）。两级 Cache 都是混合的，即同时存储指令和数据。当处理器取指令和一些指令执行过程中需要访问操作数时，就会发生访问 Cache 冲突，称为资源相关。这种情况下，只能先保证已经译码的指令的执行，即先让这些正在执行的指令访问 Cache 的操作数，而暂时停止取指令，降低了并行性。为了解决这个问题，后来的奔腾处理器采用了分离 Cache，把

指令和数据分开存储到两个 Cache。

最初的 Pentium 2 处理器仍然采用两级 Cache 结构，L2 Cache（第 2 级 Cache）安装在处理器芯片外部，容量为 512KB，采用 2 路组相联映像方式，并且混合存储指令和数据。而集成在 CPU 芯片内的 L1 Cache（第 1 级 Cache），容量为 16KB，也采用 2 路组相联映像方式。

L1 Cache 分成各 8KB 的指令 Cache 和数据 Cache，这种指令 Cache 和数据 Cache 分离的体系结构进一步提高了 CPU 执行速度，提高了整个系统性能。指令 Cache 采用单端口 256 位结构，并且是只读的，用于指令预取缓冲器读取指令代码；数据 Cache 可读写，采用双端口（每个端口 32 位）结构，用于 ALU 部件和寄存器存取操作数据。两个 Cache 都连接到 CPU 的数据总线和地址总线。另外，数据 Cache 采用 2 路组相联结构，共 128 组，每组 2 块，每块 32B，所以容量为 $128 \times 2 \times 32\text{B} = 8\text{KB}$。

处理器访存物理地址为 32 位。每块有一个 20 位的标识和 2 位额外的 MESI 状态位，这 22 位构成一块的目录项。索引（Index）位有 7 位，用于寻址 128 个组；剩下 5 位为块内位移，可以寻址块内 32B。2 位 MESI 状态位定义了每块 Cache 的 4 种状态：修改态（Modified，M），该块修改过；专有态（Exclusive，E），此块内容与主存相同，其他 Cache 中没有该块；共享态（Shared，S），此块内容与主存相同，并且其他 Cache 中也有该块；无效态（Invalid，I），该块内容无效。数据 Cache 采用 LRU 替换算法，一组 2 块，共用一个 LRU 二进制位。综上，数据 Cache 的访存地址以及逻辑结构如图 6.41 所示。

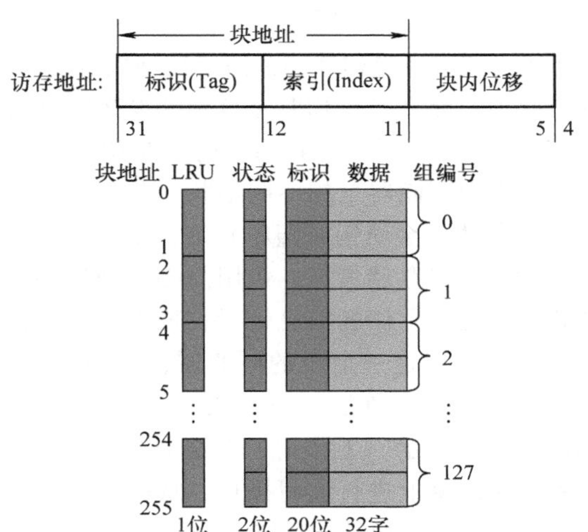

图 6.41 Pentium 2CPU 数据 Cache 的访存地址及逻辑结构

数据 Cache 由双端口存储器组成，CPU 可以在一个时钟周期内分别从两个端口同时读或写数据。每个数据可以是字节（8 位）、半字（16 位）或者字（32 位）。

访问芯片外的 L2 Cache 必须通过外部总线，随着处理器速度的提高，总线成为系统性能的瓶颈。为了解决这个问题，后来的 Pentium 2 把 L2 Cache 集成到处理器芯片内。随着数据库的广泛应用，一些应用程序需要处理大量的数据，迫切需要容量更大的 Cache，而集成在处理器芯片内的 L2 Cache 容量已经太小，不能满足实际需要。为此，Pentium 3 处理器增加了芯片外部 L3 Cache（第 3 级 Cache）。而 Pentium 4 处理器则把 L3 Cache 也集成到处理器芯片内。

Pentium 4 处理器的指令 L1 Cache 位于取指/译码部件和执行部件之间，取指/译码部件则通过 64 位宽度的内部总线连接到 L2 Cache。而 L2 Cache 是容量为 512KB 的混合 Cache，即同时存放指令和数据。Pentium 4 处理器的指令经译码后变成一系列的微操作序列，指令 L1 Cache 可以存储 12K 个这种译码后的微操作序列。

Pentium 4 处理器的数据 L1 Cache 容量为 16KB，采用写回策略，通过 256 位宽度的内部总线连接到 L2 Cache。L3 Cache 是容量为 1MB 的混合 Cache。L2 Cache 和 L3 Cache 都是 8 路组相联 Cache，每块 128B。

6.5　辅助存储器

辅助存储器包括硬盘存储器、U盘存储器、光盘存储器、磁带存储器和软盘存储器等。

6.5.1　硬盘存储器

1. 磁表面存储器概述

半导体存储器作为主存储器，其主要作用是向CPU提供程序和数据。目前主存储器因元器件材料、制造工艺、存储特性和价格等诸多因素的限制，还不能完全取代磁表面存储器。磁表面存储器包括硬盘、软盘、磁带等存储器，其优点是：①容量大，每位价格低；②磁介质可以反复使用；③非易失，不需要加电就能够长期存放大量的程序和数据；④非破坏性读出。作为计算机的辅助存储器（也称外部存储器），磁表面存储器机械结构比较复杂，存取速度比主存慢很多，而且一般不能直接和CPU或其他外设交换信息，而是以直接存储器访问（DMA）方式和内存成批交换信息，这些信息再通过内存被CPU或其他外设调用。

磁表面存储器是在不同形状（如盘状、带状）的载体（金属铝或塑料）表面上，涂以一层磁性材料来存储信息，使用前必须把磁层格式化为磁道，存储的信息记录在磁道上。磁盘存储器的磁道是一个个的同心圆，如图6.42a所示；磁带的磁道是沿磁带长度方向的直线，如图6.42b所示。工作时，载磁体高速运动，由磁头在磁道上进行读写操作，从磁道上读出信息或者把信息记录在磁道上。

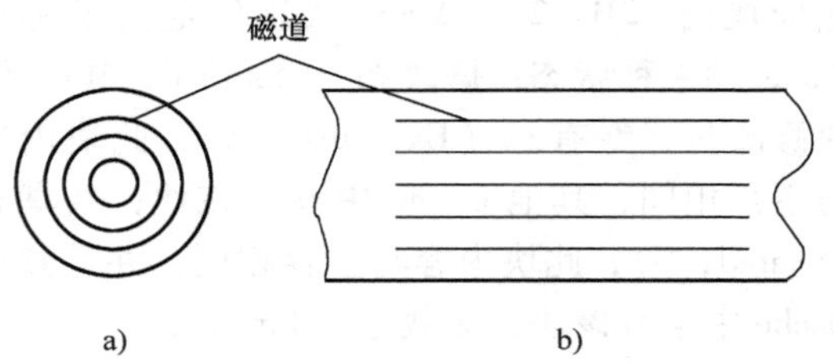

图6.42　磁盘和磁带的磁道示意图
a）磁盘中的磁道　b）磁带中的磁道

2. 磁表面存储器的主要技术指标

（1）记录密度

磁盘存储器的记录密度用道密度和位密度表示；磁带存储器则用位密度表示。道密度是沿磁盘半径方向单位长度的磁道数，单位为道/英寸（Track Per Inch，TPI），用 T_i 表示。为了避免干扰，相邻磁道之间必须保持一定的距离，该距离称为道距，用 D_t 表示。道距和道密度互为倒数，即

$$T_i = \frac{1}{D_t}$$

单位长度磁道记录二进制信息的位数称为位密度或线密度，单位是bpi（Bits Per Inch）。常用的磁带位密度有800bpi、1600bpi、6250bpi等。对于磁盘，一般有500～2500条磁道，每条磁道分成若干扇区，扇区是磁盘进行存储分配的基本物理单元，每个扇区存储512B的二进制信息。每条磁道一般分为几十到几百个扇区，扇区之间留有空隙。有的磁盘所有磁道具有相同数目的扇区。因为靠外面的磁道较长，所以其记录的位密度比靠里面的磁道低。还有一种让外磁道有更多扇区的方式，称为“等位密度”方式，这种磁盘所有的磁道具有近似相同的位密度。

（2）存储容量

存储容量是指磁盘或磁带所能存储的二进制信息总数量，一般以字节为单位。存储容量有格式化容量和非格式化容量之分。格式化容量是指按照某种特定的记录格式所能存储信息的总量，也就是用户可以真正使用的容量。非格式化容量是磁记录表面可以利用的磁化单元总数。磁表面

存储器使用前，必须先格式化为很多的磁道，信息存储在磁道中。格式化容量一般是非格式化容量的60% ~70%。目前，硬盘的容量可达几百吉字节至1000GB。

(3) 平均存取时间

磁盘的磁头只能沿磁盘半径方向移动，在读写数据时，磁盘的磁头首先移动到目标磁道，然后磁盘旋转直至找到目标扇区，属于直接存取方式。存取时间是指从发出读写命令开始，到从磁盘表面读出或写入信息所需的时间。存取时间由两部分构成：一个是将磁头定位至目标磁道上所需要的时间，称为定位时间或寻道时间；另一个是寻道完成后至目标扇区旋转到磁头下需要的时间，称为旋转时间或等待时间。这两个时间都取决于磁道位置和扇区位置，因此往往使用平均值来表示。平均存取时间等于平均寻道时间与平均旋转时间之和。工业界使用的平均寻道时间是统计结果，用磁盘上所有磁道寻道时间的和除以寻道次数（或磁道总数），常见的平均寻道时间为6 ~ 20ms，但是由于磁盘访问的局部性（程序局部性所致），实际应用当中的平均寻道时间为公布值的25% ~33%。而平均旋转时间主要取决于磁盘旋转速度，目前，大部分磁盘的转速为3600 ~ 10000r/min。平均旋转时间是磁盘旋转半圈的时间，故为3.0 ~ 8.3ms。

磁带存储器绕在可转动的轴上，由于磁带方便更换，所以其容量几乎没有限制。但是磁带只能采取顺序存取方式，读写信息时磁头不动，磁带移动，虽然不需要寻找磁道，但是每次访问时都可能需要较长的前绕、回绕、退出和加载时间。磁带平均存取时间是指磁带空绕至目标记录区段所在的时间，这个时间一般需要数秒。

(4) 数据传输率

数据传输率 R_d 是指单位时间内磁表面存储器向主机传送数据的字节数。传输率与存储设备和主机接口逻辑有关。从主机接口逻辑考虑，应有足够快的传送速度向设备发送或接收信息。磁表面存储器的数据传输率可以写成

$$R_d = D \cdot v$$

其中，D 为位密度，v 为磁存储介质移动的线速度，磁表面存储器数据传输率的单位为字节/秒（B/s）。目前磁盘的数据传输率可达每秒几十兆字节。

(5) 误码率

误码率是衡量磁表面存储器出错概率的参数，它等于进行存储器读出操作时出错信息位数和读出的总信息位数之比。为了减小误码率，磁表面存储器通常采用循环冗余码来发现并纠正错误。

3. 磁存储原理和磁记录方式

(1) 磁存储原理

磁表面存储器在载体（金属铝或塑料）表面均匀敷一层厚度约1μm的高导磁硬磁材料作为磁层，磁层磁化成磁道后，沿磁道上的两种不同磁化方向来记录信息“0”和“1”。磁头是由软磁材料做铁心并绕有读写线圈的电磁铁，如图6.43所示。磁头用于形成或者判断磁层中不同的磁化方向。换句话说，写入时，磁头使磁层磁化；读出时，则用磁头来判别磁层上不同的磁化方向。

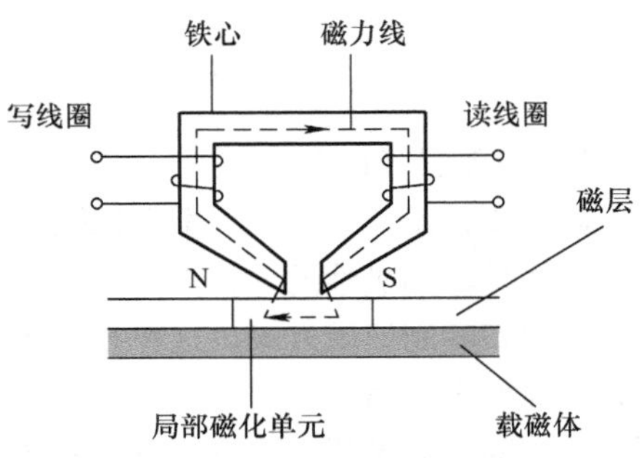

图6.43 磁表面存储器的磁头

写入时，磁表面介质在磁头下方匀速通过，根据写入数据的要求，写线圈通过一定方向的脉冲电流，

铁心内产生一定方向的磁通。由于磁头铁心是高导磁材料，而铁心中间空隙处为非磁性材料，所以磁力线穿透到磁层表面，构成闭合磁力线，将对应磁头下方的微小单元磁化。可以根据写入电流的不同方向，使磁层表面被磁化的极性方向不同，以区别记录“0”和“1”。这里，一个磁化单元就是一个存储单元，存储一位二进制信息。

读出时，写线圈不输入电流，而根据读线圈的感应电动势（电压）方向来区分读取的信息“0”和“1”。当记录介质在磁头下方匀速通过时，磁头相对于磁化单元做切割磁力线运动，使磁头铁心中的磁通产生变化，于是读线圈中感应出相应的电动势 e，其值为 $e=-k\frac{\mathrm{d}\phi}{\mathrm{d}t}$，$k$ 为读线圈匝数，ϕ 为线圈中的磁通，负号表示感应电动势方向与磁通变化方向相反。不同的磁化状态，产生的感应电动势方向不同，就可以区别读出的信息是“0”还是“1”，如图 6.44 所示。

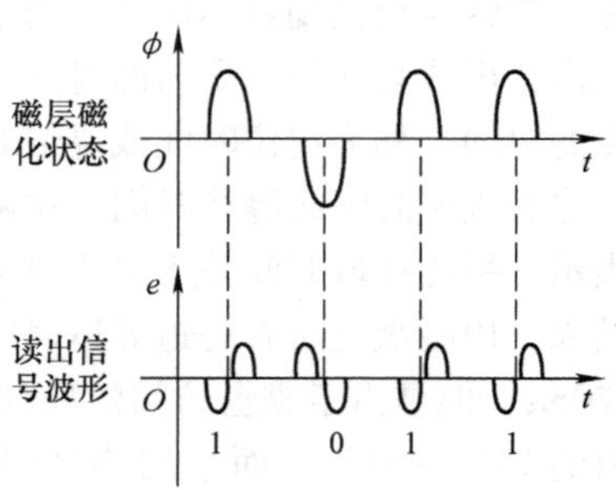

图 6.44　磁表面存储器磁头读线圈感应电动势波形

（2）磁记录方式

磁记录方式又称为编码方式，它按照某种规律将一串二进制数字信息转换成磁表面相应的磁化状态，用读写控制电路实现这种转换。在磁表面存储器中，由于写入电流的幅度、相位、频率变化的不同，从而形成了不同的记录方式。磁记录方式对记录密度和可靠性都有很大影响，常用的记录方式有 6 种，其写入电流的脉冲波形如图 6.45 所示。

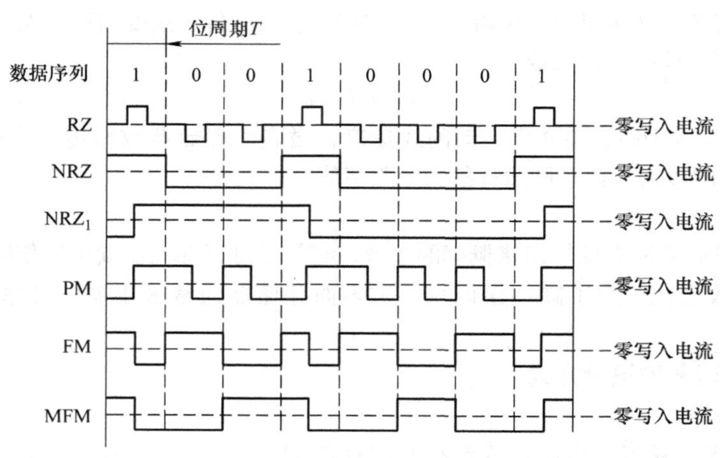

图 6.45　6 种磁记录方式下写入电流的脉冲波形

1）归零制（RZ）。

归零制记录“1”时，通以正向脉冲电流；记录“0”时，通以负向脉冲电流，使其在磁表面形成两种不同极性的磁化方向，分别表示“1”和“0”。由于相邻两位信息之间的驱动电流归零，故叫归零制记录方式。这种方式在写入信息时很难覆盖原来的磁化区域，所以在写入之前必须先擦除原来的信息。这种记录方式原理简单，实施方便，但由于相邻的两个写入电流脉冲之间有一段间隔没有电流，相应的该段磁介质没有被磁化，即该段空白，故记录密度较低，目前很少采用。

2）不归零制（NRZ）。

不归零制记录信息的特点是磁头线圈中始终有脉冲电流，不是正向就是反向。正向电流代表写“1”，反向电流表示写“0”。可见，如果连续写“0”或“1”，电流方向不变，只有当相邻两位信息不同时，写电流才改变方向。

3）见“1”就翻不归零制（NRZ_1）。

见“1”就翻不归零制与不归零制的相同之处是磁头线圈中始终有电流通过；不同之处在于，记录“0”时电流方向保持不变，记录“1”时则在位信息周期的中心处电流翻转。

4）调相制（PM）。

调相制的记录方式是：记录“0”时，在一个位周期的中间位置，写入电流由正变负；记录“1”时，在一个位周期的中间位置，写入电流由负变正，即利用相位的变化写入“0”和“1”。如果连续写入“0”或“1”，则在两位信息的交界处，即一个位周期的起始处，电流方向翻转。如果相邻信息不同，在两位信息的交界处，电流方向不变。调相制在磁带存储器中的应用较多。

5）调频制（FM）。

对于调频制的记录方式，无论记录的信息是“0”还是“1”，或者连续记录“0”或“1”，在相邻两个信息位交界处电流都要翻转。另外，记录“0”时，在一位信息的周期时间内电流不翻转；记录“1”时，则在一位信息的周期时间的中间时刻，电流翻转一次。因此，写入“1”时，在位单元的起始和中间时刻，电流都要翻转一次；而在写入“0”时，仅在位单元的起始时刻有翻转。所以，记录“1”的磁翻转频率是记录“0”的两倍，故又称为倍频制。调频制记录方式广泛应用于硬盘和软盘中。

6）改进调频制（MFM）。

改进调频制记录方式与调频制相似，即记录数据“1”时在位周期中心时刻磁化电流翻转一次，记录数据“0”时不翻转。区别在于，只有连续记录两个或两个以上的“0”时，电流才在第2个及后面的“0”位周期的起始位置翻转一次，而不是在每个位周期的起始处都翻转。记录单独的一个“0”时，写电流在位周期起始位置不翻转（在一位信息的周期时间内电流也不翻转）。

所以，如果写入同样的数据序列，MFM比FM方式的磁翻转次数少，在相同长度的磁道上可记录的信息量增加，从而提高了磁记录密度。除了这些以外，还有改进调频制（M^2FM），读者可参考有关文献。

4. 评价记录方式的主要指标

不同的记录方式有不同的特点，评价一种记录方式优劣的标准是编码效率、自同步能力、检读分辨率、信息相关性、抗干扰能力、信道带宽、编码译码电路的复杂性等。

（1）编码效率

编码效率是指位密度与最大磁化翻转密度之比。实际计算时，常用记录一位数字信息的最大磁化电流翻转次数的倒数来表示，编码效率反映了每次磁化状态翻转所存储的数据信息位的多少。例如，FM、PM记录方式中，记录一位数字信息的最大磁化翻转次数达到2，因此它们的编码效率为50%，而MFM、NRZ_1中由于记录一位数字信息的磁化翻转最多1次，故它们的编码效率为100%。

（2）自同步能力

自同步能力是指从单个磁道读出的脉冲序列中提取同步时钟脉冲（时间基准信号）的难易程度。从磁表面存储器读出来的是感应电压脉冲，为了从中将数据分离出来，必须有时间基准信号，也称为同步时钟脉冲信号。如果同步信号需要从专门用来记录同步信号的磁道中取得，则称为外同步。这种磁记录方式没有自同步能力，如NRZ_1采用外同步，每次从磁道读出来的电压脉冲，都必须有从专门记录同步信号的磁道读出来的同步脉冲配合，才能将数据序列分离出来。

对于高密度的记录方式，通常直接从磁盘读出的感应电压脉冲信号中提取同步信号，这种方法称为自同步。自同步能力大小用最小磁化翻转间隔和最大磁化翻转间隔的比值 R 来表示。R 越大，自同步能力越强。例如，PM、FM 和 MEM 记录方式具有自同步能力。其中，FM 记录方式的最大磁化翻转间隔是位周期 T，最小磁化翻转间隔是 $T/2$，因此 $R=0.5$。

（3）检读分辨率

检读分辨率是指磁记录系统对读出信号的分辨能力，而信息相关性指漏读或错读一位是否会传播错误，所以是衡量精度的指标。

5. 硬磁盘存储器类型

硬磁盘存储器是指记录介质为硬质圆形盘片的磁表面存储器，硬磁盘存储器的盘片由硬质铝合金材料制成，表面涂有一层可被磁化的磁性材料。它可以按以下几种方式分类。

（1）按磁头的工作方式分

硬磁盘存储器按磁头的工作方式分为固定磁头磁盘存储器和移动磁头磁盘存储器；如图 6.46a 和图 6.46b 所示。

固定磁头的磁盘存储器，其磁头位置固定不动，磁盘上的每一个磁道都对应一个磁头，盘片不可更换。其优点是省去了磁头沿盘片径向运动所需寻找磁道的时间，存取速度快，只要磁头进入工作状态即可进行读写操作；缺点是结构复杂。

移动磁头的磁盘存储器在存取数据时，磁头在盘面上做径向移动以定位目标磁道，这类硬磁盘存储器通常由多个盘片组成，盘片安装在一个转轴上，最上面和最下面的两个盘面不作为记录面，其余的盘面都作为记录面。每个记录面装配一个磁头，所有磁头都固定安装在一个支架上，如图 6.46c 所示。支架可以沿盘面半径方向移动，所有磁头同时移动。所有磁头对应的一组磁道构成一个柱面。这类结构的硬磁盘存储器目前应用最广泛。最典型的就是温彻斯特磁盘。

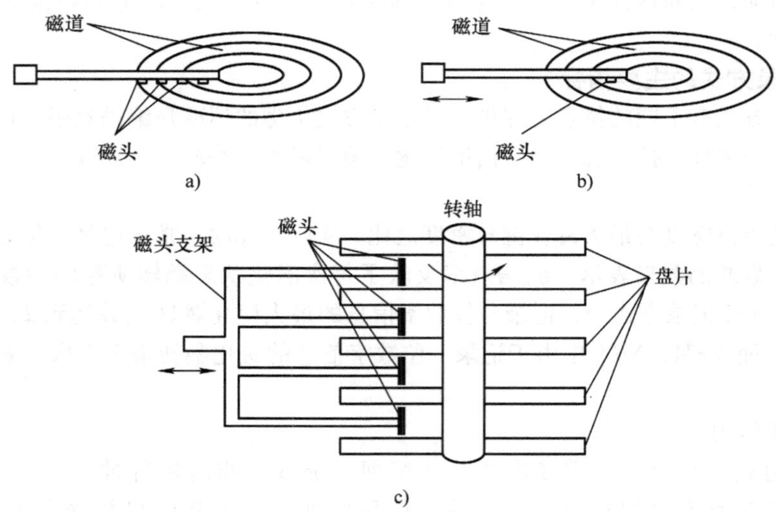

图 6.46　固定磁头和移动磁头及移动磁头的磁盘存储器

a）固定磁头　b）移动磁头　c）移动磁头硬盘机

温彻斯特磁盘简称温盘，是一种采用先进技术研制的可移动磁头固定盘片的硬磁盘存储器。它是一种密封组合式的硬磁盘，把磁头及其支架、盘片及转轴、电动机等驱动部件乃至读写电路等组装成一个不可随意拆卸的整体。工作时，高速旋转的盘面上会形成气垫，将磁头平稳浮起，防止磁头直接接触而划坏盘面。这种结构硬磁盘的优点是防尘性能好，可靠性高，对使用环境要求不高。目前，微型计算机普遍使用温盘作为外部存储设备。

（2）按磁盘是否具有可换性分

硬磁盘存储器按磁盘是否具有可换性可分为可换盘磁盘存储器和固定盘磁盘存储器。

可换盘磁盘存储器是指盘片可以更换。这种磁盘可以在互为兼容的磁盘存储器之间交换数据，便于扩大存储容量。盘片可以只换单片，如在4片盒式磁盘存储器中，3片磁盘固定，只有1片可换。也可以将整个磁盘组（如6片、11片、12片等）换下。

固定盘磁盘存储器是指磁盘不能从驱动器中取下，更换时要把整个磁盘机一起更换。

6. 硬磁盘存储器的结构

硬磁盘存储器是由磁盘驱动器、磁盘控制器和磁盘盘片三大部分组成。

（1）磁盘驱动器

磁盘驱动器是主机外的一个独立装置，又称磁盘机。大型磁盘驱动器要占用一个或几个机柜，温盘只是一个比砖还小的小匣子。对于温盘驱动器，还要求在超净环境下组装。各类磁盘驱动器的具体结构虽然有差别，但基本结构相同，主要由定位驱动系统、主轴系统和数据转换系统组成。磁盘驱动器结构示意图如图6.47所示。

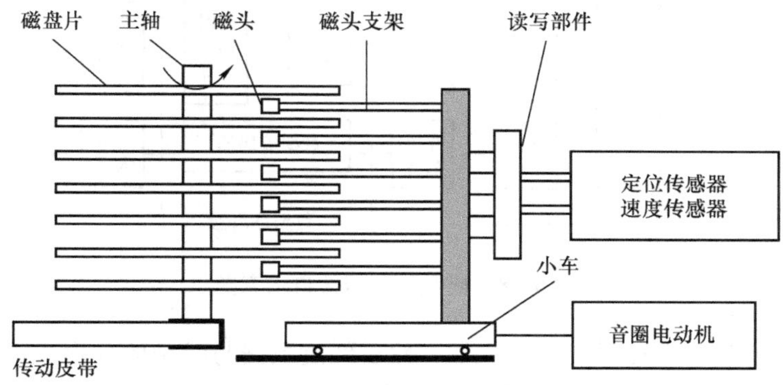

图6.47　磁盘驱动器结构示意图

在可移动磁头磁盘驱动器中，驱动磁头沿盘面做径向移动以寻找目标磁道，而主轴受传动机构控制，可使磁盘组做高速旋转运动。磁盘组的每一个有效记录面对应一个磁头，最顶端和最底端的盘面不能读写，为无效记录面。所有磁头分装在磁头支架上，连成一体，固定在小车上，尤如一把梳子。当磁盘存取数据时，磁头小车的平移运动驱动磁头进入指定磁道，并精确跟踪该磁道。目前，磁头小车的驱动方式主要有步进电动机和音圈电动机两种。步进电动机由脉冲信号驱动，控制简单，但定位精度低，一般用于软磁盘驱动器和道密度不高的硬磁盘驱动器；音圈电动机是线性电动机，可以驱动磁头做直线运动，定位精度高。

驱动定位系统是一个带有速度和位置反馈的闭环调节自控系统，其作用是驱动磁头移动到目标磁道。首先由位置检测电路测得磁头所在磁道编号，并与磁盘控制器送来的目标磁道编号进行比较，得到差值；再根据差值确定磁头正确移动的方向和速度，经放大反馈给线性音圈电动机，以控制小车的移动方向和速度，直到找到目标磁道为止。

主轴系统的作用是安装和固定盘片，并驱动它们以额定转速稳定旋转，由主轴、电动机及其传动装置，以及有关控制电路组成。数据转换系统主要完成数据转换及读/写控制操作，包括磁头、磁头选择电路、读写电路以及索引电路等，其作用是控制数据的读出和写入。读操作时，首先接收磁头选址信号，磁头移动到目标磁道和扇区进行读取，再通过读放大器以及译码电路将数据脉冲分离出来。在写操作时，同样先接收磁头选址信号，磁头移动到目标磁道和扇区。再根据磁记录方式转换成按一定规律变化的驱动电流，注入磁头的写线圈中，将数据写入目标磁道和扇区。

（2）磁盘控制器

硬盘是高速外部存储器，采用成批数据交换方式，通过总线与主存交换数据。磁盘控制器是主机与磁盘驱动器之间的接口：一方面通过总线连接主机和主存，控制硬盘和主存之间交换数据，这个是与主机之间的接口；另一方面，磁盘控制器根据主机命令控制硬盘的存取，这个是与设备之间的接口。所以，磁盘控制器有两个方面的接口，与主机之间的接口称为系统级接口，与设备之间的接口称为设备级接口。磁盘控制器通常制作成一块电路板，插在主机总线插槽中。一个磁盘控制器可以控制一台或几台驱动器。磁盘控制器的接口示意图如图6.48所示。

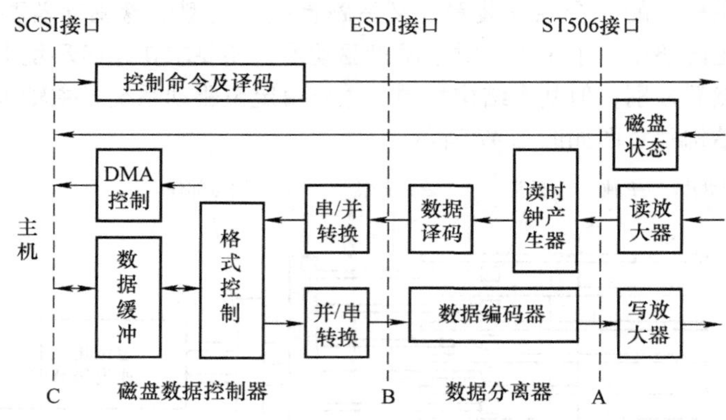

图6.48　磁盘控制器接口示意图

磁盘信息经磁头读出以后送到读放大器，然后经过数据与时钟的分离，再进行串/并转换、格式变换，送入数据缓冲器，经DMA控制将数据传送到主机总线。磁盘控制器与主机之间的界面比较清晰，只与主机的系统总线交换信息，并且采用直接存储器访问（DMA）的控制方式。图6.48中所示的SCSI标准接口即可实现与系统总线的连接。

磁盘控制器与驱动器之间的任务分工没有明确的界限，两者之间的交界面划分有几种方式。如果交界面设在A处，则驱动器只完成读写和放大，其他功能如数据分离以后的控制逻辑、编码和解码等由磁盘控制器完成，ST506接口属于这一类。ST506磁盘控制器是插在PC总线上的一块电路板。如果交界面设在B处，则在驱动器中包含数据分离器和编码/解码等电路，磁盘控制器仅完成串/并转换（或并/串转换）、格式控制和DMA等逻辑控制，ESDI接口属于这种类型。如果交界面设在C处，则磁盘控制器的全部功能转移到设备中，主机与设备之间采用标准的通用接口，SCSI（小型计算机系统接口）属于这种形式。随着集成电路技术的进步，C类接口得到广泛应用，磁盘驱动器的功能得到增强。磁盘盘片被制作在磁盘驱动器中，使磁盘驱动器变成一个独立的设备，磁盘控制器的功能被弱化。

（3）磁盘盘片

磁盘盘片是存储信息的载体，每张盘片的两面都可以记录信息，盘片表面称为记录面。记录面实际是一层磁性材料，格式化后形成一系列同心圆，称为磁道。每个盘片表面通常有几十到几百个磁道，每个磁道又等分为若干个区域，每个区域叫扇区，如图 6.49 所示。磁盘存储器的每个扇区记录定长的数据，因此读/写操作是以扇区为单位一位一位串行进行的。每一个扇区记录一个记录块。

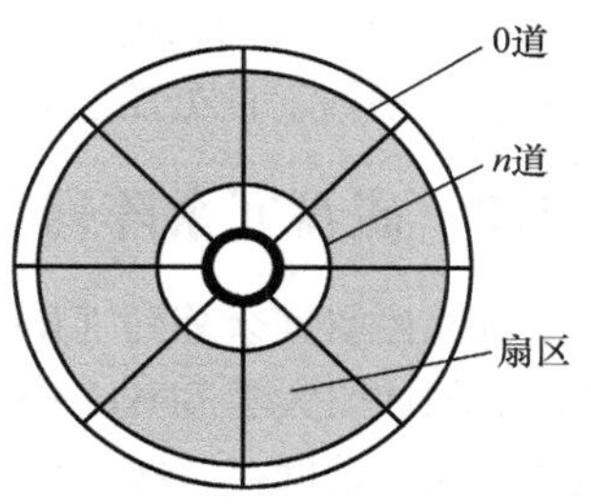

图 6.49　磁盘扇区示意图

磁道从外向内依次编号，最外的一个磁道编号为 0，最里面的一个磁道编号为 n，n 磁道里面的圆形区域不记录信息。磁道扇区的编号有不同方法，可以连续编号，也可间隔编号。磁盘记录面经这样编址后，形成了形如“磁道号 + 扇区号”的磁盘地址。除此之外，还有记录面的面号，也称为磁头号，以说明访问的是磁盘的哪一个记录面。所以，磁盘地址是由记录面号、磁道号和扇区号 3 部分组成的。磁盘通常由 n 个盘片组成，所有记录面上相同半径的磁道称为一个柱面。所以柱面实际上是所有记录面上若干条相同半径的磁道，磁盘的柱面个数等于盘片的磁道数，故柱面号也就是磁道号，而磁头号则是记录面号。

为了便于寻址，数据块在盘面上的分布遵循一定规律，称为磁道记录格式。常见的有定长记录格式和不定长记录格式两种。

1）定长记录格式。在磁道上，信息是按扇区存放的，每个扇区中存放一定数量的字或字节，各个扇区存放的字或字节数是相同的。为进行读/写操作，要求定出磁道的起始位置，这个起始位置称为索引。索引标志在传感器检索下可产生脉冲信号，再通过磁盘控制器处理，便可定出磁道起始位置。磁道记录格式如图 6.50 所示。

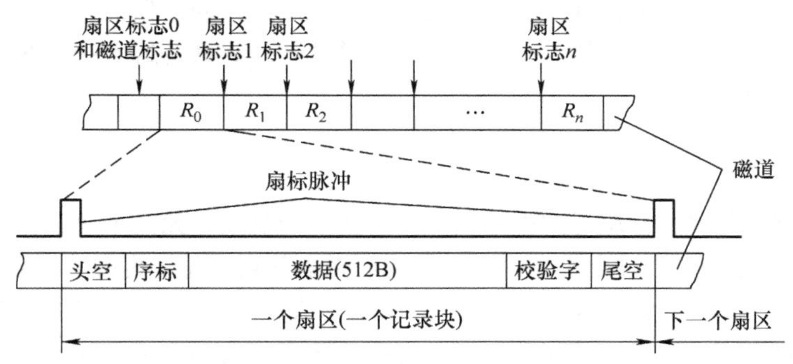

图 6.50　硬磁盘磁道记录格式

每个扇区开始处由磁盘控制器产生一个扇标脉冲。扇标脉冲的出现即标志一个扇区的开始，0 扇区标志处再增加一个磁道标志，指明是起始扇区。两个扇标脉冲之间的一段磁道区域即为一个扇区（一个记录块）。每个记录块由头空（头部空白段）、序标段、数据段、校验字段及（尾空）尾部空白段组成。其中，空白段用来留出一定的时间作为磁盘控制器的读写准备时间，序标被用来作为磁盘控制器的同步定时信号，以某种约定代码作为数据块的引导。序标之后即为本扇区所记录的数据，数据段可写入 512B，若不满 512B，该扇区余下部分为空白；若超过 512B，则可占用几个扇区。数据之后是校验字，常用循环冗余码（CRC）检验，它用来校验磁盘读出的数据是否正确。

这种记录格式结构简单，可按柱面号（磁道号）、盘面号（磁头号）、扇区号进行直接寻址，但记录区的利用率不高。

2）不定长记录格式。在实际应用中，信息常以文件形式存入磁盘，而文件长度不是 512B 的整数倍时，会有部分扇区的存储不足 512B，造成浪费。针对这个问题，不定长记录格式根据需要来决定记录块的长度。例如，IBM 2311、2314 等磁盘驱动器采用不定长记录格式。具体格式可参考有关书籍，此处略去。

6.5.2　磁盘冗余阵列

独立磁盘冗余阵列（Redundant Array of Inexpensive Disks，RAID），简称磁盘阵列技术，在1988年由美国加州大学 Berkeley 分校的 Patterson 教授首先提出。这是一种容量大、速度快、可靠性高、造价低廉的辅助存储器方案，一经提出就得到业界的广泛关注和重视。在接下来的几年时间里，磁盘阵列技术从高速发展到逐步成熟，它有效地解决了计算机 I/O 瓶颈，有着广阔的发展前景。

磁盘阵列由多个物理磁盘（硬盘）构成，而不是使用一个大容量的磁盘，这样极大地提高了磁盘的吞吐率。磁盘阵列技术把信息和文件等分开存储到多个磁盘上（称为数据分块技术），这样对一个信息或文件的访问将导致对多个磁盘的访问，而这些访问可以并行处理。如果是两个（或两个以上）独立的访问，而这些访问针对不同的物理磁盘，则这些访问也可以并行处理。所以，尽管对单个磁盘的数据访问没有得到改进，但是整体上磁盘阵列提高了数据吞吐率。

从可靠性的角度来看，磁盘阵列使用了多个磁盘，出故障的概率大大增加，整体可靠性下降。解决办法是在磁盘阵列中增加冗余信息，如果一个磁盘出故障，可以通过冗余信息来恢复故障盘存储的信息。那么在 RAID 中如何增加和存储冗余信息？有几种不同的方法，这些不同的处理方法对应不同的 RAID 级别，目前主要有 RAID0 ~ RAID7 等不同级别。RAID 的这些级别不代表层次关系，各级 RAID 的冗余信息代价不同，存储信息的方式和读写访问性能也不同，但是大都具有如下 3 条共同特性：①RAID 由一组物理磁盘组成，操作系统视之为一个逻辑驱动器；②信息分布在一组物理磁盘上；③冗余信息也被存储在磁盘阵列，保证万一有磁盘失效时可以恢复数据。其中，RAID0 没有冗余信息，其余级别的磁盘阵列都具备这 3 条共性，而不同级别的磁盘阵列也有各自不同的特性。

1. RAID 级别

（1）RAID0

RAID0 亦称数据分块，分块后按次序循环分布在多个盘上，无冗余信息，严格来说不属于冗余阵列。如图 6.51 所示，假设由 4 个物理磁盘构成磁盘阵列，每块也称为一条（Strip），同一行的 4 条称为一带（Stripe）。如果需要访问的文件（或信息）均匀分布在 4 个盘，4 个盘同时工作，文件访问时间将减少到原来的四分之一。合理地选择块大小非常重要，如果块过大，使数据的访问只局限在少数的一两块磁盘上，就不能充分发挥并行操作的优势。另一方面，如果块过小，任何对磁盘的访问都需要所有盘参与，可能占用过多的控制器总线带宽。

（2）RAID1

RAID1 亦称镜像盘，如图 6.52 所示。图中实际数据盘只有两个，数据同样分块，各块同样按次序循环分布在两个数据盘，另外两个是镜像盘。

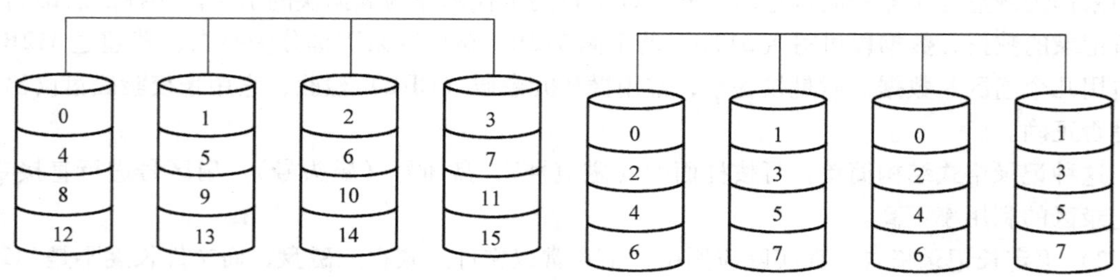

图 6.51　RAID0 中的数据分块　　图 6.52　RAID1 中的数据镜像

RAID1 使用双备份磁盘，形成信息的两份复制品（数据镜像）。如果一个磁盘失效，系统可以到镜像盘中获得所需要的信息。如果向磁盘阵列发出一个读请求，可由两个物理磁盘中的速度快的一个提供，这样 RAID1 的读性能由性能最好的磁盘决定。如果是一个写请求，需要更新两个对应的磁盘，该操作可以并行完成。这样 RAID1 的写性能由镜像盘中写性能最差的磁盘决定。

RAID1 一般适用于关键信息的存储，因为镜像在 RAID 级别中的成本最高，物理磁盘空间是逻辑磁盘空间的两倍，物理磁盘利用率为 50%。

RAID0 +1 结合了 RAID0 与 RAID1 的特点，即信息分块后，先按照 RAID0 的特点分布到各个物理磁盘，再将镜像信息存储到同一个物理盘，如图 6.53 所示。

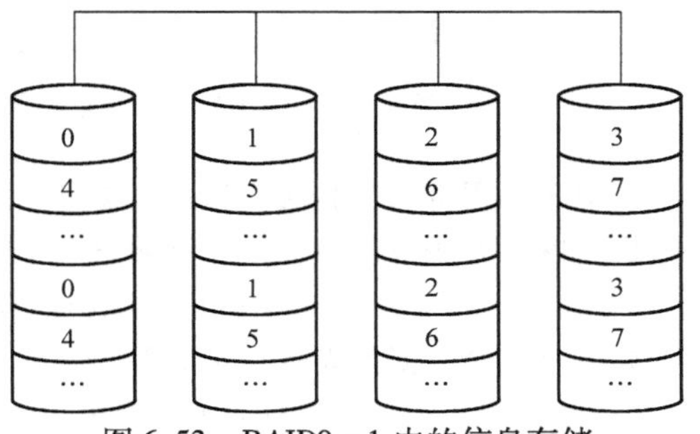

图 6.53 RAID0 +1 中的信息存储

（3）RAID2

RAID2 为位交叉式海明编码阵列，如图 6.54 所示。

图中有 4 个数据盘，3 个冗余盘存放校验信息。信息按位交叉循环分布在 4 个数据盘，每 4 位（4 个数据盘上各一位）计算得到 3 位海明校验码，分别存储到 3 个校验盘。海明校验码可以检测信息的两位错误，并纠正一位错误。

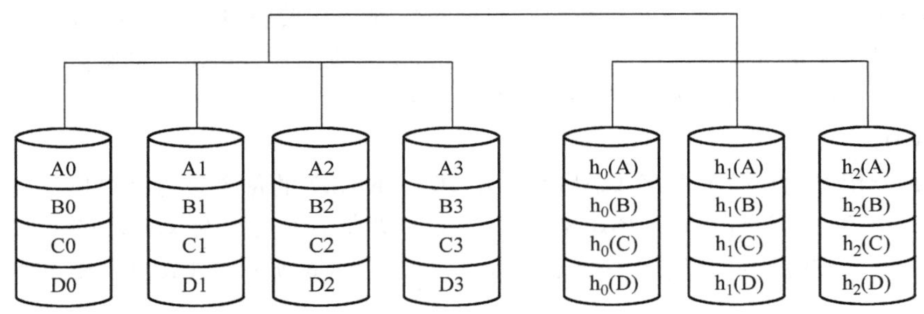

图 6.54 RAID2（位交叉式海明编码阵列）中的信息存储

RAID2 采用了并行存取技术，当对磁盘阵列进行访问时，所有的磁盘均参加每个访问请求。一般情况下，各个磁盘驱动器同时工作，即任意时刻每个磁盘上的所有磁头都有相同的柱面号（磁道号）和相同的扇区号。

RAID2 的不足之处是需要多个磁盘来存放海明校验码信息，冗余磁盘数量与数据磁盘数量的对数成正比。尽管 RAID2 比 RAID1 需要的校验磁盘少，但 RAID2 物理磁盘的利用率仍然不高，原理复杂，冗余信息的开销仍然太大，因此未被广泛应用。

（4）RAID3

RAID3 是位交叉或字节交叉奇偶校验盘阵列，是单盘容错并行传输的阵列，如图 6.55 所示。

图中的 RAID3 有 4 个数据盘（D_0、D_1、D_2、D_3），信息按位或者字节交叉循环分布在 4 个数据盘，每 4 位（4 个盘上各一位）计算得到一位奇偶校验码，存储到第 5 个校验盘（D_4），PA 表示由 A0、A1、A2 和 A3 这 4 块按位计算得到的奇偶校验码块。奇偶校验码可以检测信息的一位错误，没有纠错能力。存储数据的数据盘和对应的一个校验盘称为一个保护组（Protect Group）。RAID3 可以有多个保护组，每组的数据盘数量可以有多个，但只有一个校验盘，访问通常只针对一个组，并且访问组中的所有盘。

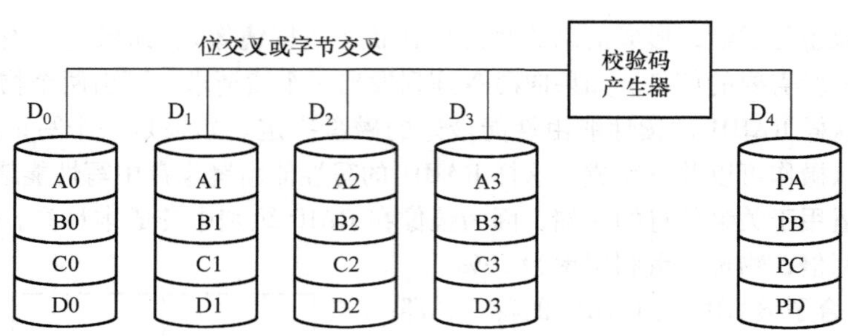

图 6.55　RAID3（位交叉或字节交叉奇偶校验盘阵列）中的信息存储

RAID3 采用奇偶校验法，当一个磁盘出故障时，可以通过奇偶校验磁盘中的校验和来恢复出错数据。恢复方法很简单，校验盘的第 i 位校验位计算如下：

$$D_4(i) = D_0(i) \oplus D_1(i) \oplus D_2(i) \oplus D_3(i)$$

如果有一个数据盘失效，例如 D_1 盘失效，则上式两端同时异或 $D_1(i) \oplus D_4(i)$，有：

$$D_1(i) = D_0(i) \oplus D_2(i) \oplus D_3(i) \oplus D_4(i)$$

D_1 盘的每一位都可以通过这个式子计算得到，从而恢复了失效磁盘的数据。当然如果校验盘失效，并不影响对数据盘数据的访问。虽然恢复失效数据的时间较长，但由于磁盘很少出错，因此 RAID3 还是得到了广泛的应用。

对 RAID3 磁盘阵列的每次访问，都需要所有的数据盘和校验盘参与，而这些盘的访问都并行进行，所以对于大量磁盘数据传送的情形，性能改善特别明显。RAID3 的缺点是一次只能处理一个磁盘阵列访问请求，多个访问请求只能串行处理。

（5）RAID4

RAID4 是专用奇偶校验独立存取盘阵列。RAID4 ~ RAID7 的每个磁盘都可以独立访问，多个对磁盘阵列的访问可以并行处理。RAID4 信息以块（块大小可变）交叉循环的方式存储于各数据盘，冗余的奇偶校验信息存储在一台专用盘上，如图 6.56 所示。RAID4 ~ RAID7 的块通常比较大。

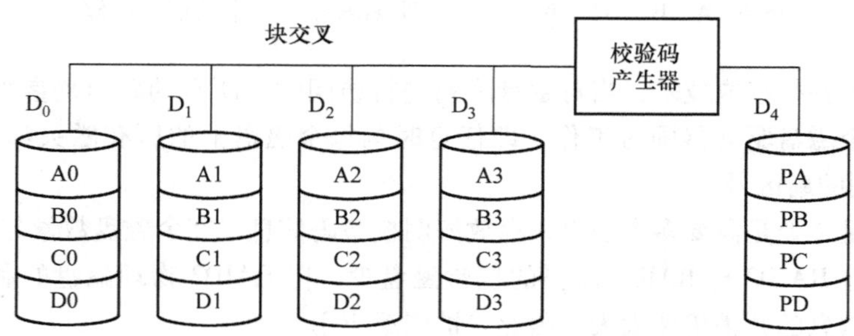

图 6.56　RAID4（专用奇偶校验独立存取盘阵列）中的信息存储

RAID4 和 RAID3 有相同的冗余代价，但是访问数据的方法不同。RAID3 按位或字节交叉，所以几乎每次磁盘访问都将对阵列中的所有磁盘进行操作。但是有些情况下不希望全部盘都参与操作，而希望使用较少的磁盘参与操作，以便磁盘阵列可以并行处理多个独立的访问请求。RAID4 采用比较大的块来交叉循环存储，就可以满足这种要求。与 RAID3 一样，校验盘的第 i 位校验位计算如下：

$$D_4(i) = D_0(i) \oplus D_1(i) \oplus D_2(i) \oplus D_3(i)$$

假设只更新磁盘阵列的一块数据，例如，盘 D_1 的数据块 A1 更新为 A′1，重新计算校验盘中该块的校验位如下：

$$\begin{aligned} D'_4(i) &= D_0(i) \oplus D'_1(i) \oplus D_2(i) \oplus D_3(i) \\ &= D_0(i) \oplus D'_1(i) \oplus D_2(i) \oplus D_3(i) \oplus D_1(i) \oplus D_1(i) \end{aligned}$$

上式调换各量的次序，容易得到：

$$D'_4(i) = D_0(i) \oplus D_1(i) \oplus D_2(i) \oplus D_3(i) \oplus D'_1(i) \oplus D_1(i) = D_4(i) \oplus D'_1(i) \oplus D_1(i)$$

上式表明，当只把盘 D_1 的数据块 A1 更新为 A′1 时，首先读出 D_1 的数据块 A1 和 D_4 的校验块 PA，计算新校验块的所有位；再把 A′1 写入 D_1 以及把新的校验块写入 D_4，其他 3 个数据盘无须访问。

如果 RAID3 要更新同样大小的一块信息，由于 RAID3 是按位或字节交叉，需要更新的信息几乎均匀分布在所有数据盘，所有数据盘和校验盘都参与操作，但每个盘处理的数据量会减少很多，而且这些操作是并行处理的，因而处理速度会快很多。

如果有多个独立的磁盘阵列写访问，每个写的信息量都小于 RAID4 的块大小，并且写到不同的数据盘，那么 RAID4 允许这些写并行处理，而 RAID3 只能串行处理。

所以 RAID3 和 RAID4 各有利弊。

（6）RAID5

当 RAID4 并行处理多个独立的写访问时，由于每个写都要更新校验信息，校验盘将成为瓶颈。RAID5 正是为了解决这个问题提出的。RAID5 是块交叉分布式奇偶校验盘阵列，是旋转奇偶校验独立存取的阵列。和 RAID4 一样，信息以块交叉循环的方式存储在各磁盘，不同的是没有专用的校验盘，而是把奇偶校验信息均匀地分布在所有磁盘上，如图 6.57 所示。

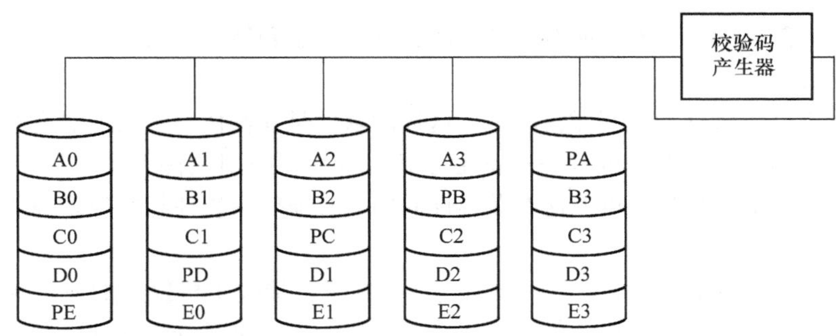

图 6.57 RAID5（块交叉分布式奇偶校验盘阵列）中的信息存储

RAID3、RAID4 和 RAID5 的冗余代价相同，RAID4 和 RAID5 的块通常很大，而且每个盘都可以独立访问，而 RAID3 的块很小，只有一个字节，甚至一位。如果有多个独立的写访问，而且写的信息量小（小于 RAID5 的块），RAID5 在并行处理时可以避免 RAID4 校验盘的瓶颈问题，效率提高了。

（7）RAID6

RAID6 为双维奇偶校验独立存取盘阵列，如图 6.58 所示。与 RAID5 相同，数据以块（块大小可变）交叉循环的方式存于各盘，不同的是 RAID6 是双维奇偶校验。PA 是块 A0、A1 和 A2 按位计算得到的奇偶校验码块，是横向的一维，P0 是盘 D_0 中的块 A0、B0、C0 等按位计算得到的奇偶校验码块，是纵向的一维，其余类推。图中一个数据盘只画出 3 块数据块，实际有很多的块，所以还会有很多横向维度的校验块 PF、PG 等，按照循环的原则，均匀分布到各个盘。纵向维度的校验块只有图中的 P0、P1、P2、P3 共 4 个，每个磁盘一个。

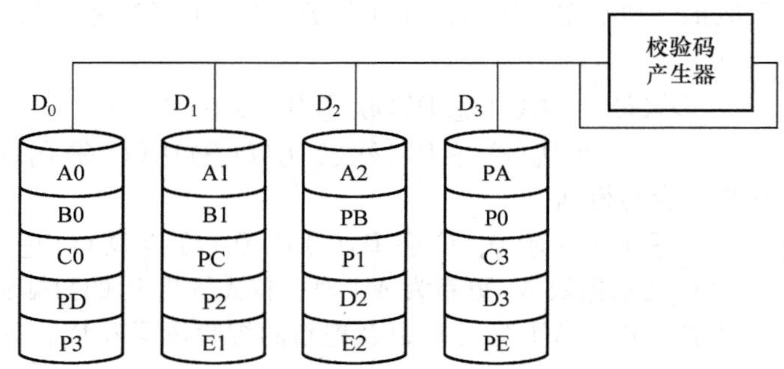

图6.58　RAID6（双维奇偶校验独立存取盘阵列）中的信息存储

RAID6是RAID5的扩展，RAID6每次写入一块数据都要访问一个数据块和两个校验块，可容忍双盘出错。但是RAID6的冗余开销比RAID5略有增加，校验码计算、读写访问的开销增加较大，控制器更加复杂，并且RAID6的写过程需要6次磁盘操作。

（8）RAID7

RAID7的信息分块及其分布、校验信息的生成和分布与RAID6相同，不同的是RAID7采用了高速缓冲存储器（Cache），使响应速度和传输速率有了较大提高。

RAID7的每个磁盘都带有高速缓冲存储器，所有的I/O传送均是同步进行的，可以分别控制，这样提高了系统的并行性及系统访问数据的速度。

除了这些，还有RAID10、RAID53等新出现的磁盘阵列，读者可参考有关文献。

2. 实现方法

计算机对磁盘阵列的管理和控制有两种方法：软件方法和硬件方法。

（1）软件方法

使用专门的软件来管理和控制磁盘阵列，这样的软件是在操作系统级上实现的。与硬件方法相比，软件方法成本低廉，但是也有一些不足之处，例如，控制软件需要主机CPU来执行，因而会影响系统整体性能；另外，可能还有兼容性问题，必须确保软件与操作系统兼容。

（2）硬件方法

使用硬件RAID控制器作为接口，一方面连接到主机，接收主机发送的命令及主机送来的需要存储到磁盘的信息；另一方面连接磁盘，执行主机的命令，对磁盘阵列进行操作。

6.5.3　U盘和固态盘

1. U盘

U盘（或称闪盘）是采用Flash Memory存储介质和USB接口的移动存储设备，作为计算机的外部存储设备，完全取代了软盘。闪存的基本存储单元与EEPROM类似，由两级浮空栅MOS管组成，属于非易失性存储器（Non－Volatile Memory，NVM），即使在供电电源关闭后仍能保持片内信息。

U盘主要由两部分组成：外壳和机芯。其中，机芯包括印制电路板（PCB）、USB主控芯片、Flash Memory存储器芯片等部件；外壳也是保护壳，可由不同材料组成，有ABS塑料、金属、皮套、硅胶等。USB连接头突出于保护壳外，且通常由一个小盖子盖住。U盘使用标准的USB接头，可以直接插入计算机的USB端口。

各部件作用如下：USB接头负责连接计算机，是信息输入或输出的通道；主控芯片相当于U

盘控制器，负责管理U盘的各个部件，传送主机送来的命令，向主机传送U盘的工作状态，使计算机将U盘识别为“可移动磁盘”；Flash Memory芯片用于存储信息，而且断电后信息不会丢失，能长期保存；PCB底板负责提供相应处理数据平台，且将各部件连接在一起。现有的计算机操作系统都支持U盘，实现了U盘即插即用。除了直接连接到计算机的USB接口外，U盘也可以连接到一个USB集线器，连接后U盘才会启动，而所需的电力也由USB接口提供。

随着U盘技术的提高，现在开发出很多不同用途的U盘，如加密U盘、启动U盘、音乐U盘、测温U盘以及杀毒U盘等。

1）加密U盘有两种类型：一种是硬件加密，通过U盘的主控芯片加密，这种加密方式安全性好，但U盘价格较高；另一种是软件加密。软件加密又有两种方式：一种是在U盘中专门划分一个隐藏分区，也就是加密分区，来存放要加密的文件；第二种方式只对单个文件加密。加密U盘除了可以对存储的内容进行加密之外，也可以当作普通U盘使用。

2）启动U盘加入了引导系统的功能，使U盘可以用来启动系统，现在市场上的启动U盘主要是靠模拟USB_HDD方式来实现系统引导的。这种具备启动功能的U盘除了可用于台式机之外，也已经广泛地应用在笔记本计算机上。启动后，U盘被当作计算机的一个本地磁盘。有的启动U盘还进一步安装其他功能软件，以实现更多的功能，如磁盘分区、格式化、系统杀毒、文件备份等。

3）音乐U盘比普通U盘增加了播放音频文件的功能，另外还有一个耳机插孔。有的还有LED显示屏，显示简单的用户界面。这种U盘都有可充电电池，通过自带的USB接头插入计算机的USB接口充电。

测温U盘可测量环境温度。杀毒U盘安装了杀毒软件，用于计算机系统杀毒。

2. 固态盘

固态盘（Solid State Disk），也叫固态驱动器（Solid State Drive，SSD），其存储介质分为两种，一种采用闪存（Flash Memory）芯片作为存储介质，另外一种采用DRAM作为存储介质。其中，第一种广泛应用于笔记本计算机中，作为它的硬盘。第二种仿效传统硬盘的设计，作为计算机的硬盘或硬盘阵列，通过工业标准的PCI和FC接口连接主机或者服务器。固态盘是一种高性能的存储器，而且使用寿命很长，但是需要独立电源，这限制了它的应用范围。固态盘与传统硬盘在技术上完全不同。

固态盘由控制芯片、高速缓存芯片和闪存芯片3个部件组成，3个部件装配在一块印制电路板（PCB）上。其中闪存芯片是固态盘的信息存储体，其作用相当于硬盘的盘片。控制芯片相当于固态盘的控制器，其作用和普通硬盘的控制器一样，具有两个方面的接口。系统级接口通过系统总线连接主机和主存，这种接口普遍采用SATA－2接口、SATA－3接口；设备级接口连接和控制闪存芯片的访问。

和普通硬盘相比，固态盘具有以下优点：

1）访问速度快。普通硬盘有盘片、转轴、磁头等机械装置，访问时间由寻道时间、盘片旋转时间组成，可达数毫秒。固态盘的基本存储单元是半导体元件，其存储体由半导体元件组成存储阵列，和主存组成相同，访问过程和主存一样，访问速度比硬盘快很多，访问时间一般是微秒级甚至更短。

2）防振抗摔性好。传统硬盘把盘片、转轴、电动机、磁头及其支架等机械部件密封在一个小匣子中，振动太大会导致这些机械部件失灵。而固态盘内部全部是集成电子元件和线路，没有任何机械部件，这样即使在高速移动甚至伴随翻转倾斜的情况下也可正常使用，甚至在发生碰撞和振荡时，也能够将数据丢失降到最低。

3）无噪声：固态盘没有机械马达和风扇，工作时完全没有噪声。

固态盘还有其他优点，如低功耗（固态盘的功耗低于传统硬盘）、体积小、重量轻等。唯一的不足之处是价格比传统硬盘高。

6.5.4　光盘存储器

光盘（Optical Disc）是根据光学原理，利用激光读写信息的存储器。20世纪80年代以来，光盘技术的发展非常迅速。光盘的特点是存储量大，记录密度高，信息保存时间长，可靠性高，而价格较低，因此获得了极其广泛的应用，并成为计算机系统的标准配置。

1. 光盘的结构

光盘有多种类型，不同类型的光盘，其组成结构大致相同，如图6.59所示。

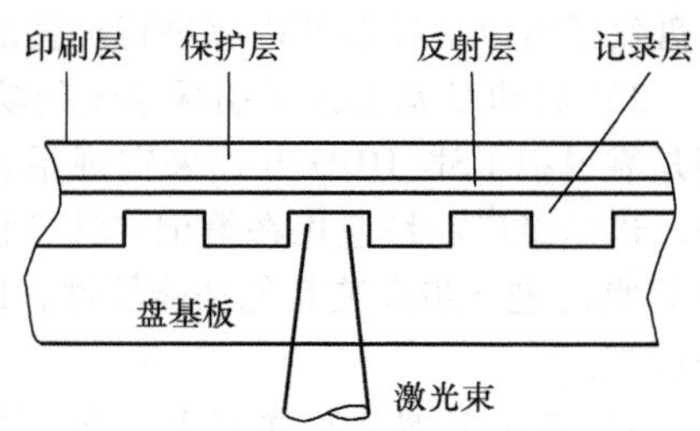

图6.59　光盘结构图

图6.59中，光盘主要分为5层，从下往上依次是盘基板、记录层、反射层、保护层、印刷层。盘基板是无色透明的聚碳酸酯板，在整个光盘中，它不仅是沟槽等的载体，也相当于光盘的物理外壳。光盘的基板厚度为1.2mm，直径为120mm，中间有圆孔。记录层用于存储信息，是涂抹在盘基板上的一层很薄的材料，不同类型的光盘，记录层用的材料不同。反射层是用电镀工艺在记录层上镀的一层金属，是光盘的第三层。反射层的作用是反射激光光束，以读取光盘片中的信息。保护层用来保护光盘中的反射层及记录层，防止存储的信息被破坏，材料为丙烯酸类物质。印刷层印刷盘片的客户标识、容量等相关文字、图案，也可以起到一定的保护光盘的作用。

光盘制作和刻录时，会在记录层形成信息记录的轨迹，称为光道，信息存储在记录层的光道上。不同于磁盘的圆形磁道，记录层的光道是由内向外的螺旋形的。为防止相互干扰，光道之间需要有一定的间隔，称为光道间距。

2. 光盘存储器的类型

根据读写功能的不同，光盘分为3种：第一种是只读型光盘，如CD-ROM（Compact Disc - Read Only Memory，只读光盘）；第二种是一次写多次读（Write Once Read Many，WORM）光盘；第三种是可擦写型光盘。

（1）只读型光盘（CD-ROM）

只读型光盘存储的信息是由生产厂家制作时写入的，用户只能读出，不能修改或写入新的内容。这种光盘大量应用在文献检索数据库、操作系统盘（如Windows系统）、各种计算机应用程序、电视唱片、数字音频唱片、数字视频、光盘阵列以及其他数据库领域。

只读型光盘由厂家批量生产，制作时首先制作模片，模片一般是一块玻璃基板，表面涂一层光敏材料薄膜，信息以坑点的形式记录到模片的光敏材料薄膜上，有坑点表示“1”，无坑点表示“0”。根据需要记录的信息控制激光刻录机，对模片的光敏材料薄膜进行刻录，形成光道以及需要的坑点。第二步，将制作好的模片做成一个注塑模具，模具的一面是模片，把熔化树脂注入模具空腔，冷却后形成一个塑料盘，模片的坑点就会呈现在塑料盘上面。之后在塑料盘有坑点的一面（记录面）镀一层极薄的金属铝，以形成一个激光反光表面。最后在铝表面再加上一层坚固的保护胶。胶可保护铝膜不会被划伤，不会氧化，而且可以在上面印刷光盘标签、图案。可见，除了模片外，批量复制的只读光盘没有专门的记录层。

读出时，激光束穿透透明的盘基板，聚焦到记录面，有凹坑的地方将发生衍射，反射率低；

而无凹坑的地方大部分光被反射。根据反射光的强弱不同，就可以区分“0”和“1”两种状态。

（2）一次写多次读光盘（WORM）

用户可以在这种光盘上写入信息，但只能写一次，因为写入信息会使光盘存储介质的物理特性发生永久性的改变，写入后可多次读出。CD－R（Compact Disc－Recordable）光盘属于这种类型，用户必须用专门的刻录机向空白的CD－R盘写入信息，制作好的CD－R光盘可以在CD－ROM驱动器中读出。

一次写多次读光盘的记录层采用花菁、酞菁等有机染料。写入时，根据记录的信息调整激光强度，记录“1”时，用较强的激光聚焦到记录层，加热使有机染料熔化，形成一个坑点；记录“0”时，调整激光强度使有机染料不会熔化成坑点。这些坑点是不可复原的，所以只能写一次。读出过程和只读光盘相同。

（3）可擦写型光盘

这种光盘可以反复读写，如CD－RW（Compact Disc－ReWritable）。目前有两种典型的产品：磁光盘（Magnetic Optical Disk，MOD）和相变盘（Phase Change Disk，PCD）。磁光盘利用热磁效应记录信息，记录层采用稀土－过渡金属合金薄膜介质，如非晶态TbFeCo、GbTbFeCo合金膜。记录层被预先磁化成同一个方向，与盘基板垂直并朝向盘基板的方向，形成一张空白磁光盘。写入时，激光束穿透透明的盘基板，聚焦到磁光介质，并使之加热到居里点温度以上，光照点变为顺磁性，外加磁场就可以根据记录信息改变光照点处记录介质的垂直磁化方向，两种不同的磁化方向可以分别表示信息“0”和“1”。读出信息时，用强度小很多的激光照射磁介质，不同的磁化方向会引起反射光的偏振面发生左旋或右旋，从而区分出数据“0”或“1”。总之，记录层加热到居里点温度以上后，磁化方向可以反复改变，所以磁光盘存储的信息可以多次擦写。

相变盘利用相变材料的晶态和非晶态来记录信息，记录层采用硫属化合物，一般用3种以上元素构成，例如，TeGeSnO、TeSnSe等都是构成记录层的材料。用强激光束聚焦照射晶态材料，加热至熔点，再移走激光使其快速冷却，照射点处的材料就变成非晶态。写入时，激光束穿透透明的盘基板，聚焦到记录层，根据需要记录的信息控制激光强度，使记录介质分别呈现晶态和非晶态两种状态，分别表示存储信息“0”和“1”。读出时，用弱激光扫描记录介质，晶态反射率高于非晶态，根据反射光强弱的不同即可区分出“0”和“1”。擦除时，用适当波长和功率的激光，透过透明的盘基板聚焦到记录层的介质，使局部温度介于材料熔点和非晶态转化温度之间，材料重新结晶，恢复成晶态。总之，记录材料可以在晶态和非晶态之间反复转变，所以相变盘可以反复擦写。

CD光盘还有其他俗称。如CD－ROM表面是白色的，叫银盘。CD－R按记录涂层的不同也有不同俗称：记录涂层为花菁，叫绿盘；记录涂层为酞菁，叫金盘；记录涂层为偶氮，叫蓝盘。CD－RW光盘的记录涂层如果是硫属化合物（相变盘），因涂层颜色为紫色，因此叫紫盘。

3. 其他类型光盘

1）DVD（Digital Versatile Disc，数字通用光盘）是在CD光盘之后出现的新型光盘。DVD光盘的外形、尺寸规格、组成结构、读写原理、记录层采用的材料等方面与CD大体相同。DVD的品种也和CD相对应，比如DVD－ROM相当于CD－ROM，DVD－R相当于CD－R，DVD－RAM相当于CD－RW等。不同之处是，DVD在速度、容量、技术和性能等方面都超越了CD光盘，并且向下兼容CD。例如，单面单层DVD－ROM容量约为4.7GB，双面双层DVD－ROM容量约为17GB，而CD－ROM的容量只有700MB左右。

DVD和CD光盘最根本的差别是CD的激光波长为780～790nm，光学读出头的孔径为0.45mm；而DVD的激光波长为630～650nm，光学读出头的孔径扩大为0.6mm。这个改变使

DVD 激光聚焦光点更小，从而使记录层材料上每个基本记录单元（坑点）更小，CD 的坑点长约 0.83μm，而 DVD 的坑点缩短为 0.4μm。CD 的光道间距约 1.6μm，DVD 的光道间距约 0.6μm。这些改变极大地提高了 DVD 的记录密度和容量。

另外，波长和光学头孔径改变还影响了激光的聚焦距离。CD 光盘的激光从发出到聚焦的距离约为 1.2mm，这就决定了 CD 光盘基板的厚度为 1.2mm，太厚或太薄都会影响聚焦，从而影响数据的烧录和读取。DVD 光盘的激光从发出到聚焦的距离约为 0.6mm，因此 DVD 光盘基板的厚度为 0.6mm。但是这个厚度太薄，盘片容易折断，因此实际制造时，会把两片 0.6mm 厚的基板迭合在一起，组成 1.2mm 厚的 DVD 盘片。两块盘基板之间是记录层和反射层。如果只有一面盘基板记录信息（信息记录在两块盘基板之间的记录层），另一面盘基板仅起加固作用，这就是单面 DVD 盘。如果两面盘基板都记录信息（两块盘基板之间有两层记录层，两层记录层之间用一层金属反射层隔开），就是双面 DVD 盘。DVD 光盘记录面既可以单层记录，也可以双层记录。

双层 DVD 光盘在一个记录面上有两层记录层，其中外面的记录层采用半透明薄膜涂层，激光束可以穿透该层到达里面的第二层记录层，两层都可以记录信息。CD 光盘只有一层记录面，而且记录面上只有一层记录层记录信息。

DVD 光盘盘面有效记录区面积比 CD 略有增加，数据编码、调制方式也有改进，进一步提高了存储精度。

2）BD（Blu - ray Disc，蓝光光盘）是一种新类型光盘，最早在 2002 年 2 月由索尼集团开始策划及研发。BD 盘的激光波长进一步缩短至 405nm，光学读出头的孔径扩大为 0.85mm。这个改变使 BD 激光聚焦光点更小，从而使每个基本记录单元（坑点）更小，缩短为 0.15μm。另外，光道间距更小，记录密度和容量更大。BD 盘基板厚约 1.1mm。除此之外，其他部分的组成结构与 CD 基本相同。

一个单层的蓝光光盘的容量为 25GB 或是 27GB，以 6 倍速刻录单层 25GB 的蓝光光盘需大约 50min。而双层的蓝光光盘容量可达到 46GB 或 54GB。蓝光光盘利用不同反射率达到多层写入效果，例如容量为 100GB、200GB 和 400GB 的蓝光光盘，分别是 4 层、8 层与 16 层。

目前蓝光光盘主要有两种类型的产品：只读型 BD - ROM 和写一次型 BD - R。前者主要用来存储高清晰度的数字音频、视频影片，通常由厂家批量生产、复制；后者用于大容量后备存储。

4. 光盘存储器的组成

与磁盘存储器组成类似，光盘存储器由光盘盘片、驱动器和控制器组成。光盘控制器包括数据输入缓冲器、编码器、格式转换器和输出数据缓冲器等。

驱动器包括读/写头、寻道定位机构、主轴电动机及传动机构等。其中，读/写头包含光学机构，激光器产生的光束经分离器分离后，分别用作记录光束和读出光束。记录光束经调制器调制，由聚焦系统聚焦到光盘的记录层刻录信息。读出光束经几个反射镜，同样聚焦到光盘的记录层，经反射层反射，再经光电二极管转换为电信号输出。

光盘驱动器有内置式和外置式两种。内置式光盘驱动器一般安装在 PC 机箱内 5.25in（1in = 2.54cm）软驱位置上，工作电源由机箱内电源提供。驱动器采用 IDE 或 EIDE 接口，用 40 芯电缆将驱动器背面的 40 芯插座与主板或多功能适配器卡上的 IDE 或 EIDE 接口的插座连接。外置式 CD - ROM 驱动器需用数据线与主机相连，电源也是独立的。而新出的外置式光盘驱动器采用 USB 接头，连接到计算机的 USB 接口，电源由 USB 接口提供，无须单独电源，即插即用。

衡量驱动器的性能指标主要有如下 3 项。

（1）数据传输率

CD - ROM 的更新换代体现在数据传输率上。最早的 CD - ROM 数据传输率只有 150KB/s，即单倍速。后来的光盘驱动器数据传输率以此为基准成倍增加，例如，后来陆续推出了双倍速（2×，300KB/s）、4倍速（4×）……16倍速（16×），甚至24倍速（24×）。高数据传输率的驱动器运行速度快，还应该配备足够大的数据缓冲区，而且对容错性和纠错性的要求也相应提高，价格也更高。16倍速的CD－ROM驱动器，数据传输率为2400KB/s，达到软驱的4～8倍，是性价比较好的选择。

（2）数据缓冲器容量

数据缓冲器用于暂存读出的数据，减少读取盘片的次数，是衡量光盘驱动器性能的第二重要指标。因为刻录光盘时数据先送到数据缓冲器，如果不能及时送数据，可能会导致刻录失败。CD－ROM驱动器内有64～256KB的数据缓冲器，CD－R驱动器内一般有512KB～4MB的数据缓冲器。

（3）接口类型

CD－ROM驱动器一般采用IDE或EIDE接口，目前的DVD光驱多采用IDE或SATA接口，而BD光驱多采用SATA接口。外置BD光驱采用USB接口。

5. 光盘的扇区数据结构和信息读取方式

光盘的信息存储在一条螺旋形光道上，光道从盘中心附近开始，一直旋绕到盘外部边沿。光道被划分为很多扇区，每个扇区存储的信息位数相同，信息存储密度相同，因此光盘信息分布均匀。在低于12倍速的光盘驱动器中通常使用CLV（Constant Linear Velocity，恒定线速度）方式读取光盘信息，以保证数据传输率恒定不变，因此需要不断调整光盘旋转的角速度。在恒定线速度方式下，读取内沿扇区时，光盘的旋转角速度比读取外部扇区快。光盘扇区数据结构如图6.60所示。

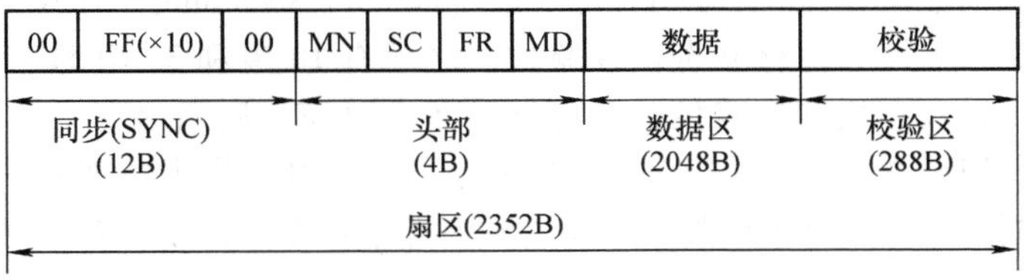

00	FF(×10)	00	MN	SC	FR	MD	数据	校验
同步(SYNC) (12B)			头部 (4B)				数据区 (2048B)	校验区 (288B)
扇区(2352B)								

图6.60 光盘扇区数据结构

光盘扇区分为4个区域。同步（SYNC）区是一个扇区的开始，第一个是全0B，接着10个全1B，再接一个全0B，共12B。4B的扇区头部（HEAD）区用于说明此扇区的地址和工作模式。光盘的扇区地址编码采用分（MN）、秒（SC）和分数秒（FR，1/75s）的形式，恒定线速度方式的光盘每秒读出75个扇区，也就是1s含75个扇区，编号为0～74，而FR的值是1s内的扇区编号。

头部（HEAD）区的MD为模式控制，用于控制数据区和校验区的使用，共有3种模式。模式0表示数据区和校验区的全部2336B空白，全为0。这种扇区作为光盘的导入区和导出区，不记录信息。模式1表示后面的数据区为2048B，校验区为288B。这种模式的数据区信息有很强的检错和纠错能力，适合于保存计算机的程序和数据。模式2表示288B的校验区也用于存放数据，也就是没有校验区，因此实际数据区为2336B。这种模式常用于保存数字音频、图像、视频等对误码率要求不高的信息。

光盘信息读取方式，除了CLV方式之外，还有CAV（Constant Angular Velocity，恒定角速度）方式，它用同样的旋转角速度来读取光盘上的信息。此外还有PCAV（Partial CAV，部分恒定角速度）方式。PCAV是结合了CLV和CAV的一种新技术，读取外沿信息采用CLV技术，读取内沿信息采用CAV技术，提高了整体数据传输的速度。

6.5.5　磁带存储器

1. 概述

磁带存储器由磁带控制器、磁带机和磁带3部分组成。磁带控制器是连接计算机与磁带机的接口设备。一个磁带控制器可以连接多台磁带机，控制磁带机执行写、读、前进、后退等操作。磁带机由电动机、伺服控制电路、磁带传送机构、读写磁头、读写电路和有关逻辑控制电路等组成。

磁带是一种薄膜聚酯材料，表面涂一层很薄的磁性材料，磁化后形成很多条存储信息的磁道。磁道是沿磁带长度方向的多条平行直线。与家用录音磁带卷绕在磁带盒中相似，计算机磁带存储器所用磁带也卷绕在一个磁带盒中，方便磁带机读写访问、互换、脱机保存和携带。

磁带属于磁表面存储器，其记录原理和记录方式与磁盘存储器相同，但存取方式不同。计算机访问磁盘时，根据盘面号（磁头号）、磁道号（柱面号）和扇区号，驱动磁头直接定位并访问。这种访问方式为直接存取方式。但是磁带绕在转轴上，计算机访问磁带时，通常要驱动磁带前绕或后绕，直到磁头定位到要访问的信息或文件，因此磁带存取时间比磁盘长。这种访问方式为顺序访问方式，或者叫串行访问方式。与硬盘相比，磁带读写速度慢很多，但容量比较大，位价格低，而且格式统一，便于互换、携带，因此，磁带存储器仍然是一种用于脱机存储的后备存储器。

磁带按长度分有2400ft（1ft = 30.48cm）、1200ft、600ft几种。按磁带宽度分有1/4in（1in = 2.54cm）、1/2in、1in、3in几种。按记录密度分有800bpi、1600bpi、6250bpi等几种。早期的磁带表面并行记录信息的磁道数是9，采用并行记录（Parallel Recording）方式，8个磁道分别存储一个字节的8位信息，而第9道存储奇偶校验位。之后有18道和36道的磁带，也采用这种方式，把一个字和双字以及它们的校验位分开存储到各个磁道。后来出现了串行记录（Serial Recording）方式。串行记录方式把一个字节、字或双字的各二进制位按顺序记录在一个磁道上，而不是分别记录到不同磁道。数据流磁带机采用这种串行记录方式，磁盘也采用这种记录方式。按磁带外形分有开盘式磁带和盒式磁带两种。现在计算机系统使用的磁带主要有两种：1/2in开盘式和1/4in盒式。

磁带机也有很多种，按磁带机尺寸、存储规模分为标准半英寸磁带机、海量宽带磁带机（Mass Storage）和盒式磁带机3种。按磁带机走带速度分，有高速磁带机（4～5m/s）、中速磁带机（2～3m/s）和低速磁带机（2m/s以下）3种。按磁带的记录格式分，有启停式磁带机和数据流式磁带机。其中，启停式采用并行记录（Parallel Recording）方式，数据流式采用串行记录（Serial Recording）方式。数据流磁带机是现代计算机系统中主要的脱机后备存储器，用于备份文件、资料、数据库等，甚至备份整个硬盘。

2. 数据流磁带机

数据流磁带机采用串行记录方式，把要记录的信息分块，按顺序记录在磁道上。两个数据块间留有记录间隙，以保证磁带机在数据块间不启停。这样可以简化磁带机的机械结构，降低成本，并且提高可靠性。启停式磁带机采用并行记录方式，多位并行读写，分开存储到不同的磁道。所以，两者的记录格式不同。

数据流磁带机有1/2in开盘式和1/4in盒式两种。盒式磁带的结构类似录音带和录像带。随着技术的进步，数据流磁带机的容量不断增大，而采用数据压缩技术的1/4in盒式数据流磁带机的容量可达2GB或2.7GB。

数据流磁带机采用串行记录方式的蛇形记录方式。以3道数据流磁带机为例，3个磁道的排列次序如图6.61所示。在记录信息时，先在第0道上从磁带首端BOT记到磁带末端EOT，然后在第1道上反向记录，即从EOT到BOT，第2道又从BOT到EOT。读出信息的顺序与记录顺序相同。

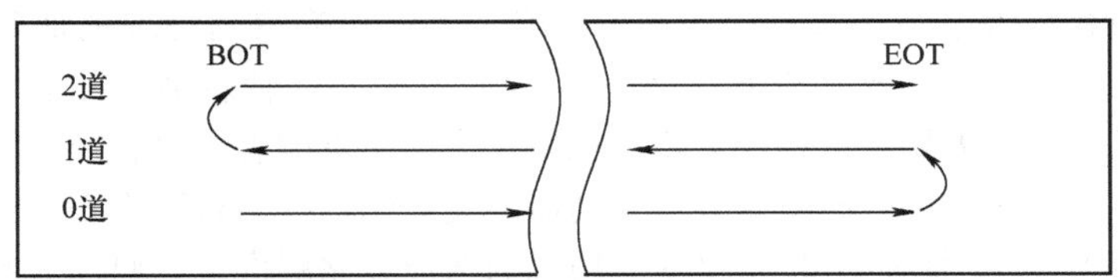

图6.61 3个磁道的排列次序

盒式数据流磁带机通过磁带控制器与主机相连，磁带控制器的作用类似于磁盘控制器，控制主机与磁带机之间进行信息交换，例如，把主机发送的命令和需要记录的信息传送到磁带机，或者把磁带的状态信息和读出的信息传送到主机等。磁带控制器与主机之间通常采用标准的通用接口，例如，小型计算机系统接口SCSI。

6.5.6 软盘存储器

软盘（Floppy Disk）存储器曾经是早期计算机的标准配置。软盘存储器由软盘控制器、软盘驱动器和软盘盘片3部分组成。软盘驱动器简称软驱，是一个独立的装置，外形及大小有点像现在的光盘驱动器，安装在早期的微型计算机机箱中。软盘可以插入驱动器中进行读写，类似光盘插入光盘驱动器。软驱由电动机、传动装置、读写磁头、定位装置和相关的读写控制电路组成。软盘控制器传送主机发来的命令，并向软驱发送控制信号和读写命令等，同时检测软驱的状态，并向主机传送状态信息。

软盘按照尺寸大小来区分，早期常用的有8in、5.25in和3.5in几种。第一张8in软盘在1971年推出，容量仅为81KB。1976年研制出5.25in的软盘，早期的该型软盘容量为360KB，后来逐渐增大到1.2MB。1979年，索尼公司推出3.5in的双面软盘，容量为875KB，到1983年已达1MB。到20世纪90年代，3.5in软盘容量已经达到1.44MB。在1987年4月，IBM推出基于386的IBM Personal System/2（PS/2）个人计算机系列，正式配置了3.5in的软驱。在IBM、康柏等厂商的极力推荐下，这种3.5in的软盘很快被广泛应用，而3.5in软盘驱动器也开始正式取代5in的软驱，成为PC的标准配置，这种状况一直持续到本世纪初。

随着光盘、固态存储器特别是U盘的出现和技术的不断进步，相比之下，软盘因为访问速度慢、容量小、尺寸大、不易携带等诸多不足而逐渐淡出市场，现在已经被淘汰。

6.6 虚拟存储器

6.6.1 概述

1961年，英国曼彻斯特大学的Kilburn等人提出虚拟存储器的概念。经过不断发展完善，虚拟存储器已广泛应用于大中型计算机系统，目前几乎所有的计算机都采用了虚拟存储技术。虚拟存储器是一个容量很大的存储器的逻辑模型，由价格较贵、速度较快、容量较小的主存储器M_1和一个价格较低廉、速度较慢、容量很大的辅助存储器M_2（通常是硬盘）组成，在系统软件和辅助硬件的管理下，形成一个大容量的虚拟存储空间。虚拟存储器的地址称为逻辑地址或者虚拟地址。应用程序员可以直接利用虚拟地址进行编程，不必考虑实际物理主存空间的大小。物理主存的地址是物理地址。

程序运行时用的是虚拟地址。CPU 识别这些虚拟地址，并将它们转换成物理地址。转换时首先判断要访问的内容是否已经装入主存。如果已经装入，转换得到物理地址后才能访问物理主存。如果没有装入主存，则要把包含该内容的一页或者一段从辅存装入主存，再由 CPU 访问。装入时如果主存已满，则需要采取替换策略，把主存中的一页或者一段替换出去，再装入新的一页或一段。如果替换出去的页或段被修改过，则需要更新到辅存，否则不必更新。总之，虚拟存储器相当于具有由主存 M_1 和辅存 M_2（硬盘）构成的两级存储层次，其原理、查找及替换机制和 Cache - 主存层次有很多相似之处。

6.6.2 虚拟存储器的形式

虚拟存储器的主存 - 辅存之间的基本信息传送单位有 3 种，即页、段以及段页相结合，分别对应虚拟存储器的 3 种形式。

1. 页式虚拟存储器

页式虚拟存储器的虚拟空间被划分成相同大小的页，称为逻辑页；物理主存空间也分成同样大小的页，称为物理页。通常虚拟空间大于物理空间，所以逻辑页数大于物理页数。由于页的大小一般都取 2 的整数幂个字，所以页的起始点的地址低位部分为“0”。

虚拟地址分为两部分：高位部分为逻辑页号，或者叫虚页号（Virtual Page），低位部分为页内位移（或者叫页内地址）。同样，主存物理地址也分为两部分，高位部分为物理页号（Physical Page），低位部分为页内位移。由于两者的页大小相同，所以页内位移部分相同。

访存时，虚拟地址需要转换为物理地址，转换过程由保存在主存的页表来实现。操作系统给每个进程生成一个页表（Page Table），每一个虚存逻辑页在页表中都有一个页表项，每个页表项都包含该逻辑页的存放位置、有效位、修改位、替换控制位及其他保护位等信息。页表在主存的起始地址存放在页表基地址寄存器。

其中，存放位置字段用于虚拟地址到物理地址的转换。有效位用于说明该页是否已装入主存，为“1”，表示该逻辑页已经在主存，存放位置字段保存了物理页号，该物理页号与虚拟地址的页内位移拼接，得到完整的地址，访问物理主存，如图 6.62 所示。图中根据页表基址寄存器内容得到页表起始地址，再以逻辑页号为索引，找到该逻辑页在页表中的页表项，访问该页表项的存放位置字段，就可以得到相应的物理页号。如果有效位为“0”，表示虚拟页不在主存，存放位置字段保存该页在硬盘的起始地址，此时会产生页面缺失中断，进而启动输入/输出子程序，根据该页的辅存地址，从辅存（硬盘）中读出该页并送到主存。修改位说明该页是否被修改过，以决定替换时是否需要更新到硬盘。替换控制位用于说明本页的最近使用情况，结合替换策略，指出可以替换的页。

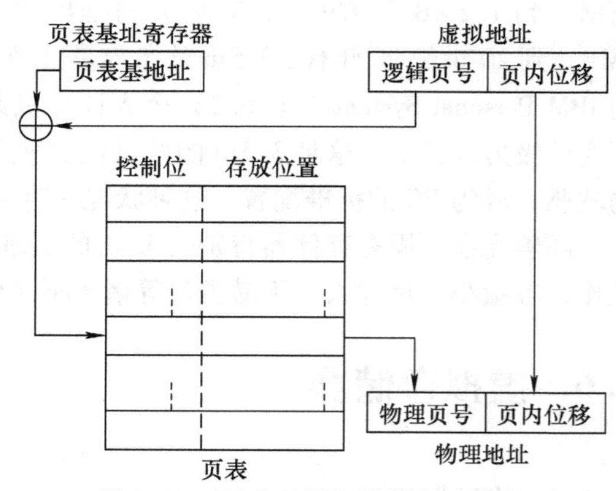

图 6.62 页式虚拟存储器地址变换

页表一般都很大，存放在主存中（有时页表本身也是按页存储的）。因此，每次访存至少要

访问两次：第一次是读取页表项，以获得所要访问信息的物理地址；第二次才是访问信息本身。如果访问的信息不在主存，而是在辅存，会从辅存调入该页，修改页表，访问次数更多。因此，虚拟存储器增加了访存次数和复杂性，计算机系统性能受影响较大。

一般采用快表（Translation Look - aside Buffer，TLB）来解决这个问题。TLB是一个专用的高速缓冲器，用于存放近期经常使用的页表项，其内容是页表部分内容的一个副本。与之相比，主存中的页表称为慢表。与Cache的项类似，TLB中的项也由两部分构成：标识和数据。数据部分存放页表项（包括页的存放位置、有效位、修改位、替换控制位及其他保护位等信息），标识部分存放对应页表项的逻辑页号。

TLB一般采用全相联映像，即页表的一项允许放置到TLB的任意一个位置。进行地址变换时，首先查TLB，将逻辑页号与TLB中的所有标识进行比较，如果有相等的就表示命中，此时读取相应TLB项的数据字段，就可以得到该页表项，并进行地址转换，得到物理地址再访问物理主存。如果比较后没有匹配的，表示TLB访问不命中，或者缺失，就需要访问慢表，读取相应的页表项，才能进行地址转换。TLB访问不命中时，还需要将访问慢表得到的页表项调入TLB，如果TLB已经装满，还需要根据替换算法进行替换。TLB也利用了局部性原理：如果访存具有局部性，则这些访存中的地址变换也具有局部性，即所使用的页表项是相对簇聚的。

2. 段式虚拟存储器

段式虚拟存储器按照程序的逻辑结构来分段。程序通常有代码段、数据段、堆栈段等，虚拟存储空间也相应划分成段来容纳程序的这些段，各段的长度视需要而定。虚拟地址由段号和段内位移组成。每个进程有一个段表，进程的每个段在表中有一个段表项，用于说明该段存放位置、段长、是否装入主存、访问权限和使用情况等。把虚拟地址变换成实主存地址，需要查询段表，段表结构示意图如图6.63所示。图中的控制位包括装入位、访问权限、使用情况等位信息。装入位为“1”表示该段已调入主存，此时读取存放位置字段可以得到物理段号，再访问物理主存；为“0”则表示该段不在主存中，对该段的访问会启动输入/输出程序，把该段从辅存调入主存。由于段的长度不定，所以段表中需要有段长度指示。如果段内地址值超过段的长度，则发生地址越界中断。段表本身也是一个段，可以驻留在辅存中，需要时再调入主存，但一般驻留在主存中。

虚拟地址向主存物理地址的变换过程如图6.64所示。段表基址寄存器保存段表在主存的起始地址，根据段表起始地址，再以逻辑段号为索引，找到该逻辑段在段表中的段表项，访问该段表项的存放位置字段和段长信息，就可以得到相应的物理段号，再与段内位移拼接得到物理地址。

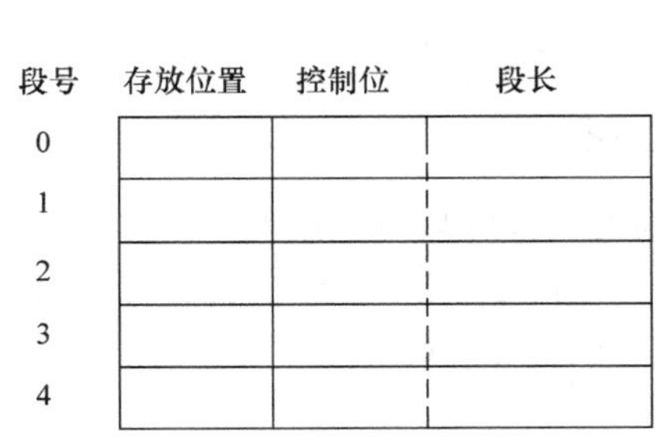

图6.63　段表结构示意图

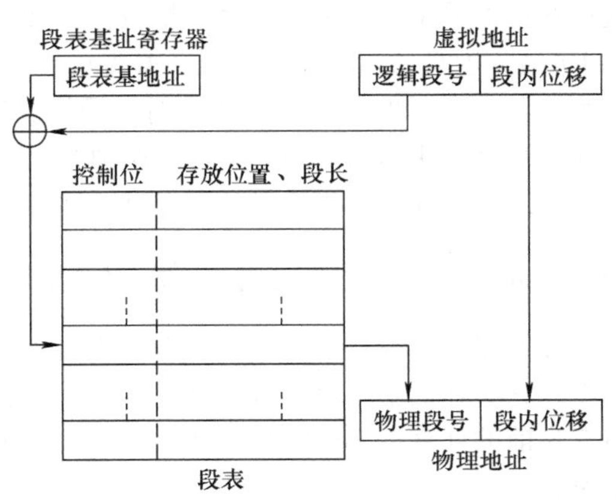

图6.64　段式虚拟存储器中的地址变换过程

3. 段页式虚拟存储器

段式虚拟存储器的优点是段的分界与程序的自然分界相同，段相对独立，易于编译、管理、修改和保护，以及多道程序共享。不足之处是因为段的长度各不相同，起点和终点不定，主存空间分配比较复杂，替换更加复杂，而且容易在段间留下零碎存储空间，造成浪费。

页式虚拟存储器的基本信息传送单位是固定长度的页，便于管理和替换，只要主存有空白页面，就可以容纳新页。主存空间利用率高，唯一可能造成浪费的是进程最后一页的剩余空间。但由于页不是逻辑上独立的单位，所以处理、保护和共享都不及段式方便。

页式和段式各有优缺点，现代计算机采用段式和页式相结合的段页式虚拟存储器，兼有两者的优点。段页式虚拟存储器先把程序按逻辑单位（如程序代码段、数据段、堆栈段、附加段）分段，每段再分成相同大小的页，主存和辅存之间以页为单位传送信息。每道程序通常由多段组成，用一个段表来管理各段，表中每段都有一项段表项，而每段可能有多页，所以每段需要一个页表来管理该段的所有页。

每道程序由一个段表和一组页表来进行两级定位管理，段表中的每一项对应一个段，每项还有属于该段的一个页表的起始地址及该段的控制保护信息，页表指明该段各页的存放位置以及有效位、修改位、替换控制位及其他保护位等。段作为独立逻辑单位，其优点得以保留，又简化了替换；而且段不必作为整体全部一次调入主存，而是可以以页面为单位部分调入。缺点是在地址转换过程中需要多次查表，访存过程更加复杂。

4. 虚拟存储器的映像方法

虚拟存储器采用全相联映像，允许辅存的一页或者一段放置到主存的任一位置。在访问虚拟存储器不命中时，需要的信息在硬盘，会启动输入/输出程序，从硬盘把页或段调入主存，时间开销非常大。采用全相联映像可以提高主存空间利用率，降低不命中的概率，进而减少访问硬盘的频率。

5. 虚拟存储器的替换算法

从辅存调入页或段进入主存时，如果主存已经全部被占用，那么就要采取适当的规则来替换主存的某一页或段以接纳新的信息。为了降低访问虚拟存储器的不命中率，几乎所有的操作系统都采用 LRU 替换算法来替换最近最少使用的页，因为这个页可能是最没有用的。为了帮助操作系统寻找 LRU 页，系统为主存中的每个页面设置了一个使用位，也称为访问位，以跟踪各页的访问情况，以便需要替换时操作系统能够选择一个最近最少使用的页。

6. 虚拟存储器的写策略

虚拟存储器采用写回策略，而不是写直达策略。因为主存的下一级是硬盘，主存访问速度是硬盘的 10^5 倍，硬盘访问时间非常长，需要几十万至上百万个时钟周期。正是由于这两者之间速度的巨大差距，在 CPU 执行存储指令时，操作数只存储到主存，而不是同时存储到硬盘。因此，虚拟存储器总是采用写回策略。另外，虚拟存储器还使用修改位（“脏”位）来跟踪主存页的使用、修改情况，保证只有修改过的主存页替换时才写回硬盘，以减少对硬盘的访问。

6.6.3　Cache－主存层次与主存－辅存层次的比较

虚拟存储器是由主存和辅存（硬盘）在系统软件和辅助硬件管理下形成的一个虚拟的存储空间，因此它实际上是主存辅存层次。Cache－主存和主存－辅存层次是常见的两种层次结构，几乎所有当前的计算机都同时具有这两种层次。从主存的角度来探讨这两个存储层次，可以得到两条结论：

第一，随着集成电路技术的不断提高，CPU 的速度提高得很快，主存的速度也在提高，但没

有这么快，导致两者速度差距越来越大。因此，为了弥补这个速度差距，现代计算机都采用 Cache 来解决这个问题，即在 CPU 和主存之间增加一级速度快但容量较小且每位价格较高的高速缓冲存储器（Cache）。借助于辅助软硬件，它与主存构成一个有机的整体，以弥补主存速度的不足，如图 6.65a 所示。

第二，主存是易失的，而且容量很有限，因此需要在主存外增加一个容量更大、每位价格更低、速度更慢并且非易失的硬盘。它们依靠辅助软硬件的作用构成一个整体，如图 6.65b 所示。主存－辅存层次常被用来实现虚拟存储器，向编程人员提供大量的程序空间。

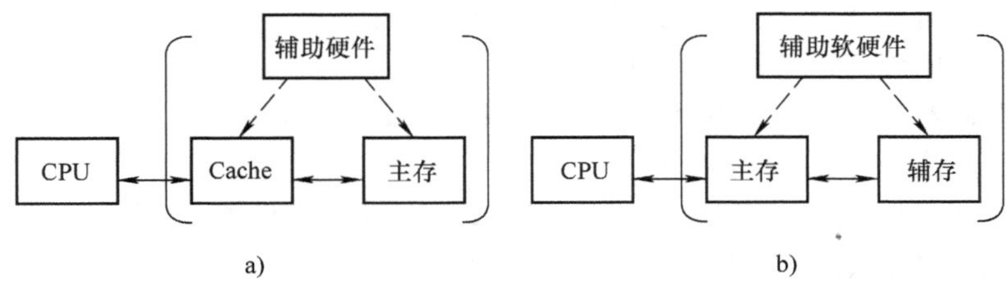

图 6.65 两种存储层次结构

a）Cache－主存层次 b）主存－辅存层次

比较主存－辅存层次和 Cache－主存层次，两者有很多相同或者类似之处，例如都采用类似的地址变换映像方法、写策略和替换策略，都基于程序局部性原理。此外还有以下相同的原则：

1）把程序中最近常用的部分驻留在高速的一级存储器中，在 Cache－主存层次中常用部分（块）驻留在 Cache，而主存－辅存层次常用部分（页）则驻留在主存。

2）把不常用部分送回到低速的下一级存储器中。

而且这种换入/换出由硬件或操作系统完成，对用户透明。

当然，3 种存储器材料、技术性能不同，存储层次的管理、实施也有差异。两个存储层次的主要区别有以下几点：

1）管理实现上，Cache－主存层次靠硬件，而主存－辅存层次主要靠软件，如操作系统。

2）访问速度差距上，Cache 访问速度是主存的 5～10 倍，而主存的访问速度大约是硬盘的 10 万倍。

3）块大小不同，Cache－主存层次的块大小一般为几十字节，而主存－辅存层次的块大小一般为几百到几千字节，所以一旦访问不命中，时间开销很大。

4）CPU 对 Cache－主存层次可以直接访问第 2 级（主存），而对主存－辅存层次不直接访问第 2 级（硬盘），而是通过主存来访问。

5）对 Cache－主存层次访问 Cache 不命中时，CPU 会等待从主存调入一块到 Cache，不会切换到其他进程；而对主存－辅存层次访问主存不命中时，CPU 不等待，而是切换到其他进程。

思考题与习题

1. 解释下列概念：

主存、辅存、Cache、RAM、SRAM、DRAM、ROM、PROM、EPROM、EEPROM、CDROM、Flash Memory、存取周期、存储器带宽、存储层次、直接映像、全相联映像、组相联映像、LRU、失效率、磁盘阵列、虚拟存储器

2. 说明存储器的存取时间与存取周期之间的联系与区别。

3. 什么是存储器的带宽？如果存储器总线宽度为 32 位，存取周期为 250ns，那么该存储器带宽为多少？

4. 单级存储器的主要矛盾是什么？通常采取什么方法来解决？

5. 指出下列存储器哪些是易失性的？哪些是非易失性的？哪些是读出破坏性的？哪些不是？DRAM、SRAM、ROM、Cache、磁盘、光盘

6. ROM 和 RAM 两者的差别是什么？

7. 某机字长 32 位，其存储容量为 4MB，若按字编址，它的寻址范围是多少？

8. 设有一个具有 24 位地址和 8 位字长的存储器，问：

（1）该存储器能够存储多少字节的信息？

（2）如果存储器由 4M×1 位的 RAM 芯片组成，需要多少片？

（3）需要多少位进行芯片选择？

9. 设某计算机采用 1K×4 位 DRAM 芯片组成 2K×8 位的存储器，请回答：

（1）设计该存储器共需要多少片 DRAM 芯片？

（2）画出芯片连接图。

10. 下面关于存储器的描述，请指出哪些是正确的，哪些是错误的：

（1）CPU 访问主存储器的时间是由存储器的容量决定的，存储容量越大，访问时间越长。

（2）因为 DRAM 进行的是破坏性读出，所以必须不断刷新。

（3）RAM 中的任何一个单元都可以随机访问。

（4）ROM 中的任何一个单元都不能随机访问。

（5）一般情况下，ROM 和 RAM 在存储器中是统一编址的。

（6）EPROM 中存储的信息，断电后会消失。

11. 某 DRAM 芯片内部的存储单元为 128×128 结构。该芯片每隔 2ms 必须刷新一次，且刷新是通过顺序地对所有 128 行的存储单元进行内部读操作和写操作实现的。设存储器周期为 500ns。求其刷新的开销（即 2ms 时间内进行刷新操作的时间所占的百分比）。

12. 设 CPU 有 16 根地址线、8 根数据线，并用 $\overline{MREQ}$ 作为访存控制信号（低电平有效），用 $\overline{WR}$ 作为读写控制信号（高电平为读，低电平为写）。现有下列存储芯片：1K×4 位 RAM、4K×8 位 RAM、8K×8 位 RAM、2K×8 位 ROM、4K×8 位 ROM、8K×8 位 ROM 及 74LS138 译码器和各种门电路，试画出 CPU 与存储器的连接图，要求：

（1）主存地址空间分配：4000H～47FFH 为系统程序区，4800H～4BFFH 为用户程序区。

（2）合理选择上述存储芯片，说明各选几片。

（3）详细画出存储芯片的片选逻辑图。

13. CPU 及其他芯片假设同上题，画出 CPU 与存储器的连接图，要求主存的地址空间满足下列条件：最低 8K 地址为系统程序区，与其相邻的 8K 地址为用户程序区，最大 8K 地址空间为系统程序工作区。详细画出存储芯片的片选逻辑并指出存储芯片的种类及片数。

14. 某 SRAM 芯片有 18 个地址引脚和 4 个数据引脚，用这种芯片为 32 位字长的处理器构成 2M×32 位的存储器，并采用模块板（把数片存储器芯片安装在一块板上，配以有关的译码逻辑电路，形成存储模块，即为模块板）结构。问：

（1）若每个模块板为 512K×32 位，共需要几块板？

（2）每块板内共需要多少片这样的芯片？

（3）所构成的存储器需要多少片这样的芯片？

（4）共需要多少位地址线？各完成什么功能？

15. 在存储层次中应解决哪4个问题？

16. 地址映像方法有哪几种？它们各有什么优缺点？

17. 存储系统采用层次结构的目的是什么？实现存储器层次结构的先决条件是什么？

18. 假定主存地址32位，按字节编址，主存块大小为32B，Cache存储体能存放4K个主存块，求相联度分别为1、2、4和全相联方式下Cache标识总共有多少位。

19. 见表6.2，假设直接映像Cache有128块，块大小32B，访存地址32位，数据表见表6.2回答下列问题：

（1）Cache的标识位、索引位和块内位移各多少位？

（2）假设每个Cache项有一位有效位，Cache的所有有效位和标识位总共是多少位？

（3）假设CPU依次访问下列地址，并假设CPU首次访问一块时Cache没有缓存该块，因而会导致缺失（不命中），进而从主存把该块调入Cache，求各地址对应的块内位移、索引和标识，并指出每个地址访存时是否在Cache中命中。

表6.2 题19数据表

地址（32位）	块内位移	索引	标识	是否命中
0…00100111000100000				
0…00100111000100100				
0…00100111000101000				
0…00100111000110000				
0…00101111000101100				
0…00101111000110000				
0…00101111000110100				
0…00101111000111000				

20. 假设CPU时钟周期为2ns，执行一段有2000条指令的程序，每条指令执行一次，其中10条指令取指令时访问Cache缺失，需要从主存调入指令块到Cache，其余指令访问Cache命中。指令执行过程中，总共访问操作数为6000次，其中25次访问Cache缺失，同样需要从主存调入数据块到Cache，其余操作数访问Cache命中。求：

（1）Cache命中率H。

（2）设Cache存取周期为一个CPU时钟周期，缺失开销为6个时钟周期，求CPU访存的平均访问时间。

21. 假设硬盘以恒定速度10000r/min（rotations per minute）旋转，磁盘平均旋转半圈，盘上的数据才能旋转到磁头下被读写，盘上的数据旋转到磁头下的平均时间是多少？

22. 欲将“10011101”写入磁表面存储器中，分别画出归零制、不归零制、见“1”就翻不归零制（NRZ_1）、调相制（PM）、调频制（FM）和改进调频制（MFM）的写入电流波形。

23. 在虚拟存储器中，物理空间和逻辑空间有何联系及区别？

24. 设主存容量为4MB，虚拟存储器容量为1GB，则虚拟地址和物理地址各为多少位？根据寻址方式计算出来的有效地址是虚拟地址还是物理地址？

25. 设虚拟存储器有16页，每页1024个字，物理主存有8页，采用页表进行地址转换，页表的前8项见表6.3。

表 6.3　题 25 数据表 1

实页号	有效位	实页号	有效位
6	1	2	1
4	1	1	0
2	0	1	1
5	0	0	1

（1）列出会发生页面缺失的全部虚页号。

（2）计算以下虚地址对应的物理主存地址，结果填入表 6.4。

表 6.4　题 25 数据表 2

虚拟地址	虚页号（二进制）	有效位	实页号（十进制）	物理地址
00000000000000				
00001111111111				
00010000000000				
00111111011000				
01001110011110				
01011110010001				
01101101110111				
01111010101110				

26. 简述 Cache－主存和主存－辅存层次的区别。

第 7 章　I/O　系　统

在计算机中，除了 CPU 和存储器两大模块外，第三大模块就是输入/输出（I/O）系统。输入/输出系统是整个计算机系统中最具有多样性和复杂性的部分。

7.1　I/O 系统概述

计算机的 I/O 系统，主要用于解决主机与外部设备间的信息通信，提供信息通路，使外部设备与主机能够协调一致地工作。

7.1.1　I/O 系统的组成

输入/输出系统由 I/O 硬件和 I/O 软件两部分组成。

1. I/O 硬件

输入/输出系统中的 I/O 硬件包括系统总线、I/O 接口、I/O 设备及设备控制器。

系统总线是指 CPU、主存、I/O 设备（通过 I/O 接口）各大部件之间的信息传输线。按传输信息的不同，又可分为数据总线、地址总线和控制总线 3 类。

I/O 接口通常是指主机与 I/O 设备之间设置的一个硬件电路及其相应的控制软件。

I/O 设备是指计算机系统除主机外的大部分硬件设备，I/O 设备又称为外部设备或外围设备，简称外设。计算机主机通过 I/O 设备和外部世界打交道。最常用的 I/O 设备有键盘、鼠标、显示器、打印机等。

设备控制器用来控制 I/O 设备的具体动作，不同的 I/O 设备需要完成的控制功能不同。

2. I/O 软件

输入/输出系统中的 I/O 软件包括用户 I/O 程序、设备驱动程序、设备控制程序。

用户 I/O 程序是指用户利用操作系统提供的调用界面编写的具体 I/O 设备的输入/输出程序。例如，用户编写的用打印机输出文本的程序。

设备驱动程序是一种可以使计算机和设备通信的特殊程序。可以说相当于硬件的接口，操作系统只有通过这个接口，才能控制硬件设备的工作，假如某设备的驱动程序未能正确安装，便不能正常工作。在操作系统中，包含了若干个 I/O 设备驱动程序，操作系统还负责提供安装这些驱动程序的接口，为系统扩充新的 I/O 设备提供了方便。

设备控制程序就是驱动程序中具体对设备进行控制的程序。设备控制程序通过接口控制逻辑电路，发出控制命令字。命令字代码各位表达了要求 I/O 设备执行操作的控制代码，由硬件逻辑解释执行，发出控制外设的信号。

7.1.2　设计 I/O 系统应考虑的 3 个要素

设计 I/O 系统应该考虑如下 3 个要素。

1）数据定位：设备选择，找到设备中数据的地址。

I/O 系统必须能够根据主机提出的要求进行设备的选择，并按照数据在设备中的地址找到相应的数据。I/O 设备的数据定位完全不同于主存，主存中的存储单元地址由一个无符号整数指定，而对于 I/O 设备，需要指定一个设备，根据设备类型的不同，指定地址的方式也会不同，如磁盘，必须要指定磁盘面号、磁道号及扇区号。

2）数据传输：传送数据的数量、速率及方向。

I/O 系统必须对数据传送的数量、速率及方向进行控制。CPU 和内存之间一次能传输一个字节、半字、字及双字，而 I/O 设备一次可以传输 1bit（鼠标按下）~4096B（一个磁盘数据块）。I/O 设备的数据传输速率依赖于机械部件的移动速度。例如，打印机的速度要依赖于打印头的机械移动速度；键盘的速度要依赖于人类按键的速度；磁盘的速度要依赖于磁头移动的速度及盘片旋转的速度。数据传输的方向相对于 CPU 分为输入和输出两个方向。

3）同步：仅当设备准备好时输出数据；当数据可用时输入数据。

I/O 系统必须保证主机与外设间的同步，或称为协调工作。只有当设备准备好接收数据时，CPU 才能将数据输出给设备，否则设备来不及响应，就会造成数据的丢失。同样，在输入时，只有当设备已经将数据准备好时，CPU 才能做输入操作，将数据输入 CPU 的寄存器中。

7.1.3　主机与 I/O 设备间的连接方式

主机与 I/O 设备间的连接方式主要有总线型方式、通道方式及 I/O 处理机方式。

1. 总线型方式

CPU 通过系统总线与主存储器、I/O 接口电路相连接，通过 I/O 接口电路进一步实现对外设的控制。系统总线可分为地址总线、数据总线和控制总线三大类，分别用于传送地址信号、数据信号和控制信号（如读/写信号、中断申请及应答信号等）。

如果计算机系统只采用一组系统总线，称为单总线结构。当然还有多总线结构的系统，主要是为了提高系统的数据传输效率。总线型方式是主机与 I/O 设备间连接的最基本的方式，目前微机系统中广泛采用这种方式。

总线连接的优点：结构简单、标准化、I/O 接口扩充方便。

总线连接的缺点：系统中部件之间的信息交换均依赖于总线，总线成为系统中的速度瓶颈，因而对于配置大量外设的系统不适合。

2. 通道方式

输入/输出通道是一个独立于 CPU 的、专门管理 I/O 的处理机，它控制设备与主存直接进行数据交换。它有自己的通道指令，这些通道指令由 CPU 启动，并在操作结束时向 CPU 发出中断信号。在通道方式中，数据的传送方向、存放数据的内存起始地址，以及传送的数据块长度等都由通道来进行控制。

另外，通道方式可以做到一个通道控制多台设备与主存进行数据交换。因而，通道方式进一步减轻了 CPU 的工作负担，增加了计算机系统的并行工作程度。通道方式主要用于大型机（Mainframe）系统中，一般用在所连接外设数量多、类型多，以及速度差异大的系统中。

按照信息交换方式和所连接设备种类的不同，通道可以分为 3 种类型：字节多路通道、选择通道和成组多路通道。

3. I/O 处理机方式

I/O 处理机是通道的进一步发展，它独立于主机工作，在结构上接近于一般的处理机，但其专用性更适于 I/O 处理。在一个系统中可设置多台 I/O 处理机，分别承担 I/O 控制、通信、维护诊断等任务，形式上类似于一个多机系统。

I/O 处理机有自己的指令系统，可编写完整的 I/O 管理程序和预处理程序。

I/O 处理机方式与通道方式相比，基本上把原来 CPU 管理 I/O 的这部分功能全部接管过来

了，这样使得 I/O 处理与 CPU 的操作完全并行起来。

通用 CPU 可用作 I/O 处理机，在大型机和巨型机中，也可将完整的计算机作为 I/O 处理机使用，称为前端处理机或外围处理机。例如，在巨型机 CRAY－1 中，用超级小型机 VAX－11/780 作为前端处理机。

7.2　I/O 接口

I/O 接口通常是指主机与 I/O 设备之间设置的一个硬件电路。它用于在系统总线和外设之间传输信号，并起缓冲作用，以满足接口两边的时序要求。

7.2.1　I/O 接口的功能和组成

1. I/O 接口的功能

由于外设的多样性和复杂性，因此不同的外设接口其功能不尽相同。但一般讲，（I/O）接口应具备如下的基本功能。

1）识别设备地址，选择指定设备。

通常，一个计算机系统中有许多 I/O 设备，相应地就有许多 I/O 接口，而每一个 I/O 接口中还有多个寄存器，CPU 和 I/O 设备间的信息传递都要使用这些寄存器。那么，CPU 如何来选中某一个接口及相应的寄存器，这就要求接口必须具备选址功能，能够对地址总线上传来的设备地址信息进行译码，从而选中相应的寄存器。

2）传送控制命令及返回状态信息。

CPU 和 I/O 设备之间为了协调工作，CPU 必须给 I/O 设备发送控制命令，CPU 还必须知道 I/O设备的工作状态。也就是说，I/O 设备必须把设备的状态信息反映给 CPU，这样就要求接口必须具备传送控制命令及返回状态信息的功能。

3）数据传送和数据缓冲。

由于主机和 I/O 设备间要进行数据的输入/输出，因此接口必须具备数据传送功能。另外，由于主机和外设在速度上是不匹配的，这就要求接口必须具备数据缓冲的功能，用于数据的暂存，以免因速度不一致而造成数据的丢失。

4）数据格式转换。

由于外设的数据格式与主机的数据格式不同，这就要求接口具备主机与外设交换数据的格式转换功能，如正负逻辑的转换、串－并转换、并－串转换、数/模转换或模/数转换等。

5）其他功能。

I/O 接口除了以上功能外，还应具备检错纠错功能、中断功能、DMA 功能、时序控制功能等。

2. I/O 接口的组成

通过上面对 I/O 接口功能的分析可以知道，完成什么样的功能就应该具备什么样的功能部件，可以归纳如下：

由于 I/O 接口具有识别设备地址、选择指定设备的功能，那么就应该具有相应的设备选择电路。

由于 I/O 接口具有传输控制命令及返回状态信息的功能，那么就必须有相应的寄存器来保存这些信息，即需要有控制命令寄存器及状态寄存器，还必须要有控制命令的译码器。

由于 I/O 接口具有数据传送及数据缓冲的功能，那么就必须有相应的数据缓冲寄存器。

由于I/O接口具有数据格式转换功能，那么就必须有相应的控制电路。

对于检错、纠错、中断、DMA、时序控制等，需要有相应的控制逻辑及寄存器。

根据以上归纳，现画出I/O接口的基本组成框图，如图7.1所示。

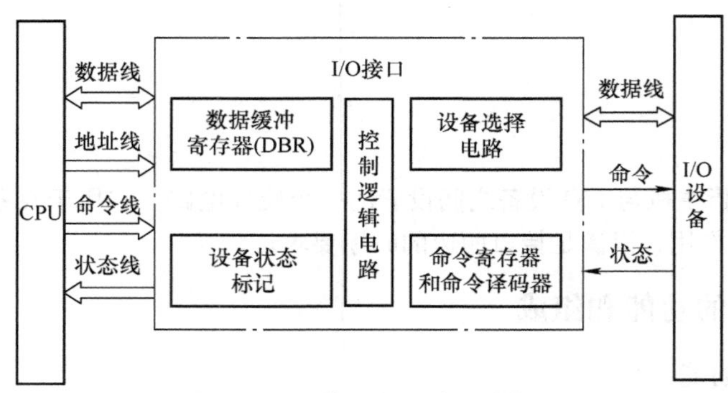

图7.1　I/O接口的基本组成框图

7.2.2　I/O端口的编址方式

为了能在众多的外设中寻找或挑选出需要与主机进行信息交换的设备，就必须对外设进行编址。对外设的编址就涉及端口的概念及端口的编址方式。

1. 端口的概念

从I/O接口的基本组成可以看出，I/O接口中包含命令寄存器、数据缓冲寄存器及状态标记寄存器等多种寄存器。CPU与I/O设备之间的通信实际上是通过这些寄存器进行的，这样CPU对接口的访问实际上就变成了对这些寄存器的访问。要访问到接口中的寄存器，就必须对这些寄存器进行编址。

接口中的这些寄存器还称为端口，相应的，命令寄存器就称为命令端口，数据缓冲寄存器就称为数据端口，状态标记寄存器就称为状态端口。在计算机系统中，这些端口都有相应的地址供访问。

2. I/O端口的编址方式

I/O端口的编址方式有两种：一种是独立编址方式，也称为专用的I/O端口编址方式；另一种是存储器映射编址方式，也称为统一编址方式。下面分别讲述这两种方式。

（1）独立编址方式（专用I/O端口编址方式）

这种编址方式的特点是I/O端口和存储器在两个独立的地址空间中进行编址，其I/O总线结构如图7.2所示。I/O端口的读/写操作由专用的控制信号（如IOR和IOW）来实现，在指令系统中需要有专用的I/O指令（如IN指令和OUT指令）实现对I/O端口的访问。

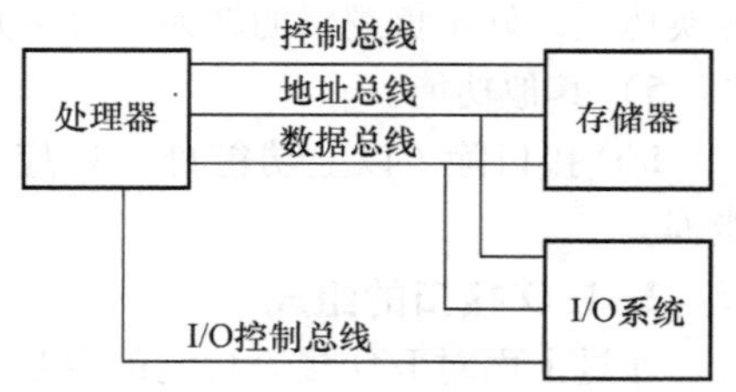

图7.2　独立编址方式的I/O总线结构

独立编址方式的优点：I/O端口具有独立的地址空间，不占用内存空间；存储器与I/O端口的操作指令不同，程序比较清晰；I/O端口的地址码较短，译码电路比较简单，也可以节省指令存储空间和指令执行时间；存储器和I/O端口的控制相互独立，可以分别设计。

独立编址方式的缺点：需要有专用的I/O指令，而且这些I/O指令的功能一般不如访问存储器的指令丰富，设计程序不够方便。

(2) 存储器映射编址方式（统一编址方式）

这种编址方式的特点是 I/O 端口和存储器共用统一的地址空间，一旦地址空间分配给 I/O 端口，存储器就不能再占有这一部分的地址空间，其 I/O 总线结构如图 7.3 所示。在这种方式下，I/O 端口的读/写操作同样由访存的控制信号（如 MEMR 和 MEMW）来实现，所有访问存储器的指令（包括数据传送指令、算术逻辑运算指令）都可以用于访问 I/O 端口。

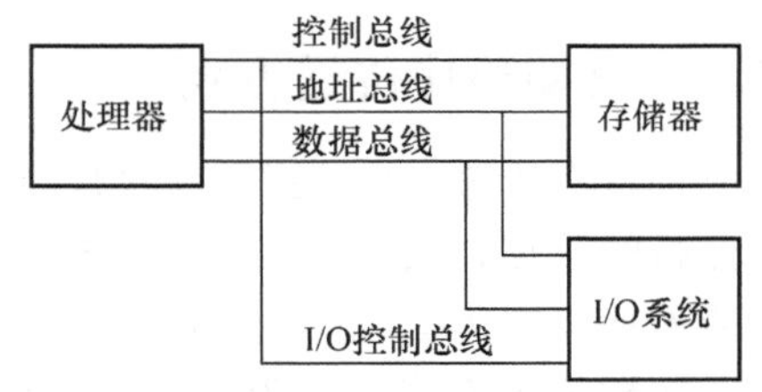

图 7.3　存储器映射编址方式的 I/O 总线结构

存储器映射编址方式的优点：CPU 可使用所有的存储器操作指令对 I/O 端口中的数据进行操作，十分灵活和方便；不需要用专门的指令及控制信号区分是存储器还是 I/O 操作，使得系统相对简单。

存储器映射编址方式的缺点：I/O 端口占用了内存单元的部分地址空间，使内存容量减小。

由于在程序中不易分清指令访问的是存储器还是 I/O 端口，所以采用这种方式编写的程序不易阅读；访问 I/O 端口和访问内存一样，由于访问内存时的地址长，指令的机器码也长，因此执行时间明显增加。

7.2.3　接口的分类

I/O 接口可以按照多种不同的方式进行分类。

1. 按通用性分类

按通用性可以将 I/O 接口分为通用接口与专用接口。通用接口是可供多种外部设备使用的标准接口，它可以连接各种不同的外设，而不必增加附加电路，如 Intel 8255、Intel 8212 等。专用接口是为某种用途或某类外设专门设计的接口电路，如 Intel 8279 键盘/显示器接口、Intel 8275 CRT 控制器接口、Intel 8237 DMA 控制器接口等。

2. 按可编程性分类

按可编程性可以将 I/O 接口分为可编程接口和不可编程接口。可编程接口是指在不改动硬件的情况下，用户只要修改初始化程序就可以改变接口的工作方式，大大增加了接口的灵活性和可扩充性，如 Intel 8255、Intel 8251 等。不可编程接口不能由程序改变其工作方式，但可通过硬连线逻辑来实现不同的功能，如 Intel 8212。

3. 按数据传送方式分类

按数据传送方式可以将 I/O 接口分为并行 I/O 接口和串行 I/O 接口。并行 I/O 接口与外设的数据传送按字长来进行（即 8 位或 16 位二进制数同时传送），如 Intel 8255。串行接口与外设的数据传送是一位一位地传送，如 Intel 8251。

4. 按数据传送的控制方式分类

按数据传送的控制方式可以将 I/O 接口分为程序型接口和 DMA 型接口。程序型接口用于连接慢速外部设备，如显示终端、键盘、打印机等。程序型接口通常采用程序中断方式实现主机与外设间的信息交换，Intel 8259 就是这种类型的接口芯片。DMA 型接口用于连接高速外部设备，如磁盘等，Intel 8257 就是这种类型的接口芯片。

7.3　直接程序控制方式

直接程序控制方式是指 CPU 直接利用 I/O 指令编程，实现数据的输入/输出。直接程序控制方式有两种传送方式：立即程序传送方式和程序查询方式。

7.3.1　立即程序传送方式

立即程序传送方式是指I/O接口总是准备好接收来自主机的数据，或准备随时向主机输入数据，CPU无须查看接口的状态，就可以执行I/O指令进行数据传送。这种传送方式又称为无条件传送或同步传送。立即程序传送方式接口框图如图7.4所示。

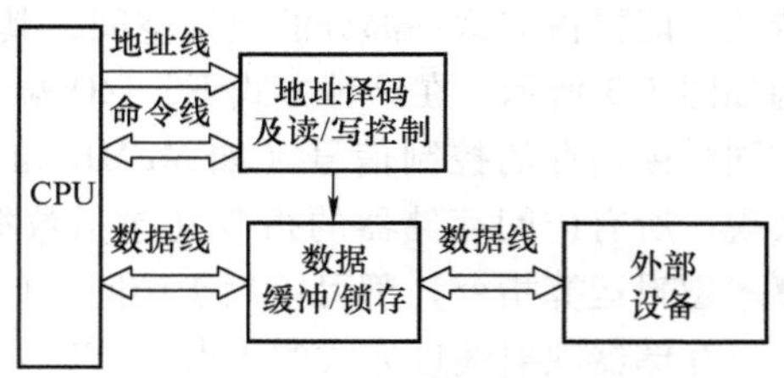

图7.4　立即程序传送方式接口框图

立即程序传送方式的操作步骤一般如下。

1）CPU把一个设备地址送到地址总线上，经地址译码电路选中一台特定的设备。

2）若为输出操作，则CPU向数据线送出数据并通过命令线发出写命令，数据通过数据线写入外设接口的数据缓冲寄存器。若为输入操作，则CPU发出读命令，通过数据线将数据缓冲区中的数据读入CPU中的寄存器。

立即程序传送方式一般适合于对采样点的定时采样或对控制点的定时控制等场合。例如，CPU直接送数据给信号灯、D/A转换器、控制电动机等，直接读取开关状态，启动高速A/D转换器后立即取回结果等。

7.3.2　程序查询方式

程序查询方式是指CPU在进行输入/输出操作之前，先查询外设的状态，只有当外设准备就绪时，才进行数据传送。这种传送方式也称为条件传送方式。

当有关操作的时间未知或不定时，往往采用程序查询方式。例如，用户按键的时间、打印机接收数据的时间等都是不确定的。

1. 程序查询方式接口电路举例

下面举一个打印机或CRT终端输出接口的例子，字符输出接口框图如图7.5所示。

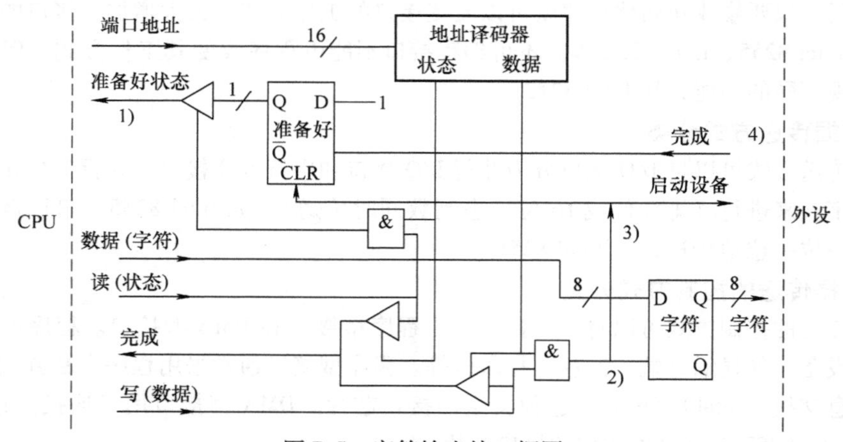

图7.5　字符输出接口框图

这个输出接口的工作过程如下。

1）CPU通过执行输入指令读取“准备好状态”。首先CPU会将相应的端口地址通过地址线送至各设备的地址译码器，只有地址相符的设备的状态线才能被激活。同时，CPU通过读状态控

制线送读信号，读信号与地址译码器输出的状态线相与后开启“准备好”触发器的三态门，读出“准备好状态”。若打印机未准备好，CPU只能等待，继续读取“准备好状态”，直至这个“准备好状态”为1时才进入第2）步。

2）CPU通过执行输出指令将一个字符送至数据寄存器（字符）。首先CPU将数据寄存器的端口地址送至地址译码器以激活相应的数据状态线，然后CPU将要输出的字符放在数据总线上，并且发出写控制信号，写信号与地址译码器输出的数据状态线相与后将输出字符送入数据寄存器（字符）。

3）由写信号与地址译码器输出的数据状态线相与后的信号启动打印机以打印该字符，同时清除“准备好”触发器。

4）打印机打印完一个字符后，发出“完成”信号，置“准备好”触发器为“1”，表示打印机可以接收下一个字符。

2. 程序查询方式接口设备驱动程序流程

设备驱动程序用来管理CPU和外设间数据与控制信息的通信，它可进行数据初始化、控制数据传输、可进行结束数据传输及处理意外事件（如缺纸、未准备好等）。设备驱动程序也称为设备处理程序。

图7.6是程序查询方式接口设备驱动程序流程图。

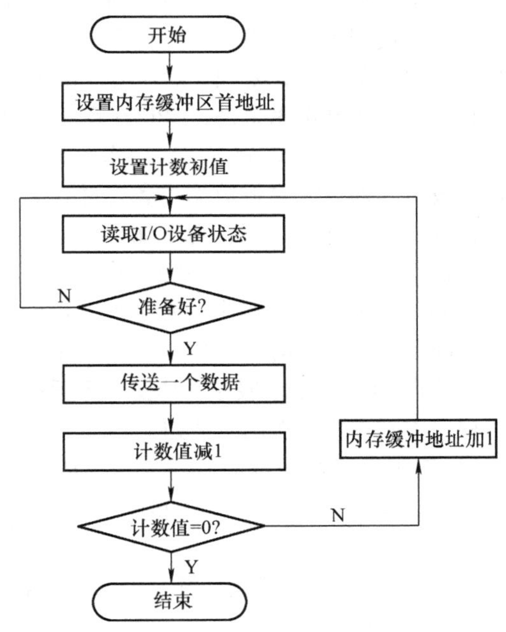

图7.6 程序查询方式接口设备驱动程序流程图

程序查询方式接口设备驱动程序流程的各步骤解释如下。

1）设置要传送的数据在内存缓冲区中的首地址。

2）设置计数初值，用来控制程序的循环，也代表了要传送这一批数据的多少。

3）执行一条读状态寄存器的指令，读取设备的准备状态。

4）若设备准备好，就进入5），否则转到3）。对于输入设备，准备好表示输入设备已经把数据放入输入缓冲寄存器，输入缓冲区满；对于输出设备，准备好表示输出设备已经从输出缓冲寄存器中取走了数据，输出缓冲区空。

5）传送一个数据。对于输入设备，CPU通过执行一条输入指令将数据从输入缓冲寄存器中取走，并清除缓冲区满的状态；对于输出设备，CPU通过执行一条输出指令将数据写入输出缓冲寄存器，并清除缓冲区空状态。

6）计数值减1，表示完成了一个数据的传送，需要继续传送的数据减少了一个。

7）若计数值为0，表示所有数据已经传送结束，结束传送过程，否则进入第8）步。

8）内存缓冲地址加1，将地址指向下一个要传送的数据，转入3）。

7.3.3 直接程序控制方式适用的场合及缺点

直接程序控制方式适用于如下场合：

1）CPU 速度不高。

2）CPU 工作效率问题不是很重要。

3）需要调试或诊断 I/O 接口及设备的时候。

直接程序控制方式的缺点如下：

1）CPU 与外部设备无法并行工作，CPU 效率很低。

2）无法发现和处理异常情况，不能响应来自外部的随机请求。

7.4　程序中断方式

在程序查询方式中，当 CPU 要和外设传送数据时，必须通过反复执行读状态寄存器的指令查看外设是否准备好，只有当外设准备好时才能传送数据，这个“踏步”过程浪费了 CPU 大量的宝贵时间。那么 CPU 能否不用浪费这么多时间并且还能了解设备的状态呢？回答是肯定的。这一节讲述的程序中断方式就能解决这个问题。

7.4.1　程序中断方式的基本思想和作用

为了消除程序查询方式中的“踏步”现象，提高 CPU 的工作效率，从 20 世纪 50 年代开始，在计算机中使用了程序中断这一技术。程序中断是指 CPU 暂时中止现行程序的执行，转去处理随机发生的紧急事件，处理完后自动返回被中止的程序以继续执行的功能和技术。

程序中断的基本思想是，CPU 在程序中的某一时刻启动某一外设后，CPU 继续执行原来的程序，这时外设在为 CPU 的下一次操作做准备（对于输入设备，外设需要将数据准备好并送入接口中的输入数据缓冲寄存器；对于输出设备，外设需要从接口中的输出数据缓冲寄存器中将数据取走），CPU 和外设在这段时间是并行工作的，一旦外设准备好，便主动向 CPU 发出一个中断请求信号，请求 CPU 为自己服务，如图 7.7 所示。

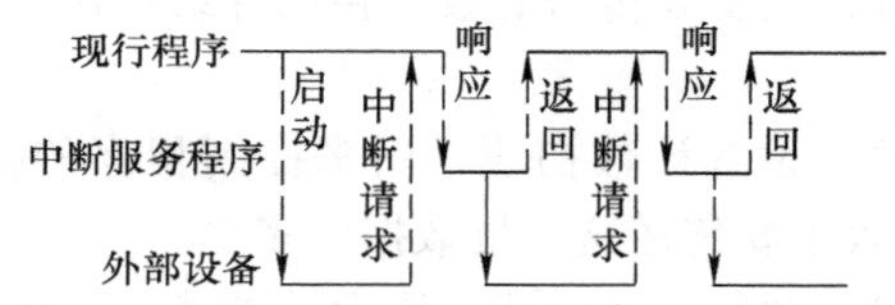

图 7.7　程序中断方式示意图

程序中断方式的作用归纳如下。

1）实现主机和外设的并行工作。从图 7.7 中可以看出，外设在做准备时，CPU 返回现行程序执行，这一段时间，CPU 和外设的工作是并行的，从而消除了程序查询方式的“踏步”现象。

2）处理故障。计算机运行过程中，如果系统发生某些故障，机器中的中断系统会发出中断请求，CPU 响应后会处理这些故障。

3）实现多道程序和分时操作。现代计算机一般都能运行多道程序，多道程序间的切换需借助中断系统。例如，为每道程序分配一个固定的时间片，利用时钟定时发出中断的方法来进行程序切换。

4）实时控制。实时控制中的实时指的是及时的意思。例如，在某个计算机过程控制系统中，对压力、温度等参数进行控制必须及时，否则温度过高或过低、压力过大或过小都可能给生产过程带来无法挽回的损失。由于这些参数值的变化是随机的，程序本身不能预见，因此必须采用程序中断技术。

5）实现人机联系。例如，用户要通过键盘、鼠标等输入设备给计算机系统输入临时命令、回答计算机的询问、了解系统的运行情况等，这些都属于人机联系的内容，通常都采用中断的方

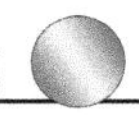

法来实现。

7.4.2 I/O 接口中的中断逻辑及中断驱动程序流程

1. I/O 接口中的中断逻辑

图 7.8 所示为一个 I/O 接口中的中断逻辑电路。

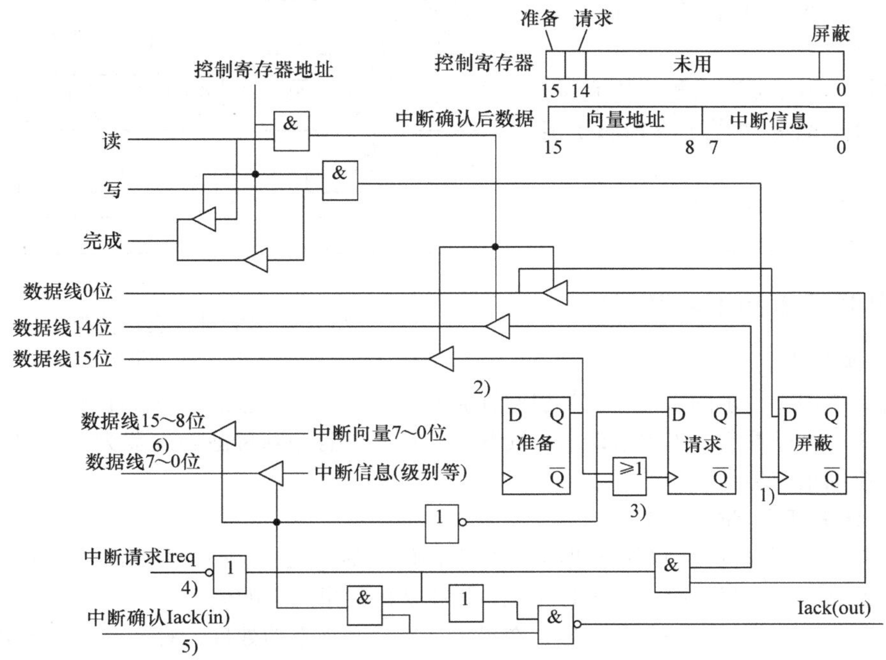

图 7.8 I/O 接口中的中断逻辑电路

图 7.8 中未画出向量地址形成电路、地址译码电路、数据传输电路及准备信号的设置部分电路，除了向量地址形成电路外，其他几部分同程序查询相似。

下面叙述 I/O 接口中的中断逻辑操作过程。

1）首先设备驱动程序初始化接口中的控制寄存器，将中断服务程序入口地址送入中断向量地址单元，通过开中断置中断允许触发器为“1”，启动相应的外部设备以做准备，然后 CPU 返回原程序继续执行。

2）当外部设备准备好后，将准备触发器置“1”。

3）由“准备好”信号将中断确认（此时为“0”）反相后的信号送入中断请求触发器，将中断请求触发器置“1”。

4）中断请求触发器的输出和中断允许触发器的输出相与后，向 CPU 发出中断请求 Ireq 信号。

5）CPU 在每一条指令执行结束后都查询中断请求信号，若有中断请求，则发出中断响应 Iack 信号。

6）中断响应信号经过中断判优电路传至指定接口，和中断请求信号相与后，打开两个三态门，将中断向量地址及中断信息通过数据总线送 CPU。

7）CPU 进入中断周期，执行中断隐指令（这部分电路图中未画出），将程序断点进栈、关中断、向量地址送 PC。

2. 中断驱动程序流程

中断驱动程序分为两部分。第一部分是初始化子程序，主要工作是通过设置控制寄存器初始化设备、数据缓冲区、完成标志，还要开中断。第二部分是中断服务程序，主要工作是完成中断请求所要求的任务。

图7.9所示为中断驱动程序的流程。

说明：此中断驱动程序流程属于多重中断的流程。若是单重中断，将“开中断”移至“恢复现场”操作之后，“中断返回”操作之前即可。

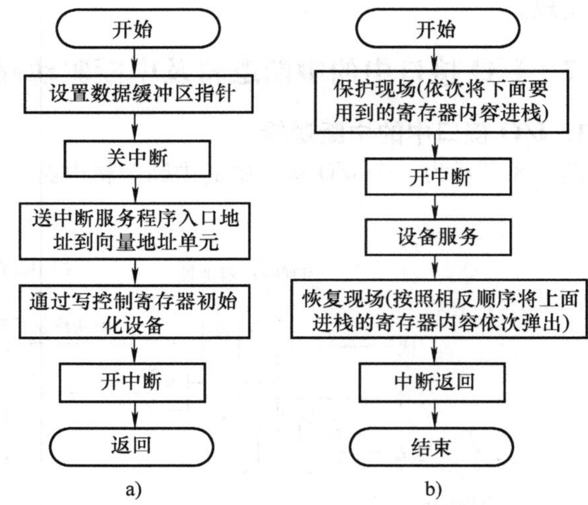

图7.9 中断驱动程序流程

a）初始化子程序 b）中断服务程序

7.4.3 中断请求和中断判优

1. 中断源与中断请求

中断源是指中断请求的来源，它是引起计算机中断的事件。通常，一台计算机有许多个中断源。从图7.8中可以看到，当中断请求触发器为“1”，并且中断屏蔽触发器为“0”时，该设备就可以发出中断请求信号给CPU。

2. 中断优先级和判优方法

当多个中断源同时发出中断请求时，CPU在任何时刻只能响应一个中断源的请求，这就要求对每个中断源安排一个优先级，并进行排队，按排队的结果进行响应。

确定中断优先级有一定的原则，通常在提出请求后必须立即处理，对于会造成严重后果的中断源给予最高的优先级，而对于提出请求后允许延缓处理的中断源给予较低的优先级。

中断判优的方法有两种，一种是硬件判优，另一种是软件判优。

（1）硬件判优

采用硬件判优速度快，但与软件判优相比成本高。硬件判优又分为两种。一种是将判优电路分散在各个接口中，每个接口中都设有一个非门和一个与门，如图7.8中的“中断确认Iack(in)”和“Iack（out)”信号所连接的电路所示，它们犹如链条一样串接起来。另一种是排队器集中设在CPU内，如图7.10所示。

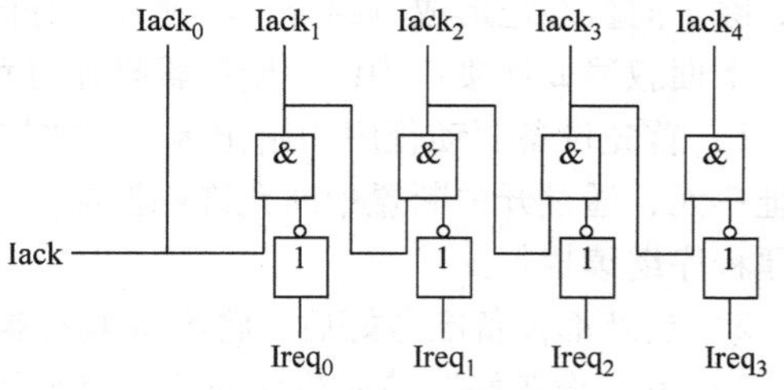

图7.10 排队器集中设在CPU内

另外，在中断源较多的系统中，属于同一类的多个外部设备往往有同样的优先级，这样可以按优先级将设备分为多个组。将优先级相同的设备分在同一组，通过逻辑或的方法共用一根请求线，不同优先级的组有不同的请求线。将同一组设备接口串接起来，中断源分组请求排队如图7.11所示。

（2）软件判优

所谓软件判优，是指用查询程序来实现判优，其流程如图7.12所示。查询程序按照中断源的优先级从高到低逐级进行查询，首先查询到有请求的就可首先获得服务。

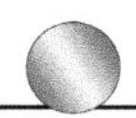

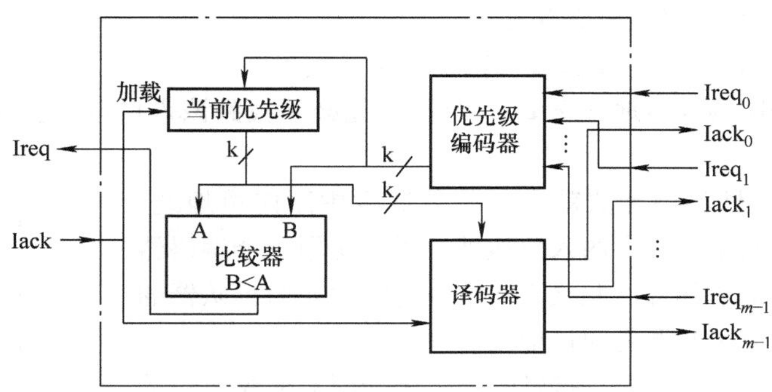

图 7.11　中断源分组请求排队

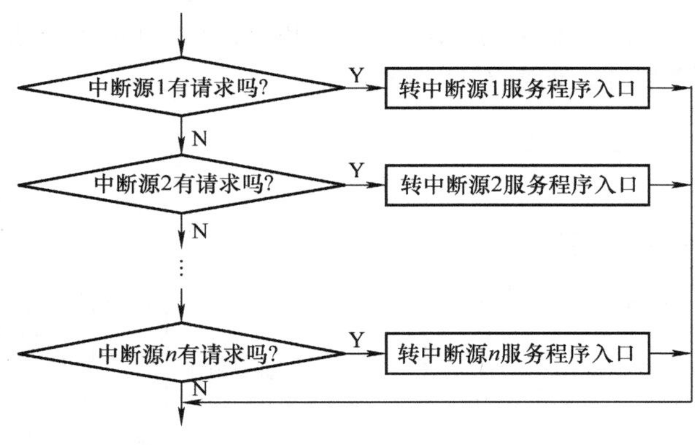

图 7.12　软件判优流程

7.4.4　中断响应

1. CPU 响应中断的条件

CPU 响应中断的条件是中断允许触发器为“1”。这个中断允许触发器可以通过 CPU 执行一条开中断指令设置，或者用关中断指令清零。从图 7.8 中可以看到，当中断请求触发器的值为“1”时，只有当中断允许触发器的值也为“1”时，才能提出中断请求。

2. CPU 响应中断的时间

CPU 总是在每条指令结束后响应中断源的请求，当然不同指令的执行时间差别较大，简单指令需要的执行时间较短，而复杂指令却需要很长的执行时间，这样如果固定地在每条指令的结束后响应中断，就可能会由于有些中断源不能及时响应而出现差错。为了解决这个问题，可以在指令的执行过程中设置几个查询点来查询中断请求信号。

3. 中断周期

CPU 响应中断后，即进入中断周期。在中断周期内，CPU 通过执行一条中断隐指令自动完成一系列操作。所谓中断隐指令，是指在机器指令系统中没有的指令，它是 CPU 在中断周期内由硬件自动完成的指令。

在中断周期中可完成以下任务。

（1）保护程序断点

将当前程序执行的断点（PC 的值）保存起来，既可以保存在特定的内存单元（如 0 地址单元)，也可以通过将其压入堆栈中保存起来。

(2) 将中断服务程序的入口地址送 PC

要将中断服务程序的入口地址送 PC，CPU 首先必须找到该入口地址。寻找中断服务程序入口地址的方法有两种。

1) 硬件向量法。硬件向量法就是用硬件产生中断向量地址，再由向量地址找到中断服务程序的入口地址。通常使用一个编码器电路来作为向量地址形成部件（见图 7.13）。它的输入为排队器的输出，它的输出为相应中断源的向量地址。

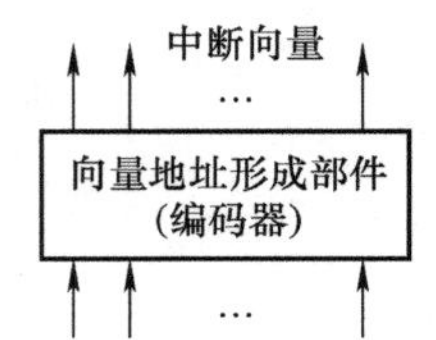

图 7.13　向量地址形成部件

向量地址单元可以存放一条直接转入指定中断服务程序入口的无条件转移指令，这样只要将向量地址送 PC 就可以自动转入相应的中断服务程序，如图 7.14 所示。向量地址单元也可以存放相应中断源服务程序的入口地址，这称为向量地址表。CPU 可以通过将向量地址单元的内容送入 PC 的方法转入相应中断服务程序，如图 7.15 所示。

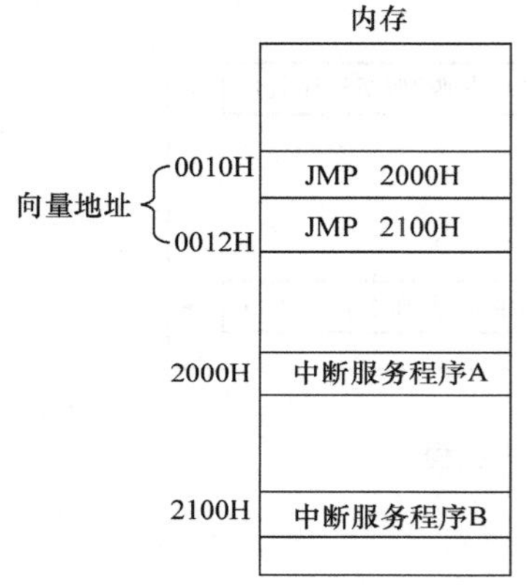

图 7.14　通过向量地址寻址入口方式 1

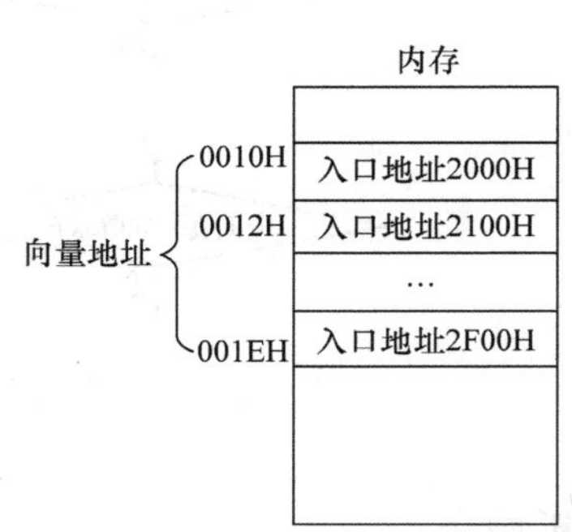

图 7.15　通过向量地址寻址入口方式 2

2) 软件查询法。软件查询法是通过执行软件来寻找中断服务程序入口地址并转入中断服务程序执行的方法。这种方法方便、灵活，硬件极简单，但效率比较低。

7.4.5　多重中断与中断屏蔽

1. 多重中断

当 CPU 正在执行一个中断源的中断服务程序时，又被另一个中断请求中断，这时 CPU 不得不暂停正在执行的中断服务程序，转至另一个中断服务程序去执行，这就叫多重中断，也称为中断嵌套，如图 7.16 所示。多重中断通常只允许高优先级的中断源中断低优先级的中断服务程序，而不允许低优先级的中断源中断高优先级的中断服务程序。

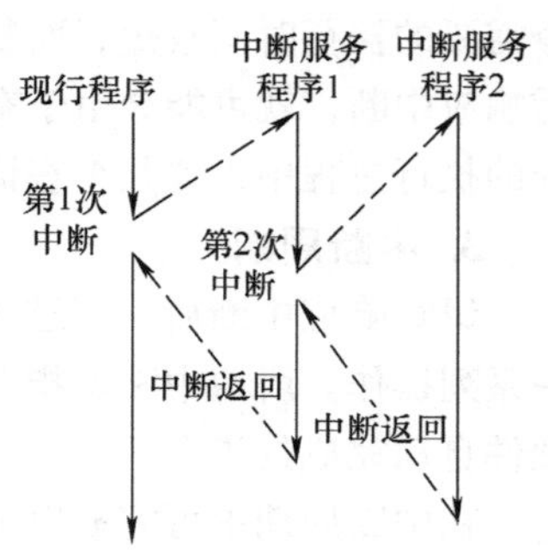

图 7.16　多重中断

2. 中断屏蔽

在图 7.8 中，有一个中断屏蔽触发器，当它的值为“1”时，中断请求触发器的信号会被屏蔽。如果将一台机器的所有外设的中断屏蔽触发器都组合在一起，就构成了一个中断屏蔽寄存器。

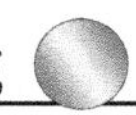

屏蔽寄存器的内容称为屏蔽字。

屏蔽字与中断源的优先级别是一一对应的。例如，一个系统有16个中断源，则对每一个中断源都会分别赋予一个屏蔽字。表7.1中，"0"表示对该级中断源不屏蔽，"1"表示对该级中断源屏蔽。

表7.1 中断源的屏蔽字

中断源的优先级	屏蔽字（16位）
1	1111111111111111
2	0111111111111111
3	0011111111111111
…	…
15	0000000000000011
16	0000000000000001

从图7.17中可以看出，在多重中断服务程序中，通过设置适当的屏蔽字，可以对不同级别的中断源起到屏蔽作用。所说的"适当"，不仅限于设置表7.1中列出的屏蔽字，而且还可以根据需要通过修改屏蔽字达到改变中断优先次序的目的。所说的"优先次序"，是指中断的处理次序。中断处理次序和中断响应次序是两个不同的概念，中断响应次序是由硬件排队电路决定的，无法改变，而中断处理次序是可以由屏蔽字改变的，因此可以把屏蔽字看成软排队器。中断处理次序可以不同于中断响应次序。

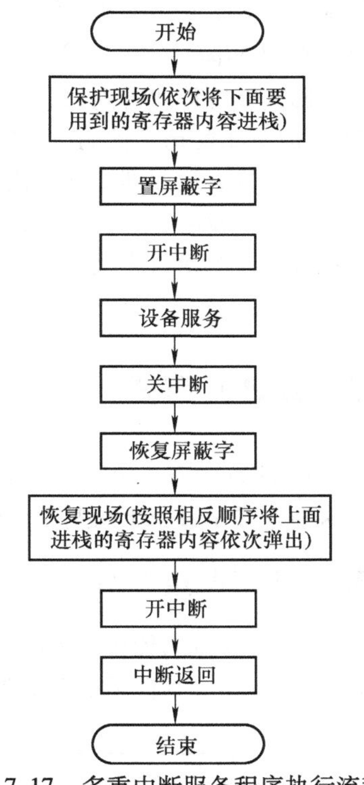

图7.17 多重中断服务程序执行流程

例7.1 设某机器有4个中断源，其响应优先级为①→②→③→④。现要求：

1）将中断处理次序改为④→①→③→②，请写出各中断源服务程序中应设置的中断屏蔽字。

2）根据图7.18给出的4个中断源的请求时刻，画出CPU执行程序的轨迹。设每个中断源的中断服务程序时间均为20μs。

解：1）题目要求将处理次序改为④→①→③→②，那么对于中断服务程序①来讲，比①高的只有④，④不能被屏蔽，其余应被屏蔽；对于中断服务程序②来讲，其他3个都比②高，只有②应被屏蔽，其余不能被屏蔽；对于中断服务程序③来讲，只有②比③低，所以②和③应该被屏蔽，其余不能被屏蔽；对于中断服务程序④来讲，④为最高，所以全部都应该被屏蔽。各中断源服务程序中应设置的中断屏蔽字见表7.2。

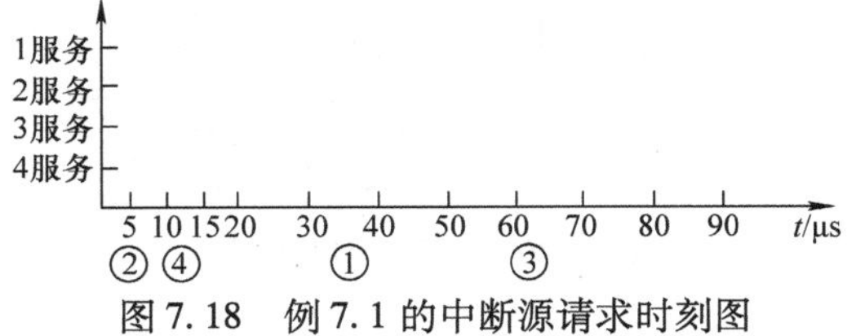

图7.18 例7.1的中断源请求时刻图

表7.2　例7.1中应设置的中断屏蔽字

中断源	屏蔽字（4位）			
	①	②	③	④
①	1	1	1	0
②	0	1	0	0
③	0	1	1	0
④	1	1	1	1

2）根据题目要求，CPU执行程序的轨迹图如图7.19所示。

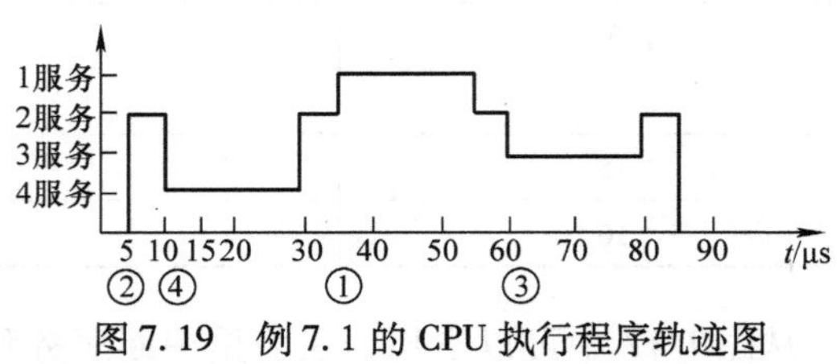

图7.19　例7.1的CPU执行程序轨迹图

在5μs时刻，只有②一个请求，所以CPU响应②的请求，执行②的中断服务程序。由于在②执行时，④未被屏蔽，所以在10μs时刻④的请求被响应，CPU暂停②的执行，转去为④服务。直到30μs时刻，中断服务程序④执行完成，返回到②继续执行到35μs时刻，中断源①发出请求。由于在②执行时，①未被屏蔽，所以在35μs时刻①的请求被响应，CPU暂停②的执行，转去为①服务。直到55μs时刻，中断服务程序①执行完成，返回到②继续执行到60μs时刻，中断源③发出请求。由于在②执行时，③未被屏蔽，所以在60μs时刻③的请求被响应，CPU暂停②的执行，转去为③服务。直到80μs时刻，中断服务程序③执行完成，返回到②继续执行到85μs时刻，完成中断服务程序②的执行，返回到CPU。

7.5　DMA方式

DMA即直接内存访问。它是一种完全由硬件执行I/O设备与主存储器间数据交换的工作方式。这种方式一般用于高速I/O设备与主存储器间的成组数据传送。

7.5.1　DMA接口组成

利用DMA方式传送数据时，数据的传送过程完全由DMA接口电路控制，故DMA接口又称为DMA控制器，其框图如图7.20所示。

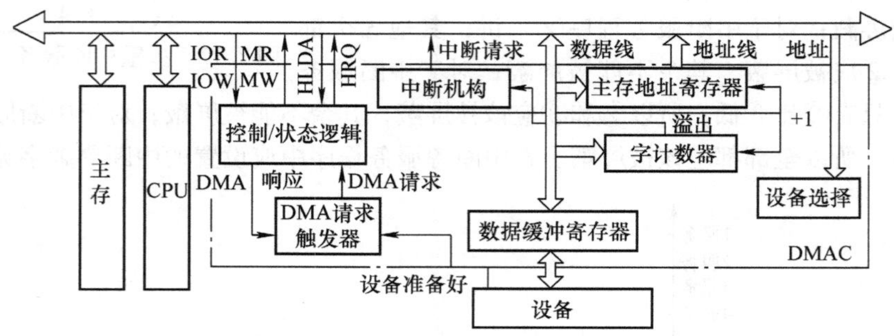

图7.20　DMA接口框图

从图 7.20 可以看出，DMA 接口主要由以下几个部分组成。

（1）主存地址寄存器

主存地址寄存器用于指示要交换数据的内存地址。在 DMA 传送前，通过程序将要交换数据的内存数据缓冲区首地址存入该寄存器。在数据传送时，每交换一个数据，将该地址寄存器的内容加 1，以便指向下一个要交换的数据。

（2）字计数器

字计数器用于记录要传送数据块的长度，即字数。在 DMA 传送前，通过程序将要传送的字数以负数补码的形式存入该计数器。在数据传送时，每交换一个数据，同样将该计数器的内容加 1，当计数器溢出（全 0）时，向中断机构发出数据传送完成的信号。

（3）中断机构

中断机构接收字计数器的溢出信号，通过中断向 CPU 报告 DMA 传送的一组数据交换完毕。CPU 响应此中断信号后，暂停正在执行的程序，转入服务程序做一些 DMA 的结束处理工作。

（4）数据缓冲寄存器

数据缓冲寄存器用于暂存每次传送时的一个数据字。

（5）DMA 请求触发器

DMA 请求触发器接收设备发来的“设备准备好”信号，向控制/状态逻辑发“DMA 请求”信号，再由控制/状态逻辑向 CPU 发出总线使用权的请求信号 HRQ。CPU 响应后发回确认信号 HLDA，再由这个信号复位 DMA 请求触发器，为下一个字的交换做准备。

（6）控制/状态逻辑

控制/状态逻辑接收 DMA 请求触发器发来的 DMA 请求信号，向 CPU 发出总线使用权的请求信号 HRQ，并接收 CPU 发回的总线使用权的响应信号 HLDA，复位 DMA 请求触发器，对 DMA 请求信号和 CPU 响应信号进行协调和同步。控制/状态逻辑还可用于控制传送参数的修改（内存地址及字计数）等。

7.5.2 DMA 的数据传送方式与传送过程

DMA 的使用进一步减轻了 CPU 在输入/输出管理上的负担，提高了外设与 CPU 的并行工作的程度。但 CPU 工作需要访问内存，DMA 工作也需要访问内存，怎样协调好两者访问内存的关系呢？这是本小节要介绍的内容。另外，本小节还会介绍 DMA 在工作时的数据传送过程。

1. DMA 的数据传送方式

为了协调 CPU 和 DMA 需要同时访问内存的问题，可以采用以下 3 种方式。

（1）停止 CPU 访问主存

当外设要传送一批数据时，由 DMA 接口向 CPU 发出一个停止信号，要求 CPU 停止使用主存，把总线的控制权让出来。DMA 接口获得总线控制权后，开始传送数据，当一批数据传送完毕后，DMA 接口通知 CPU 可以使用主存，并将总线控制权还给 CPU，如图 7.21a 所示。

优点：控制简单，适用于数据传输速率很高的输入/输出设备进行数据的成组传送。

缺点：在 DMA 传送期间，CPU 基本处于不工作状态或保持原状态，降低了 CPU 与外设的并行性，也降低了内存的使用率。通常，外设在两次数据传送之间的时间间隔远远大于主存的存取周期，如软盘读一个字节数据需 32μs 左右，而半导体存储器的存取周期小于 0.2μs。这样在 DMA 传送数据期间，主存有大量的空闲不能被 CPU 利用。

（2）周期挪用

当外设有 DMA 请求时，CPU 让出一个主存周期的总线控制权（这叫周期挪用或周期窃取），

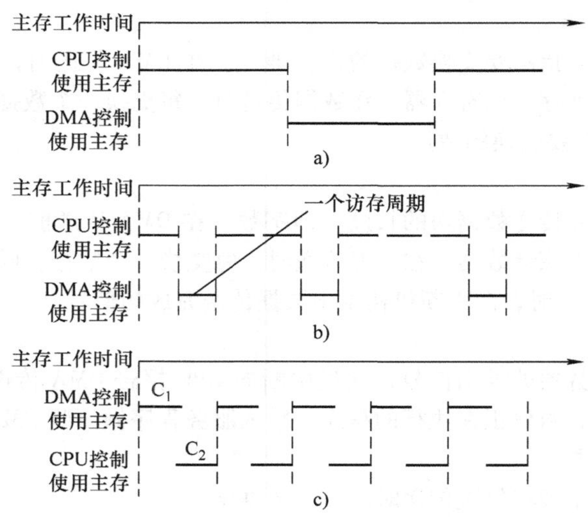

图 7.21　DMA 的数据传送方式

a）停止 CPU 访问主存　b）周期挪用　c）DMA 和 CPU 交替访问主存

外设获得总线控制权后和主存交换一个字的数据，然后将总线控制权交回 CPU，CPU 可继续访问主存，如图 7.21b 所示。

优点：提高了 CPU 与外设的并行性，提高了主存的利用率。

缺点：DMA 接口的每一次周期挪用都要经过申请总线控制权、建立总线控制权和归还总线控制权的过程，这个过程一般耗时 2～5 个主存周期。

（3）DMA 与 CPU 交替访问主存

这种方式将一个 CPU 周期分为 C_1 和 C_2 两个分周期，在 C_1 分周期内 DMA 访问主存，在 C_2 分周期内 CPU 访问主存，DMA 和 CPU 在各自不同的时间段访问主存，互不干扰，如图 7.21c 所示。由于这种 DMA 传送对 CPU 来说如同透明的玻璃一样，没有任何影响，故又称为“透明 DMA”方式。采用这种方式的基础是一个 CPU 周期至少是一个访存周期的两倍长。

优点：不需要总线控制权的申请、建立和归还过程，只需用 C_1 和 C_2 控制一个多路转换器，使总线的控制权在 DMA 和 CPU 之间切换，而这种切换几乎不需要什么时间，使 DMA 传送和 CPU 同时发挥最高效率，进一步提高了系统的并行性。

缺点：需要增加相应的硬件逻辑。

2. DMA 的数据传送过程

DMA 的数据传送过程分为 3 个阶段：预处理（初始化）、数据传送及后处理，如图 7.22a 所示。

（1）预处理

在 DMA 传送数据前，CPU 通过执行几条输入/输出指令完成以下初始化工作。

1）向 DMA 控制逻辑发送读/写（IOR/IOW）控制信号，以指明数据传送的方向。

2）向 DMA 设备地址寄存器发送设备地址，启动指定的设备。

3）向 DMA 主存地址寄存器发送需传送数据的主存缓冲区起始地址。

4）向 DMA 字计数器发送需传送的字数。

（2）数据传送

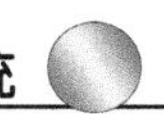

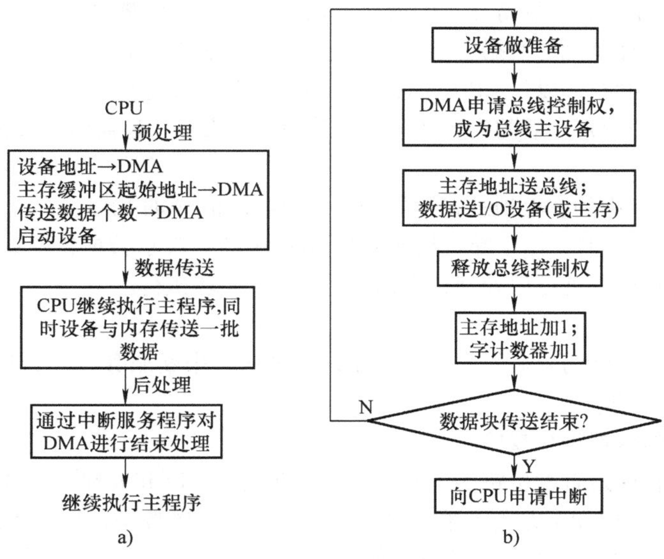

图 7.22 数据传送过程

a）DMA 传送的 3 个阶段 b）DMA 的数据传送阶段

DMA 数据传送是以数据块为单位的，现以周期挪用方式为例讲述 DMA 数据传送的过程，如图 7.22b 所示。

若为输入数据，数据传送过程如下。

1）当输入设备准备好后，将一个字或一个字节送到 DMA 数据缓冲寄存器，对于字节数据还需要组装成一个字。同时设备向 DMA 请求触发器发出 DMA 请求信号。

2）“控制/状态逻辑”接收到 DMA 请求信号后，向 CPU 发出总线控制权的请求信号（HRQ）。

3）CPU 发回总线控制权的确认信号 HLDA，将总线控制权交给 DMA 接口，DMA 接口成为总线主设备。

4）“控制/状态逻辑”通过 DMA 响应信号将 DMA 请求触发器复位。

5）将 DMA 接口中数据缓冲寄存器的内容送数据总线。

6）将 DMA 接口中主存地址寄存器的内容送地址总线，发存储器写命令，将数据写入主存。

7）放弃总线的控制权，以便 CPU 或其他的 DMA 接口控制总线。

8）修改 DMA 接口中的主存地址寄存器和字计数器的值（加 1）。

9）当字计数器溢出时，由中断机构向 CPU 申请中断，表示数据传送结束，由 CPU 执行中断服务程序，对 DMA 传送进行后处理；否则转步骤 1）循环执行。

若为输出数据，操作如下。

1）当输出设备从 DMA 数据缓冲寄存器取走数据后，表示数据缓冲寄存器空，设备向 DMA 请求触发器发出 DMA 请求信号。

2）“控制/状态逻辑”接收到 DMA 请求信号后，向 CPU 发出总线控制权的请求信号（HRQ）。

3）CPU 发回总线控制权的确认信号 HLDA，将总线控制权交给 DMA 接口，DMA 接口成为总线主设备。

4）“控制/状态逻辑”通过 DMA 响应信号将 DMA 请求触发器复位。

5）将 DMA 接口中主存地址寄存器的内容送地址总线，发存储器读命令。

6）主存将相应地址单元的数据通过数据线送 DMA 数据缓冲寄存器。

7）放弃总线的控制权，以便 CPU 或其他的 DMA 接口控制总线。

8）将 DMA 数据缓冲寄存器的内容送设备，若为字符设备，还需将字数据拆成字节后送输出设备。

9）修改 DMA 接口中的主存地址寄存器和字计数器的值（加 1）。

10）当字计数器溢出时，由中断机构向 CPU 申请中断，表示数据传送结束，由 CPU 执行中断服务程序，对 DMA 传送进行后处理；否则转步骤 1）循环执行。

（3）后处理

CPU 响应 DMA 的中断请求后暂停当前程序，转去执行中断服务程序，进行 DMA 的后处理。后处理主要完成以下工作。

1）对送入内存的数据进行校验。

2）测试传送过程中是否发生错误，若有错，则转错误诊断和处理程序进行处理。

3）决定是否继续用 DMA 方式传送数据。若需要继续传送数据，则要继续对 DMA 进行初始化；若不需要继续传送数据，则停止外设工作。

7.5.3　DMA 接口的类型

之前讲的是最简单的 DMA 接口，它只连接一个 I/O 设备，而实际中经常使用的是可以连接多个 I/O 设备的 DMA 接口，这种 DMA 接口已经被做成集成电路芯片。

1. 选择型 DMA 接口

选择型 DMA 接口在物理上与多个设备相连，但在逻辑上只允许连接一个设备。也就是说，同一时间段内只能为一个设备服务，不同的设备在不同的时间段获得服务，如图 7.23 所示。

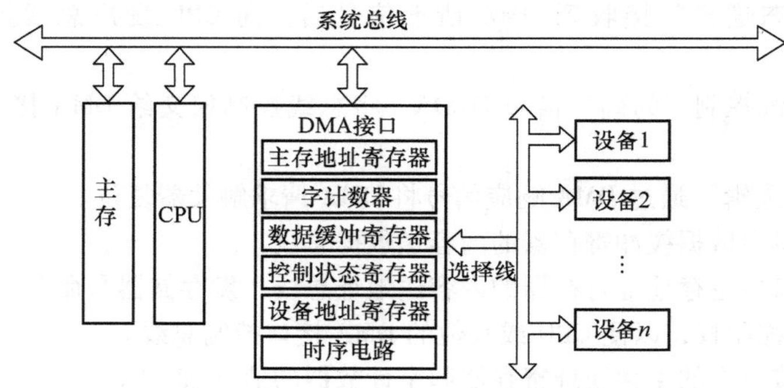

图 7.23　选择型 DMA 接口

选择型 DMA 接口与前面讲的简单 DMA 接口相比，增加了一个设备地址寄存器，并要求在预处理阶段将 I/O 指令所指定的设备号送入 DMA 接口中的设备地址寄存器，以便选择指定的设备。一旦选定了设备，DMA 接口就在一段时间内只传送这个设备的数据块，等到传送完毕，才能再根据 I/O 指令指定的设备号选择下一个设备。

选择型 DMA 接口特别适用于数据传输速率很高的设备。

2. 多路型 DMA 接口

多路型 DMA 接口在物理上与多个设备相连，在逻辑上同样与多个设备相连。也就是说，在同一时间段内可以同时为多个设备服务。这种接口适合于同时为多个慢速设备服务。

多路型 DMA 接口采用字节交叉方式为多个设备服务。为了能同时为多个设备服务，在多路型 DMA 接口中为每个连接的设备设置了一套寄存器，分别存放各自的传送参数。图 7.24a 所示是链式多路型 DMA 接口，图 7.24b 所示是独立请求多路型 DMA 接口。

对于链式多路型 DMA 接口，连接的所有设备通过一条公用的请求线向 DMA 接口发出请求传送的信号，然后 DMA 接口向 CPU 申请总线的控制权。当 DMA 接口获得总线控制权后，沿着一条链路向设备发出传送确认信号，首先获得传送确认信号且有请求的设备即可与内存传送数据。

对于独立请求多路型 DMA 接口，连接的所有设备都有自己独立的请求线和响应线。当设备请求传送数据时，通过自己的请求线向 DMA 接口发送请求。当 DMA 接口向 CPU 申请到总线控制权后，DMA 接口通过内部的判优逻辑判断出当前所有请求中优先级最高的设备，然后通过该设备的确认线将确认信号发给该设备，获得传送确认信号的设备后即可与内存传送数据。

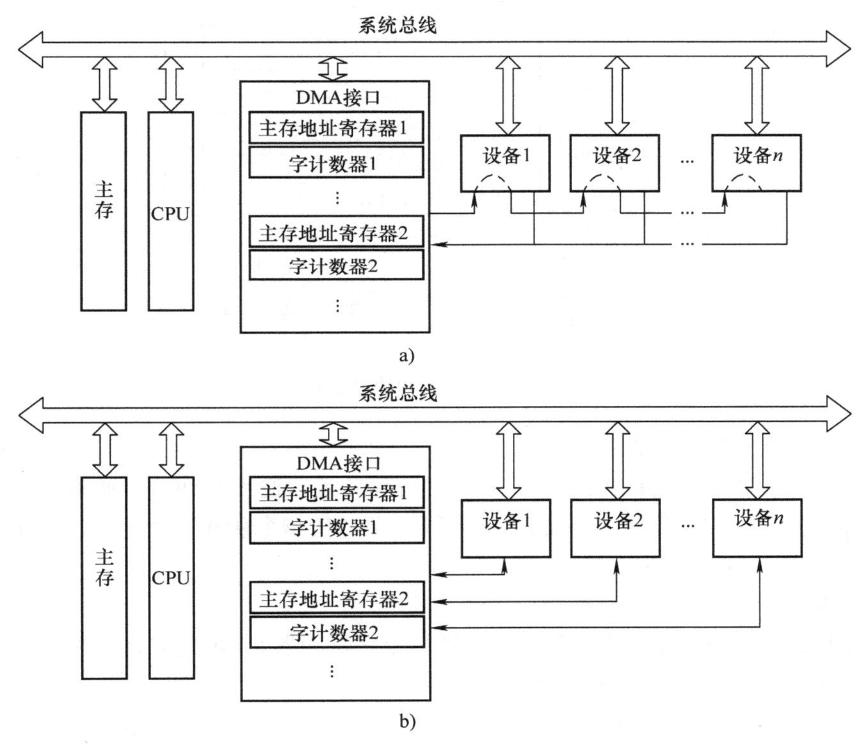

图 7.24 多路型 DMA 接口
a）链式多路型 DMA 接口 b）独立请求多路型 DMA 接口

7.6 通道与 IOP

在大中型计算机中，外设配置多，数据交换频繁，如仍采用 DMA 方式处理高速外设的输入/输出，则会明显存在下述问题。

1）DMA 方式的预处理和后处理都要由 CPU 执行程序来完成，再加上频繁的周期挪用，会使 CPU 的效率大打折扣。

2）外设众多，需要配置许多 DMA 接口，一方面会增加硬件，另一方面会使控制复杂化。

为了解决以上问题，通常在大中型计算机中使用通道和 I/O 处理机来管理输入/输出。

7.6.1　通道

1. 通道的组成

通道是一台能够执行有限I/O指令并且能够被多台外部设备共享的专用控制器。它能够独立执行用通道命令编写的输入/输出控制程序，控制与它相连的多种不同的设备，为主机与I/O设备提供一种数据传输通道，因此起名为“通道”。

图7.25所示是一种通道的逻辑框图。

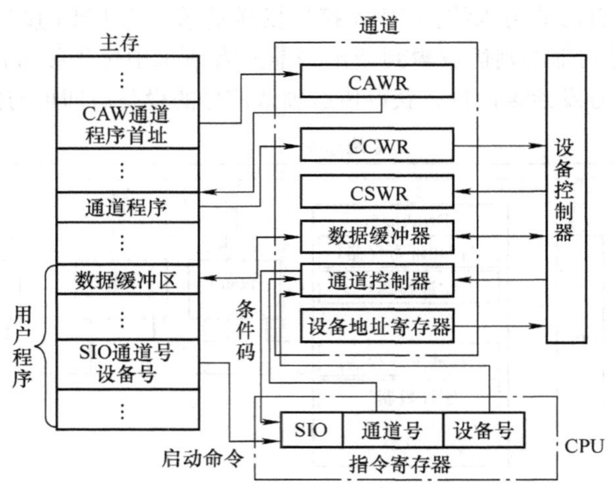

图7.25　通道的逻辑框图

（1）CAWR（通道地址字寄存器）

启动通道后，从主存固定单元读出CAW通道程序首址，送入CAWR（通道地址字寄存器）。每执行一条通道指令，CAWR的内容加2，指示下一条通道指令所在的地址，它的作用类似于计算机CPU中的程序计数器（PC）。

（2）CCWR（通道指令字寄存器）

从主存中读出的通道指令送入CCWR（通道指令字寄存器），由此向设备控制器发出控制信号，它的作用类似于计算机CPU中的指令寄存器（IR）。

（3）CSWR（通道状态字寄存器）

CSWR（通道状态字寄存器）用来存放通道及设备的状态信息，供CPU指令查询。

（4）数据缓冲器

数据缓冲器用于暂存每次传送的数据。通常通道与主存间采用字传送，而通道与设备间可能是字节或位传送。因此，通道的数据缓冲器还应有数据组装和拆分的功能。

（5）通道控制器

通道控制器相当于一个专门执行通道指令的小型处理机。

（6）设备地址寄存器

设备地址寄存器用于接收CPU的I/O指令送来的设备号，经总线送至设备控制器，用于选择指定的设备。

（7）时序系统

时序系统用于I/O操作中相关的时序控制。

2. 通道的工作过程

在编制通道程序时，必须将通道程序的首地址写入主存某固定单元（如 IBM4300 为 77 号单元）。

当 CPU 执行 SIO（Start I/O）指令启动指定的通道后，该通道从主存 77 号单元取出通道程序首地址送入通道地址字寄存器，并将 SIO 指令中的设备号送入设备地址寄存器，然后通道通过总线将设备号送到设备控制器，用于选中指定的设备。当设备启动成功后，通道按照 CAWR 所指的地址从主存中取出一条通道指令，送入通道指令字寄存器，CAWR 的内容加 2，以便指向下一条通道指令。然后通道控制器对 CCWR 中的命令码进行译码，产生相应的控制信号，以控制设备与主存间的数据传送。当一条通道指令执行完后，通道按 CAWR 的内容取出下一条通道指令，继续执行下去。

通道程序执行完成后，一方面通道向设备发出结束命令，另一方面向 CPU 发出中断请求，并将通道状态字（CSW）写入主存某固定单元，以便中断服务程序分析，做结束处理。

3. 通道的功能和分类

用通道方式组织 I/O 系统，通常使用主机—通道—设备控制器—I/O 设备 4 级连接方式。一个主机可以连接多个通道，一个通道可以连接多个设备控制器，一个设备控制器可以连接多台不同种类的 I/O 设备。这种 I/O 系统，增强了主机与通道操作的并行能力，以及各通道间、同一通道各设备间的并行操作能力，同时也提高了外设增减的灵活性。

一般来讲，通道应具有以下功能。

1）根据 CPU 的要求，选择某一外设与系统相连，并向该外设发送操作命令。

2）指出外设读写信息的位置，同时指出与外设交换信息的主存缓冲区地址。

3）控制外设与主存间的数据交换，不但提供数据缓冲，而且还要完成数据交换时的组装与拆分。

4）指定数据传送结束的操作内容，并检查外设的状态（良好或故障）。

通道具有与 DMA 相类似的硬件结构，但通道与 DMA 有着重要的区别。

1）DMA 是借助硬件完成数据交换的，而通道是通过执行通道程序来完成数据交换的。

2）一台外设有一个 DMA 控制器，若一个 DMA 控制器连接多台同类外设，则它们只能串行工作。而一个通道可连接多台不同类型的外设，它们可在通道控制下同时工作。

3）采用 DMA 传送数据时要由 CPU 进行初始化，而通道代替 CPU 控制外设，CPU 仅通过 I/O 指令启动通道，通道本身可进行各外设的初始化。

根据多台设备共享通道的不同情况，可将通道分为 3 类：字节多路通道、选择通道和数据多路通道。IBM4300 系统 I/O 结构使用了上述 3 类通道，如图 7.26 所示。

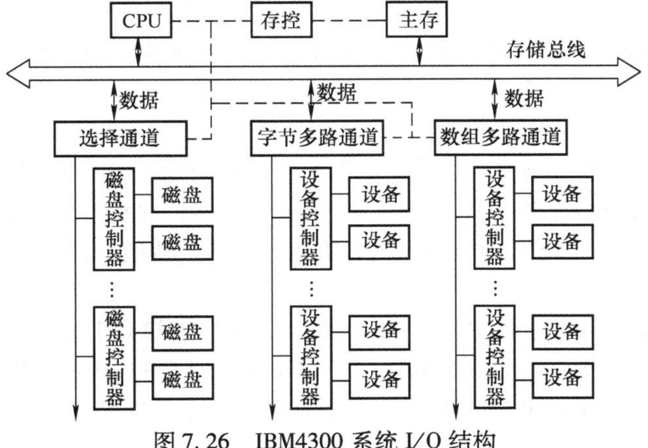

图 7.26 IBM4300 系统 I/O 结构

（1）字节多路通道

连接控制多台慢速外设，以字节方式交叉传送数据的通道称为字节多路通道（Byte Multiplexer Channel）。这种通道是一种简单的共享通道，可以依靠通道与 CPU 之间的高速数据通路分时地为多台设备服务。

在字节多路通道中，一个通道包含多个子通道，每个子通道连接一个设备控制器，一个设备控制器可连接多台设备，设备采用字节交叉模式分时交替地使用通道进行数据传送。

通道在单位时间内传送的位数或字节数称为通道的数据传输率或流量，它标志着计算机系统的吞吐量及通道对外设的控制能力和效率。在单位时间内允许传送的最大字节数或位数称为通道的最大数据传输率或通道极限流量。

（2）选择通道

在数据传送期间，只能控制一台高速外设以成组方式传送数据，而在不同的时间段可以选择不同设备的通道称为选择通道（Select Channel）。选择通道只有一套完整的硬件，以独占的方式工作，逐个轮流地为物理上连接的几台高速外设服务。

（3）数组多路通道

数组多路通道（Block Multiplexer Channel）是把字节多路通道和选择通道的特点结合起来的一种通道。它既可以执行多路通道程序，像字节多路通道那样，所有子通道分时共享总通道，又可以像选择通道那样成组地传送数据。它既具有多路并行操作的能力，又具有很高的数据传输率。因此它是一种能连接控制多台高速外设以成组交叉方式传送数据的通道。

4. 通道指令

在采用通道结构的系统中，与输入/输出有关的指令如下。

（1）CPU 执行的 I/O 指令

这种 I/O 指令不直接控制具体的 I/O 操作，只负责启动、停止、查询通道和外设，控制通道完成 I/O 操作。例如，IBM4300 机有 8 种 I/O 指令，即 SIO 启动 I/O、SIOF 启动 I/O 并快速释放、TCH 查询通道、TIO 查询 I/O、HDV 停止设备、HID 停止 I/O、CLRIO 清除 I/O、STDIDC 存通道标志。

（2）通道执行的通道指令

通道指令也称为通道控制字（CCW），可用它编写完成具体 I/O 操作的通道程序，由通道解释执行。例如，IBM4300 的通道指令包括 4 个字段，即命令字段（读、反读、写、控制命令、通道转移、取状态字等）、数据地址字段、计数值字段和特征位字段。

7.6.2　IOP 与外围处理机

通道结构的进一步发展，出现了两种计算机 I/O 系统结构。一种是通道结构的 IO 处理机（IOP），另一种是基本上独立于主机工作的外围处理机（PPU）。

1. IO 处理机

IOP 是通道的进一步发展型式。与传统意义上的通道相比，IOP 更通用、功能更强、指令系统更丰富。IOP 的结构接近常规 CPU，它可以有局部存储器，独立性更强。IOP 除了能够完成传统通道的输入/输出功能外，还能做较复杂的预处理，如格式转换、码制转换、错误检测与纠错、字节与字的装配与拆分等。

Intel 80386 CPU 有一个配套的 IOP——Intel 8089，用以承担 CPU 的 I/O 处理及控制和实现高速数据传送任务。它的主要功能是预置和管理外设及支持通常的 DMA 操作，还可实现数据的变换、装配与拆分等功能。Intel 8089 IOP 的基本结构框图如图 7.27 所示。

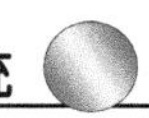

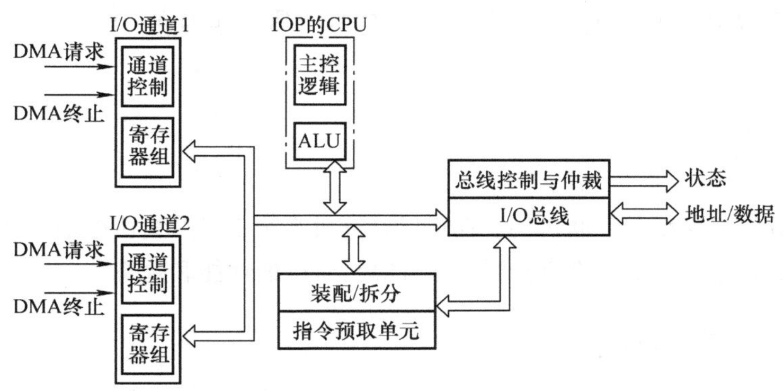

图 7.27 Intel 8089 IOP 的基本结构框图

Intel 8089 有两个 I/O 通道，这两个通道提供了两个 I/O 数据通路，它不同于上小节所讲的通道概念，它们可独立地编程和工作，同时共享公共的控制逻辑和 ALU。每个通道都有一套相同的寄存器，每套寄存器根据其长度可分为两组。指示器组由长度为 20 位的寄存器组成（GA、GB、GC、TP 和 PP），寄存器组由 16 位的寄存器组成（IX、BC、MC 和 CC）。每一个通道都能独立执行指令，控制 DMA 传送，对系统存储器的寻址能力为 1MB，对 I/O 的寻址能力为 64KB。

总线控制和仲裁线路是与系统总线或局部总线的接口，它和多总线系统兼容。

Intel 8089 IOP 与系统的连接方式分为本地方式和远程方式。

在本地方式中，Intel 8089 IOP 与主机共享系统总线和主存。主机 CPU 是系统总线的主控者，当 8089 IOP 需要使用总线访问主存或 I/O 接口时，必须向主 CPU 提出申请，由主 CPU 裁决。主机 CPU 和 IOP 之间的通信原则上是通过共享主存储器来实现的，主机 CPU 将通道程序放入 8089 使用的存储器空间，并由硬件产生一个通道注意信号，使 8089 执行该程序。当 CPU 与 8089 IOP 间需要交换数据时，也是通过共享主存来实现的。CPU 可以在必要时终止或重新启动通道程序的执行。

在远程方式中，8089 IOP 与主 CPU 之间的通信仍通过共享主存来实现。但 IOP 有自己的局部总线和局部存储器，它的程序存储在自己的局部存储器中，通过自己的局部总线读取 IOP 程序或访问 I/O 设备。仅当需要与共享主存交换数据时，IOP 才使用系统总线。因此，降低了使用系统总线的冲突，提高了系统的并行性。

2. 外围处理机

外围处理机应用于大型计算机系统中，它的结构更接近于一般的处理机，有时干脆就采用一般的通用机。它有较丰富的指令系统，功能更强，有利于简化设备控制器，甚至还可以承担起诊断、检错纠错、系统工作状态显示、改善人机界面的功能。

外围处理机基本上是独立于主机异步工作的，它可以与主 CPU 共享主存，也可以不共享主存。

CDC - CYBER、ASC、B6700 等都是与主 CPU 共享主存的，这些外围处理机的局部存储器容量很小，需要执行的程序通常放在主存中以与其他外围处理器共享，只有需要时才通过加载或更换覆盖等方式把程序从主存调入外围处理机的局部存储器中。在这种共享主存的方式中，B6700 的各外围处理机具有独立的运算部件与主存相连，而 CDC - CYBER、ASC 的各外围处理机则合用同一运算部件和指令处理部件，并通过公用部件与主存相连。这可以降低外围处理机子系统的造价，但控制较复杂。

STAR－100 不与主 CPU 共享主存，各外围处理机的独立性更强，但却需要很大的局部存储器容量。

7.7　系统总线

总线是构成计算机系统的互联机构。在现代计算机系统中，总线往往是计算机数据交换的中心，总线的结构、技术、性能等都直接影响着计算机系统的性能和效率。

7.7.1　总线的概念与特性

总线是多个系统功能部件之间进行数据传送的公共通路，实际上这个通路不但包括许多根传输线，而且包括相应的信息传输协议。借助于总线连接，计算机在各系统功能部件之间实现地址、数据和控制信息的交换。

当多个部件与总线相连时，如果两个或两个以上的部件同时向总线发送信息，势必导致信号冲突。因此，在某一时刻，只允许一个部件向总线发送信息，而多个部件可以同时从总线接收相同的信息。

归纳起来，总线有以下特性。

（1）物理特性

总线的物理特性指总线的物理连接方式，包括总线的根数、总线的插头、插座的大小和形状、引脚线的排列方式等。

（2）功能特性

总线的功能特性指总线中每根线的功能。按总线的功能特性可以将总线分成 4 组，即地址线、数据线、控制线和电源线。

1）地址线。地址线常被称为地址总线，地址总线是单向的，用于传送地址信号，以指定存储器单元的地址或外设接口的端口地址。地址总线一般有 16 位、20 位、24 位、32 位等几种宽度标准。地址线的根数反映了计算机的寻址能力，例如，32 位地址线的计算机，它的寻址范围是 $2^{32}=4G$。

2）数据线。数据线常被称为数据总线，数据总线是双向的，用于在计算机的各部件之间传送数据信号。通常用数据总线的宽度来表示总线的宽度。数据总线的宽度一般有 8 位、16 位、32 位、64 位等。

3）控制线。控制线常被称为控制总线，通常，控制总线的每一根都是单向的，用它来传送控制/状态信息。

4）电源线。电源线通常包括逻辑电源线、逻辑电源地线、辅助电源线、辅助电源地线等。

（3）电气特性

总线的电气特性是指总线的每一根线上传输信号的方向和有效电平范围。通常，方向的规定是相对于 CPU 来讲的，送入 CPU 的信号为输入信号，从 CPU 送出的信号为输出信号。例如，地址线是输出线，数据线是双向传输线，控制线中的每一根都是单向的，但有的是输入线，有的是输出线。总线的电平通常符合 TTL 的电平定义。

（4）时间特性

总线的时间特性定义了总线上的每根线在什么时间有效。只有规定好总线上各信号的时序关系，计算机系统才能正常运行。

7.7.2 总线的分类

对于总线，可以从不同的角度进行分类。

1. 按总线承担的任务分类

按总线承担的任务可以分为内部总线和外部总线。

内部总线是指计算机系统内部各功能部件间的总线，通常指连接 CPU、主存、I/O 接口等部件的总线。内部总线按其结构又可分为单总线结构和多总线结构（包括二总线结构、三总线结构及四总线结构等）。对于多总线结构，通常又有系统总线、存储器总线、I/O 总线之分。内部总线的连接距离短，传输速度快。

外部总线是指多台计算机系统之间或计算机系统和一些智能设备间的连接总线。一般，外部总线的传输距离较远，传输速度较慢，如 RS－232 总线、IEEE 488 总线等。

2. 按总线所处的物理位置分类

按总线所处的物理位置可以分为（芯）片内总线、功能模块（板）内总线、功能模块（板）间总线和外部总线。

（芯）片内总线指的是集成电路芯片内部各部件之间的总线。例如，CPU 芯片内部寄存器、ALU、控制单元等之间的总线。

功能模块（板）内总线是指插件板内各芯片之间的总线，又称片级总线。例如，显示适配卡、多功能卡等插件板内各芯片之间的总线。

功能模块（板）间总线是指计算机系统内各功能部件（CPU、主存、I/O 接口）之间的总线，也称为系统总线。例如，微机总线 ISA、PCI 等。

外部总线前面已讲过。

3. 按总线一次传输数据的位数分类

按总线一次传输数据的位数可以分为串行总线和并行总线。

串行总线一次传输一位数据，一个字节或一个字的数据需要逐位多次传输才能完成。串行总线又分为单工传输、半双工传输和双工传输。单工传输和半双工传输只需一根数据线，单工传输只能在一个方向上传输，半双工传输在同一时刻只在一个方向上传输，不同时间可以在两个方向上传输。而双工传输需要两根数据线，可以同时在两个方向上传输。串行总线的传输速度慢，适合于远距离传输。

并行总线一次传输多位数据，通常为一个字节或一个字。这样就需要在并行总线中设置多根数据线。并行总线的传输速度快，适合于近距离传送。

4. 按总线的控制方式分类

按总线的控制方式可以分为同步总线和异步总线。

同步总线在传输数据时严格按照时钟进行同步，在什么时刻做什么操作都是事先规定好的。

异步总线在传输数据时没有固定的时钟周期同步，而采用应答方式进行通信，操作时间长度根据需要变化。

7.7.3 总线的性能指标与总线标准

1. 总线的性能指标

总线的性能指标主要包括以下几个方面。

（1） 总线宽度

总线宽度指总线中数据线的位数，即数据信号线的根数。人们常说的 32 位总线、64 位总线就是指数据信号线的根数，而不是总线所有线的根数。数据线的宽度是决定系统性能的关键因素。总线的宽度越大，数据传输速率就越大，即总线的带宽越高。

（2）总线时钟频率

总线时钟频率指总线同步工作时的时钟脉冲频率，以兆赫兹（MHz）为单位。总线的时钟频率越高，总线的数据传输速率就越大，即总线的带宽越高。

（3）总线带宽

总线带宽指单位时间内总线能传输的最大数据量，通常以每秒兆字节（MB/s）为单位。通常，总线带宽的大小是由总线宽度和总线时钟频率两个因素决定的。

（4）总线数据传输频率

由于总线技术的发展，在一个时钟周期内往往可以多次传输数据，甚至在内存总线中出现了多通道传输的结构，这样就使得总线数据传输频率和总线时钟频率的不一致。在 Pentium Ⅲ以前的微机中，总线数据传输频率和总线时钟频率是一致的。总线数据传输频率有时也称为总线频率，以兆赫兹（MHz）或吉赫兹（GHz）为单位。

（5）总线负载能力

总线负载能力指总线上能连接模块的最大数量。是否超出负载能力通常看接上负载后，输入/输出逻辑电平是否能保持在正常范围内。

2. 总线标准

总线的标准实际上是由它的物理规范、功能规范、电气规范和时序规范所确定的。有了总线标准就可以为计算机接口的软硬件设计提供方便。对硬件设计而言，可以使各模块接口芯片的设计相对独立；对软件设计而言，更有利于接口软件的模块化设计。计算机厂商在设计计算机时要遵守总线标准，设备厂商和插件厂商在生产各种插件及配套设备时也要遵守总线标准，用户在组装计算机系统时还要按照总线标准来选购所需的组件。

总线标准的制定通常有两种途径：一种途径是由权威性的标准化组织制定并推荐使用的，这些标准化组织包括国际标准化组织（ISO）、电气电子工程师协会（IEEE）、美国国家标准协会（ANSI）等；另一种途径是由某个或某几个在业界具有很大影响力的设备制造商提出的，被业内其他厂家认可并被广泛使用的标准，这种标准称为事实标准。

常用的标准总线如下。

（1）ISA 总线

1981 年，第一台 IBM PC 中引入了 8 位的 XT 总线，后来这种总线被扩充为 16 位，并且成为一种工业标准结构（Industrial Standard Architecture，ISA）总线，这种总线又称为 AT 总线，它使用独立于 CPU 的总线时钟。ISA 总线的时钟频率为 8MHz，最大数据传输率为 16MB/s，地址线为 24 位，数据线为 16 位。实际上，在采用 80386 CPU 以上的 32 位微机系统中，仍采用 ISA 总线作为外围总线。

（2）EISA 总线

EISA（Extended Industrial Standard Architecture，扩展工业标准结构）总线是 ISA 总线的扩展，是与 ISA 总线完全向上兼容的扩展总线。EISA 总线支持多个总线控制器，增加了突发式传送（Burst Transfer），是一种支持多处理器的高性能 32 位标准总线。EISA 的总线时钟频率为 8MHz，最大传输速率为 33MB/s，地址总线为 32 位，数据总线为 32 位。

（3）VESA（VL-BUS）总线

1992 年 5 月，视频电子标准委员会（Video Electronic Standard Association，VESA）制定了 VESA（VL-BUS、Local BUS）总线规范。它是一种局部总线，局部总线可在系统外为两个以上

的模块提供高速传输信息通道。它可以通过局部总线控制器将高速 I/O 设备直接挂接在 CPU 上。VESA 的总线时钟频率为 66MHz，最大传输速率为 266MB/s，数据总线为 32 位，可扩展到 64 位。

（4）PCI 总线

1991 年下半年，Intel 公司首先提出了 PCI（Peripheral Component Interconnect）总线的概念，并与 IBM、Compaq、AST、HP、DEC 等公司联合，于 1993 年推出 PCI 总线。

PCI 总线是目前微机上的主流总线，是先进的高性能局部总线。它的主要特点：具有突出的高性能；具有良好的兼容性；支持即插即用，支持多主设备系统；具有优良的软件兼容性；定义了 5V 和 3.3V 两种信号环境；具有相对的低成本。

PCI 总线的时钟频率为 33MHz/66MHz，最大传输速率为 133MB/s/266MB/s，地址线为 32 位，数据线为 32/64 位。

（5）AGP 总线

1996 年 7 月，Intel 推出了 AGP（Accelerated Graphics Port，加速图形端口）总线，这是一个高性能显示卡专用的局部总线。AGP 的发展经历了 AGP1X、AGP2X、AGP3X、AGP4X、AGP8X 等多个阶段，其传输速率也从最早的 AGP1X 的 266MB/s 发展到了 AGP8X 的 2.1GB/s。

另外用于外部的总线标准有并行总线 IEEE-488 总线，串行总线 RS232C、RS422C、RS485、IEEE 1394 以及 USB 总线等。

7.7.4 总线使用的控制

总线上连接着许多部件，部件之间怎样通过总线进行通信，这涉及总线的控制权问题及其通信过程的协调问题。

1. 总线控制权的仲裁

对连接在总线上的设备，按其是否具有对总线的控制权分为总线主设备（Bus Master）和总线从设备（Bus Slave）。每次总线操作，只有一个设备能成为主设备，它占用总线控制权，启动一个总线周期，而从设备只能响应主设备发出的命令。

总线上可能连接一个或多个 CPU，也可能连接一个或多个 DMA 控制器，它们都有可能提出总线请求，这必然导致总线使用的冲突。为了解决多个设备同时申请总线控制权的问题，必须有一个仲裁部件按照某种规则来分配总线的使用权。

按照仲裁部件所处的位置不同，可以分为集中式仲裁和分布式仲裁。集中式仲裁将控制逻辑集中在一处，而分布式仲裁将控制逻辑分布在各个具有总线申请功能的模块内。

集中式仲裁有以下 3 种判优方式。

（1）链式查询方式

如图 7.28a 所示，链式查询使用总线请求（BR）、总线忙（BS）和总线批准（BG）3 根控制线。

当一个或多个设备通过公共的 BR 线发出总线请求信号且只有当 BS 信号为“0”时，总线仲裁部件才能响应总线请求，并送出 BG 信号。BG 信号串行地通过每个设备，当 BG 信号到达某个设备时，该设备如果没有发送请求，就将 BG 信号传给下一个设备。若该设备有请求，就停止 BG 信号的传递，使 BS 信号置“1”，表示总线已被占用，该设备获得总线控制权，成为主设备。

在链式查询方式中，离仲裁部件越近，优先级越高。

链式查询方式的优点是只用很少几根控制线就能实现总线控制权的分配，并很容易扩充；缺点是对查询链的故障很敏感。

（2）计数器定时查询方式

如图7.28b所示，计数器定时查询使用总线请求（BR）、总线忙（BS）和计数器查询3种控制线。其中计数器查询线的根数为$\log_2^n$根。

当一个或多个设备通过公共的BR线发出总线请求信号且只有当BS信号为“0”时，总线仲裁部件才能响应总线请求，启动计数器开始计数。计数器定时查询线直接与各设备相连，只有当计数器的值等于某个设备的设备号时，该设备才使BS信号置“1”，中止计数器计数，表示总线已被占用，该设备获得总线控制权，成为主设备。

在计数器定时查询方式中，设备的优先级随启动计数器时计数开始值的不同而不同。如果每次启动计数器的开始值都为“0”，那么这种方式的设备优先级同链式查询方式；如果每次启动计数器的开始值都从上次中止点后开始，那么各个部件的优先级是相同的。另外，计数器的初始值还可以由程序设置。

（3）独立请求方式

如图7.28c所示，在独立请求方式中，每个设备各有一根自己的总线请求线（BR_i）和一根自己的总线批准线（BG_i），这样对于n个设备，就需要$2n$条控制线。

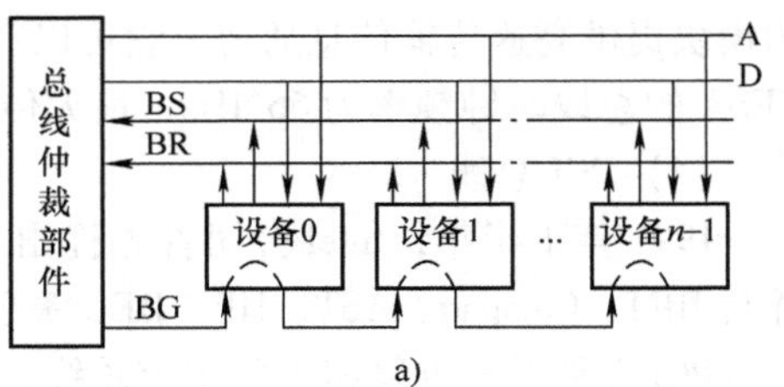

a)

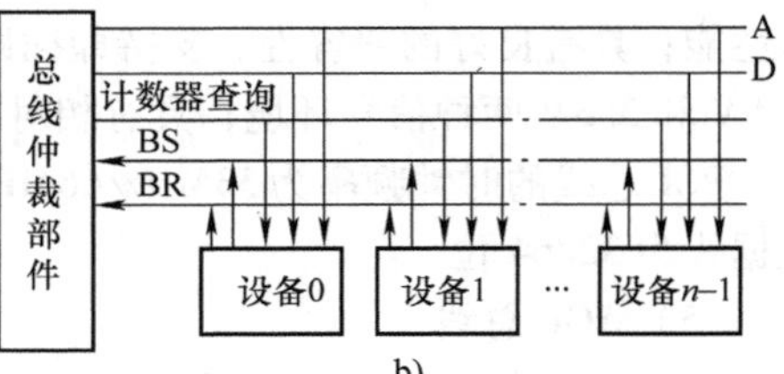

b)

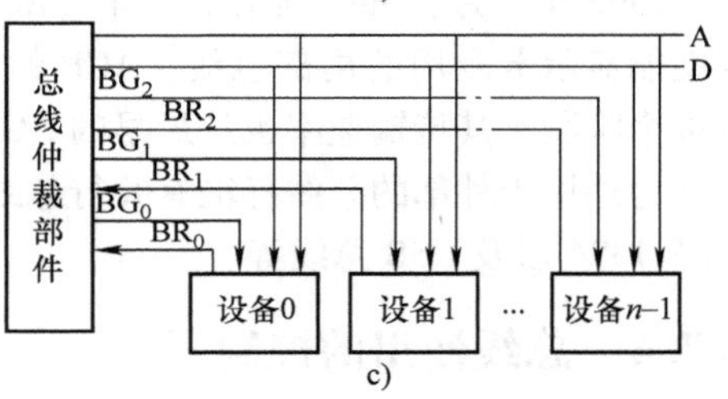

c)

图7.28　集中仲裁方式

a）链式查询方式　b）计数器定时查询方式

c）独立请求方式

当多个设备通过自己的总线请求线发出请求时，总线仲裁部件内有一个排队电路，能根据一定的规则判断出优先级最高的设备，并通过该设备的总线批准线发送总线批准信号。这样该设备就获得了总线控制权，成为总线主设备。

独立请求方式的优点是响应时间快，缺点是增加了控制线数和硬件电路。

2. 总线通信的定时

通常将完成一次总线操作的时间称为总线周期，大致可分为总线申请分配、寻址从设备、数据传输、结束操作4个阶段。

为了协调主设备和从设备之间的操作，必须制定总线通信的定时协议，以确定这些操作的时序关系。通常可分为同步定时方式和异步定时方式。

（1）同步定时方式

在同步定时方式中，事件出现在总线上的时刻是由总线时钟确定的，如图7.29所示的数据同步输入时序。CPU在T_1上升沿发出地址信息；在T_2的上升沿发出读命令信号；被地址信息选中的输入设备进行一系列准备数据的操作后，在T_3的上升沿到来之前将数据送到数据总线上；CPU在T_3时钟周期内将数据线上的数据送到CPU内部的寄存器中；CPU在T_4的上升沿撤销读命令信号，从设备撤销数据。

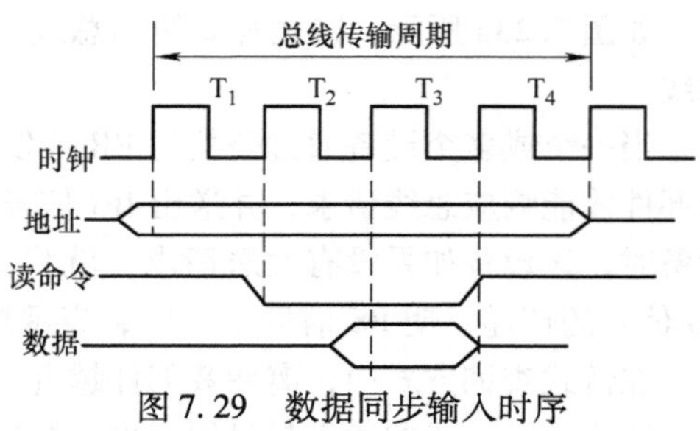

图7.29　数据同步输入时序

同步定时方式的优点是时序规整、控制简单、较易实现。它的缺点是为了在主从设备之间采用统一的同步时序，在设计数据传送周期时必须照顾到最慢的设备，这样就降低了快速设备的传

输效率。

（2）异步定时方式

异步定时方式也称为应答方式。它没有统一的公共时钟信号，完全依靠主从设备双方相互制约的“握手”信号来实现定时控制，如图 7.30 所示的数据异步输入时序。CPU 发出地址信号和读命令信号，从设备接收到读命令信号后开始准备数据，这可能需要较长时间。等到从设备准备好数据并送到数据总线后，通过应答线给主设备送回应答信号，主设备在收到应答信号后，从数据线上读取数据，并撤销读命令和地址信号。当从设备发现主设备撤销读命令后，撤销应答信号及数据线上的数据信号。这是一种全互锁的应答方式。

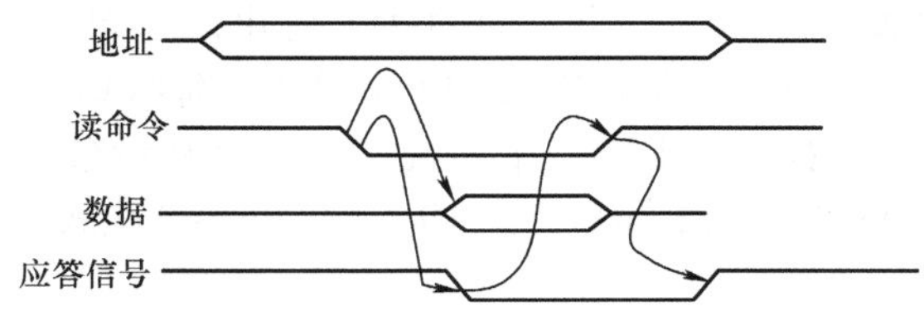

图 7.30　数据异步输入时序

异步定时方式的优点是总线周期长度可变，不会把响应时间强加到各个主从设备上。它的缺点是增加了总线的复杂性和成本。

（3）同步、异步结合方式

为了克服同步定时方式的缺点，人们在同步方式中引入了异步方式的思想，将两者结合起来，充分利用了同步方式和异步方式的优点。

仍参考图 7.29 所示的数据同步输入时序，在同步定时方式中，在 T_3的上升沿到来之前，从设备应将数据送到数据总线上，但现在由于从设备速率慢，未能在 T_3的上升沿到来之前将数据准备好。为了解决这个问题，在同步、异步结合方式中，增加了一根等待线 WAIT，由从设备将这根等待线在 T_3的上升沿到来之前设为低电平。若主设备在 T_3的上升沿测得 WAIT 为低电平，就插入一个与时钟周期宽度相等的等待周期 T_W。若主设备在下一个周期的上升沿还测得 WAIT 为低电平，就再插入一个等待周期 T_W。直到从设备将数据送到数据总线上，并将 WAIT 信号置为高电平，主设备在下一个周期到来时，测得 WAIT 信号为高电平，就把这个周期当作正常的 T_3周期，在这个周期读取数据，T_4结束传输，如图 7.31 所示。

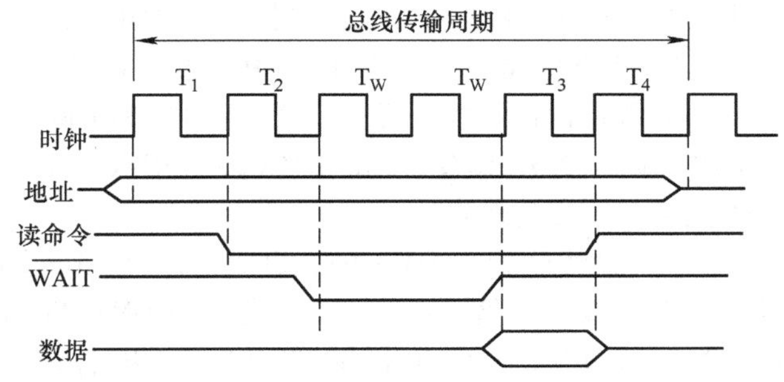

图 7.31　同步、异步结合输入时序

7.8　典型的外设接口

计算机的外部设备，如键盘、显示器、打印机、鼠标、磁盘驱动器等，都是独立的物理设备，它们必须通过相应的外设接口才能和主机相连。

7.8.1　ATA 接口

ATA（Advanced Technology Attachment，高级技术附加装置）接口就是常说的 IDE（Intergrated Drive Electronics）接口。ATA 接口最早是在 1986 年由康柏、西部数据等几家公司共同开发的，在 20 世纪 90 年代初开始应用于台式机系统。

ATA 接口从诞生至今，经历了 ATA－1（IDE）、ATA－2（Enhanced IDE/Fast ATA，EIDE）、ATA－3（Fast ATA－2）、ATA－4（ATA33）、ATA－5（ATA66）、ATA－6（ATA100）、ATA－7（ATA133）、SATA 1.0、SATA 2.0 和 SATA 3.0 等多个版本。

IDE 接口硬盘的传输模式经历了 3 个不同的技术变化，由 PIO（Programmed I/O）模式、DMA（Direct Memory Access）模式，直至现在的 Ultra DMA（简称 UDMA）模式。

ATA－1 在主板上有一个插口，支持一个主设备和一个从设备，每个设备的最大容量为 504MB。ATA－1 支持的 PIO 模式包括 PIO－0、PIO－1 和 PIO－2 模式，其中 PIO－0 模式传输速率只有 3.3MB/s。

ATA－2 是对 ATA－1 的扩展，习惯上也称为 EIDE（Enhanced IDE）或 Fast ATA。它在 ATA－1的基础上增加了两种 PIO 模式和两种 DMA 模式，不仅将硬盘的最高传输速率提高到 16.6MB/s，同时还引进了 LBA 地址转换方式，突破了固有的 504MB 的限制，可以支持最高达 8.1GB 的硬盘。

ATA－3 的最高传输速率仍为 16.6MB/s。它在电源管理方面进行了改进，引入了简单的密码保护安全方案。另外还引入了 S.M.A.R.T（Self－Monitoring Analysis and Reporting Technology，自监测、分析和报告技术），它会对磁头、盘片、电动机、电路等硬盘部件进行监测，把其运行状况和历史记录同预设的安全值进行分析、比较。当超出了安全值的范围时，会自动向用户发出警告，进而对硬盘潜在故障做出有效预测，提高了数据存储的安全性。

从 ATA－4 接口标准开始正式支持 Ultra DMA 数据传输模式，因此也习惯称 ATA－4 为 Ultra DMA 33 或 ATA33。首次在 ATA 接口中采用了 Double Data Rate（双倍数据传输）技术，让接口在一个时钟周期内传输数据两次，时钟上升期和下降期各有一次数据传输，这样数据传输速率便从 16MB/s 提升至 33MB/s。Ultra DMA 33 还引入了冗余校验技术（CRC），对于高速传输数据的安全性有着极有力的保障。

ATA－5 也就是 Ultra DMA 66，也叫 ATA66，Ultra DMA 66 的数据传输速率达到 66.6MB/s，是 Ultra DMA 33 的两倍。它保留了上代 Ultra DMA 33 的核心技术——冗余校验技术（CRC）。Ultra DMA 66 接口开始使用 40 针 80 芯的电缆，40 针是为了兼容以往的 ATA 插槽，降低成本的增加。80 芯中新增的都是地线，与原有的数据线一一对应，这种设计可以降低相邻信号线之间的电磁干扰。

ATA－6 也叫 ATA100，ATA100 接口也是使用 40 针 80 芯的数据传输电缆，并且 ATA100 接口完全向下兼容，支持 ATA33、ATA66 接口的设备完全可以继续在 ATA100 接口中使用。ATA100 接口的数据传输速率达到 100MB/s。

ATA－7 也叫 ATA133。只有迈拓公司推出了一系列采用 ATA133 标准的硬盘，这是第一种在接口速度上超过 100MB/s 的 IDE 硬盘。

SATA 1.0 的数据传输速率达到 150MB/s。SATA 总线使用嵌入式时钟信号，具备了更强的纠错能力，能对传输指令（不仅仅是数据）进行检查，如果发现错误会自动校正，这在很大程度上提高了数据传输的可靠性。串行接口还具有结构简单、支持热插拔的优点。

SATA 2.0 包括 6 个规范，即数据传输速率达到 3Gbit/s、NCQ（原生命令排序，即可以重新

排列硬盘接收到的指令以改进性能）、Staggered Spin - up（交错启动）、Hot Plug（热插拔）、Port Multiplier（端口复用技术）及eSATA（外部SATA）。

2009年5月，SATA 3.0标准发布，也就是SATA 6Gbit/s。2011年7月升级为SATA 3.1，2013年8月升级为SATA 3.2，2016年2月升级为SATA 3.3，一直在加入新的特性，优化设备支持。2018年6月宣布推出SATA 3.4，重点引入了设备状态监视、清理任务执行等特性，对性能影响极小。

7.8.2 USB接口

USB（Universal Serial Bus，通用串行总线）不是一种新的总线标准，而是应用在PC领域的接口技术。USB是在1994年底由Intel、康柏、IBM、Microsoft等多家公司联合提出的。

目前主板中主要是采用USB 1.1和USB 2.0，各USB版本间能很好地兼容。USB用一个4针插头作为标准插头，采用菊花链形式可以把所有的外设连接起来，最多可以连接127个外部设备，并且不会损失带宽。

USB具有传输速度快（USB 1.1的是12Mbit/s，USB 2.0的是480Mbit/s，USB 3.0的是500Gbit/s）、使用方便、支持热插拔、连接灵活、独立供电等优点，可以连接鼠标、键盘、打印机、扫描仪、摄像头、闪存盘、MP3、手机、数码相机、移动硬盘、外置光驱、USB网卡、ADSL Modem、Cable Modem等几乎所有的外部设备。

USB规范不断更新，从USB 1.0到USB 4.0的提出，每次迭代升级，其功能和性能都会有跃进式的提升。

USB传输协议是于1994年由Compaq、DEC、IBM、Intel、Microsoft、NEC及Nortel等多家公司联合提出研发和制定的，后来这几家公司于1995年建立了一个推广和支援USB的非营利性组织USB - IF，也就是现在的USB标准化组织。

USB - IF于1998年9月发布了USB 1.1规范，其高速方式的传输速率为12Mbit/s，低速方式的传输速率为1.5Mbit/s，最多支持127台设备，具有热插拔和即插即用能力，可进行同步和异步数据传输，线缆最长5m，内置电源/低压配电装置。

2000年4月，USB 2.0标准出台，它含有USB 1.0和USB 1.1的所有功能，完全向后兼容USB 1.0和USB 1.1。它的传输速率达到了480Mbit/s，可以满足大多数外设的速率要求。从USB 2.0开始，USB - IF就展现出其在改名方面的“独特天赋”。

2008年11月，由Intel、微软、惠普、德州仪器、NEC、ST - NXP等业界巨头组成的USB 3.0 Promoter Group完成了USB 3.0标准并公开发布。USB Promoter Group主要是对USB系列标准的开发和制定，标准最终会移交给USB - IF来管理。USB 3.0的最大传输速率达到5.0Gbit/s，即640MB/s，最大输出电流为900mA，向下兼容2.0，并且支持全双工数据传输（即可以同时接收数据和发送数据，USB 2.0是半双工），拥有更好的电源管理能力等特性。

2013年7月，USB 3.1发布，传输速率提升到了10Gbit/s（1280MB/s），同时将供电的最高允许标准提高到了20V/5A，即100W。

2017年9月，USB 3.2发布，在USB Type - C下支持双10Gbit/s通道传输数据，传输速率可达20Gbit/s（2500MB/s），最大输出电流是5A，其他方面有微小改进。

2019年9月，USB Promoter Group发布了USB 4规范标准，该标准具有40Gbit/s的最大传输速率，有动态的带宽资源分配能力，均支持目前主流的快充协议——USB Power Delivery（USB PD）。

思考题与习题

1. 计算机I/O系统的功能是什么？它由哪几个部分组成？

2. I/O硬件包括哪几个部分？各部分的作用是什么？

3. 什么是用户I/O程序？什么是设备驱动程序？什么是设备控制程序？

4. 说明设计I/O系统的3个要素的具体内容。

5. 说明主机与I/O设备间的3种连接方式（总线型方式、通道方式及I/O处理机方式）的优缺点。

6. 什么是I/O接口？I/O接口有哪些功能？接口有哪些类型？

7. 什么是I/O端口？I/O端口有哪些编址方式？各自的特点是什么？

8. 程序查询方式、程序中断方式和DMA方式各适用于什么范围？

9. 什么是程序查询I/O传送方式？以图7.5为例说明其工作过程。

10. 简述中断处理的过程，指出其中哪些工作是由硬件实现的，哪些是由软件实现的。

11. 程序中断方式的作用可以归纳为哪几个方面。

12. 以图7.8为例，说明程序中断方式的操作过程。

13. 说明中断向量地址和中断服务程序入口地址之间的关系。

14. 在什么条件下，I/O设备可以向CPU提出中断请求？

15. 在什么条件和什么时间，CPU可以响应I/O的中断请求？

16. 什么叫中断隐指令？中断隐指令有哪些功能？

17. 现有A、B、C、D这4个中断源，其优先级由高向低按A、B、C、D顺序排列。若中断服务程序的执行时间为20μs，根据图7.32所示的时间轴给出的中断源请求中断时刻，画出CPU执行程序的轨迹。

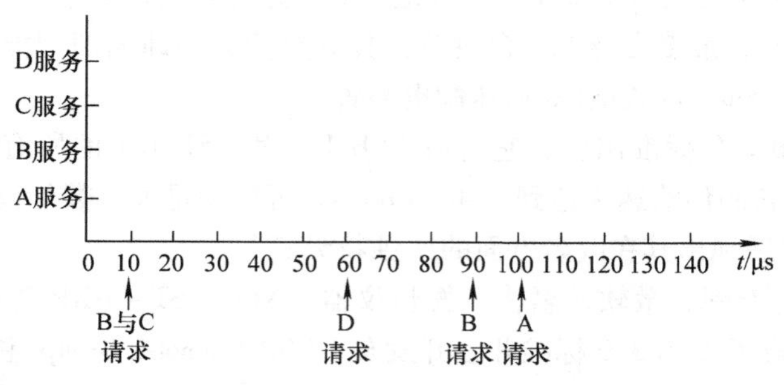

图7.32　题17的中断源请求时间轴

18. 在向量方式的中断系统中，为什么外设接口将中断向量放在数据总线上，而不放在地址总线上？

19. 什么是多重中断？实现多重中断的必要条件是什么？

20. 假设某外设向CPU传送信息的最高频率为40kHz，而相应的中断处理程序的执行时间为40μs，问该外设是否可以采用中断方式工作？为什么？

21. 设某机有5级中断，即L_0、L_1、L_2、L_3、L_4，其中断响应的优先次序从高到低依次为$L_0 \rightarrow L_1 \rightarrow L_2 \rightarrow L_3 \rightarrow L_4$，现在要将其中断处理次序改为$L_1 \rightarrow L_0 \rightarrow L_3 \rightarrow L_2 \rightarrow L_4$，试问：

（1）表7.3中各级中断处理程序的各中断级屏蔽位如何设置（每级对应一位，该位为“0”

表示允许中断，该位为“1”表示屏蔽中断）。

（2）若这5级中断同时发出中断请求，按更改后的次序画出进入各级中断处理程序的过程示意图。

表7.3 题21的各级中断处理程序的各中断级屏蔽位

中断处理程序	中断处理级屏蔽位				
	L_0级	L_1级	L_2级	L_3级	L_4级
L_0中断处理程序					
L_1中断处理程序					
L_2中断处理程序					
L_3中断处理程序					
L_4中断处理程序					

22. DMA接口由哪些逻辑电路组成？各逻辑电路的作用是什么？

23. 简述DMA传送的工作过程。

24. 什么是DMA传送方式？试比较常用的3种DMA传送方式的优缺点。

25. 有一个磁盘存储器，转速为3000r/min，每个磁道分8个扇区，每个扇区存储1KB数据。主存与磁盘传送数据的宽度为16位，假如一条指令的最长执行时间为32μs，那么是否可以采用指令结束时响应DMA请求的方案？为什么？假如不行，应采用什么方案？

26. 用多路DMA控制器控制磁盘、磁带、打印机同时工作。磁盘、磁带、打印机分别每隔30μs、40μs、120μs向DMA接口发出DMA请求。它们的优先级依次为磁盘→磁带→打印机。请画出多路DMA控制的工作时序图。

27. 说明通道的功能及工作过程。

28. 通道有哪些基本类型？各有何特点？

29. 什么是通道指令？它与CPU指令有何区别？它们的执行过程相同吗？

30. 在通道控制方式下，I/O操作由通道控制，以达到CPU和I/O设备的并行操作，试问：

（1）当通道正在进行I/O操作时，CPU能否响应其他中断请求？

（2）若CPU能响应其他中断请求，是否会影响正在进行的I/O操作？

31. I/O处理机和外围处理机的功能有何差别？

32. 什么叫总线？它有什么用途？试举例说明。

33. 总线具有哪些特性？

34. 总线具有哪些性能指标？

35. 为什么要制定总线标准？目前，在微机上使用的总线标准有哪些？

36. 按总线所处的物理位置可将总线分为哪几类？

37. 总线使用的控制包括哪些内容？

38. 集中式总线仲裁有哪几种？各自的特点是什么？

39. 总线周期包括哪几个阶段？

40. 总线同步定时方式与异步定时方式的主要区别是什么？

41. 在一个16位的总线系统中，若时钟频率为100MHz，总线周期为5个时钟周期传输一个字，试计算总线的数据传输速率。

42. SATA接口的功能是什么？请上网搜索目前ATA接口的性能指标。

43. USB接口的功能是什么？请上网搜索目前USB接口的性能指标。

第 8 章　I/O　设　备

I/O 设备是计算机系统与外界交换信息的装置。没有它们，人们就无法向计算机输入信息，也无法从计算机获得信息。因此 I/O 设备是计算机系统中的一个非常重要的组成部分。在整个计算机系统中，随着集成电路的发展，CPU 和主存的造价降低，而 I/O 设备的造价在硬件系统中所占的比例却越来越大，已经超过 80%，而且这一趋势还将继续下去。本章主要介绍几种常用 I/O 设备的逻辑结构及操作过程。

8.1　概述

随着计算机应用的不断普及，不同的应用场合需要不同种类的 I/O 设备，这就使得 I/O 设备的种类呈现出多样化的发展趋势。

8.1.1　I/O 设备的分类

按 I/O 设备的功能及作用可以将它们划分为以下 5 类。

1. 输入设备

输入设备能将人们所熟悉的外部信息输入计算机的主机中，变成计算机能够识别和处理的信息形式。

目前常用的输入设备有键盘、鼠标、扫描器、数字化仪、操纵杆、条形码扫描器、磁卡输入设备、语音输入设备、摄像机、图形输入板等。

2. 输出设备

输出设备将计算机处理后的结果以人们所熟悉的信息形式呈现出来。

目前常用的输出设备有显示器、打印机、绘图机、语音输出设备等。

3. 外存

外存是计算机主机之外的存储器，主要有磁盘、磁带、光盘、U 盘等。

4. 终端设备

终端设备是通过通信线路与主机相连的设备，它通常由输入设备、输出设备和终端控制器组成。用户通过终端设备在一定距离之外操作计算机，输入信息，获得结果。利用终端设备，可使多个用户同时共享计算机系统资源。

按是否有数据处理能力可将终端分为哑终端和智能终端。哑终端是只负责输入/输出的终端，没有数据处理能力；智能终端有自己的控制器、运算器和存储器，对数据具有处理能力。

按与主机距离的远近可将终端分为远程终端和本地终端。远程终端是与主机距离较远的终端，它往往要通过公共通信线路与主机交换信息；本地终端是与主机距离较近的终端，如在一个计算中心的机房中的终端。

按通用性可将终端分为专用终端和通用终端。专用终端是指专门用于某一领域的终端，它仅能完成该领域所要求的功能；通用终端则适用于各个领域。

5. 其他外部设备

由于计算机应用领域十分广泛，因此外部设备也多种多样。除了上述 4 种外部设备外，其他

都属于这一类。例如，应用于过程控制的智能仪表、传感器、A/D 转换器和 D/A 转换器等，还有应用于其他领域的专用设备等。

8.1.2　主机对 I/O 控制的 4 个层次

主机对 I/O 设备的控制可通过以下 4 个层次来进行。

1. 调用 I/O 设备的用户界面

用户界面一般由操作系统提供。操作系统屏蔽了各类外设的控制细节，提供了统一且方便的操作界面，便于用户编写 I/O 程序。例如，早期的 DOS 系统设置了一组系统功能调用，其中包括对 I/O 设备的调用，编程时可用软中断指令 INT n 进行调用。目前使用的 Windows 系统则提供了一组 API（Application Programming Interface，应用程序接口，Windows 系统提供给用户进行系统编程和外设控制的强大的函数库）对 I/O 设备进行操作。

2. 设备驱动程序

设备驱动程序是管理某个外围设备的一段代码，它负责传输数据、控制特定类型的物理设备的操作，包括开始和完成 I/O 操作、处理中断和执行设备要求的任何错误处理。

在计算机系统中，与外围硬件设备紧密相关的软件就是设备驱动程序。它是用来扩展操作系统功能的一类软件，通常工作于操作系统的核心层，直接操作硬件。设备驱动程序增强了操作系统的安全性和应用程序设计的灵活性。

DOS 操作系统中的 BIOS（Basic Input – Output System，基本输入/输出系统）包含了一组常规 I/O 设备的驱动程序。在系统的发展中又扩展了一些 I/O 设备，这些设备的驱动程序以磁盘文件的形式存储在磁盘中，需要时可由磁盘装入主存。由于 Windows 操作系统支持即插即用（Plug – and – Play），因此设备驱动程序都可以在系统启动后安装加载。

3. 设备控制程序

设备控制程序就是驱动程序中具体对设备进行控制的程序。设备控制程序通过接口控制逻辑电路，发出控制命令字。命令字代码的各位表达了要求 I/O 设备执行操作的控制代码，由硬件逻辑解释执行，发出控制外设的有关控制信号。

目前，在一些 I/O 设备控制器中，采用了微处理器和半导体存储器，并将控制程序固化在 ROM 中，由微处理器执行。这样的设备控制器称为智能控制器。

4. I/O 设备的具体操作

I/O 设备接收到控制器的控制信号后，根据控制信号执行有关操作。

8.2　键盘

键盘是计算机系统中不可缺少的输入设备，人们通过它可以向计算机输入多种信息。

8.2.1　键开关与键盘类型

键盘上有许多按键，曾出现过 83 键、93 键、96 键、101 键、102 键、104 键、107 键等。其中，每个按键都起一个开关的作用，所以又称为键开关。键开关分为接触式和非接触式两大类。

常见的接触式键开关是机械式的，它靠按键的机械动作控制开关的开启。当键被按下时，触点接通；当键被释放时，触点断开。这种键开关的结构简单，成本低，但开关通断会产生抖动。早期的键盘几乎都是采用接触式开关的机械式键盘，这种键盘按键行程长、按键阻力变化快捷清脆，手感很接近打字机键盘，但机械弹簧很容易损坏，而且电触点会在长时间使用后氧化，导致按键失灵。

非接触式键开关内部没有机械接触，它们不依靠导电触点的机械式连通来获得按键信号，而是依靠按键本身的电参数变化来获得按键信号。主要的非接触式键盘有电阻式键盘和电容式键盘。其中，电容式键盘由于工艺更加简单，成本更低，所以得到普遍应用。与机械式键盘相比，它最大的两个特点是使用弹性橡胶制作的弹簧取代了机械金属弹簧，以及由机械键盘的电连通转换为通过按键底部和键盘底部的两个电容极板距离的变化带来的电容量变化来获得按键的信号。

按照键码的识别方法可将键盘分为编码键盘和非编码键盘。

编码键盘是用硬件电路识别按键代码的键盘。当某个键被按下时，硬件电路会产生对应的按键代码（如 ASCII 码）并送主机识别和处理。编码键盘的优点是响应速度快，缺点是结构复杂。

非编码键盘利用较简单的硬件和专门的键盘扫描程序来识别按键的位置，然后由 CPU 将位置码经过查表程序转换成相应的编码信息。这种方法的响应速度不如编码键盘快，但结构简单。它可通过软件编程为键盘中某些键的重新定义提供更大的灵活性，因此得到广泛的应用。

8.2.2　编码键盘的工作原理

下面以 8×8 键盘为例，说明硬件编码键盘的工作原理，框图如图 8.1 所示。

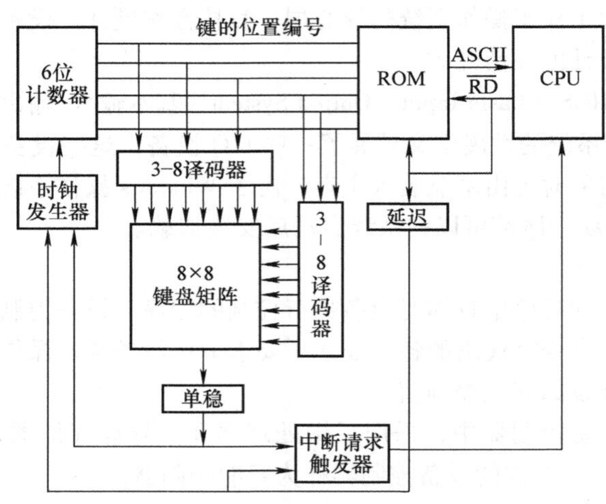

图 8.1　硬件编码键盘的工作原理框图

编码键盘的工作过程如下。

6 位循环计数器的输出通过两个 3－8 译码器反复对 8×8 键盘矩阵中的所有键逐个进行扫描，当扫描到某个被按下的键时，电信号通过接通的触点传到单稳电路，产生一个脉冲信号。该信号有两个作用，一是通过时钟发生器去停止计数器，此时计数器的输出就是所按下键的位置编号，用这个编号作为只读存储器（ROM）的地址，选中单元的内容就是按下键字符对应的 ASCII 码。实际上，只读存储器中存储的就是对应各个键字符的 ASCII 码。二是通过中断请求触发器向 CPU 发出中断请求，CPU 响应中断请求后，在中断服务程序中通过一条读命令将只读存储器当前选中单元的内容读出，送入 CPU 的寄存器。CPU 的读入命令即可作为读出 ROM 内容的片选信号，并且经一段延迟后，又可用来复位中断请求触发器，并重新启动 6 位循环计数器继续进行扫描。

8.2.3　非编码键盘的工作原理

非编码键盘是通过执行键盘扫描程序对键盘矩阵进行扫描的，以识别按键的行列位置。若对

主机工作速度要求不高，可由 CPU 自己执行键盘扫描程序。按键时，键盘向主机提出中断请求，CPU 响应后转去执行键盘中断服务程序，由键盘服务程序完成键盘扫描、键码转换及预处理等。若对主机的工作速度要求较高，希望尽量少占用 CPU 处理时间，可在键盘中设置一个单片机，由它负责执行键盘扫描程序、预处理程序，再向 CPU 申请中断以送出扫描码。现代计算机的通用键盘大多采用此种方案。

软件扫描通常采用行扫描和行列扫描两种方法。

行扫描是指 CPU 通过数据线输出代码，送往行线。从第 0 行开始，第 0 行输出为 0，其他行输出为 1，接着第 1 行输出为 0，其他行输出为 1，以此类推进行扫描，将列线输出取回至 CPU，判别其中是否有一位为 0，是哪一位为 0。假定按下的键将第 2 行第 3 列接通，则当第 2 行行线为 0 时，第 3 列列线也为 0，其余各列线为 1。由此可知按键位置，即位置码（扫描码），再查表转换为对应的键码。

行列扫描指的是 CPU 通过数据线输出代码，先逐列为 1 地步进扫描，读入行线的状态，测试是哪一列为 1 时行线输出为 1，从而判别按键的列号，记录列号。再逐行为 1 地步进扫描，判别按键的行号，记录行号。将行号和列号组合，即可得到按键的位置编码。

下面以 PC/XT 键盘为例说明非编码键盘的工作原理，如图 8.2 所示。

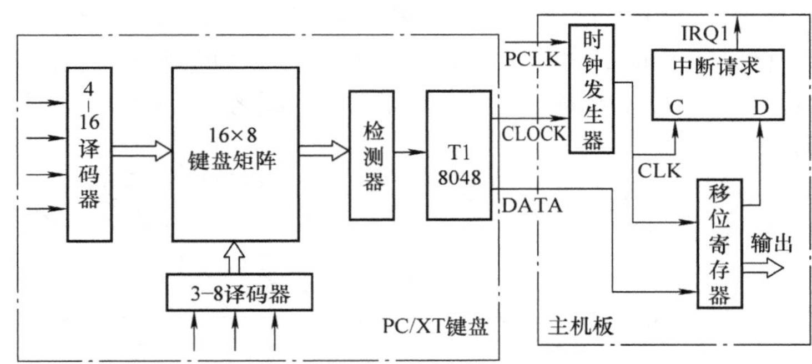

图 8.2　PC/XT 键盘的工作原理框图

PC/XT 键盘的工作过程如下。

1）初始化：主机发出复位信号，禁止键盘送出键码，同时复位键盘接口中的移位寄存器和中断请求触发器，为接收键码做准备。

2）键盘进行行列扫描：键盘中的 8048 单片机执行行列扫描程序，获取按键的扫描键码。8048 中有一个 20B 的缓冲区，可以暂存 20 个扫描键码，以免高速按键时主机来不及处理。8048 的扫描程序还具有重键处理、去抖动、延时自动连发等功能。

3）送出键码，发中断请求：主机撤销复位信号后，8048 单片机送出键码。键码由一个标志位和 8 个数据位组成，在键盘时钟信号的控制下串行输出。接口收到键码后发出中断请求信号。

4）主机执行中断服务程序：主 CPU 在中断服务程序中取出键码，然后发出键盘复位信号对接口进行初始化，允许键盘送来下一个键码，存入键盘缓冲队列。最后，通过查表将扫描键码转换为 ASCII 码，完成后返回主程序。

在扫描键盘过程中，应注意解决以下问题。

1）键抖动。

在键被按下或抬起的瞬间会产生机械抖动，一般持续几毫秒到十几毫秒。在扫描键盘的过程中，必须想办法消除这种抖动。消除这种抖动最简单的方法是用软件延时，当发现键被按下时，延时20ms后再去检测按键的状态。

2）防止按一次键而进行多次处理。

为了防止这种情况的发生，必须保证按一次键，CPU只对该键处理一次。这样，就必须要求键扫描程序不但要检测键是否被按下，还要检测按下的键是否被释放。只有当按下的键被释放后，程序才能继续往下执行。

8.3 显示器

显示器是将电信号转换成视觉信号的一种输出设备。由于显示器输出的内容不能长期保存，当关掉显示器电源或显示别的内容时，原有显示内容会立即消失，所以常将显示器显示的内容叫软拷贝。按显示器件的不同，将常用的显示器分为阴极射线管（CRT）显示器、液晶显示器（LCD）和等离子显示器（PD）。本节主要讲述这3类显示器的工作原理。

8.3.1 CRT显示器

随着计算机技术的不断发展，CRT显示器技术也在飞速发展，从20世纪80年代到现在，CRT显示器的分辨率已从320像素×200像素发展到现在的1920像素×1440像素；点距从0.6mm以上发展到现在的0.2mm；显示尺寸从12in发展到现在的20in以上；显示屏幕也越来越平面化。目前的CRT显示器已朝着高分辨率、高亮度、平面化、低辐射、大屏幕等方向发展。

1. CRT显示原理

CRT是一个漏斗形的电真空器件，由电子枪、荧光屏及偏转装置组成，如图8.3所示。

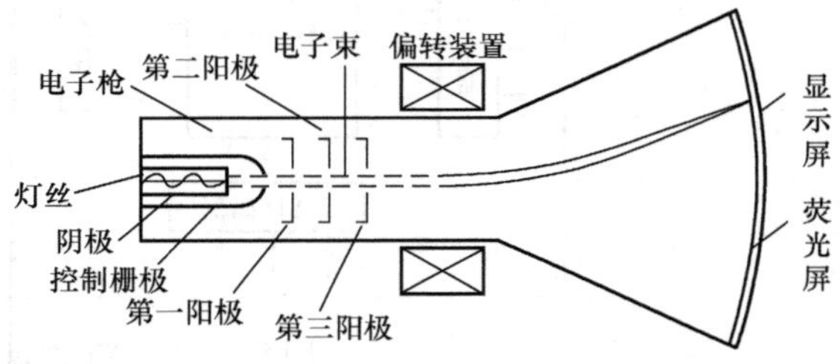

图8.3　CRT结构示意图

电子枪由灯丝、阴极、控制栅极、第一阳极（加速阳极）、第二阳极（聚焦极）和第三阳极组成。当灯丝加热后，阴极受热而发射电子，控制栅极控制着电子的发射量及发射速度。电子经第一阳极加速，经第二阳极聚焦而形成电子束，在第三阳极的均匀空间电位作用下，使电子束高速射到荧光屏上，荧光粉受电子束的轰击而发出亮点。程序通过控制偏转装置达到控制电子束的轰击点，从而在屏幕上形成所需的字符、图形或图像。

2. CRT显示器的技术指标

（1）点距

点距（Dot Pitch）是最常见的显示器术语之一。它是指显示器的显像管上相邻的两个同色荧光像素点之间的间距。对于采用柱面显像管的显示器，用栅距来表示。从某种意义上讲，点距决定了一台显示器的显示效果。点距越小，显示效果越好。目前CRT显示器的点距通常为0.26mm、0.25mm、0.24mm、0.21mm和0.2mm。

（2）分辨率

分辨率（Resolution）是显示器的显像管上所有像素点的一个量化指标，它定义了显示器的画面解析度，其通常用水平方向的像素点数与垂直方向的像素点数的乘积来表示。每台显示器通常都有多种分辨率模式，如640像素×480像素、800像素×600像素、1024像素×768像素等，但其最大分辨率是由点距和显像管面积决定的。目前，最大分辨率有1280像素×1024像素、

1600 像素 ×1200 像素、1920 像素 ×1440 像素等。

（3） 扫描方式

CRT 显示器的扫描方式有隔行扫描和逐行扫描两种。前者多出现在早期产品中，指显像管在显示一幅图像时，电子枪先扫描奇数行，全部完成后再扫描偶数行，因此每幅画面需扫描两次才能完成，造成画面闪烁较大，现已基本淘汰。而逐行扫描是从屏幕左上角的第一行起逐行扫描，显示一幅图像只需扫描一次，显示效果好，现已成为技术主流。

（4） 显示器大小

人们习惯用多少英寸来表示显示器的大小，实际上指的是显像管的对角线长度。目前常用的有 17in、19in 等。

（5） 场频

场频（Vertical Scanning Frequency）也称为垂直扫描频率或刷新频率，指显示器每秒所能显示的图像次数，以赫兹（Hz）作为单位。场频是表征显示器性能的一个重要指标，场频越大，图像刷新的次数越多，带给视觉的闪烁感就越小。目前典型的场频为 50 ~ 160Hz，但它还与分辨率密切相关。例如，当分辨率为 640 像素 ×480 像素时，某显示器的场频为 100Hz；而当分辨率为 1024 像素 ×768 像素时，某显示器的场频降为 60Hz。

（6） 行频

行频（Horizontal Scanning Frequency）也称为水平扫描频率，指的是显像管的电子枪每秒在荧光屏上扫描过的水平线的数量，其数值等于垂直方向像素数与场频的乘积，以千赫兹（kHz）为单位。行频也是表示显示效果的一个指标，体现了显示器的最大分辨率和刷新速度。目前行频通常为 30 ~ 70kHz。

（7） 带宽

带宽（Band Width）指的是显像管电子枪每秒钟所扫描的像素点的数量，其数值等于水平像素点数 × 垂直像素点数 × 场频 × 额外损耗，以兆赫兹（MHz）作为单位。带宽比行频更能反映显示器的性能，带宽越宽，预示着分辨率及场频也越大，即表示它所能处理的频率越高，图像的失真越小，图像的质量越好。目前，显示器的带宽通常为 110 ~ 360MHz。

（8） 控制方式

所谓的数控彩显或模拟彩显，指的是显示器的亮度，对比度，上、下、左、右等的调节所采用的方式。数控方式指的是上述这些调节按钮是用数字控制的，而模拟方式则是通过手动来调节的。

3. 字符显示器

字符显示器显示字符的方法是以点阵为基础的。点阵是由 $m \times n$ 个点组成的阵列，并以此来构造字符。如图 8.4 所示，有点表示“1”，无点表示“0”，则字符“F”的点阵用二进制表示出来为 9B 的数据，即 1111111、0100000、0100000、0100000、0111110、0100000、0100000、0100000、0100000。将所有字符的点阵存入由 ROM 构成的字符发生器中，在 CRT 进行光栅扫描的过程中，从字符发生器中依次读出某个字符的点阵，按照点阵中 0 和 1 代码的不同控制扫描电子束的开或关，从而在屏幕上显示出字符。

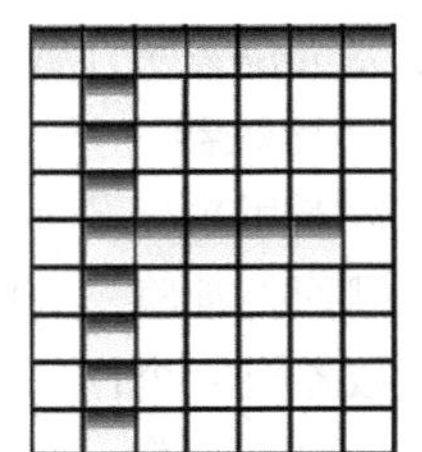

图 8.4 “F”的 7×9 点阵字形

图 8.5 为字符显示器原理图，其中的主要组成部分如下。

（1） 显示存储器（刷新存储器）

显示存储器（VRAM）存放欲显示的一屏字符的 ASCII 码。例如，显示器一屏最多能显示 80 列×25 行＝2000 个字符，那么显示存储器的容量就是 2000B（字符编码 7 位，闪烁 1 位，构成 1B），每个字符所在存储单元的地址与字符在荧光屏上的位置一一对应。它受字计数器及排计数器的控制。

（2）字符发生器

字符发生器（ROM）中存放的是所有字符的 7×9 点阵字形码。它的单元地址为所存点阵字符的 ASCII 码及行计数器值的组合。所存内容为对应字符对应行的点阵。它的输出为一行点阵信息。

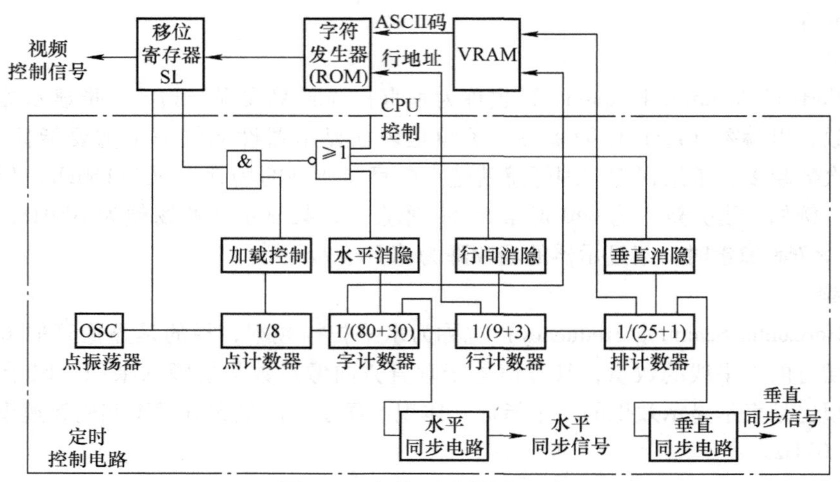

图 8.5　字符显示器原理图

（3）移位寄存器

移位寄存器在点计数器的控制下，与点脉冲同步，对字符发生器送来的一行点阵信息进行左移，产生视频点控制信号。同时，移位寄存器还要受水平消隐、行间消隐、垂直消隐及 CPU 的控制。

（4）点振荡器

点振荡器用于产生点脉冲，以及同步点计数器的计数、移位寄存器的移位等。

（5）点计数器

点计数器记录每个字符的横向光点，用于控制移位计数器及字计数器。由于每个字符横向占 7 个光点，字符间留一个光点作为间隙，共占 8 个光点，故点计数器为模 8 计数器，计满 8 个点向字计数器进位，字计数器增 1。点计数器每计数一次，控制移位计数器左移一位。

（6）字计数器

字计数器用来记录屏幕上每排的字符数。若每排显示 80 个字符，两边失真各占 5 个字符的位置，光栅回扫消隐占 20 个字符的显示时间，总计 80＋10＋20＝110，则字计数器为模 110 计数器。字计数器有 4 个作用：一是在计数过程中要控制从显示存储器向字符发生器输出 ASCII 码；二是要控制水平消隐，使移位寄存器在屏幕两边失真区及光栅回扫时不移位；三是要通过水平同步电路控制 CRT 的偏转装置，使字符在屏幕的指定位置显示；四是计满 110 就归零，向行计数器进位。

（7）行计数器

行计数器用来记录每个字符的 9 行光栅地址，外加每排字的 3 行间隔，总计 9＋3＝12，则行

计数器为模 12 计数器。行计数器有 3 个作用：一是用来控制字符发生器每个字符的行地址；二是控制行间消隐，使移位寄存器在每排字的 3 行间隔间不移位；三是计满 12 后归零，向排计数器进位。

（8）排计数器

排计数器用来记录每屏字符的排数。若屏幕显示 25 排，考虑屏幕上下失真空一排，加起来共 26 排，即排计数器为模 26 计数器。排计数器有 3 个作用：一是和字计数器一起作为显示存储器的地址信号；二是控制垂直消隐，使移位寄存器在屏幕上下失真区域禁止移位；三是通过垂直同步电路控制 CRT 的偏转装置，使显示字符在屏幕上垂直定位。

4. 图形显示器

下面以某彩色图形显示器为例讲述图形显示器的基本原理。设该彩色显示器的分辨率为 640 像素 ×480 像素，可显示的颜色数量为 16 种。

在彩色图形显示器中，经常用彩色位平面的存储结构表示点的颜色信息。在一个彩色位平面中，屏幕中的每一个点都只用一位来表示，这样对于分辨率为 640 像素 ×480 像素的显示器来说，一个彩色位平面就应该包含 640 ×480 位。一个彩色位平面无法表示出点的颜色，要表示 16 种颜色就必须要用 4 位来表示一个点，这样就需要同样大小的 4 个彩色位平面才行。使用 4 个彩色位平面的同一位（共 4 位）表示该位置指定点的 16 种颜色。

对于分辨率为 640 像素 ×480 像素、颜色数量为 16 种的显示器，要存储屏幕上每一点的彩色信号，需要 VRAM 的容量为 4 ×640 ×480bit，即 4 ×80 ×480B。

图 8. 6 为彩色 CRT 控制逻辑框图。

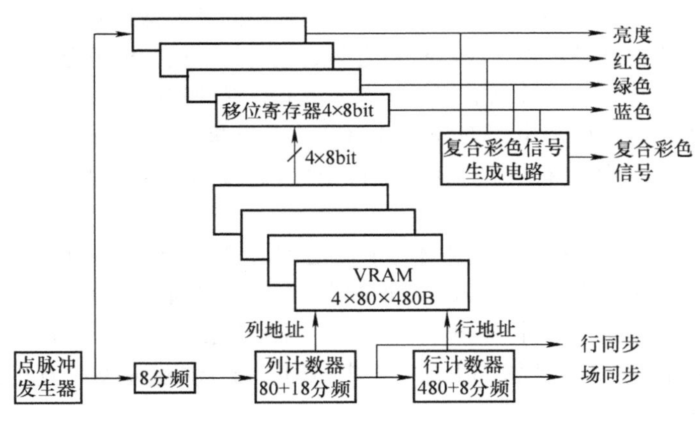

图 8. 6　彩色 CRT 控制逻辑框图

点脉冲发生器产生的点脉冲一方面用来同步移位寄存器；另一方面经 8 分频后产生字节脉冲，控制列计数器的计数。

列计数器又称为字节计数器，它每计数一次，作为 VRAM 的列地址就访问 VRAM 一次，从 4 个位平面中各读出一个字节（8 个点），送往移位寄存器。在点脉冲信号的同步控制下，串行输出形成亮度信号与红、绿、蓝 3 色信号，它们组合起来形成 16 种颜色之一。列计数器为模 98 计数器，计满 98 次向行计数器送行脉冲及行同步信号，然后归零。它从 0 计数到 79，光栅从左到右扫描屏幕一行，正好显示 640 个点，另外 18 次计数作为行线逆程回扫时间，做消隐处理。

行计数器为模 488 计数器，它的计数值作为 VRAM 的行地址。行计数器的值从 0 变化到 479，正好对应显示满屏幕的 480 行。另外 8 次计数对应于场逆程回扫，做消隐处理。行计数器计满

488 次产生一个场同步信号。

VRAM 的地址由列计数器的列号和行计数器的行号决定，即 VRAM 的地址 = 行号 ×80 + 列号。

8.3.2　液晶显示器

液晶显示器（Liquid Crystal Display，LCD）是一种采用了液晶控制透光度技术来实现色彩的显示器。与传统的 CRT 显示器相比，液晶显示器具有轻薄短小、耗电量低、无辐射、影像稳定不闪烁等优点。目前，液晶显示器正在逐渐取代 CRT 显示器的主流地位。

1. 液晶的物理特性

液晶的物理特性是当通电时排列变得有秩序，使光线容易通过；不通电时排列混乱，阻止光线通过。这样液晶就如闸门般地阻隔或让光线穿透。从技术上简单地说，液晶面板包含了两片相当精致的无钠玻璃素材，称为 Substrates，中间夹着一层液晶。当光束通过这层液晶时，液晶本身会排列得有秩序或呈不规则状，因而使光束顺利通过或被阻隔。

2. 单色液晶显示器的原理

从液晶显示器的结构来看，无论是笔记本计算机还是台式计算机，采用的 LCD 都是具有不同部分的分层结构。LCD 由两块玻璃板构成，厚约 1mm，中间由 5μm 的液晶（LC）材料隔开。因为液晶材料本身并不发光，所以在显示屏两边都设有作为光源的灯管，而在液晶显示屏背面有一块背光板（或称匀光板）和反光膜。背光板是由荧光物质组成的，可以发射光线，其作用主要是提供均匀的背景光源。背光板发出的光线在穿过第一层偏振过滤层之后进入包含成千上万个水晶液滴的液晶层。液晶层中的水晶液滴都被包含在细小的单元格结构中，由一个或多个单元格构成屏幕上的一个像素。在玻璃板与液晶材料之间是透明的电极，电极分为行和列，在行与列的交叉点上，通过改变电压而改变液晶的旋光状态，液晶材料的作用类似于一个个小的光阀。液晶材料周边是控制电路部分和驱动电路部分。当 LCD 中的电极产生电场时，液晶分子就会产生扭曲，从而将穿越其中的光线进行有规则的折射，然后经过第二层过滤层的过滤在屏幕上显示出来。

LCD 技术是把液晶灌入两个列有细槽的平面之间。这两个平面上的槽互相垂直（相交成 90°）。也就是说，若一个平面上的分子南北向排列，则另一平面上的分子东西向排列，而位于两个平面之间的分子被强迫进入一种 90°扭转的状态。由于光线顺着分子的排列方向传播，所以光线经过液晶时也被扭转 90°。但当液晶上加一个电压时，分子便会重新垂直排列，使光线能直射出去，而不发生任何扭转。

LCD 依赖于极化滤光器（片）和光线本身。自然光线是朝四面八方随机发散的。极化滤光器实际是一系列越来越细的平行线。这些线形成一张网，阻断不与这些线平行的所有光线。极化滤光器的线正好与第一个垂直，所以能完全阻断那些已经极化的光线。只有两个滤光器的线完全平行，或者光线本身已扭转到与第二个极化滤光器相匹配，光线才得以穿透。

LCD 正是由这样两个相互垂直的极化滤光器构成的，所以在正常情况下应该阻断所有试图穿透的光线。但是，由于两个滤光器之间充满了扭曲液晶，所以在光线穿出第一个滤光器后，会被液晶分子扭转 90°，最后从第二个滤光器中穿出。另一方面，若为液晶加一个电压，分子又会重新排列并完全平行，使光线不再扭转，所以正好被第二个滤光器挡住。总之，加电将光线阻断，不加电则使光线射出。

然而，改变 LCD 中的液晶排列，可以使光线在加电时射出，在不加电时被阻断。但由于计算机屏幕几乎总是亮着的，所以只有“加电将光线阻断”的方案才能达到最省电的目的。

3. 彩色 LCD 的工作原理

对于笔记本计算机或者桌面型 LCD 需要采用的更加复杂的彩色显示器而言，还要具备专门处理彩色显示的色彩过滤层。通常，在彩色 LCD 面板中，每一个像素都是由 3 个液晶单元格构成的，其中每一个单元格前面都分别有红色、绿色或蓝色的过滤器。这样，通过不同单元格的光线就可以在屏幕上显示出不同的颜色。

4. 应用于液晶显示器的新技术

（1）采用 TFT 型 Active 素子进行驱动

为了创造更优质的画面，新技术采用了独有的 TFT 型 Active 素子进行驱动。大家都知道，异常复杂的液晶显示屏幕中最重要的组成部分除了液晶之外，就要数直接关系到液晶显示亮度的背光板以及负责产生颜色的色滤光镜。在每一个液晶像素上都加装了 Active 素子来进行点对点控制，使得显示屏幕与传统的 CRT 显示屏相比有天壤之别，这种控制模式在显示的精度上会比以往的控制方式高得多。在 CRT 显示屏上会出现图像的品质不良、色渗以及严重抖动的现象，但在加入了新技术的 LCD 上观看时其画面品质却是相当赏心悦目。

（2）利用色滤光镜制作工艺创造色彩斑斓的画面

在色滤光镜主体还没被制作成型以前，就先把构成其主体的材料加以染色，之后再加以灌膜制造。这种工艺要求有非常高的制造水准。但与其他普通的 LCD 相比，用这种工艺制造出来的 LCD，无论是在解析度、色彩特性还是在使用的寿命方面，都有着非常优异的表现，从而使 LCD 能在高分辨率环境下创造色彩斑斓的画面。

（3）低反射液晶显示技术

众所周知，外界光线对液晶显示屏幕具有非常大的干扰，一些 LCD，在外界光线比较强的时候，因为它表面的玻璃板产生反射，而干扰到它的正常显示。因此在室外等一些明亮的公共场所使用时，其性能和可视性会大大降低。不管 LCD 的分辨率多大，若其反射技术没处理好，对实际工作中的应用都是不实用的。单凭一些纯粹的数据来进行说明，其实是一种有偏差地去引导用户的行为。而新款的 LCD 采用的“低反射液晶显示”技术是在液晶显示屏的最外层施以反射防止涂装技术（AR Coat）。有了这一层涂料，液晶显示屏幕所发出的光泽感、液晶显示屏幕本身的透光率、分辨率、防止反射这 4 个方面都得到了更好的改善。

（4）先进的“连续料界结晶矽”液晶显示方式

在一些 LCD 产品中，在观看动态影片的时候会出现画面的延迟现象，这是由于整个液晶显示屏幕的像素反应速度不足所造成的。为了提高像素反应速度，新技术的 LCD 采用目前最先进的 Si TFT 液晶显示方式，具有比旧式 LCD 快 600 倍的像素反应速度。先进的“连续料界结晶矽”技术是利用特殊的制造方式，将原有的非结晶型透明矽电极以平常速率 600 倍的速度下进行移动，从而大大加快了液晶屏幕的像素反应速度，减少了画面出现的延缓现象。

5. 液晶显示器的技术指标

（1）尺寸和显示屏

现在流行的 LCD 的对角线尺寸有 15in、17in、19in、22in、24in 等。

现在的 LCD 均采用薄膜晶体管有源矩阵显示屏（TFT Active Matrix Panel），每一种颜色的像素均由一个 TFT（薄膜晶体管）来控制，数百万个 TFT 构成一个有源矩阵，成为 LCD。

（2）点距

LCD 也有这一指标，点距的大小同样影响 LCD 的分辨率。现在主流的 LCD 点距为 0.27mm、0.282mm、0.283mm 等。

（3）分辨率

LCD的分辨率是指液晶屏制造所固有的像素的列数和行数，一般不能任意修改。分辨率越高，清晰度越好。现在市场中的LCD最佳分辨率可达到1920像素×1200像素。

（4）亮度

亮度是表现LCD发光程度的重要指标，亮度越高，对周围环境的适应能力就越强。亮度的测量单位为坎德拉/平方米（cd/m^2），一般为200~500cd/m^2，越大越好。

（5）对比度

对比度通常指开状态与关状态像素亮度的比值，现在LCD的对比度有800∶1、2000∶1、3000∶1、5000∶1等，越大越好。

（6）显示色彩

LCD的色彩显示数目越多，对色彩的分辨力和表现力就越强，这是由LCD内部的彩色数字信号的位数（bit）所决定的。现在市场中的LCD的色彩数有16.2M、16.7M等。

（7）响应时间

由于液晶材料具有粘滞性，对显示有延迟，响应时间就反映了液晶显示器各像素点的发光对输入信号的反应速度。它由两部分构成，一个是像素点由亮转暗时对信号的延迟时间t_r（又称为上升时间），另一个是像素点由暗转亮时对信号的延迟时间t_f（又称为下降时间），而响应时间为两者之和。现在市场中LCD的响应时间为5ms。

（8）可视角度

可视角度是指站在距LCD表面垂线的一定角度内仍可清晰看见图像的最大角度，这个角度越大越好。现在市场中LCD的可视角度有160°、170°等。

8.3.3　等离子显示器

等离子显示器又称电浆显示器，是继CRT（阴极射线管）显示器、LCD（液晶显示器）后的最新一代显示器，其特点是厚度极薄，分辨率佳。

等离子体显示技术（Plasma Display）的基本原理是，显示屏上排列了上千个密封的小低压气体室（一般都是Xe和Ne的混合物），电流激发气体，使其发出肉眼看不见的紫外光，紫外光击打到后面玻璃上的红、绿、蓝3色荧光体，荧光体就会发出人们所需的彩色光点。

换句话说，就是利用惰性气体（Ne、He、Xe等）放电时所产生的紫外光来激发彩色荧光粉发光，然后将这种光转换成人眼可见的光。等离子显示器采用等离子管作为发光元器件，大量的等离子管排列在一起构成屏幕，每个等离子管对应的每个小室内都充有Ne、Xe气体。在等离子管电极间加上高压后，封在两层玻璃之间的等离子管小室中的气体会产生紫外光激发平板显示屏上的红、绿、蓝三原色荧光粉发出可见光。每个等离子管作为一个像素，由这些像素的明暗和颜色变化组合使之产生各种灰度和彩色的图像，与显像管发光很相似。从工作原理上讲，等离子体显示技术同其他显示方式相比存在明显的差别，在结构和组成方面领先一步。其工作原理类似普通荧光灯和电视彩色图像，由各个独立的荧光粉像素发光组合而成，因此图像鲜艳、明亮、干净而清晰。另外，等离子体显示设备最突出的特点是可做到超薄，可轻易做到40in以上的完全平面大屏幕，而厚度不到100mm（实际上这也是它的一个弱点，即不能做得较小。目前成品最小只有42in，只能面向大屏幕需求的用户和家庭影院等方面）。依据电流工作方式的不同，等离子显示器可以分为直流型（DC）和交流型（AC）两种，而目前研究的多以交流型为主，并可依照电极的安排分为二电极对向放电（Column Discharge）和三电极表面放电（Surface Discharge）两种结构。

8.4 打印机

打印机是计算机系统中主要的输出设备之一，人们使用打印机将计算机的输出信息打印在纸上，便于阅读和保存。通常将能产生永久性记录的设备称为硬拷贝设备。

计算机的打印机种类繁多，按印字原理可以分为击打式和非击打式两类。击打式打印机是利用机械作用使印字机构与色带和纸相撞击而打印信息。针式打印机就是击打式打印机。非击打式打印机是采用电、磁、光、喷墨等物理、化学方法印刷信息。激光打印机、喷墨打印机、静电印字机等都属于非击打式打印机。

按工作方式可将打印机分为串行打印机和行式打印机两类。串行打印机是逐字进行打印，而行式打印机一次可以打印一行。可见，行式打印机比串行打印机快。

按打印纸的宽度可将打印机分为宽行打印机和窄行打印机两类。

目前流行的打印机主要有针式打印机、激光打印机和喷墨打印机。本节将分别讲述这 3 种打印机的工作原理。

8.4.1 针式打印机

针式打印机的特点是结构简单、体积小、质量轻、价格低，既可以打印字符，又可以打印图形，特别适合于打印需要复写的表格、凭证等。缺点是噪声大、速度慢。

针式打印机由打印头与字车、输纸机构、色带机构及控制器 4 部分组成。图 8.7 为针式打印机的打印机构原理图。

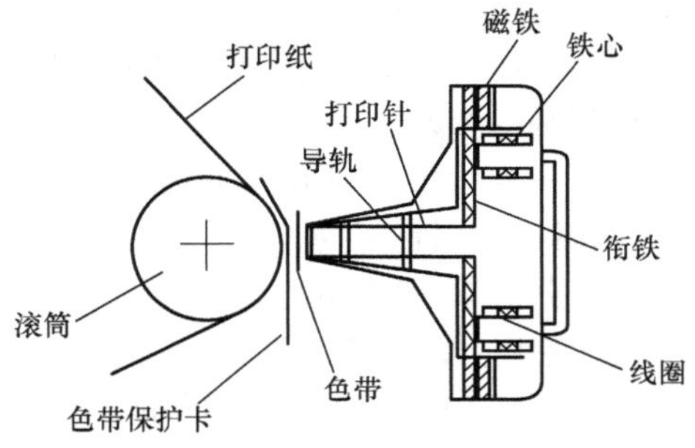

图 8.7 针式打印机的打印机构原理图

打印头是针式打印机的关键部件。它由打印针、磁铁、衔铁等组成。打印针是钢针或由钨铼合金材料制成。打印头的钢针数与打印机型号有关，有单列 7 针、单列 9 针，也有双列 14（2×7）针或双列 24（2×12）针。在打印时，铁心线圈通上驱动电流，铁心产生磁力，衔铁在磁力的推动下，击打打印针撞击色带及打印纸，将点印在打印纸上。每根针都是可以单独驱动的。打印头固定在托架上，通过托架的横向移动带动打印头横向移动。打印纸被压在滚筒上，打印机的输纸机构控制滚筒的转动，由滚筒的转动带动打印纸做纵向移动，在打印过程中，受程序控制可以移一行或多行、一页或多页等，也可以在脱机状态下手动转动滚筒，调整纸的打印位置。

单色针式打印机的色带是黑色的，彩色针式打印机利用三基色混色原理，使用的色带上除了有一条黑色带外，还有红、蓝、黄 3 条色带，其他的颜色都是用红、蓝、黄 3 色混合多次打印组合而成的。在打印过程中，色带在色带机构的控制下循环移动，这样就可使打印针击打到色带上的位置是均匀的，避免固定击打一个位置而使色带被击穿。

针式打印机的控制电路如图 8.8 所示。

CPU 输出打印信息时，首先检查打印机状态。当打印机“不忙”时，允许打印机接收信息。打印机开始接收从主机送来的字符码（ASCII 码），先判断该字符码是打印字符还是控制功能码（如回车、换行、换页等）。若是打印字符，则送至打印行缓冲区（RAM）中，接口电路产生“不忙”的信号，通知主机可以发送下一个字符，如此重复，直到打印行缓冲区装满一行字符

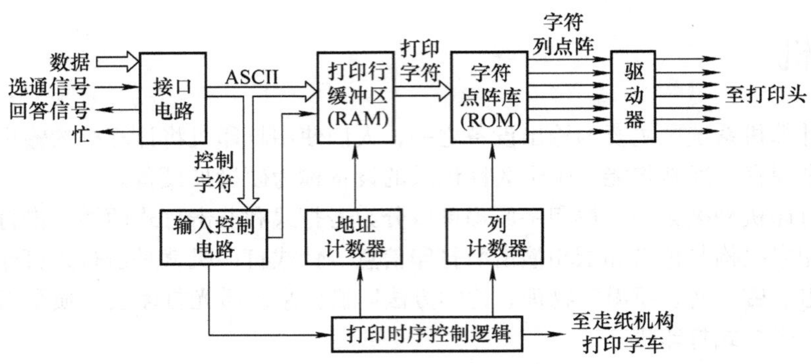

图8.8　针式打印机的控制电路

后，向主机发送“忙”信号，停止接收，转入打印。若是控制功能码，则打印机控制电路通过接口电路向主机发送“忙”信号，通知主机不能发送下一个字符，打印机转入打印状态。

打印时首先启动打印时序控制逻辑，在它的控制下，通过地址计数器产生的地址从打印行缓冲区中取出打印字符码，再以该字符码作为字符点阵库（ROM）的地址码，从中选出对应的字符点阵信息。然后在列计数器产生的列同步脉冲的控制下，按顺序逐列读出字符点阵信息并送至打印机的驱动器，由驱动器驱动打印头进行打印。一个字符打印完后，字车移动几列（字符间隙），继续打印下一个字符，直到一行打印完后，再请求主机送来下一行打印字符码，同时输纸机构使打印机移动一个行距。

目前市场中的针式打印机，不但可以打印字符，还可以打印中文及图形。下面介绍几种常见打印机的基本参数。

（1）爱普生LQ－680K的基本参数

打印针数（针）：24。

最高分辨率：360dot/in。

打印速度：231字/s。

打印宽度：90～304.8mm的单页纸；101.6～304.8mm的连续纸。

纸张种类：单页纸、单页复制纸、连续纸（单层纸和多层纸）、信封、明信片、带标签的连续纸、卷纸。

纸张厚度：0.065～0.84mm。

供纸方式：后部供连续纸；前部供单页纸。

字体：中文（宋体、黑体）、英文（4种平滑变倍字体、4种点阵字体）、条码字体。

接口类型：IEEE－1284双向并行接口。

内存：64KB。

色带类型：黑色色带。

色带寿命：200万字符。

打印针寿命：4亿次。

（2）松下KX－P1131的基本参数

打印针数（针）：24。

最高分辨率：360dot/in。

打印速度：300字符/s。

打印宽度：102～297mm的单页纸，102～254mm的连续纸。

纸张种类：折叠纸、单页纸和信封。

纸张厚度：小于0.36mm。

供纸方式：摩擦式/推动式拖纸器。

字体：3种草体、7种信函质量字体、6种向量字体。

接口类型：Centronics（并口）、RS 232C（串口）。

内存：39KB。

色带类型：黑色色带KX－P181。

色带寿命：600万字符。

打印针寿命：2亿次。

8.4.2 激光打印机

激光打印机采用将激光技术和照相技术相结合的方式进行打印。其打印速度快、质量好、分辨率高、噪声小，能打印各种字符、图形、汉字、图表，在各种计算机系统中被广泛采用。

激光打印机的原理框图如图8.9所示。

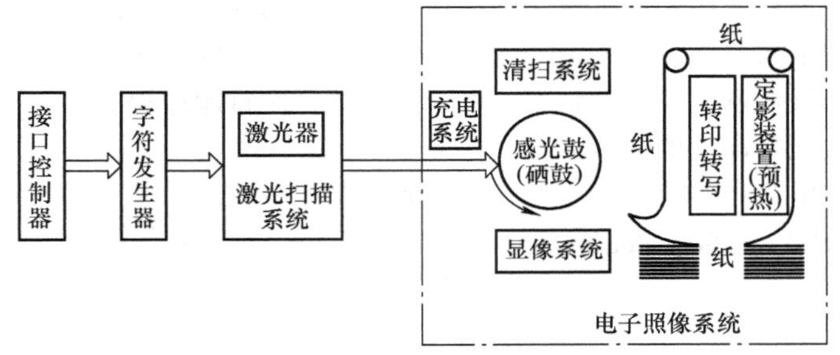

图8.9 激光打印机的原理框图

激光打印机主要由接口控制器、字符发生器、激光扫描系统及电子照像系统4部分组成。

接口控制器是激光打印机与计算机主机的接口电路，主要负责计算机主机与激光打印机信息交换的控制任务及提供一个信息通路。

字符发生器将主机通过接口控制器传过来的字符编码转换成点阵脉冲信号。

激光扫描系统中的主要部件是半导体激光器，它产生的激光束从感光鼓表面的左边缘向右边缘扫描。在扫描过程中，半导体激光器受点阵脉冲信号的控制，在需要打印点的地方开通（产生光束），在不需要打印点的地方关闭（不产生光束）。激光束扫描完一行后，感光鼓旋转一个步距，激光束又回到鼓面的左边缘，开始新一行扫描。

电子照像系统由感光鼓、充电系统、清扫系统、定影装置和输纸机构组成。其作用是将静电潜像变成可见的输出。

激光打印机的印字过程可分为以下6个步骤。

（1）充电

打印开始时，首先在暗处由充电电晕靠近感光鼓放电，使鼓面充以－600V的均匀负电荷。通常情况下，在感光鼓的外表面上所涂的感光层是良好的绝缘体，内部铝筒接地，如果鼓的外表面带上负电荷，这种电荷会停留不动。

（2）曝光

受点阵脉冲控制的激光束，通过扫描反射镜反射到感光鼓上，使受光照射（曝光）部分的感光层变为导体，将其表面所带的－600V电荷向地泄放，减少到－100V，使感光鼓表面上写下带有－100V电压的像点（不可见的静电潜像点）。

（3）显像（显影）

显影就是让感光鼓上已感光的部分沾上碳粉，变成可见像点。当感光鼓在转动过程中，被感光的点与已附着上一层均匀碳粉的显影轧辊相遇时，碳粉会被感光点吸引而附着在感光鼓的感光点上，而未被感光的部分不吸引碳粉，这时鼓上－100V的潜像点就变成了可见像点。

（4）转印

碳粉图像随鼓面转到转印处，在纸的背面用转印电晕放电，使纸面带上与碳粉极性相反的正静电荷，于是碳粉便靠静电吸引而粘附到纸上，完成图像的转印。

（5）定影（固定）

图像从感光鼓转印到打印纸上之后，要通过定影器进行定影。定影器由定影上轧辊和定影下轧辊组成，上轧辊装有一个定影灯，当打印纸通过时，定影灯发出的热量将碳粉熔化，两个轧辊之间的压力又迫使熔化后的碳粉进入纸的纤维中，形成永久保存的图像。

（6）消电、清洁

完成转印后，感光鼓表面还留有残余的电荷和碳粉。当鼓面转到消电电晕处时，利用电晕向鼓面施放相反极性的电荷，使鼓面残留的电荷被中和掉。感光鼓再转到清扫刷处，刷去鼓面的残余碳粉。这样，感光鼓便恢复原来的状态，可开始新的一次打印过程。

下面介绍两款激光打印机的性能参数。

1）HP LaserJet P1008（CC366A）打印机的性能参数。

最高分辨率：（600×1200）dot/in。

黑白打印速度：16ppm。

最大打印幅面：A4。

供纸方式：自动。

纸张容量：160张。

打印负荷：高达5000页。

首页出纸时间：8s。

支持双面打印：手动。

其他打印介质：普通纸、相纸、糙纸、羊皮纸、存档纸、信封、标签、卡片、透明胶片。

2）三星CLP－315打印机性能参数。

最高分辨率：（2400×600）dot/in。

黑白打印速度：16ppm。

彩色打印速度：4ppm。

最大打印幅面：A4。

供纸方式：自动。

纸张容量：150张。

打印负荷：20000页。

首页出纸时间：14s。

支持双面打印：手动。

其他打印介质：透明胶片、标签、卡片、信封。

8.4.3 喷墨打印机

喷墨打印机是将墨滴喷射到打印介质上来形成文字或图像的输出设备。它具有以下优点：

1）结构简单，设备体积小，可靠性高，价格便宜。

2）工作噪声小，较为安静。

3）打印速度很高，每秒可达到150~400字。

4）分辨率高，图像、字迹清晰。

5）可实现高品质彩色照片打印，彩色效果逼真。

它的缺点如下：

1）对纸张要求较高，一般要选用稍厚并有一定硬度的纸，太薄的纸在打印机中容易起皱。

2）喷墨打印机耗材较贵，如墨盒、纸张。要想打印质量高，就应选用较好的产品。

3）喷墨打印机的喷嘴容易堵塞，因此需要定期对喷嘴进行清洗。

喷墨打印机按墨水滴形成的方法可分为滴落式、高频振荡断裂式、喷雾式和电脉冲加热式。

喷墨打印机按墨水滴的偏转控制方式可分为电场偏转式、磁场偏转式、机械偏转式。

喷墨打印机按控制墨水的方式可分为电荷控制式（又称充电控制式）、电场控制方式（又称静电发射式）、微压电喷墨式（又称脉冲控制式）、热气泡喷墨式。

1. 电荷控制式喷墨打印机的工作原理

图8.10是电荷控制式喷墨打印机的印刷原理。该打印机主要由喷墨头、充电电极、偏转电极、墨水供应系统、过滤回收系统及控制电路等组成。

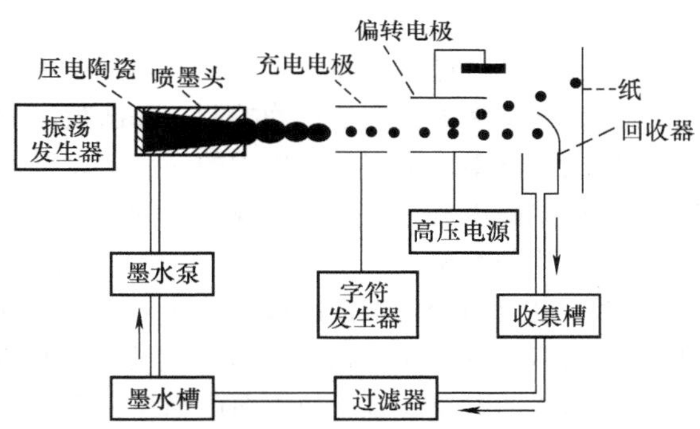

图8.10 电荷控制式喷墨打印机的印刷原理

图8.10中，压电陶瓷受振荡发生器的电脉冲激励产生电导致伸缩，使墨水断裂形成墨滴而喷射出来，只要电脉冲存在，墨滴就会连续喷射。当不带电荷的墨水滴通过充电电极时，根据印字点的位置不同，由字符发生器控制充电电极为墨水滴充不同电量的电荷。充电电荷越多，经偏转电极的墨水滴偏移距离就越大，落在纸上的位置也就越高。当然，充电电荷越少，墨水滴落在纸上的位置也就越低。不参与记录信息的墨水滴通过充电电极时，字符发生器控制充电电极不充电，这样不带电的墨水滴通过偏转电极时就不会偏转，而直接射入回收器中，通过收集槽、过滤器再流回墨水槽中，可以再次使用。该图采用一对偏转电极，墨水滴只能在垂直方向移动，而墨水滴的横向移动要靠喷头相对于记录纸做横向移动来完成。

对偏转电极而言，有的系统采用两对互相垂直的偏转电极对墨水滴打印位置进行二维偏转，即二维偏转型；有的系统对偏转电极采用多维控制，即多维偏转型。

这种连续循环的喷墨系统能生成高速墨水滴，所以打印速度高，可以使用普通纸。不同的打印介质皆可获得高质量的打印效果，还易于实现彩色打印。但是，这种喷墨打印机的结构与后面讲的其他方式相比，对墨水需要有加压装置，终端要有回收装置回收不参与记录的墨滴，所以比较复杂，并且工作效率不够高，不太精确。现在采用这种技术的喷墨打印机已经极少见到。

2. 电场控制式喷墨打印机的工作原理

电场控制式喷墨打印机是在静电场中用滴落法来形成墨滴的。

作用在墨水射流上的静压力使墨水在喷嘴孔口处形成一个凸出的新月形面。墨水不会流出，墨水的表面张力和静压力处于平衡状态。如果在凸出的新月形面和位于喷嘴前面的加速电极之间加上一个高电压（一般为 2000V），就会形成一个轴向电场力并作用于新月形面上，使其发生形变，形成一滴墨水。墨水滴在电场方向加速，其速度正比于加速电压，反比于墨滴直径。墨水形成后，在喷嘴处随即又从墨水容器中得到补充，这样就形成一串墨水滴链。被充电的墨滴形成后，在不同的偏转电场电压作用下，在 X 和 Y 方向进行偏转，落在记录纸上的相应位置而形成字符。

3. 热气泡式喷墨技术

喷墨打印机一般多采用热气泡喷墨技术，通过墨水在短时间内的加热、膨胀、压缩，将墨水喷射到打印纸上形成墨点，增加墨滴色彩的稳定性，实现高速度、高质量打印。由于除了墨滴的大小以外，墨滴的形状、浓度的一致性都会对图像质量产生重大影响，而墨水在高温下产生的墨点方向和形状均不容易控制，所以高精度的墨滴控制十分重要。热气泡式喷墨打印的原理是将墨水装入一个非常微小的毛细管中，通过一个微型的加热垫迅速将墨水加热到沸点，这样就生成了一个非常微小的蒸气泡，蒸气泡扩张就将一滴墨水喷射到毛细管的顶端。停止加热，墨水冷却，导致蒸气凝结收缩，从而停止墨水流动，直到下一次再产生蒸气并生成一个墨滴。

4. 微压电技术

微压电技术把喷墨过程中的墨滴控制分为 3 个阶段：在喷墨操作前，压电元件首先在信号的控制下微微收缩；然后，元件产生一次较大的延伸，把墨滴推出喷嘴；在墨滴马上就要飞离喷嘴的瞬间，元件又会进行收缩，干净利索地把墨水液面从喷嘴收缩。

这样，墨滴液面得到了精确控制，每次喷出的墨滴都有完美的形状和正确的飞行方向。

微压电式喷墨系统在装有墨水的喷头上设置换能器，换能器受打印信号的控制从而控制墨水的喷射。根据微压电式喷墨系统换能器的工作原理及排列结构可分为压电管型、压电薄膜型、压电薄片型等几种类型。

采用微电压的变化来控制墨点的喷射，不仅避免了热气泡式喷墨技术的缺点，而且能够精确控制墨点的喷射方向和形状。微压电式喷墨打印头在微型墨水存储器的后部采用了一块压电晶体。对晶体施加电流，就会使它向内弹压。当电流中断时，晶体反弹回原来的位置，同时将一滴微量的墨水通过喷嘴射出去。当电流恢复时，晶体又向外延伸，进入喷射下一滴墨水的准备状态。

热气泡式打印头由于墨水在高温下易发生化学变化，性质不稳定，所以打印出的色彩真实性就会受到一定程度的影响；另一方面，由于墨水是通过气泡喷出的，墨水微粒的方向性与体积大小不好掌握，打印线条边缘容易参差不齐，在一定程度上影响了打印质量，这是它的不足之处。而微压电式打印头技术是利用晶体加压时放电的特性，在常温状态下稳定地将墨水喷出。它对墨滴的控制能力较强，还将色点缩小许多，产生的墨点也没有“彗尾”，从而使打印的图像更清晰。它容易实现高达 1440 像素的高精度打印质量，且微压电喷墨时无须加热，因此墨水就不会由于受热而发生化学变化，故大大降低了对墨水的要求。另外，微压电式打印头被固定在打印机中，因此只需要更换墨盒就可以了。热气泡式喷墨打印机需要在每个墨盒中安装喷墨嘴，这样会增加墨盒的成本。微压电式喷墨打印机的缺点是，如果压电打印头损坏或者阻塞，那么整台打印机都需要维修。

喷墨打印机的机械结构由喷头和墨盒、清洁单元、小车单元、送纸单元、传感器单元、供电单元等组成。

（1）喷头和墨盒

1）喷头和墨盒一体化：包括喷头和墨盒，墨盒本身为消耗品。

2）喷头和墨盒分离：更换墨盒即可解决墨水用尽或打印质量不好的问题。

喷嘴由30个增加到64个或更多，墨盒中加入适当的墨水，可多次使用。

（2）清洁单元

清洁单元对喷头的维护包括对盖帽的清洁等。

（3）小车单元

小车单元沿着打印机的引导丝杆往复移动。不同的喷墨打印机，小车单元的结构稍有不同，它用来固定墨盒和打印喷头，并实现喷头与逻辑板之间的电信号连接。

（4）送纸单元

送纸单元与小车的移动、喷嘴喷墨等动作同步，以完成打印过程。送纸单元的结构包括携带纸辊、压纸辊、输送辊、排纸辊、纸释放杆、送纸电动机、装纸托架以及纸引导板等。

（5）传感器单元

传感器单元检测打印机内部各部件的工作状态，并控制打印机机械部分的自动工作。

1）光电传感器：包括拾纸传感器、纸张传感器、纸尽传感器、初始位置传感器、墨盒传感器等。

2）温度传感器：包括打印头温度传感器和内部温度传感器。

3）薄膜式压力传感器：如墨水传感器等。

（6）供电单元

供电单元包括逻辑部分和电源部分。

1）逻辑部分：解释并处理来自接口的数据和打印命令，检测打印机的工作状态以操纵打印机的机械结构。

2）电源部分：由市电输入及其变换电路、主电源、5V电源和保护电路构成。喷墨打印机电源部分有两种设计思路：一种是内置电源，直接用电源线将打印机和电源插座连接即可供电；另一种是采用外接电源，即打印机本身没有电源，靠外接直流稳压电源工作。

下面介绍两款喷墨打印机的技术参数。

1）HP Deskjet D2468（CB612D）打印机的性能参数。

支持双面打印：支持。

最高分辨率：（4800×1200）dot/in。

黑白打印速度：20.00ppm。

彩色打印速度：14.00ppm。

最大打印幅面：A4。

供纸方式：手动/自动。

纸张容量：80张。

打印负荷：高达1000页。

其他打印介质：普通纸、相纸、信封、投影胶片、标签、卡片、惠普（HP）高级打印介质、转印纸。

2）爱普生 Stylus Photo R270 打印机的性能参数。

最高分辨率：（5760×1440）dot/in。

黑白打印速度：30ppm。

彩色打印速度：30ppm。

最大打印幅面：A4。

供纸方式：自动/手动。

纸张容量：120张。

支持网络打印：不支持。

其他打印介质：高质量光泽照片纸、光泽照片纸、高质量亚光照片纸、超级光泽照片纸、重磅粗面纸、双面粗面纸、T恤转印纸、照片质量喷墨纸。

思考题与习题

1. 按功能分类，可以将外部设备分为哪几类？

2. 输入和输出设备通常通过什么与主机相连？

3. 解释下列名词：调用界面、设备驱动程序、设备控制程序。

4. 键盘上的按键起一个开关的作用，所以又称为键开关。键开关分为哪几类？

5. 以图8.2为例，描述非编码键盘的工作过程。

6. 从网上搜索最新键盘的性能参数。

7. 按显示器件的不同将显示器分为哪几类？

8. 解释下列与显示器相关的名词：点距、分辨率、扫描方式、场频、行频、带宽、显示存储器、字符发生器、水平消隐。

9. 简述CRT的显示原理。

10. 简述分辨率、灰度的概念以及它们对显示器性能的影响。

11. 某CRT显示器可显示64种ASCII字符，每帧可显示80字×25排；每个字符采用7×8点阵，即横向7点，字间间隔1点，纵向8点，排间间隔6点；帧频为50Hz，采用逐行扫描方式。问：

（1）缓存容量需多大？

（2）字符发生器（ROM）容量需多大？

（3）缓存中存放的是ASCII码还是点阵信息？

（4）缓存地址与屏幕显示位置如何对应？

（5）设置哪些计数器以控制缓存访问与屏幕扫描之间的同步？它们的分频关系如何？

12. 设某光栅扫描显示器的分辨率为1024像素×768像素，帧频为50帧/s（逐行扫描），回扫和水平回扫时间忽略不计，则此显示器的行频是多少？每一像素的允许读出时间是多少？

13. 从网上搜索目前最新款的液晶显示器，并说明其性能指标。

14. 按印字原理将打印机分为哪几种？说明各种打印机的特点。

15. 针式打印机由哪几个部分组成？

16. 从网上搜索目前最新款的针式打印机，并说明其性能指标。

17. 以图8.9为例，说明激光打印机的印字过程。

18. 从网上搜索目前最新款的激光打印机，并说明其性能指标。

19. 喷墨打印机按控制墨水的方式分为哪几种？

20. 以图8.10为例，说明喷墨打印机的印字原理。

21. 从网上搜索目前最新款的喷墨打印机，并说明其性能指标。

第 4 篇　计算机系统部件设计

本篇包含现代计算机设计技术概述、计算机组成部件设计的内容。

第9章　现代计算机设计技术

20世纪70年代末，计算机就被用于设计领域。80年代，随着超大规模集成电路的出现，计算机辅助设计（Computer Aided Design，CAD）技术逐步普及，并且向标准化、集成化、智能化方向发展。随着固化技术、网络技术、多处理机、并行处理技术的发展和在CAD中的应用，CAD系统性能得到极大的提高，设计过程更趋自动化。目前，CAD已在建筑设计、电子和电气、科学研究、机械设计、软件开发、机器人、服装业、出版业、工厂自动化、地质、计算机艺术等各个领域得到广泛应用。

随着科学技术的发展，集成电路设计和软件设计已经成为核心技术，其中，CPU的设计是最核心的一项技术，特别是高性能计算机技术，一直是衡量国家实力的一个重要标志。美国等发达国家把高性能计算机的研发当作一种国家行为，不断加大这方面的资助力度，许多高校的本科计算机专业中都安排了CPU设计方面的课程和实验内容。作为计算机专业的学生，应该学习CPU、嵌入式处理器、DSP（Digital Signal Processor，数字信号处理器）乃至计算机系统的设计技术。

本章首先介绍现代电子设计自动化技术，然后介绍CPU的设计方法。

9.1　概述

9.1.1　EDA技术

EDA（Electronic Design Automation，电子设计自动化）技术的出现和发展，是计算机辅助设计（CAD）技术在电子电路设计领域的典型应用。EDA融合了应用电子技术、计算机技术、信息处理及智能化技术的最新成果进行电子产品的自动设计。利用EDA工具软件，从电子产品的电路设计、性能分析到设计出IC版图或PCB版图的整个过程，都在计算机上自动完成。用EDA软件来设计电子电路、计算机部件，可以极大地提高效率。而微电子技术包括可编程芯片技术的发展，又使得通过EDA软件设计的电子电路很容易下载到芯片上，成为物理产品，从而提高了设计效率，缩短了电子设计的开发周期，降低了成本。

EDA技术通常采用硬件描述语言（Hardware Description Language，HDL）对设计的电子电路进行行为和功能描述，产生描述文件（即硬件描述语言源程序文件）；再用EDA工具软件对描述文件进行逻辑编译、逻辑化简、逻辑分割、逻辑综合、结构综合（布局布线），以及逻辑优化和仿真测试，直至下载到可编程逻辑器件（Complex Programmable Logic Device，CPLD）、FPGA（Field Programmable Gate Array），或专用集成电路（Application Specific Integrated Circuit，ASIC）芯片中，实现既定的电子线路功能。除了硬件描述语言之外，EDA工具软件还可以像传统的电子电路设计一样采用原理图和波形图，来进行电子电路乃至系统设计。

传统的电子电路产品的设计都是自底向上的，大概经过几个过程：设计方案的提出、电路原理图设计、根据原理图用芯片和元器件进行连接得到物理电子电路、试验验证、样品制作、批量生产等。传统设计方法的缺点是：复杂电路的设计和调试十分困难；设计过程中产生大量文档，不易管理；设计的集成电路可移植性差；只有在设计出样机或生产出芯片后才能进行行为和功能的测试，如果不满足设计要求，可能要推倒重来。

基于EDA技术的设计方法，采用自顶向下的设计过程。首先，采用硬件描述语言（或者原理图、波形图），在待设计的系统级别上，对产品的基本功能或行为进行描述和定义，并进行仿真，在确保设计的可行性与正确性的前提下，完成功能确认。其次，从顶层至底层，逐层对系统的各个子系统/模块进行建模、描述，定义其完成的功能、接口，并逐一进行仿真以完成功能确认。最后，利用EDA工具的逻辑综合功能，把经过确认的设计转换成某一具体目标芯片（如FPGA、CPLD）的网表文件，再输出到与该器件配套的布局布线适配器，进行逻辑映射及布局布线，下载到目标芯片，使之成为满足设计要求的专门功能的电路芯片。

EDA设计过程中用到的目标芯片是可编程可修改的，如果最终的产品芯片不满足设计要求，可以重新设计，下载到同一块目标芯片，而且由于整个过程的大多数工作都由EDA工具软件自动完成，因此效率提高了很多。EDA设计人员可以不考虑具体的目标芯片结构等因素，集中精力对产品进行最适应市场需求的设计，避免传统设计方法中的重复设计风险，缩短了产品的上市周期。

EDA设计流程如图9.1所示。

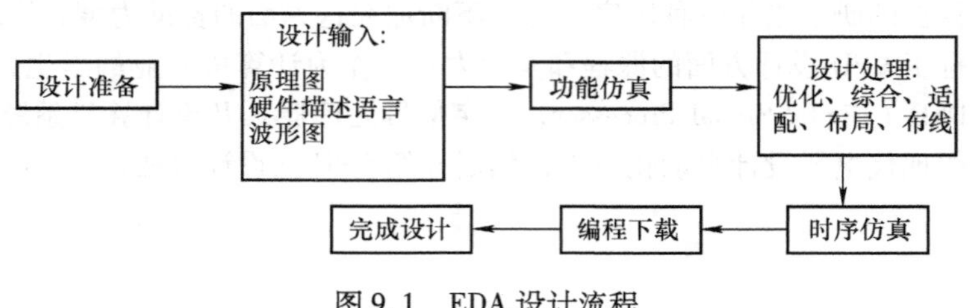

图9.1　EDA设计流程

9.1.2　可编程逻辑器件

可编程逻辑器件（Programmable Logic Device，PLD）是相对于固定逻辑器件（不可编程）来说的，固定逻辑器件由厂家生产出来以后，芯片的功能就已确定，不可更改。而PLD的逻辑功能可以根据用户需要修改，从而完成多种不同的功能，因此它是能够为用户提供应用范围广泛的多种逻辑能力和功能特性的标准成品器件。

可编程逻辑器件的历史可以追溯到早期的PROM（Programmable Read Only Memory）、PLA（Programmable Logic Array）等。最初，人们只是想设计一种逻辑可重构的器件，即所谓可编程器件，不过由于受到当时集成电路工艺技术的限制，未能如愿。直到后来，集成电路技术有了很大提高，PLD才得以实现。PLD大概经历了PROM、PLA、PAL（Programmable Array Logic）、GAL（Generic Array Logic）、CPLD和FPGA等几个阶段。发展过程中，PLD在结构、工艺、集成度、功能、速度和灵活性方面都有很大的改进和提高。早期的PLD功能简单，后来人们从ROM工作原理、地址信号与输出数据间的关系，以及ASIC的门阵列法中获得启发，构造出类似于SRAM访问的逻辑关系形成方法，也就是它的输入和输出逻辑函数关系采用SRAM“数据”查找的方式。简单来说，访存地址相当于PLD的输入，而从存储器读出的内容相当于它的输出，这种结构称为查找表。不同的存储内容及其组合，构成了不同的输入/输出逻辑关系。使用多个查找表构成的阵列称为可编程门阵列（Programmable Gate Array）。后来采用大规模集成电路技术实现了CPLD和FPGA芯片，这两种PLD芯片是通用的芯片，作为EDA设计的目标芯片，广泛应用于电子电路设计、CPU设计、DSP设计等领域。20世纪90年代后，可编程逻辑集成电路技术得到快速发展，器件的可用逻辑门数超过了百万甚至千万，并在芯片内集成了更复杂的功能模块，如加

法器、乘法器、RAM、CPU 核、DSP 核、PLL 等。

PLD 还得到很多的知识产权（Intellectual Property，IP）核心库的支持，这些 IP 核（Intellectual Property Core）将一些常用的复杂功能模块，如 FIR 滤波器、SDRAM 控制器、PCI 接口等，设计成可修改入口参数的模块，并集成到 PLD 芯片供用户使用。用户调用 IP 核，可避免重复劳动，减轻工作负担，节约了大量时间和成本，快速实现系统功能，缩短了产品上市时间。

目前大部分常用的 FPGA 器件都采用 SRAM 查找表结构。Cyclone 与 CycloneII 系列器件是 Altera 公司的两个 FPGA 系列，这些器件广泛应用于通信、CPU 设计、DSP 处理器设计以及嵌入式系统设计等领域。

9.1.3　硬件描述语言

硬件描述语言（Hardware Description Language，HDL）是用于描述电子电路的硬件行为、功能、结构和数据流的语言。利用 HDL，可实现数字电路系统设计自顶向下（从抽象到具体）的设计过程：首先，在系统级别上，用 HDL 对产品的基本功能或行为进行整体描述和定义；其次把系统分解为一系列层次的模块，分别进行描述和定义，包括模块之间连接关系的描述，并进行逐层仿真验证，确保设计功能的实现；最后，利用 EDA 自动综合工具转换到门级电路网表，输出到与具体 PLD 芯片配套的布局布线适配器，进行逻辑映射及布局布线，把网表转换为具体电路布线结构并下载到目标 PLD 芯片，使目标芯片成为最终满足设计要求的成品。

硬件描述语言（HDL）是 EDA 技术必不可少的工具，是 EDA 建模和实现技术中最基本和最重要的方法，是深入了解现代计算机组成原理的重要工具，也是学习现代计算机设计方法的重要途径，计算机部件如 CPU、协处理器、接口模块、各种控制器等，都可以用硬件描述语言及对应的标准网表文件或 IP 核来描述。HDL 至今已有几十年的发展历史，可应用于设计的各个阶段：建模、仿真、验证和综合等。在 20 世纪 80 年代，已出现了上百种硬件描述语言，到 80 年代后期，VHDL（Very High Speed Integrated Circuit Hardware Description Language）和 Verilog HDL（Verilog Hardware Description Language）语言先后成为 IEEE（The Institute of E1ectrical and E1ectronics Engineers）标准。

VHDL 是 1983 年由美国国防部（DOD）发起创建的，最初只是小范围应用于超高速集成电路的硬件描述和设计。之后由 IEEE 进一步完善，并被 IEEE 和美国国防部确认为标准硬件描述语言。1987 年，IEEE 发布了“IEEE 标准 1076”，简称 87 版，VHDL 成为硬件描述语言的业界标准之一。此后 VHDL 在电子设计领域得到了广泛应用，原有的其他种类的硬件描述语言逐渐被淘汰，各 EDA 软件公司陆续开发出支持 VHDL 的设计软件。之后 IEEE 分别于 1993 年和 2002 年对 VHDL 进行了修订和扩展，公布了 IEEE 标准的 1076—1993 版本和 1076—2002 版本。

VHDL 具有强大的硬件电路行为描述能力，并且与具体硬件电路无关，与设计平台无关，设计人员可以避开具体的器件结构，从逻辑行为上描述和设计大规模电子系统。VHDL 还有丰富的仿真语句和库函数，可随时对设计进行仿真模拟，查验设计系统的正确性和可行性。VHDL 支持大规模设计的分解和已有设计的再利用。此外，VHDL 支持各种模式的设计方法，如自顶向下、自底向上或者混合设计方法。

另一种硬件描述语言 Verilog HDL 创建于 1983 年，是由当时的 Gateway 设计自动化公司的工程师创建的。经过十几年的发展完善，1995 年，Verilog HDL 成为 IEEE 的 1364 - 1995 标准，即通常所说的 Verilog - 95。之后，设计人员对 Verilog 进行了修正和扩展，扩展后的版本后来成为了 IEEE 的 1364—2001 标准，即通常所说的 Verilog—2001 版，它对 Verilog—95 版本做了重大改进。2005 年，Verilog HDL 再次进行了更新，对上一版本进行了细微修正，并推出 IEEE 的 1364—

2005 版。2009 年，IEEE 1364—2005 和 IEEE 1800—2005 两个部分合并为 IEEE 1800—2009，合并后的名称改为 SystemVerilog，这就是新的硬件描述验证语言（Hardware Description and Verification Language，HDVL）。

现在 VHDL 和 SystemVerilog 都是 IEEE 的工业标准硬件描述语言。

9.2 计算机组成部件设计

本节介绍用 Altera 公司的 QuartusⅡ软件设计计算机部件，采用图形输入设计方法。Quartus 软件可以在 Altera 公司的网站免费下载，下载后安装即可。

9.2.1 算术逻辑运算部件（ALU）设计

设计一个 4 位的算术逻辑运算部件（ALU），可以完成两个 4 位二进制数据的加、减、逻辑与和逻辑或运算。依次按照下列步骤完成 ALU 的设计并进行功能仿真。

1. 建立项目

项目是一个逻辑单位，用于管理设计文件。由于每个设计都会产生大量文件，所以应该为每个项目设置专门的文件夹。启动 Quartus 后，建立项目及其对应文件夹的方法是，选择菜单中的 File | New Project Wizard 命令，弹出图 9.2 所示的界面。在第 1 个文本框中输入项目所在的文件夹，在第 2 个文本框输入项目名称 ALU，系统会自动在第 3 个文本框输入项目顶层文件名称 ALU。

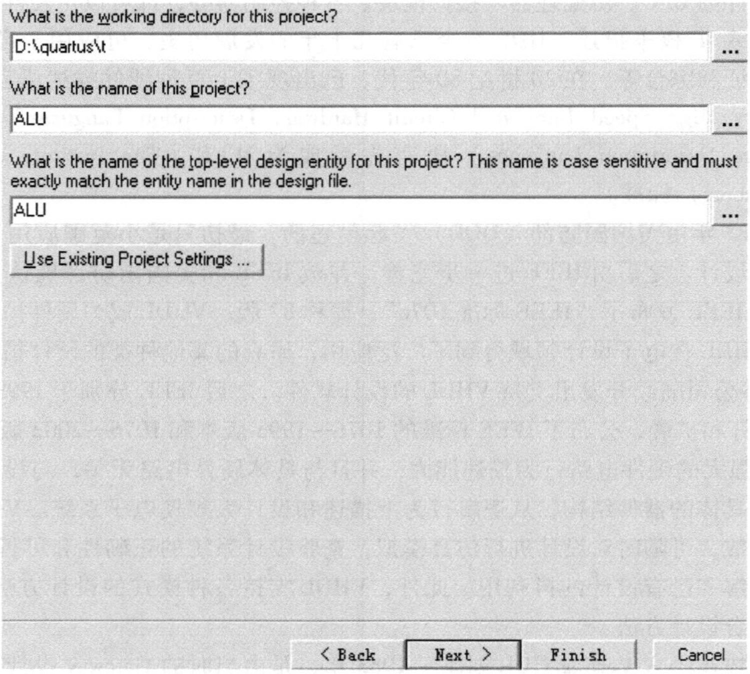

图 9.2 新建项目界面

单击 Next 按钮，如果输入的文件夹不存在，系统会提示是否创建，单击是按钮，即可建立文件夹。接着系统弹出添加文件界面，一般情况下不需要给新建项目添加文件，直接单击 Next

按钮即可。随后系统弹出图9.3所示的选择目标器件及参数界面。

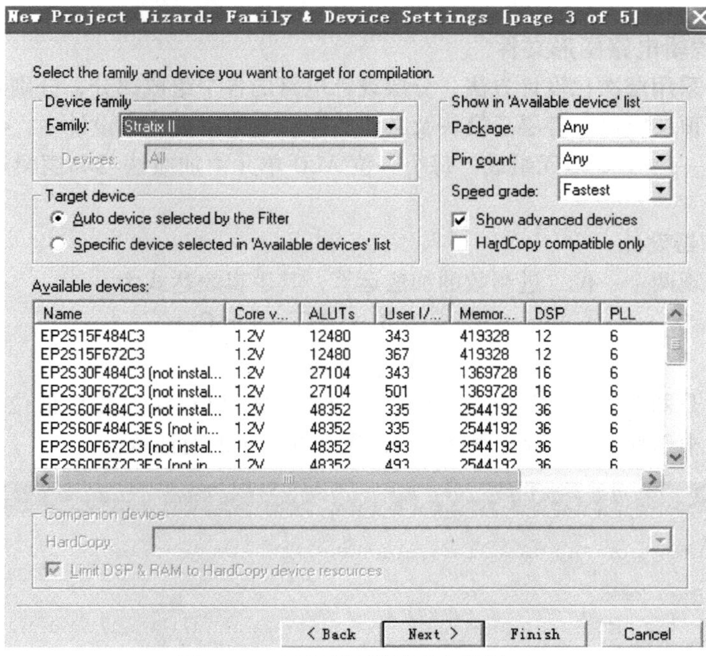

图9.3　选择目标器件及参数界面

目标器件的参数包括器件封装型号、引脚数和速度级别。此处使用软件默认设置即可。单击Next按钮后，系统弹出图9.4所示的EDA工具设置界面，按照图中所示的内容进行选择，单击Next按钮。

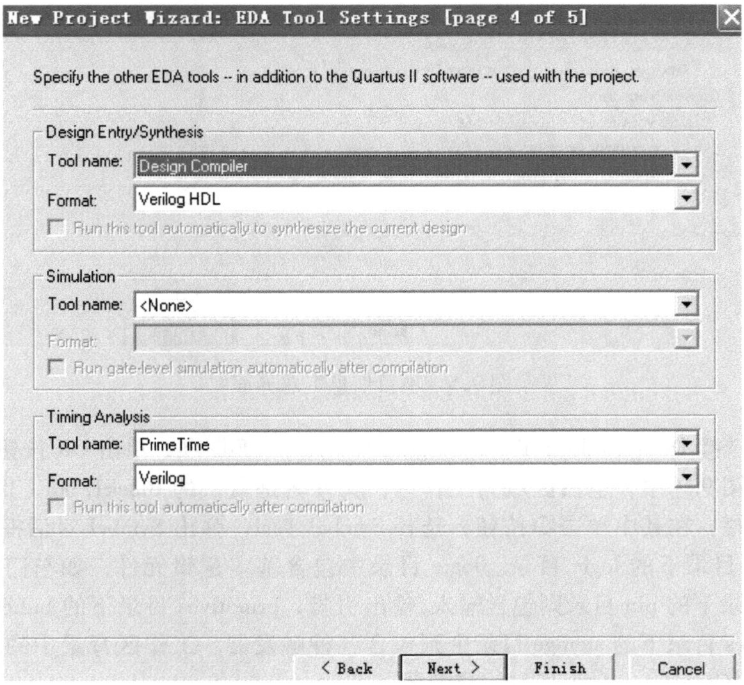

图9.4　EDA工具设置界面

系统弹出图9.5所示的界面，对之前的设置进行汇总。单击Finish按钮，即完成了当前项目的建立。

2. 建立各层逻辑电路图形文件

QuartusⅡ软件采用层次化设计方法，分层设计电路的各个组成部分，分别封装成模块，最后由顶层模块调用。顶层模块由各层子模块及必要的逻辑电路组成。本设计中，4位ALU部件为顶层模块，它由4个一位ALU单元组成。每个一位ALU单元由加减法器和逻辑运算元件构成。下面分步进行设计。

（1）一位全加器设计

一位全加器实现两个一位二进制数的加法运算，其逻辑表达式为

$$C_i = A_iB_i + A_iC_{i-1} + B_iC_{i-1}$$

$$S_i = A_i \oplus B_i \oplus C_i$$

其中，A_i和B_i是两个一位二进制数，C_i表示向高位的进位，C_{i-1}表示低位来的进位，S_i表示本位和。在菜单栏中选择File | New命令，弹出图9.6所示的对话框。

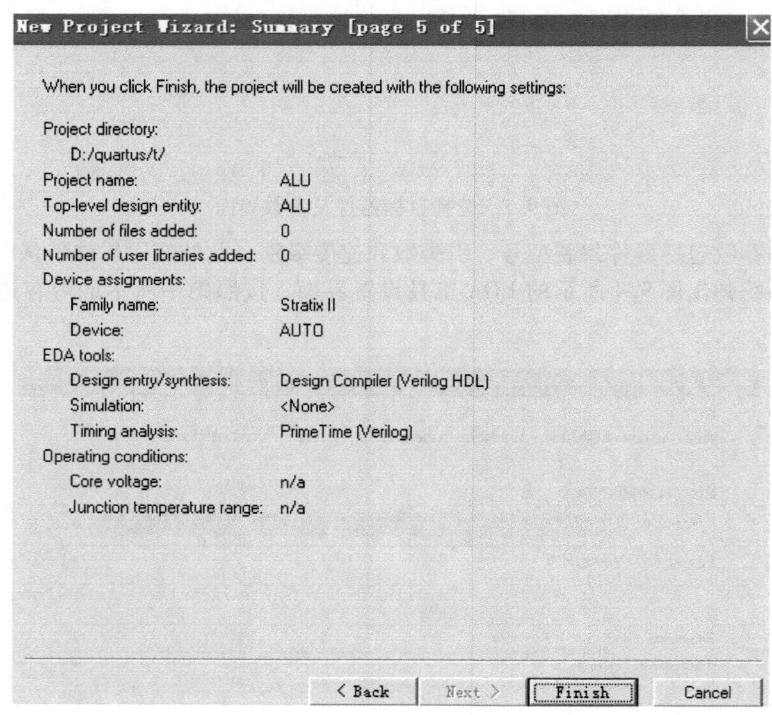

图9.5　项目信息汇总界面

在图9.6中选择Design Files | Block Diagram/Schematic File项，单击OK按钮，弹出图9.7所示的设计窗口。图9.7中，空白区域为工作区，文件名是默认的Block1.bdf，保存时可以修改，左边为绘图工具栏，在其中单击按钮，选择Symbol Tool，弹出Symbol对话框，在Libraries栏中选择primitives目录下的logic目录。logic目录中包含基本逻辑元件，如与门、或门、异或门等。primitives目录下的pin目录则包含输入/输出引脚，primitives目录下的buffer目录中的tri为三态门，primitives目录下的storage目录中则包含各种触发器。工作区背景中的点可以通过选择菜单View | Show Guidelines命令来显示或隐藏。

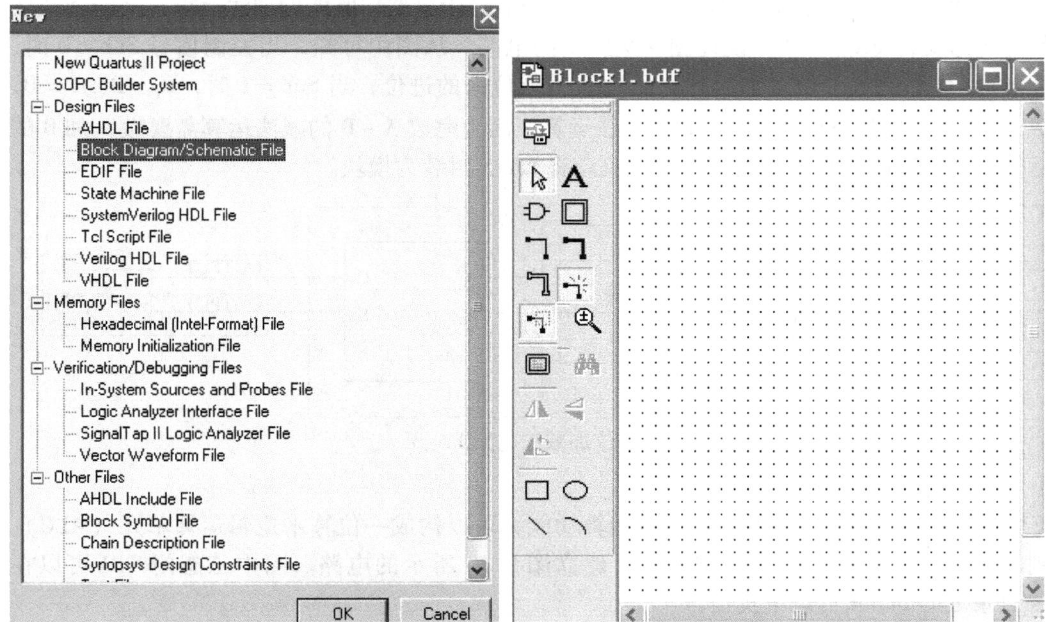

图 9.6　新建原理图文件对话框　　　　图 9.7　图形文件设计窗口

选择相应的门电路、输入/输出引脚，组成图 9.8 所示的一位全加器逻辑电路图。

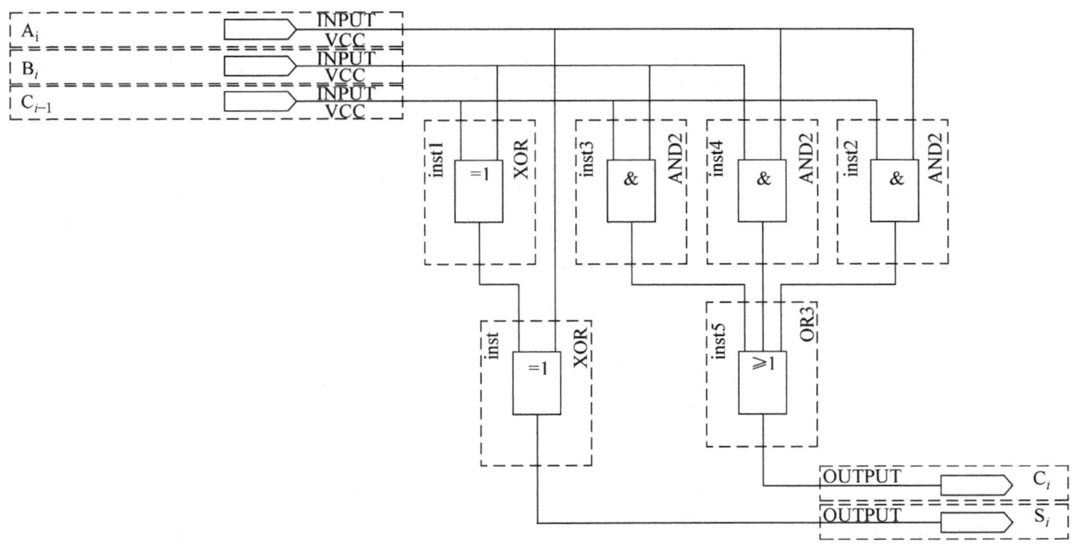

图 9.8　一位全加器逻辑电路图

图 9.8 中，输入/输出引脚的名称可以通过双击引脚来修改，一位全加器保存为 FA.bdf 图形文件，再封装为模块，封装方法是选择菜单栏中的 File | Create/Update | Create Symbol Files for Current File 命令，系统弹出 Create Symbol File 对话框，单击确定按钮即可。封装后，在本项目范围内就可以从 Libraries 栏的 Project 目录找到 FA 模块并能引用。

（2）一位加减法器设计

一位加减法器在一位全加器的基础上增加一些控制逻辑电路，既能做加法运算，又能做减法运算。新建图形文件 FA_S. bdf，设计图 9.9 所示的电路。从图中可知，当控制信号 Sub = 0 时，$B_i = B \oplus 0 = B$，电路完成一位全加运算，此时 D 为低位来的进位；当 Sub = 1 时，$B_i = B \oplus 1 = \overline{B}$，电路完成 $A + \overline{B}$ 运算，还不能完成 A – B 的减法运算，因为完成 A – B 的减法运算需要做 A 加 B 的补码的运算，这个问题将在下面的电路中解决。将 FA_S 封装为模块。

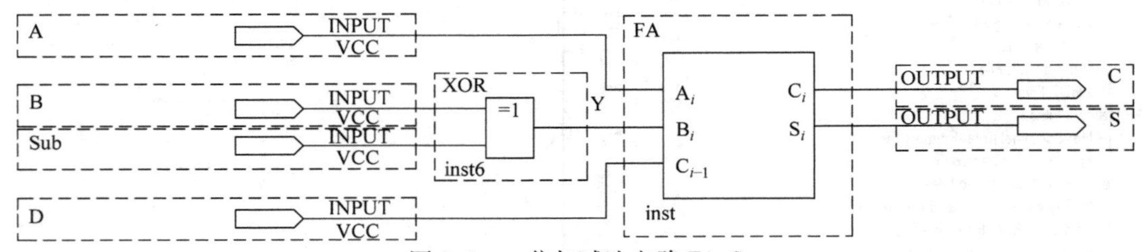

图 9.9 一位加减法电路 FA_S

（3）一位算术逻辑运算单元设计

在 FA_S 的基础上增加逻辑与和逻辑或运算功能，可以构成一位算术逻辑运算单元（ALU）。为了控制的方便，增加两个输入控制引脚，建立图 9.10 所示的电路。图中三态门 TRI 可以在 primitives 目录下的 buffer 目录中找到。

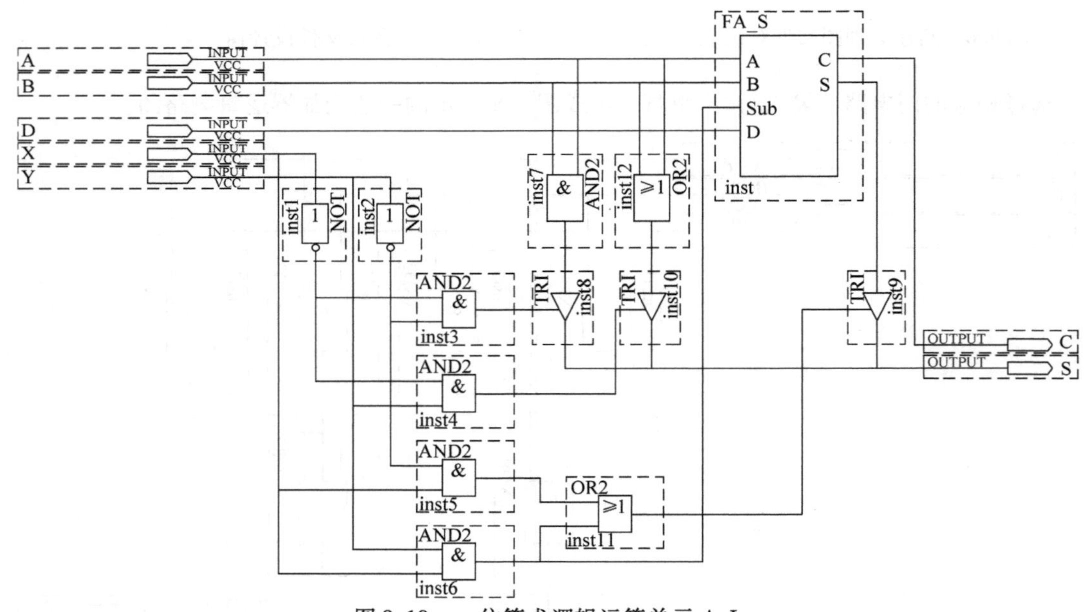

图 9.10 一位算术逻辑运算单元 A_L

从图中可知，X 和 Y 实际上是该电路的控制引脚，其取值和电路功能的对应关系见表 9.1。当电路完成逻辑与和逻辑或运算时，输入端 D、输出端 C 可以忽略。当电路完成算术加减运算时，D 相当于低位来的进位，而 C 为向高位的进位。该电路同样还不能真正完成二进制数的减法运算，将 A_L 封装为模块。

表 9.1 X、Y 引脚与电路功能

X	Y	电路功能
0	0	逻辑与
0	1	逻辑或
1	0	算术加法
1	1	算术减法

（4）4位ALU部件设计

有了一位算术逻辑运算单元A_L，就可以设计4位ALU部件，如图9.11所示。

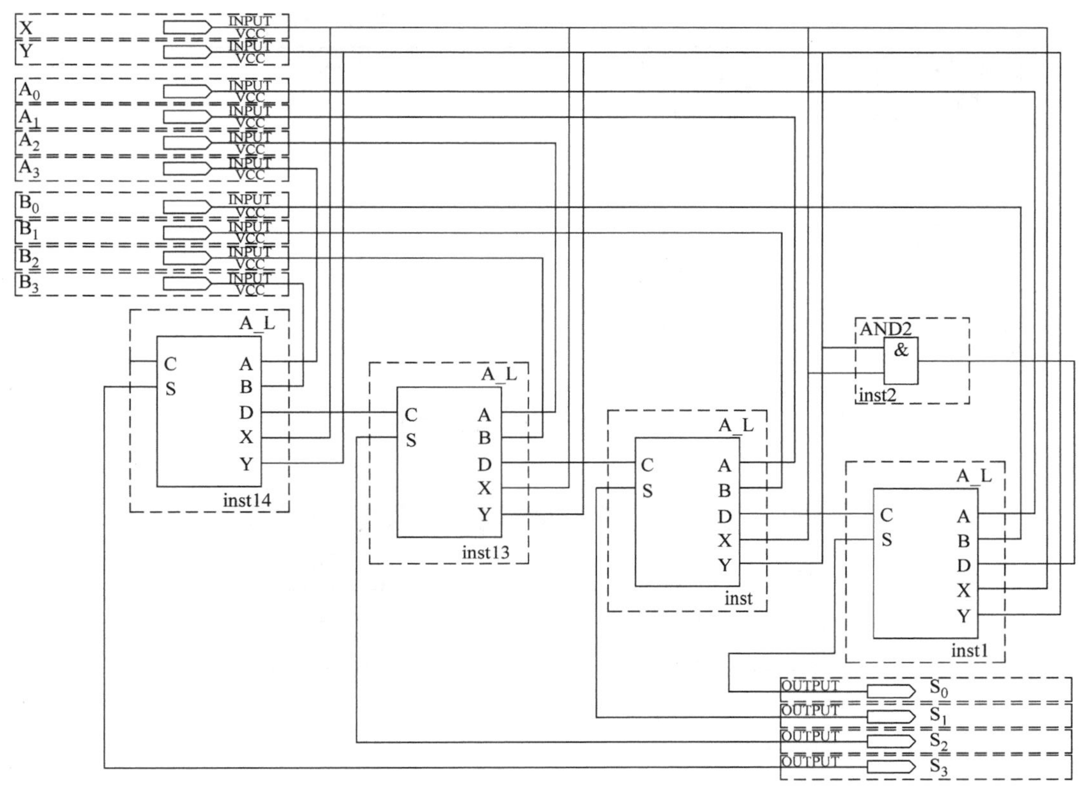

图9.11　4位ALU部件

对于两个4位二进制数据，X和Y同样为控制信号，其取值和电路功能的对应关系和表9.1所列的完全相同；输出端引脚$S_3 \sim S_0$为运算结果。从图中可知，当X=1、Y=1时，最低位A_L模块的输入端D为1，再结合前面的分析可知，电路完成的运算为$A_3A_2A_1A_0+\overline{B_3}\,\overline{B_2}\,\overline{B_1}\,\overline{B_0}+1$，即$A_3A_2A_1A_0$加上$B_3B_2B_1B_0$的补码，也就是两个4位二进制数的减法运算。电路完成的其他运算功能和前面分析的相同，不再赘述。

3. 编译和功能仿真

编译顶层文件ALU. bdf，选择菜单Processing | Compiler Tool命令启动编译窗口，单击窗口左下角的Start按钮开始编译。如果编译成功，系统提示Full Compilation was successful。

功能仿真用于检验设计项目的逻辑功能，进行功能仿真前应先建立波形文件。选择菜单栏中的File | New命令，在弹出的对话框中选择Verification/Debugging Files下的Vector Waveform File，然后单击OK按钮，弹出图9.12所示的波形文件编辑窗口。双击窗口左侧空白区域，弹出图9.13所示的Insert Node or Bus对话框，单击Node Finder按钮，弹出图9.14所示的Node Finder对话框。按照图中所示的设置，单击List按钮。在对话框左侧的Nodes Found栏会列出顶层文件所包含的所有输入/输出引脚。单击>>按钮，将全部引脚添加到右侧的Selected Nodes栏。单击Node Finder对话框中的OK按钮，再单击Insert Node or Bus对话框中的OK按钮，回到波形文件

编辑窗口，可以看到信号引脚已经添加进来。

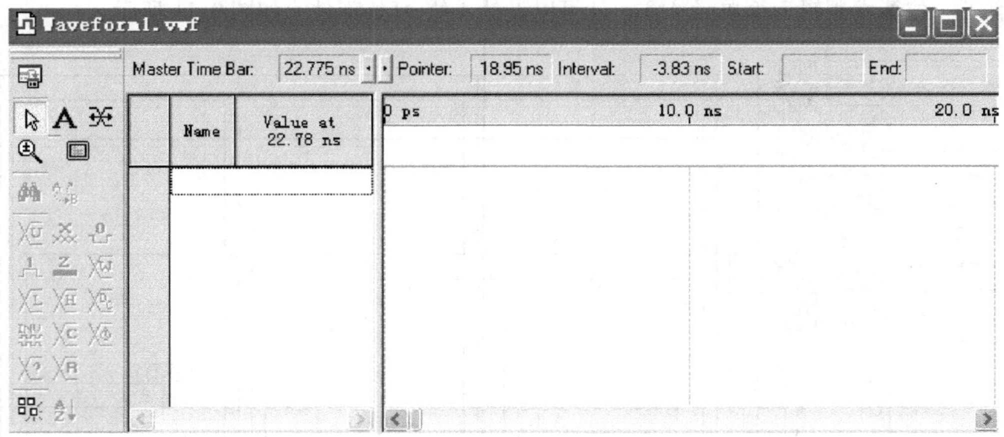

图 9.12　波形文件编辑窗口

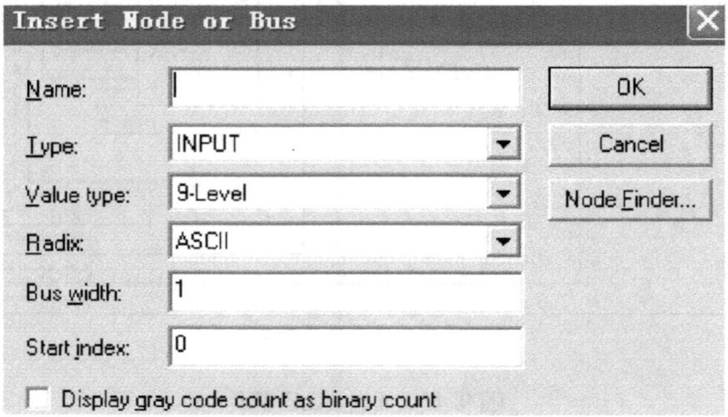

图 9.13　Insert Node or Bus 对话框

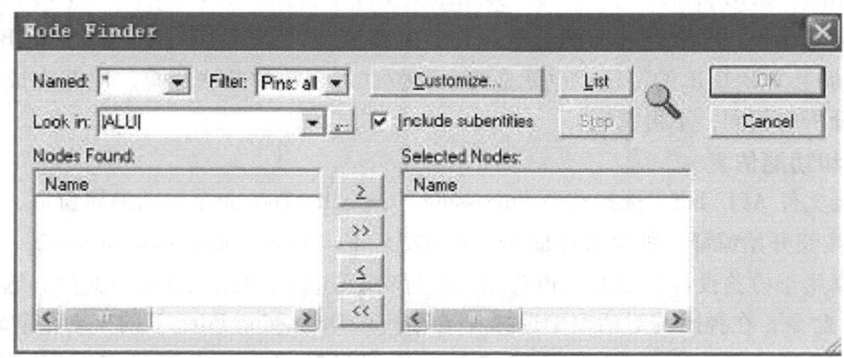

图 9.14　Node Finder 对话框

为了方便查看仿真结果，需要适当调整各信号引脚的先后顺序，如把 X 调整到最前面，单击 X 引脚左边的数字选中该引脚，再按住鼠标左键拖动到最前面释放即可。

用同样的方法把Y引脚调整到X的后面。接下来设置输入引脚的信号值。假设$A_3A_2A_1A_0$取0110，$B_3B_2B_1B_0$取1011。首先按照完成逻辑与运算的功能设置，即X和Y必须为0。由于开始时各输入信号的默认值都是0，故不用设置X和Y。设置A_1为1，方法是单击A_1左边的数字选中A_1，再单击左侧波形编辑工具栏中的Forcing High按钮即可。按同样的方法设置其他输入信号值，设置完成后的波形文件编辑窗口如图9.15所示。对于波形文件编辑窗口中的仿真时间设置，可以选择菜单Edit | End Time命令，弹出End Time对话框，输入结束时间即可；而对于波形文件编辑窗口内显示的仿真时间范围的设定，可以选择菜单View | Zoom命令，在弹出的Zoom对话框中选中Show range选项，分别在Start time和End time中输入时间值即可。把该波形文件保存为and.vwf，关闭波形文件。

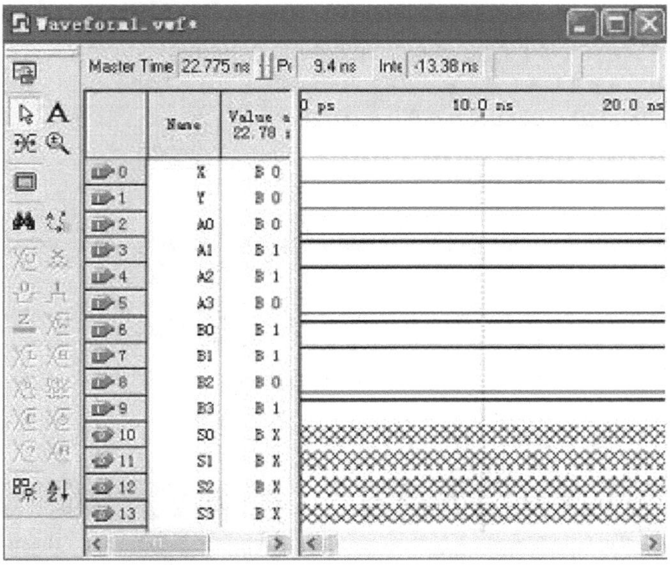

图9.15　完成与运算设置的波形文件编辑窗口

下面根据设置的输入信号值进行功能仿真。选择菜单Processing | Simulator Tool命令，弹出图9.16所示的仿真窗口。在Simulation mode框中选择Functional，即功能仿真，在Simulation input框中单击...按钮，在弹出的Select File对话框中找到波形文件and.vwf，单击Open按钮。

回到仿真窗口后，单击Generate Functional Simulation Netlist按钮，在系统提示Functional Simulation Netlist Generation was successful后，单击OK按钮，回到仿真窗口，单击Start按钮开始仿真。如果仿真成功，系统提示Simulation was successful。再单击仿真窗口下面的Open按钮，可以打开仿真波形文件。如图9.17所示，$A_3A_2A_1A_0$（0110）和$B_3B_2B_1B_0$（1011）逻辑与运算结果为$S_3S_2S_1S_0$（0010），仿真结果正确。

保持$A_3A_2A_1A_0$和$B_3B_2B_1B_0$的取值不变，分别设置XY为01、10和11，进行或运算、加法和减法运算，按照上述步骤分别建立各自的波形文件并进行仿真，得到如图9.18、图9.19和图9.20所示结果。从图中可知，所有功能仿真结果正确。

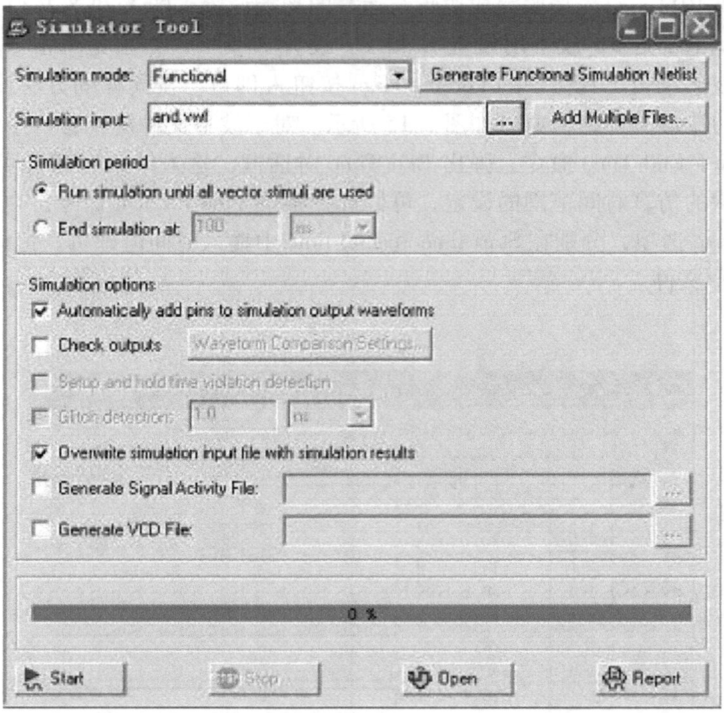

图 9.16　仿真窗口

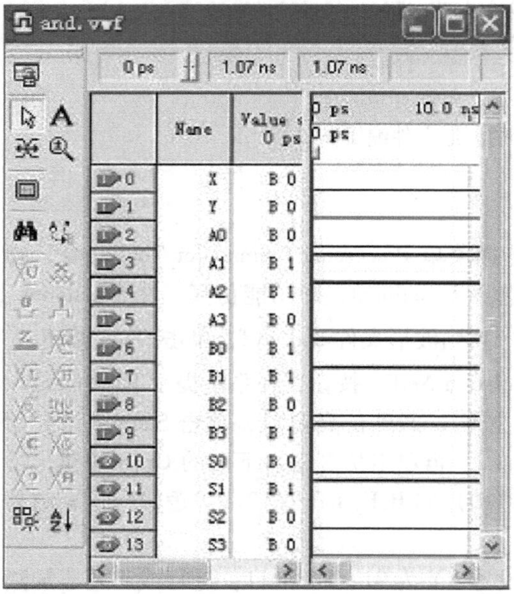

图 9.17　与运算仿真结果

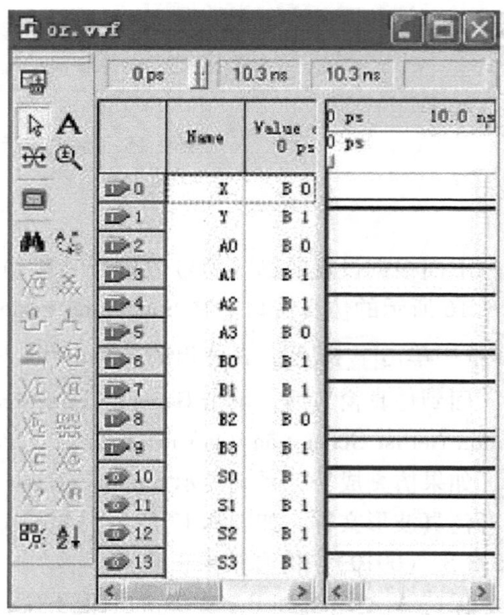

图 9.18　或运算仿真结果

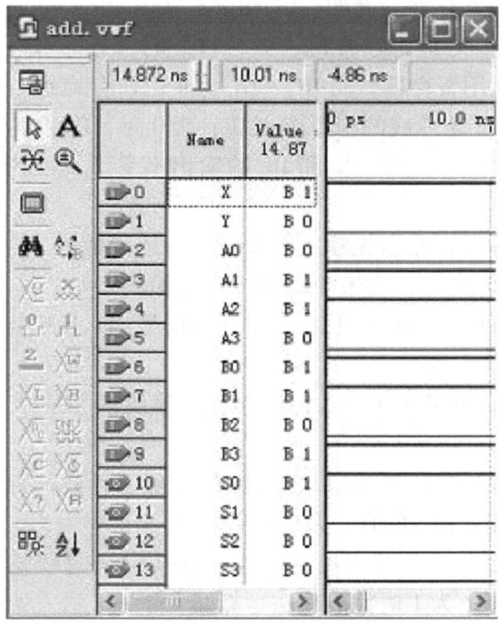

图 9. 19　加法运算仿真结果

图 9. 20　减法运算仿真结果

9. 2. 2　简单计算机设计

1. 计算机结构

本小节要设计的简单计算机结构框图如图 9. 21 所示。

图中 clr 为复位信号，为 0 时复位，为 1 时计算机正常工作，该信号输入到控制器和程序计数器 PC。clr 复位时，PC 为“0000”。时钟信号 clk 输入到控制器、指令寄存器 IR、PC、地址寄存器 MAR 和寄存器读/写控制电路。该计算机采用 8 位指令和数据，有 4 个通用寄存器 R_0、R_1、R_2和 R_3，以及临时寄存器 A 和 B，这些寄存器都在寄存器读/写控制电路中。而访存地址为 4 位，最多可以访问 16 个 ROM 存储单元，每个存储单元可以存储 8 位指令或者数据。

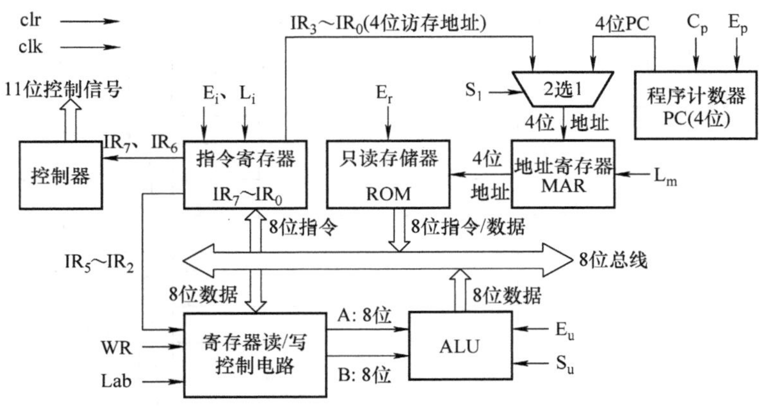

图 9. 21　简单计算机结构框图

指令寄存器为 8 位 IR_7 ~ IR_0，其中高 2 位 IR_7和 IR_6为指令操作码。如果是 ALU 运算指令，那

么 IR_5、IR_4和 IR_3、IR_2的组合分别用于寻址两个通用寄存器。例如：IR_5IR_4为“00”时，寻址寄存器 R_0；为“01”时，寻址寄存器 R_1；为“10”时，寻址寄存器 R_2；为“11”时，寻址寄存器 R_3。如果是访存指令，则 IR_5、IR_4被用于寻址一个通用寄存器，而 IR_3 ~ IR_0为4位访存地址。控制信号 L_i 为1时，在时钟信号 clk 上升沿的作用下把8位总线的指令读入 IR；为0时，IR 内容不变。E_i 为1时，输出 IR_5 ~ IR_0；为0时，不输出，指令操作码 IR_7和 IR_6的输出不受 E_i 端控制，直接输出到控制器。

只读存储器 ROM 中共有16个存储单元，每个单元存储预先输入的8位指令或者数据，由4位输入地址寻址，内含地址译码电路，其输出受 E_r 端控制，只有当 E_r 为1时才输出。

地址寄存器 MAR 用于暂存访存地址，4位。控制信号 L_m 为1时，在时钟信号 clk 上升沿的作用下把4位地址读入 MAR。

多路选择器“2选1”用于从4位 PC 和 IR_3 ~ IR_0两路输入中选择一路地址输出到 MAR，控制信号 S_1为0时，选择 PC，为1时选择 IR_3 ~ IR_0。

程序计数器 PC 为4位，当控制信号 C_p为1时，在时钟信号 clk 上升沿的作用下计数，否则计数值不变。控制信号 E_p为1时，向多路选择器输出4位 PC 值，为0时不输出。

ALU 完成两个8位二进制数据的加法或者减法运算，并且当控制信号 E_u为1时向总线输出结果。另一个控制信号 S_u为0时，ALU 完成加法运算，为1时完成减法运算。

寄存器读/写控制电路如图9.22所示。

图9.22中4个通用寄存器 R_0、R_1、R_2和 R_3以及临时寄存器 A 和 B 都有输入控制信号 L，当 L 为1时，在时钟脉冲 clk 上升沿的作用下，输入端的8位数据存入寄存器。多路选择器用于控制从4个通用寄存器中选择一个并读出数据至临时寄存器 A 或 B，例如，当 IR_5IR_4为“00”，选中

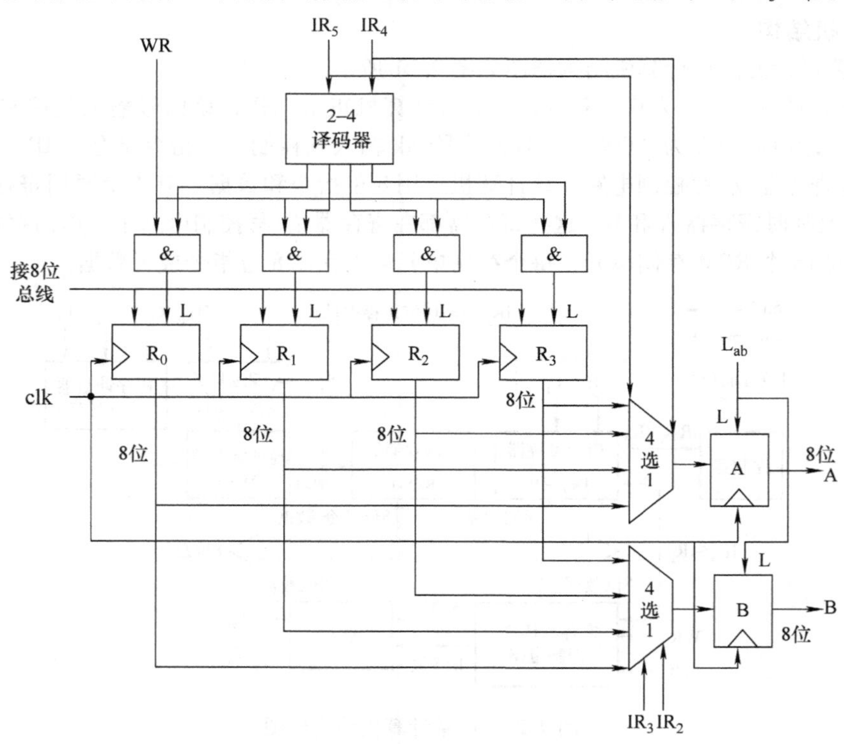

图9.22　寄存器读/写控制电路

R_0的数据并读至A，为“01”“10”和“11”时，则分别选中R_1、R_2和R_3。同样，IR_3IR_2用于选中一个通用寄存器并读出数据至B。写入时，WR=1，再结合IR_5IR_4的取值，选中一个通用寄存器，在时钟脉冲clk上升沿的作用下，输入端的8位数据写入该寄存器。之所以采取这种设计，是因为指令执行时有可能同时读出两个通用寄存器的数据至A和B，而把结果写入寄存器时，只能写入一个寄存器，不会同时向两个寄存器写入数据。

从上述分析可知，除了复位信号clr和时钟信号clk之外，计算机共需要11个控制信号，即C_p、E_p、L_m、E_r、E_i、L_i、WR、L_{ab}、S_u、E_u和S_1，每个信号都有0和1两种取值，11个信号的各种取值构成了计算机的控制信号。所以，计算机控制信号的每种取值都确定计算机的一种状态，控制计算机CPU完成一个微操作。控制器就是产生这些控制信号的部件。控制器的电路图在后面给出。

2. 指令系统与指令执行逻辑

设想该计算机可以从存储器ROM中取出指令并执行，如果是访存指令，则能够从ROM中读出数据至通用寄存器；如果是ALU指令，则从通用寄存器中读出两个数据进行加法或减法运算，并把结果保存到通用寄存器；如果是停机指令，则计算机停止运行。为了简单起见，设计该计算机的指令系统有4种指令，指令编码为8位，最高两位为指令操作码，各指令功能及其编码规则见表9.2。

表9.2 指令功能及其编码规则

指令	功能	编码 $IR_7 \sim IR_0$	说明
LB R_X，［XXXX］	从存储单元［XXXX］中读出一个字节，保存到寄存器R_X	00XXXXXX	操作码为00，IR_5IR_4为00、01、10、11时，R_X分别为R_0、R_1、R_2、R_3，最后4位为访存地址
ADD R_{X1}，R_{X2}	寄存器R_{X1}和R_{X2}的内容相加，结果保存到R_{X1}	01XXXXXX	操作码为01，IR_5IR_4确定R_{X1}，IR_3IR_2确定R_{X2}，方法同上，IR_1IR_0忽略
SUB R_{X1}，R_{X2}	寄存器R_{X1}和R_{X2}内容相减，结果保存到R_{X1}	10XXXXXX	操作码为10，R_{X1}和R_{X2}确定方法同上，IR_1IR_0忽略
STP	停机	11XXXXXX	操作码为11，其他位忽略

指令执行时，要求计算机控制信号按照指令预定的功能“自动地”变化，而控制信号的改变决定了机器状态的改变，这是总线结构机器的特点。这就要求计算机首先能够识别指令，其次能够在两次时钟脉冲之间给出恰当的控制信号。让计算机识别指令的方法是对指令操作码译码，译码输出为1的一端对应一条指令，称为指令线。每条指令执行时都要求计算机按一定顺序进行一系列的微操作，为了简单起见，假设每条指令都在4个时钟周期内执行完毕，把各条指令的操作安排在4个周期内，每个周期完成一部分操作。再用节拍线来表示不同的周期，例如，节拍线A=1表示指令执行的第1个周期，节拍线B=1表示第2个周期，节拍线C=1表示第3个周期，节拍线D=1表示第4个周期。显然，节拍线是互斥的，例如，如果A=1，则B、C和D都应该为0，可以采用4位移位寄存器实现4条互斥的节拍线。最后可以根据指令线和节拍线决定机器的控制信号。

下面把每条指令的操作分配到4个节拍。

（1）LB指令

节拍1：节拍线A=1，设置E_p=1，L_m=1，clk上升沿使PC→MAR，并且B=1，即PC发出访存地址并进入第2拍。

节拍2：节拍线B=1，设置E_r=1，L_i=1，C_p=1，clk上升沿使ROM→IR，PC+1→PC，并

且 C = 1，即从 ROM 中读出指令到 IR，PC 加 1 计数，并进入第 3 拍。由于指令操作码输出没有控制，此时操作码进入控制器，经译码产生指令线 LB = 1。

节拍3：节拍线 C = 1，指令线 LB = 1，设置 $E_i = 1$，$L_m = 1$，$S_1 = 1$，clk 上升沿使指令编码 $IR_3 - IR_0 \rightarrow MAR$，并且 D = 1，即把 $IR_3 - IR_0$ 作为访存地址送入 MAR 并进入第 4 拍。

节拍4：节拍线 D = 1，指令线 LB = 1，设置 $E_i = 1$，$E_r = 1$，WR = 1，clk 上升沿把从 ROM 中读出的 8 位数据送入一个通用寄存器（由 IR_5IR_4 和 WR 共同决定），并且 A = 1，即回到第 1 拍，进入下一条指令的执行周期。

至此，LB 指令执行完毕，其中第 1 和 2 拍为取指令，后面两拍为执行。每条指令的取指令操作都一样，仅执行操作不同，所以下面的指令不再重复前两拍，只写出后两拍的操作。

（2）ADD R_{X1}，R_{X2} 指令

节拍3：节拍线 C = 1，指令线 ADD = 1，设置 $E_i = 1$，$L_{ab} = 1$，clk 上升沿使 $R_{X1} \rightarrow A$，$R_{X2} \rightarrow B$，并且 D = 1，即通用寄存器内容读出至临时寄存器并进入第 4 拍。注意，此时加法运算同时完成。

节拍4：节拍线 D = 1，指令线 ADD = 1，设置 $E_u = 1$，$E_i = 1$，WR = 1，clk 上升沿把加法运算结果送入一个通用寄存器（由 IR_5IR_4 和 WR 共同决定），并且 A = 1，即回到第 1 拍，进入下一条指令的执行周期。

（3）SUB R_{X1}，R_{X2} 指令

节拍3：节拍线 C = 1，指令线 SUB = 1，设置 $E_i = 1$，$L_{ab} = 1$，clk 上升沿使 $R_{X1} \rightarrow A$，$R_{X2} \rightarrow B$，并且 D = 1，即通用寄存器内容读出至临时寄存器并进入第 4 拍。

节拍4：节拍线 D = 1，指令线 SUB = 1，设置 $S_u = 1$，$E_u = 1$，$E_i = 1$，WR = 1，clk 上升沿把减法运算结果送入一个通用寄存器（由 IR_5IR_4 和 WR 共同决定），并且 A = 1，即回到第 1 拍，进入下一条指令的执行周期。

最后，由于 STP 指令的作用仅仅是终止计算机的运行，不影响计算机控制信号，可以在取出 STP 指令后进行译码。发出封锁节拍线，产生控制信号，使计算机不再输出节拍即可。

3. 控制器设计

根据各条指令在各节拍要完成的操作可以看出，计算机控制信号是节拍线和指令线的函数，控制信号的真值见表 9.3。为了书写方便，表中用符号 E 表示 LB 指令，F 表示 ADD 指令，G 表示 SUB 指令，而 STP 不影响控制信号，所以不用设置。另外，每条指令的取指令操作都相同，所以表中只列出一个。

表 9.3　控制信号真值表

对应指令	clk↑到来的微操作	A	B	C	D	E	F	G	C_p	E_p	L_m	E_r	E_i	L_i	WR	L_{ab}	S_u	E_u	S_1
取指令	PC→MAR	1	0	0	0	X	X	X	0	1	1	0	0	0	0	0	0	0	0
	ROM→IR PC + 1	0	1	0	0	X	X	X	1	0	0	1	0	1	0	0	0	0	0
LB	$IR_3 \sim IR_0 \rightarrow MAR$	0	0	1	0	1	0	0	0	0	1	0	1	0	0	0	0	0	1
	$ROM \rightarrow R_X$	0	0	0	1	1	0	0	0	0	0	1	1	0	1	0	0	0	0
ADD	$R_{X1} \rightarrow A$ $R_{X2} \rightarrow B$	0	0	1	0	0	1	0	0	0	0	0	1	0	0	1	0	0	0
	$A + B \rightarrow R_{X1}$	0	0	0	1	0	1	0	0	0	0	0	1	0	1	0	0	1	0
SUB	$R_{X1} \rightarrow A$ $R_{X2} \rightarrow B$	0	0	1	0	0	0	1	0	0	0	0	1	0	0	1	0	0	0
	$A - B \rightarrow R_{X1}$	0	0	0	1	0	0	1	0	0	0	0	1	0	1	0	1	1	0

根据表9.3，可以列出计算机控制信号的逻辑函数表达式。

$C_p=\bar{A}B\bar{C}\bar{D}$　$E_p=A\bar{B}\bar{C}\bar{D}$　$L_m=A\bar{B}\bar{C}\bar{D}+\bar{A}\bar{B}C\bar{D}E\bar{F}\bar{G}$　$E_r=\bar{A}B\bar{C}\bar{D}+\bar{A}\bar{B}\bar{C}DE\bar{F}\bar{G}$

$E_i=\bar{A}\bar{B}C\bar{D}E\bar{F}\bar{G}+\bar{A}\bar{B}\bar{C}DE\bar{F}\bar{G}+\bar{A}\bar{B}C\bar{D}\bar{E}F\bar{G}+\bar{A}\bar{B}\bar{C}D\bar{E}F\bar{G}+\bar{A}\bar{B}C\bar{D}\bar{E}\bar{F}G+\bar{A}\bar{B}\bar{C}D\bar{E}\bar{F}G$

$L_i=\bar{A}B\bar{C}\bar{D}$　$WR=\bar{A}\bar{B}\bar{C}DE\bar{F}\bar{G}+\bar{A}\bar{B}\bar{C}D\bar{E}F\bar{G}+\bar{A}\bar{B}\bar{C}D\bar{E}\bar{F}G$

$L_{ab}=\bar{A}\bar{B}C\bar{D}\bar{E}F\bar{G}+\bar{A}\bar{B}C\bar{D}\bar{E}\bar{F}G$　$S_u=\bar{A}\bar{B}\bar{C}D\bar{E}\bar{F}G$

$E_u=\bar{A}\bar{B}\bar{C}D\bar{E}F\bar{G}+\bar{A}\bar{B}\bar{C}D\bar{E}\bar{F}G$　$S_1=\bar{A}\bar{B}C\bar{D}E\bar{F}\bar{G}$

应注意指令线和节拍线是互斥的。例如，若 $A=1$，则 $B=C=D=0$，从而 $A\bar{B}\bar{C}\bar{D}=1$；而当 $A=0$ 时，不论B、C、D取什么值，都有 $A\bar{B}\bar{C}\bar{D}=0$，于是有 $A\bar{B}\bar{C}\bar{D}=A$。同理有

$$\bar{A}B\bar{C}\bar{D}=B\quad \bar{A}\bar{B}C\bar{D}=C\quad \bar{A}\bar{B}\bar{C}D=D\quad E\bar{F}\bar{G}=E\quad \bar{E}F\bar{G}=F\quad \bar{E}\bar{F}G=G$$

这样，控制信号的逻辑表达式可以简化为

$$C_p=B\quad E_p=A\quad L_m=A+C\cdot E\quad E_r=B+D\cdot E\quad E_i=(C+D)\cdot(E+F+G)$$

$$L_i=B\quad WR=D\cdot(E+F+G)\quad L_{ab}=C\cdot(F+G)\quad S_u=D\cdot G$$

$$E_u=D\cdot(F+G)\quad S_1=C\cdot E$$

根据上述表达式，可以得到产生控制信号的逻辑电路，如图9.23所示。图中，A、B、C和D这4条节拍线由4位移位寄存器在时钟信号clk的控制下产生，指令线E、F和G通过对指令操作码译码产生，限于篇幅，不再给出它们的电路图。控制器由3个逻辑电路组成，输入信号为clr、clk，以及指令操作码为 IR_7、IR_6，输出信号为11个的控制信号。这些控制信号连接到相应部件，在时钟信号clk上升沿的作用下控制计算机各个部件的动作。其他部件的逻辑电路图将在后面的仿真时给出。至此，完成了整个计算机系统及其指令系统设计。

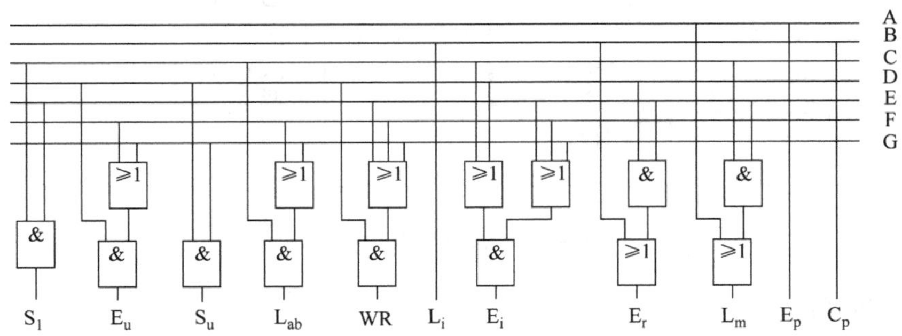

图9.23　计算机产生控制信号的逻辑电路

4. 程序设计

根据计算机的指令系统设计一段程序，见表9.4。

表9.4　计算机程序

程序	功　能	指令编码
LB　R_1，[1011]	从ROM的［1011］单元读出数据到 R_1	00011011
LB　R_2，[1100]	从ROM的［1100］单元读出数据到 R_2	00101100
ADD　R_1，R_2	R_1 和 R_2 中的数据相加，结果写回 R_1	010110XX
LB　R_3，[1101]	从ROM的［1101］单元读出数据到 R_3	00111101
SUB　R_1，R_3	R_1 和 R_3 中的数据相减，结果写回 R_1	100111XX
STP	停机	11XXXXXX

把程序指令和有关的数据预先写入ROM，其中指令从［0000］单元开始存放，数据放置到预定的存储单元，存储器分配如图9.24所示。

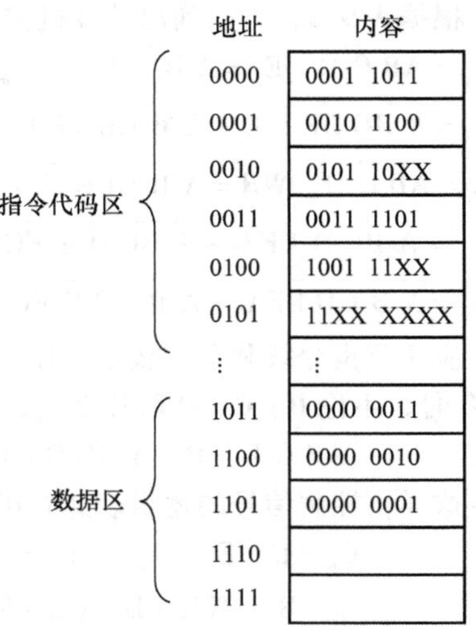

图9.24　存储器分配图

计算机复位时，程序计数器PC值为0000，即从［0000］单元取出第1条指令执行，在时钟脉冲clk的作用下，依次执行后面的指令，直至执行停机指令而停止。可以看出，该程序完成3+2−1=4的运算，最后结果保存在寄存器R_1。

5. Quartus Ⅱ设计和仿真

在Quartus Ⅱ环境下设计该计算机，并进行功能仿真。建立名称为CMPTR的项目，顶层设计文件名也是CMPTR。

（1）设计寄存器R

建立文件R.bdf，电路图如图9.25所示，该寄存器为8位，带L门输入控制，封装为模块。

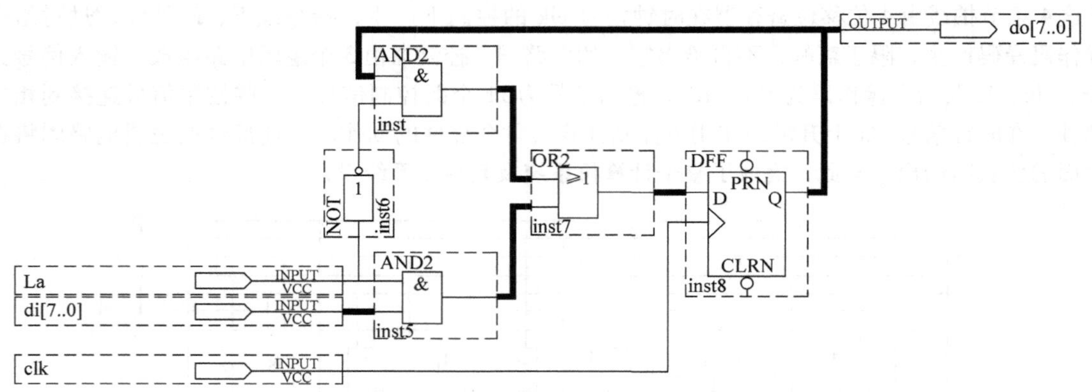

图9.25　寄存器R电路图

（2）设计运算器ALU

对前面设计的4位ALU做一些修改，一位加减法电路如图9.26所示。

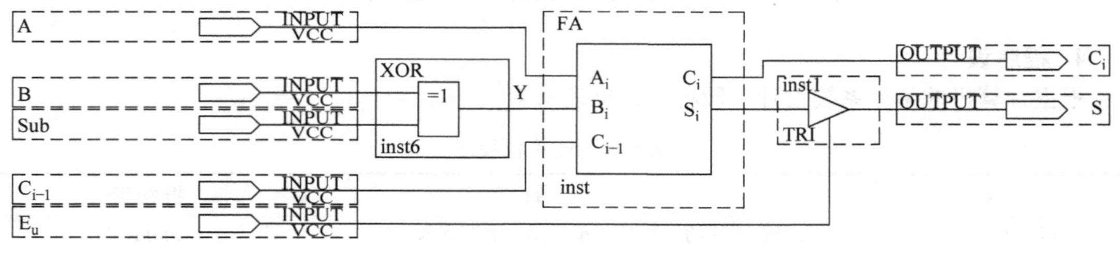

图9.26　一位加减法电路

图9.6中，一位全加器模块FA同前。该设计增加了输出控制，减少了逻辑运算功能，只完成加减法运算，封装为模块FA_S。

8位ALU电路图如图9.27所示，封装为模块ALU。

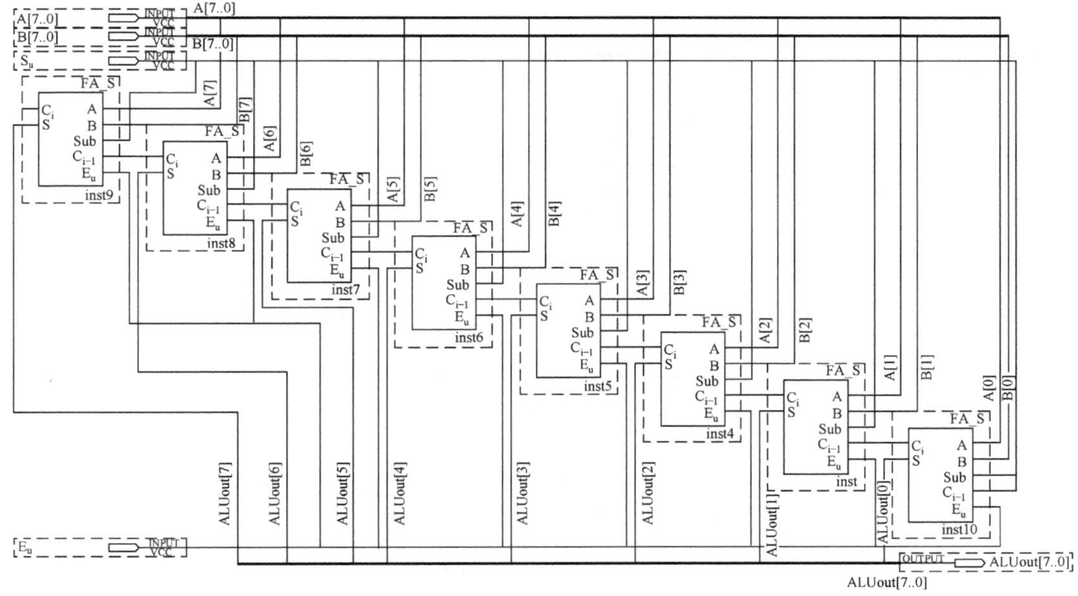

图 9.27　8 位 ALU 电路图

（3）设计 4 位地址寄存器 MAR

设计图 9.28 所示的 4 位地址寄存器电路图，封装为模块 MAR。

（4）设计 ROM

首先设计 4 位地址译码器 dec4.bdf，电路图如图 9.29 所示。限于篇幅，这里只给出前面和后面部分的电路图，封装为模块 dec4。

接下来设计 8 位只读存储器 rom8，有 16 个存储单元，根据图 9.24 所示的存储器分配，可以得到图 9.30 所示的存储器电路图，封装为模块，这里只给出前、后两部分电路。

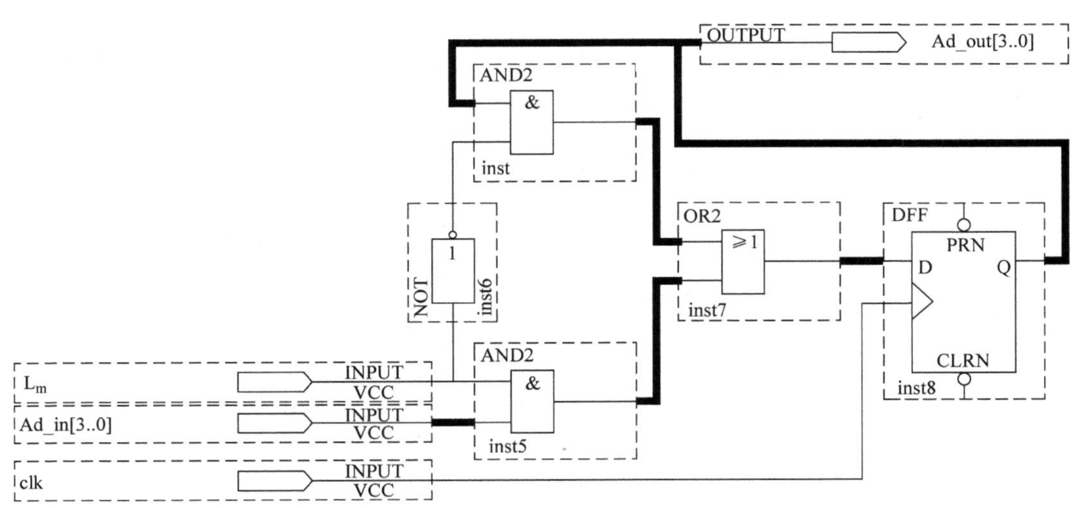

图 9.28　4 位地址寄存器 MAR 电路图

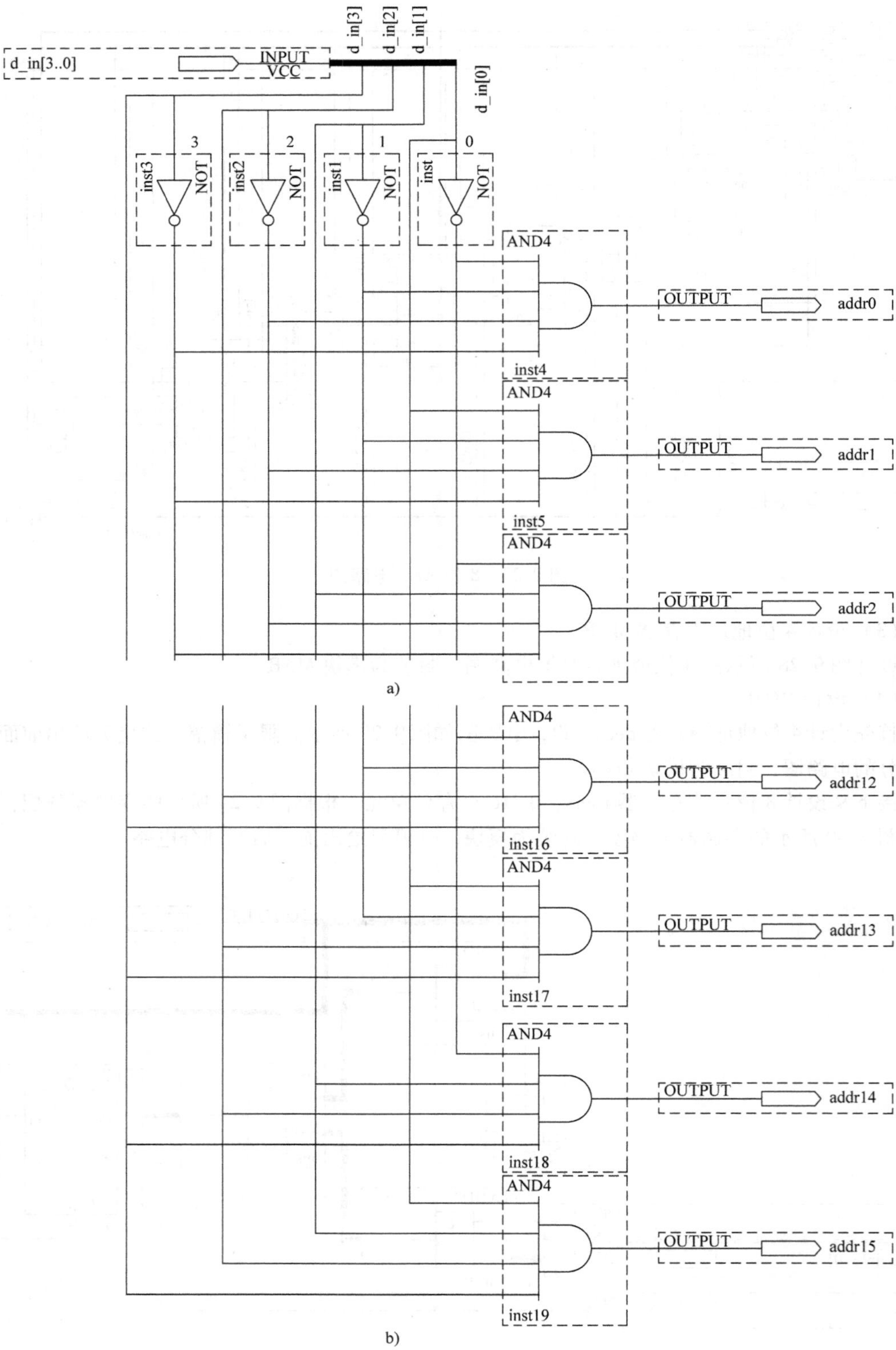

a)

b)

图 9.29　4 位地址译码器 dec4 电路图

a）前部分　b）后部分

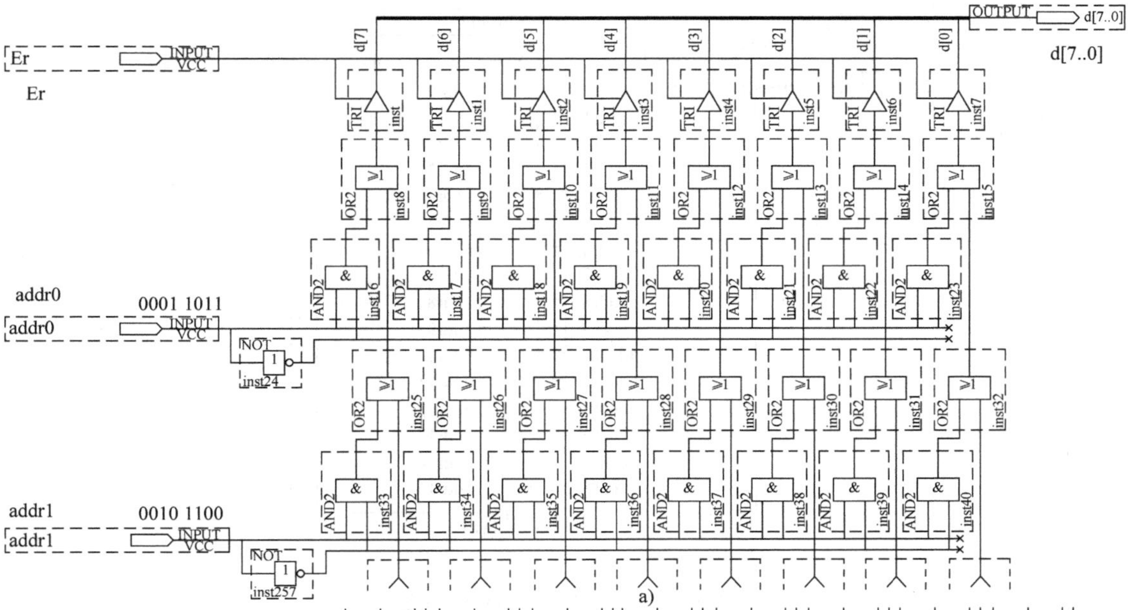

图9.30　只读存储器rom8电路图

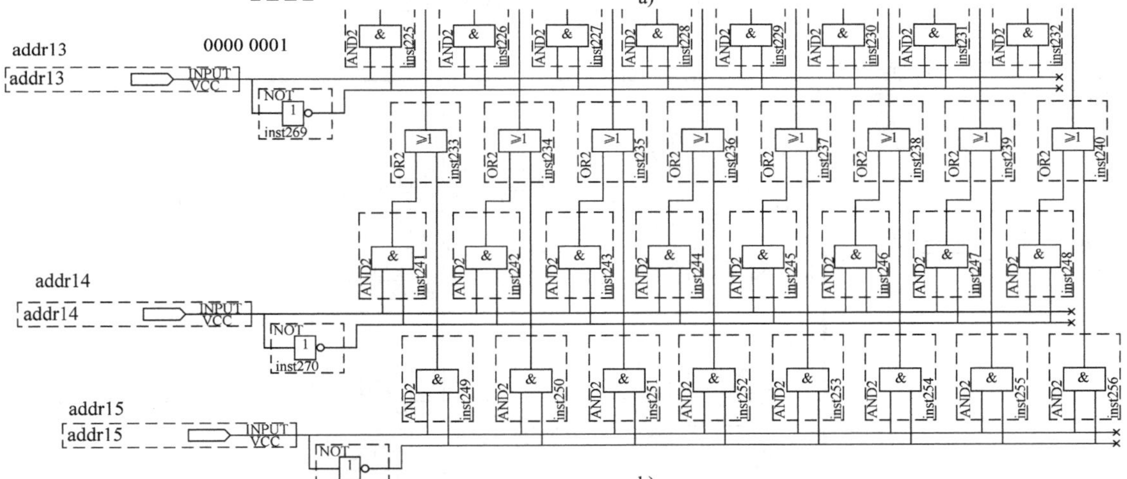

a）前部分　b）后部分

在译码器和只读存储器的基础上建立文件ROM，电路图如图9.31所示，封装为模块。

（5）设计指令寄存器IR

8位指令寄存器IR，电路图如图9.32所示，按照前面的假设，IR_7和IR_6可以直接输出，不受控制，而$IR_5 \sim IR_0$的输出受E_i端控制。图9.32中只给出前半部分，后半部分各位的电路连接和IR_5完全相同，封装为模块IR。

（6）设计4位程序计数器PC

首先设计一位程序计数器pc1.bdf，电路图如图9.33所示。由图9.33可知，当pc_in端为1时，计数器进行加1运算；为0时，触发器DFF保持原来的数据，封装为模块。

再设计4位程序计数器，电路图如图9.34所示，封装为模块PC。

（7）设计寄存器读/写控制电路R_rw

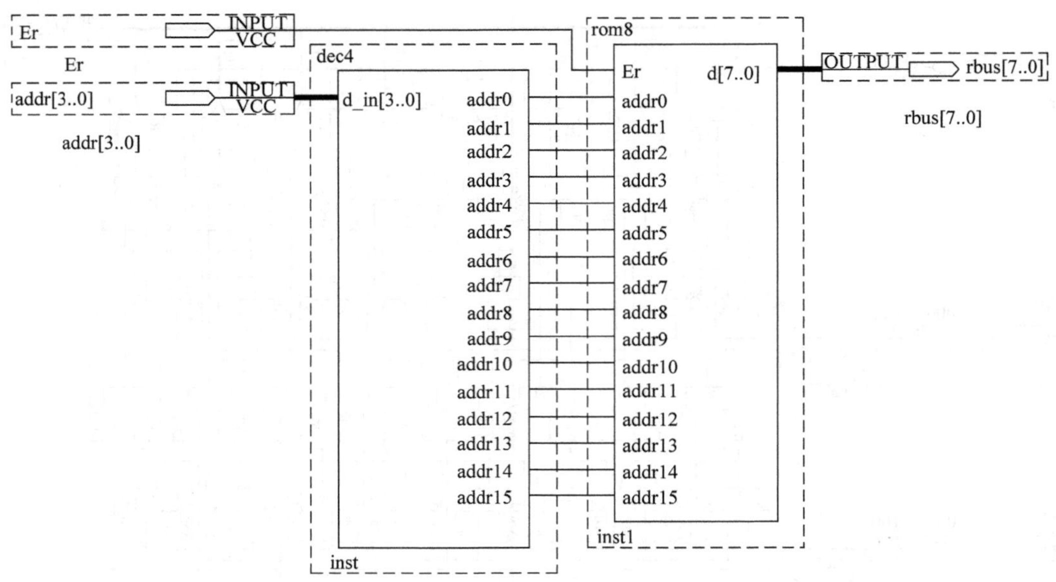

图 9.31　完成后的 ROM 电路图

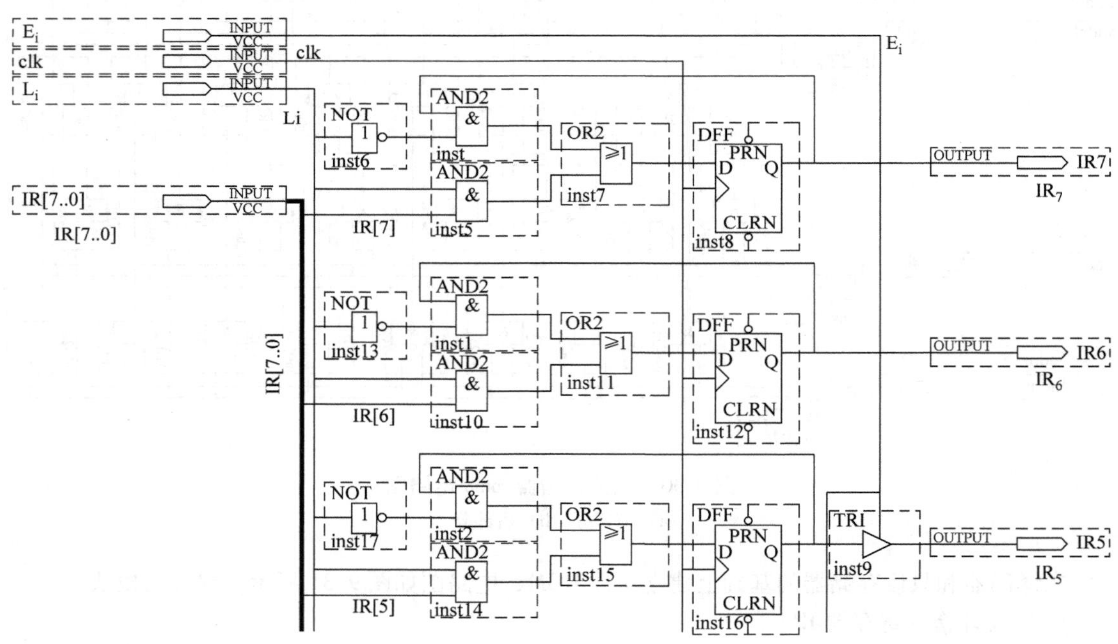

图 9.32　指令寄存器 IR

寄存器读/写控制电路完成的功能：对于仿存指令，把从 ROM 中读出的 8 位数据写入一个通用寄存器；对于 ALU 运算指令，先从通用寄存器读出两个操作数，送至临时寄存器 A 和 B，完成运算后，再把结果写入一个通用寄存器。

先设计 2 - 4 译码器 dec2 - 4，其作用是与 WR 信号配合选择一个通用寄存器，把数据写入，电路图如图 9.35 所示，封装为模块。

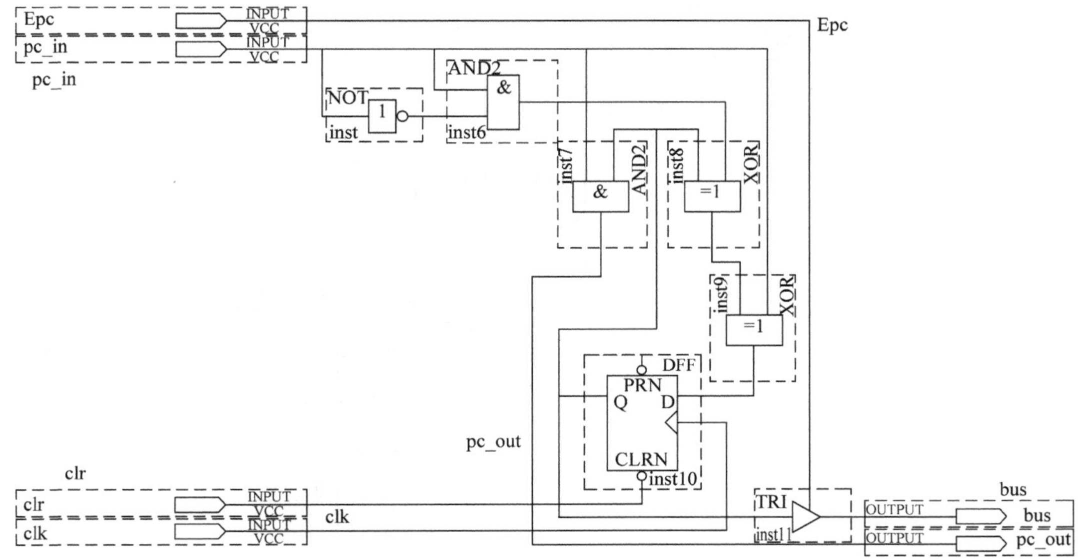

图 9.33　一位程序计数器 pc1 电路图

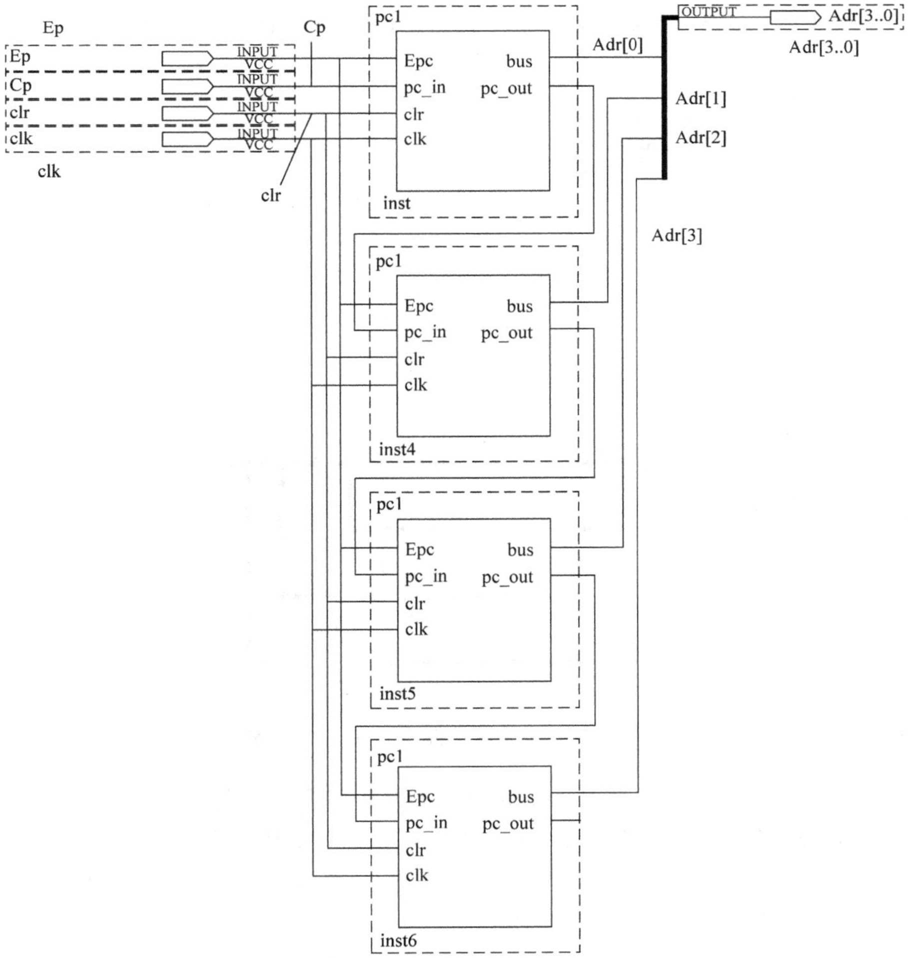

图 9.34　程序计数器电路图

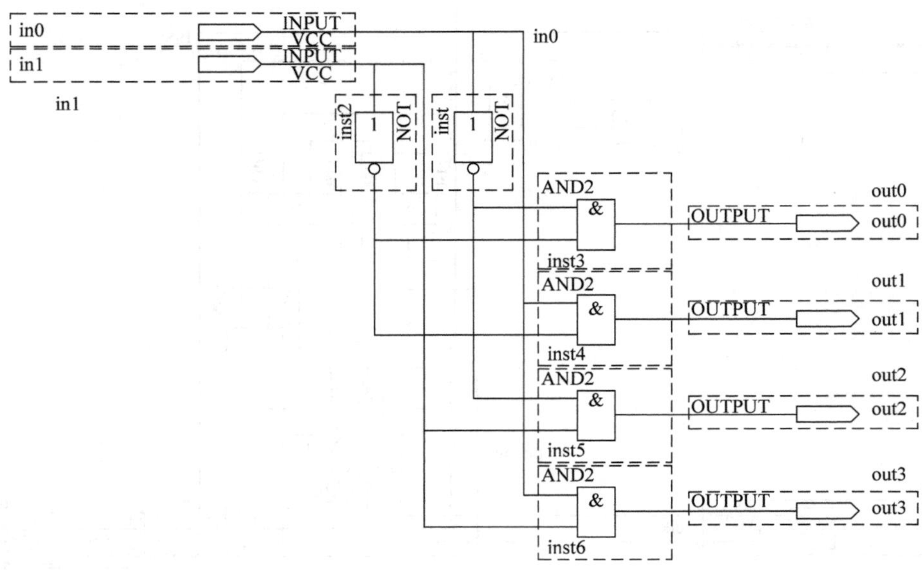

图 9.35　2-4 译码器 dec2-4 电路图

再设计一个4选1多路选择器 mux1-4，电路图如图9.36所示，封装为模块。图中的每一路都是8位。

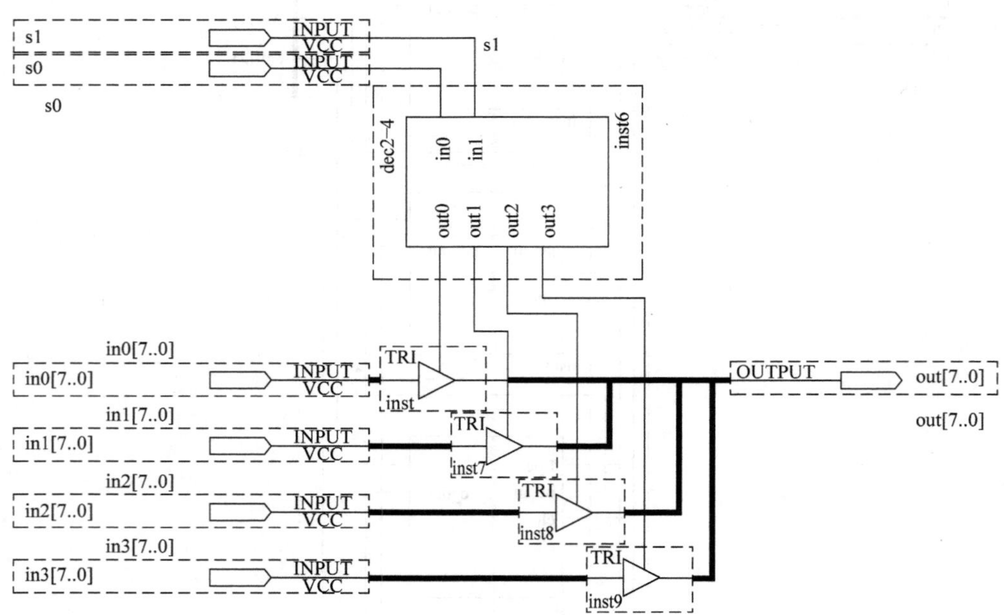

图 9.36　4 选 1 多路选择器 mux1-4 电路图

最后设计寄存器读/写控制电路 R_rw，电路图如图9.37所示，封装为模块。

图9.37中，左上角的6个输入信号分别是 IR_5、IR_4、IR_3、IR_2、WR 和 clk，左下角的两个输入信号分别为 Din［7..0］和 Lab，右边的6个输出信号分别是 A［7..0］、B［7..0］、R3［7..0］、R2［7..0］、R1［7..0］和 R0［7..0］。

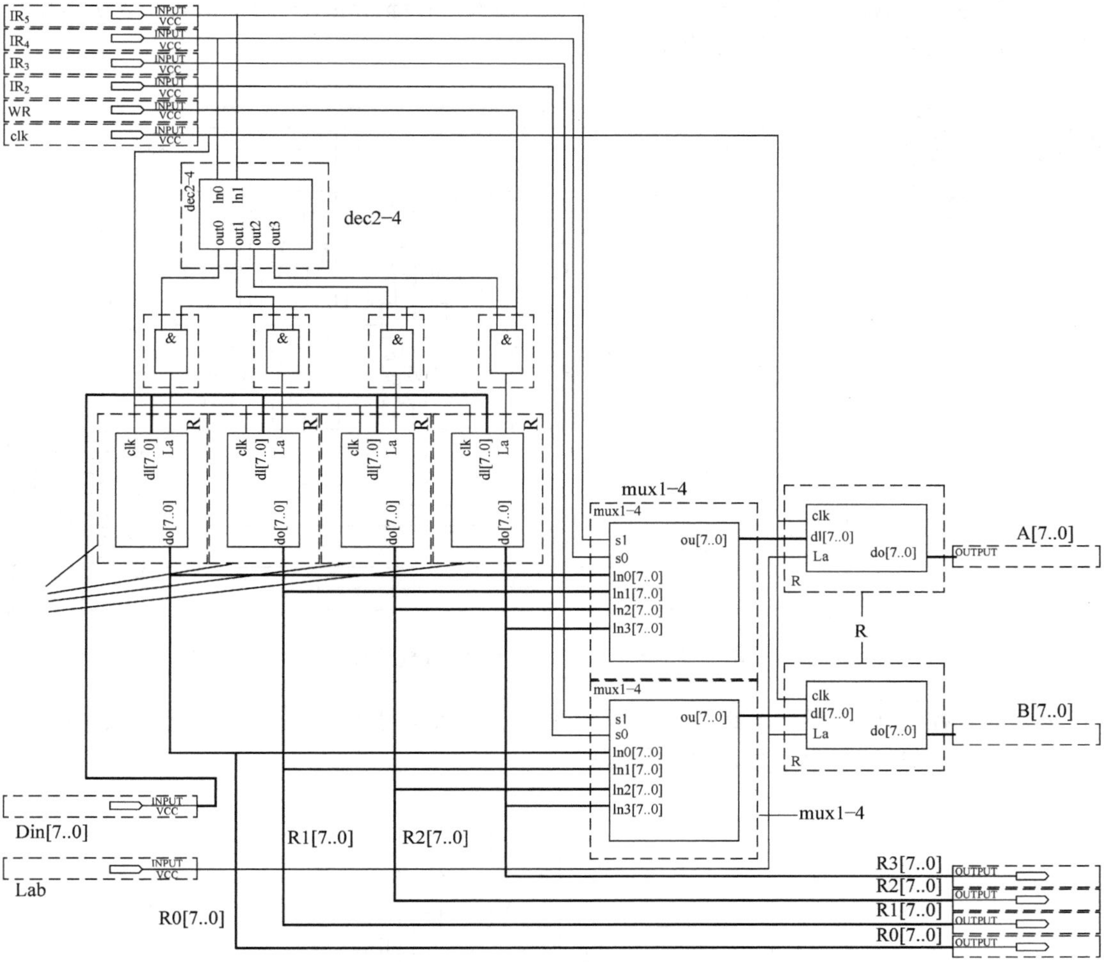

图 9. 37 寄存器读/写控制电路 R_rw 电路图

（8）设计控制器 CNTR

控制器由节拍发生器、指令译码器和控制信号产生电路 3 部分组成。指令译码器仍然采用 2 - 4译码器 dec2 - 4，节拍发生器 mtrnm 电路图如图 9. 38 所示，封装为模块。

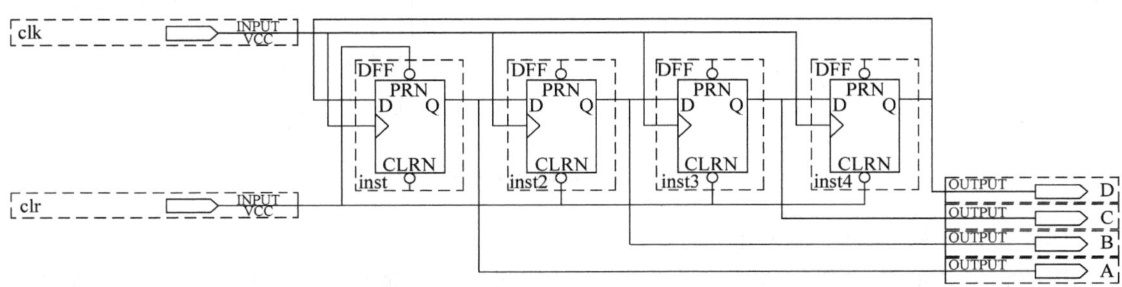

图 9. 38 节拍发生器 mtrnm 电路图

控制信号产生电路 ctrl 电路图如图 9.39 所示，输入信号部分包括 4 个节拍线和 3 条指令线，输出信号部分包括 11 个控制信号，封装为模块。

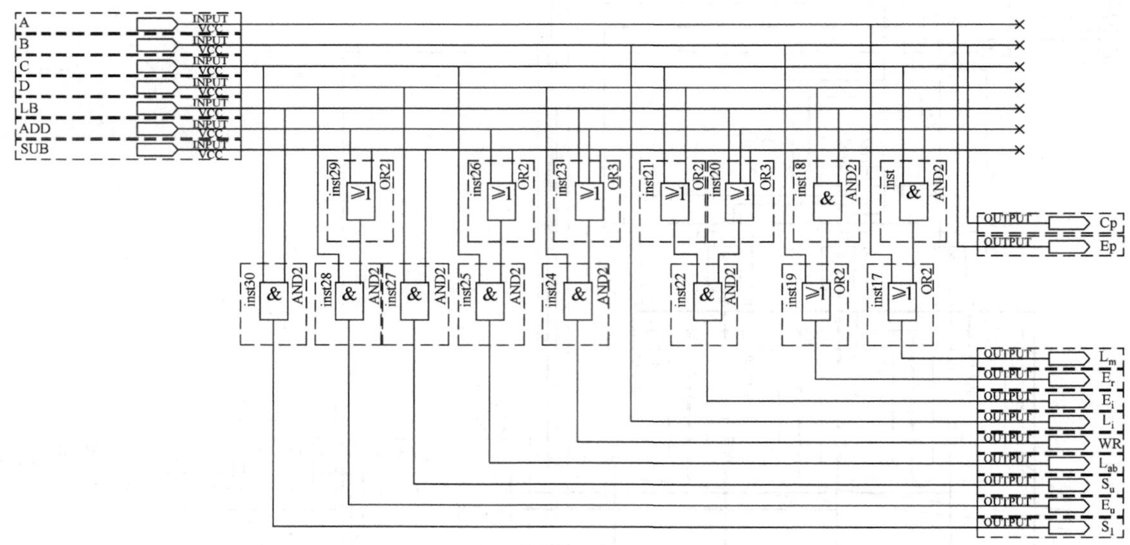

图 9.39　控制信号产生电路 ctrl 电路图

然后设计控制器 CNTR，电路图如图 9.40 所示，输入信号为 clr、clk 以及指令操作码 IR_7、IR_6，输出信号为 11 个控制信号，封装为模块。

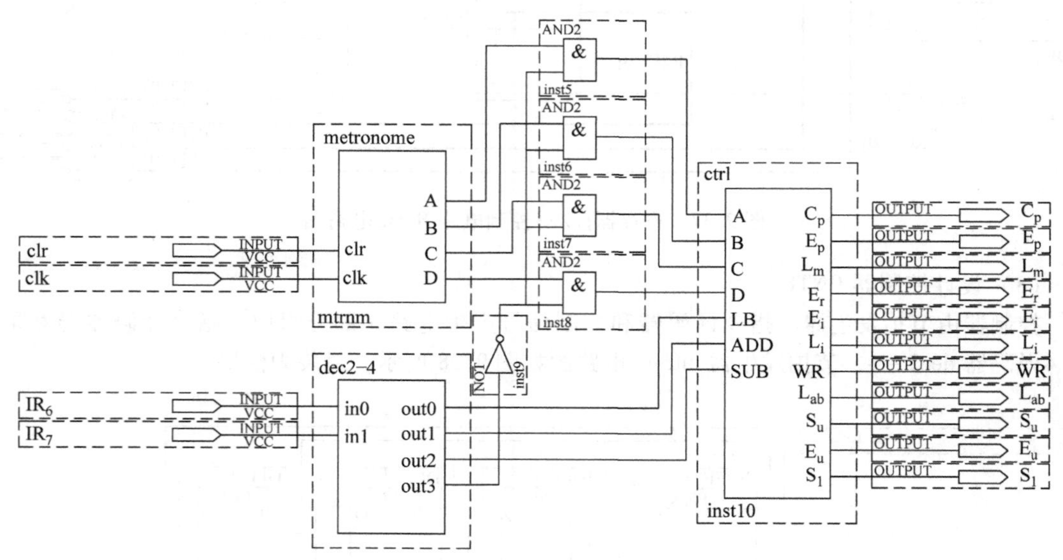

图 9.40　控制器 CNTR

（9）设计计算机整机 CMPTR

用前面设计的各个部件组成一个完整的计算机，建立顶层文件 CMPTR.bdf，电路图如图 9.41所示。图中的两个输入信号分别为 clr 和 clk。

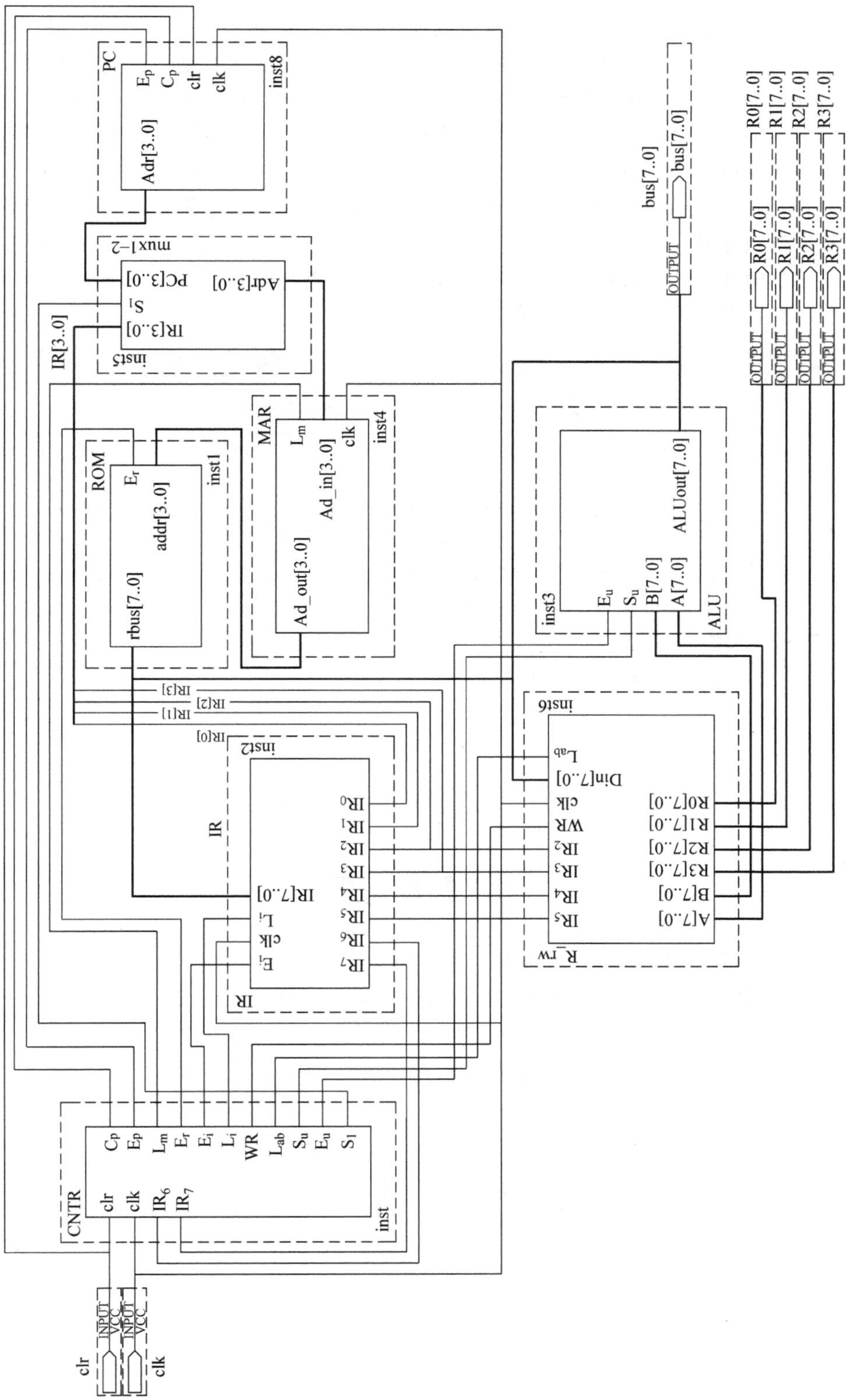

图 9.41　完整的计算机 CMPTR 电路图

(10) 功能仿真

编译文件 CMPTR. bdf，建立波形文件。为了便于观察，把输出引脚 bus、R_0、R_1、R_2 和 R_3 转换为十六进制，方法是先将引脚左边的数字选中，再单击鼠标右键，在弹出的菜单中选择 Properties 命令，系统出现 Node Properties 窗口，在 Radix 栏选择 Hexadecimal，再单击 OK 按钮。clr 和 clk 信号转换为二进制，在 Radix 栏选择 Binary。设置时钟信号周期为 10ns，方法是先选中该信号，再单击左边工具栏的 Overwrite Clock 按钮，在弹出的 Clock 窗口中，在 Period 栏输入 10 即可。在 clr 信号开始部分设置一段为 0，其他时间设置为 1，以模拟计算机启动时的复位，即开始时，程序计数器 PC 为 0000。适当调整信号的顺序，输入信号在前面，输出信号在后面，调整窗口中显示的时间范围，以观察到足够多的周期。最后进行仿真，结果如图 9. 42 所示。从图中可知，程序执行的最后结果为 4，保存在寄存器 R_1 中。

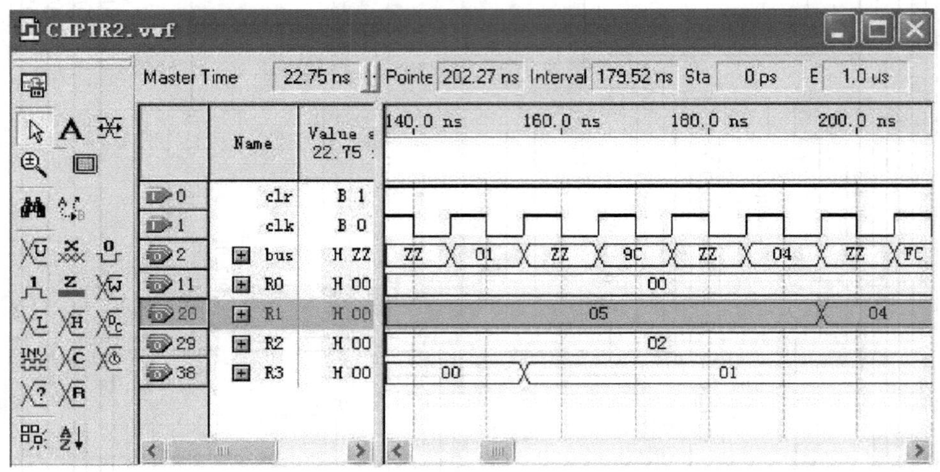

图 9. 42　计算机功能仿真结果

思考题与习题

1. 与传统电子设计方法相比，EDA 技术有哪些优点？
2. 什么是硬件描述语言？最常用的硬件描述语言有哪两种？
3. 结合图 9. 33 和图 9. 34 分析程序计数器的工作过程。
4. 结合图 9. 21 简述计算机的整机工作过程。

参 考 文 献

[1] 唐朔飞．计算机组成原理［M］．2 版．北京：高等教育出版社，2008.

[2] 徐建民，等．汇编语言程序设计［M］．北京：电子工业出版社，2004.

[3] 徐洁．计算机组成原理与汇编语言程序设计［M］．4 版．北京：电子工业出版社，2017.

[4] 张晨曦，王志英，张春元，等．计算机体系结构［M］．2 版．北京：高等教育出版社，2014.

[5] 沈美明，温冬婵．汇编语言程序设计［M］．2 版．北京：清华大学出版社，2001.

[6] 白中英．计算机组成原理［M］．6 版．北京：科学出版社，2019.

[7] STALLINGS W．计算机组织与结构：性能设计　第 2 版　影印版［M］．北京：高等教育出版社，2001.

[8] HENNESSY J L，PATTERSON D A. Computer Organization & Design：The Hardware/Software Interface　The Second Edition 影印版［M］．北京：机械工业出版社，1999．

[9] 潘松，潘明．现代计算机组成原理［M］．北京：科学出版社，2006.

[10] 白中英．计算机组织与体系结构［M］．4 版．北京：清华大学出版社，2008.

[11] 李心广，王金矿，张晶．电路与电子技术基础［M］．2 版．北京：机械工业出版社，2012.

[12] 潘松，黄继业．EDA 技术实用教程［M］．3 版．北京：科学出版社，2006.

[13] HEURING V P，JORDAN H F．计算机系统设计与结构：第 2 版　影印版［M］．北京：电子工业出版社，2004.

[14] ABD－EI－BARR M，EI－REWINI H．计算机组成与体系结构［M］．陆鑫达，等译．北京：电子工业出版社，2005.

[15] 蒋本珊．计算机组成原理［M］．北京：清华大学出版社，2004.

[16] 王爱英．计算机组成与结构［M］．3 版．北京：清华大学出版社，2001.

[17] 张功萱．计算机组成原理［M］．北京：清华大学出版社，2005.

[18] BREY B B，Intel 微处理器：英文版　第 7 版［M］．北京：机械工业出版社，2006.

[19] HENNESSY J L，PATTERSON D A. Computer Architecture：A Quantitative Approach［M］．4th ed. San Francisco：Morgan Kaufmann Publishers，2007．

[20] NULL L，LOBUR J．计算机组成与体系结构：英文版［M］．北京：机械工业出版社，2004．

[21] CARPINELLI J D．计算机系统组成与体系结构：英文版［M］．北京：人民邮电出版社，2002.

[22] 仇玉章．32 位微型计算机原理与接口技术［M］．北京：清华大学出版社，2000.

[23] 孙德文．微型计算机技术［M］．北京：高等教育出版社，2001.

[24] MAZIDI M A，MAZIDI J G. 80x86 IBM PC 及兼容计算机：第 3 版　影印版［M］．北京：清华大学出版社，2002.

[25] IRVINE K R. Intel 汇编语言程序设计：第 5 版［M］．温玉杰，梅广宇，罗云彬，等译．北京：电子工业出版社，2007.

[26] FORD W，TOPP W．数据结构 C＋＋语言描述　影印版［M］．北京：清华大学出版社，1997.

[27] 李学干．计算机系统结构［M］．3 版．西安：西安电子科技大学出版社，2000.

[28] 徐炜民，严允中．计算机系统结构［M］．2 版．北京：电子工业出版社，2003.

[29] 侯炳辉，曹慈惠，末珠，等．计算机原理与系统结构［M］．2 版．北京：清华大学出版社，2002.

[30] 李亚民．计算机组成与系统结构［M］．北京：清华大学出版社，2000.

[31] 姜咏江，冯海燕，闫桂柱．计算机原理教程实验指导［M］．北京：清华大学出版社，2007.